DELIUS KLASING

Dr. Etzold
Diplom-Ingenieur für Fahrzeugtechnik

So wird's gemacht

pflegen – warten – reparieren

Band 98

AUDI A4 / quattro
AUDI A4 Avant / quattro

Benziner
1,6 l/ 74 kW (100 PS) 11/94 – 9/01
1,8 l/ 92 kW (125 PS) 11/94 – 9/01
1,8 l/110 kW (150 PS) 2/95 – 9/01
2,4 l/121 kW (165 PS) 8/97 – 9/01
2,6 l/110 kW (150 PS) 11/94 – 7/97
2,8 l/128 kW (174 PS) 11/94 – 7/97
2,8 l/142 kW (193 PS) 3/96 – 9/01

Diesel
1,9 l/ 55 kW (75 PS) 3/96 – 11/98
1,9 l/ 66 kW (90 PS) 1/95 – 9/01
1,9 l/ 81 kW (110 PS) 2/96 – 10/00
1,9 l/ 85 kW (115 PS) 12/99 – 9/01
2,5 l/110 kW (150 PS) 11/97 – 9/01

Delius Klasing Verlag

Redaktion: Günter Skrobanek (Text)
Christine Etzold (Bild)

Bibliografische Information der Deutschen Nationalbibliothek

Die Deutsche Nationalbibliothek verzeichnet diese Publikation in der Deutschen Nationalbibliografie; detaillierte bibliografische Daten sind im Internet über http://dnb.dnb.de abrufbar.

15. Auflage
ISBN 978-3-667-13124-9

Alle Angaben ohne Gewähr
Druck: Books on Demand, Norderstedt
Printed in Germany

Alle in diesem Buch enthaltenen Angaben und Daten wurden von dem Autor nach bestem Wissen erstellt und von ihm sowie vom Verlag mit der gebotenen Sorgfalt überprüft. Gleichwohl können wir keinerlei Gewähr oder Haftung für die Richtigkeit, Vollständigkeit und Aktualität der bereitgestellten Informationen übernehmen.

Delius Klasing Verlag, Siekerwall 21, D-33602 Bielefeld
Tel.: 0521/559-0
E-mail: info@delius-klasing.de
www.delius-klasing.de
http://sowirdsgemacht.com

Lieber Leser,

obwohl die Automobile von Modellgeneration zu Modellgeneration technisch wesentlich aufwendiger und komplizierter werden, greifen von Jahr zu Jahr immer mehr Heimwerker zum »So wird's gemacht«-Handbuch. Die Erklärung dafür ist einfach: Weil die Technik des Automobils komplizierter geworden ist, kommt man selbst als Fachmann bei Wartungs- und Reparaturarbeiten am Fahrzeug ohne eine spezielle Anleitung nicht mehr aus.

Auch der fachkundige Hobbymonteur, der sein Fahrzeug selbst wartet und repariert, sollte bedenken, daß der Fachmann viel Erfahrung hat und durch die Weiterschulung und den seinen Erfahrungsaustausch über den neuesten Technikstand verfügt. Mithin kann es für die Überwachung und Erhaltung der Betriebs- und Verkehrssicherheit des eigenen Fahrzeugs sinnvoll sein, in regelmäßigen Abständen eine Fachwerkstatt aufzusuchen.

Grundsätzlich muß sich der Heimwerker natürlich darüber im klaren sein, daß man mit Hilfe eines Handbuches nicht automatisch zum Kfz-Mechaniker wird. Auch deshalb sollte man nur solche Arbeiten durchführen, die man sich selbst zutraut. Das gilt insbesondere für jene Arbeiten, die die Verkehrssicherheit des Fahrzeugs beeinträchtigen können. Gerade in diesem Punkt sorgt das »So wird's gemacht«-Handbuch jedoch für praktizierte Verkehrssicherheit. Durch die exakte Beschreibung der erforderlichen Arbeitsschritte und den Hinweis, die Sicherheitsaspekte nicht außer acht zu lassen, wird der Heimwerker vor der Arbeit entsprechend sensibilisiert und fachlich richtig informiert. Auch wird darauf hingewiesen, im Zweifelsfall die Arbeit lieber einem Fachmann zu überlassen.

Vor jedem Arbeitsgang empfiehlt sich ein Blick in das vorliegende Buch. Dadurch werden Umfang und Schwierigkeitsgrad der Reparatur offenbar. Außerdem wird deutlich, welche Ersatz- oder Verschleißteile eingekauft werden müssen und ob unter Umständen die Arbeit nur mit Hilfe von Spezialwerkzeug durchgeführt werden kann.

Für die meisten Schraubverbindungen ist das Anzugsmoment angegeben. Bei Schraubverbindungen, die in jedem Fall mit einem Drehmomentschlüssel angezogen werden müssen (Zylinderkopf, Achsverbindungen usw.), ist der Wert **fett** gedruckt. Nach Möglichkeit sollte man generell jede Schraubverbindung mit einem Drehmomentschlüssel anziehen. Übrigens: Für viele Schraubverbindungen sind Innen- oder Außen-Torxschlüssel erforderlich.

Als ich Anfang der siebziger Jahre den ersten Band der »So wird´s gemacht-Buchreihe« auf den Markt brachte, wurden im Automobilbau nur ganz wenige elektronische Bauteile eingesetzt. Inzwischen ist das elektronische Management allgegenwärtig; ob bei der Steuerung der Zündung, des Fahrwerks oder der Gemischaufbereitung. Die Elektronik sorgt auch dafür, daß es in verschiedenen Bereichen keine Verschleißteile mehr gibt, wie zum Beispiel der früher für den Zündfunken unentbehrliche Unterbrecherkontakt im Zündverteiler. Das Überprüfen elektronischer Bauteile ist wiederum nur noch mit teuren und speziell auf das Fahrzeugmodell abgestimmten Prüfgeräten möglich, die dem Heimwerker in der Regel nicht zur Verfügung stehen. Wenn also verschiedene Reparaturschritte nicht mehr beschrieben werden, so liegt das ganz einfach am vermehrten Einsatz von elektronischen Bauteilen.

Das vorliegende Buch kann natürlich auch nicht auf jede aktuelle, technische Frage eingehen. Dennoch hoffe ich, daß die getroffene Auswahl an Reparatur-, Wartungs- und Pflegehinweisen in den meisten Fällen die auftretenden Probleme zufriedenstellend löst.

Rüdiger Etzold

Inhaltsverzeichnis

Motor

Für den Antrieb stehen im AUDI A4 Motoren mit 4 und 6 Zylindern zur Verfügung. Bei den 4-Zylindermotoren stehen die Zylinder hintereinander in einer Reihe, beim 6-Zylinder stehen sich je 3 Zylinder in einem Winkel von 90° gegenüber. Deshalb spricht man in diesem Fall auch von einem V6-Motor. Alle Triebwerke sind flüssigkeitsgekühlt und im Motorraum längs zur Fahrtrichtung eingebaut.

In den aus Grauguß bestehenden Motorblock sind die Zylinderbohrungen eingelassen. Bei hohem Verschleiß oder Riefen an den Zylinderwänden können die Zylinder von einer Fachwerkstatt gehont, also ausgeschliffen werden. Anschließend müssen dann allerdings Kolben mit Übermaß eingebaut werden. Den unteren Abschluß des Motors bildet die Ölwanne, in der sich das für die Schmierung und Kühlung erforderliche Motoröl sammelt. Der Leichtmetall-Zylinderkopf ist auf den Motorblock aufgeschraubt. Er besteht aus Aluguß mit eingepreßten Ventilsitzringen und Ventilführungen aus Stahl. Aluminium wird verwendet, weil dieses Metall eine bessere Wärmeleitfähigkeit und ein geringeres Gewicht gegenüber Grauguß aufweist.

Die Zylinderköpfe für die Benzinmotoren sind nach dem sogenannten Querstromprinzip aufgebaut. Das bedeutet, daß das frische Kraftstoff-Luftgemisch auf der einen Seite des Zylinderkopfs einströmt, während die verbrannten Gase auf der gegenüberliegenden Seite ausgestoßen werden. Durch diese Bauart ist ein schneller Gaswechsel über die Ein- und Auslaßventile sichergestellt. Beim Dieselmotor sind Abgas- und Ansaugkrümmer platzsparend auf einer Seite an den Zylinderkopf angeschraubt.

1,6-l-Benzinmotor, 1,9-l-Dieselmotor: Oben im Zylinderkopf befindet sich die Nockenwelle. Sie wird über einen Zahnriemen von der Kurbelwelle angetrieben. Die Nockenwelle betätigt über Tassenstößel die senkrecht hängenden Ein- und Auslaßventile. Die hydraulischen Tassenstößel gleichen dabei jegliches Ventilspiel automatisch aus.

1,8-l-Motor: Der 1,8-l-Motor besitzt für jeden Zylinder 3 Einlaß- und 2 Auslaßventile. Eine Nockenwelle steuert die Einlaßventile, eine zweite ist für die Auslaßventile zuständig. Die Auslaßnockenwelle wird von der Kurbelwelle durch einen Zahnriemen angetrieben. Für den Antrieb der Einlaßnockenwelle sind beide Nockenwellen mit einer Antriebskette verbunden. Die Mehrventiltechnik ermöglicht eine bessere Füllung der Zylinder und einen effektiveren Gasaustausch, so daß die Energie des Kraftstoff-Luftgemisches besser ausgenutzt wird.

2,6- und 2,8-l-V6-Zweiventilmotor: Da beim V6-Motor 2 Zylinderbänke vorhanden sind, besitzt dieser Motor 2 Nockenwellen, die von einem gemeinsamen Zahnriemen angetrieben werden. Pro Zylinder ist je ein Ein- und Auslaßventil vorhanden.

2,4-, 2,5-, 2,7- und 2,8-l-V6-Motor: Der 2,5-l-Dieselmotor besitzt 4 Ventile pro Zylinder, bei allen anderen kommen pro Zylinder 5 Ventile zum Einsatz, die über 2 Nockenwellen betätigt werden.

Alle Motoren: Durch die Hydrostößel wird bei allen Motoren automatisch das Ventilspiel konstant gehalten, so daß das Einstellen des Ventilspiels im Rahmen der Wartung entfällt.

Für die Motorschmierung sorgt eine Ölpumpe, die beim 6-Zylindermotor vorn am Zylinderkurbelgehäuse befestigt ist und von der Kurbelwelle angetrieben wird. Beim 4-Zylindermotor befindet sich die Ölpumpe in der Ölwanne. Sie wird durch eine Nebenwelle angetrieben. Das im Ölsumpf angesaugte Öl gelangt über Kanäle zu den Lagern der Kurbel- und Nockenwelle sowie in die Zylinderlaufbahnen.

Die von einem Zahnriemen angetriebene Kühlmittelpumpe befindet sich beim 6-Zylindermotor vorn im Kurbelgehäuse. Beim 4-Zylindermotor ist die Kühlmittelpumpe seitlich am Motorblock angeflanscht. Der Antrieb der Pumpe erfolgt über einen Keilriemen. Zu beachten ist, daß der Kühlmittelkreislauf ganzjährig mit einer Mischung aus Kühlerfrost- und Korrosionsschutzmittel sowie kalkarmem Wasser befüllt sein muß.

Für die Aufbereitung und Zündung des Kraftstoff-Luftgemisches sind wartungsfreie Motormanagement-Systeme eingebaut. Das Einstellen von Zündzeitpunkt oder Leerlauf im Rahmen der Wartung ist nicht erforderlich, nur die Zündkerzen müssen entsprechend dem Wartungsintervall erneuert werden.

Warnhinweis: Der zusätzliche elektrische Kühler-Lüfter kann sich auch bei abgestelltem Motor und ausgeschalteter Zündanlage einschalten. Hervorgerufen durch Stauwärme im Motorraum kann dies auch mehrmals geschehen. Bei Arbeiten im Motorraum und warmem Motor muß deshalb immer mit einem plötzlichen Einschalten des Kühler-Lüfters gerechnet werden. Abhilfe: Stecker vom Lüftermotor abziehen.

Fahrzeug- und Motoridentifizierung

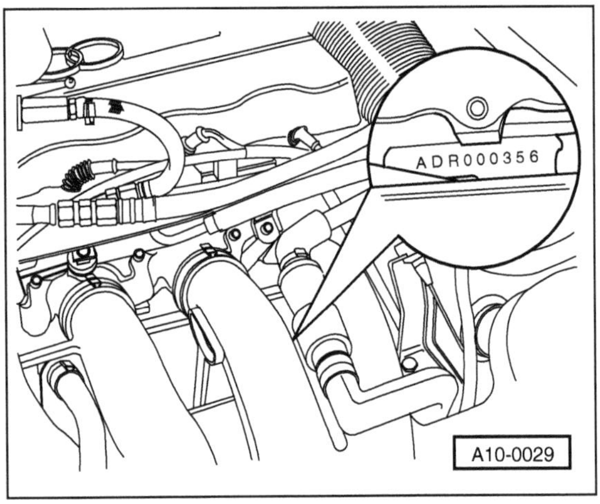

● **4-Zylindermotor:** Motornummer und Kennbuchstaben sind am Motorblock links oberhalb des Ölfilters eingeschlagen –Pfeil–. **V6-Zylindermotor (Benziner):** Motornummer und Kennbuchstaben befinden sich auf der rechten Innenseite des Motorblocks, zwischen Zylinderkopf und Hydraulikpumpe. **V6-Zylindermotor (Diesel):** Motornummer und Kennbuchstaben befinden sich auf der rechten Innenseite des Motorblocks, zwischen Zylinderkopf und Einspritzpumpe.

Hinweis: Zusätzlich befindet sich ein Aufkleber mit diesen Angaben auf dem Zahnriemenschutz, im Serviceplan und hinten in der Reserveradmulde.

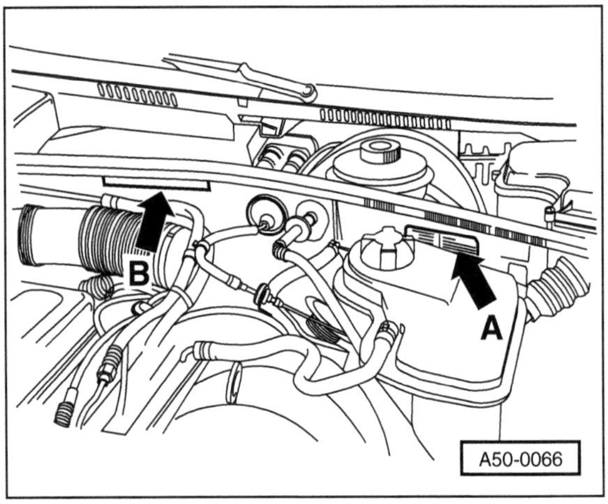

● Das Typschild –A– befindet sich an der hinteren Querwand. Die Fahrzeug-Identifizierungsnummer (Fahrgestell-Nr.) ist an Stelle –B– eingeschlagen. Dichtung in diesem Bereich abziehen.

Aufschlüsselung der Fahrgestellnummer:

WAU	ZZZ	8D	Z	W	I	000 001
①	②	③	④	⑤	⑥	⑦

① Herstellerzeichen: WAU = AUDI AG.
② Füllzeichen.
③ 2stellige Typenkurzbezeichnung aus den ersten beiden Stellen der offiziellen Typenbezeichnung. 8D = Audi A4.
④ Weitere Füllzeichen.
⑤ Angabe des Modelljahres: W = 1998, X = 1999, Y = 2000, 1 = 2001.
⑥ Produktionsstätte.
⑦ Laufende Numerierung; beginnt in jedem Modelljahr mit 000 001.

Die wichtigsten Motordaten AUDI A4/AUDI A4 AVANT

Motor/Modell	1.6	1.6	1.8	1.8 T	2.4	2.6	2.7
Motorkennbuchstaben	ADP	AHL/ARM ANA	ADR/APT/ ARG	AEB/APU/ ANB/AWT	AGA/ALF/ APS/ARJ/AML	ABC	AGB/AZB
Fertigung von – bis	11/94 – 10/96	10/96 – 9/01	11/94 – 9/01	2/95 – 9/01	8/97 – 9/01	11/94 – 7/97	10/97 – 9/01
Hubraum cm^3	1595	1595	1781	1781	2393	2598	2671
Leistung kW bei 1/min PS bei 1/min	74/5300 101/5300	74/5600 101/5600	92/5800 125/5800	110/5700 150/5700	121/6000 165/6000	110/5750 150/5750	195/5800 265/5800
Drehmoment Nm bei 1/min	140/3800	140/3800	168/3500	210/1750	230/3200	225/3500	400/1850
Bohrung ∅ mm	81,0	81,0	81,0	81,0	81,0	82,5	81,0
Hub mm	77,4	77,4	86,4	86,4	77,4	81,0	86,4
Verdichtung	10,3	10,2	10,3	9,5	10,5	10,0	9,3
Zylinder/Ventile pro Zylinder	4/2	4/2	4/5	4/5	6/5	6/2	6/5
Motormanagement	Motronic 3.2	Simos	Motronic 3.2	Motronic 3.2	Motronic	MPI	Motronic
Kraftstoff bleifrei ROZ	Super 95	Super 95	Super 95	Super 95	Super 95	Super 95	Super 98

Motor/Modell	2.8	2.8 30V	1.9 TDI	1.9 TDI	1.9 TDI	1.9 TDI-PD	2.5 TDI
Motorkennbuchstaben	AAH	ACK/ALG/ APR/AQD	AFF	1Z/AHU/ AHH	AFN/AVG	AJM/ATJ	AFB/AKN
Fertigung von – bis	11/94 – 7/97	3/96 – 9/01	3/96 – 11/98	1/95 – 9/01	2/96 – 10/00	12/99 – 9/01	11/97 – 9/01
Hubraum cm^3	2771	2771	1896	1896	1896	1896	2496
Leistung kW bei 1/min PS bei 1/min	128/5500 174/5500	142/6000 193/6000	55/4000 75/4000	66/4000 90/4000	81/4000 110/4000	85/4000 115/4000	110/4000 150/4000
Drehmoment Nm bei 1/min	250/3000 [1)]	280/3200	150/1500	202/1900	225/1700	285/1900 [3)]	310/1500
Bohrung ∅ mm	82,5	82,5	79,5	79,5	79,5	79,5	78,3
Hub mm	86,4	86,4	95,5	95,5	95,5	95,5	86,4
Verdichtung	10,3	10,3 [2)]	19,5	19,5	19,5	18,0	19,5
Zylinder/Ventile pro Zylinder	6/2	6/5	4/2	4/2	4/2	4/2	6/4
Motormanagement	MPI	Motronic	TDI	TDI	TDI	TDI-PD	TDI
Kraftstoff	Super 98	Super 98	Diesel	Diesel	Diesel	Diesel	Diesel

[1]) Bei Verwendung von Super 95 beträgt das Drehmoment 245 Nm bei 3000/min.
[2]) Verdichtung beim Motor APR/AQD: 10,1.
[3]) Motordrehmoment beim Motor ATJ und 6-Gang-Schaltgetriebe: 310 Nm bei 1900/min.

MP(F)I = **M**ulti**p**oint-(**F**uel)-**I**njection = Mehrstellen-Benzineinspritzung.
TDI = **T**urbodiesel **D**irect **I**njection = Turbodiesel mit Direkteinspritzung; **PD** = **P**umpe/**D**üse-System.

1,8-l-Benzinmotor (4-Zylindermotor)

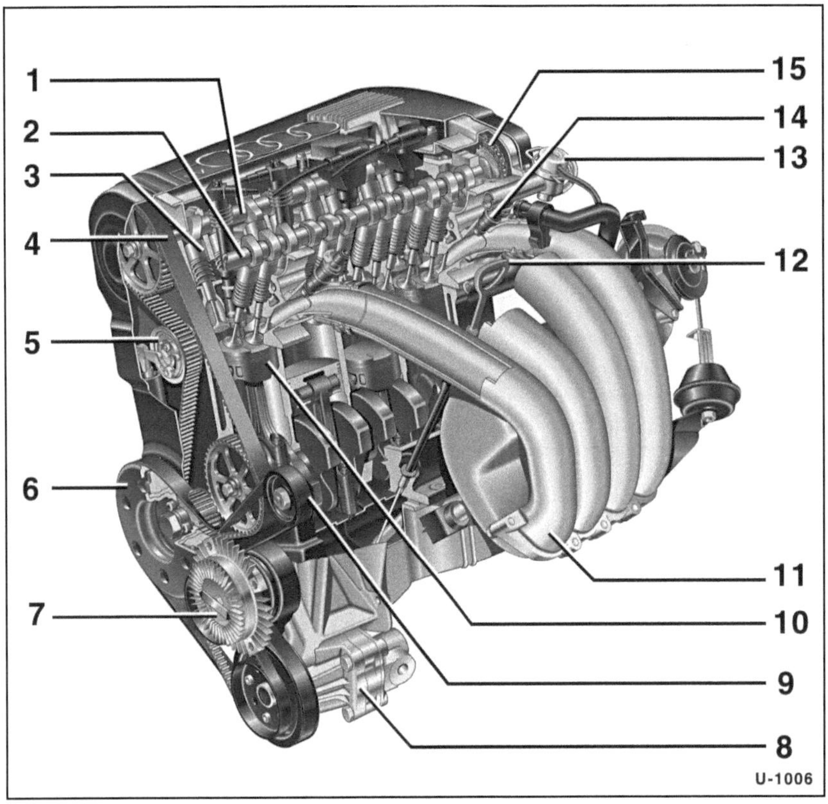

1 – **Auslaßnockenwelle**
2 – **Einlaßnockenwelle**
3 – **Hydrostößel**
4 – **Zahnriemen**
5 – **Zahnriemen-Spannrolle**
Pneumatisch gedämpfte Thermospannrolle.
6 – **Schwingungsdämpfer**
7 – **Nabe für Viscolüfter**
8 – **Pumpe für Servolenkung**
9 – **Generator-Riemenrad**
10 – **Kolben**
11 – **Ansaugrohr**
12 – **Ölpeilstab**
13 – **Kraftstoff-Druckregler**
14 – **Einspritzventil**
15 – **Antriebskette**
Mit hydraulischem Kettenspanner.

2,6-/2,8-l-Benzinmotor (6-Zylindermotor)

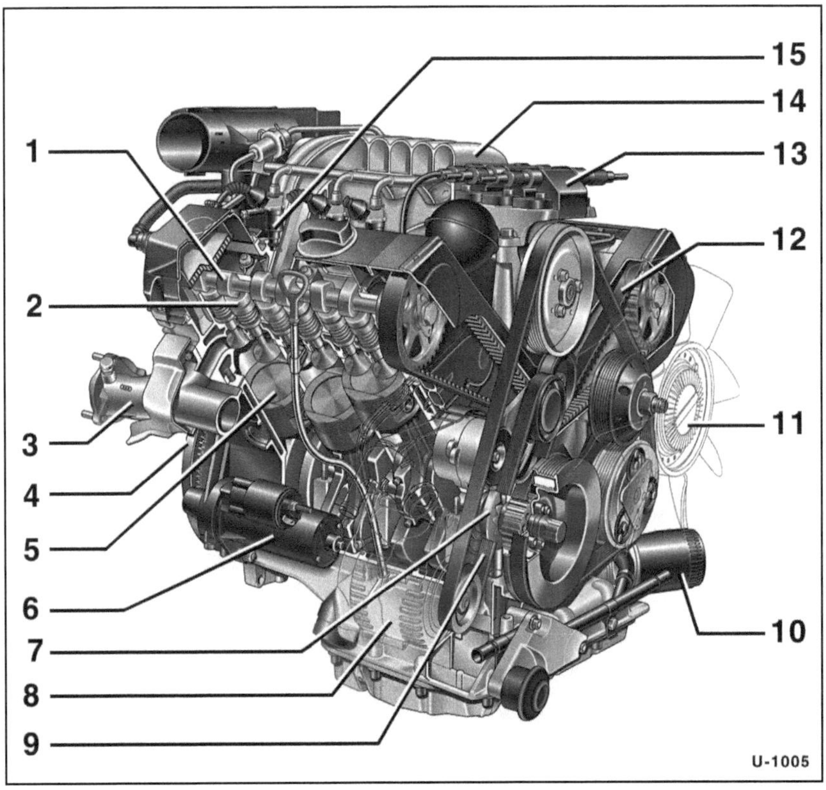

1 – **Nockenwelle**
2 – **Hydrostößel**
3 – **Abgaskrümmer**
4 – **Schwungrad**
5 – **Kolben**
6 – **Anlasser**
7 – **Ölpumpe**
8 – **Generator**
9 – **Keilrippenriemen**
10 – **Ölfilter**
11 – **Viscolüfter**
12 – **Zahnriemen**
13 – **Doppelzündspulen (3 Stück)**
14 – **Ansaugrohr**
15 – **Einspritzventil**

Motor aus- und einbauen

4-Zylinder-Benzinmotor

Der Motor wird ohne Getriebe nach vorne ausgebaut. Zum Ausbau des Motors wird ein Kran benötigt. In **keinem Fall** darf der Motor mit einem Rangierheber nach unten abgesenkt werden, da der Heber am Motor schwere Schäden verursachen würde.

Da auch auf der Wagenunterseite einige Verbindungen gelöst werden müssen, werden vier Unterstellböcke sowie zum Aufbocken des Wagens ein Rangierheber benötigt. Vor der Montage im Motorraum sollten die Kotflügel mit Decken geschützt werden.

Je nach Baujahr und Ausstattung können die elektrischen Leitungen beziehungsweise Unterdruck- oder Kühlmittelschläuche unterschiedlich im Motorraum verlegt sein. Da im einzelnen nicht auf jede Variante eingegangen werden kann, empfiehlt es sich, die jeweilige Leitung mit Tesaband zu kennzeichnen, bevor sie abgezogen wird. Im Folgenden wird der Ausbau des 4-Zylinder-Benzinmotors beschrieben.

Benötigte Sonderwerkzeuge und Hilfsmittel

- Zange für Federbandschellen, z. B. HAZET 798-5
- Aufhängevorrichtung, z. B. AUDI 2024 A
- MoS_2-Schmierfett, z. B. AUDI G 000 100
- Drehmomentschlüssel 5...50 Nm
- Drehmomentschlüssel 40...200 Nm
- Kabelbinder

Ausbau

Achtung: Alle Kabelbinder, die beim Motorausbau gelöst oder aufgeschnitten werden, sind beim Motoreinbau an der gleichen Stelle wieder anzubringen. Daher Einbaupositionen mit Tesaband markieren. Um Stecker zu trennen, Drahtsicherung durch Eindrücken entriegeln und am Stecker ziehen.

- Batterie-Massekabel (–) abklemmen. **Achtung:** Dadurch werden elektronische Speicher gelöscht, wie zum Beispiel der Radiocode. Hinweise im Kapitel »Batterie aus- und einbauen« beachten.
- Stoßfänger vorn ausbauen, dazu Lüftungsgitter links und rechts aus dem Stoßfänger ausclipsen, siehe Seite 180.
- Untere Motorraumabdeckung ausbauen, siehe Seite 19.

- Kühlschlange für Hydrauliköl der Servolenkung am Kühler unten links abschrauben. **Achtung:** Leitungen nicht öffnen, sonst läuft Öl aus.
- Kühlmittel ablassen, siehe Seite 62.
- Kühlmittelschlauch vom Kühler am Motor oben links abziehen, dazu Schlauchschelle öffnen.
- Sicherung für Anschlußflansch des Kühlmittelschlauchs am Kühler unten herausziehen und Anschlußflansch abziehen.
- Luftführung zum Luftfilter am vorderen Abschlußblech abschrauben und herausheben.

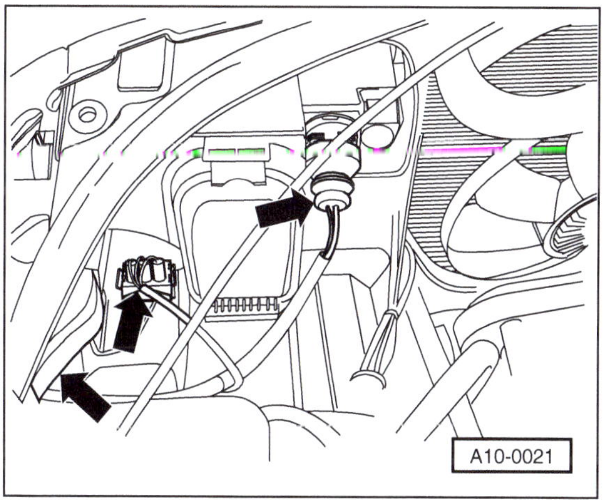

- Anschlußstecker für Scheinwerfer, Scheinwerferhöhenverstellung und Blinker trennen.
- Wo vorhanden, links unten am Kühler Anschlußstecker vom Thermoschalter für Kühlerlüfter abziehen.

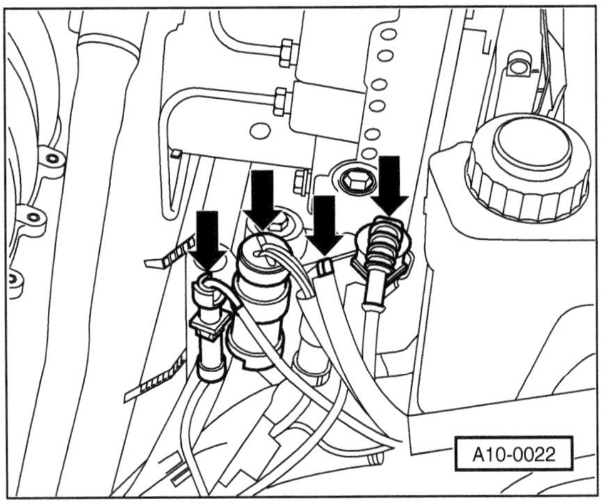

- 4 Steckverbindungen vor der ABS-Einheit trennen.
- Schloßträger/vorderes Abschlußblech ausbauen, siehe Seite 178.

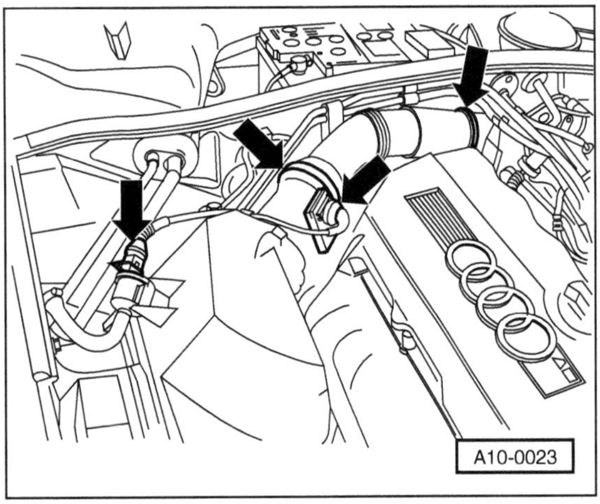

- Folgende Stecker abziehen:
  – Stecker am Luftmassenmesser und Aktivkohlefilter-Ventil trennen, Leitung vom Wasserkasten abschrauben und ausclipsen, siehe Abbildung
  – Stecker für Diebstahlwarnanlage am vorderen Abschlußblech oben links
  – Stecker für Magnetkupplung des Klimakompressors an der Kühler-Luftführung unten rechts ausclipsen und trennen
  – Stecker an beiden Signalhörnern, Kabel freilegen
  – 2 Stecker am Getriebe oben trennen
- Schlauchverbindung am Aktivkohlefilter-Ventil trennen. Luftführung zwischen Luftfilter und Drosselklappenteil ausbauen, siehe Abbildung.
- Luftfiltergehäuse ausbauen, siehe Seite 282.
- Kraftstoffzu- und -rücklaufleitungen am Verteilerrohr mit Tesaband kennzeichnen, damit sie beim Einbau nicht verwechselt werden. Kraftstoffvor- und Rücklaufleitung lösen. Beim Abziehen Lappen unterlegen und eventuell auslaufenden Kraftstoff auffangen. Leitungen umgehend mit geeignetem Stopfen verschließen. Dazu saubere Schrauben mit gleichem Gewindedurchmesser in die Schläuche stecken.
- Kühlmittel-Ausgleichbehälter ausbauen.
- 2 Kühlmittelleitungen zum Heizungs-Wärmetauscher an der Stirnwand trennen, dazu Schlauchklemmen lösen.

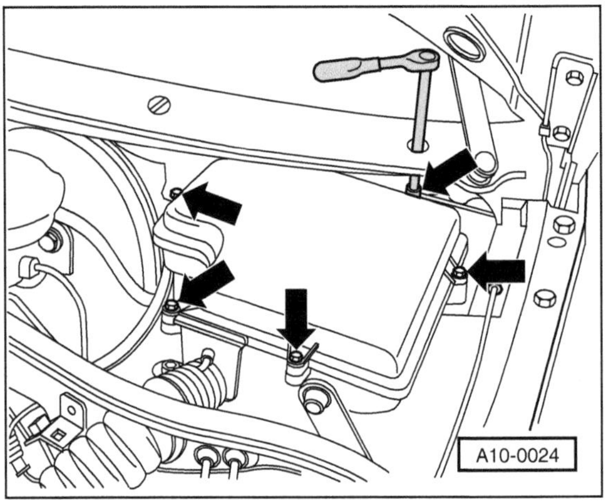

- Abdeckung für Elektronikbox abschrauben.
- Motor-Steuergerät herausnehmen und Mehrfachstecker am Steuergerät abziehen.
- Steckverbindungen an der Steckerstation unter dem Steuergerät abziehen.

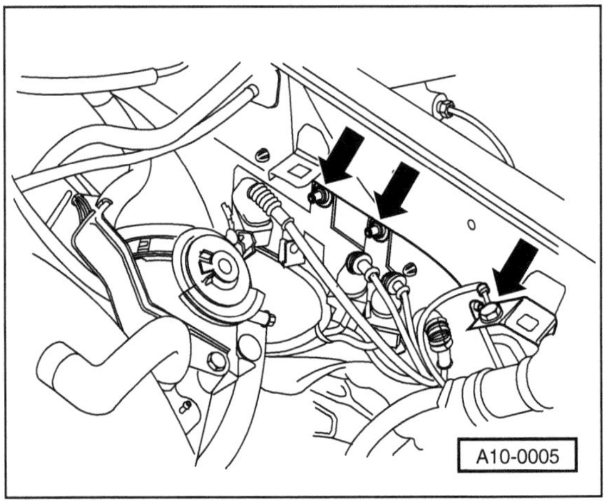

- Masseverbindung und Halter für Steckverbindungen am Wasserkasten abschrauben.
- Gaszug abklemmen, Steckraste nicht entfernen, siehe Seite 86.
- Sämtliche Keilriemen und Keilrippenriemen entspannen und abnehmen, siehe Seite 49.

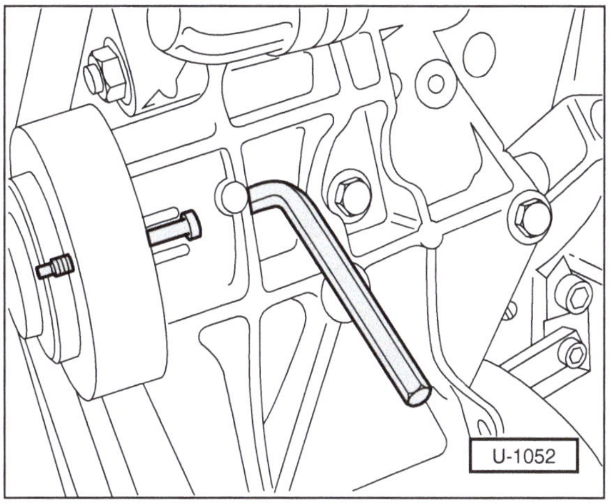

- Riemenscheibe für Viscolüfter mit Schraube M5x60 mm arretieren und mit 8mm Innensechskantschlüssel abschrauben.

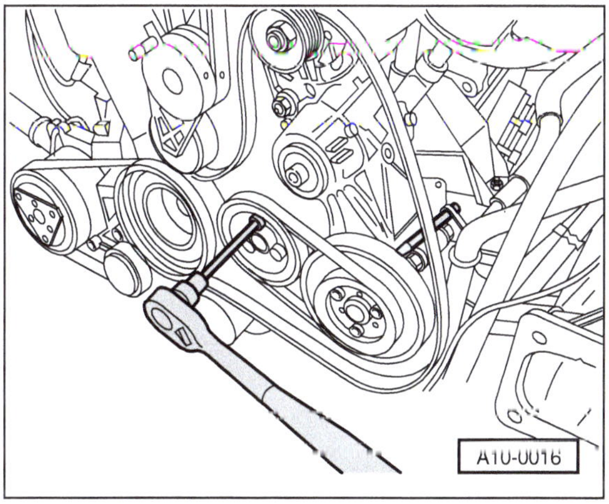

- Keilriemenscheibe der Kühlmittelpumpe abschrauben, dabei Riemenscheibe von Hand gegenhalten.
- Keilriemenscheibe der Servopumpe in gleicher Weise abschrauben.
- Pumpe für Servolenkung vom Halter abschrauben und am Aufbau mit Draht aufhängen. Die Schläuche bleiben angeschlossen. **Achtung:** Die Schläuche dürfen **nicht** geknickt werden. Wenn die Hydraulikleitungen geöffnet werden, muß das System nach dem Einbau entlüftet werden, siehe Seite 152.

Fahrzeuge mit Klimaanlage:

Achtung: Der Kältemittelkreislauf der Klimaanlage darf nicht geöffnet werden. Das Kältemittel kann bei Hautberührung zu Erfrierungen führen.

- Kältekompressor abschrauben und so ablegen, daß die Kältemittelleitungen und -schläuche entlastet sind.

Achtung: Die Leitungen und Schläuche der Klimaanlage dürfen nicht überdehnt, geknickt oder verbogen werden.

- Abgasrohr am Abgaskrümmer abschrauben. Abgasanlage etwas absenken und mit Draht aufhängen.
- Kabelschelle für Plusleitung zum Anlasser am Motor rechts unter dem Abgaskrümmer abschrauben.
- Anlasser ausbauen, siehe Seite 243.

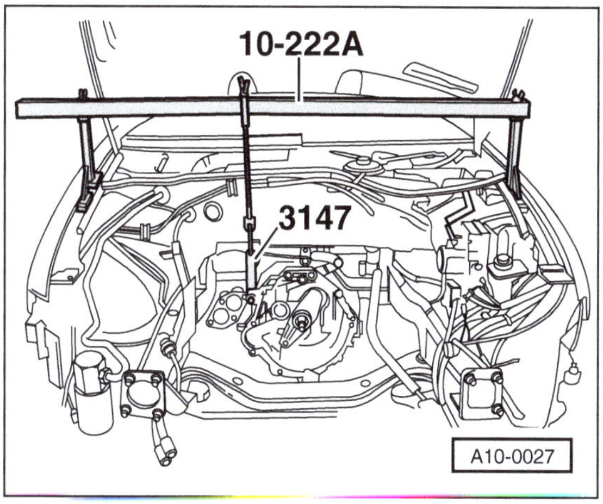

- Getriebe mit Abfangvorrichtung AUDI-10-222A und 3147 abfangen. Dazu Getriebeaufnahme 3147 in die obere Bohrung für die Motor/Getriebe-Befestigungsschraube einsetzen. In der Abbildung ist die Aufnahme aus Darstellungsgründen bei ausgebautem Motor gezeigt. Abfangvorrichtung auf die Kotflügelverschraubung aufsetzen und Zughaken in die Getriebeaufnahme einhängen. **Achtung:** Steht das AUDI-Werkzeug nicht zur Verfügung, Werkstattwagenheber mit breiter Holzauflage unter das Getriebe fahren und Getriebe leicht vorspannen.

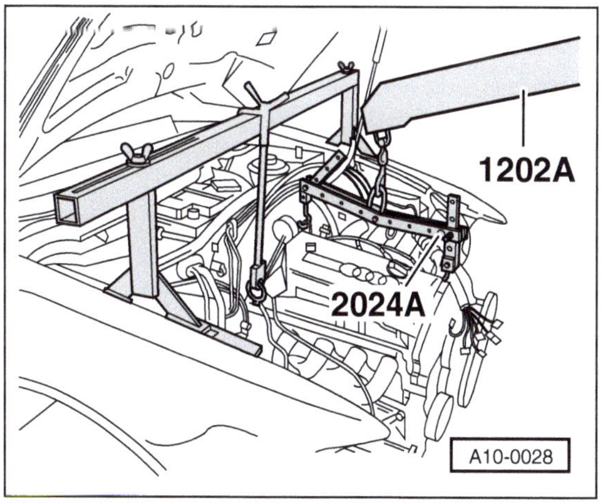

- Aufhängevorrichtung AUDI-2024A in die Aufhängeösen des Motors einhängen. Die Lochschiene in Position 1; Schwungradseite: 3. Bohrung der Lochschiene in Position 8; Bolzen mit Sicherungsbügel sichern. Die Abbildung zeigt den 4-Zylinder-Benzinmotor.

Achtung: An den Haken und Absteckstiften Sicherungsstifte verwenden. Zur Abstimmung auf die Schwerpunktlage des Aggregates müssen die Lochschienen der Aufnahmehaken in Position und Länge richtig abgesteckt werden, siehe Abbildung.

- Steht die Aufhängevorrichtung nicht zur Verfügung, geeignete Kette in die Aufhängeösen des Motors einhängen. Motor mit Werkstattkran so weit anheben, bis die Motorlager entlastet sind.
- Motorlager links und rechts abschrauben.
- Haltevorrichtung für Getriebe an der Flügelmutter nachspannen beziehungsweise Wagenheber etwas anheben.
- Verbindungsschrauben Motor/Getriebe herausschrauben.
- Motor mit Montierhebel vom Getriebe abdrücken.

Achtung: Bei automatischem Getriebe vorher Drehmomentwandler von der Mitnehmerscheibe mit 3 Schrauben abschrauben und Drehmomentwandler gegen Herausfallen sichern.

- Prüfen, ob sämtliche Schläuche und Leitungen, die vom Motor zum Aufbau führen, abgezogen sind. Anschließend Motor herausheben.

Achtung: Der Motor muß beim Herausheben sorgfältig geführt werden, um Beschädigungen an Kupplung und Aufbau zu vermeiden.

Einbau

- Motorlager, Kühlmittel-, Öl- und Kraftstoffschläuche auf Porosität oder Risse prüfen, falls erforderlich erneuern.
- Kupplungs-Mitnehmerscheibe auf ausreichende Belagdicke sowie Belagzustand prüfen. Bei fortgeschrittenem Verschleiß beziehungsweise hoher Kilometerleistung Kupplung komplett austauschen. Falls das Kupplungsausrücklager beim Treten des Kupplungspedals Geräusche verursachte, Lager auswechseln.
- Kupplungsausrücklager auf Verschleiß prüfen, gegebenenfalls ersetzen, siehe Seite 114.
- Kupplungsausrücklager und Verzahnung der Antriebswelle reinigen und dünn mit MoS_2- oder AUDI-Fett G 000 100 schmieren. **Achtung:** Führungshülse des Ausrücklagers **nicht** schmieren.
- Prüfen, ob die Paßhülsen zur Zentrierung von Motor und Getriebe im Motorblock vorhanden sind, gegebenenfalls Paßhülsen einsetzen.
- Motor vorsichtig in den Motorraum einführen. Beim Absenken darauf achten, daß der Motor sorgfältig geführt wird, um Beschädigungen an Antriebswelle, Kupplung und Aufbau zu vermeiden.
- **Neue,** selbstsichernde Muttern für Motorlager anschrauben, nicht festziehen.
- Motor am Getriebe anflanschen. Dabei Getriebe-Antriebswelle so verdrehen, daß sie in Kupplung und Schwungrad eingreift. Es kann auch die Kurbelwelle an der Zentralschraube entsprechend verdreht werden.
- Bei automatischem Getriebe Drehmomentwandler an die Mitnehmerscheibe mit 3 Schrauben und **85 Nm** anschrauben.
- Verbindungsschrauben Motor/Getriebe mit folgendem Anzugsdrehmoment festziehen: M8-Schrauben mit **25 Nm**; M10-Schrauben: **45 Nm**; M12-Schrauben: **65 Nm**.
- Anlasser einbauen, siehe Seite 243.
- Kabelschelle für Plusleitung zum Anlasser am Motor rechts unter dem Abgaskrümmer anschrauben.
- Motor durch kräftige Schüttelbewegungen spannungsfrei einrichten. Anschließend Motorlager am Aufbau mit **25 Nm** festziehen.
- Motorstütze an Motorlager mit **25 Nm** anschrauben.
- Aufhängevorrichtung aushängen.
- Getriebe-Abfangvorrichtung abnehmen.
- Vorderes Abgasrohr am Krümmer mit **30 Nm** festschrauben.
- Falls ausgebaut, Kältekompressor und Servopumpe anschrauben.
- Riemenscheiben für Kühlmittelpumpe, Servopumpe sowie Viscolüfter anschrauben.
- Keilriemen/Keilrippenriemen auflegen und spannen, siehe Seite 49.
- Gaszug anklemmen und einstellen, siehe Seite 86.
- Kraftstoffleitungen entsprechend der angebrachten Tesaband-Kennzeichnung aufschieben und anschrauben. Kraftstoffvor- und Rücklaufleitung nicht verwechseln.
- Masseverbindung und Halter für Steckverbindungen am Wasserkasten anschrauben, siehe Abbildung unter »Ausbau«.
- Schloßträger/vorderes Abschlußblech einbauen, siehe Seite 178.
- Stoßfänger vorn einbauen, siehe Seite 180.
- Anschlußstecker für Scheinwerfer, Scheinwerferhöhenverstellung und Blinker zusammenfügen.
- Kühler mit Lüfter einbauen, siehe Seite 66.
- Kühlschlange für Hydrauliköl der Servolenkung am Kühler unten links anschrauben.
- Links unten am Kühler Anschlußstecker auf Thermofühler für Kühlerlüfter aufstecken.
- Unteren Kühlmittelschlauch zwischen Kühlmittelpumpe und Kühler am Thermostatgehäuse aufschieben und mit Schlauchklemme sichern.
- Kühlmittel-Ausgleichbehälter einbauen.
- Heizungsschläuche vom und zum Wärmetauscher an der Spritzwand aufschieben und mit Schlauchklemmen sichern.
- 4 Steckverbindungen vor der ABS-Einheit verbinden.
- Folgende elektrischen Leitungen entsprechend angebrachten Markierungen anklemmen:
  - ◆ Stecker am Luftmassenmesser und Aktivkohlefilter-Ventil.
  - ◆ Stecker für Diebstahlwarnanlage am Windfang oben links.
  - ◆ Stecker für Magnetkupplung des Klimakompressors an der Kühler-Luftführung unten rechts.
  - ◆ Stecker an beiden Signalhörnern.
  - ◆ 2 Stecker am Getriebe oben.
- Elektrische Leitungen an den gleichen Stellen wie bisher mit neuen Kabelbindern sichern.

- Steckverbindungen an der Steckerstation unter dem Steuergerät aufstecken.
- Mehrfachstecker am Motor-Steuergerät aufstecken. Steuergerät in Elektronikbox einclipsen.
- Abdeckung für Elektronikbox anschrauben.
- Luftfiltergehäuse einbauen, siehe Seite 282.
- Schlauch am Aktivkohlefilter-Ventil aufstecken.
- Prüfen, ob alle elektrischen Leitungen, Unterdruck-, Kühlmittel- und Kraftstoffschläuche entsprechend den angebrachten Markierungen angeschlossen sind.
- Ölstand in Motor und Getriebe prüfen, gegebenenfalls auffüllen.
- Kühlmittel auf Gefrierschutz prüfen und auffüllen, siehe Seite 62.
- Untere Motorraumabdeckung einbauen, siehe Seite 19.
- Batterie-Massekabel (–) anklemmen. Code für die Diebstahlsicherung eingeben, Sender programmieren und Zeituhr einstellen. **Achtung:** Die Batterie darf nur bei **ausgeschalteter Zündung angeklemmt werden, da sonst das Steuergerät der Einspritzanlage beschädigt wird.**
- Motor auf Betriebstemperatur bringen, Ölstand und Kühlmittelstand überprüfen und sämtliche Schlauchanschlüsse auf Dichtheit prüfen.

Untere Motorraumabdeckung aus- und einbauen

Alle Motoren

Ausbau

- Fahrzeug aufbocken.

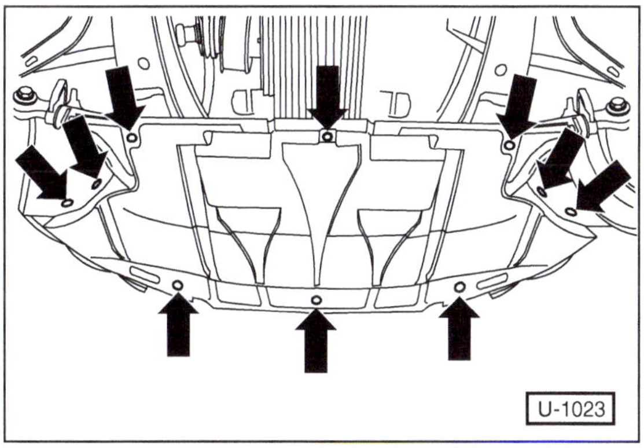

- Klemmstifte –Pfeile– um 180° drehen und herausnehmen.
- Abdeckung hinten etwas herunterziehen, dann nach hinten abziehen.

Einbau

- Abdeckung einschieben.
- Klemmstifte einsetzen und um 180° drehen.
- Fahrzeug ablassen.

Zahnriemen aus- und einbauen/ spannen

4-Zylinder-Benzinmotor

Der 4-Zylinder-Benzinmotor ist mit einer automatischen Zahnriemen-Spannrolle ausgestattet. Dadurch wird die Zahnriemenspannung bei allen Motortemperaturen konstant gehalten werden. **Achtung:** Hinweise für den 1,8-l-Motor ab 6/99, außer Motor AWT, sowie den 1,6-l-Motor ab 10/96 am Ende des Kapitels beachten.

Ausbau

- Keilrippen- und Keilriemen ausbauen, siehe Seite 49.
- Oberen Zahnriemenschutz ausbauen.
- Laufrichtung auf dem Zahnriemen mit Filz- oder Fettstift durch einen Pfeil kennzeichnen. Der Motor dreht, von vorn gesehen, rechts herum, also im Uhrzeigersinn.

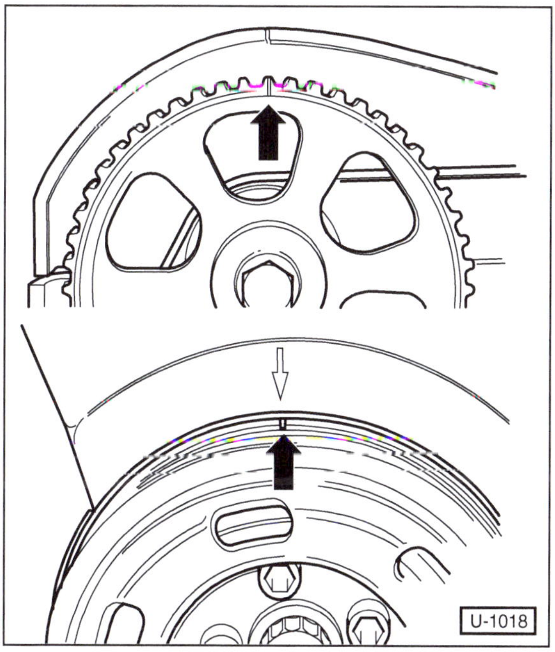

- Motor-Kurbelwelle drehen, bis sich die Nockenwelle in OT-Stellung für Zylinder 1 befindet.
- Das Durchdrehen des Motors kann auf mehrere Arten erfolgen:
  1. Fahrzeug seitlich vorn aufbocken. Fünften Gang einlegen, Handbremse anziehen. Angehobenes Vorderrad durchdrehen. Dadurch dreht sich auch die Motor-Kurbelwelle. Zum Drehen des Rades wird eine Hilfsperson benötigt.
  2. Fahrzeug auf ebene Fläche stellen. Fünften Gang einlegen. Fahrzeug vor- oder zurückschieben.
  3. Getriebe in Leerlaufstellung schalten, Handbremse anziehen. Kurbelwelle an der Zentralschraube der Riemenscheibe durchdrehen.

Achtung: Motor **nicht** an der Befestigungsschraube des Nockenwellenrades durchdrehen. Dadurch wird der Zahnriemen überbeansprucht.

- Motor durchdrehen, bis die Markierung auf dem Nockenwellenrad mit der OT-Markierung am Zylinderkopfdeckel übereinstimmt (oberer Teil der Abbildung). Gleichzeitig steht die Markierung des Kurbelwellenrades auf dem Pfeil der unteren Zahnriemenabdeckung. Der Motor steht dann in Zünd-OT-Stellung für Zylinder 1.

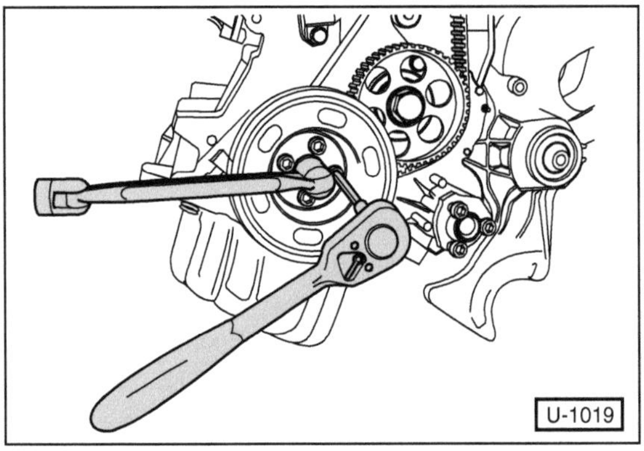

- Riemenscheibe (Schwingungsdämpfer) mit 4 Innensechskantschrauben von der Kurbelwelle abschrauben.

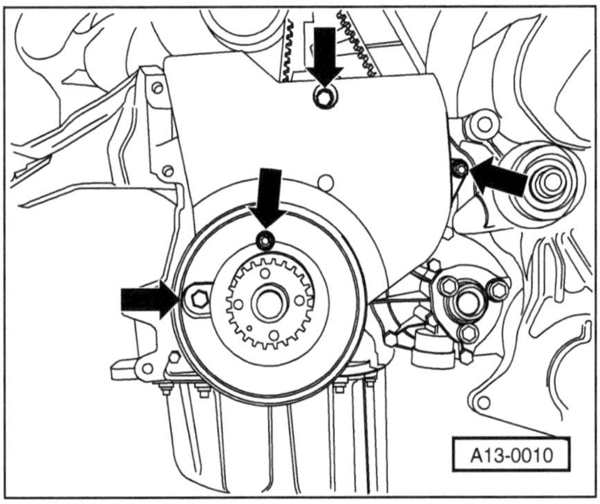

- Untere Zahnriemenabdeckung abschrauben.
- Befestigungsschraube für Spannrolle –Pfeil– mit Torxschlüssel, Größe T45, lösen.
- Spannrolle nach unten drücken und Zahnriemen abnehmen.

Achtung: Der Zahnriemen darf nicht geknickt werden. Ein einmal geknickter Zahnriemen muß immer ersetzt werden, da der Riemen im späteren Betrieb reißen kann, was zu schweren Motorschäden führt.

- Stellung der Zahnriemenräder möglichst nicht verändern.

Achtung: OT-Stellung von Nockenwelle und Kurbelwelle bei ausgebautem Zahnriemen **nicht** mehr verändern. Falls die Nockenwelle bei ausgebautem Zahnriemen verdreht werden muß, darauf achten, daß die Kurbelwelle nicht auf OT steht (Beschädigungsgefahr für Ventile und Kolbenböden). Dazu Stellung des Kurbelwellenrades markieren (mit Farbe eine Markierung auf dem Kurbelwellenrad und am Motorblock anbringen). Anschließend Kurbelwellenrad um ¼ Umdrehung (90°) vor- oder zurückdrehen.

Einbau

- Sicherstellen, daß die Markierung auf dem Nockenwellenrad mit der OT-Markierung am Zylinderkopfdeckel übereinstimmt.
- Zahnriemen auf Kurbelwellen- und Zwischenwellenrad auflegen. **Achtung:** Wird der bisherige Zahnriemen wiederverwendet, unbedingt Laufrichtung beachten. Der Einbau des Zahnriemens in umgekehrter Laufrichtung kann zum Reißen des Riemens und dadurch zu Motorschäden führen. Daher Zahnriemen immer so einbauen, daß der angebrachte Pfeil in Drehrichtung des Motors zeigt (von vorn gesehen im Uhrzeigersinn).
- Zahnriemenschutz unten einsetzen und anschrauben.
- Kurbelwellen-Riemenscheibe mit **40 Nm** anschrauben. Die Riemenscheibe läßt sich nur in einer Stellung richtig aufsetzen, Fixierung beachten.
- Prüfen, ob die Markierungen an der Kurbelwellen-Riemenscheibe und an der Zahnriemen-Abdeckung fluchten.
- Zahnriemen auf das Nockenwellenrad auflegen. Der Motor befindet sich in OT-Stellung für Zylinder 1.
- Spannrolle mit Mutterndreher –B–, zum Beispiel HAZET 2587, rechtsherum drehen (im Uhrzeigersinn), bis der Kolben –1– ganz ausgefahren ist und der Kolben –2– der Spannvorrichtung etwa 1 mm abhebt. In dieser Stellung Schraube –3– handfest anziehen.

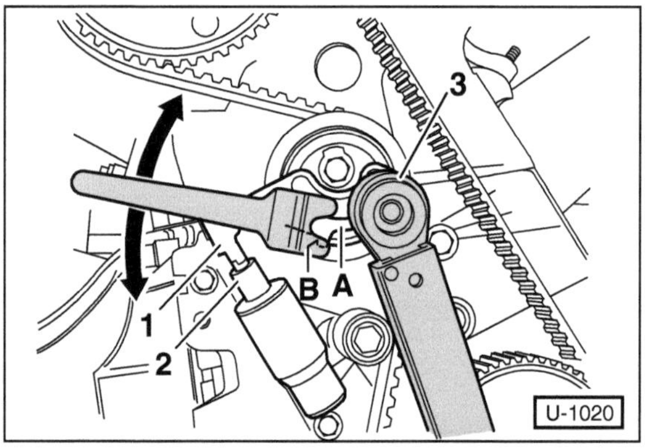

- **Bis 5/99:** Motor 2 Umdrehungen in Motor-Laufrichtung, also rechtsherum, durchdrehen und wieder auf OT-Markierung der Nockenwelle stellen.

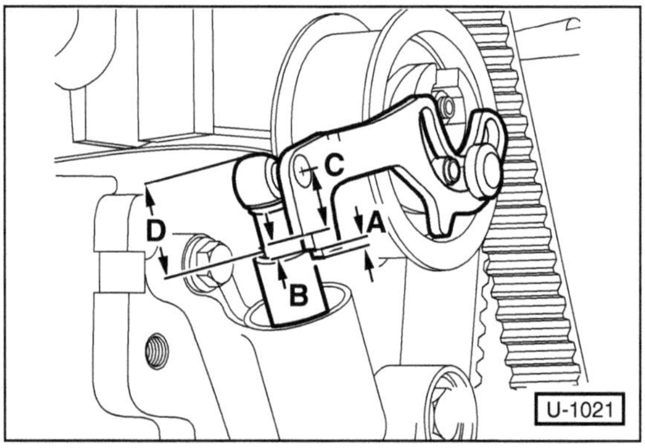

- **Bis 5/99:** Prüfen, ob der Bereich –A– mit der Oberkante vom Kolben übereinstimmt, andernfalls nachstellen.

- **Bis 5/99:** Maß –D– messen, es soll 25 mm bis 29 mm betragen.

Achtung: 1,8-l-Motoren: Liegt bei einer Überprüfung des Zahnriemens (ohne Ausbau) die Kolbenoberkante bei einem gebrauchten Zahnriemen im Bereich –B–, hat sich der Zahnriemen gelängt, die Spannrolle muß aber noch nicht nachgestellt werden. Wird Bereich –C– erreicht, muß die Spannrolle nachgestellt werden. In diesem Fall muß auch der Zahnriemen einschließlich der Spannrolle auf Verschleiß geprüft werden, gegebenenfalls Neuteile einbauen.

1,6-l-Motor: Steht die Kolbenoberkante im Bereich –B–, oder beträgt Maß –D– mehr als 29 mm, Spannrolle nachstellen. Bei Verschleiß, Zahnriemen beziehungsweise Spannrolle erneuern.

- Klemmschraube –3– an der Spannrolle mit **25 Nm** festziehen. Dabei mit Mutterndreher –B– gegenhalten, damit sich die Spannrolle nicht verstellt, siehe Abbildung A13-0012.
- Motor zweimal durchdrehen und OT-Stellung von Nocken- und Kurbelwelle prüfen. **Sämtliche Markierungen müssen bei gespanntem Zahnriemen gleichzeitig übereinstimmen,** gegebenenfalls Zahnriemen wieder abnehmen und Einstellung wiederholen.
- Oberen Zahnriemenschutz einbauen.
- Keilrippenriemen und Keilriemen einbauen, siehe Seite 49.

Speziell seit 6/99

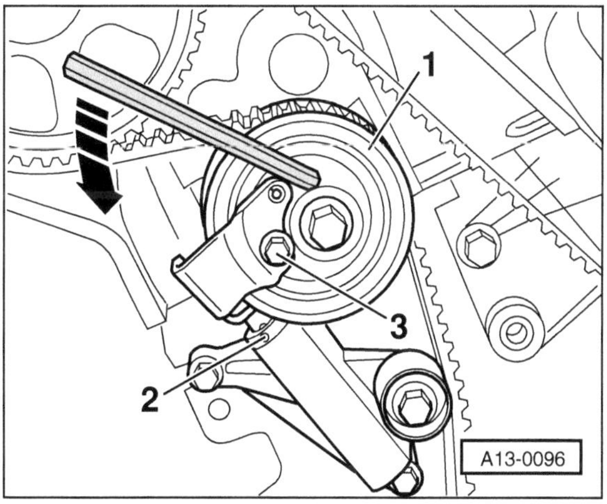

- Zahnriemenspannrolle –1– mit 8-mm-Innensechskantschlüssel langsam mit konstant kräftigem Druck im Gegenuhrzeigersinn –Pfeilrichtung– drehen, bis sich die Bohrungen –2– von Kolben und Gehäuse des Spannelements gegenüberstehen.
- In dieser Stellung Absteckstift AUDI-T40011 in beide Bohrungen stecken und dadurch Spannelement arretieren. **Achtung:** Schraube –3– des Spannelement-Bügels **nicht** lösen.

Speziell 1,6-l-Motor seit 10/96

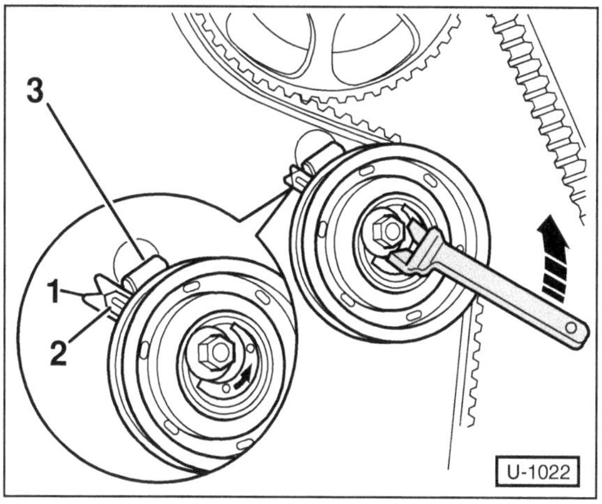

- Bevor der Zahnriemen aufgelegt wird, Einbaulage der halbautomatischen Spannrolle prüfen. Die Haltekralle –3– muß in die Aussparung am Zylinderkopf eingreifen.
- Spannrolle am Exzenter mit Mutterndreher, zum Beispiel HAZET 2587, bis zum Anschlag im Gegenuhrzeigersinn –Pfeilrichtung– drehen. Dabei wird der Zahnriemen gespannt.
- Zahnriemen an Spannrolle entspannen, bis der Zeiger –2– etwa 10 mm unter der Kerbe –1– steht. In dieser Stellung Klemmutter der Spannrolle mit **15 Nm** anziehen.
- Motor 2 Umdrehungen in Motordrehrichtung, also rechtsherum, durchdrehen und wieder auf OT-Markierung der Nockenwelle stellen. Dabei ist es wichtig, daß die letzten 45° (1/8 Umdrehung) ohne Absetzen gedreht werden.
- Stellung von Kerbe –1– und der Zeiger –2– erneut überprüfen, gegebenenfalls Zahnriemenspannung nochmals einstellen.

Nockenwelle/Ventiltrieb

1,8-l-Benzinmotor

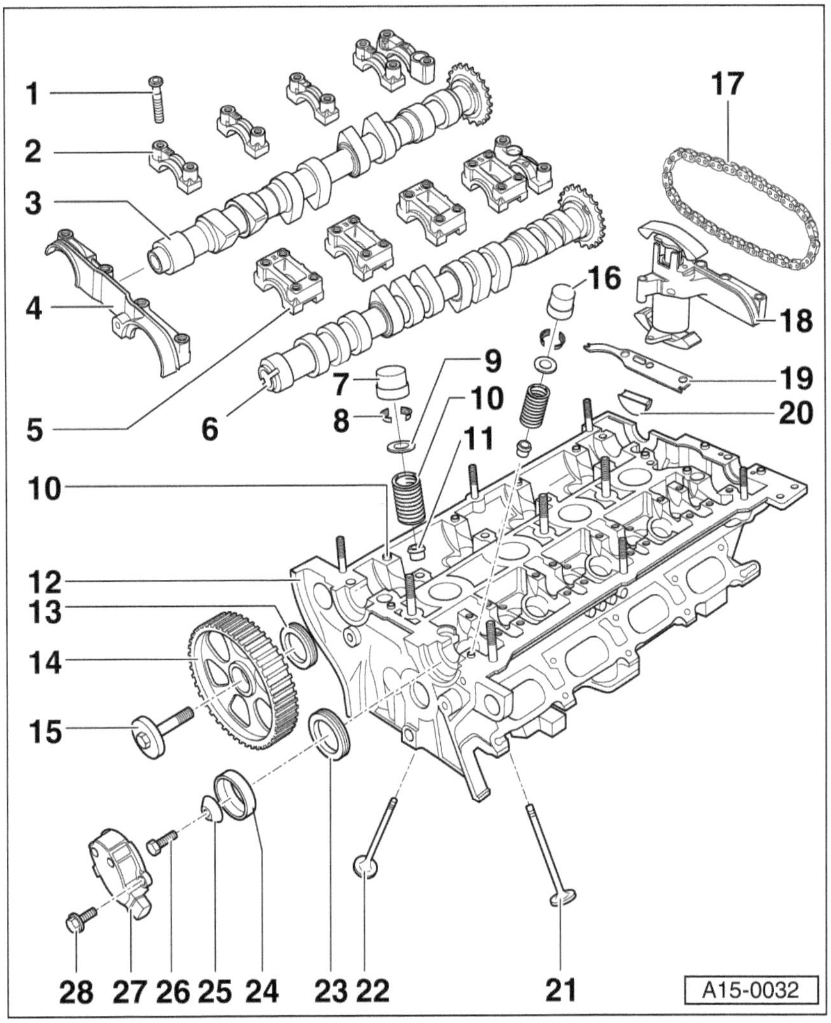

1 – **Schraube, 10 Nm**

2 – **Lagerdeckel Auslaßnockenwelle**
Auf Paßhülse, Einbaulage und Numerierung achten.

3 – **Auslaßnockenwelle**
Radialspiel mit Plastigage prüfen (Werkstattarbeit). Verschleißgrenze: 0,1 mm. Max. Schlag: 0,01 mm.

4 – **Lagerdeckel**

5 – **Lagerdeckel Einlaßnockenwelle**

6 – **Einlaßnockenwelle**

7 – **Hydraulischer Tassenstößel**

8 – **Ventilkegelstücke**

9 – **Ventilfederteller**

10 – **Ventilfeder**

11 – **Ventilschaftabdichtung**

12 – **Zylinderkopf**

13 – **Dichtring Zahnriemenseite**

14 – **Nockenwellenrad**

15 – **Schraube**
Motor ADR: **100 Nm**,
Motor AEB: **65 Nm**.

16 – **Hydraulischer Tassenstößel**

17 – **Antriebskette**

18 – **Hydraulischer Kettenspanner**

19 – **Gummi-Metalldichtung**

20 – **Dichtung**

21 – **Einlaßventil**

22 – **Auslaßventil**

23 – **Dichtring-Hallgeberseite**

24 – **Hallblende**
Einbaulage: Kerbe in der Nockenwelle.

25 – **Scheibe**

26 – **Schraube, 25 Nm**

27 – **Hallgeber**

28 – **Schraube, 10 Nm**

Nockenwelle aus- und einbauen

1,6-l-Benzinmotor, 1,9-l-Dieselmotor (55-81 kW/75-110 PS)

Ausbau

- Schloßträger/vorderes Abschlußblech nach vorn klappen, siehe Seite 178.
- Oberen Zahnriemenschutz ausbauen.
- Zylinderkopfdeckel ausbauen.
- Kurbelwelle auf OT Zylinder 1 stellen, siehe Seite 19.

Achtung: Motorstellung nicht mehr verändern.

- Zahnriemen entspannen und nur oben vom Nockenwellenrad abnehmen, siehe Seite 19.
- Nockenwellenrad von vorn mit einem Dorn arretieren. Dazu einen geeigneten Dorn oder stabilen Schraubendreher durch eine Bohrung im Nockenwellenrad schieben und auf der Oberkante des Zylinderkopfes abstützen. Um eine Beschädigung der Dichtfläche des Zylinderkopfes zu vermeiden ein Stück Holz unterlegen. Schraubendreher festhalten und Befestigungsschraube für Nockenwelle lösen. Nockenwellenrad abschrauben und abnehmen, gegebenenfalls mit leichten Schlägen eines Gummihammers abtreiben. Scheibenfeder entfernen.
- Sämtliche Lagerdeckel kennzeichnen. Die 5 Lagerdeckel werden von vorn nach hinten mit den Zahlen 1 bis 5 gekennzeichnet.
- Lagerdeckel 5, 1 und 3 ausbauen. Dann Lagerdeckel 2 und 4 abwechselnd über Kreuz lösen.
- Nockenwelle herausnehmen.

Achtung: Falls die Tassenstößel herausgenommen werden, diese kennzeichnen, damit sie an gleicher Stelle wieder eingesetzt werden können. Tassenstößel mit der **Lauffläche** (Nockenwellenseite) **nach unten** ablegen.

Einbau

- Vor dem Einbau kann die Nockenwelle gegebenenfalls von einer Werkstatt auf Schlag geprüft werden. Verschleißgrenze: 0,01 mm.
- Wird bei Motoren mit höherer Laufleistung oder Geräuschen im Ventiltrieb die bisherige Nockenwelle wieder eingebaut, ist es zweckmäßig, das Axialspiel prüfen zu lassen. Verschleißgrenze: 0,15 mm. Die Messung erfolgt bei ausgebauten Tassenstößeln und montierten Lagerdeckeln 1 und 5.
- Neuen Dichtring für Nockenwelle einsetzen. Vorher Dichtlippe und äußeren Rand des Dichtringes leicht einölen.
- Verschlußstopfen bei Beschädigungen erneuern.
- Lagerdeckel probeweise aufsetzen und auf Mittenversatz der Bohrung achten. Die Lagerdeckel müssen so aufgesetzt werden, daß die Bohrungen von Lagerdeckel und Zylinderkopf übereinstimmen. Auf Markierung der Lagerdeckel achten.
- Falls die Tassenstößel herausgenommen waren, Tassenstößel an der gleichen Stelle wieder einsetzen. Tassenstößel leicht einölen und beim Einsetzen nicht verkanten.

Achtung: Die Tassenstößel dürfen nicht vertauscht werden.

- Nockenwelle einölen und einsetzen. **Achtung:** Dabei müssen die Nocken für Zylinder 1 nach oben zeigen. Lagerdeckel entsprechend der Markierung einsetzen. Auf Mittenversatz achten: Lagerdeckel 2 und 4 abwechselnd über Kreuz mit **20 Nm** anziehen.
- Lagerdeckel 5, 1 und 3 einbauen und mit **20 Nm** festziehen.
- Scheibenfeder für Nockenwellenrad einsetzen. Nockenwellenrad aufsetzen und mit angegebenem Drehmoment festschrauben. Dabei Nockenwellenrad mit Dorn gegenhalten oder Gegenhalter 3036 verwenden.

Befestigungsschraube für Nockenwellenrad, Anzugsmomente

Motorkennbuchstabe	Anzugsmoment
ADP, AHL (1,6-l-Benzinmotor)	**100 Nm**
1Z, AHU, AFN, AHH, AFF (1,9-l-Diesel)	**45 Nm**

- Zahnriemen auf Nockenwellenrad auflegen und spannen, siehe Seite 19.
- Neue Deckeldichtungen für Zylinderkopfdeckel verwenden, Schrauben für Zylinderkopfdeckel vorsichtig mit **10 Nm** festziehen.
- Zahnriemenschutz einbauen.

Achtung: Falls neue Tassenstößel eingebaut wurden, darf der Motor ca. 30 Minuten nicht gestartet werden, sonst setzen die Ventile auf den Kolben auf.

Nockenwelle aus- und einbauen

1,8-l-Benzinmotor

Ausbau

- Schloßträger/vorderes Abschlußblech nach vorn klappen, siehe Seite 179.
- Oberen Zahnriemenschutz ausbauen.
- Zylinderkopfdeckel ausbauen.
- Kurbelwelle auf OT Zylinder 1 stellen, siehe Seite 19.

Achtung: Motorstellung nicht mehr verändern.

- Zahnriemen entspannen und nur oben vom Nockenwellenrad abnehmen, siehe Seite 19.
- Zylinderkopfdeckel abschrauben.
- Nockenwellenrad von vorn mit einem Dorn arretieren. Dazu einen geeigneten Dorn oder stabilen Schraubendreher durch eine Bohrung im Nockenwellenrad schieben und auf der Oberkante des Zylinderkopfes abstützen. Um eine Beschädigung der Dichtfläche des Zylinderkopfes zu vermeiden ein Stück Holz unterlegen. Schraubendreher festhalten und Befestigungsschraube für Nockenwelle lösen. Nockenwellenrad abschrauben und abnehmen, gegebenenfalls mit leichten Schlägen eines Gummihammers abtreiben. Scheibenfeder entfernen.

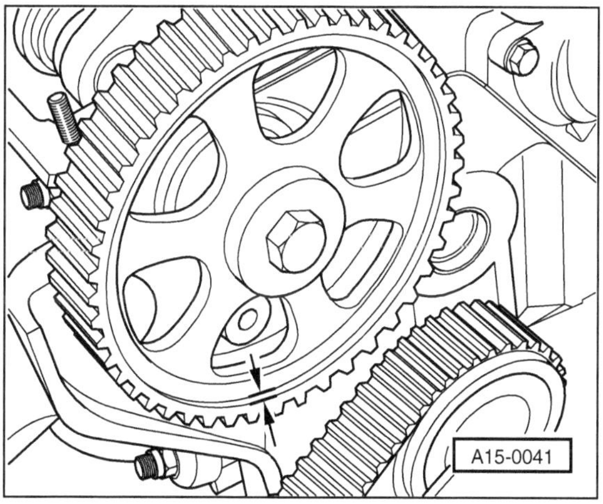

Achtung: Einbaulage des Nockenwellenrades für Wiedereinbau beachten. Der schmale Absatz zeigt nach vorn, in Fahrtrichtung.

- Hallgeber und Hallblende abschrauben, siehe große Abbildung auf Seite 22.

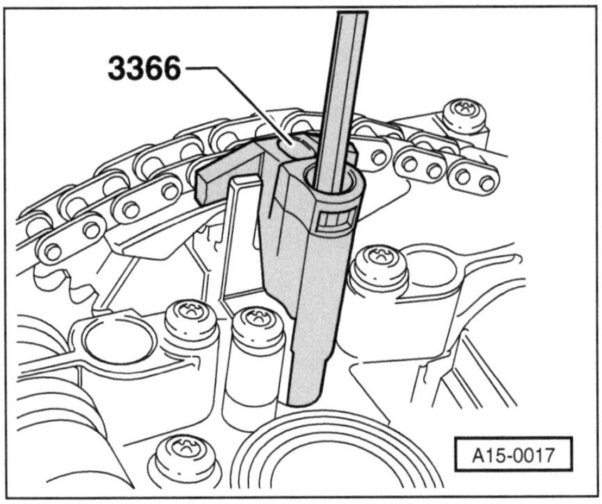

- Halter für Kettenspanner einsetzen, AUDI-Spezialwerkzeug. Halter bis zum spürbaren Druckpunkt anziehen, aber nicht zu fest, sonst wird der Kettenspanner beschädigt. Das Spezialwerkzeug drückt den Kettenspanner zusammen.

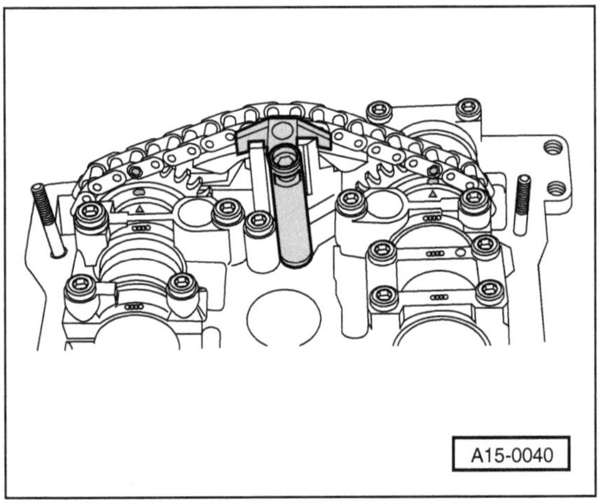

- OT-Stellung der Nockenwellen prüfen: Die beiden Kerben auf den Nockenwellen müssen den beiden Pfeilen auf den hinteren Nockenwellen-Lagerdeckeln gegenüberstehen.
- Der Abstand zwischen den beiden Pfeilen auf den Lagerdeckeln beträgt 16 Rollen auf der Kette. Zahnräder und Kette abwischen und Kette gegenüber den Pfeilen mit Farbe kennzeichnen. **Achtung:** Kette nicht durch Körnerschlag markieren.

Hinweis: Die Kerbe auf der Auslaßnockenwelle ist zur Kettenrolle –1– etwas nach innen versetzt.

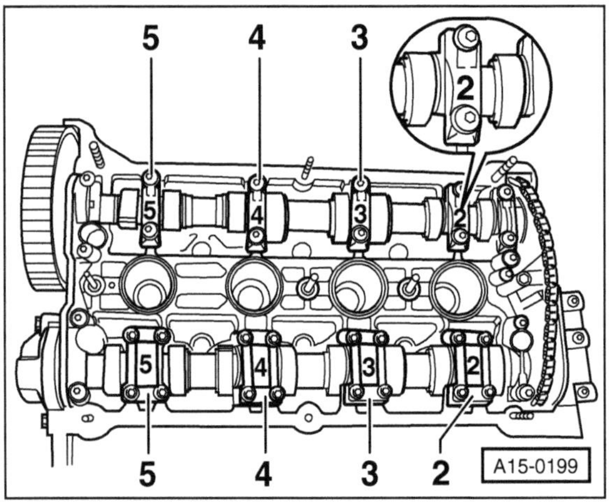

- Erst Lagerdeckel 3 und 5 der Ein- und Auslaßnockenwelle ausbauen.
- Doppellagerdeckel ausbauen.
- Die beiden Lagerdeckel an den Kettenrädern der Ein- und Auslaßnockenwelle ausbauen.
- Befestigungsschrauben für hydraulischen Kettenspanner beziehungsweise Nockenwellenversteller herausschrauben.
- Nockenwellendeckel 2 und 4 an beiden Nockenwellen gleichmäßig lösen und abschrauben. **Achtung:** Schrauben an den Lagerdeckeln abwechselnd lösen, sonst verspannt sich die Nockenwelle und kann brechen.
- Beide Nockenwellen mit Kettenspanner herausheben.

Einbau

- Vor dem Einbau können die Nockenwellen gegebenenfalls von einer Werkstatt auf Schlag geprüft werden. Verschleißgrenze: 0,01 mm.
- Wird bei Motoren mit höherer Laufleistung oder Geräuschen im Ventiltrieb die bisherige Nockenwelle wieder eingebaut, ist es zweckmäßig, das Axialspiel prüfen zu lassen. Verschleißgrenze: 0,20 mm. Die Messung erfolgt bei ausgebauten Tassenstößeln und montierten Lagerdeckeln.

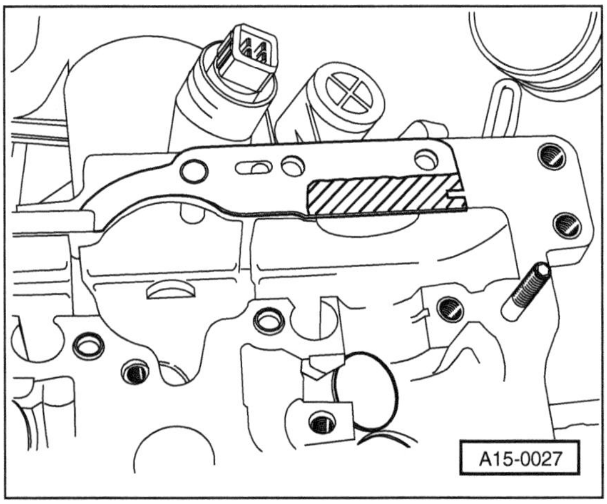

- Gummidichtung mit Dichtmittel AMV 174 004 01 von AUDI auf der unteren schraffierten Fläche dünn einstreichen.
- Kette entsprechend der beim Ausbau angebrachten Markierung auf beide Nockenwellen legen. Der Abstand zwischen den Pfeilen auf den Kettenrädern sind 16 Rollen an der Kette.

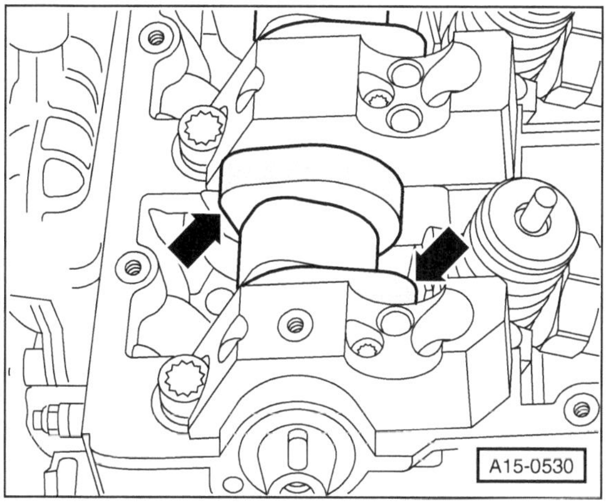

Achtung: Beim Einbauen der Nockenwelle müssen die Nocken für Zylinder 1 nach oben zeigen –Pfeile–. Zylinder 1 liegt auf der Zahnriemenseite des Motors.

- Kettenspanner zwischen die Kette schieben.
- Laufflächen der Nockenwellen ölen.
- Nockenwellen mit Kette und Kettenspanner in den Zylinderkopf einlegen.
- Kettenspanner festschrauben.
- Lagerdeckel 2 und 4 auf beiden Seiten abwechselnd über Kreuz anziehen und mit **10 Nm** festziehen.

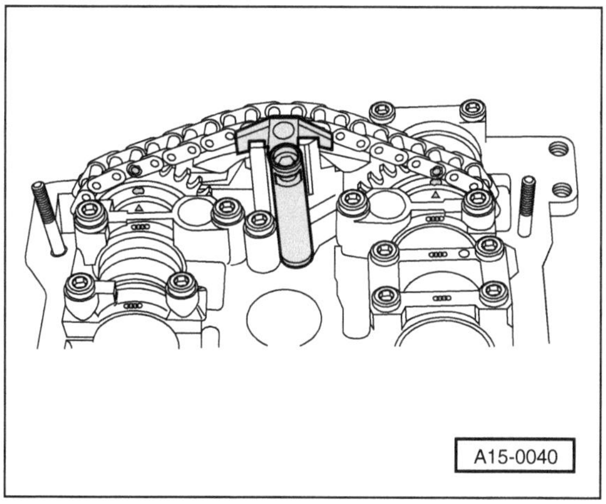

- Lagerdeckel an den beiden Kettenrädern einsetzen, Nockenwelle auf richtige Einstellung prüfen und Lagerdeckel mit **10 Nm** festziehen.
- Haltewerkzeug für Kettenspanner lösen und abnehmen.

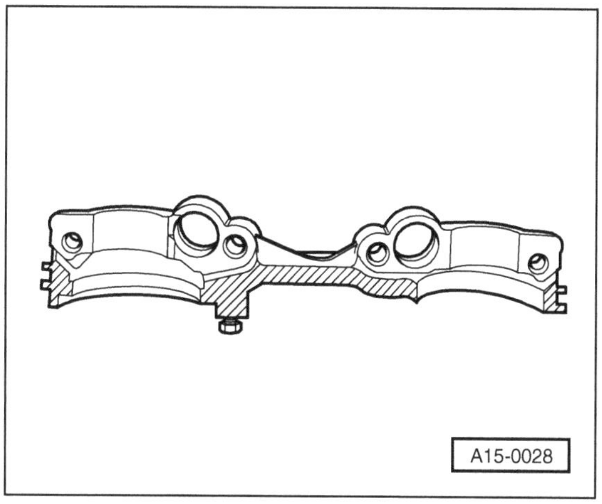

- Vorderen Lagerdeckel mit Dichtmittel AMV 174 004 01 dünn einstreichen und aufsetzen.
- Restliche Lagerdeckel einbauen, dabei auf Paßhülsen achten. Lagerdeckel mit **10 Nm** festziehen.
- Scheibenfeder für Nockenwellenrad einsetzen. Nockenwellenrad aufsetzen und mit angegebenem Drehmoment festschrauben. Dabei Nockenwellenrad mit Dorn oder Spezialwerkzeug 3036 gegenhalten.

Achtung: Einbaulage des Nockenwellenrades beachten. Der schmale Absatz zeigt nach vorn, in Fahrtrichtung.

Befestigungsschraube für Nockenwellenrad, Anzugsmomente

Motorkennbuchstabe	**Anzugsmoment**
ADR	**100 Nm**
AEB	**65 Nm**

- Zahnriemen auf Nockenwellenrad auflegen und spannen, siehe Seite 19.
- Neue Deckeldichtungen für Zylinderkopfdeckel verwenden, Schrauben für Zylinderkopfdeckel vorsichtig mit **10 Nm** festziehen.
- Zahnriemenschutz einbauen.

Achtung: Falls neue Tassenstößel eingebaut wurden, darf der Motor ca. 30 Minuten nicht gestartet werden, sonst setzen die Ventile auf den Kolben auf.

Zylinderkopf/Abgaskrümmer/Ansaugkrümmer

1,8-l-Benzinmotor

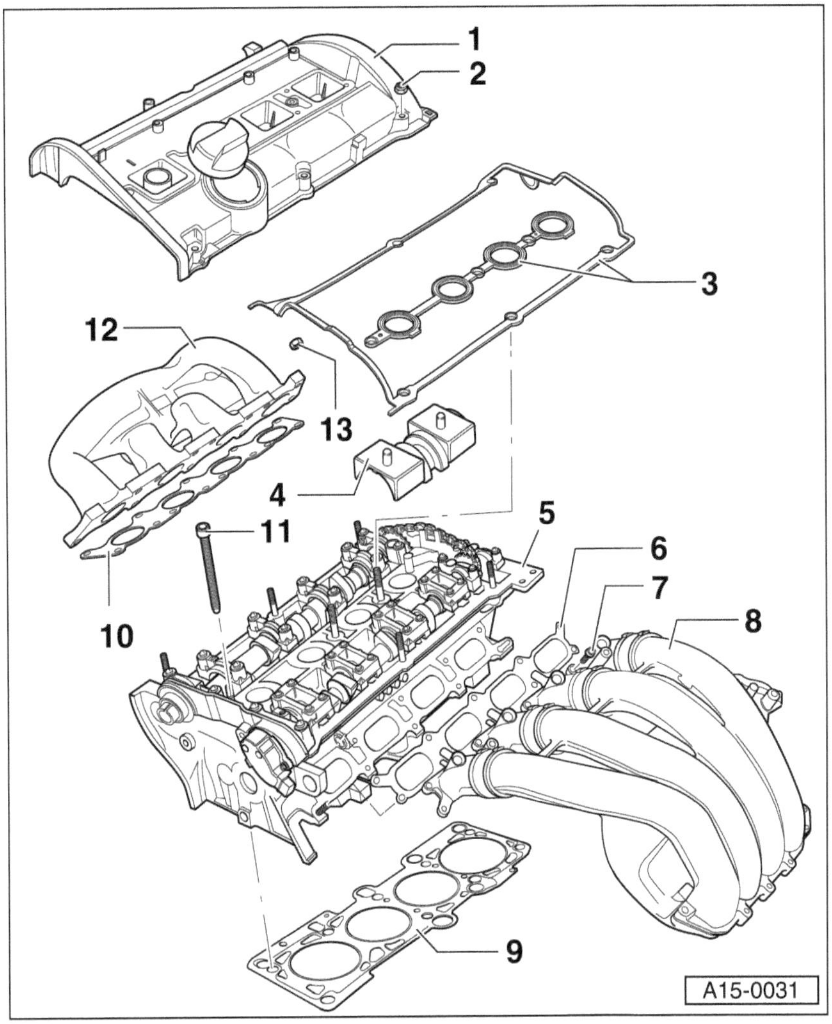

1 – **Zylinderkopfdeckel**
2 – **Mutter, 10 Nm**
3 – **Dichtung für Zylinderkopfdeckel**
4 – **Ölabweiser**
5 – **Zylinderkopf**
6 – **Dichtung für Ansaugrohr**
7 – **Schraube, 10 Nm**
8 – **Saugrohr**
9 – **Zylinderkopfdichtung**
10 – **Dichtung für Abgaskrümmer**
11 – **Zylinderkopfschrauben**
12 – **Abgaskrümmer**
13 – **Mutter, 25 Nm**

Zylinderkopf aus- und einbauen

4-Zylinder-Benzin- und Dieselmotor (55-81 kW/75-110 PS)

Achtung: Zylinderkopf nur bei abgekühltem Motor (Raumtemperatur) ausbauen. Der Abgaskrümmer bleibt angeschlossen, beim Benziner wird der Ansaugkrümmer ausgebaut. Es wird der Ausbau am 1,8-l-Benzinmotor beschrieben. Zusätzlich gibt es Hinweise für den 1,6-l-Benzinmotor und den 1,9-l-Dieselmotor. Da jedoch nicht auf jede Modellvariante eingegangen werden kann, vor dem Abheben des Zylinderkopfes nochmals prüfen, ob alle Leitungen und sonstigen Verbindungen vom und zum Zylinderkopf gelöst wurden. Besonderheiten, die den Dieselmotor betreffen, stehen am Ende des Kapitels.

Eine defekte Zylinderkopfdichtung ist an einem oder mehreren der folgenden Merkmale erkennbar:

- Leistungsverlust.
- Kühlflüssigkeitsverlust. Weiße Abgaswolken bei warmem Motor.
- Ölverlust.
- Kühlflüssigkeit im Motoröl, Ölstand nimmt nicht ab, sondern zu. Graue Farbe des Motoröls, Schaumbläschen am Peilstab, Öl dünnflüssig.
- Motoröl in der Kühlflüssigkeit.
- Kühlflüssigkeit sprudelt stark.
- Keine Kompression auf 2 benachbarten Zylindern.

Ausbau

- Batterie-Massekabel (–) abklemmen. **Achtung:** Dadurch werden elektronische Speicher gelöscht, wie zum Beispiel der Radiocode. Hinweise im Kapitel »Batterie aus- und einbauen« beachten.
- Schloßträger/vorderes Abschlußblech nach vorn klappen, siehe Seite 178.
- Kühlmittel ablassen, siehe Seite 62.
- Luftfilter mit Luftführung bis zum Ansaugrohr ausbauen, siehe Seite 282.

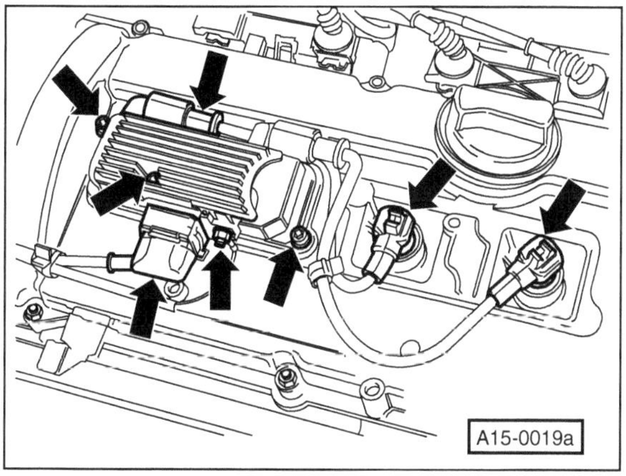

- Motorabdeckung abclipsen. Stecker und Masseleitung an der Zündspule mit Endstufe abschrauben beziehungsweise abclipsen.
- 2 Kabelbinder am Zylinderkopfdeckel aufschneiden, Leitungen freilegen.
- Zündspule abschrauben und zusammen mit den Zündkerzensteckern abziehen.

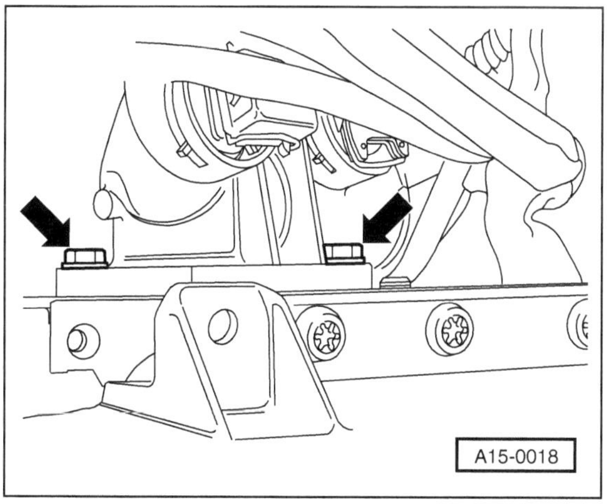

- Kühlmittelstutzen am Zylinderkopf hinten abschrauben.

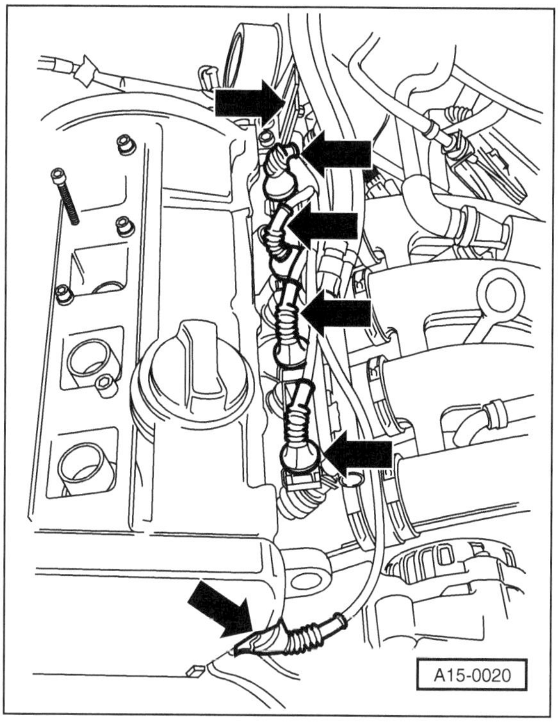

- Stecker am Hallgeber und an den Einspritzventilen abziehen, Leitung nach hinten legen.
- Halter zwischen Zylinderkopf und Saugrohr im Bereich des Kraftstoffdruckreglers abschrauben.
- Ausgleichsbehälter für Kühlmittel abschrauben.

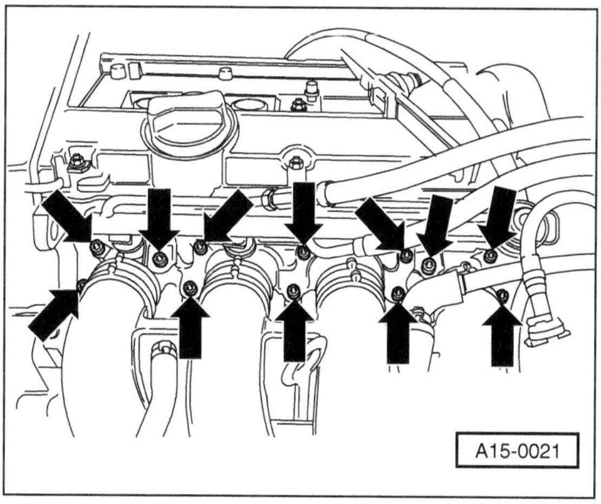

- Ansaugrohr am Zylinderkopf abschrauben.
- Ansaugrohr unten an beiden Gummimetallagern abschrauben und etwas vom Zylinderkopf wegziehen.
- 2 Stecker für Lambdasonde links an der Motorraum-Stirnwand trennen. Vorderes Abgasrohr am Krümmer abschrauben, siehe Seite 107.
- Zahnriemenschutz oben abnehmen, Motor auf OT für Zylinder 1 stellen, siehe Seite 19.

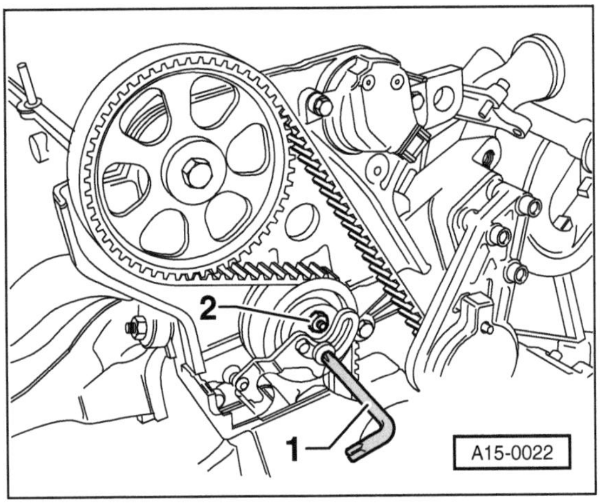

- Zahnriemen durch Lösen der Schraube –1– entspannen. Spannrolle zurückdrücken und Zahnriemen nur oben vom Nockenwellenrad abnehmen, er muß nicht ausgebaut werden.
- Zylinderkopfdeckel abschrauben und mit Dichtungen abnehmen, siehe Seite 26.

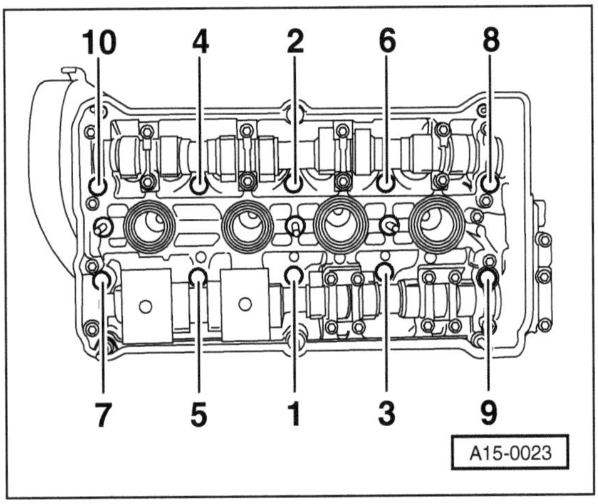

- Zylinderkopfschrauben mit langem 8mm Innensechskantschlüssel herausdrehen. Beim 1,6-l-Motor sowie Dieselmotor sind Innenvielzahnschrauben eingebaut, dann wird ein Innenvielzahnschlüssel (z. B. HAZET 990 Slg-12) benötigt.

Achtung: Die Schrauben müssen entgegen ihrer Numerierung von 10 nach 1 gelöst werden.

- Prüfen, ob sämtliche Leitungen und Schläuche, die zum Zylinderkopf führen, abgezogen sind.
- Zylinderkopf abheben und auf zwei Holzleisten legen.
- Zylinderkopfdichtung abnehmen.

Einbau

Vor dem Einbau Zylinderkopf und Motorblock mit geeignetem Schaber vorsichtig von Dichtungsresten freimachen. Darauf achten, daß kein Schmutz in die Motorblock-Öffnungen fällt. Bohrungen mit Lappen verschließen.

Darauf achten, daß keine langgezogenen Riefen oder Kratzer entstehen. Falls Schleifpapier verwendet wird, darf die Körnung nicht unter 100 liegen.

- Prüfen, ob die Bohrungen für die Zylinderkopfschrauben frei von Öl sind, gegebenenfalls Öl entfernen. Dazu einen sauberen Lappen in die Bohrungen einführen und Öl aufsaugen. **Achtung:** Verbleibt Öl in den Bohrungen, kann beim Anziehen der Schrauben der Motorblock beschädigt werden.

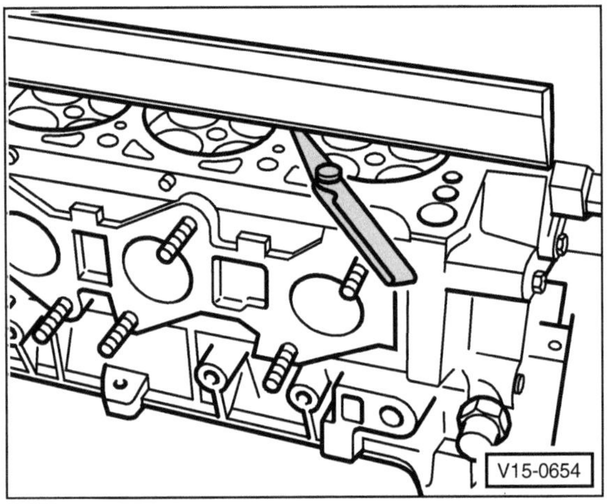

- Verzug mit Stahllineal und Fühlerblattlehre an verschiedenen Stellen des Zylinderkopfes prüfen. Die zulässigen Unebenheiten dürfen maximal 0,1 mm nicht überschreiten.

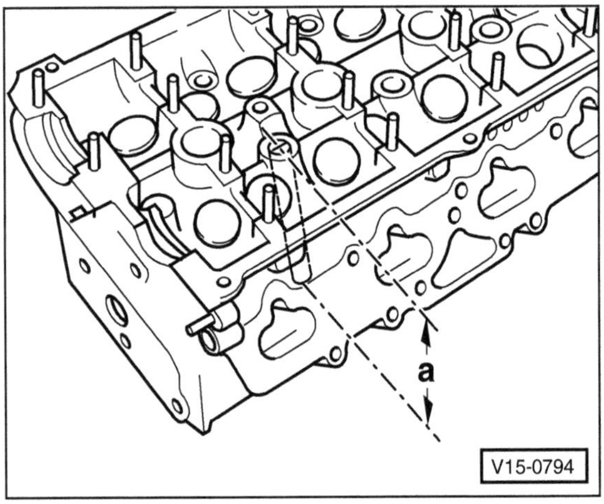

Achtung: Werden die Dichtflächen des Zylinderkopfes plangeschliffen, darf die zulässige Mindesthöhe a = 139,25 mm nicht unterschritten werden.

Beim 1,6-l-Motor beträgt die Mindesthöhe des Zylinderkopfs, von Dichtfläche zu Dichtfläche gemessen, 132,6 mm. Der Dieselmotor-Zylinderkopf darf **nicht** nachgeplant werden.

- Zylinderköpfe mit Rissen zwischen den Ventilsitzen beziehungsweise dem Ventilsitzring und den ersten Gewindegängen des Zündkerzengewindes können ohne Herabsetzung der Lebensdauer weiterverwendet und überholt werden, wenn die Risse eine Breite von max. 0,5 mm nicht überschreiten.
- Zylinderkopfschrauben und Zylinderkopfdichtung **immer erneuern**.

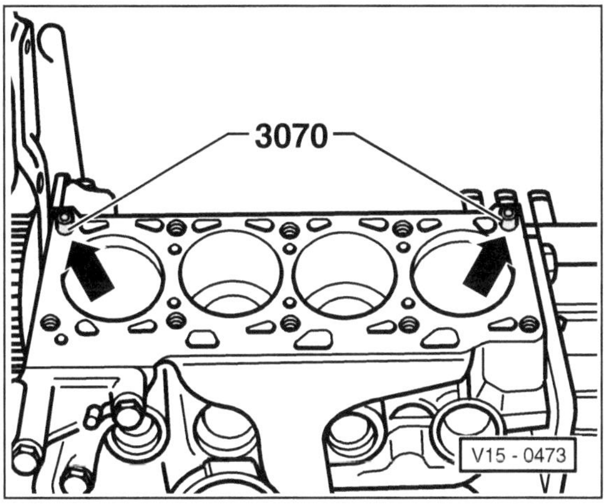

- Zum Zentrieren des Zylinderkopfes Führungsbolzen 3070 in die hinteren äußeren Bohrungen für die Zylinderkopfschrauben einschrauben. **Hinweis:** Falls die Führungsbolzen nicht zur Verfügung stehen, können stattdessen auch 2 alte Zylinderkopfschrauben mit abgesägten Köpfen verwendet werden. Zum späteren herausdrehen empfiehlt es sich, oben jeweils eine Nut für den Schraubendreher anzubringen.
- **Neue** Zylinderkopfdichtung so auflegen, daß die Beschriftung (Ersatzteil-Nr.) lesbar ist, also zum Zylinderkopf zeigt. Zylinderkopfdichtung ohne Dichtungsmittel so auflegen, daß keine Bohrungen verdeckt werden. **Achtung:** Zylinderkopfdichtung sorgfältig behandeln. Selbst kleine Beschädigungen führen zu Undichtigkeiten. Neue Dichtung erst unmittelbar vor dem Einbau aus der Verpackung nehmen.
- Kurbelwelle an der Riemenscheibe so verdrehen, daß alle Kolben ungefähr auf gleicher Höhe stehen. Kurbelwelle drehen, siehe Seite 19.
- Zylinderkopf aufsetzen, dabei Führungsstifte im Motorblock beachten.
- Die 8 Zylinderkopfschrauben mit Unterlegscheiben ansetzen und handfest anziehen. **Zylinderkopfschrauben grundsätzlich ersetzen.**
- Führungsbolzen mit Bolzendreher beziehungsweise mit Schraubendreher herausdrehen und 2 restliche Zylinderkopfschrauben einsetzen und handfest anziehen.

Achtung: Das Anziehen der Zylinderkopfschrauben ist mit größter Sorgfalt durchzuführen. Vor dem Anziehen der Schrauben Drehmomentschlüssel auf seine Genauigkeit prüfen. Die Schrauben bei kaltem Motor anziehen.

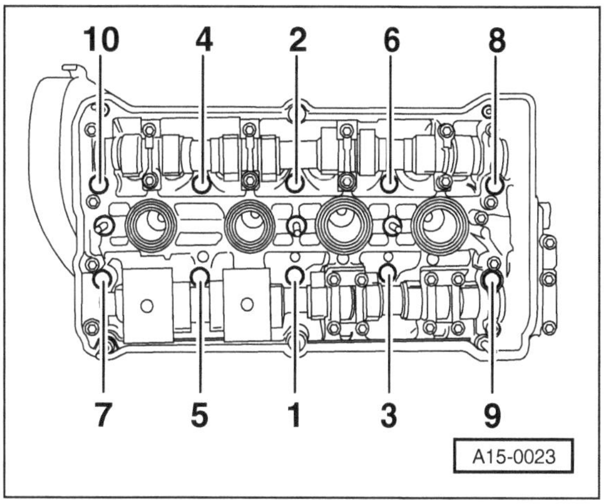

- Die Zylinderkopfschrauben werden in 4 Stufen angezogen. Schrauben in jeder Stufe jeweils in der Reihenfolge von 1 bis 10 anziehen. Die Werte gelten für die Motoren mit den Kennbuchstaben ADP, AHL, ADR, AEB, 1Z, AHU, AHH, AFF und AFN.

1. Stufe: mit Drehmomentschlüssel **40 Nm**
2. Stufe: mit Drehmomentschlüssel **60 Nm**
3. Stufe: **1/4 Umdrehung (90°)** mit **starrem** Schlüssel ohne abzusetzen weiterdrehen.
4. Stufe: **1/4 Umdrehung (90°)** mit **starrem** Schlüssel ohne abzusetzen weiterdrehen.

- Beim Anziehen der Zylinderkopfschrauben Drehwinkel abschätzen. Schlüsselgriff längs zum Motor ansetzen und in einem Zug drehen, bis der Griff quer zum Motor steht (1/4 Umdrehung = 90°).

Achtung: Ein Nachziehen der Zylinderkopfschrauben bei warmem Motor, im Rahmen der Wartung oder nach Reparaturen, ist **nicht zulässig.**

Achtung: Beim Einbau eines Austausch-Zylinderkopfes mit montierter Nockenwelle müssen die Berührungsflächen zwischen Tassenstößel und Nockenbahn nach Einbau des Zylinderkopfes geölt werden.

- Nockenwelle auf OT für Zylinder 1 stellen, siehe Seite 19.
- Kurbelwelle auf OT für Zylinder 1 stellen, siehe Seite 19.
- Dichtung für Zylinderkopfdeckel auflegen.
- Zylinderkopfdeckel auflegen und mit 10 Nm über Kreuz anschrauben.
- Zahnriemen auf das Nockenwellenzahnrad auflegen und spannen, siehe Seite 19.
- Vorderes Abgasrohr am Krümmer anschrauben, siehe Seite 107.
- 2 Stecker für Lambdasonde links an der Motorraum-Stirnwand zusammenstecken.
- Ansaugrohr mit **neuer** Dichtung und 10 Nm über Kreuz am Zylinderkopf anschrauben.
- Ansaugrohr unten an beiden Gummimetallagern anschrauben.
- Ausgleichsbehälter für Kühlmittel anschrauben.
- Halter zwischen Zylinderkopf und Saugrohr im Bereich des Kraftstoffdruckreglers anschrauben.

- Stecker am Hallgeber und an den Einspritzventilen aufstecken und Leitungen verlegen.
- Kühlmittelstutzen am Zylinderkopf hinten anschrauben.
- Zündspule aufstecken und anschrauben. Zündkerzenstecker aufstecken, dabei nicht vertauschen. Das Kabel für Zylinder 1 (in Fahrtrichtung vorn) ist mit »1« beschriftet.
- Kabelstrang hinten am Zylinderkopfdeckel mit 2 neuen Kabelbindern befestigen.
- Stecker an der Zündspule mit Bügel arretieren, Masseleitung anschrauben.
- Motorabdeckungen und Zahnriemenabdeckung anclipsen.
- Luftfilter mit Luftführung einbauen, siehe Seite 282.
- Ölstand im Motor prüfen, gegebenenfalls auffüllen. **Achtung:** Wurde der Zylinderkopf aufgrund einer defekten Zylinderkopfdichtung abgebaut, empfiehlt sich ein vorgezogener Ölwechsel einschließlich eines Ölfilterwechsels, da sich im Motoröl Kühlflüssigkeit befinden kann.
- Kühlmittel auf Gefrierschutz prüfen und auffüllen, siehe Seite 62.

Achtung: Falls der Zylinderkopf ersetzt wurde, nur **neues** Kühlmittel verwenden.

- Batterie-Massekabel (–) anklemmen. Code für die Diebstahlsicherung eingeben, Sender programmieren und Zeituhr einstellen. **Achtung:** Die Batterie darf nur bei **ausgeschalteter Zündung angeklemmt werden, da sonst das Steuergerät der Einspritzanlage beschädigt wird.**
- Schloßträger/vorderes Abschlußblech einbauen, siehe Seite 178.
- Motor auf Betriebstemperatur bringen. Dazu Motor warmfahren bis die Kühlmittel-Temperaturanzeige normale Betriebstemperatur des Kühlmittels signalisiert. Der Zeiger steht dann auf der +90° C-Marke. Anschließend noch mindestens 5 km weiterfahren, damit auch eine ausreichende Motoröltemperatur sichergestellt ist.
- Ölstand und Kühlmittelstand überprüfen und sämtliche Schlauchanschlüsse auf Dichtheit prüfen.

Ausbau Dieselmotor

- Elektrische Leitungen vom Absteller und den Glühkerzen abklemmen.
- Einspritzleitungen an den Anschlüssen der Pumpe und den Einspritzdüsen mit Kaltreiniger reinigen und abschrauben. Öffnungen mit entsprechenden Kappen verschließen.
- Glühkerzen und Einspritzdüsen ausbauen, siehe Seite 100.

Einbau

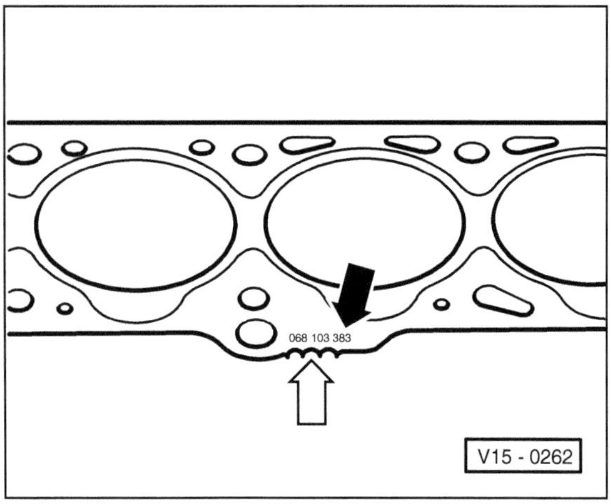

- Je nach Kolbenüberstand werden in der Dicke unterschiedliche Zylinderkopfdichtungen eingebaut. Beim Ersetzen der Dichtung Kennzeichnung beachten und nur eine neue Dichtung gleicher Kennzeichnung einbauen. Schwarzer Pfeil = Ersatzteil-Nummer, weißer Pfeil = Kennzeichnung (Löcher oder Kerben), ist auch bei eingebauter Dichtung sichtbar.
- Glühkerzen einbauen, siehe Seite 100.
- Einspritzventile einbauen, siehe Seite 101.
- Anschlüsse der Einspritzleitungen mit Kaltreiniger säubern. Überwurfmutter mit 25 Nm festziehen.
- Elektrische Leitungen an Absteller und Glühkerzen anklemmen.
- Förderbeginn der Einspritzpumpe überprüfen, siehe Seite 102.

Hinweis: Ein späteres Nachziehen der Zylinderkopfschrauben ist nicht erlaubt.

Zahnriementrieb

6-Zylindermotor 174 PS

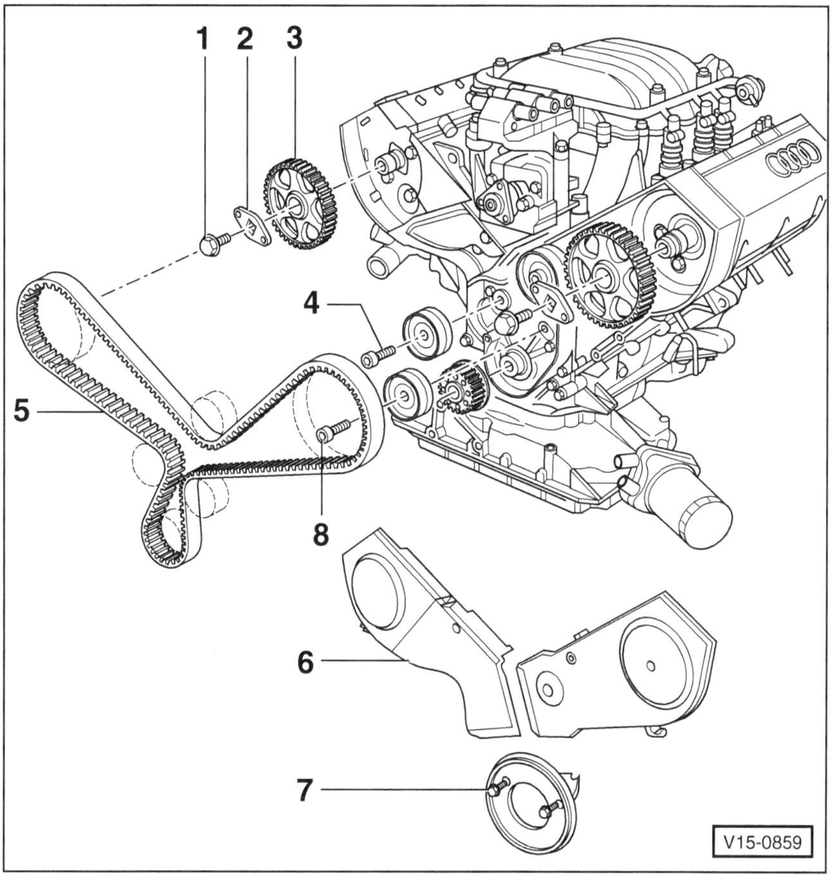

1 – **Schraube**
Mit **30 Nm** anziehen, dann **180°** (½ Umdrehung) weiterdrehen.

2 – **Fixierplatte**
Beschriftung »vorne« und »hinten« beachten, in gleicher Lage wieder einbauen.

3 – **Nockenwellenräder**

4 – **Zahnriemenspannrolle, 45 Nm**

5 – **Zahnriemen**

6 – **Zahnriemenabdeckung**

7 – **Schraube, 10 Nm**

8 – **Schraube, 25 Nm**

Zahnriemen aus- und einbauen/ spannen

6-Zylinder-Benzinmotor, Zwei- und Fünfventiler

Folgendes Spezialwerkzeug ist erforderlich:
- Kurbelwellenbefestigung AUDI-3242
- Nockenwellenbefestigung AUDI-3243
- Klauenabzieher, z. B. KUKKO 20-10

Ausbau

- Untere Motorraumverkleidung ausbauen, siehe Seite 19.
- **5-Ventilmotor:** Schloßträger in Servicestellung bringen, siehe Seite 179.
- Keilrippenriemen ausbauen, siehe Seite 49.
- Spannvorrichtung für Keilrippenriemen ausbauen. Dazu Innensechskantschraube SW10 am Spannrollenträger herausdrehen.
- Zahnriemenschutz auf beiden Seiten abclipsen und abnehmen.

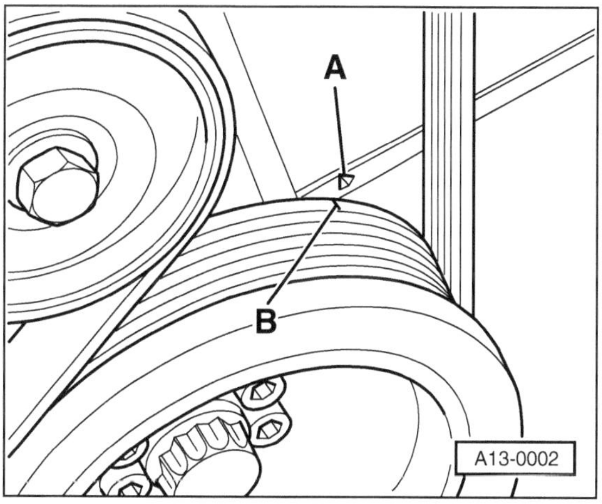

- Kurbelwelle auf OT für Zylinder 3 stellen. Dazu Getriebe in Leerlaufstellung bringen, Handbremse anziehen und an der Zentralschraube der Kurbelwellen-Riemenscheibe die Kurbelwelle im Uhrzeigersinn drehen, bis die Markierung an der Riemenscheibe –B– der Bezugsmarke –A– gegenüber steht. Hierzu wird ein tiefgekröpfter Ringschlüssel oder eine Stecknuß SW 24 (Doppelsechskant) benötigt.

- Gleichzeitig müssen die großen Bohrungen der Fixierplatten an den Nockenwellenrädern nach innen zueinander stehen, andernfalls Kurbelwelle um eine Umdrehung weiterdrehen.

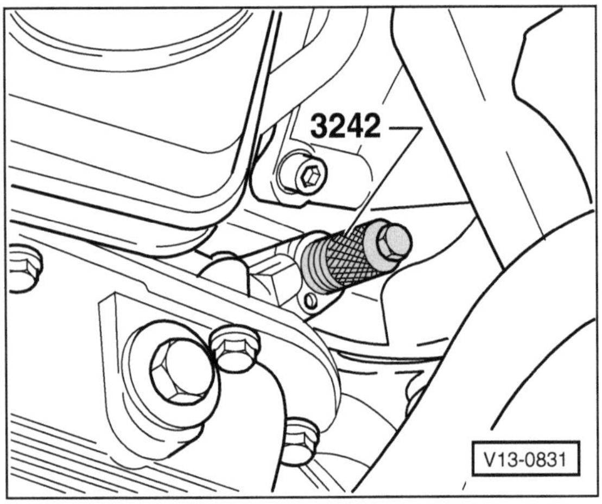

- Kurbelwelle in dieser Stellung arretieren. Dazu Zündzeitpunktgeber auf der linken Seite aus dem Kurbelgehäuse herausschrauben. Der Geber befindet sich oberhalb des Ölwannenoberteils auf Höhe des mittleren Zylinders.
- Anstelle des Gebers den Dorn AUDI-3242 in die Bohrung einschrauben und leicht festziehen. Der Dorn greift dabei in eine Bohrung oder Nut am Gegengewicht der Kurbelwelle ein und arretiert diese. Bevor der Dorn eingeschraubt wird, prüfen ob die Nut der Kurbelwelle sicht- oder fühlbar ist.
- Schwingungsdämpfer mit 8 Innensechskantschrauben SW 6 abschrauben. **Achtung:** Zentralschraube **nicht** lösen.

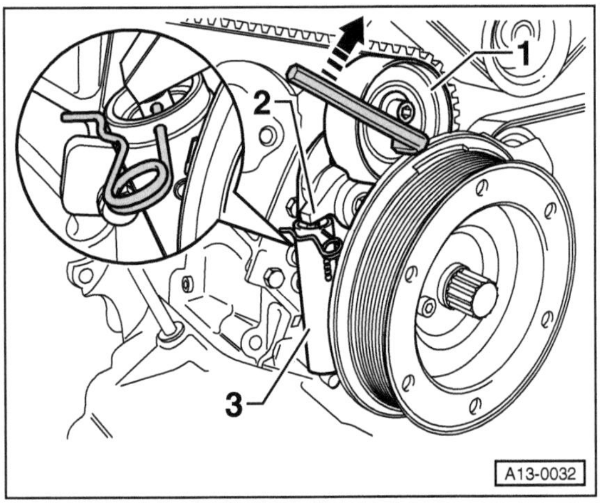

- **5-Ventilmotor:** Zahnriemenspannrolle –1– mit 8-mm-Innensechskantschlüssel langsam nach rechts drehen, bis der Spannhebel –2– das Spannelement –3– so weit zusammengedrückt hat, daß ein Federsplint mit ∅ 2 mm in die Bohrung und in den Stößel paßt. Splint einsetzen, die Spannrolle ist jetzt arretiert. Innensechskantschlüssel loslassen.

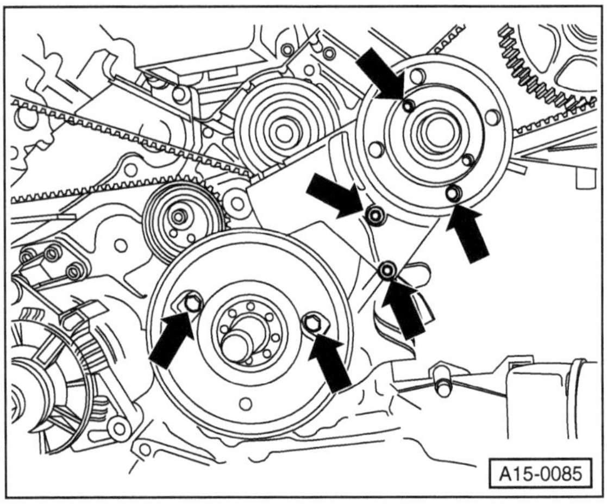

- **5-Ventilmotor:** Umlenkrolle für Keilrippenriemen abschrauben.
- Zahnriemenschutz unten ausbauen.
- 2-Ventilmotoren (150 und 174 PS): Zahnriemen entspannen, dazu Klemmschraube an Spannrolle mit Innensechskantschlüssel SW 8 lösen.
- Zahnriemen abnehmen. Gegebenenfalls Spannrolle mit Innensechskantschlüssel SW 8 verdrehen.

Achtung: Der Zahnriemen darf nicht geknickt werden. Ein einmal geknickter Zahnriemen muß immer ersetzt werden, da der Riemen im späteren Betrieb reißen kann, was zu schweren Motorschäden führt.

- Stellung der Zahnriemenräder möglichst nicht verändern.

Achtung: Wird der bisherige Zahnriemen wiederverwendet, unbedingt Laufrichtung auf dem Zahnriemen mit Filz- oder Fettstift durch einen Pfeil kennzeichnen. Der Motor dreht, von vorn gesehen, rechts herum, also im Uhrzeigersinn. Der Einbau des Zahnriemens in umgekehrter Laufrichtung kann zum Reißen des Riemens und dadurch zu Motorschäden führen.

Einbau

- Befestigungsschrauben der Nockenwellenräder links und rechts um ca. 3 Umdrehungen lösen, nicht abschrauben.
- Beide Nockenwellenräder mit handelsüblichem Klauenabzieher vom Konus der Nockenwelle lösen. Der Abzieher stützt sich auf der Befestigungsschraube für Nockenwellenrad ab.

Achtung: Die Nockenwellenräder müssen auf dem Konus so lose sein, daß sie sich auf den Nockenwellen verdrehen lassen, jedoch nicht kippen können. Dazu Befestigungsschrauben bis zur Anlage wieder leicht anschrauben.

- Zahnriemen über beide Nockenwellenräder legen, dann über die Umlenkrolle und das Kurbelwellenzahnrad und zuletzt über die Spannrolle.

2-Ventilmotoren (150 und 174 PS):

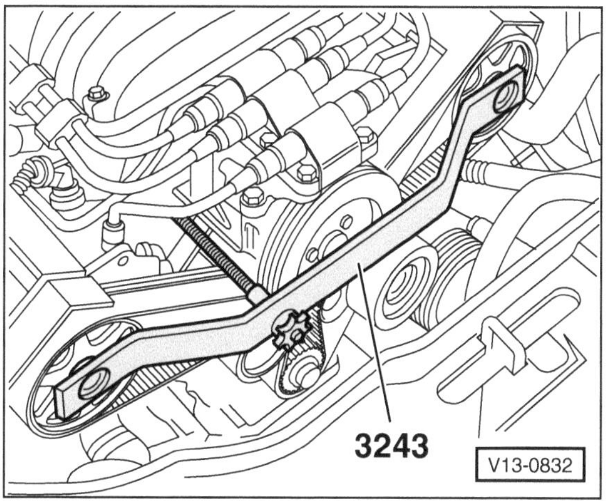

- Nockenwellenbefestigung AUDI-3243 einsetzen.

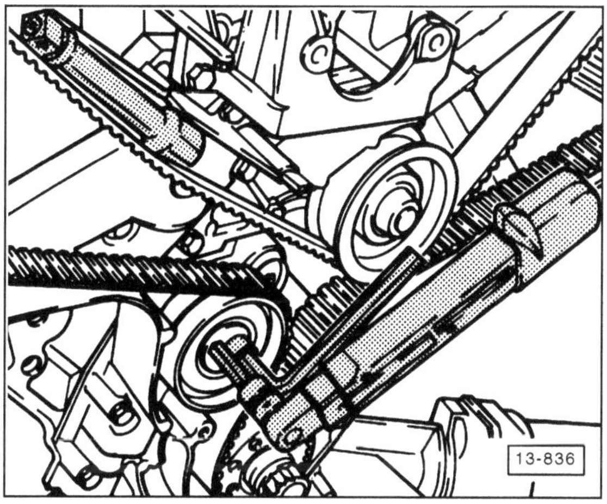

- Zahnriemenspannrolle mit Innensechskantschlüssel SW 8mm nach rechts drehen und festhalten. Der Zahnriemen wird dadurch gespannt.
- Klemmschraube der Zahnriemenspannrolle mit zweitem Innensechskantschlüssel SW 8mm festziehen.

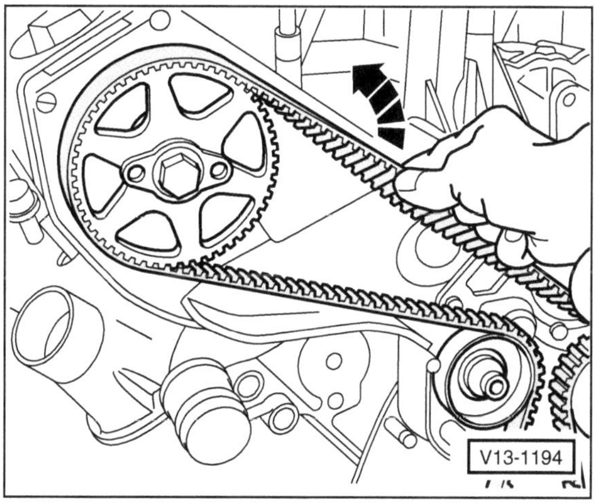

- Zahnriemenspannung prüfen. Dazu den Zahnriemen in der Mitte zwischen rechtem Nockenwellenrad und Kühlmittelpumpe mit Daumen und Zeigefinger verdrehen. Der Riemen muß sich gerade noch um 90° verdrehen lassen. Andernfalls Spannung erneut einstellen. Motor von Hand einmal in Drehrichtung durchdrehen und Prüfung der Riemenspannung wiederholen, gegebenenfalls Zahnriemenspannung nochmals korrigieren
- Klemmschraube für Spannrolle mit **45 Nm** festziehen.
- Nockenwellenräder mit **30 Nm** festziehen, anschließend Schrauben um **180°** (½ Umdrehung) weiterdrehen. Damit die 180° eingehalten werden, Winkelscheibe verwenden, oder Schraubschlüssel ansetzen, Markierung anbringen, bis wohin der Schlüsselarm gedreht werden soll, und Schraube anziehen.

5-Ventilmotor:

- Nockenwellenbefestigung AUDI-3391 einsetzen.
- Spannrolle am Innensechskant nach rechts drehen und Splint herausziehen. Schlüssel loslassen, der Zahnriemen wird nun automatisch gespannt. Drehmomentschlüssel am Innensechskant der Spannrolle ansetzen und mit **15 Nm** in Spannrichtung drehen, damit der Zahnriemen richtig vorgespannt ist.
- Spannrolle mit **20 Nm**, Umlenkrolle mit **45 Nm** festziehen.
- Nockenwellenräder mit **55 Nm** festziehen.

- Nockenwellenbefestigungswerkzeug abschrauben.
- Dorn für Kurbelwellenarretierung herausschrauben, Zündzeitpunktgeber mit **10 Nm** einschrauben.
- Zahnriemenschutz unten einbauen.

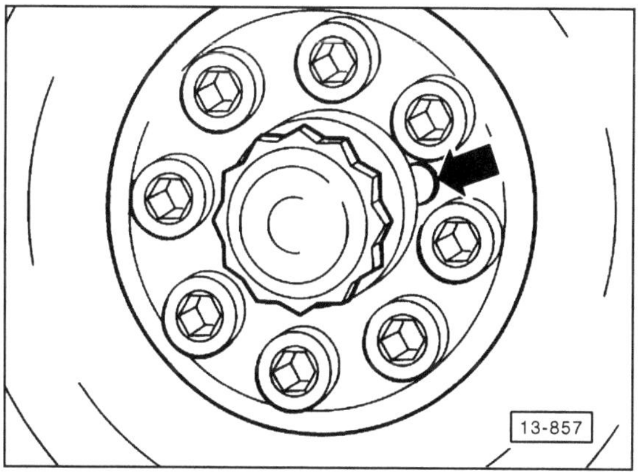

- Schwingungsdämpfer so ansetzen, daß die Nase am Kurbelwellen-Zahnriemenrad in die Kerbe des Schwingungsdämpfers eingreift. Schwingungsdämpfer mit 8 Innensechskantschrauben und **25 Nm** anschrauben.
- Zahnriemenschutz links und rechts einbauen.
- Spannvorrichtung für Keilrippenriemen so einsetzen, daß der Arretierdorn in die Bohrung am Motorblock eingreift. Innensechskantschraube mit **55 Nm** festziehen.
- Zahnriemenschutz auf beiden Seiten anclipsen.
- Keilrippenriemen einbauen, siehe Seite 49.
- Untere Motorraumverkleidung einbauen, siehe Seite 19.

Zylinderkopf

6-Zylinder-Benzinmotor (2-Ventilmotor, 150 PS und 174 PS)

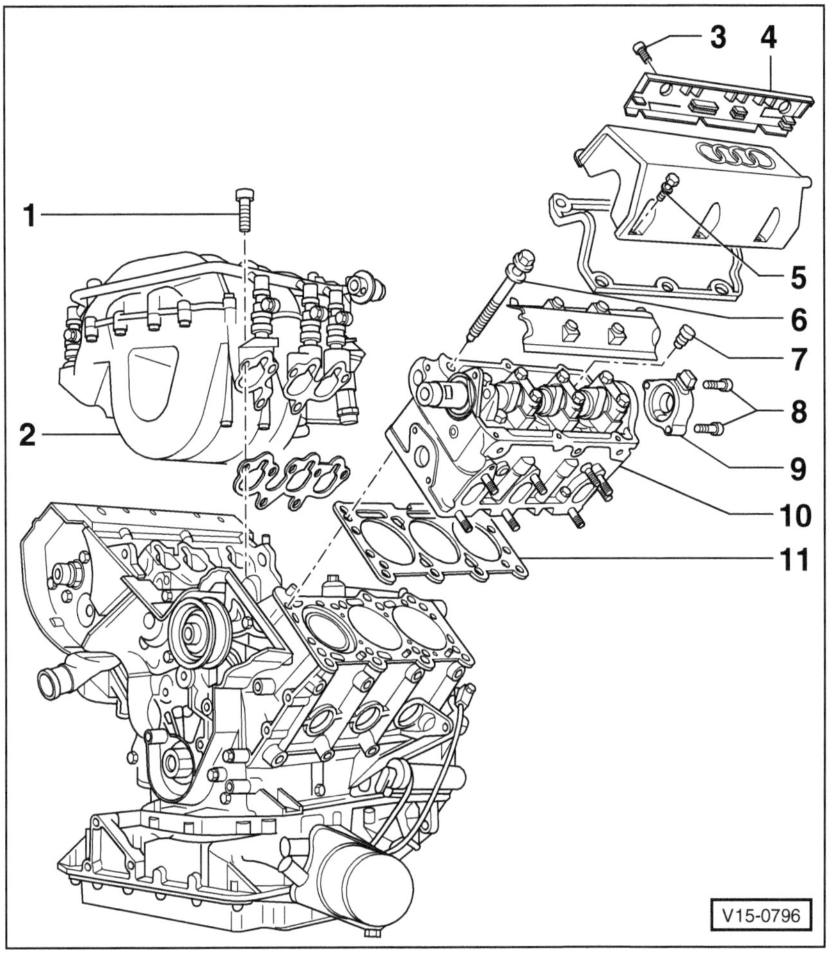

1 – **Schraube, 20 Nm**
Werden die Befestigungsschrauben gelöst, so sind alle Zylinderkopfschrauben um 90° nachzuziehen.

2 – **Saugrohr**

3 – **Schraube, 10 Nm**

4 – **Abdeckung**

5 – **Schraube, 10 Nm**

6 – **Zylinderkopfschraube**

7 – **Öldruck-Begrenzungsventil**

8 – **Schrauben, 10 Nm**

9 – **Hallgeber-Gehäuse**

10 – **Zylinderkopf**
Ein Ersatz-Zylinderkopf kann links und rechts verwendet werden. Er muß dann allerdings vor dem Einbau vorn mit einem Verschlußdeckel versehen werden.

11 – **Zylinderkopfdichtung**
Die Schrift muß nach oben zeigen.

Zylinderkopf aus- und einbauen

6-Zylindermotor

Zylinderkopf nur bei abgekühltem Motor (Raumtemperatur) ausbauen. Der Abgaskrümmer bleibt angeschlossen. Der Zylinderkopf kann bei eingebautem Motor ausgebaut werden. Die Beschreibung bezieht sich auf den linken Zylinderkopf. Der rechte Zylinderkopf wird auf die gleiche Weise ausgebaut, spezielle Hinweise stehen am Ende des Kapitels.

Achtung: Es wird der Ausbau an den 2-Ventilmotoren (150 und 174 PS) beschrieben. Die Anzugsmomente für die Zylinderkopfschrauben gelten jedoch auch für die 5-Ventilmotoren. Die Zylinderkopfschrauben-Anzugsmomente für den **V6-Dieselmotor mit 4-Ventiltechnik** stehen am Ende des Kapitels. Vor dem Abheben des Zylinderkopfes nochmals prüfen, ob alle Leitungen und sonstigen Verbindungen vom und zum Zylinderkopf gelöst wurden.

Eine defekte Zylinderkopfdichtung ist an verschiedenen Merkmalen erkennbar, siehe Seite 26.

Ausbau

- Batterie-Massekabel (–) abklemmen. **Achtung:** Dadurch werden elektronische Speicher gelöscht, wie zum Beispiel der Radiocode. Hinweise im Kapitel »Batterie aus- und einbauen« beachten.
- Untere Motorraumabdeckung ausbauen, siehe Seite 19.
- Keilrippenriemen ausbauen, siehe Seite 49.
- Zahnriemen entspannen und von den Nockenwellenrädern abnehmen. Der Schwingungsdämpfer an der Kurbelwelle bleibt eingebaut, siehe Seite 49.

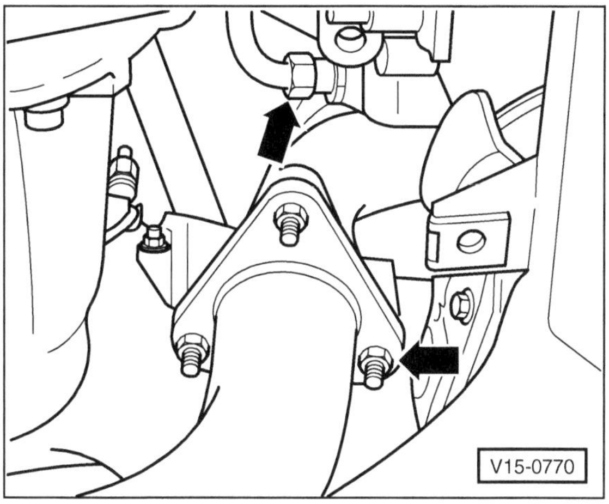

- Abgasrohr vom Krümmer abschrauben.
- Abgasleitung zum mechanischen Abgas-Rückführungs-Ventil (AGR) am Abgaskrümmer abschrauben. Der Anschluß befindet sich am linken Krümmer neben der Lambdasonde.
- Kühlmittel ablassen, siehe Seite 62.
- Luftführungsschlauch zwischen Luftmassenmesser und Saugrohr ausbauen.
- Kurbelgehäuseentlüftungen am Zylinderkopfdeckel links und rechts abschrauben.
- Kraftstoffvor- und -rücklaufleitung von der Ringleitung hinten beim Sammelsaugrohr abschrauben. Dabei Lappen um den Anschluß legen, Muttern langsam lösen um den Druck abzubauen. Leitungen mit geeigneten Stopfen verschließen.
- Abdeckung am Ansaug-Geräuschdämpfer abclipsen. Dabei Schraubendreher zwischen Sammelsaugrohr und Abdeckung einsetzen und Abdeckung nach oben abhebeln.
- Beide Schrauben unter der Abdeckung herausschrauben.
- Geräuschdämpfer nach hinten drücken, vom Drosselklappenstutzen abziehen und nach oben herausheben.
- Folgende Unterdruckschläuche abziehen. Zum leichteren Einbau Schläuche vorher mit Klebeband kennzeichnen.
  - ◆ Unterdruckleitung am Geräuschdämpfer links.
  - ◆ Schlauch am Anschlußstutzen linke Kurbelgehäuseentlüftung.
- Geräuschdämpfer herausnehmen.
- Weitere Unterdruckleitungen markieren und abziehen:
  - ◆ Unterdruckleitung für Bremskraftverstärker hinten rechts am Sammelsaugrohr und von der Vakuumpumpe hinten am rechten Zylinderkopf abziehen.
  - ◆ Unterdruckschlauch oben von der AGR-Dose (Metall-Unterdruckdose) abziehen. Die AGR-Dose (AGR = Abgasrückführung) mit mechanischem Ventil ist links hinten am Sammelsaugrohr angeflanscht.
  - ◆ Unterdruckleitung von der GRA-Dose abziehen. Die GRA-Dose (schwarze Kunststoffdose) bewirkt die Umschaltung der Saugrohrklappen und befindet sich neben der AGR-Dose.
  - ◆ Unterdruckleitung zum Taktventil für Aktivkohlefilter am Drosselklappenteil abschrauben.
  - ◆ Unterdruckleitungen am Ventil für Saugrohrumschaltung (blau) und am elektrischen AGR-Ventil (braun) abziehen. Die beiden Ventile befinden sich unterhalb des Luftmassenmessers.
- Abdeckung links für die elektrischen Leitungen der Einspritzventile mit Innensechskantschlüssel SW 5 abschrauben.
- Gaszug abclipsen, aushängen und zur Seite legen.
- Folgende elektrischen Leitungen abziehen bzw. abklemmen. Für den leichteren Einbau Leitungen mit Klebeband kennzeichnen.
  - ◆ Alle Zündkerzenstecker abziehen.
  - ◆ Alle Stecker an den Einspritzventilen abziehen.
  - ◆ Stecker vom Leerlaufstabilisierungsventil rechts hinten am Sammelsaugrohr abziehen.
  - ◆ Stecker vom Drosselklappenpotentiometer unten am Drosselklappenstutzen abziehen.
  - ◆ Stecker vom Öldruckgeber und -schalter hinten am linken Zylinderkopf abziehen.
  - ◆ Stecker vom Hallgeber hinten am linken Zylinderkopf abziehen.
  - ◆ Stecker für Lambdasonde und Lambdasondenheizung an der Stirnwand, Nähe linker Zylinderkopf, trennen.

Achtung: Kabelbinder lösen oder, falls erforderlich, aufschneiden. Kabelbinder nicht ausbauen, damit beim Einbau des Motors die neuen Kabelbinder an der gleichen Stelle wieder angebracht werden können.

- Mechanisches AGR-Ventil am Saugrohr abschrauben.

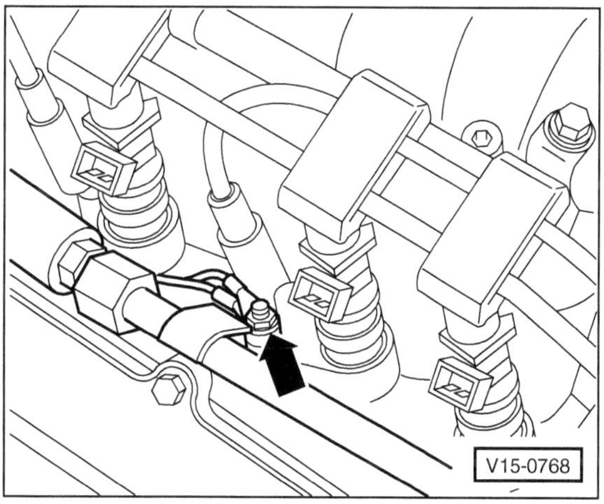

- Halter der Hydraulikleitung und Masseleitung am Saugrohr rechts abschrauben.

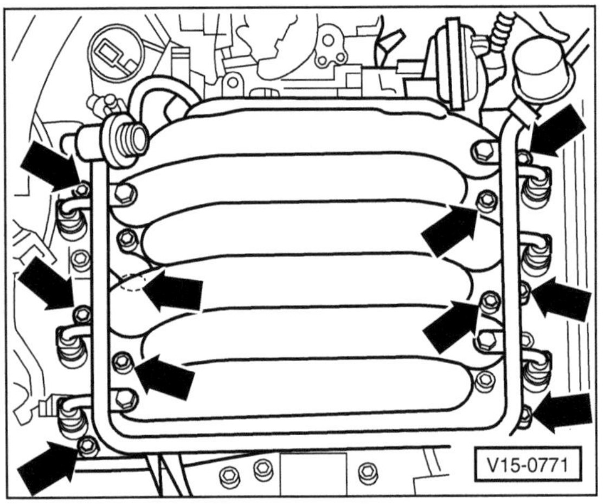

- Saugrohr abschrauben –Pfeile– und herausnehmen.
- Öffnungen mit einem sauberen Lappen verschließen, damit kein Schmutz hineinfallen kann.
- Kühlmittelrohr hinten am Zylinderkopf abschrauben.
- Lambdasonde ausbauen, siehe Seite 111.
- Wärmeschutzblech am Abgaskrümmer abschrauben.
- Zylinderkopfdeckel mit Innensechskant-Steckschlüsseleinsatz SW 5 abschrauben und mit Ölabweiser abnehmen. Dichtung für Zylinderkopfdeckel abnehmen.
- Hinteren Zahnriemenschutz abschrauben.
- Halter für Leitung vom Hydraulikbehälter zur Servopumpe abschrauben.
- Zylinderkopfschrauben entgegen ihrer Numerierung von 8 nach 1 zunächst ½ Umdrehung lösen, dann herausdrehen, siehe Abbildungen Nr. 15-774 beziehungsweise A15-0063 auf Seite 37.

Achtung: Beim 5-Ventilmotor seit 7/96 werden anstelle der bisherigen Innenvielzahn-Zylinderkopfschrauben Schrauben mit Polydriveprofil verwendet. Zum Lösen und Anziehen dieser Schrauben Spezialschlüssel, zum Beispiel AUDI 3452, verwenden.

- Prüfen, ob sämtliche Leitungen und Schläuche, die zum Zylinderkopf führen, abgezogen sind.
- Zylinderkopf abheben und auf zwei Holzleisten legen.
- Zylinderkopfdichtung abnehmen.
- Zylinderbohrung mit sauberen Tuch abdecken.

Einbau

Vor dem Einbau Zylinderkopf und Motorblock vorsichtig mit geeignetem Schaber von Dichtungsresten freimachen. Darauf achten, daß kein Schmutz in die Motorblock-Öffnungen fällt. Bohrungen mit Lappen verschließen.

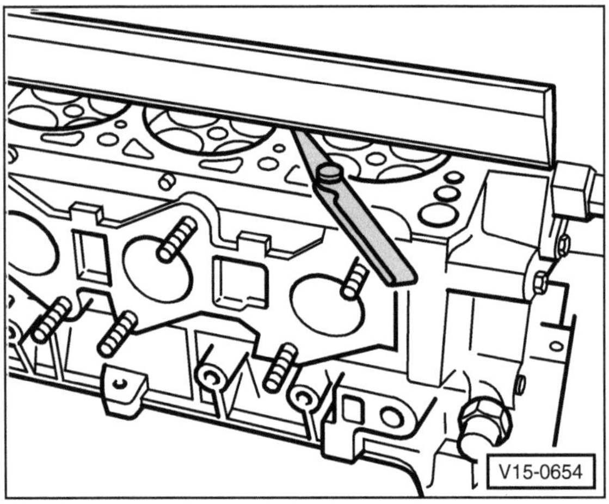

- Verzug mit Stahllineal und Fühlerblattlehre an verschiedenen Stellen des Zylinderkopfes prüfen. Die zulässigen Unebenheiten dürfen maximal 0,1 mm nicht überschreiten.

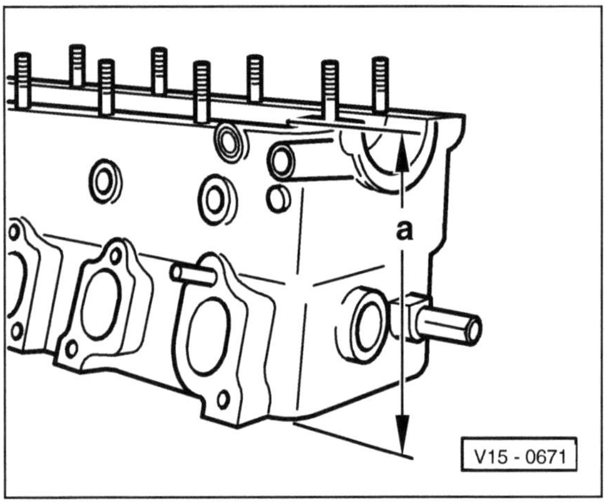

Achtung: Werden die Dichtflächen des Zylinderkopfes nachgearbeitet, darf die zulässige Mindesthöhe von 132,75 mm (5-Ventilmotor: 139,25 mm) nicht unterschritten werden.

- Prüfen, ob die Bohrungen für die Zylinderkopfschrauben frei von Öl sind, gegebenenfalls Öl entfernen. Wenn keine Pressluft zum Ausblasen der Bohrungen zur Verfügung steht, nimmt man einen kleinen Schraubendreher und einen saugfähigen Lappen und reinigt damit die Bohrungen vom Öl.
- Zylinderkopfdichtung grundsätzlich ersetzen. Die Aufschrift muß nach oben, also zum Zylinderkopf zeigen. Zylinderkopfdichtung ohne Dichtungsmittel so auflegen, daß keine Bohrungen verdeckt werden.

Achtung: Wird ein neuer Zylinderkopf eingebaut, muß an der vorderen Stirnseite vorher ein Verschlußdeckel eingebaut werden. Das ist deshalb erforderlich, weil der Ersatzteil-Zylinderkopf sowohl rechts als auch links eingebaut werden kann.

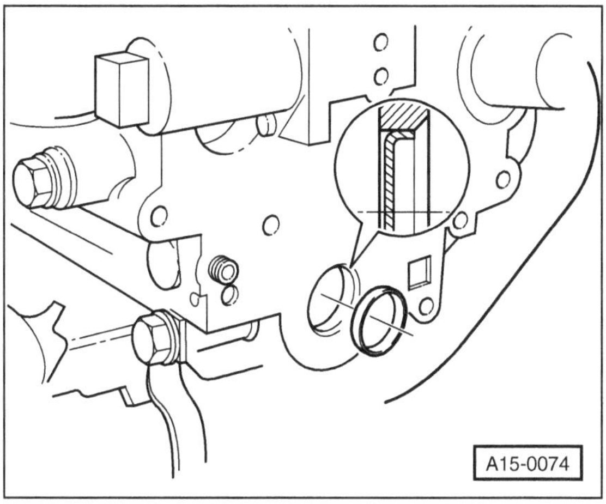

- Rand des Verschlußdeckels mit AUDI-Dichtpaste AMV1880002 einstreichen.
- Verschlußdeckel mit Dorn AUDI-295 so weit eintreiben, bis der äußere Rand des Verschlußdeckels mit dem Fasenende am Zylinderkopf abschließt.

- Zylinderkopf aufsetzen, dabei Zentrierstifte im Zylinderblock beachten.
- Zylinderkopfschrauben mit Unterlegscheiben ansetzen und handfest anziehen. **Zylinderkopfschrauben grundsätzlich ersetzen.**

Achtung: Das Anziehen der Zylinderkopfschrauben ist mit größter Sorgfalt durchzuführen. Vor dem Anziehen der Schrauben sollte der Drehmomentschlüssel auf seine Genauigkeit geprüft werden.

- Die Zylinderkopfschrauben werden in 2 Stufen angezogen. Kopfschrauben in jeder Stufe jeweils in der Reihenfolge von 1 bis 8 anziehen. Das Anziehen der Zylinderkopfschrauben muß bei kaltem Motor vorgenommen werden.

2-Ventil-Benzinmotoren (150 und 174 PS):

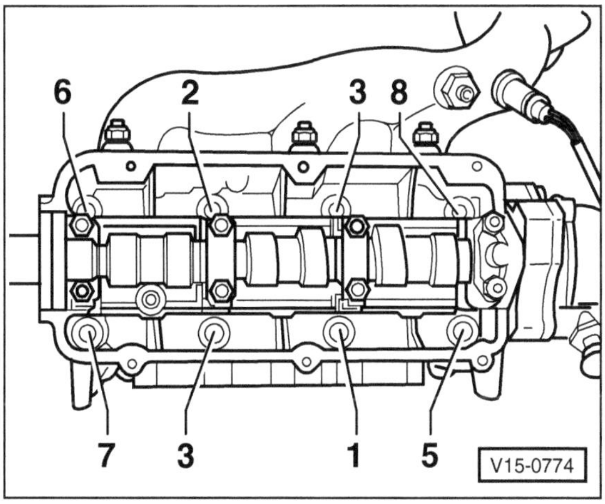

5-Ventil-Benzinmotor (193 PS):

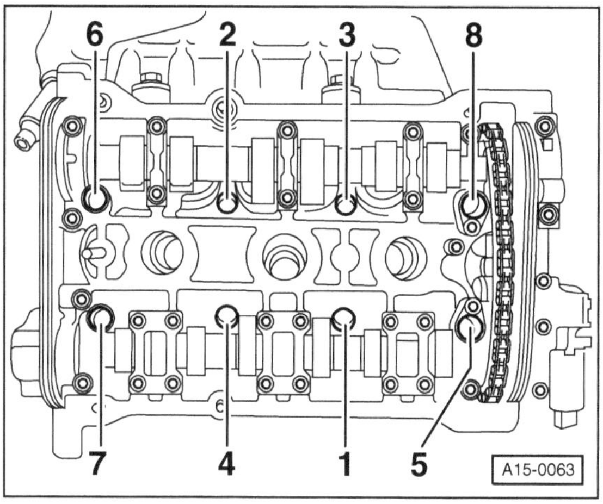

1. Stufe: mit Drehmomentschlüssel **60 Nm**

2. Stufe: ½ Umdrehung (180°) mit **starrem** Schlüssel ohne abzusetzen weiterdrehen. Stattdessen 2 x 90° weiterdrehen ist ebenfalls zulässig.

- Beim Anziehen der Zylinderkopfschrauben Drehwinkel abschätzen. Schlüsselgriff längs zum Motor ansetzen und in einem Zug drehen, bis der Griff quer zum Motor steht (¼ Umdrehung, 90°). Anschließend Schlüssel weiterdrehen bis der Griff wieder längs zum Motor steht.

Achtung: Ein Nachziehen der Zylinderkopfschrauben bei warmem Motor, im Rahmen der Wartung oder nach Reparaturen ist **nicht zulässig.**

- Zahnriemen montieren, siehe Seite 31.

Achtung: Beim Einbau eines Austausch-Zylinderkopfes mit montierter Nockenwelle müssen die Berührungsflächen zwischen Tassenstößel und Nockenbahn nach Einbau des Zylinderkopfes geölt werden.

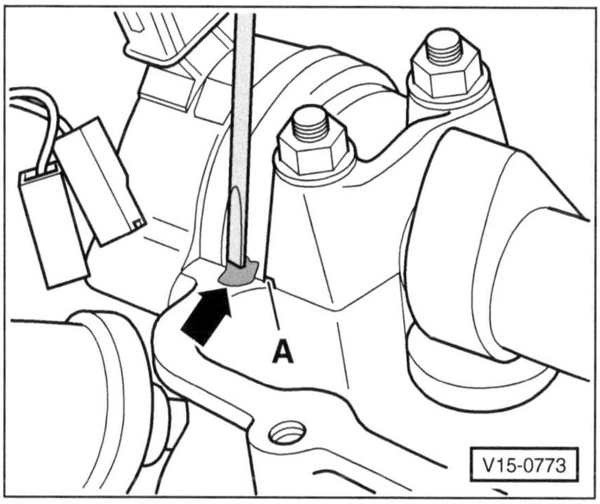

- Zylinderkopfdeckel einbauen. Vorher die 4 Kanten –Pfeil– an den Dichtflächen des Zylinderkopfes vorsichtig mit einem kleinen Schraubendreher und mit »Silmate AMV 17400401« einstreichen. **Achtung:** Die Ölöffnung –A– darf dabei **nicht** mit Silmate verschlossen werden.

- Dichtung für Zylinderkopfdeckel vor dem Aufsetzen an der Innen- und Außenseite mit AUDI-Silikon-Gleitmittel D00700001 dünn einstreichen.
- Zylinderkopfdeckel mit Ölabweiser auflegen und mit 10 Nm gleichmäßig anschrauben.
- Hinteren Zahnriemenschutz anschrauben.
- Abgasrohr am Abgaskrümmer montieren, siehe Seite 107.
- Kühlmittelrohr hinten am Zylinderkopf anschrauben.
- Lambdasonde einbauen, siehe Seite 111.
- Wärmeschutzblech am Abgaskrümmer anschrauben.
- Abdecklappen von den Ansaugöffnungen abnehmen.

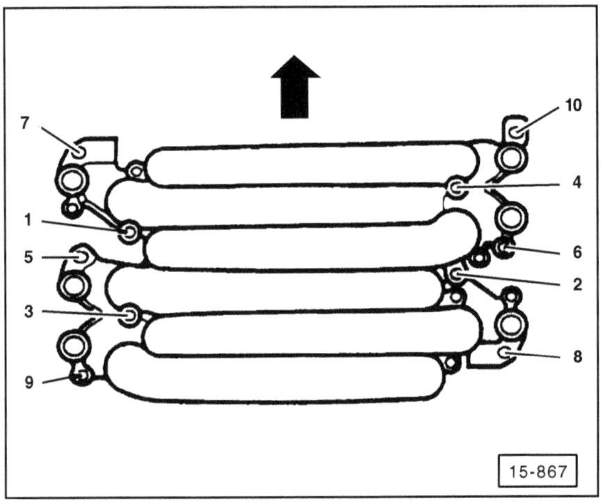

- Saugrohr mit neuer Dichtung ansetzen. Schrauben in der angegebenen Reihenfolge von 1 bis 10 in 4 Durchgängen festziehen. Der Pfeil zeigt in Fahrtrichtung.
  1. Stufe: **5 Nm**; 2. Stufe: **10 Nm**; 3. Stufe: **20 Nm**; 4. Stufe: **20 Nm**.
- Abdeckung links für die elektrischen Leitungen der Einspritzventile mit Innensechskantschlüssel SW 5 am Zylinderkopfdeckel anschrauben.
- Sämtliche elektrischen Leitungen entsprechend den angebrachten Klebeband-Markierungen aufschieben und einrasten bzw. anklemmen, siehe unter „Ausbau".
- Alle Zündkerzenstecker aufstecken. Die Zündkerzenstecker werden in Einbaureihenfolge von vorn nach hinten aufgesteckt. Rechter Zylinderkopf: **1–2–3**; linker Zylinderkopf: **4–5–6**.
- Halter für Hydraulikleitung und Masseleitungen am Saugrohr anschrauben.
- AGR-Ventil am Saugrohr anschrauben.
- Gaszug am Drosselklappenteil einhängen und Sicherungsklemme einrasten lassen.
- Abdeckung links für die Leitungen der Einspritzventile anschrauben.
- Unterdruckschläuche entsprechend der Klebeband-Kennzeichnung aufschieben.
  – Unterdruckschlauch oben an der AGR-Dose (Metall-Unterdruckdose) aufstecken. Die AGR-Dose (AGR = Abgasrückführung) mit mechanischem Ventil ist links hinten am Sammelsaugrohr angeflanscht.
  – Unterdruckleitung an der GRA-Dose (schwarze Kunststoffdose) aufstecken.
  – Unterdruckleitung zum Taktventil für Aktivkohlefilter am Drosselklappenteil anschrauben.
  – Unterdruckleitungen am Ventil für Saugrohrumschaltung (blau) und am elektrischen AGR-Ventil (braun) aufstecken. Die beiden Ventile befinden sich unterhalb des Luftmassenmessers.
- Geräuschdämpfer auf Drosselklappenteil schieben und anschrauben.
- Abdeckung am Geräuschdämpfer einclipsen.
- Unterdruckleitung am Geräuschdämpfer links aufschieben.
- Schlauch am Anschlußstutzen für linke Kurbelgehäuseentlüftung aufstecken.
- Luftführungsschlauch zwischen Luftmassenmesser und Saugrohr einbauen.
- Kurbelgehäuseentlüftungen am Zylinderkopf links und rechts anschrauben.
- Kraftstoffvor- und -rücklaufleitung anschrauben.
- Abgasleitung zum AGR-Ventil am Krümmer anschrauben.
- Keilrippenriemen einbauen, siehe Seite 49.
- Untere Motorraumabdeckung einbauen, siehe Seite 19.
- Fahrzeug ablassen, siehe Seite 283.
- Batterie-Massekabel (–) anklemmen. Zeituhr einstellen. Diebstahlcode für Radio eingeben.
- Kühlmittel auffüllen. Kühlmittel erneuern, siehe Seite 62.
- Ölstand im Motor kontrollieren. Falls die Zylinderkopfdichtung defekt war, Ölwechsel durchführen.
- Motor auf Betriebstemperatur bringen, Kühlmittelstand überprüfen und sämtliche Schlauchanschlüsse auf Dichtheit prüfen.

6-Zylinder-Dieselmotor (Vierventilmotor):

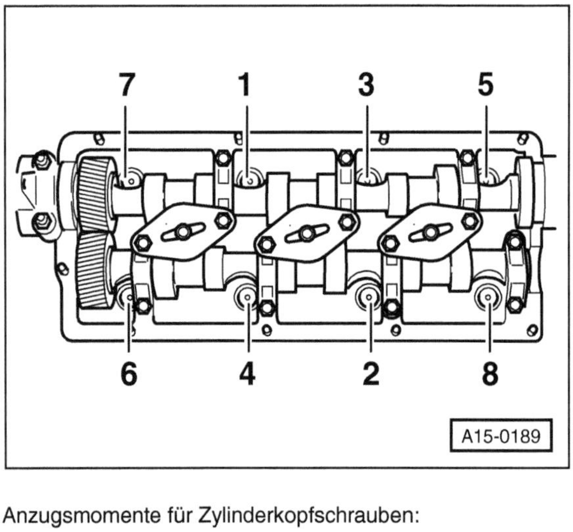

Anzugsmomente für Zylinderkopfschrauben:

- **1. Stufe:** Schrauben von 1 – 8 mit **35 Nm** anziehen.
  2. Stufe: Schrauben von 1 – 8 mit **60 Nm** anziehen.
  3. Stufe: Schrauben von 1 – 8 um **90°** weiterdrehen.
  4. Stufe: Schrauben von 1 – 8 um **90°** weiterdrehen.

Zahnriementrieb

1,9-l-Dieselmotor 75-110 PS

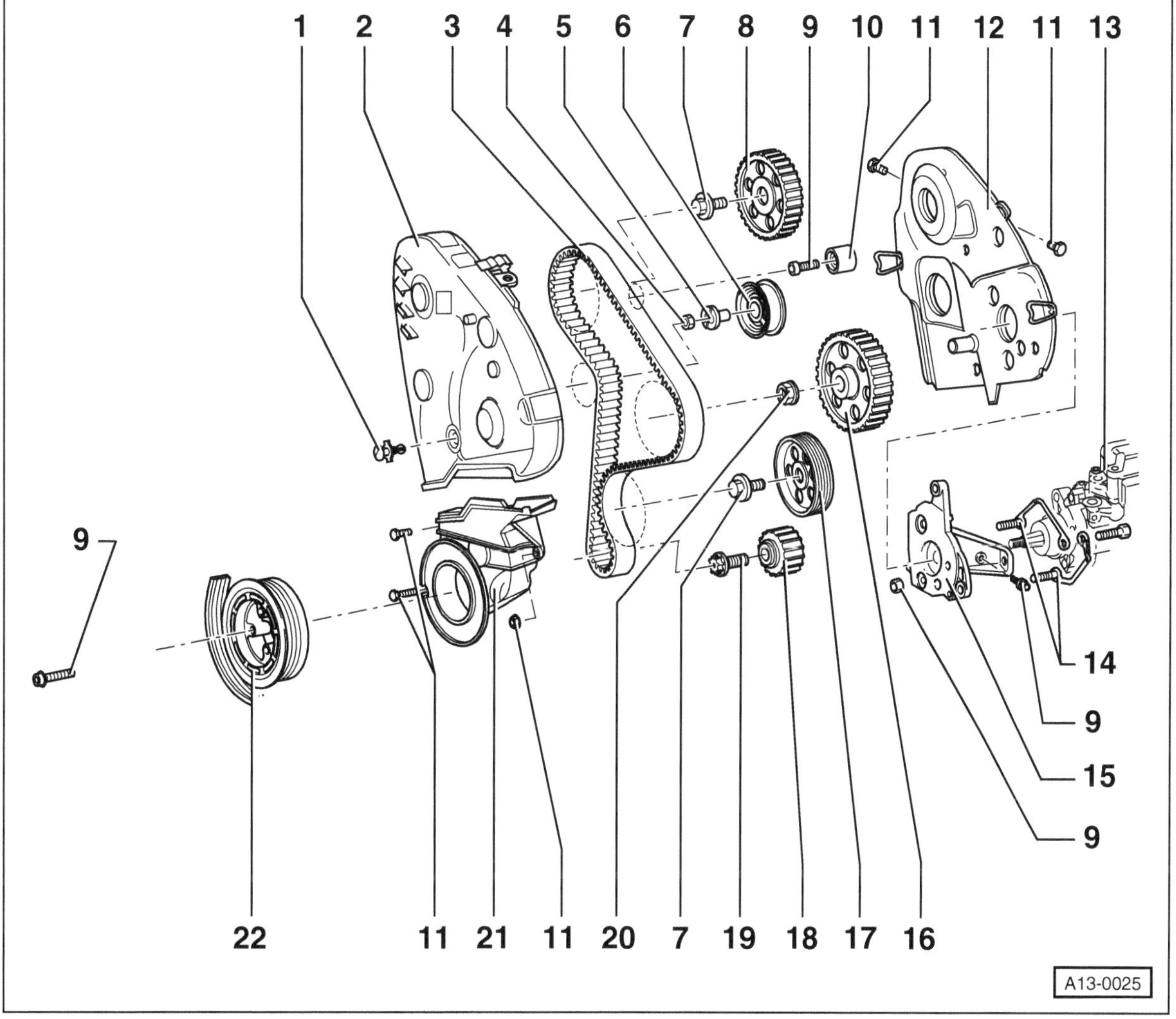

1 – **Spreizclip**

2 – **Zahnriemenabdeckung oben**

3 – **Zahnriemen**
Auf Verschleiß prüfen. Vor dem Ausbau Laufrichtung markieren. Zahnriemen nicht knicken.

4 – **Schraube, 20 Nm**

5 – **Exzenter**

6 – **Spannrolle**

7 – **Schraube, 45 Nm**

8 – **Nockenwellenrad**

9 – **Schraube / Mutter, 25 Nm**

10 – **Umlenkrolle**

11 – **Schraube, 10 Nm**

12 – **Zahnriemenabdeckung hinten**

13 – **Einspritzpumpe**

14 – **Halter**

15 – **Konsole**

16 – **Einspritzpumpenrad**

17 – **Zwischenwellenrad**

18 – **Kurbelwellen-Zahnriemenrad**

19 – **Schraube, Anzugsdrehmoment: 90 Nm + ¼ Umdrehung (90°)**
Schraube immer ersetzen. Zum Lösen und Anziehen wird der Gegenhalter AUDI-3099 benötigt. Gewinde und Bund müssen **öl- und fettfrei** sein. Das Weiterdrehen der Schraube um 90° kann in mehreren Stufen erfolgen.

20 – **Schraube, 55 Nm**

21 – **Zahnriemenabdeckung unten**

22 – **Kurbelwellen-Riemenscheibe/ Schwingungsdämpfer**
Montage nur in einer Stellung möglich, da Bohrungen versetzt.

Zahnriemen aus- und einbauen/ spannen

1,9-l-Dieselmotor 75-110 PS

Achtung: Die Spannrolle ist mit einer automatischen Riemenspannvorrichtung ausgestattet. Nach Einstellen der Spannrolle in die richtige Position ist ein Nachprüfen der Riemenspannung nicht mehr erforderlich. Nach dem Spannen eines Zahnriemens muß jedoch der Förderbeginn der Einspritzpumpe neu eingestellt werden.

Ausbau

- Keilrippenriemen ausbauen, siehe Seite 49.
- Oberen Zahnriemenschutz ausbauen.
- 4 Schrauben für Riemenscheibe/Schwingungsdämpfer an der Kurbelwelle lösen und Riemenscheibe/Schwingungsdämpfer abnehmen.
- Unteren Zahnriemenschutz ausbauen.

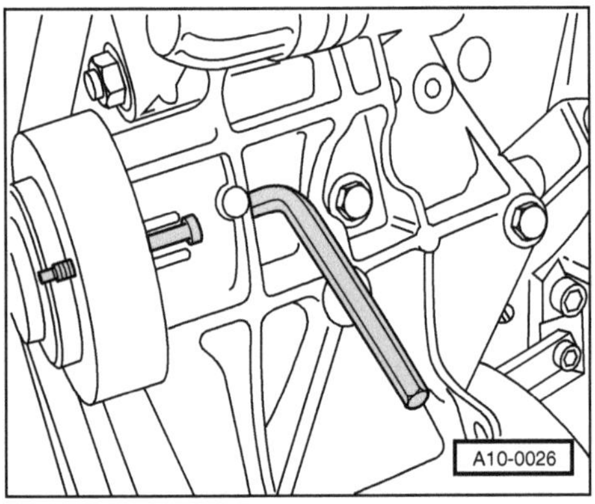

- Riemenscheibe für Viscolüfter mit Schraube M5x60 mm arretieren und mit 8mm Innensechskantschlüssel abschrauben. Ist keine Arretierbohrung vorhanden, Riemenscheibe mit Zweilochmutterndreher gegenhalten und abschrauben.
- Spannrolle für Keilrippenriemen abschrauben.
- Zylinderkopfdeckel ausbauen.

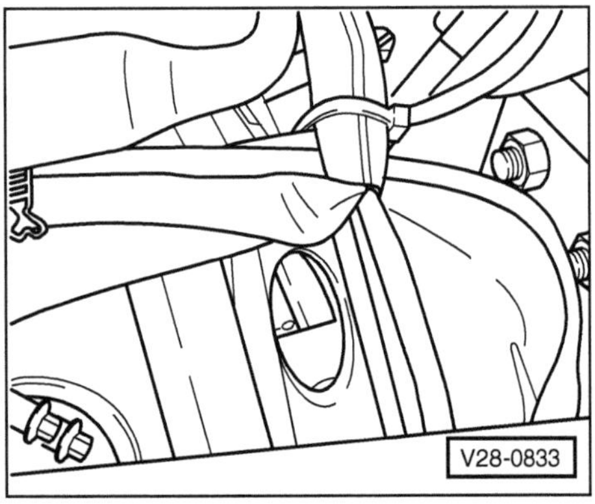

- Kurbelwelle auf OT für Zylinder 1 drehen. Dazu Kurbelwelle mit Stecknuß an der Zentralschraube des Kurbelwellenzahnrades verdrehen (Getriebe in Leerlaufstellung), bis die OT-Markierung –0– im Fenster der Kupplungsglocke genau unterhalb der Einstellkante steht.

Achtung: Motor **nicht** an der Befestigungsschraube des Nockenwellenrades durchdrehen. Dadurch wird der Zahnriemen überbeansprucht.

- Laufrichtung auf dem Zahnriemen mit Filz- oder Fettstift durch einen Pfeil kennzeichnen. Der Motor dreht, von vorn gesehen, rechts herum, also im Uhrzeigersinn.

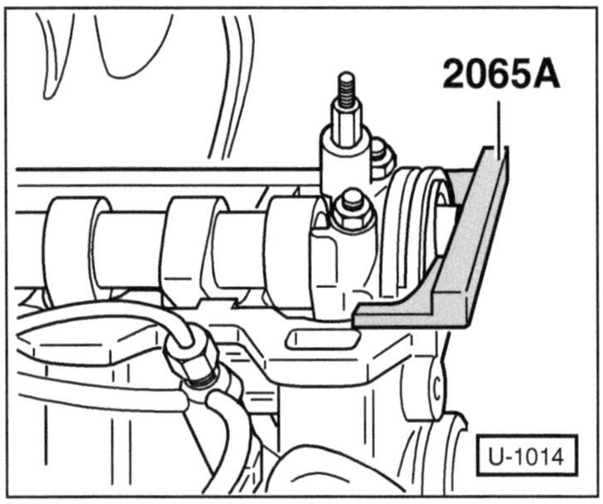

- Das Einstellineal AUDI-2065 A muß sich nun ohne Widerstand in die Nut am hinteren Ende der Nockenwelle einsetzen lassen. Wenn nicht, Kurbelwelle um eine Umdrehung weiterdrehen. Steht das Spezialwerkzeug nicht zur Verfügung, Lineal wie in Abbildung U-1016 dargestellt anfertigen, siehe Seite 41.
- **Einstellineal ausmitteln:** Dazu Nockenwelle so verdrehen, daß ein Ende des Einstellineals am Zylinderkopf aufstößt. Am anderen Ende des Lineals mit Fühlerblattlehre das entstandene Spiel messen. 2 Lehren mit halbiertem Spielmaß auf beiden Seiten zwischen Einstellineal und Zylinderkopf einführen.

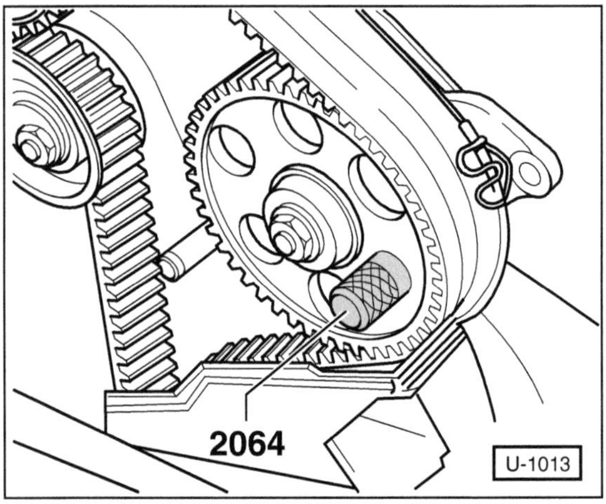

- Motoren mit **einteiligem** Einspritzpumpenrad (1Z/AFF/AFN/AHU): Absteckdorn VW-2064 in die Bohrung für Einspritzpumpenrad und Einspritzpumpenhalter einstecken und dadurch Einspritzpumpenrad arretieren. Anstelle des VW-Dorns kann auch ein anderer Dorn 15 mm ∅ und einer Länge von 36 mm verwendet werden, zum Beispiel ein Bohrerschaft.

Nockenwellen-Einstellineal

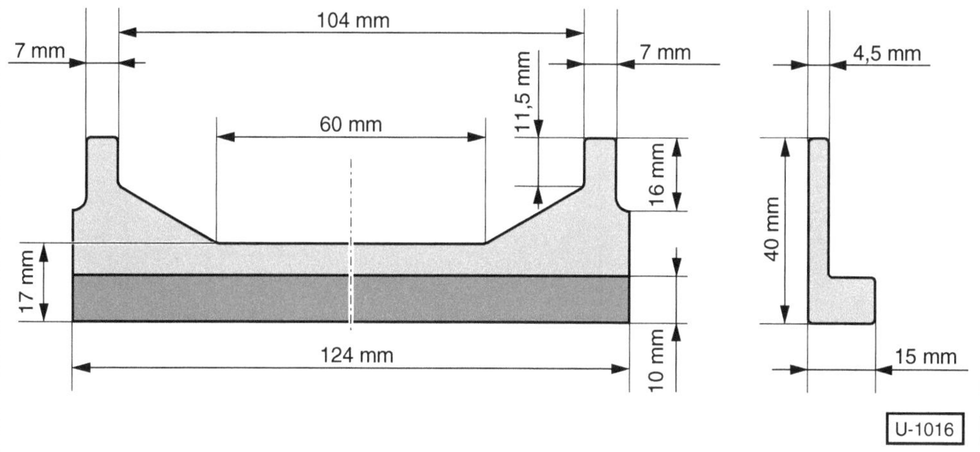

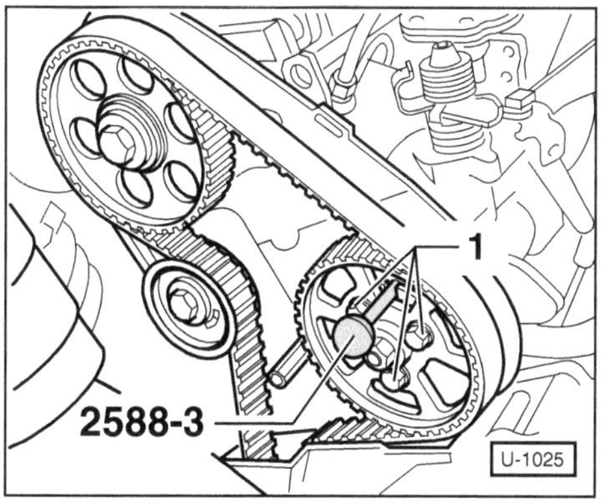

- Motoren mit **zweiteiligem** Einspritzpumpenrad (AHH): Pumpenrad mit Absteckdorn HAZET-2588-3 arretieren. Schrauben –1– nacheinander ausschrauben und durch neue Schrauben ersetzen. Schrauben mit **20 Nm** anziehen. **Achtung:** Die Zentralschraube an der Pumpennabe darf **nicht** gelöst werden, da sonst die Pumpe verstellt wird. Anstelle des VW-Dorns kann auch ein anderer Dorn mit 6 mm ∅ genommen werden, beispielsweise ein Bohrerschaft.
- Mutter der Zahnriemenspannrolle lösen.
- Vor Abnehmen des Zahnriemens die Umlenkrolle –10– abschrauben, siehe Abbildung N13-0025.

Achtung: Wenn die Nockenwelle bei abgenommenem Zahnriemen gedreht wird, darf **kein Kolben auf OT** stehen. Es können sonst schwerwiegende Schäden an Kolben oder Ventilen entstehen.
Soll die Nockenwelle gedreht werden, vorher alle Kolben gleichmäßig unter OT stellen.
Dazu oben an der Kurbelwellen-Riemenscheibe einen Kreidestrich anbringen (Voraussetzung: Kurbelwelle steht in OT-Stellung für Zylinder 1), dann Kurbelwellen-Riemenscheibe um ¼ Umdrehung (90°) nach links oder rechts drehen. Die Kreidemarkierung zeigt nun nach links oder nach rechts.
Der ausgebaute Zahnriemen darf **nicht geknickt** werden. Ein einmal geknickter Zahnriemen muß immer ersetzt werden, da der Riemen im späteren Betrieb reißen kann, was zu schwerwiegenden Motorschäden führt.

- Stellung der Zahnriemenräder bei ausgebautem Zahnriemen möglichst nicht verändern.

Einbau

- Befestigungsschraube für Nockenwellenrad ca. ½ Umdrehung lösen.

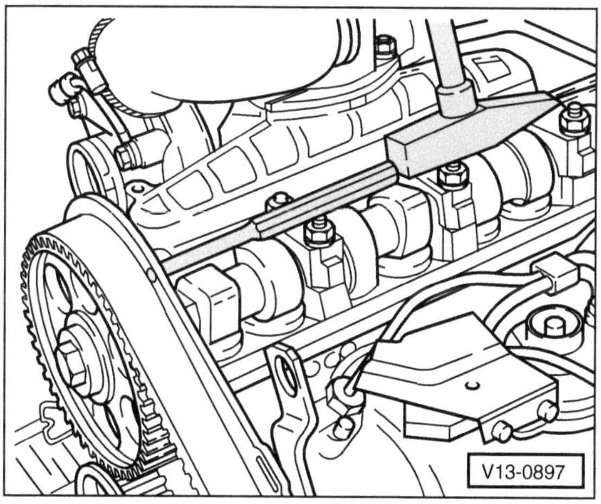

- Nockenwellenrad durch Hammerschläge mit einem Dorn durch die 6 mm-Bohrung im hinteren Zahnriemenschutz vom Konus der Nockenwelle lösen.
- Umlenkrolle mit **25 Nm** anschrauben.
- OT-Stellung der Kurbelwelle nochmals kontrollieren.
- Zahnriemen auflegen. **Achtung:** Wird der bisherige Zahnriemen wiederverwendet, unbedingt Laufrichtung beachten. Der Einbau des Zahnriemens in umgekehrter Laufrichtung kann zum Reißen des Riemens und dadurch zu Motorschäden führen. Daher Zahnriemen immer so einbauen, daß der angebrachte Pfeil in Drehrichtung des Motors zeigt.
- Unteren Zahnriemenschutz einbauen.
- Riemenscheibe mit Schwingungsdämpfer montieren. Die Schrauben mit **25 Nm** anziehen.

- Mutterndreher, zum Beispiel HAZET 2587, an der Spannrolle ansetzen. Mutter für Spannrolle ist gelöst.

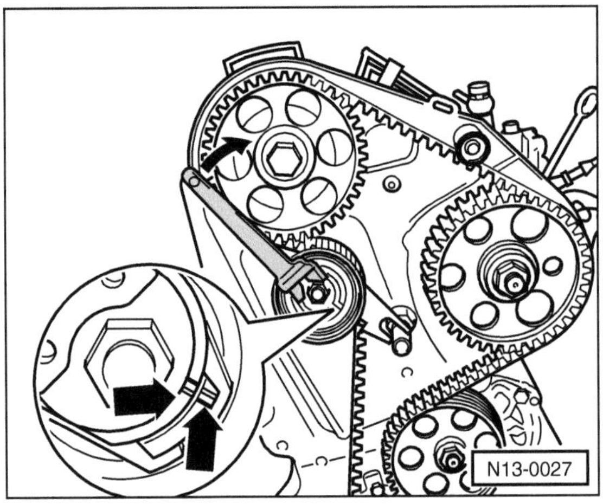

- Spannrolle nach rechts drehen –im Uhrzeigersinn–, bis sich die Kerbe und die Erhebung –Pfeile– gegenüberstehen.
- Mutter der Spannrolle mit **20 Nm** anziehen.
- Befestigungsschraube für Nockenwellenrad mit **45 Nm** festziehen. Dabei Nockenwellenrad mit AUDI-3036 gegenhalten. Steht das Spezialwerkzeug nicht zur Verfügung, stabilen Schraubendreher durch ein Loch des Nockenwellenrades stecken und am Zylinderkopf abstützen. Um die Dichtfläche nicht zu beschädigen, Holz unterlegen.
- Mit Absteckdorn kontrollieren, ob die OT-Stellung der Einspritzpumpe noch stimmt.
- Absteckdorn und Einstellineal entfernen.
- Zylinderkopfdeckel mit neuer Dichtung anschrauben.
- Oberen Zahnriemenschutz einbauen.
- Riemenscheibe für Viscolüfter anschrauben.
- Keilrippenriemen einbauen, siehe Seite 49.
- Einspritzbeginn der Einspritzpumpe prüfen (Werkstattarbeit), siehe auch Seite 102.

Achtung: Beim zweiteiligen Einspritzpumpenrad müssen nach der Einstellung des Einspritzbeginns die 3 Befestigungsschrauben des Rads mit **20 Nm** angezogen, dann um **90°** (¼ Umdrehung) nachgezogen werden.

Halbautomatische Zahnriemen-Spannrolle prüfen

1,9-l-Dieselmotor 75-110 PS

Prüfvoraussetzung:

- Zahnriemen aufgelegt und gespannt.

Prüfen

- Obere Zahnriemenabdeckung ausbauen.

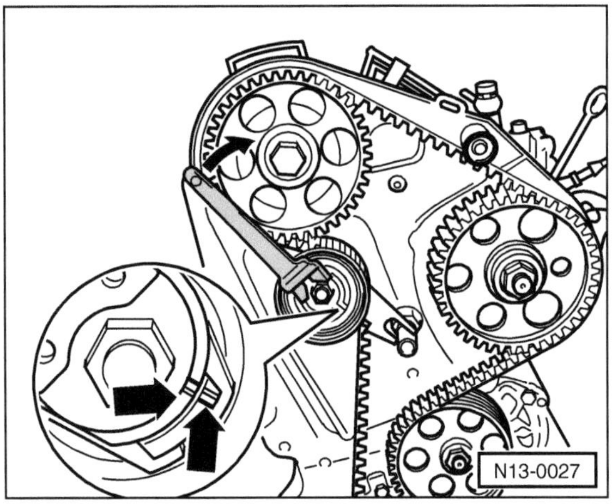

- Zahnriemen mit kräftigem Daumendruck belasten. Die Markierungen auf der Spannrolle –Pfeile– müssen sich gegeneinander verschieben.
- Zahnriemen wieder entlasten. Die Spannrolle muß in ihre Ausgangslage zurückgehen.

Zahnriemen aus- und einbauen/ spannen

1,9-l-Dieselmotor 115 PS

Achtung: Arbeitsschritte und Hinweise, die für alle Motoren gelten, stehen im Kapitel für den 4-Zylinder-Dieselmotor mit 75 bis 110 PS. In diesem Kapitel sind nur die Abweichungen beschrieben, die speziell den 115-PS-Dieselmotor betreffen.

Ausbau

Achtung: Zahnriemen nur bei kaltem Motor (ca. 20° C) aus- und einbauen/spannen.

- Schloßträger in Service-Stellung bringen, siehe Seite 179.
- Obere Motorabdeckung ausbauen. Dazu Ölmeßstab herausziehen, 3 Abdeckungen ausclipsen und darunterliegende Muttern abschrauben. Motorabdeckung abnehmen und darunterliegende Dämpfung herausnehmen. Ölmeßstab in das Führungsrohr einschieben.
- Keilrippenriemen ausbauen, siehe Seite 49.
- Lüfterrad von der Visco-Lüfterkupplung abschrauben.
- Spannvorrichtung für Keilrippenriemen mit 2 Schrauben abschrauben.
- Beide Halter für die Kühlmittelleitungen, die sich vor der Zahnriemenabdeckung befinden, abschrauben und etwas nach vorn ziehen. **Achtung:** Die Kühlmittelschläuche bleiben angeschlossen.
- Obere Zahnriemenabdeckung ausclipsen und herausnehmen.
- Magnetventil für Ladedruckregelung mit 2 Innensechskantschrauben abschrauben und zusammen mit der seitlichen Abdeckung abnehmen. Die Schläuche bleiben angeschlossen. Magnetventil mit Draht aufhängen.

- Kurbelwellen-Riemenscheibe/Schwingungsdämpfer abschrauben.
- Mittlere Zahnriemenabdeckung abschrauben, dazu 5 Schrauben herausdrehen.
- Kurbelwelle auf OT für Zylinder 1 stellen. Dabei Kurbelwelle soweit drehen, bis die Markierung auf dem Kurbelwellen-Zahnriemenrad oben steht. Kurbelwelle drehen, siehe Seite 19.

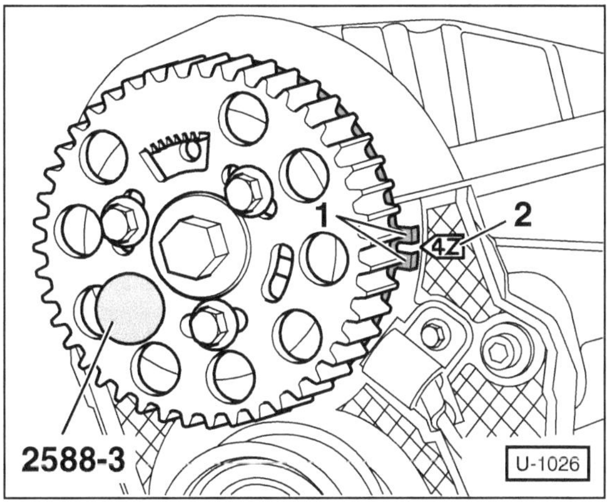

- Gleichzeitig muß der Pfeil an der hinteren Zahnriemenabdeckung –2– den Nasen vom Geberrad der Nockenwelle –1– gegenüberstehen. Gegebenenfalls Kurbelwelle um 1 volle Umdrehung weiterdrehen.
- Nabe des Nockenwellen-Zahnriemenrades mit Absteckstift HAZET-2588-3 arretieren. Dazu den Absteckstift durch das linksseitige freie Langloch in den Zylinderkopf stecken. **Hinweis:** Anstelle des Spezialwerkzeuges kann auch ein Dorn mit 6 mm ∅ genommen werden.

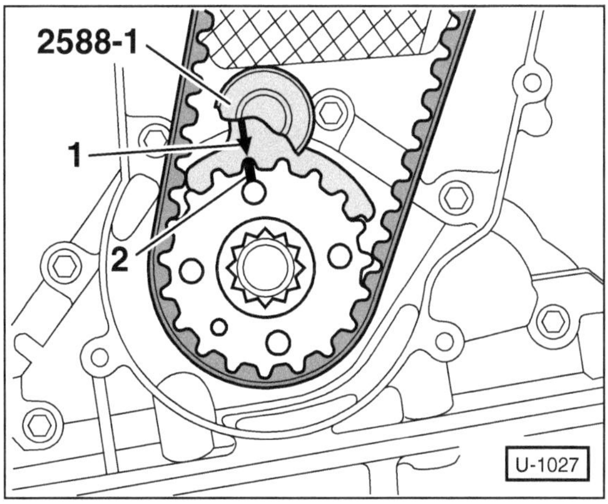

- Zahnriemenrad der Kurbelwelle mit HAZET-2588-1 arretieren. Dazu das Spezialwerkzeug (Kurbelwellenstop) von der Stirnseite des Zahnriemenrades her in dessen Verzahnung schieben.

Achtung: Die Markierungen auf dem Kurbelwellen-Zahnriemenrad –2– und dem Arretierungswerkzeug –1– müssen sich gegenüberstehen. Dabei muß der Zapfen des Werkzeuges in die Bohrung des Dichtflansches eingreifen. Steht das Werkzeug nicht zur Verfügung, OT-Markierung auf dem Dichtflansch anbringen.

- Laufrichtung des Zahnriemens mit Kreide oder Filzstift kennzeichnen.

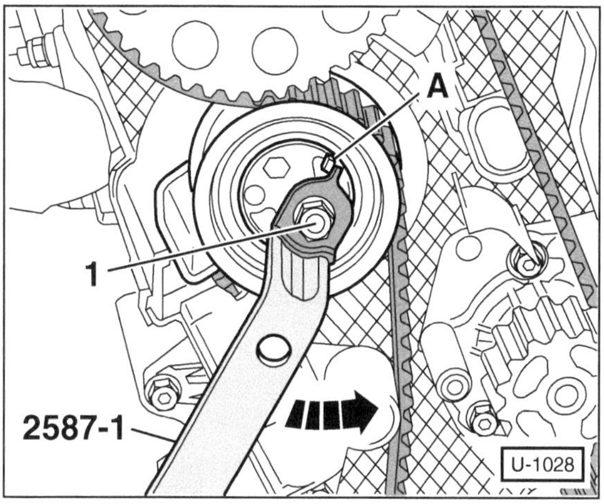

- Exzenter der Spannrolle mit dem Mutterndreher HAZET-2587-1 festhalten und Mutter –1– um eine Umdrehung lösen.
- Exzenter gegen den Uhrzeigersinn bis zum Anschlag –A– drehen –Pfeil–.

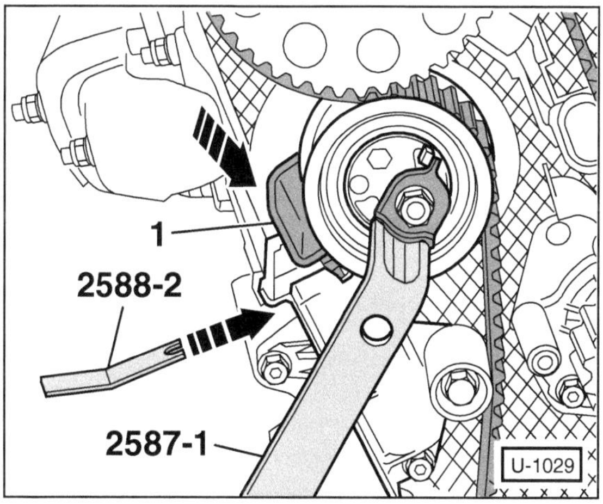

- Sperrblättchen HAZET-2588-2 einstecken –Pfeil– und dadurch Spannvorrichtung arretieren. Gegebenenfalls vorher Spannhebel –1– etwas nach unten drücken.

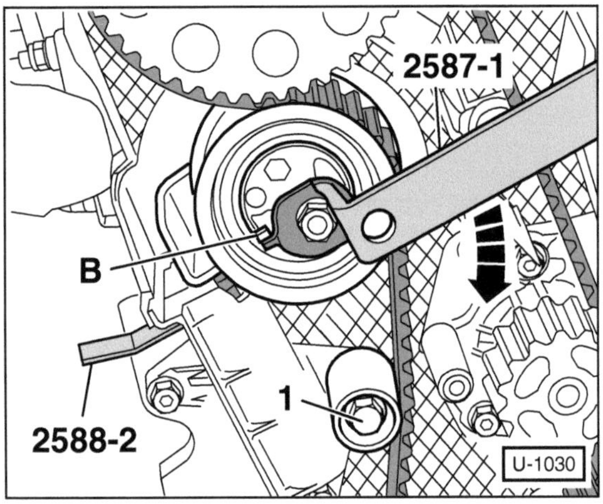

- Spannrolle entlasten. Dazu den Exzenter mit dem Mutterndreher HAZET-2587-1 im Uhrzeigersinn bis zum Anschlag –B– drehen –Pfeil–.
- Umlenkrolle –1– abschrauben.
- Zahnriemen abnehmen.

Einbau

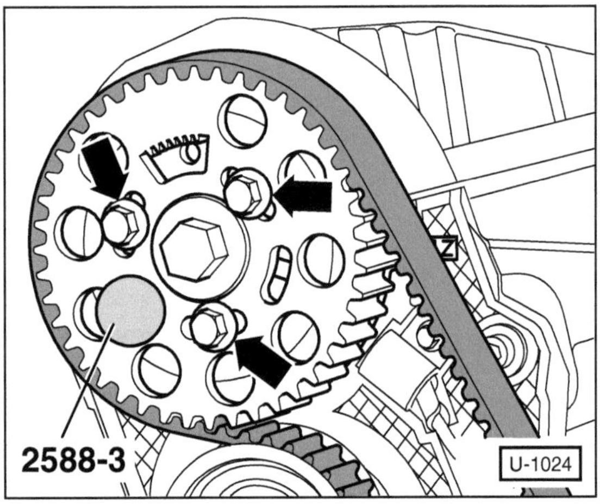

- Befestigungsschrauben –Pfeile– lösen, bis sich das Nockenwellenrad in den Langlöchern verdrehen läßt.
- Nockenwellenrad auf Mitte Langlöcher ausrichten und Befestigungsschrauben handfest anziehen. **Achtung:** Das Nockenwellenrad muß sich gerade noch verdrehen lassen, darf aber nicht kippen.
- Zahnriemen in folgender Reihenfolge auflegen: Nockenwellenrad, Spannrolle, Kurbelwellen-Zahnriemenrad, Kühlmittelpumpenrad.
- Umlenkrolle anschrauben.
- Exzenter mit dem Mutterndreher HAZET-2587-1 gegen den Uhrzeigersinn gegen den Anschlag –A– drehen und das Sperrplättchen herausziehen, siehe Abbildung U-1020.

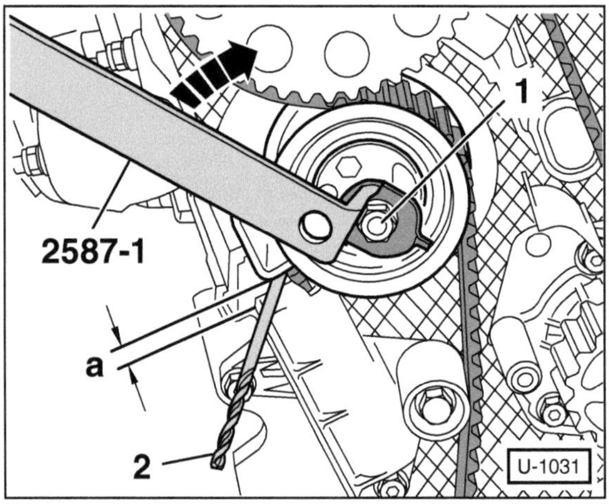

- Zahnriemen spannen. Dazu Exzenter im Uhrzeigersinn drehen, bis sich ein Bohrer –2– mit 6 mm ∅ zwischen Spannhebel und Gehäuse durchziehen läßt. Sollwert Maß a = 6,0 ± 2,0 mm.
- Spannrolle mit Mutterndreher in dieser Lage festhalten und Klemmutter –1– mit **30 Nm** festziehen.
- Befestigungsschrauben des Nockenwellen-Zahnriemenrades mit **25 Nm** festziehen.
- Absteckstift und Kurbelwellen-Arretierwerkzeug abnehmen.
- Kurbelwelle 2 Umdrehungen in Motordrehrichtung weiterdrehen und wieder auf OT für Zylinder 1 stellen.
- Maß –a– erneut prüfen. Wird das Maß –a– nicht erreicht, Zahnriemen nachspannen. Dazu Spannrolle mit Mutterndreher festhalten und Klemmutter lösen. Spannvorrichtung auf das Maß a = 6,0 ± 2,0 mm einstellen. Klemmutter mit **30 Nm** festziehen.
- Kurbelwelle 2 Umdrehungen in Motordrehrichtung weiterdrehen und wieder auf OT für Zylinder 1 stellen.
- Kurz bevor die OT-Stellung nach der zweiten Umdrehung erreicht wird, Kurbelwellen-Arretierwerkzeug in der Drehbewegung einsetzen.
- Nabe des Nockenwellen-Zahnriemenrades mit dem Absteckstift HAZET-2588-3 arretieren.
- Läßt sich der Absteckstift nicht einstecken, Befestigungsschrauben für Nockenwellenrad lösen und Nabe soweit verdrehen, bis der Absteckstift paßt. Befestigungsschrauben mit **25 Nm** festziehen.
- Wurde die Einstellung der Zahnriemenspannung oder die Stellung der Nabe des Nockenwellenrades geändert, Kurbelwelle 2 Umdrehungen in Motordrehrichtung weiterdrehen und wieder auf OT für Zylinder 1 stellen. Anschließend Arretierung von Kurbelwelle, Nabe des Nockenwellenrades und Maß –a– erneut prüfen.
- Schrauben für mittlere Zahnriemenabdeckung mit Sicherungsmittel bestreichen, Abdeckung ansetzen und mit **10 Nm** anschrauben.
- Kurbelwellen-Riemenscheibe/Schwingungsdämpfer ansetzen. Neue Schrauben mit **10 Nm** anschrauben und anschließend mit starrem Schlüssel um 90° weiterdrehen.

- Magnetventil für Ladedruckregelung mit seitlicher Abdeckung anschrauben.
- Obere Zahnriemenabdeckung einclipsen.
- Kühlmittelleitungen mit 2 Haltern anschrauben.
- Spannvorrichtung für Keilrippenriemen anschrauben.
- Lüfterrad für Visco-Lüfterkupplung einbauen.
- Keilrippenriemen einbauen, siehe Seite 49.
- Ölmeßstab herausziehen, Dämpfung einsetzen und obere Motorabdeckung anschrauben. 3 Schraubabdeckungen einclipsen und Ölmeßstab in das Führungsrohr einschieben.
- Schloßträger einbauen, siehe Seite 179.
- Scheinwerfereinstellung prüfen, siehe Seite 87.

Zylinderkopf aus- und einbauen

1,9-l-Dieselmotor 115 PS

Hinweis: Die Arbeitsschritte werden nicht detailliert beschrieben. Es werden nur die wichtigsten Hinweise für den 115-PS-Dieselmotor gegeben. Daher empfiehlt es sich ebenfalls das Kapitel »Zylinderkopf aus- und einbauen« für den 4-Zylinder-Benzin- und Dieselmotor (75-110 PS) durchzulesen, siehe Seite 26.

Ausbau

- Obere Motorabdeckung ausbauen.
- Luftfilter ausbauen.
- Vorderes Abgasrohr mit Katalysator vom Turbolader abbauen.
- Keilrippenriemen ausbauen.
- Klimaanlage: Klimakompressor abschrauben und mit angeschlossenen Leitungen am Aufbau aufhängen. **Achtung:** Der Kältemittelkreislauf darf **nicht geöffnet** werden.
- Rechten Luftführungsschlauch ausbauen.
- Geräuschabdeckung über der Gelenkwelle abbauen.
- Halter für Abgasturbolader abschrauben.
- Ölrücklaufleitung am Motorblock abbauen.
- Sämtliche Kraftstoff- und Kühlmittelschläuche vom Kraftstoffilter abziehen. Kraftstoffilter mit Halter abbauen.
- Luftführungsschläuche für Ladeluftkühlung abbauen.
- Motorkabelstrang an der Zentralsteckverbindung trennen.
- Kühlmittelrohr ausbauen.
- Ölvorlaufleitung am Ölfilter abschrauben.
- Zahnriemen ausbauen, siehe Seite 42.
- Nockenwellen-Zahnriemenrad abschrauben.
- Befestigungsschraube der Nockenwellennabe ca. 2 Umdrehungen herausschrauben. dabei Nockenwelle mit Gegenhalter T10051 festhalten.
- Nabe vom Konus der Nockenwelle mit geeignetem Abzieher, zum Beispiel T10052, lösen.
- Zahnriemen-Spannrolle abschrauben.
- Hintere Zahnriemenabdeckung abschrauben.
- Stehbolzen für Spannrollenbefestigung mit 2 gekonterten Muttern herausdrehen.

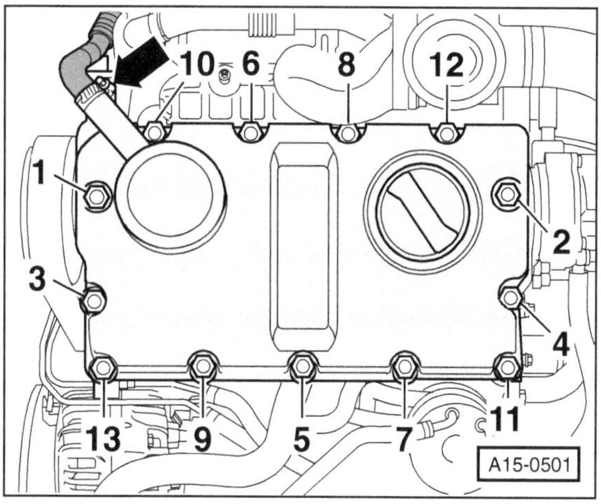

- Zylinderkopfdeckel abschrauben, dabei Schrauben in der Reihenfolge von 13 bis 1 lösen.
- Prüfen, ob alle Schläuche und Leitungen abgezogen beziehungsweise alle Bauteil-Verbindungen zum Zylinderkopf gelöst sind.
- Zylinderkopfschrauben in der richtigen Reihenfolge lösen und herausdrehen, siehe Seite 28.
- Zylinderkopf abnehmen und vorsichtig auf 2 Holzleisten ablegen. Darauf achten, daß geöffnete Ventile, Einspritzdüsen und Glühkerzen nicht beschädigt werden.

Einbau

- Vor dem Aufsetzen des Zylinderkopfes die Nockenwelle in OT-Stellung für Zylinder 1 drehen. Die OT-Stellung ist erreicht, wenn die beiden Nocken für Zylinder 1 gleichmäßig nach oben zeigen.
- Kurbelwelle in OT-Stellung für Zylinder 1 drehen, siehe Seite 19.
- Prüfen, ob die Zentrierhülsen in die Bohrungen zwischen Zylinder 1 und 2 sowie Zylinder 3 und 4 eingesetzt sind.

Achtung: Vor dem Einsetzen der Zylinderkopfschrauben, Unterlegscheiben in den Zylinderkopf einlegen.

- Die Zylinderkopfschrauben werden wie beim 4-Zylinder-Benzin- und Dieselmotor (75-110 PS) angezogen, siehe Seite 29.
- Der weitere Einbau erfolgt in umgekehrter Ausbaureihenfolge.
- Schrauben für Zylinderkopfdeckel in der Reihenfolge von 1 bis 13 festziehen. **Achtung:** Vor dem Einbau des Zylinderkopfdeckels die beiden Kanten an den Dichtflächen Nockenwellenlagerdeckel/Zylinderkopf vorn und hinten jeweils mit einem Tropfen Dichtmittel, zum Beispiel VW/AUDI-AMV17400401 (∅ ca. 5 mm) versehen.

Anzugsdrehmomente für den Einbau:

Zylinderkopfdeckel, zuerst alle Schrauben handfest anziehen, dann mit . . . . **10 Nm**

Stiftschraube für Spannrolle	**15 Nm**
Hintere Zahnriemenabdeckung mit Sicherungs-	
mittel D000600A2, Schraube M6.	**10 Nm**
Schraube M8.	**25 Nm**
Zahnriemen-Spannrolle.	**20 Nm**
Hallgeber an Zylinderkopf.	**10 Nm**
Nabe für Nockenwellenrad an Nockenwelle.	**100 Nm**
Ölvorlauf an Ölfilterhalter	**25 Nm**
Ölrücklauf an Motorblock	**30 Nm**
Kühlmittelrohr oben an Aufhängeöse.	**20 Nm**
Halter für Kraftstoffilter, Schraube M6	**10 Nm**
Schraube M7	**15 Nm**
Schraube M8	**20 Nm**
Halter für Turbolader an Turbolader	**20 Nm**
an Motorblock	**40 Nm**
Katalysator an Turbolader mit **neuen** Muttern	**25 Nm**

Ventilschaftabdichtungen ersetzen

Alle AUDI A4-Motoren

Hoher Ölverbrauch kann auf verschlissene Ventilschaftabdichtungen zurückzuführen sein. Die Ventilschaftabdichtungen können auch **bei eingebautem Zylinderkopf** ausgebaut werden, allerdings werden dann das Spezialwerkzeug AUDI 2036 mit AUDI 541/1 oder HAZET 2577-2 sowie Preßluft benötigt.

Achtung: Die Beschreibung gilt für die Benzinmotoren. Beim Dieselmotor ist keine Preßluft erforderlich. Jeweiligen Kolben auf OT (oberen Totpunkt) stellen, die Ventile stützen sich dann auf dem Kolben ab. Ventilschaftabdichtungen sonst in gleicher Weise ausbauen.

Ausbau

- Nockenwelle und Tassenstößel ausbauen, siehe Seite 22, 23.
- Sämtliche Zündkerzen herausschrauben.
- Kolben des jeweiligen Zylinders in den **unteren** Totpunkt (UT) stellen. Dazu Kurbelwelle zunächst auf OT für Zylinder 1 stellen, siehe Kapitel »Zahnriemen ausbauen« auf Seite 19.
- Wenn Zylinder 1 im OT (oberen Totpunkt) steht, befinden sich gleichzeitig die Zylinder 2 und 3 im unteren Totpunkt (UT). Kurbelwellen-Riemenscheibe von unten mit Kreide markieren, dann Kurbelwelle um ½ Umdrehung (180°) weiterdrehen, bis die Kreidemarkierung oben steht. Jetzt stehen die Zylinder 1 und 4 im UT. Die Riemenscheibe ist auf der Zahnriemenseite an das Kurbelwellenzahnrad angeschraubt.
- Druckluft-Adapter AUDI 653/3 oder HAZET 3428 mit Druckschlauch in das Zündkerzengewinde des betreffenden Zylinders einschrauben.

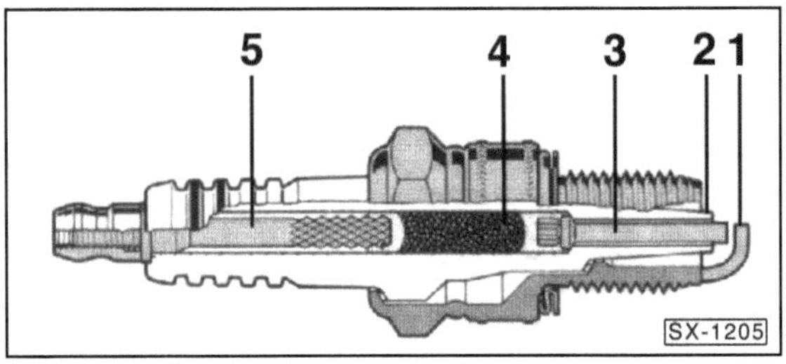

- Falls das Spezialwerkzeug nicht zur Verfügung steht, Druckluft-Adapter aus einer alten Zündkerze anfertigen. Dazu Masseelektrode –1– abkneifen. Keramik-Isolator –2– mit Schraubendreher abbrechen und Mittelelektrode –3– durch Hin- und Herbiegen abbrechen und herausnehmen. Rest der Mittelelektrode zusammen mit Glasschmelze –4– und Anschlußbolzen –5– mit geeignetem Durchschlag (ca. 3 mm) heraustreiben. Dabei Zündkerze in Schraubstock einspannen oder in entsprechendem Schraubendrehereinsatz (Stecknuß) einsetzen. **Achtung:** Das Gewinde der Zündkerze darf nicht beschädigt werden, um Folgeschäden an der Gewindebohrung im Zylinderkopf zu vermeiden.
- Vorbereitete Zündkerze in den betreffenden Zylinder einschrauben und mit Druckluftschlauch verbinden.
- Über Druckluftschlauch ständig mindestens 6 bar Überdruck in den Zylinder blasen.

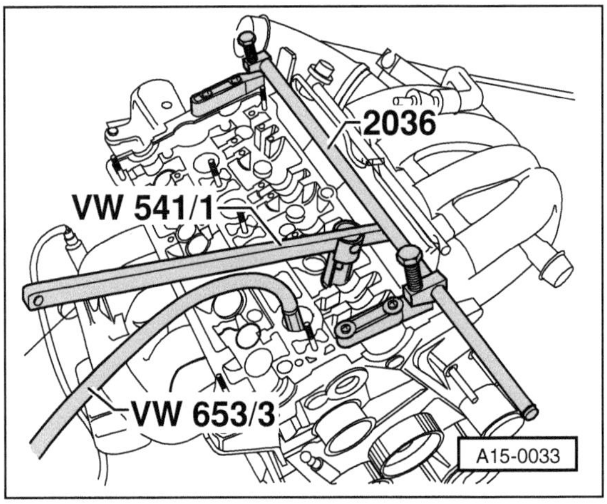

- AUDI-Werkzeug 2036 am Lagerbock 1 und 4 anschrauben und Ventilfedern mit Werkzeug AUDI 541/1 zusammendrücken.
- Es kann auch das HAZET-Werkzeug 2577-2 zusammen mit HAZET 2577-207/2 (Gegenhalter mit Innengewinde M7) verwendet werden. In diesem Fall die am Werkzeug angebrachte Gegenhaltevorrichtung am Stehbolzen für die Nockenwellenbefestigung anschrauben und Ventilfedern mit Spannwerkzeug zusammendrücken.

Achtung: Der Kolben muß dabei im UT stehen.

- Ventilkegelstücke herausnehmen, Ventilfedern entspannen.

Achtung: Festsitzende Ventilkegelstücke mit **leichten** Hammerschlägen auf den Montagehebel lösen.

- Ventilfederteller und Ventilfedern herausnehmen.

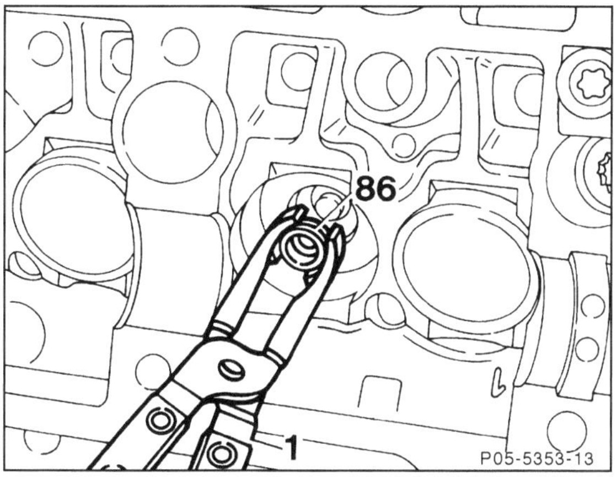

- Ventilschaftabdichtung –86– herausziehen. Zum Ausbau benutzen die Werkstätten ein Spezialwerkzeug –1– (AUDI -3047A, HAZET 791-5 oder Schlagauszieher HAZET 791-2). Alte Ventilschaftabdichtungen sitzen in der Regel sehr fest. Für den Ausbau sollte deshalb möglichst ein Schlagauszieher benutzt werden.

Einbau

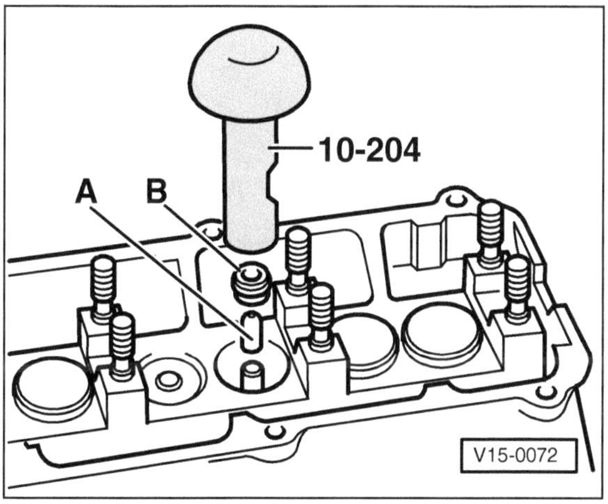

- Kunststoffhülse –A– (wird mit Dichtungen mitgeliefert) auf Ventilschaft stecken. Ventilschaftabdichtung –B– leicht einölen, in den Aufdrücker (Dieselmotor: AUDI 10-204, Benziner: AUDI 3365 oder HAZET 2577) einsetzen und vorsichtig auf die Ventilführung schieben. Hülse und Aufdrücker abnehmen.

Achtung: Erfolgt die Montage ohne Verwendung der Kunststoffhülse, wird die Ventilschaftabdichtung durch den scharfen Rand des Ventils beschädigt!

- Ventilfeder und Ventilfederteller einsetzen und spannen.
- Ventilkegelstücke einsetzen, Ventilfeder entspannen.
- Auf die gleiche Weise sämtliche Ventilschaftabdichtungen erneuern. Tassenstößel und Nockenwelle einbauen, siehe Seite 22, 23.

Hydraulische Tassenstößel prüfen

Alle A4-Motoren sind mit hydraulischen Tassenstößeln ausgerüstet. Dadurch muß das Ventilspiel im Rahmen der Wartung **nicht** mehr eingestellt werden: außerdem ergibt sich eine Geräuschminderung im Ventiltrieb.

Prüfen

Bei Geräuschen im Ventiltrieb nach Erreichen der Betriebstemperatur, hydraulischen Ventilstößel prüfen.

- Motor auf Betriebstemperatur bringen. Dazu Motor warmfahren bis die Kühlmittel-Temperaturanzeige 90° C anzeigt. Anschließend mindestens 5 km weiterfahren, damit eine ausreichende Motoröltemperatur sichergestellt ist.
- Motor im Leerlauf drehen lassen, bis der Lüfter für Kühler einschaltet.
- Motordrehzahl 2 Minuten lang auf ca. 2500/min erhöhen.
- Falls die hydraulischen Stößel immer noch laut sind, Motor abstellen und Zylinderkopfdeckel ausbauen.
- Kurbelwelle und damit auch Nockenwelle so weit drehen, bis die Nocken des zu prüfenden Zylinders nach oben stehen. Kurbelwelle verdrehen, siehe im Kapitel »Zahnriemen ausbauen« auf Seite 19.

Achtung: Nicht an der Befestigungsschraube des Nockenwellenrades drehen, da hierdurch der Zahnriemen überbeansprucht wird.

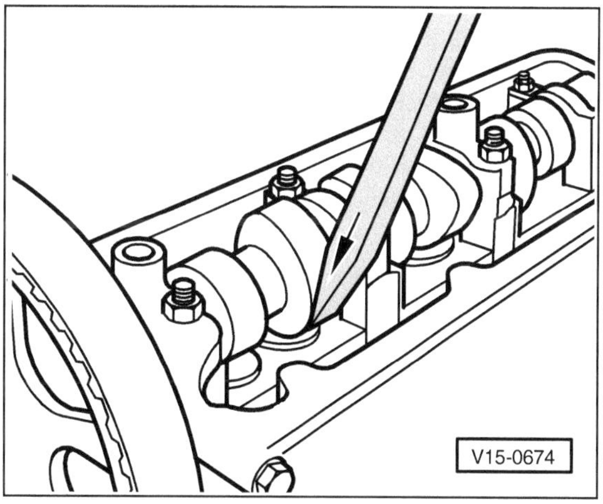

- Tassenstößel mit Holz- oder Kunststoffkeil nach unten drücken. Läßt sich jetzt eine 0,2 mm dicke Fühlerlehre zwischen Nockenwelle und Tassenstößel schieben, Tassenstößel erneuern.

Achtung: Nach dem Einbau eines neuen Hydrostößels darf der Motor ca. 30 Minuten nicht gestartet werden, sonst kann das Ventil auf dem Kolben aufsetzen und dadurch Kolben und/oder Ventil beschädigen. Außerdem muß der 6-Zylinder-Motor nach Arbeiten am Ventiltrieb nach 30 Minuten von Hand 2-mal durchgedreht werden, um sicherzustellen, daß keine Ventile aufsetzen.

Kompression prüfen

Die Kompressionsprüfung erlaubt Rückschlüsse über den Zustand des Motors. Und zwar läßt sich bei der Prüfung feststellen, ob die Ventile oder die Kolben (Kolbenringe) in Ordnung beziehungsweise verschlissen sind. Außerdem zeigen die Prüfwerte an, ob der Motor austauschreif ist beziehungsweise komplett überholt werden muß. Für die Prüfung wird ein Kompressionsdruckprüfer benötigt, der für Benzinmotoren recht preiswert in Fachgeschäften angeboten wird.

Achtung: Für den Dieselmotor wird ein Kompressionsdruckprüfer mit größerem Meßbereich, bis ca. 40 bar, benötigt.

Der Druckunterschied zwischen den einzelnen Zylindern darf maximal 3,0 bar (Dieselmotor 5,0 bar) betragen. Falls ein oder mehrere Zylinder gegenüber den anderen einen Druckunterschied von mehr als 3,0 bar (Dieselmotor 5,0 bar) haben, ist dies ein Hinweis auf defekte Ventile, verschlissene Kolbenringe beziehungsweise Zylinderlaufbahnen. Ist die Verschleißgrenze erreicht, muß der Motor überholt beziehungsweise ausgetauscht werden.

Motor	Kompressionsdruck in bar	
	Neu	Verschleißgrenze
Benziner	9 – 14	7,5[1)]
Diesel	25 – 31	19,0

[1)] Turbomotor: Verschleißgrenze 7,0 bar.

- Zur Prüfung der Kompression muß die Motoröltemperatur mindestens +30° C betragen. Der Ölfilter ist dann gut handwarm, gegebenenfalls Motor warmfahren. Die Motortemperatur darf nicht zu hoch sein, da sonst beim Herausschrauben der Zündkerzen das Gewinde im Zylinderkopf beschädigt werden kann.
- Zündung ausschalten.
- 4-Zylindermotor: Stecker vom Hallgeber der Zündung abziehen. Der Hallgeber sitzt am Zylinderkopf und wird von der Nockenwelle angetrieben.
- 6-Zylindermotor: Beide Stecker von der Leistungsendstufe der Zündung abziehen. Die Leistungsendstufe ist zwischen Steuergerät und Zündspulen geschaltet. Zusätzlich alle elektrischen Stecker von den Einspritzventilen abziehen.
- Sämtliche Zündkerzen ausbauen, siehe Seite 77.
- Motor mit Anlasser durchdrehen, damit Rückstände und Ruß herausgeschleudert werden. **Achtung:** Getriebe in Leerlaufstellung und Handbremse angezogen. Bei diesem Vorgang **nicht** über den Motor beugen, Verletzungsgefahr durch herausgeschleuderte Rußpartikel.
- Kompressionsdruckprüfer entsprechend der Bedienungsanleitung in die Zündkerzenöffnung drücken oder einschrauben.
- Von Helfer Gaspedal ganz durchtreten lassen und während der ganzen Prüfung mit dem Fuß festhalten.
- Motor ca. 8 Umdrehungen drehen lassen, bis kein Druckanstieg mehr auf dem Meßgerät erfolgt.
- Nacheinander sämtliche Zylinder prüfen und mit Sollwert vergleichen.
- Anschließend Zündkerzen einbauen und Zündkabel aufstecken, siehe Seite 77.
- Stecker für Leistungsendstufe und Einspritzventile beziehungsweise Hallgeber aufstecken.

Speziell Dieselmotor

- **55-81 kW (75-110 PS):** Elektrische Leitung vom Absteller an der Einspritzpumpe beziehungsweise Steckverbindung zum Mengenstellwerk der Einspritzpumpe abziehen, damit kein Kraftstoff durch die Einspritzdüsen in den Brennraum eingespritzt wird.
- **85 kW (115 PS):** Zentralstecker für die Pumpe-Düse-Einheiten abziehen, vorher Rändelmutter des Steckers lösen.
- Alle Glühkerzen ausbauen, siehe Seite 100.

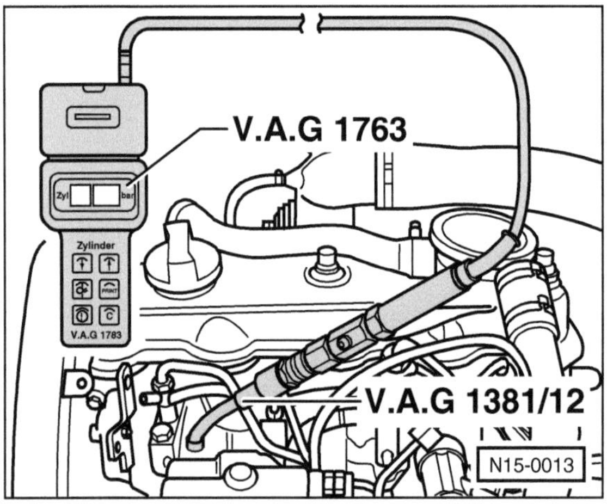

- Kompressionsdruckprüfer mit flexiblem Verbindungsschlauch anstelle der Glühkerzen einschrauben.

Achtung: Der angegebene Kompressionsdruck hat nur für die Prüfung mit dem in der Abbildung angegebenen Kompressionsdruckprüfer Gültigkeit. Mit anderen Meßgeräten kann nur die Abweichung der einzelnen Zylinder untereinander geprüft werden.

- Motor ca. 8 Umdrehungen drehen lassen, bis kein Druckanstieg mehr auf dem Meßgerät erfolgt.
- Glühkerzen einschrauben und mit **15 Nm** festziehen. Leitungen anschließen.
- Stecker an Einspritzpumpe beziehungsweise Zentralstecker für Pumpe-Düse-Einheiten aufstecken.

Achtung: Durch das Trennen der Steckverbindungen zur Einspritzpumpe werden Fehler abgespeichert. Es empfiehlt sich, gespeicherte Fehler bei der AUDI-Werkstatt löschen zu lassen.

Keilrippenriemen/Keilriemen prüfen/ aus- und einbauen/spannen

Der nahezu wartungsfreie Keilrippenriemen muß nicht nachgespannt werden, da die Spannung bei allen Motoren durch eine automatische Spannrolle konstant gehalten wird. Der Keilrippenriemen treibt den Generator, die Ölpumpe für die Servolenkung, den Viscolüfter beziehungsweise den Klimakompressor an, beim Dieselmotor auch die Kühlmittelpumpe. Bei 4-Zylindermotoren mit Klimaanlage ist ein zweiter Keilrippenriemen für den Antrieb des Klimakompressors vorhanden. Beim 4-Zylinder-Benzinmotor sorgt ein zusätzlicher, schmaler Keilriemen für den Antrieb der Kühlmittelpumpe.

Ein Keilrippenriemen oder Keilriemen muß ersetzt werden bei:

- Versprödung und Rißbildung
- Geräuschen (zum Beispiel durch Ölbenetzung)
- Beschädigungen wie: Querrisse in den Rippen, Rippenausbrüche, Einlagerungen von Schmutz und kleinen Steinen zwischen den Rippen, Ausfransungen oder Flankenverschleiß der Gummirippen.

Achtung: Soll ein ausgebauter Keilrippenriemen wiederverwendet werden, Laufrichtung beibehalten. Laufrichtung vor dem Ausbau mit Kreide markieren.

4-Zylinder-Benzin- und Dieselmotoren: Keilrippenriemen für Klimakompressor ausbauen

- Schloßträger/vorderes Abschlußblech nach vorn klappen, siehe Seite 179.

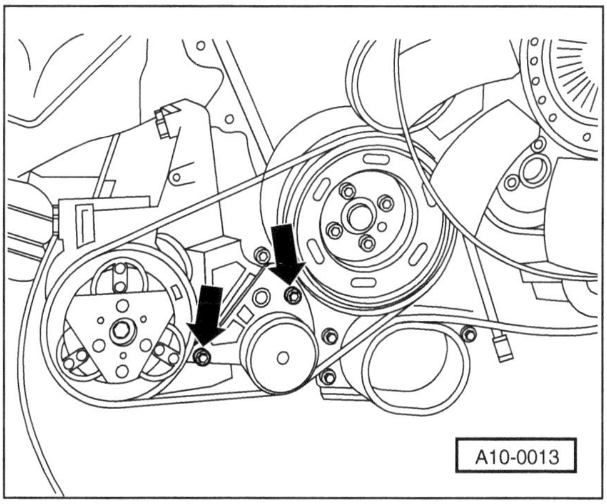

- Schrauben –Pfeile– für Riemenspanner lösen, Keilrippenriemen entspannen und abnehmen.

Einbau

- Keilrippenriemen auflegen.

Achtung: Wird der bisherige Riemen wieder eingebaut, Markierung der Laufrichtung beachten. Ein Einbau entgegen der bisherigen Laufrichtung erhöht den Verschleiß des Riemens beziehungsweise kann diesen zerstören. Daher Keilrippenriemen immer so einbauen, daß der angebrachte Pfeil in Laufrichtung des Motors zeigt, also in Uhrzeigersinn.

- Prüfen, ob der Keilrippenriemen in sämtlichen Riemenscheiben bündig sitzt.

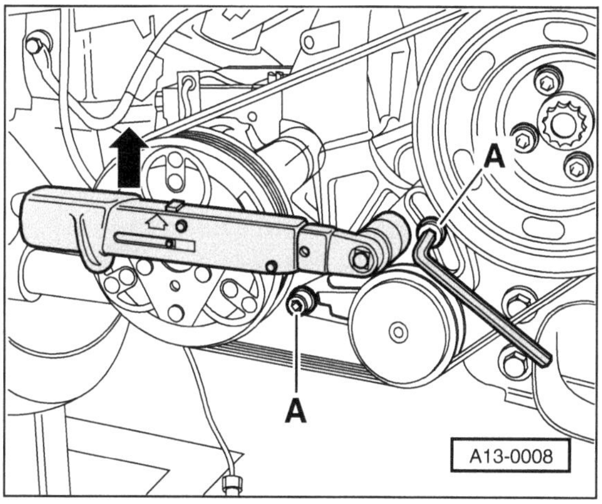

- Drehmomentschlüssel an Spannrollenhalter ansetzen und mit **25 Nm** spannen. In dieser Stellung Schrauben –A– mit **20 Nm** festziehen.

4-Zylinder-Benzinmotoren: Keilriemen für Kühlmittelpumpe ausbauen

- Viscolüfter abschrauben, siehe unter »Keilrippenriemen für Hydraulikpumpe, Generator und Viscolüfter ausbauen«.

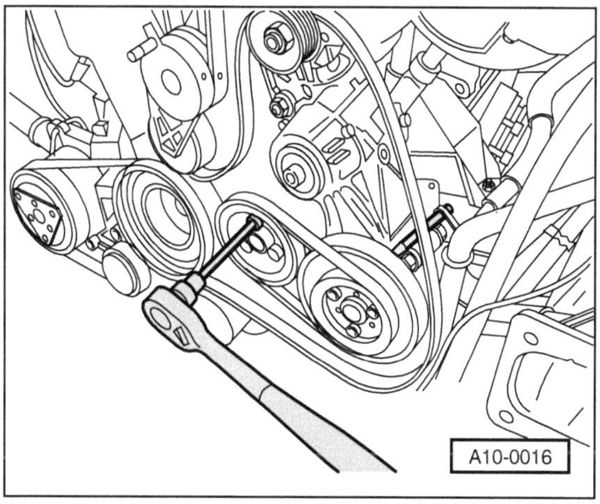

- Schrauben für Riemenscheibe lösen. Damit die Riemenscheibe nicht mitdreht, geeigneten Schraubendreher oder Dorn an der Riemenscheibe der Hydraulikpumpe einsetzen, siehe Abbildung. **Achtung:** Dorn nach Lösen der Schrauben entfernen.

- Keilriemen abnehmen.

Einbau

- Keilriemen auflegen.
- Keilriemenscheibe an der Kühlmittelpumpe gleichmäßig zusammenschrauben, bis der Keilriemen ganz außen auf der richtigen Auflagefläche sitzt.
- Riemenscheiben etwas weiter drehen, damit der Riemen richtig auf den Riemenscheiben sitzt. Motor verdrehen, siehe Seite 19.
- Befestigungsschrauben der Riemenscheibe mit **25 Nm** festziehen. Eine Einstellung der Keilriemenspannung ist nicht erforderlich.
- Gegebenenfalls Keilrippenriemen einbauen und Viscolüfter mit **45 Nm** anschrauben.

4-Zylinder-Benzinmotoren: Keilrippenriemen für Hydraulikpumpe, Generator und Viscolüfter ausbauen

- Schloßträger/vorderes Abschlußblech nach vorn klappen, siehe Seite 179.
- Falls vorhanden, Keilrippenriemen für Klimaanlage ausbauen.

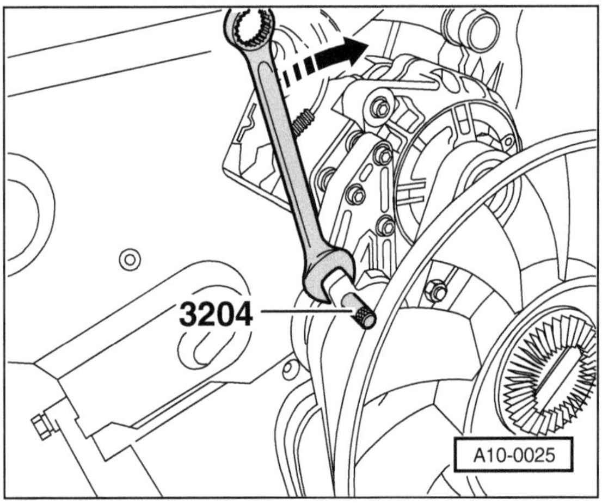

- Keilrippenriemen entspannen. Dazu Spannvorrichtung mit Maulschlüssel in Pfeilrichtung drehen und geeigneten Absteckdorn (∅ 6 mm) einsetzen, z. B. AUDI-3204 oder Bohrerschaft.
- Keilrippenriemen zuerst am Generator abnehmen.

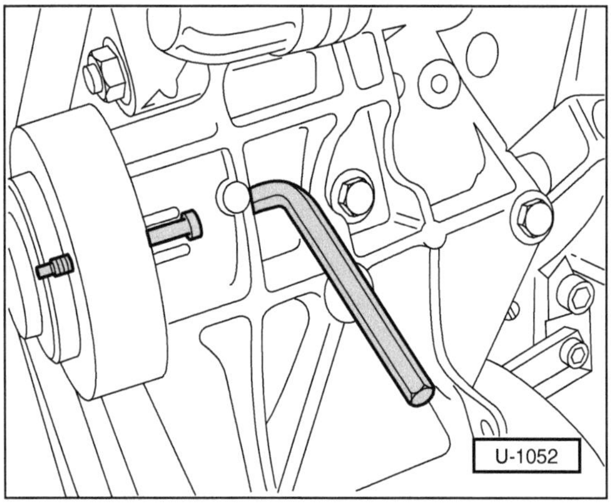

- Riemenscheibe für Viscolüfter mit Schraube M5x60 mm arretieren und mit 8mm Innensechskantschlüssel abschrauben. Viscolüfter abnehmen.

Einbau

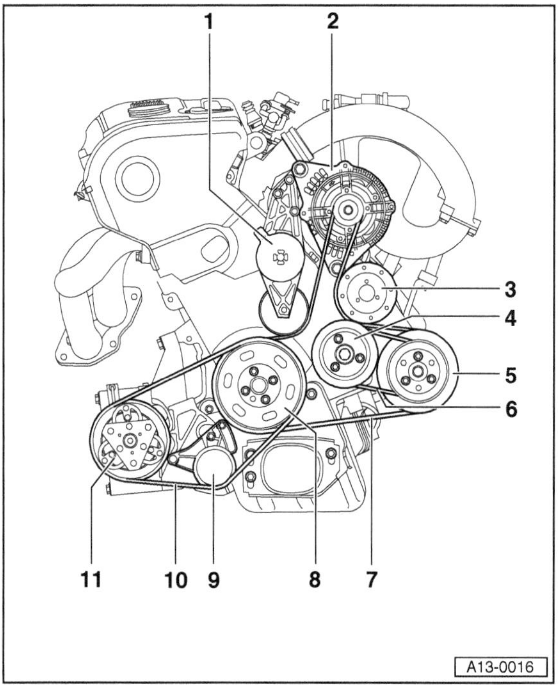

Übersicht Riementrieb:

1 – **Keilrippenriemenspanner**
2 – **Generator**
3 – **Viscolüfter**
4 – **Kühlmittelpumpe**
5 – **Hydraulikpumpe**
6 – **Keilriemen für Kühlmittelpumpe**
7 – **Keilrippenriemen für Servopumpe, Viscolüfter, Generator**
8 – **Schwingungsdämpfer**
9 – **Keilrippenriemenspanner für Klimakompressor**
10 – **Keilrippenriemen für Klimakompressor**
11 – **Klimakompressor**

- Keilrippenriemen auf die Riemenscheiben auflegen. **Achtung:** Wird der bisherige Riemen wieder eingebaut, Markierung der Laufrichtung beachten. Ein Einbau entgegen der bisherigen Laufrichtung erhöht den Verschleiß des Riemens beziehungsweise kann den Riemen zerstören. Daher Keilrippenriemen immer so einbauen, daß der angebrachte Pfeil in Drehrichtung des Motors zeigt (von vorn gesehen in Uhrzeigersinn).
- Falls ausgebaut, Keilriemen für Kühlmittelpumpe einbauen.
- Viscolüfter einschieben und Keilrippenriemen am Viscolüfter auflegen.
- Viscolüfter mit **45 Nm** anschrauben. **Achtung:** Arretierschraube für Riemenscheibe herausnehmen.

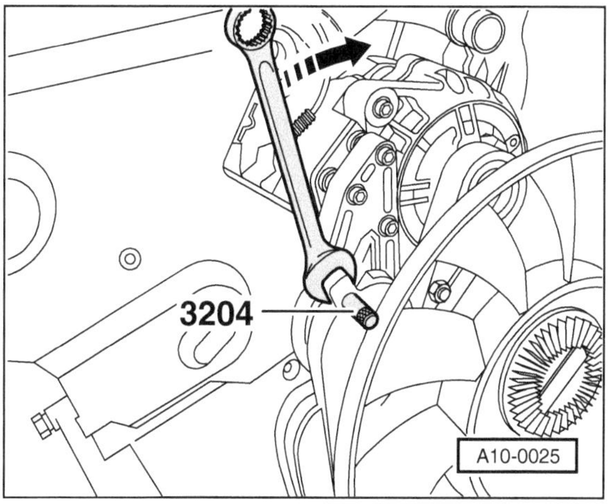

- Spannvorrichtung etwas in Pfeilrichtung drücken, Absteckdorn herausziehen. Anschließend Spanner langsam loslassen, dabei auf richtige Lage der Keilriemenrippen auf den Riemenscheiben achten. Die Spannung stellt sich automatisch ein.
- Falls vorhanden, Keilrippenriemen für Klimaanlage einbauen.
- Schloßträger/vorderes Abschlußblech einbauen, siehe Seite 179.

4-Zylinder-Dieselmotor: Keilrippenriemen für Hydraulikpumpe, Generator, Kühlmittelpumpe und Viscolüfter ausbauen

- Schloßträger/vorderes Abschlußblech nach vorn klappen, siehe Seite 179.
- Falls vorhanden, Keilrippenriemen für Klimaanlage ausbauen.
- Viscolüfter abschrauben, siehe unter »Keilrippenriemenausbau Benzinmotor«.

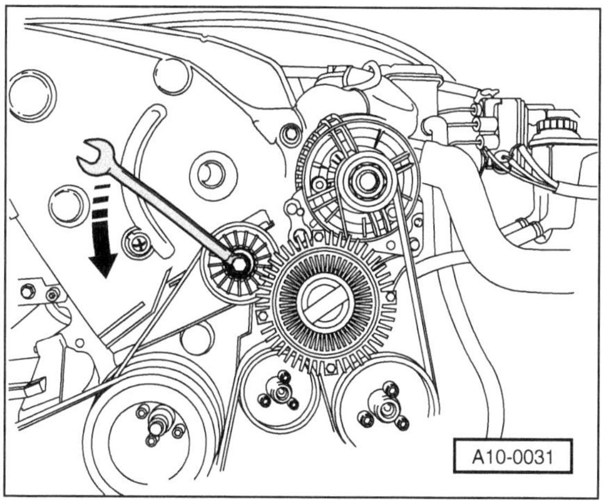

- Spannrolle mit geradem 15mm-Ringschlüssel an der Schraube nach links drehen und Keilrippenriemen von der Generator-Riemenscheibe abnehmen. Die Schraube hat Linksgewinde, lockert sich also nicht in dieser Richtung.

Einbau

- Keilrippenriemen zwischen den Riemenscheiben verlegen. **Achtung:** Wird der bisherige Riemen wieder eingebaut, Markierung der Laufrichtung beachten. Ein Einbau entgegen der bisherigen Laufrichtung erhöht den Verschleiß des Riemens beziehungsweise kann den Riemen zerstören. Daher Keilrippenriemen immer so einbauen, daß der angebrachte Pfeil in Drehrichtung des Motors zeigt (von vorn gesehen in Uhrzeigersinn).
- Viscolüfter einschieben und Keilrippenriemen am Viscolüfter auflegen. Keilrippenriemen noch nicht am Generatorrad auflegen.
- Viscolüfter mit **45 Nm** anschrauben. **Achtung:** Anschließend Arretierschraube für Riemenscheibe herausnehmen.
- Spannrolle mit 15mm-Ringschlüssel spannen und Keilrippenriemen am Generatorrad auflegen.
- Falls vorhanden, Keilrippenriemen für Klimaanlage einbauen.
- Schloßträger/vorderes Abschlußblech einbauen, siehe Seite 179.

6-Zylinder-Benzinmotor: Keilrippenriemen ausbauen

- Abdeckung für Keilrippenriemen ausbauen. Dazu 2 Schrauben SW 10 herausdrehen und Abdeckung von der Zündspulenverkleidung abclipsen.
- Laufrichtung auf dem Keilrippenriemen mit Filz- oder Fettstift durch einen Pfeil kennzeichnen. Der Motor dreht, von vorn gesehen, rechtsherum, also im Uhrzeigersinn.

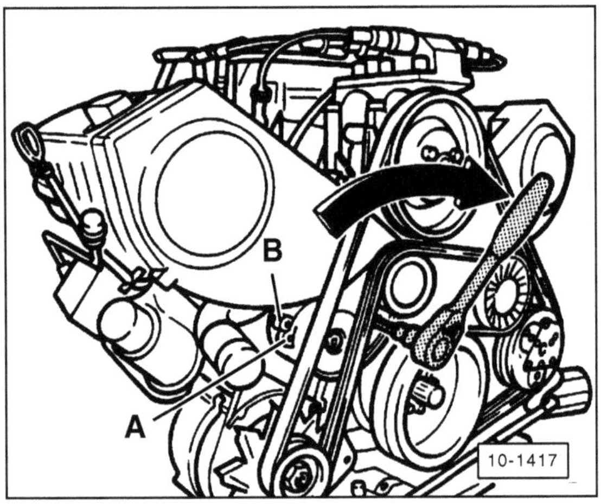

- **2-Ventilmotoren (150 und 174 PS):** Keilrippenriemen entspannen. Dazu Spannvorrichtung mit Ringschlüssel, SW 17, in Pfeilrichtung drehen und mit geeignetem Dorn, zum Beispiel AUDI-3204 oder Bohrerschaft (∅ 6 mm) durch Bohrungen –A– und –B– arretieren.

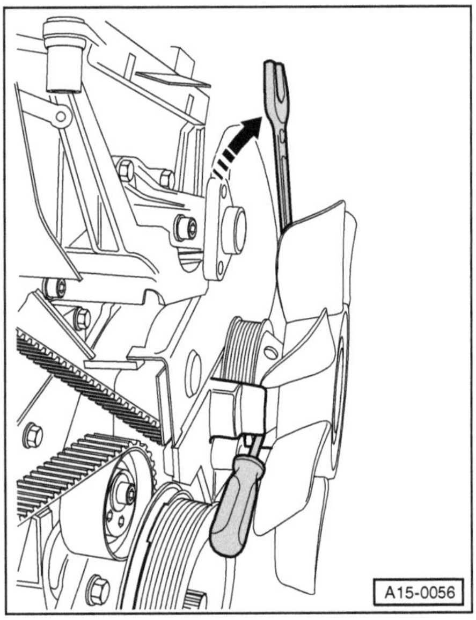

- **5-Ventilmotor:** Viscolüfter mit Gabelschlüssel von der Nabe abschrauben. **Linksgewinde,** also rechtsherum abschrauben. Zum Gegenhalten Schraubendreher in eine der vier Öffnungen der Keilrippenriemenscheibe schieben und am Lagergehäuse des Viscolüfters anstehen lassen, siehe Abbildung.

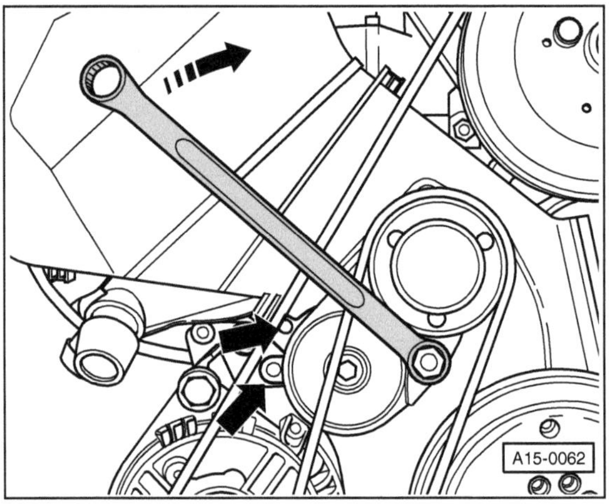

- **5-Ventilmotor:** Spannvorrichtung mit Ringschlüssel SW 17 rechtsherum drehen bis beide Bohrungen übereinander stehen, und mit geeignetem Dorn (∅ 6 mm), zum Beispiel AUDI-3204 oder Bohrerschaft arretieren.
- Keilrippenriemen abnehmen.

Einbau

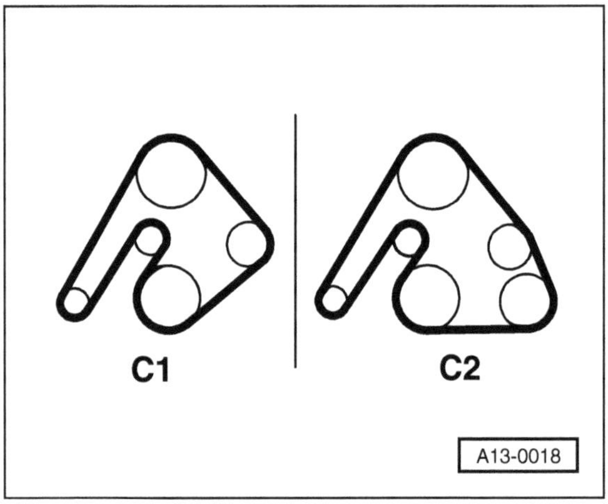

D1 – Keilrippenriemenverlauf ohne Klimaanlage;
D2 – Keilrippenriemenverlauf mit Klimaanlage.

- Keilrippenriemen zuerst über die Antriebsrollen und über die Umlenkrolle legen und zuletzt auf die Spannrolle schieben. **Achtung:** Wird der bisherige Riemen wieder eingebaut, Markierung der Laufrichtung beachten. Ein Einbau entgegen der bisherigen Laufrichtung erhöht den Verschleiß des Riemens beziehungsweise kann den Riemen zerstören. Daher Keilrippenriemen immer so einbauen, daß der angebrachte Pfeil in Drehrichtung des Motors zeigt (von vorn gesehen in Uhrzeigersinn).
- Spannvorrichtung etwas rechtsherum drücken, Absteckdorn herausziehen. Anschließend Spanner langsam loslassen, dabei auf richtige Lage der Keilriemenrippen auf den Riemenscheiben achten.
- **5-Ventilmotor:** Viscolüfter **linksherum** mit **40 Nm** anschrauben, Linksgewinde.
- Abdeckung für Keilrippenriemen einbauen.

Störungsdiagnose Motor

Wenn der Motor nicht anspringt, Fehler systematisch einkreisen. Damit der Motor überhaupt anspringen kann, müssen beim Benzinmotor immer zwei Grundvoraussetzungen erfüllt sein: Das Kraftstoff-Luftgemisch muß bis in die Zylinder gelangen und der Zündfunke muß an den Zündkerzenelektroden überschlagen. Als erstes ist deshalb immer zu prüfen, ob überhaupt Kraftstoff gefördert wird. Wie man dabei vorgeht, steht in den Kapiteln »Kraftstoffanlage« und »Einspritzanlage«.

Um festzustellen, ob ein Zündfunke vorhanden ist, Zündkerzen herausschrauben, in Zündkerzenstecker stecken und einzeln gegen Masse halten. Dabei Kerzenstecker oder Zündkabel **nicht** mit der Hand festhalten, sondern eine gut isolierte Zange nehmen. Von Hilfsperson Motor starten lassen. **Achtung:** Um Schäden am Katalysator zu vermeiden, darf dabei kein Benzin eingespritzt werden. Daher Stecker von den Einspritzventilen abziehen. Wenn kein Zündfunke überspringt, Fehler entsprechend dem Kapitel »Zündanlage« aufspüren. **Achtung: Sicherheitshinweise für elektronische Zündanlage beachten.**

Störung: Der Motor springt schlecht oder gar nicht an

Ursache		Abhilfe
Bedienungsfehler beim Starten	**Benzinmotor**	■ Handbremse anziehen. Kupplung treten, Automatikgetriebe in Stellung »P« oder »N« stellen. Zündschlüssel drehen und starten bis der Motor anspringt. Dann erst Zündschlüssel loslassen. Kein Gas geben. Grundsätzlich sofort losfahren, nur bei strengem Frost Motor ca. 30 Sekunden warmlaufen lassen. **Achtung:** Häufige vergebliche Startversuche hintereinander können den Katalysator schädigen, da unverbranntes Benzin in den Katalysator gelangt und bei Erwärmung explosionsartig verbrennt. ■ **Nur bei heißem Motor** nach dem Anspringen etwas Gas geben.
	Dieselmotor	■ **Bei kaltem Motor (unter +8°C):** Handbremse anziehen. Kupplung treten, Automatikgetriebe in Stellung »P« oder »N« stellen. Zündung einschalten, die Vorglüh-Kontrollampe leuchtet eine Sekunde auf, erlischt und leuchtet erneut auf. Sofort nach dem 2. Verlöschen der Kontrollampe Motor anlassen, Setzen beim Starten nur unregelmäßige Zündungen ein, Anlasser so lange weiterbetätigen (maximal ½ Minute), bis der Motor aus eigener Kraft durchläuft. Springt der Motor nicht an, nach einer Pause von etwa einer halben Minute nochmals vorglühen und Startvorgang, wie beschrieben, wiederholen. **Achtung:** Solange vorgeglüht wird, dürfen keine größeren elektrischen Verbraucher eingeschaltet sein, sonst wird die Batterie unnötig belastet. ■ **Bei warmem Motor sowie Außentemperaturen über +8°C:** Es braucht nicht vorgeglüht zu werden, der Motor kann sofort nach dem 1. Verlöschen der Vorglüh-Kontrollampe angelassen werden. Kein Gas geben.
Sicherung defekt für:	– Elektrische Kraftstoffpumpe – Elektronische Einspritzanlage – Streifen-Sicherung für Vorglühanlage.	■ Sicherung prüfen, siehe »Elektrische Anlage«.
Kraftstoffanlage defekt, verschmutzt Leitung geknickt, verstopft.		■ Kraftstoffanlage entsprechend Störungsdiagnose überprüfen.
Zündanlage defekt, verschmutzt oder verstellt.		■ Zündanlage entsprechend Störungsdiagnose überprüfen.
Anlasser dreht zu langsam.		■ Batterie laden. Anlasserstromkreis überprüfen.
Kompressionsdruck zu niedrig.		■ Hydrostößel prüfen, Motor überholen.
Falsche Steuerzeiten.		■ Steuerzeiten überprüfen, Zahnriemenspannung kontrollieren.
Zylinderkopfdichtung defekt.		■ Dichtung ersetzen.

Motor-Schmierung

Für die Motor-Schmierung sind **Mehrbereichsöle** vorgeschrieben, so daß ein jahreszeitbedingter (Sommer/Winter) Ölwechsel nicht erforderlich ist. Mehrbereichsöle bauen auf einem dünnflüssigen Einbereichsöl auf (zum Beispiel 10 W) und werden durch sogenannte »Viskositätsindexverbesserer« im heißen Zustand stabilisiert. Dadurch ist sowohl für den kalten wie auch für den heißen Motor die richtige Schmierfähigkeit gegeben.

Die SAE-Bezeichnung gibt die Viskosität des Motoröls an. Beispiel: SAE 10 W 40:

10 – Viskosität des Öls in kaltem Zustand. Je kleiner die Zahl, desto dünnflüssiger ist das kalte Motoröl.

W – Das Motoröl ist wintertauglich.

40 – Viskosität des Öls in heißem Zustand. Je größer die Zahl, desto dickflüssiger ist das heiße Motoröl.

Es können auch **Leichtlauföle** (Hochleistungsöle) verwendet werden. Dabei handelt es sich um Mehrbereichsöle, denen unter anderem Reibwertverminderer zugesetzt wurden, wodurch sich die Reibung innerhalb des Motors vermindert. Für das Leichtlauföl wird als Grundöl ein Synthetiköl verwendet.

Anwendungsbereich/Viskositätsklassen

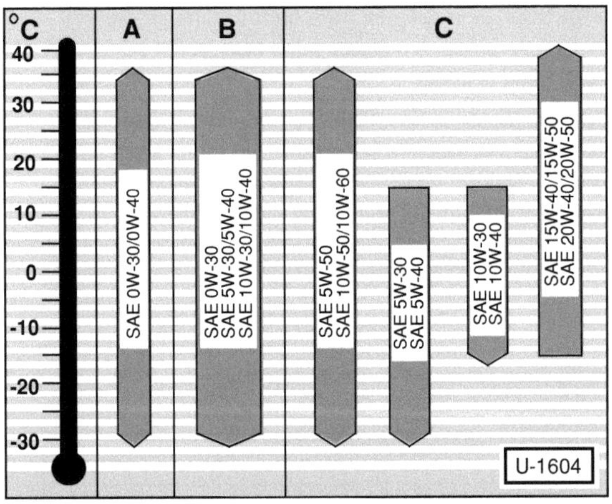

Benziner

A – Longlife-Motoröle, Spezifikation VW-503 00; für Motoren ab 154 kW (210 PS) Spezifikation VW-503 01.

B – Mehrbereichs-Leichtlauföle, Spezifikation VW-500 00.

C – Mehrbereichsöle, Spezifikation VW-501 01 beziehungsweise API-SF oder SG.

Turbodiesel

A – Longlife-Motoröle, Spezifikation VW-506 00.

B – Mehrbereichs-Leichtlauföle, Spezifikation VW-500 00 und VW-505 00.

C – Mehrbereichsöle, Spezifikation VW-505 00 beziehungsweise API-CD.

In der Abbildung U-1604 wird die Motoröl-Viskosität in Abhängigkeit von der Außentemperatur für Benzin- und Dieselmotoren dargestellt. Da die Einsatzbereiche benachbarter SAE-Klassen sich überschneiden, können kurzfristige Temperaturschwankungen unberücksichtigt bleiben. Es ist zulässig, Öle verschiedener Viskositätsklassen miteinander zu mischen, wenn einmal Öl nachgefüllt werden muß und die Außentemperaturen nicht mehr der Viskositätsklasse des im Motor befindlichen Öles entsprechen.

Achtung: Bei Verwendung von Mehrbereichsöl SAE 5W-30 –C– müssen anhaltend hohe Motordrehzahlen und ständige starke Belastung vermieden werden. Diese Einschränkung gilt nicht für Mehrbereichs-Leichtlauföle.

Zusatzschmiermittel, gleich welcher Art, sollen weder dem Kraftstoff noch den Schmierölen beigemischt werden.

Spezifikation des Motoröls

Die Qualität eines Motoröls wird durch Normen der Automobil- sowie der Ölhersteller gekennzeichnet.

Die Klassifikation der Motoröle amerikanischer Ölhersteller erfolgt nach dem **API**-System (API: American Petroleum Institut): Die Kennzeichnung erfolgt durch jeweils zwei Buchstaben. Der erste Buchstabe gibt den Anwendungsbereich an: **S** = Service, für **Ottomotoren** geeignet; **C** = Commercial, für **Dieselmotoren** geeignet. Der zweite Buchstabe gibt die Qualität in alphabetischer Reihenfolge an. Von höchster Qualität sind Öle der API-Spezifikation **SJ** für Ottomotoren und **CF** für Dieselmotoren.

Europäische Ölhersteller klassifizieren ihre Öle nach der »ACEA«-Spezifikation (Association des Constructeurs Européens de l'Automobile), die vor allem die europäische Motorentechnologie berücksichtigt. Öle für PKW-Benzinmotoren haben die ACEA-Qualitätsklassen A1-96 bis A3-96; Dieselmotoröle von B1-96 bis B3-96, wobei A3 beziehungsweise B3 die höchsten Qualitätsstufen markieren. **»96«** steht für den Beginn der Gültigkeit der ACEA-Klassifikation im Jahr 1996 an. Motoröle mit höheren Jahreszahlangaben können ebenfalls verwendet werden.

Das richtige Motoröl für den AUDI A4

VW/AUDI hat für seine Modelle **eigene Ölnormen** festgelegt. Grundsätzlich sollen nur Öle verwendet werden, die diese Normen erfüllen. Die VW/AUDI-Norm steht dann auf der Öldose.

Der AUDI A4 ab Modelljahr 2000 (Modelljahr-Kennbuchstabe **Y**) und Fahrgestellnummer 8DYA 000 001 wird nach dem so genannten »Longlife-Service«-System gewartet.

Fahrzeuge	**VW/AUDI-Norm für**	
	Benziner	**Diesel**
bis einschließl. Modelljahr 1999 (Herstellungs-Kennbuchstabe **X**)	500 00 501 01 502 00	505 00 505 01
ab Modelljahr 2000 (Herstellungs-Kennbuchstabe **Y**) **mit Longlife-Service**	503 00 ab 154 kW: 503 01	506 00 85 kW: 506 01
mit **Pumpe/Düse-Motor** (85 kW) **ohne** Longlife-Service	–	505 01

Achtung: Motoröl der Spezifikation **503 00, 503 01, 506 00, 506 01** ist **nur** für Fahrzeuge **mit Longlife-Service** vorgesehen und darf **nicht** in Motoren vor Modelljahr 2000 eingefüllt werden, **sonst können Motorschäden auftreten.**

Hinweise zu den VW/AUDI-Motoröl-Normen

- Hinter der VW/AUDI-Norm muß ein Datum nicht älter als 10/91 stehen.
- Das Mehrbereichs-Leichtlauföl VW/AUDI-502 00 ist besonders für Turbo-Benzinmotoren geeignet.
- Sollte kein Öl der VW/AUDI-Norm zur Verfügung stehen, kann bei Fahrzeugen **ohne** Longlife-Service und mit Benzinmotor vorübergehend auch ein Motoröl nach ACEA-A2/A3 oder API-SF/SG nachgefüllt werden. Beim Dieselmotor, **außer Pumpe/Düse**-Motor, **ohne** Longlife-Service darf ein Öl nach ACEA-B3 oder API-CD nachgefüllt werden.
- Für die Verwendung in TDI-Motoren müssen Leichtlauföle nach VW/AUDI-500 00 beziehungsweise Mehrbereichsöle nach VW/AUDI-501 01 ebenfalls die VW/AUDI-Norm 505 00 erfüllen.
- Wird bei Fahrzeugen **mit** Longlife-Service beim Ölwechsel kein Longlife-Öl verwendet, dann muß die flexible Service-Intervallanzeige auf »nicht flexibel« umprogrammiert werden, siehe Seite 276.
- Bei Fahrzeugen **mit** Longlife-Service empfiehlt es sich, für längere Fahrten oder Fahrten ins Ausland eine Öldose mit dem richtigen Motoröl im Kofferraum mitzuführen. Falls zum Nachfüllen kein Longlife-Öl verfügbar ist, kann beim Dieselmotor bis zu 0,5 l Motoröl der VW/AUDI-Norm 505 00 oder 505 01 nachgefüllt werden, ohne daß die Service-Intervallanzeige auf »nicht flexibel« umgestellt werden muß. Beim Benzinmotor muß Motoröl der VW/AUDI-Norm 502 00 verwendet werden.

Ölverbrauch

Bei einem Verbrennungsmotor versteht man unter dem Ölverbrauch diejenige Ölmenge, die als Folge des Verbrennungsvorganges verbraucht wird. Auf keinen Fall ist Ölverbrauch mit Ölverlust gleichzusetzen, wie er durch Undichtigkeiten an Ölwanne, Zylinderkopfdeckel usw. auftritt.

Normaler Ölverbrauch entsteht durch Verbrennung jeweils kleiner Mengen im Zylinder; durch Abführen von Verbrennungsrückständen und Abrieb-Partikeln. Zudem verschleißt das Öl durch hohe Temperaturen und hohe Drücke, denen es im Motor fortwährend ausgesetzt ist. Auch äußere Betriebsverhältnisse, wie Fahrweise sowie Fertigungstoleranzen haben einen Einfluß auf den Ölverbrauch. Der Ölverbrauch darf höchstens 1,0 l/1000 km betragen.

Achtung: Auf keinen Fall Motoröl über die »MAX«-Markierung am Ölmeßstab einfüllen. Zuviel eingefülltes Öl muß unbedingt abgelassen werden, sonst kann der Katalysator beschädigt werden, da unverbranntes Öl in die Abgasanlage gelangt.

Die dynamische Öldruckkontrolle

Die AUDI A4-Motoren sind mit einer dynamischen Öldruckkontrolle ausgerüstet. Das heißt, die Öldruckkontrolle erfolgt in Abhängigkeit von der Motordrehzahl. Dabei wird der Öldruck im Bereich von 1500/min bis 5000/min überwacht.

Unter folgenden Bedingungen blinkt die Öl-Warnleuchte und zusätzlich ertönt ein dreimaliger Summton:

- Wenn der Motor steht und der Öldruckschalter geschlossen ist (Öldruckschalter defekt).
- Wenn bei kaltem Motor (Kühlmitteltemperatur < 60°C) der Öldruckschalter bei einer Motordrehzahl oberhalb 300/min geöffnet ist. Bei warmem Motor erhöht sich die Schwelle auf 1500/min.
- Wenn der Öldruckschalter bei einer Motordrehzahl oberhalb 1500/min dreimal für länger als 0,5 Sekunden öffnet, also zu wenig Druck vorhanden ist. In diesem Fall bleibt die Warnung auch bei folgenden Drehzahlen unter 1500/min sowie oberhalb 5000/min aktiv.

Blinkt während der Fahrt die Öl-Warnleuchte und der Summer ertönt, so kann das folgende Ursachen haben:

1. Ölstand zu niedrig
2. Störung in der Elektrik von Schalter und Warnleuchte
3. Ölpumpe fördert nicht
4. Lager der Kurbelwelle defekt

Zunächst also sofort den Motor abstellen und den Ölstand kontrollieren, gegebenenfalls Öl nachfüllen. Anschließend Motor starten und im Leerlauf drehen lassen, die Warnleuchte darf nun nicht mehr blinken. Drehzahl auf über 1500/min erhöhen, Leuchte darf nicht blinken und der Summer darf nicht ertönen. Ist dies der Fall, kann die Fahrt fortgesetzt werden.

Ist der Ölstand jedoch in Ordnung und besteht am Ort keine weitere Prüfmöglichkeit, keinesfalls weiterfahren, sondern Fahrzeug abschleppen lassen und Öldruck prüfen.

Bei ausreichendem Öldruck den Öldruckschalter und die elektrische Zuleitung nach Schaltplan prüfen, gegebenenfalls Steuergerät ersetzen.

Ölwanne aus- und einbauen/ Dichtung für Ölwanne ersetzen

Ausbau

- Untere Motorraumabdeckung ausbauen, siehe Seite 19.
- Schloßträger in Servicestellung bringen, siehe Seite 179.
- Keilrippenriemen ausbauen, siehe Seite 49.
- Motoröl ablassen. Ablaßschraube mit neuem Dichtring wieder einschrauben. Anzugsmoment, siehe Seite 57.
- Motor anseilen und leicht vorspannen, bis die Motorlager entlastet sind, siehe auch Seite 15.

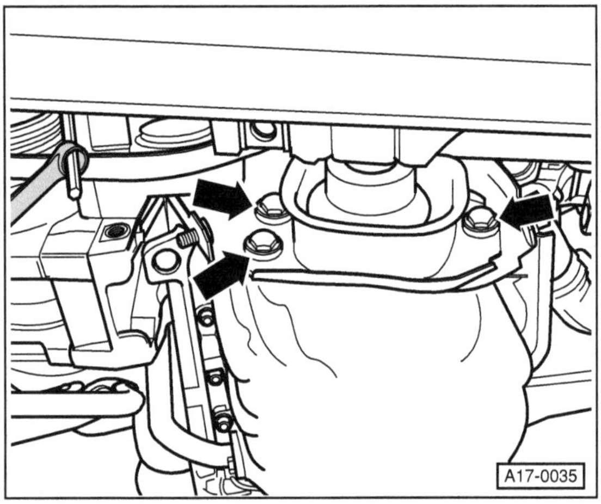
A17-0035

- Topf für Drehmomentstütze vom Halter am Motor abschrauben.

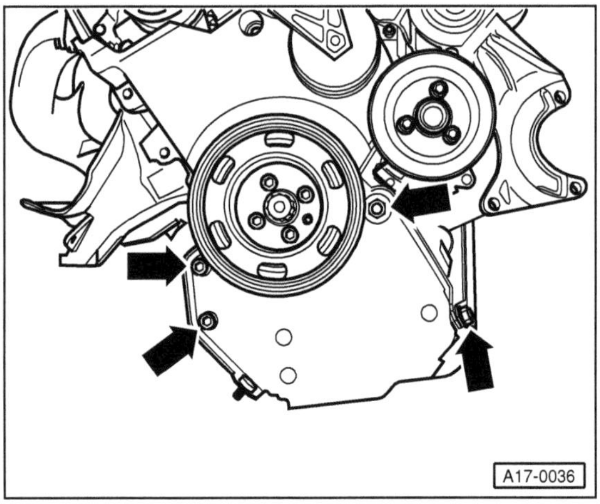
A17-0036

- Halter für Topf der Drehmomentstütze vom Motor abschrauben. Längsstrebe vom Halter links abschrauben. Die Abbildung zeigt aus darstellerischen Gründen den Halter am ausgebauten Motor und mit abgebautem Halter für Klimaanlagen-Kompressor. Die beiden rechten Schrauben des Halters sind durch den Halter der Klimaanlage zu erreichen.
- **Wichtig:** Aggregateträger mit Hydraulikwagenheber unterstützen, damit der Träger nach Lösen der Schrauben nicht herunterfällt. Holz zwischenlegen.

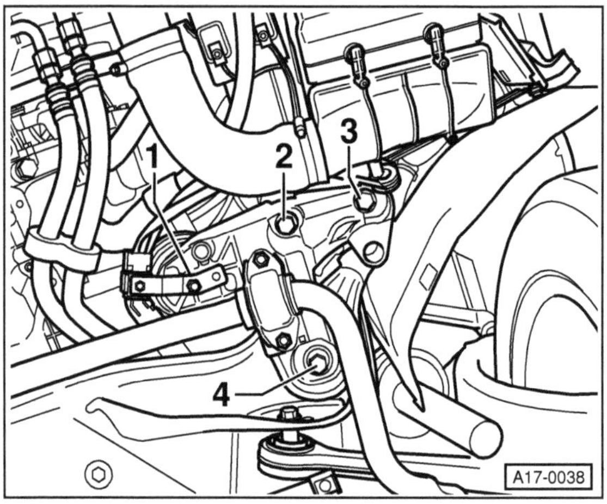

A17-0038

- Muttern der Motorlager links und rechts unten –1– abschrauben.
- Zuerst die Schrauben –2– und –3– des Aggregateträgers vorn links und rechts herausschrauben, dann die Schrauben –4– links und rechts abschrauben. Aggregateträger vorsichtig mit Hydraulikwagenheber etwas absenken.

Achtung: Um eine Achsvermessung zu vermeiden, darf der Aggregateträger nur an der vorderen Seite gelöst werden.

- Ölwanne abschrauben und herausnehmen.

Einbau

- Dichtungsreste von der Ölwanne sorgfältig entfernen. Neue Dichtung ansetzen, auf richtige Lage der Dichtung zu den Bohrungen achten. Dichtung nicht ankleben.
- Ölwanne gleichmäßig mit **15 Nm** anschrauben (bei Alu-Ölwanne 1,8-l-Motor, 6-Zylindermotor: **10 Nm**). Nicht fester anziehen, sonst wird die Dichtung zerquetscht. Verbindungsschrauben Motor-Getriebe im Ölwannenbereich mit **25 Nm** festziehen.
- Aggregateträger vorsichtig anheben. Schrauben für Aggregateträger links und rechts mit Drehmomentschlüssel anziehen, siehe Abbildung A17-0038. Grundsätzlich **neue** Schrauben verwenden:

  Mutter –1– für Motorlager: . . . . .**20 Nm;**
  Schraube –2–: . . . .**60 Nm;**
  Schraube –3–: . . . .**60 Nm;**
  Kombischraube –4– mit **110 Nm** anziehen und anschließend um **90°** (¼ Umdrehung) weiter festziehen. Um die 90° einzuhalten, Schlüssel ansetzen, Markierung anbringen, bis wohin der Schlüsselarm gedreht werden soll, und Schlüssel bis zur Markierung drehen.

- Topf der Drehmomentstütze mit Halter anschrauben, alle Schrauben mit **20 Nm** festziehen.
- Keilrippenriemen einbauen, siehe Seite 49.
- Schloßträger einbauen, siehe Seite 179.
- Untere Motorraumabdeckung einbauen, siehe Seite 19.
- Motorabstützung abnehmen, Fahrzeug ablassen.
- Öl auffüllen. Nach Probefahrt Ölwannendichtung auf Ölaustritt kontrollieren, gegebenenfalls Schrauben für Ölwanne etwas nachziehen.

Ölwanne/Ölpumpe/Ölfilter

4-Zylinder-Motor (abgebildet: Dieselmotor)

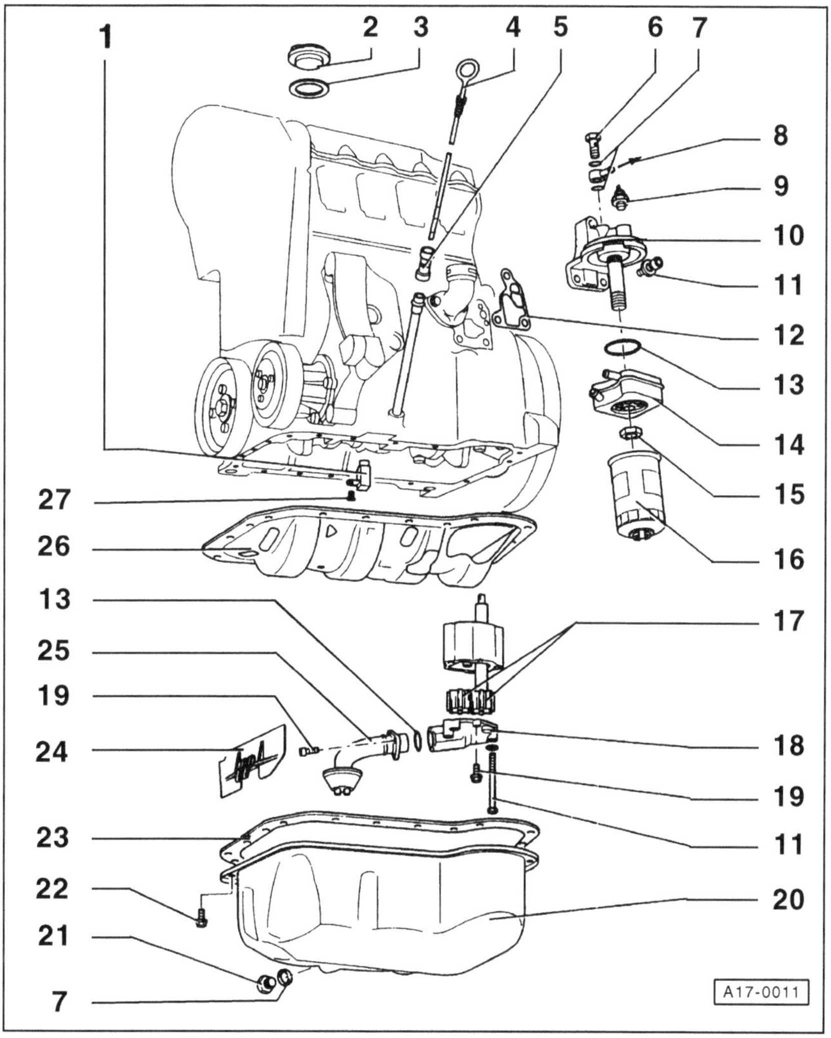

1 – **Ölspritzdüse für Kolbenkühlung**

2 – **Verschlußdeckel**

3 – **Dichtung**

4 – **Ölmeßstab**

5 – **Einführtrichter**
Zum Ölabsaugen abziehen.

6 – **Hohlschraube, 25 Nm**

7 – **Dichtringe**

8 – **Leitung zum Turbolader**

9 – **Öldruckschalter**
Dichtring bei Undichtigkeiten aufkneifen und ersetzen.

10 – **Ölfilterhalter**

11 – **Schraube, 25 Nm**

12 – **Dichtung**
Immer erneuern.

13 – **O-Ring**

14 – **Ölkühler**
Berührungsflächen zum Ölfilterhalter außerhalb des Dichtrings mit AMV 188 100 02 von AUDI einstreichen. Werden im Motoröl Metallspäne gefunden, nach Reparatur und Reinigung des Motors immer auch den Ölkühler erneuern.

15 – **Mutter, 25 Nm**

16 – **Ölfilter**

17 – **Zahnräder**

18 – **Ölpumpendeckel mit Überdruckventil**

19 – **Schraube, 10 Nm**

20 – **Ölwanne**
Vor der Montage Dichtfläche reinigen.

21 – **Ölablaßschraube, 30 Nm**

22 – **Schraube, 15 Nm**
Die beiden hinteren Schrauben mit Gelenkschlüssel, zum Beispiel AUDI 3185, ausschrauben. Beim 1,8-l-Motor (Alu-Ölwanne), Schrauben nur mit **10 Nm** festziehen.

23 – **Dichtung**
Immer ersetzen. Vor dem Auflegen Übergänge Dichtflansch/Zylinderblock mit Dichtmittel »D2« bestreichen.

24 – **Schwallblech**

25 – **Saugleitung**
Sieb bei Verschmutzung reinigen.

26 – **Schwallwand**

27 – **Schraube, 10 Nm**
Vor Einbau am Gewinde mit AMV 188 100 02 von AUDI einstreichen.

Ölablaßschraube - Anzugsmomente

Motor	Anzugsmoment
V6-Diesel	25 Nm
1,6-l-Benziner 4-Zylinder-Diesel 6-Zylinder-Fünfventiler	30 Nm
6-Zylinder-Zweiventiler	40 Nm
1,8-l-Benziner	50 Nm

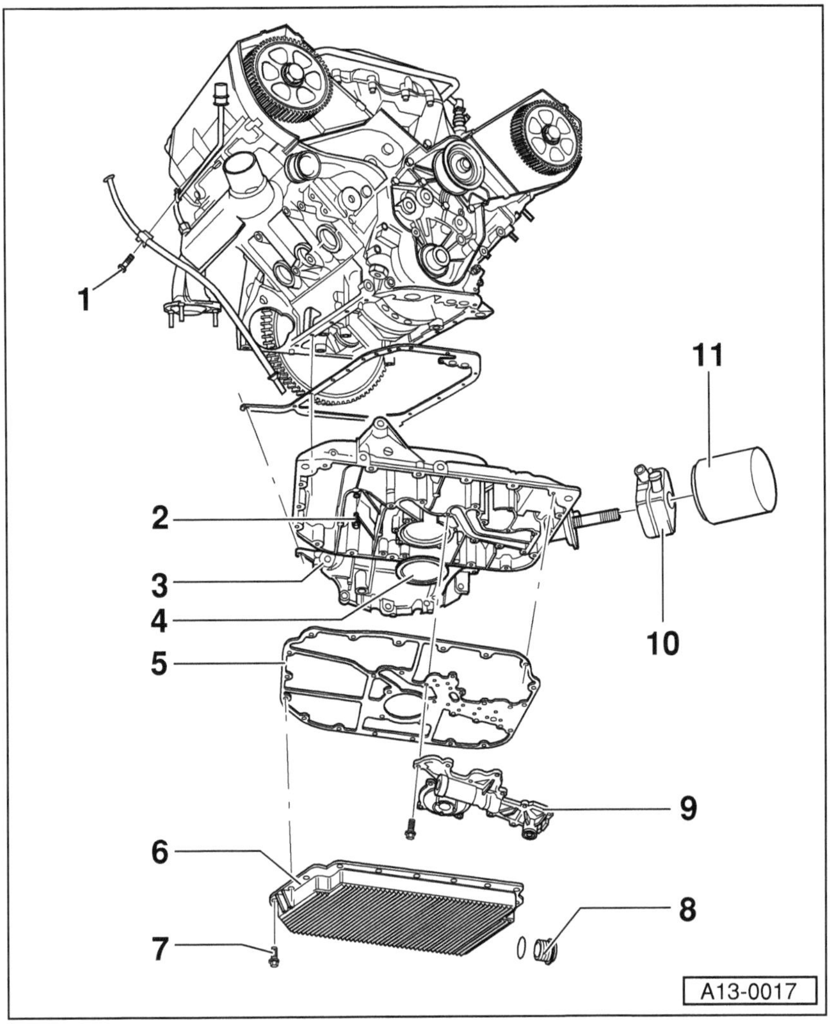

1 – **Schraube, 10 Nm**

2 – **Schraube, 10 Nm**

3 – **Ölwannenoberteil**

4 – **Ölsieb**
Rastet mit 3 Nasen im Ölwannenoberteil ein.

5 – **Dichtung**

6 – **Ölwannenunterteil**

7 – **Schraube, 10 Nm**

8 – **Ölablaßschraube, 40 Nm**

9 – **Verschlußdeckel**
Mit eingebauten Überdruckventilen 5 bar und 11 bar.

10 – **Ölkühler**

11 – **Ölfilter**

Öldruckschalter und Öldruck prüfen

Zur Prüfung ist ein Manometer mit Einschraubmöglichkeit für den Öldruckschalter erforderlich. Der Öldruckschalter befindet sich beim 4-Zylindermotor am Ölfilterhalter, beim 6-Zylindermotor links hinter dem Ölfilter.

Prüfen

- Ölstand kontrollieren, gegebenenfalls richtigstellen.
- Motor warmfahren, die Öltemperatur soll ca. +80° C betragen. Diese Temperatur wird erreicht, wenn die Kühlmittel-Temperaturanzeige normale Betriebstemperatur anzeigt.

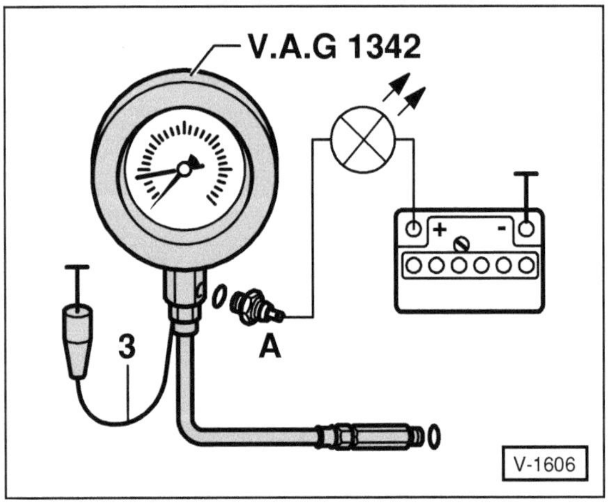

- Öldruckschalter –A– herausschrauben und in das Manometer einschrauben.
- Manometer anstelle des Öldruckschalters einschrauben.

- Braune Leitung –3– des VW-Prüfgerätes (V.A.G 1342) an Masse (–) legen.
- Diodenprüflampe mit Hilfsleitungen an Batterie-Pluspol (+) und Öldruckschalter –A– anschließen. Die Leuchtdiode darf nicht aufleuchten, andernfalls Öldruckschalter ersetzen.
- Motor anlassen und Drehzahl langsam erhöhen. Sobald der Schaltdruck erreicht wird, muß die Leuchtdiode aufleuchten, andernfalls Öldruckschalter ersetzen.

Achtung Motor 1Z/ADP/ADR/AEB/AFB/AFF/AFN/AFY/AHH/AHU/AJL/ANB/APU/AVG/AWT**:** Beim Anlassen des Motors Diodenprüflampe beobachten. Der Schaltpunkt des Öldruckschalters wird bereits beim Anlassen überschritten.

Öldruckprüfen

- Motor anlassen, mit Prüfdrehzahl laufen lassen und gemessenen Öldruck mit Sollwert vergleichen.
- Geringerer Öldruck weist auf verschlissene Kurbelwellenlager hin.
- Öldruckschalter einsetzen und mit **25 Nm** festziehen. Bei Undichtigkeit Dichtring mit Seitenschneider aufkneifen und ersetzen.

Motor-Kennbuchstaben	**Schaltdruck** in bar	**Prüfdrehzahl** bei 1/min	**Prüfdruck** in bar
ADP/ADR/AEB/AFY/AJL/ANB/APU	1,2 – 1,6	Leerlauf	1,0 – 3,5
		3000	5,0 – 7,0
AHL	1,2 – 1,6	Leerlauf	mind. 2,0
		2000	3,0 – 4,5
AWT	1,2 – 1,6	Leerlauf	mind. 1,3
		2000	3,0 – 4,5
AAH/ABC	1,2 – 1,6	Leerlauf	1,0 – 2,5
		3000	3,0 – 5,0
ACK/AGA/AGB/AJG/ALF/ALG/ASJ/AZR	1,2 – 1,6	2000	mind. 2,0
AFB/AKN/AJM/ATJ	0,75 – 1,05	Leerlauf	mind. 0,8
		2000	mind. 2,0
		> 3000	max. 7,0
1Z/AFF/AFN/AHH/AHU/AVG	0,75 – 1,05	2000	mind. 2,0
		> 3000	max. 7,0

Störungsdiagnose Ölkreislauf

Störung	**Ursache**	**Abhilfe**
Kontrolleuchte blinkt nicht nach Einschalten der Zündung.	Öldruckschalter defekt.	■ Öldruck schalter prüfen.
	Strom zum Schalter unterbrochen, Kontakte korrodiert.	■ Elektrische Leitung und Anschlüsse prüfen.
	Kontrollampe defekt.	■ Kontrollampe ersetzen.
	Steuergerät defekt.	■ Steuergerät erneuern. Das Steuergerät sitzt im Schalttafeleinsatz.
Kontrollicht erlischt nicht nach Anspringen des Motors.	Öl sehr warm.	■ Unbedenklich, wenn Kontrollicht beim Gasgeben erlischt.
Kontrollicht blinkt während der Fahrt, Summer ertönt.	Öldruck zu gering.	■ Ölstand prüfen, gegebenenfalls auffüllen; Öldruck nach Vorschrift prüfen.
	Elektrische Leitung zum Öldruckschalter hat Kurzschluß gegenüber Masse.	■ Kabel am Schalter abziehen und isoliert ablegen (nicht gegen Masse legen), Zündung einschalten. Wenn die Kontrollampe aufleuchtet, Leitung überprüfen.
	Öldruckschalter defekt.	■ Schalter auswechseln.
Zu niedriger Öldruck im gesamten Drehzahlbereich.	Zu wenig Öl im Motor.	■ Motoröl nachfüllen.
	Ansaugsieb in der Saugglocke verschmutzt, Saugrohr gebrochen.	■ Ölwanne ausbauen, Ansaugsieb reinigen, gegebenenfalls Saugrohr ersetzen.
	Ölpumpe verschlissen.	■ Ölpumpe ausbauen und prüfen, gegebenenfalls ersetzen.
	Lagerschaden.	■ Motor demontieren.
Zu niedriger Öldruck im unteren Drehzahlbereich.	Öldruckregelventil klemmt in offenem Zustand durch Verschmutzung.	■ Öldruckregelventil ausbauen und prüfen.
Zu hoher Öldruck bei Drehzahlen über 2.000/min.	Öldruckregelventil öffnet nicht wegen Verschmutzung.	■ Öldruckregelventil ausbauen und prüfen.

Motor-Kühlung

Der Kühlmittelkreislauf

Der Kühlmittelkreislauf wird thermostatisch geregelt. Solange der Motor kalt ist, zirkuliert das Kühlmittel nur im Zylinderkopf sowie im Motorblock und im Wärmetauscher der Innenraumheizung. Mit zunehmender Erwärmung öffnet der Kühlmittelregler den großen Kühlmittelkreislauf. Das Kühlmittel wird von der ständig im Einsatz befindlichen Kühlmittelpumpe über den Kühler geleitet. Die Kühlflüssigkeit durchströmt den Kühler und wird dabei durch die an den Kühlrippen vorbeistreichende Luft gekühlt.

Bei hohen Temperaturen wird die Kühlluft durch einen Lüfter verstärkt, der hinter dem Kühler angebracht ist. Die Drehzahl des Lüfters wird über eine Visco-Kupplung in der Nabe des Lüfterrotors geregelt. Der Lüfter wird durch den Keilrippenriemen angetrieben und bei niedrigeren Temperaturen durch die Visco-Kupplung ausgekuppelt. Sobald die Kühlmitteltemperatur ansteigt, wird der Lüfterrotor eingekuppelt und dadurch die Lüftergeschwindigkeit erhöht. Je nach Ausstattung, zum Beispiel mit Klimaanlage, kann ein zusätzlicher, elektrisch betriebener Kühlerlüfter vorhanden sein.

Achtung: Bei Arbeiten am Kühlsystem unbedingt darauf achten, daß **kein Kühlmittel auf den Zahnriemen** gelangt. Der Glykolanteil des Kühlmittels kann das Gewebe des Zahnriemens so schädigen, daß der Riemen nach einiger Betriebszeit reißt, wodurch schwerwiegende Motorschäden auftreten können.

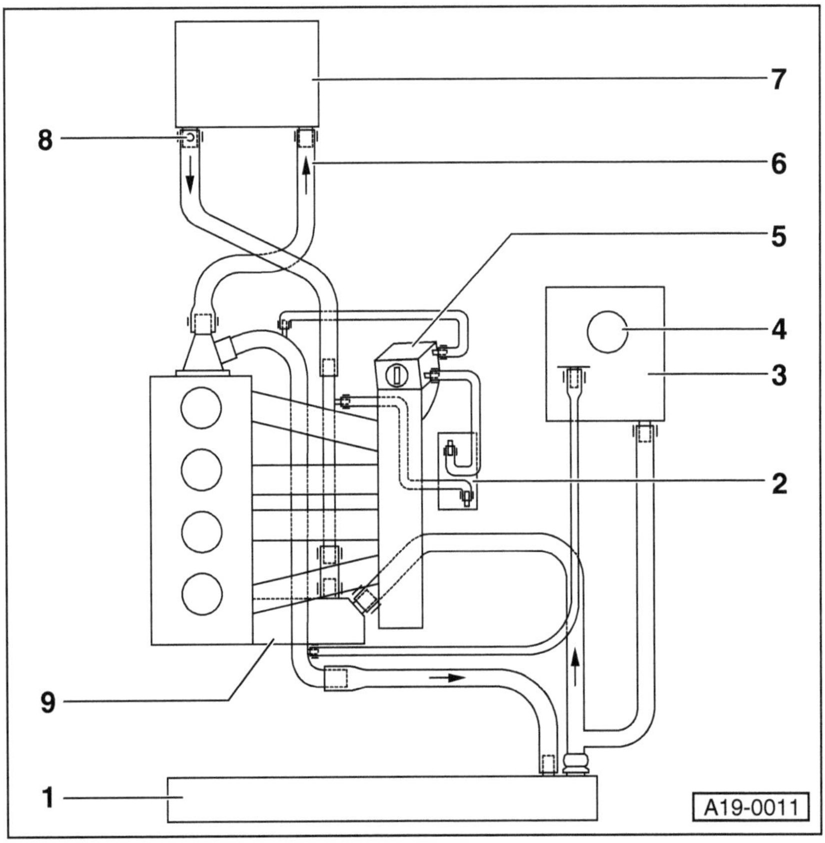

Kühlmittelkreislauf 1,6-/1,8-l-Motor

1 – **Kühler**
2 – **Ölkühler**
3 – **Ausgleichbehälter**
4 – **Verschlußdeckel**
5 – **Drosselklappenstutzen**
6 – **Vorlaufleitung zum Heizungswärmetauscher**
7 – **Heizungswärmetauscher**
8 – **Entlüftungsbohrung**
9 – **Kühlmittelpumpe**

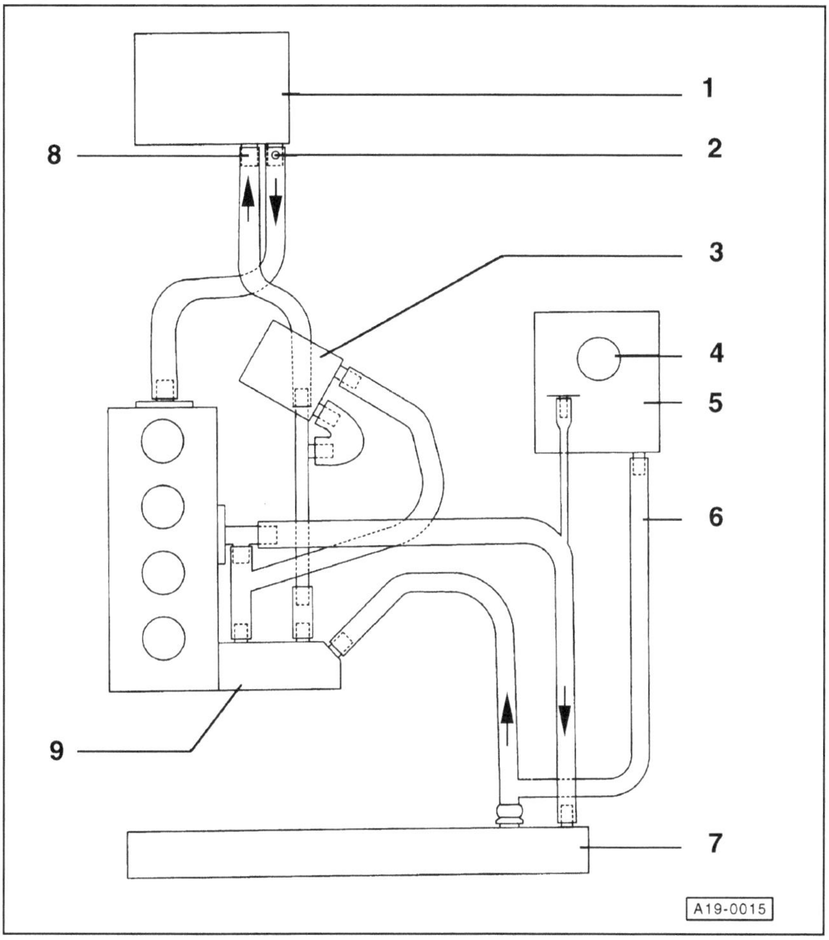

Kühlmittelkreislauf 4-Zylinder-Dieselmotor außer 85 kW (115 PS)

1 – **Heizungswärmetauscher**

2 – **Entlüftungsbohrung**

3 – **Ölkühler**
Einbaulage: Ölfilterflansch.

4 – **Verschlußdeckel**

5 – **Ausgleichbehälter**

6 – **Rücklaufleitung zum Ausgleichbehälter**

7 – **Kühler**

8 – **Vorlaufleitung zum Heizungswärmetauscher**

9 – **Kühlmittelpumpe**

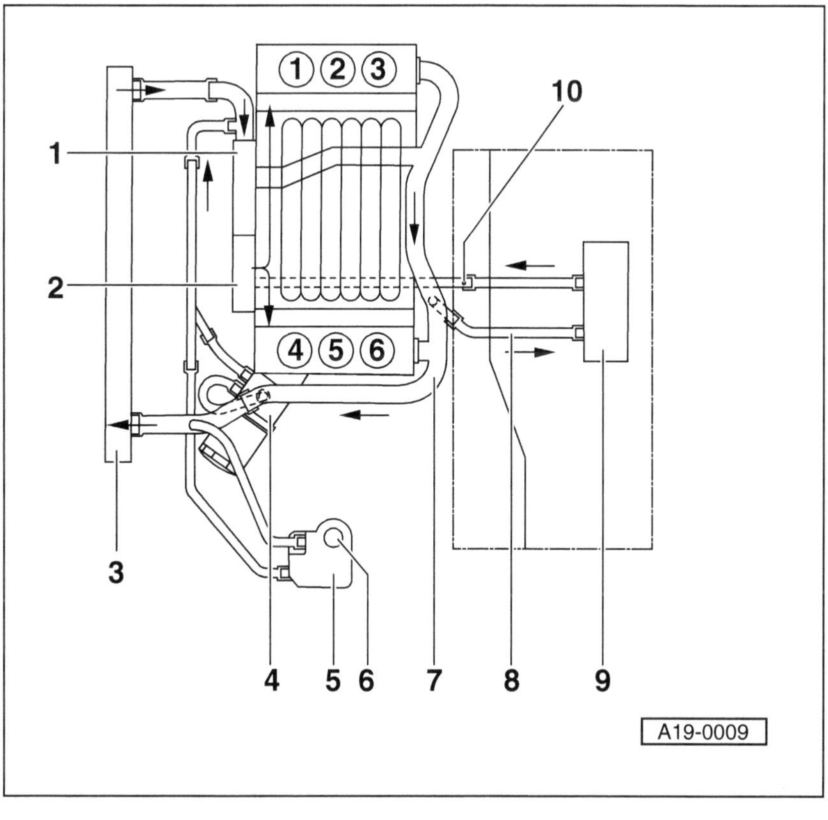

Kühlmittelkreislauf 6-Zylinder-Benzinmotor

1 – **Thermostat**

2 – **Kühlmittelpumpe**

3 – **Kühler**

4 – **Ölkühler**

5 – **Ausgleichbehälter**

6 – **Verschlußdeckel**

7 – **Kühlmittelrohr**

8 – **Vorlaufleitung zum Heizungswärmetauscher**

9 – **Heizungswärmetauscher**

10 – **Entlüftungsbohrung**

Kühler-Frostschutzmittel

Die Kühlanlage wird ganzjährig mit einer Mischung aus Wasser und Kühlkonzentrat befüllt. Dies verhindert Frost- und Korrosionsschäden, Kalkansatz und hebt außerdem die Siedetemperatur des Kühlmittels an. Im Kühlkreislauf entsteht durch die Ausdehnung der Flüssigkeit bei Erwärmung ein Überdruck, was ebenfalls zur Siedepunkterhöhung der Kühlflüssigkeit beiträgt. Der Druck wird durch ein Ventil im Verschlußdeckel am Ausgleichbehälter begrenzt, das bei 1,2 - 1,5 bar öffnet. Erforderlich ist der höhere Siedepunkt der Kühlflüssigkeit für ein einwandfreies Funktionieren der Motor-Kühlung. Bei zu niedrigem Siedepunkt der Flüssigkeit kann es zu einem Hitzestau kommen, wodurch der Kühlkreislauf behindert und die Kühlung des Motors vermindert wird. Deshalb muß das Kühlsystem unbedingt ganzjährig mit einer Kühlkonzentrat-Mischung gefüllt sein.

Es gibt unterschiedliche **Kühlmittelzusätze**, die durch ihre Farbe unterschieden werden. Das **grüne** Kühlkonzentrat ist silikathaltig und hat die VW/AUDI-Bezeichnung **»G11-A8C«**. Das **rote** Kühlkonzentrat ist silikatfrei und hat die VW/AUDI-Bezeichnung **»G12-A8D«.**

Achtung: Die Kühlmittelzusätze **G11-grün** und **G12-rot** dürfen **nicht vermischt** werden, sonst kommt es zu schwerwiegenden Motorschäden.

Bei Fahrzeugen **bis 6/96** ist ab Werk das **grüne** Kühlkonzentrat **G11** eingefüllt. Zum Nachfüllen darf nur **G11** oder ein anderes Kühlkonzentrat mit dem Vermerk »gemäß VW/AUDI-TL-774-**C**« verwendet werden, zum Beispiel »Glysantin-Protect-Plus/G48«.

Bei Fahrzeugen **ab 7/96** ist ab Werk das **rote** Kühlkonzentrat **G12** eingefüllt. Zum Nachfüllen darf nur **G12-rot** oder ein anderes Kühlkonzentrat mit dem Vermerk »gemäß VW/AUDI-TL-774-**D**« verwendet werden, zum Beispiel »Glysantin-Alu-Protect/G30«.

Für neuere Fahrzeuge ist das Kühlkonzentrat **»G12 Plus«** (TL-VW-774-**F)** erhältlich. Es hat die Farbe **lila**. G12-lila **darf** sowohl mit G11-grün als auch mit G12-rot **gemischt** werden.

Kühlmittel-Mischungsverhältnis in Litern

Motor	Frostschutz				Füllmenge
	bis –25° C		bis –35° C		
	G 12	Wasser	G 12	Wasser	
4-Zylinder-Motoren (außer 1,8-l-Turbo) 6-Zylinder (2,7 l)	2,4	3,6	3,0	3,0	6,0
1,8-l-Turbomotor 1,9-l-115-PS-Diesel	3,0	4,0	3,5	3,5	7,0
6-Zylinder-Benziner (5-Ventiler, außer 2,7-l-Turbomotor)	3,5	4,5	4,0	4,0	8,0
6-Zylinder-Zweivent.	3,4	5,1	4,3	4,2	8,5
6-Zylinder-Diesel	4,0	6,0	5,0	5,0	10,0

Der Frostschutz sollte in unseren Breiten bis ca. –25° C reichen. Der Anteil des Frostschutzmittels darf 60% (Frostschutz dann bis –40° C) nicht überschreiten, sonst verringern sich Frostschutz und Kühlwirkung wieder. Die Kühlmittel-Füllmengen können je nach Ausstattung des Fahrzeuges von den angegebenen Werten abweichen.

Kühlmittel wechseln

Das Kühlmittel muß nur nach Reparaturen am Kühlsystem, bei denen das Kühlmittel abgelassen wurde, erneuert werden. Ein Wechsel im Rahmen der jährlichen Wartung ist nicht vorgesehen. Falls bei Reparaturen der Zylinderkopf, die Zylinderkopfdichtung, der Kühler, der Wärmetauscher oder der Motor ersetzt wurden, muß die Kühlflüssigkeit auf jeden Fall erneuert werden. Das ist erforderlich, weil sich die Korrosionsschutzanteile in der Einlaufphase an den neuen Leichtmetallteilen absetzen und somit eine dauerhafte Korrosionsschutzschicht bilden. Bei gebrauchter Kühlflüssigkeit ist der Korrosionsschutzanteil in der Regel nicht mehr groß genug, um eine ausreichende Schutzschicht an den neuen Teilen zu bilden.

Hinweis: Kühlmittel ist leicht giftig. Gemeinde- und Stadtverwaltungen informieren darüber, wie das alte Kühlmittel entsorgt werden soll.

Ablassen

- Fahrzeug aufbocken.
- Verschlußdeckel am Ausgleichbehälter öffnen.

Achtung: Bei heißem Motor vor dem Öffnen des Deckels einen dicken Lappen auflegen, um Verbrühungen durch heiße Kühlflüssigkeit oder Dampf zu vermeiden. Deckel nur bei Kühlmitteltemperaturen unter +90° C abnehmen.

- Untere Motorraumabdeckung abschrauben, siehe Seite 19.
- **6-Zylinder-Dieselmotor:** Stoßfänger vorn und Luftführung ausbauen, siehe Seite 180.

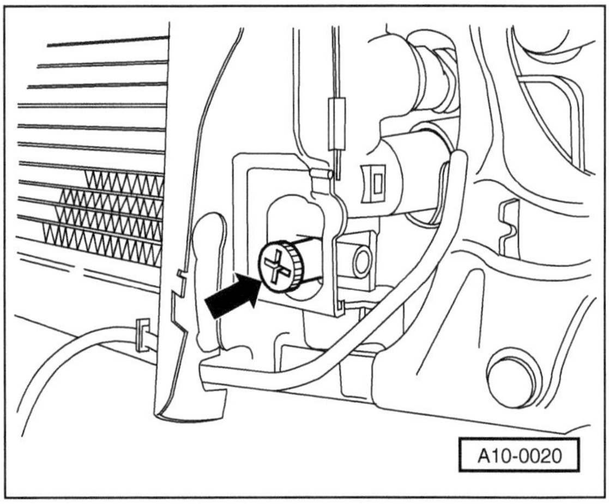

- Sauberes Auffanggefäß unter den Kühler stellen. Ablaßschraube –Pfeil– mit Münze oder breiten Schraubendreher öffnen. Es empfiehlt sich, einen Schlauch am Ablaßstutzen aufzuschieben.
- Unteren Schlauch am Kühler abziehen. Dazu Drahtsicherung am Anschlußstutzen seitlich abziehen, dann Schlauch abziehen.

6-Zylinder-Benzinmotor

- Auffanggefäß unter den Motorblock stellen.

- Ablaßschraube –Pfeil– am Motorblock mit Innensechskantschlüssel, zum Beispiel AUDI 3247, herausdrehen. Die Schraube befindet sich unten auf der linken Seite im Bereich des Flanschs Motor/Getriebe. Kühlmittel vollständig ablassen.

Auffüllen

- Kühlmittelschlauch am Kühler aufschieben und Drahtsicherung am Anschlußflansch eindrücken.
- Ablaßschraube am Kühler schließen, Schraube nicht zu fest anziehen. Beim 6-Zylinder-Benzinmotor, Ablaßschraube am Motorblock einschrauben.
- Untere Motorraumabdeckung einbauen, Fahrzeug ablassen.
- Regulierung für Innenraumheizung ganz auf Position »heiß« stellen.

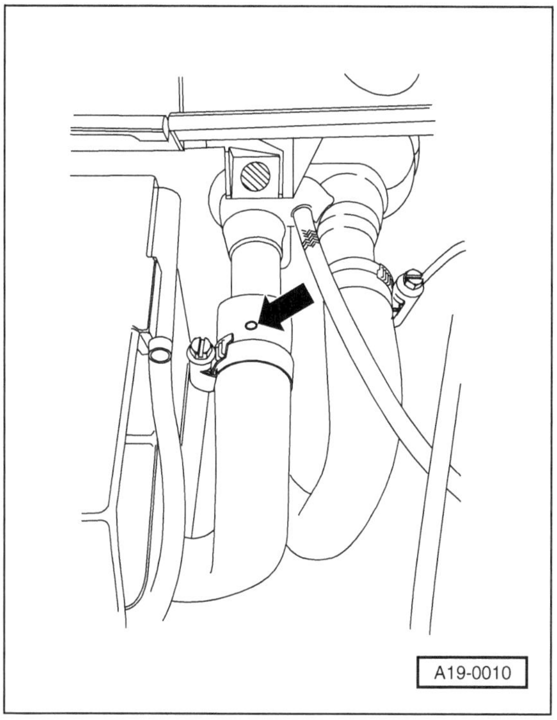

- An der Motorraum-Stirnwand die Schlauchschelle für den Heizungs-Rücklaufschlauch lösen und Schlauch soweit vom Anschlußstutzen zurückziehen, daß die Entlüftungsbohrung nicht mehr vom Anschlußstutzen verdeckt wird.
- **6-Zylinder-Benziner:** Entlüftungsschraube am Kühlmittelrohr, im Bereich unter dem Ausgleichbehälter, öffnen.

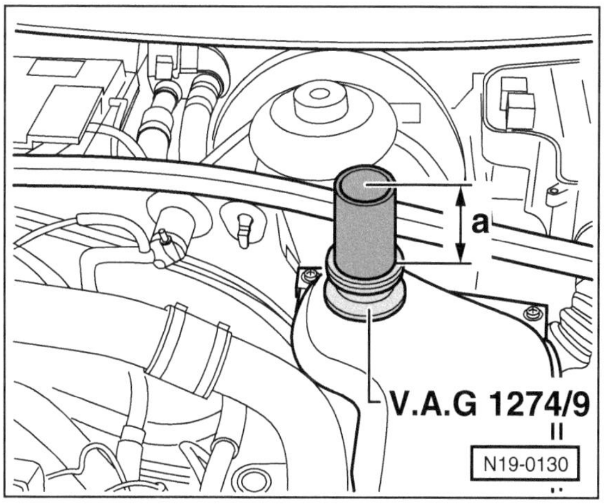

- Um ein Überquellen der Kühlflüssigkeit nach dem Starten des Motors zu vermeiden, schraubt die Fachwerkstatt am Ausgleichbehälter einen einen geeigenten Stutzen auf, zum Beispiel V.A.G-1274/9 mit Hilfsschlauch von 42 mm ∅ und einer Länge von a = 100 mm.
- Steht der Stutzen nicht zur Verfügung, kann stattdessen auch der Ausgleichbehälter vom Halter abgeschraubt, mit angeschlossenen Leitungen 10 cm angehoben und in dieser Position mit Draht aufgehängt werden. Dadurch wird erreicht, daß beim Entlüften das Kühlmittel an den Entlüftungsbohrungen austritt und nicht am Stutzen des Ausgleichbehälters.

- **6-Zylinder-Benzinmotor:** Kühlmittel am Ausgleichbehälter einfüllen, bis es an der Entlüftungsschraube am Kühlmittelrohr austritt. Schraube mit **15 Nm** festziehen.
- Kühlmittel auffüllen, bis es an der Entlüftungsbohrung am Heizungs-Rücklaufschlauch austritt. Heizungs-Rücklaufschlauch vollständig aufschieben und mit Schlauchschelle sichern.
- Falls ausgebaut, Ausgleichbehälter am Halter anschrauben. Einfüllvorrichtung abbauen. Deckel am Ausgleichbehälter schließen.
- Motor starten und Drehzahl durch Gasgeben für etwa 3 Minuten auf 2000/min halten.
- Motor im Leerlauf so lange weiter laufen lassen, bis der Kühler am unteren Anschluß heiß wird. Motor abstellen.
- Kühlmittelstand prüfen und gegebenenfalls bis an die MAX-Markierung ergänzen. **Achtung:** Bei heißem Motor vor dem Öffnen des Deckels einen dicken Lappen auflegen, um Verbrühungen durch heiße Kühlflüssigkeit oder Dampf zu vermeiden. Deckel nur bei Kühlmitteltemperaturen unter +90° C abnehmen.
- Bei betriebswarmem Motor muß der Kühlmittelstand an der MAX-Markierung, bei kaltem Motor zwischen der MAX- und der MIN-Markierung liegen.
- Schalter für Heizung/Klima wieder auf normale Stellung bringen.
- **6-Zylinder-Dieselmotor:** Luftführung und Stoßfänger vorn einbauen, siehe Seite 180.
- Untere Motorraumabdeckung einbauen, siehe Seite 19.
- Fahrzeug abbocken.

Kühlmittelpumpe/Kühlmittelregler

4-Zylinder-Benzinmotor

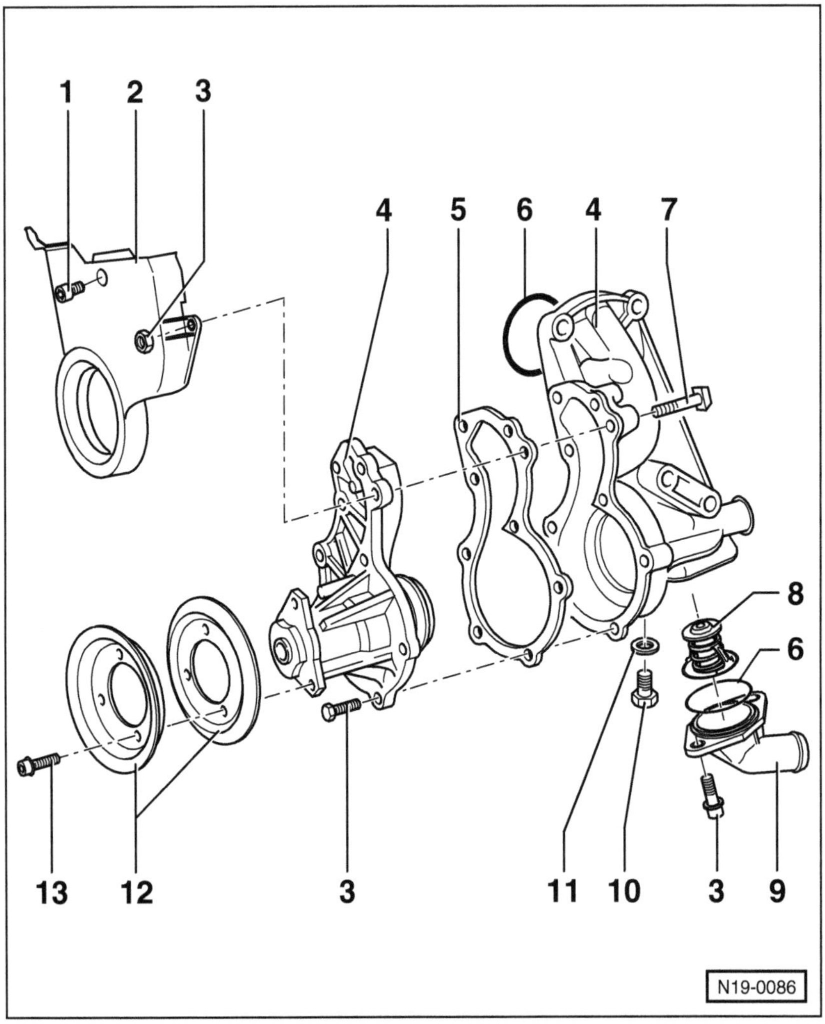

1 – **Schraube**
M6: 10 Nm, M8: 20 Nm.

2 – **Zahnriemenschutz unten**

3 – **Mutter , 10 Nm**

4 – **Kühlmittelpumpe**
Auf leichten Lauf prüfen.

5 – **Dichtung**
Immer ersetzen.

6 – **Ring**

7 – **Hammerschraube**
Vor dem Einbau einsetzen.

8 – **Kühlmittelregler**

9 – **Anschlußstutzen**

10 – **Ablaßschraube, 30 Nm**

11 – **Dichtring**
Immer ersetzen.

12 – **Riemenscheibe**
Einbauhinweis: Gerade Riemenscheibenhälfte zur Kühlmittelpumpe.

13 – **Schraube, 25 Nm**

Kühlmittelregler aus- und einbauen/prüfen

Ausbau, 4-Zylinder-Benzin- und Dieselmotor

Der Kühlmittelregler befindet sich im Gehäuse der Kühlmittelpumpe. Dichtringe immer erneuern.

- Kühlmittel ablassen.

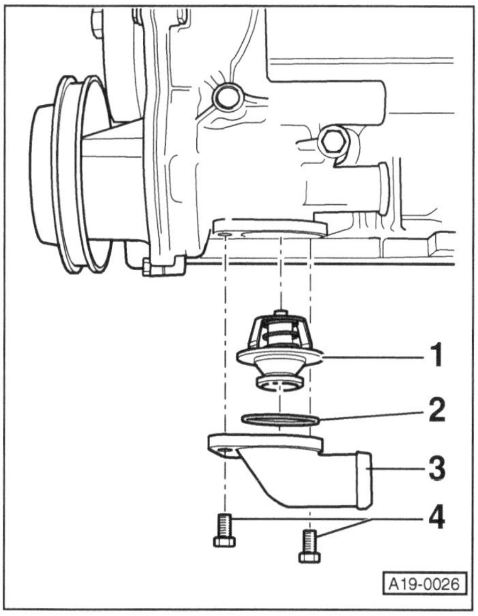

- Geeignetes Gefäß unter den Kühlmittel-Anschlußstutzen stellen. Vom Anschlußstutzen führt der dicke Kühlmittelschlauch zum Kühler. Anschlußstutzen –3– mit 2 Schrauben –4– von der Kühlmittelpumpe abschrauben, auslaufendes Kühlmittel auffangen.
- Kühlmittelregler –1– und Dichtring –2– abnehmen.

Prüfen

- Maß –a– am Regler messen, siehe Abbildung SX-1802.
- Regler im Wasserbad erwärmen. Dabei Temperatur mit einem Thermometer kontrollieren.

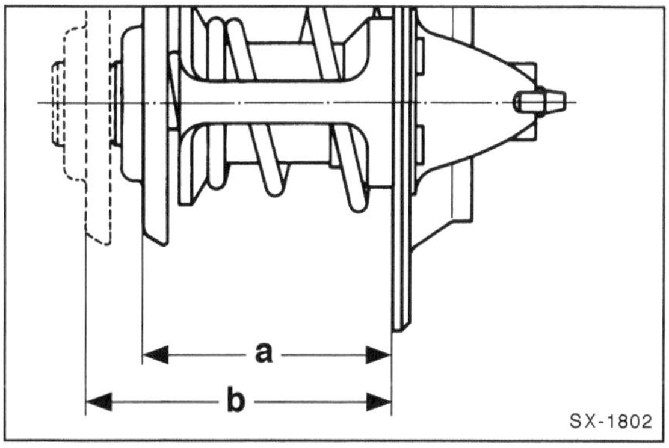

- Nach Erhitzen des Reglers auf ca. +100° C muß Maß –b– gegenüber Maß –a– um ca. 7 mm größer sein. Von Öffnungsbeginn bis Öffnungsende muß der Öffnungshub mindestens 7 mm betragen. Öffnungsbeginn ca. +87° C, Ende ca. +102° C.

Einbau

- Dichtring ersetzen, Kühlmittelregler einsetzen und Deckel anschrauben.
- Kühlmittel auffüllen und Kühlsystem entlüften. Gehäuse und Schlauch auf Dichtigkeit überprüfen.

Ausbau, 6-Zylinder-Benzinmotor

Der Kühlmittelregler befindet sich im Kühlmittelschlauch-Anschlußstutzen vorn im Motorblock.

- Kühlmittel ablassen.
- Keilrippenriemen ausbauen, siehe Seite 49.
- Zahnriemen ausbauen, siehe Seite 31.

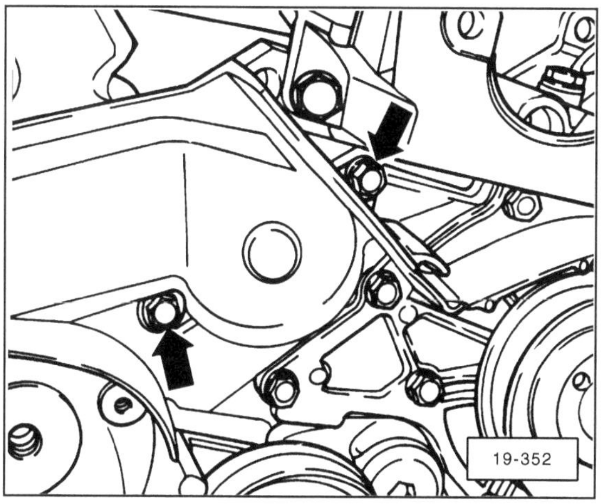

- Gehäuse für Kühlmittelregler mit 2 Schrauben –Pfeile– abschrauben und Regler herausnehmen.
- Kühlmittelregler im Wasserbad erwärmen und prüfen.

Einbau

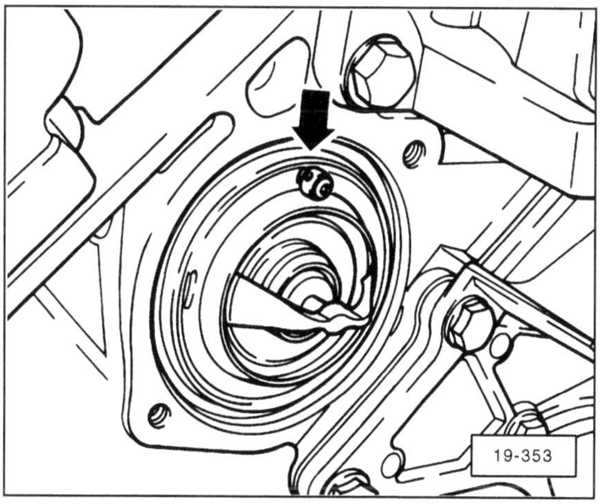

- Regler so einsetzen, daß sich das Entlüftungsventil oben befindet.
- Gehäuse mit **neuem** Dichtring und **10 Nm** anschrauben.
- Zahnriemen einbauen, siehe Seite 31.
- Kühlmittel auffüllen und Kühlsystem entlüften.

Kühlmittelpumpe aus- und einbauen

Ausbau, 4-Zylinder-Benzinmotor

- Batterie-Massekabel (–) abklemmen. **Achtung:** Dadurch werden elektronische Speicher gelöscht, wie zum Beispiel der Radiocode. Hinweise im Kapitel »Batterie aus- und einbauen« beachten.
- Schloßträger ausbauen, siehe Seite 179.
- Kühlmittel ablassen und Kühlmittelregler ausbauen.
- Generator ausbauen, siehe Seite 239.
- Riemenscheibe an der Servopumpe abschrauben, dabei mit Dorn von hinten an der Riemenscheibe gegenhalten.
- Spanner für Keilrippenriemen mit 3 Innensechskantschrauben vom Halter abschrauben.
- Schellen für Kühlmittelschläuche am Kühlmittelpumpengehäuse lösen, Kühlmittelschläuche abziehen.

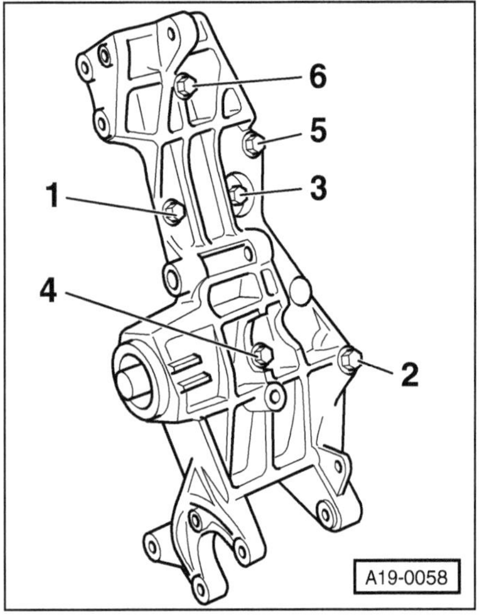

A19-0058

- Halter für Generator, Hydraulikpumpe und Viscolüfter abschrauben (Schrauben –1– bis –6–) und herausheben.
- Befestigungsschrauben herausdrehen und Pumpe abnehmen.
- Welle der Kühlmittelpumpe drehen und auf leichten Lauf prüfen. Bei Beschädigung sowie Undichtigkeiten am Pumpenlager, Teile ersetzen.

Einbau

Achtung: Wurde die Papierdichtung –2– oder das Lagergehäuse –1– mit Pumpenrad ersetzt, Pumpe mit **10 Nm** zusammenschrauben. Schrauben auf keinen Fall zu stark anziehen, siehe Abbildung A19-0025. 4 – Gehäuse.

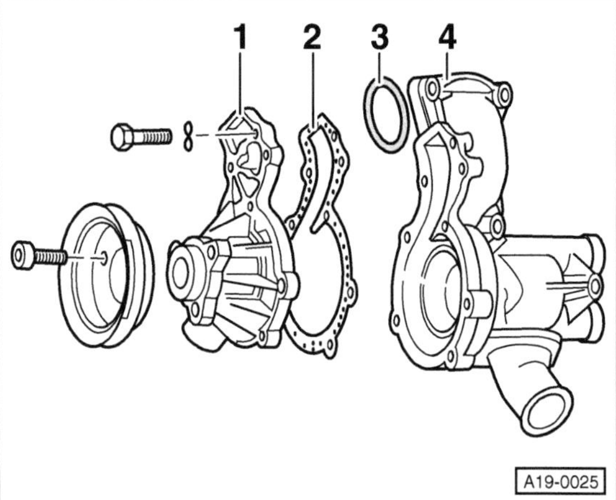

A19-0025

- Kühlmittelpumpe mit **neuem** Dichtring –3– zusammen mit Halter ansetzen und mit **20 Nm** am Motorblock anschrauben. Schrauben an richtiger Stelle einsetzen. Der Halter ist mit unterschiedlich langen Schrauben befestigt, siehe Abbildung: Schraube –1–: 100 mm; –2–: 70 mm; –3–: 50 mm ; –4–: 16 mm; –5–: 90 mm; –6–: 70 mm.
- Kühlmittelregler einbauen. Kühlmittelschläuche aufschieben und Schellen festziehen.
- Spanner für Keilrippenriemen anschrauben.
- Generator einbauen, siehe Seite 239.
- Keilriemenscheibe anschrauben. Keilriemen montieren, siehe Seite 49.
- Kühlmittel auffüllen und Kühlsystem entlüften.
- Nach Probefahrt: Kühlmittelschläuche und Kühlmittelpumpe auf Dichtheit überprüfen.

Ausbau, 6-Zylinder-Benzinmotor

Die Kühlmittelpumpe befindet sich vorn im Motorblock und wird durch den Zahnriemen angetrieben.

- Kühlmittel ablassen.
- Zahnriemen ausbauen, siehe Seite 31.
- Kühlmittelpumpe abschrauben und herausnehmen.

Einbau

- Dichtring ersetzen, Kühlmittelpumpe anschrauben, Schrauben mit **10 Nm** festziehen.
- Zahnriemen einbauen, siehe Seite 31.
- Kühlmittel auffüllen und Kühlsystem entlüften.
- Nach Probefahrt: Dichtigkeit der Kühlmittelpumpe prüfen.
- Batterie-Massekabel (–) anklemmen. Code für die Diebstahlsicherung eingeben, Sender programmieren und Zeituhr einstellen. **Achtung:** Die Batterie darf nur bei **ausgeschalteter Zündung angeklemmt werden, da sonst das Steuergerät der Einspritzanlage beschädigt wird.**

Kühler aus- und einbauen

Ausbau

- Kühlmittel ablassen und auffangen.
- Abschlußblech/Schloßträger in Servicestellung bringen, siehe Seite 179.
- Falls ein elektrischer Zusatzlüfter vorhanden ist, elektrischen Stecker vom Thermoschalter unten am Kühler abziehen. Elektrische Leitung für Lüftermotor trennen.
- Leitungen aus den Kabelbindern lösen.
- Kühlmittelschlauch oben und unten vom Kühler abnehmen, dazu Drahtsicherungen herausziehen.

- Hydraulikölkühler der Servolenkung am Kühler unten abschrauben. **Achtung:** Leitungen nicht trennen, sonst läuft Öl aus.
- 2 Schrauben für obere Kühlerhalterung aus dem Schloßträger herausschrauben.
- Kühler unten links und rechts vom Gummimetallager abnehmen.
- Kühler nach vorn schwenken und komplett mit Lüfterring und Lüfter herausheben.

Einbau

- Verschlissene Gummibuchsen und Gummimetallager ersetzen.
- Kühler mit Lüfter von oben einsetzen.
- Obere Kühlerhalter gefühlvoll mit 10 Nm anschrauben. Der Kühler darf nicht unter starker Spannung stehen.
- Kühlmittelschläuche unten und oben aufschieben und mit Drahtsicherungen sichern. **Achtung:** Die Pfeilmarkierungen an den Anschlußstutzen und am Kühler müssen sich gegenüberstehen, der Schlauch darf nicht verdreht montiert werden.
- Elektrische Leitungen für Lüfter und Thermoschalter verbinden beziehungsweise aufschieben, Leitungen mit Kabelbindern befestigen.
- Abschlußblech/Schloßträger zurückklappen, siehe Seite 179.
- Kühlmittel auffüllen und Kühlsystem entlüften.

Achtung: Wird ein neuer Kühler eingebaut, muß das gesamte Kühlmittel erneuert werden.

- Nach Probefahrt sämtliche Anschlüsse Kühler/Kühlmittelschlauch auf Dichtigkeit überprüfen.

Thermoschalter für Zusatz-Elektrolüfter prüfen

Der Zusatz-Elektrolüfter ist in Fahrzeuge mit 6-Zylinder-Motor sowie bei verschiedenen Ausstattungen, zum Beispiel Automatikgetriebe, eingebaut. Bei hohen Kühlmitteltemperaturen wird der Elektrolüfter über einen Thermoschalter zugeschaltet. Er ist zu prüfen, wenn bei heißem Motor der Lüfter nicht einschaltet. Prüfvoraussetzung: Kühlmittelregler, Kühler und Verschlußdeckel für Kühlsystem sind in Ordnung.

Der Thermoschalter für den Elektrolüfter sitzt links unten am Kühler. Der Thermoschalter hat zwei Schaltstufen. Bei erhöhter Temperatur schaltet er den Lüfter auf eine höhere Geschwindigkeit.

- Sicherung für Elektrolüfter prüfen, gegebenenfalls ersetzen. Sicherungsbelegung, siehe Seite 294.

Schaltstufe	Kabelfarbe	Schalttemperatur	
		Ein	Aus
1	grün/grau	92 – 97° C	ca. 84° C
2	rot/grün	99 – 105° C	ca. 91° C
+	rot	–	–

- Prüfen, ob der Kühler im Bereich des Thermoschalters überhaupt heiß wird.
- Stecker vom Thermoschalter abziehen. Am Kabelstecker der Zuleitung zuerst Klemme + (plus) mit Klemme 1 (grün/graues Kabel) verbinden, der Lüfter muß in langsamer Geschwindigkeit laufen. Dann Klemme + mit Klemme 2 (rot/grünes Kabel) verbinden, der Lüfter muß mit schneller Geschwindigkeit laufen. Wenn der Elektrolüfter jetzt beidesmal anläuft, Thermoschalter ersetzen.
- Wenn der Lüfter nicht anläuft, beziehungsweise wenn der Lüfter nur in einer Geschwindigkeit läuft, elektrische Leitungen gemäß Stromlaufplan prüfen. Anschlüsse auf guten Kontakt und festen Sitz kontrollieren.
- Anzugsdrehmoment für Thermoschalter: **35 Nm**.
- Neuen Thermoschalter auf Funktion überprüfen. Motor warmfahren und so lange im Leerlauf laufen lassen, bis der Lüfter für Kühlmittel einschaltet.

Kühlerlüfter prüfen

Der Kühlerlüfter wird über eine Viscokupplung vom Keilrippenriemen angetrieben.

- Sichtprüfung der Viscokupplung auf Ölaustritt. Das Kupplungsgehäuse muß an der Rückseite sauber und trocken sein.
- Leichtgängigkeit des Lüfterrades bei stehendem Motor prüfen. Das Lüfterrad muß sich ohne Widerstand durchdrehen lassen.
- Axialspiel prüfen. Das Spiel soll, am Außenumfang des Lüfterrades gemessen, ca. 15 mm nicht überschreiten.

Achtung: Die Funktion der Viscokupplung des Kühlerlüfters kann nicht geprüft werden.

Kühlsystem prüfen

Undichtigkeiten im Kühlsystem und die Funktion des Überdruckventils im Kühler-Verschluß können mit einem handelsüblichen Druckprüfgerät überprüft werden.

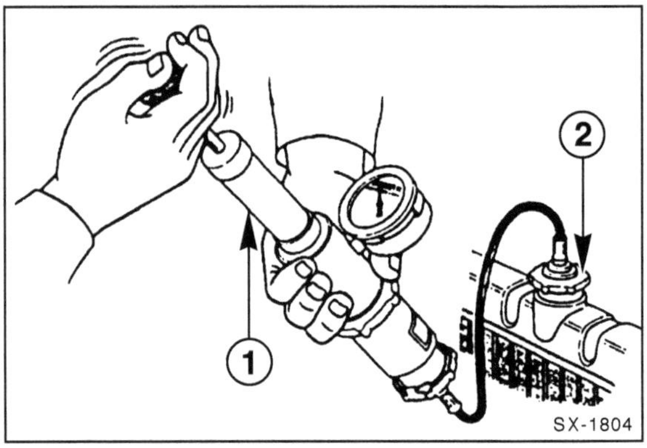

- Prüfgerät –1– auf den Einfüllstutzen am Ausgleichbehälter –2– aufsetzen.
- Mit der Handpumpe des Gerätes einen Überdruck von ca. 1,0 bar erzeugen und halten. Fällt der Druck ab, Kühlsystem auf Undichtigkeit sichtprüfen und Leckstelle beseitigen.
- Zum Überprüfen des Überdruckventils im Verschlußdeckel des Ausgleichbehälters Prüfgerät auf Verschlußdeckel aufsetzen. Überdruck mit der Handpumpe erzeugen. Bei einem Überdruck von 1,2 – 1,5 bar muß das Überdruckventil öffnen.

Störungsdiagnose Motor-Kühlung

Störung: Die Kühlmitteltemperatur ist zu hoch, die Kontrolleuchte im Armaturenbrett leuchtet während der Fahrt.

Ursache	Abhilfe
Zu wenig Kühlflüssigkeit im Kreislauf.	■ Ausgleichbehälter muß bis zur Markierung voll sein. Gegebenenfalls Kühlmittel nachfüllen. Kühlsystem auf Dichtheit prüfen.
Kühlmittelregler (Thermostat) öffnet nicht, Kühlflüssigkeit zirkuliert nur im kleinen Kreislauf.	■ Prüfen, ob die Kühlmittelschläuche warm werden. Wenn nicht, Regler ausbauen und prüfen, ggf. Regler ersetzen. Unterwegs: Thermostat ausbauen. Ohne Thermostat erreicht der Motor seine normale Betriebstemperatur später oder gar nicht, deshalb defekten Thermostat alsbald ersetzen.
Kühlerlamellen verschmutzt.	■ Kühler von der Motorseite her mit Preßluft durchblasen.
Kühler innen durch Kalkablagerungen oder Rost zugesetzt, Kühlerschläuche werden nicht warm.	■ Kühler erneuern.
Lüfter läuft nicht.	■ Keilrippenriemen erneuern. ■ Viscokupplung prüfen, gegebenenfalls erneuern. ■ Elektrischer Zusatzlüfter: Stecker an Thermoschalter und Lüftermotor auf festen Sitz und guten Kontakt prüfen. Thermoschalter prüfen. Prüfen, ob Spannung am Stecker für Lüftermotor anliegt (Zündung eingeschaltet, Stecker für Thermoschalter überbrückt). Wenn ja, Lüftermotor ersetzen.
Kühler-Verschlußdeckel defekt.	■ Druckprüfung durchführen.
Kühlmitteltemperaturanzeige defekt.	■ Anzeigegerät/Geber überprüfen lassen.
Kühlmittelpumpe läuft nicht.	■ Keilriemen erneuern.

Zündung/Zündkerzen

Die Zündanlage erzeugt den Zündfunken, der das angesaugte Kraftstoffluftgemisch in Brand setzt. Um einen kräftigen Zündfunken erzeugen zu können, wird in der Zündspule die Batteriespannung von 12 Volt auf über 30.000 Volt umgeformt.

Die elektronische Zündanlage arbeitet verschleißlos und muß im Rahmen der Wartung nicht nachjustiert werden. Aufgrund ihrer elektronischen Bauteile ist die Zündanlage sehr zuverlässig und ausgesprochen reparaturarm. In diesem Kapitel wird vorwiegend auf das Zündsystem eingegangen. Übersichtsbilder über die Einbaulage der Bauteile befinden sich im Kapitel »Benzin-Einspritzanlage«.

Zünd- und Einspritzanlage haben ein gemeinsames elektronisches Steuergerät, welches mit einem Fehlerspeicher ausgestattet ist. Treten in der Motorelektronik während der Fahrt Fehler auf, werden diese in dem Fehlerspeicher abgelegt. Vor Reparaturen an der Zündanlage sollte zunächst der Fehlerspeicher abgerufen werden. Abgerufen wird der Fehlerspeicher mit dem Fehlerauslesegerät VW/AUDI 1551 über den Diagnosestecker hinter der Abdeckung links im Fondaschenbecher.

Da das Fehlerauslesegerät dem Heimwerker in der Regel nicht zur Verfügung steht, empfiehlt es sich, den Inhalt des Fehlerspeichers von einer AUDI-Werkstatt ausdrucken zu lassen.

Achtung: Bei Arbeiten an der Zündung sind die Sicherheitsmaßnahmen bei elektronischen Zündanlagen zu beachten, siehe Seite 70.

Der AUDI A4 besitzt eine vollelektronische Zündanlage unterschiedlicher Ausstattung.

Die Zündanlage besteht aus:

Motor (Kennbuchstaben)	**Zündanlage**
1,6-l-Motor ADP	❑ 4 Zündkerzen ❑ Zündspule mit Leistungsendstufe ❑ Zündverteiler mit Hallgeber ❑ Geber für Motordrehzahl ❑ Klopfsensor ❑ Motronic-Steuergerät
1,6-l-Motor AHL/ARM/ANA	❑ 4 Zündkerzen ❑ 2 Zündspulen mit Leistungsendstufe ❑ Hallgeber ❑ Geber für Motordrehzahl ❑ Klopfsensor ❑ Simos-Steuergerät
1,8-l-Motor/ 125 PS ADR/APT/ARG	❑ 4 Zündkerzen ❑ 2 Doppelzündspulen ❑ 1 Leistungsendstufe ❑ Geber für Motordrehzahl ❑ 2 Klopfsensoren ❑ Motronic-Steuergerät
1,8-l-Motor/ 150 PS AEB/ANB/APU/ AWT	❑ 4 Zündkerzen ❑ 4 Einzelzündspulen ❑ 4 Leistungsendstufen ❑ Geber für Motordrehzahl ❑ 2 Klopfsensoren ❑ Motronic-Steuergerät
2,4-/2,6-/ 2,8-l-Motor AAH/ABC/ACK/ AGA/ALF/ALG/ AML/APR/APS/ AQD/ARJ	❑ 6 Zündkerzen ❑ 3 Doppelzündspulen ❑ Leistungsendstufe ❑ Geber für Zündzeitpunkt ❑ Hallgeber für Motordrehzahl ❑ 2 Klopfsensoren ❑ Motor-Steuergerät
2,7-l-Motor AGB/AZB	❑ 6 Zündkerzen ❑ 6 Einzelzündspulen ❑ 2 Leistungsendstufen ❑ Geber für Zündzeitpunkt ❑ Hallgeber für Motordrehzahl ❑ 2 Klopfsensoren ❑ Motor-Steuergerät

Funktionsweise der Zündanlage

Der optimale Zündzeitpunkt des Motors hängt vor allem von der augenblicklichen Motor-Drehzahl und der Motorlast ab. Ein Drehzahlsensor übermittelt dem Zünd-Steuergerät die aktuelle Drehzahl. Den Lastzustand des Motors erkennt das Steuergerät aus dem Verhältnis von Motordrehzahl, Drosselklappenstellung und angesaugter Luftmasse.

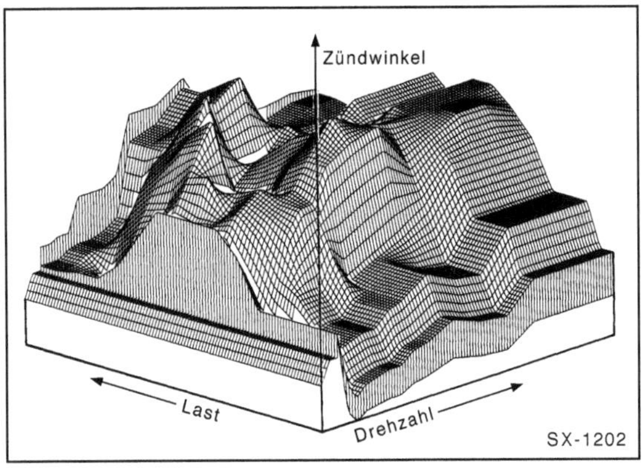

Der Zündungsrechner im Steuergerät errechnet daraus anhand eines elektronisch gespeicherten Zündkennfeldes den günstigsten Zündzeitpunkt. Über weitere Sensoren werden zusätzlich Ansaugluft- und Kühlflüssigkeitstemperatur sowie die Signale des Klopfsensors berücksichtigt.

Nachdem der richtige Zündzeitpunkt berechnet ist, löst das Steuergerät die Zündung aus. Beim 1,6-l-Motor wird die in der Zündspule erzeugte Zündspannung über den Zündverteiler-Läufer und das Zündkabel zu der jeweiligen Zündkerze geleitet. An den Zündkerzen-Elektroden springt der Zündfunke über, der das Kraftstoffluftgemisch im Zylinder entzündet.

Neben diesen Steuerungsgrößen wird der Zündzeitpunkt auch noch von einem Klopfsensor beeinflußt. Die Klopfregelung erlaubt eine hohe Verdichtung des Motors. Dadurch kann die Energie des Kraftstoffes besser ausgenutzt werden, was gleichzeitig zu einer Senkung des Kraftstoffverbrauchs führt. Der Klopfsensor sitzt am Motorblock und ist über eine elektrische Leitung mit dem Zünd-Steuergerät verbunden. Bei klopfender Verbrennung wird die Zündung in Richtung spät verstellt. Bei Ausfall des Klopfsensors verstellt das Steuergerät den Zündzeitpunkt automatisch so weit in Richtung spät, daß der Motor keinen Schaden nimmt. Das ist allerdings mit einer Leistungsminderung verbunden, die ebenfalls eintritt, wenn anstelle von unverbleitem Superbenzin (ROZ 95) bleifreies Normalbenzin (ROZ 91) getankt wird.

Ruhende Hochspannungsverteilung, 1,6-l-Motor (AHL), 1,8-l- sowie 6-Zylinder-Benzinmotoren

Diese Motoren besitzen keinen Zündverteiler. Mehrfach-Zündspulen ermöglichen eine »ruhende« Hochspannungsverteilung.

Die Zündspulen befinden sich direkt am Zylinderkopf, auf beziehungsweise in der Nähe der Zündkerzen. Sie werden vom Steuergerät über eine Leistungsendstufe angesteuert. Dabei erzeugt je eine Doppelzündspule im Zündzeitpunkt zwei Zündfunken gleichzeitig. **Beispiel:** Beim 6-Zylindermotor zündet die eine Zündkerze in den Verdichtungstakt des Zylinders 1, während die andere Zündkerze gleichzeitig in den Ausstoßtakt des Zylinders 6 zündet. Für die »Leerzündung« wird nur eine Spannung von ca. 1 kV benötigt. Das bedeutet für die Zündkerzen keinen erhöhten Verschleiß.

Eine Kurbelwellenumdrehung später befindet sich Zylinder 6 im Verdichtungstakt und Zylinder 1 im Ausstoßtakt. Für die Zylinder 2+4 und 3+5 gilt diese Arbeitsweise ebenfalls.

Hinweis: Bei Ausfall der Steuerungsgrößen der Zündanlage können Mängel im Fahrverhalten auftreten, und zwar durch verringerte Motorleistung. Eventuell kann sich auch der Verbrauch erhöhen. Langfristige Schäden am Motor sind nicht zu befürchten, wenn der Defekt alsbald behoben wird.

Sicherheitsmaßnahmen zur elektronischen Zündanlage

Bei elektronischen Zündanlagen beträgt die Zündspannung bis zu 30 kV (Kilovolt). Unter ungünstigen Umständen, zum Beispiel bei Feuchtigkeit im Motorraum, können Spannungsspitzen die Isolation durchschlagen. Werden dann Teile der Zündanlage berührt, kann dies zu Elektroschocks führen.

Um Verletzungen von Personen und/oder die Zerstörung der elektronischen Zündanlage zu vermeiden, ist bei Arbeiten an Fahrzeugen mit elektronischer Zündanlage folgendes zu beachten:

- Bevor der Motor mit Anlaßdrehzahl betrieben wird (z. B. Kompressionsdruckprüfung), Zündung ausschalten und Stecker von der Leistungsendstufe (an den Zündspulen) sowie die Stecker von den Einspritzventilen abziehen.
- Zündkabel weder bei laufendem Motor noch bei Anlaßdrehzahl mit der Hand berühren bzw. abziehen.
- Das An- und Abklemmen von Leitungen der Zündanlage sowie Meßgeräteleitungen (Drehzahlmesser/Zündungstester) nur bei ausgeschalteter Zündung vornehmen.
- Die Motorwäsche ist nur bei abgeschalteter Zündung durchzuführen.
- Das Fahrzeug darf nicht auf mehr als +80° C erwärmt werden (z. B. Lackieren, Dampfstrahlen). Motor erst starten, wenn das Fahrzeug etwas abgekühlt ist.
- Bei Elektro- und Punktschweißarbeiten ist die Batterie komplett abzuklemmen. Hinweise zum Abklemmen der Batterie beachten, siehe Seite 234.
- Starthilfe mit einem Schnellader ist nur bis 1 Minute mit maximal 16,5 Volt zulässig.
- Stecker des Motronic-Steuergerätes erst abziehen, wenn die Zündung ausgeschaltet und danach mindestens 30 Sekunden gewartet wurde.
- Personen mit einem Herzschrittmacher sollen keine Arbeiten an der elektronischen Zündanlage durchführen.

Nur 1,6-l-Benzinmotor bis 6/96:

- Am Masseanschluß der Zündspule (Klemme 1) dürfen kein Entstörkondensator und keine Prüflampe angeschlossen werden.
- Den Zündverteilerläufer mit 1 kΩ (Kennzeichnung R1) nicht gegen einen anderen tauschen, auch nicht bei Radioentstörung.

Zündverteiler aus- und einbauen

1,6-l-Benzinmotor bis 6/96

Ein kompletter Ausbau des Zündverteilers ist nur bei größeren Reparaturen notwendig.

Ausbau

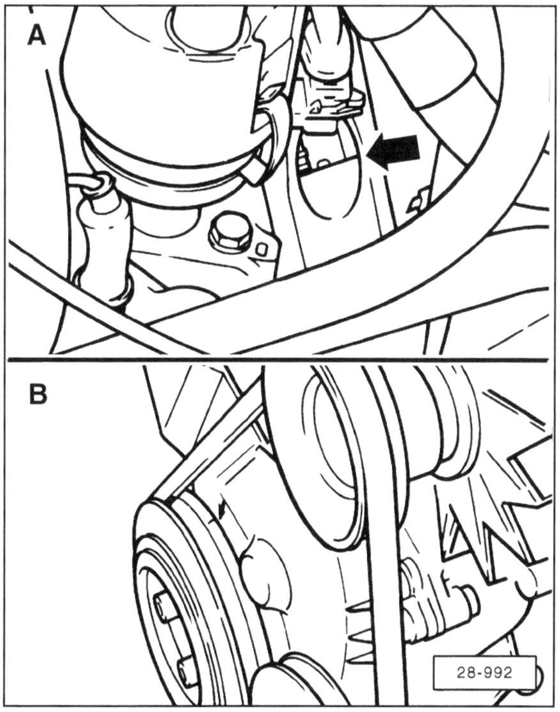

- Kurbelwelle auf OT für Zylinder 1 stellen. Dazu Getriebe in Leerlaufstellung bringen, Handbremse anziehen und an der Zentralschraube der Kurbelwellen-Riemenscheibe die Kurbelwelle im Uhrzeigersinn drehen, bis in der Kupplungsglocke die Markierung auf dem Schwungrad mit der Bezugsmarke übereinstimmt –A–. Falls der Motor ausgebaut ist, Markierung auf dem Schwingungsdämpfer (Riemenscheibe) mit dem Pfeil auf dem Zahnriemenschutz in Übereinstimmung bringen –B–.
- Oberen Zahnriemenschutz ausbauen.

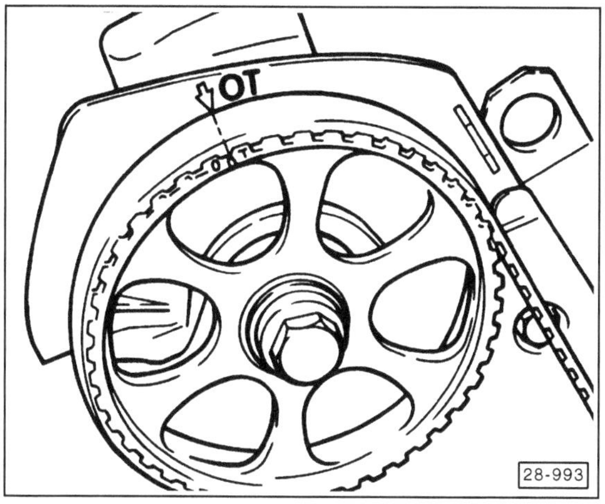

- Prüfen, ob die Markierung am Nockenwellenrad mit dem Pfeil auf dem hinteren Zahnriemenschutz oben fluchtet. Gegebenenfalls Kurbelwelle um 1 Umdrehung weiterdrehen.
- Zündkabel am Zündverteiler abziehen oder Verteilerkappe abnehmen, dazu Klemmbügel mit Schraubendreher seitlich abhebeln.
- Einbaulage von Verteiler zu Motorblock kennzeichnen, dazu Strich mit Filzstift oder Reißnadel über beide Teile ziehen. Der Verteiler kann dann leichter wieder in gleicher Lage eingebaut werden.
- Klemmschraube am Zündverteilerfuß herausdrehen, Halter abnehmen und Zündverteiler herausziehen.

Achtung: Motorstellung bei ausgebautem Verteiler **nicht** verändern.

Einbau

Vor dem Einbau prüfen, ob der Motor auf OT für Zylinder 1 steht. Das heißt, die Markierungen an Kurbelwellen-Riemenscheibe beziehungsweise Schwungrad und Nockenwellenrad müssen gleichzeitig übereinstimmen.

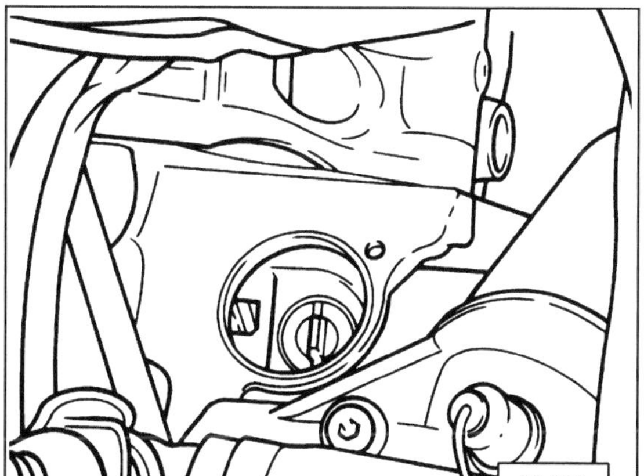

- Falls der Motor verdreht wurde, in der Zündverteilerbohrung Aufnahmezapfen der Ölpumpenwelle parallel zur Kurbelwelle (Längsachse des Motors) stellen.

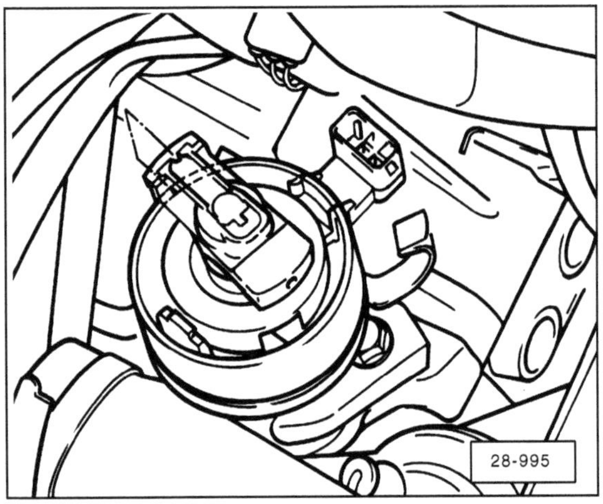

- Verteilerläufer so stellen, daß die Markierung an der Zunge über der Kerbe am Rand des Verteilergehäuses steht. Dazu muß die Staubkappe abgenommen werden.
- Zündverteiler in dieser Stellung einsetzen und mit Schraube und Halter befestigen. O-Ring nicht vergessen.
- Verteilerläufer abnehmen, Staubkappe aufsetzen und Läufer wieder aufstecken. Durch leichtes Hin- und Herdrehen prüfen, ob der Verteilerläufer eingerastet ist.
- Zündverteilerkappe aufsetzen, Blechklammern aufdrücken. Vorher Verteilerkappe auf Risse, Spuren von Kriechströmen prüfen, gegebenenfalls ersetzen.
- Falls ausgebaut, Zündkabel in Zündfolge auf Verteilerkappe aufstecken. Zündfolge: **1–3–4–2**.
- Zündzeitpunkt einstellen.

Zündzeitpunkt prüfen/einstellen

1,6-l-Benzinmotor bis 6/96

Der Zündzeitpunkt kann nur beim 1,6-l-Motor eingestellt werden. Zum Prüfen und Einstellen werden ein Drehzahlmesser und eine Zündblitzlampe benötigt.

Achtung: Zündzeitpunkt nur nach dem Einbau des Zündverteilers einstellen oder wenn der Zündzeitpunkt beim Prüfen von Leerlaufdrehzahl und CO-Gehalt außerhalb des Prüfwertes liegt.

- Falls vorhanden, Klimaanlage ausschalten.
- Motor auf Betriebstemperatur bringen. Dazu Motor warmfahren bis die Kühlmittel-Temperaturanzeige normale Betriebstemperatur des Kühlmittels signalisiert. Der Zeiger steht dann auf der +90° C-Marke. Anschließend noch mindestens 5 km weiterfahren, damit auch eine ausreichende Motoröltemperatur sichergestellt ist.
- Motor abstellen.
- Drehzahlmesser an Klemme 1 und Klemme 15 der Zündspule (Zündtrafo) anschließen. **Achtung:** Zündung muß dabei ausgeschaltet sein.

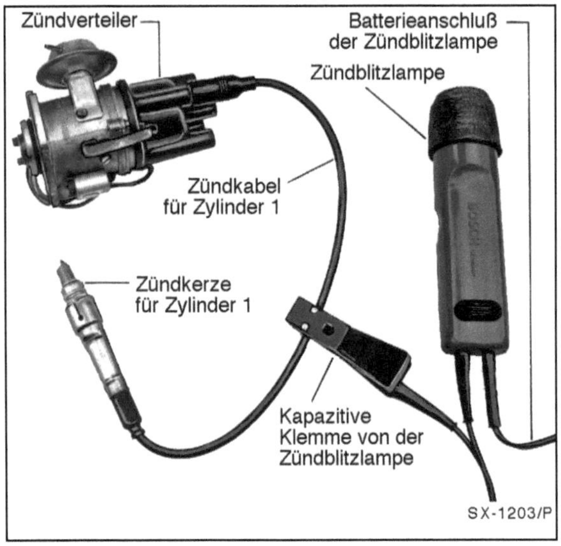

- Zündblitzlampe an Plus- und Minuspol der Batterie anschließen. Kapazitive Klemme an Zündkabel für Zylinder 1 anklemmen.
- Motor starten und im Leerlauf laufen lassen.

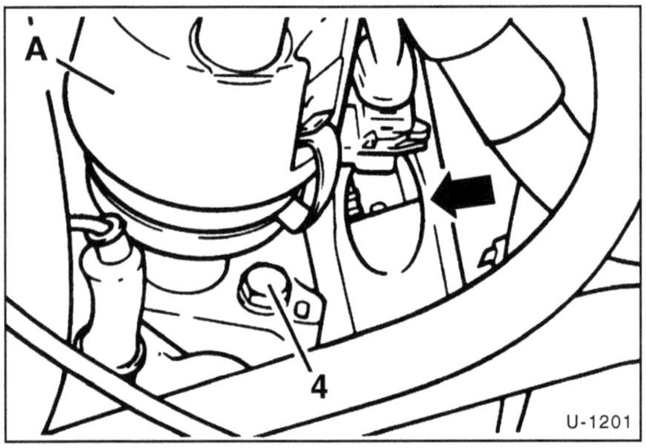

- Mit Zündblitzlampe Zündzeitpunktmarkierung –Pfeil– anblitzen.
- Die Zündung ist richtig eingestellt, wenn beim Anblitzen die OT-Marke unterhalb der Bezugsmarke scheinbar stillsteht.
- Falls der Zündzeitpunkt nicht innerhalb des Prüfwertes von OT ± **12°** liegt, Einstellwert von OT ± **3°** einstellen. Dazu Klemmschraube –4– am Verteiler –A– etwas lösen und Zündverteiler verdrehen. Dadurch verändert sich die Position der OT-Marke. Verteiler so weit verdrehen, daß die OT-Marke unterhalb der Bezugsmarke stillsteht.
- Klemmschraube mit **10 Nm** festziehen.
- Meßgeräte bei ausgeschalteter Zündung entfernen.
- Fehlerspeicher von AUDI-Werkstatt abfragen und löschen lassen. Zusätzlich Verteilerstellung kontrollieren lassen, da die Werkstatt den Zündverteiler mit dem Diagnosegerät VW/AUDI 1551 einstellt.

Zündanlage/Zündspule prüfen

1,6-l-Benzinmotor bis 6/96

- Sicherung Nr. 32 prüfen, gegebenenfalls erneuern.

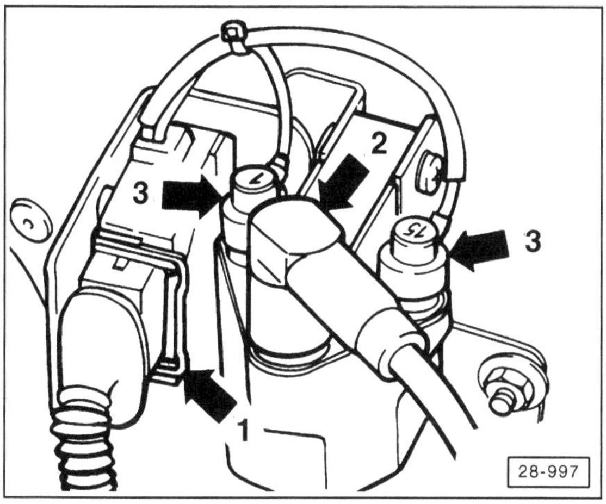

- Stecker –1– von der Leistungsendstufe abziehen.
- 2 Kappen –3– von den Niederspannungsanschlüssen Klemme 1 und Klemme 15 abnehmen.

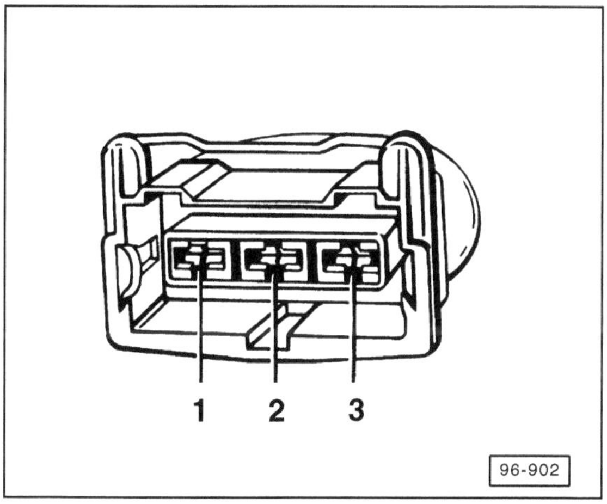

- Spannungsversorgung der Zündspule prüfen. Dazu am Stecker ein Voltmeter nacheinander zwischen Kontakt 1 und Masse (–) sowie zwischen Kontakt 1 und 3 anlegen.
- Zündung einschalten, **Sollwert:** Jeweils Batteriespannung, also 12 bis 14 Volt. Gegebenenfalls Leitungsunterbrechung vom Steuergerät zum Stecker nach Stromlaufplan beseitigen.
- Diodenprüflampe zwischen Kontakt 2 und 3 anschließen.
- Stecker von den Einspritzventilen abziehen, damit kein Kraftstoff eingespritzt wird. Anlasser betätigen. Die Diodenprüflampe muß blinken. Blinkt sie nicht, dürfte das Steuergerät defekt sein.
- Blinkt die Diodenprüflampe, Zündung ausschalten und Stecker an der Zündspule aufstecken.
- Diodenprüflampe zwischen Klemme 1 und 15 anschließen, 2 Pfeile –3– in der Abbildung. Anlasser betätigen. Die Diodenprüflampe muß blinken. Blinkt sie nicht, ist die Endstufe defekt, erneuern.

Primärwiderstand der Zündspule prüfen

- Stecker für Leistungsendstufe an der Zündspule ist abgezogen.

Achtung: Leitung zwischen Leistungsendstufe und Zündspule sowie Masseband zwischen Leistungsendstufe und Motor auf Korrosion beziehungsweise Beschädigung prüfen.

- Stecker –2– für Klemme 4 von der Zündspule abziehen, siehe Abbildung 28-997.
- Ohmmeter an die Klemmen 1 und 4 der Zündspule anschließen und Widerstand messen. **Sollwert:** 5 – 9 kΩ.
- Wird der Sollwert nicht erreicht, Zündspule ersetzen.

Sekundärwiderstand prüfen

- Ohmmeter an die Klemmen 1 und 15 der Zündspule anschließen. **Sollwert:** 0,5 – 1,5 Ω.
- Werden die Sollwerte nicht erreicht, Zündspule von der Leistungsendstufe trennen und Prüfung wiederholen. Werden die Sollwerte nicht erreicht, Zündspule ersetzen, andernfalls Leistungsendstufe ersetzen. Die Leistungsendstufe kann nicht in Funktion geprüft werden.
- Stecker für die Leistungsendstufe und für Klemme 4 aufstecken. Abdeckkappen aufdrücken.

Zündanlage/Zündspule prüfen

1,8-l/125-PS-Motor

Zündspule und Leistungsendstufe sind ein gemeinsames Bauteil. Sie können nicht geprüft werden. Bei einem Defekt ist die Zündanlage in folgender Reihenfolge zu prüfen.

- Sicherung Nr. 32 prüfen, gegebenenfalls erneuern.
- Widerstand der Zündleitungen und Zündkerzenstecker mit Ohmmeter prüfen. Dazu Zündleitungen an Zündspule und Zündkerze abziehen. Weicht ein Meßwert deutlich von den anderen ab (Leitung unterbrochen), betreffende Zündleitung/Kerzenstecker erneuern. **Sollwert** Widerstand Kerzenstecker: ca. 2 kΩ.

Spannungsversorgung prüfen

- Zündung ausschalten.
- Stecker von der Leistungsendstufe abziehen.

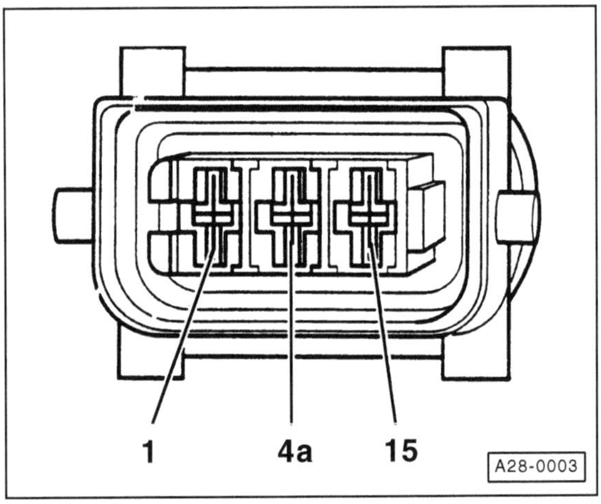

- Diodenprüflampe an Kontakt 4a und Motormasse (Motorblock) anschließen.
- Zündung einschalten, Diodenprüflampe muß leuchten. Andernfalls Leitung vom Steckerkontakt zu Sicherung Nr. 32 nach Stromlaufplan prüfen.

Ansteuerung der Leistungsendstufe prüfen

- Stecker von den Einspritzventilen abziehen, damit kein Kraftstoff eingespritzt wird.
- Stecker von der Leistungsendstufe abziehen.
- Diodenprüflampe an Kontakt 1 und Motormasse (Motorblock) anschließen.
- Anlasser betätigen. Die Diodenprüflampe muß blinken.
- Diodenprüflampe an Kontakt 15 und Motormasse (Motorblock) anschließen.
- Anlasser betätigen. Die Diodenprüflampe muß blinken.
- Blinkt die Diodenprüflampe nicht, Leitung vom Steckerkontakt zum Steuergerät nach Stromlaufplan prüfen, gegebenenfalls ist auch das Steuergerät defekt.

Zündanlage/Zündspule prüfen

1,8-l/150-PS-Motor

- Fehlerspeicher von AUDI-Werkstatt abfragen lassen. Sind keine Fehler bezüglich der Zünd-/Einspritzanlage gespeichert, folgende Prüfungen durchführen.
- Bei laufendem Motor nacheinander die Stecker von den Einspritzventilen abziehen und wieder aufstecken. Fällt die Drehzahl an einem Zylinder nicht ab, ist hier der Fehler zu suchen. Ein Zylinder, der aussetzt oder nicht arbeitet, kann auch durch Vergleich der Zündkerzen untereinander erkannt werden, dazu Zündkerzen ausbauen. Eine verrußte Kerze zeigt den nicht arbeitenden Zylinder an.
- Widerstand der Zündkerzenstecker mit Ohmmeter prüfen, gegebenenfalls ersetzen. **Sollwert:** ca. 2 kΩ.
- Zündkerze eines arbeitenden Zylinders mit der Zündkerze am nicht arbeitenden Zylinder vertauschen. Tritt der Fehler nun am anderen Zylinder auf, liegt der Fehler an der Zündkerze, ersetzen.
- Tritt der Fehler immer noch am gleichen Zylinder auf, Zündspule von einem arbeitenden Zylinder vertauschen. Tritt der Fehler nun am anderen Zylinder auf, liegt der Fehler an der Zündspule, ersetzen.
- Wurde kein Fehler gefunden, Primär-Leitungsverbindungen prüfen.

Primär-Leitungsverbindung prüfen

- Zündung ausschalten.
- Sicherung Nr. 32 prüfen, gegebenenfalls erneuern.
- 4poligen Stecker von der Leistungsendstufe abziehen.
- Zündung einschalten.

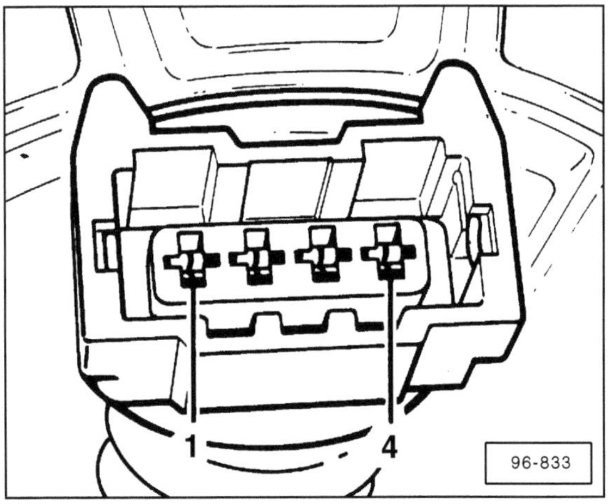

- Diodenprüflampe nacheinander an jeden Kontakt –1 bis 4– und Motormasse (Motorblock) anschließen. Die Diodenprüflampe muß jedesmal leuchten. Gemessen wird hierbei die Primär-Spannungsversorgung über die Primärspule der Zündspule.

- Leuchtet die Diodenprüflampe nicht, Leitung vom 4poligen Steckerkontakt zum Kontakt 1 an jeder Zündspule nach Stromlaufplan auf Unterbrechung prüfen. Kontaktbelegung am Zündspulenstecker, siehe Abbildung A28-0003.

4poliger Stecker an Leistungsendstufe, Kontakt	3poliger Stecker an Zündspule, Kontakt
1	1 (Zylinder 1)
2	1 (Zylinder 2)
3	1 (Zylinder 3)
4	1 (Zylinder 4)

- Liegt in diesen Leitungsverbindungen kein Fehler vor, Leitungsverbindung vom Kontakt 15 des Steckers der jeweiligen Zündspule zur Sicherung Nr. 32 und Spannungszuführung zur Sicherung nach Stromlaufplan auf Unterbrechung prüfen.

Hinweis: Eine Messung des Primärwiderstands der Zündspulen ist bei dieser Prüfmethode nicht notwendig. Primärwiderstand, gemessen zwischen Klemme 1 und 15: ca. 0,4 – 0,6 Ω. Eine Widerstandsmessung der Sekundärspule ist mit herkömmlichen Meßgeräten nicht möglich, da eine Hochspannungs-Sperrdiode eingebaut ist.

Ansteuerung der Leistungsendstufe prüfen

- Stecker von den Einspritzventilen abziehen, damit kein Kraftstoff eingespritzt wird.
- Stecker von der Leistungsendstufe abziehen.

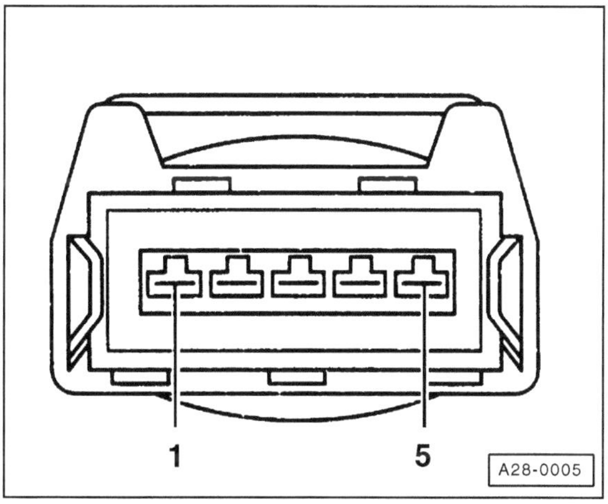

- Diodenprüflampe jeweils zwischen Kontakt 1, 2, 4 und 5 des 5poligen Steckers und Motormasse (Motorblock) anschließen. Anlasser jedesmal betätigen. Die Diodenprüflampe muß dabei jeweils blinken.
- Blinkt die Diodenprüflampe nicht, Leitung vom Steckerkontakt zum Steuergerät nach Stromlaufplan prüfen.
- Durchgang zwischen Masseleitung von Kontakt 3 nach Motormasse (Motorblock) prüfen.
- Wurde kein Fehler gefunden, ist wahrscheinlich das Steuergerät defekt.

Funktion der Leistungsendstufe prüfen

- 5poligen Stecker an der Leistungsendstufe aufstecken.
- Diodenprüflampe zwischen Batterie-Plus sowie jeweils einem der Kontakte am 4poligen Ausgang der Leistungsendstufe anschließen und jeweils Anlasser einige Sekunden betätigen. Die Diodenprüflampe muß dabei jeweils blinken.
- Blinkt die Diodenprüflampe bei einem oder mehreren Ausgängen nicht, Leistungsendstufe ersetzen.

Hinweis: Diodenprüflampen mit sehr niedriger Stromaufnahme glimmen bereits bei stehendem Motor und werden beim Anlaßvorgang heller und dunkler.

Zündspulen prüfen

6-Zylinder-Benzinmotor, außer 2,7-l-Motor

- Anschlußleitung zwischen Leistungsendstufe und Zündspulen sowie zwischen Zündspulen und Steckverbindung im Steckerhalter auf Beschädigung der Isolation prüfen.

Sekundärwiderstand prüfen

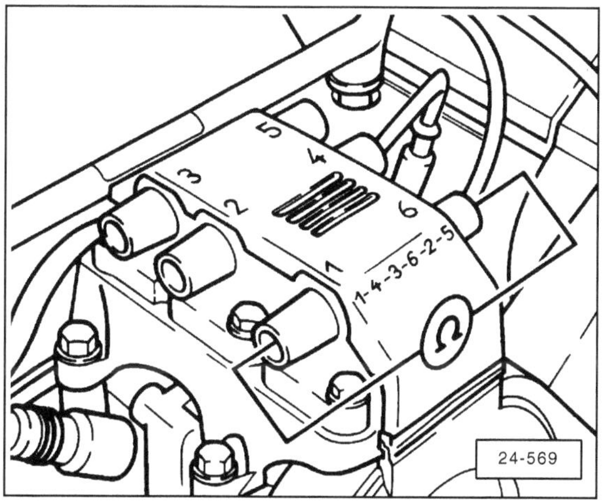

- Zündleitungen von den Zündspulen abziehen.
- Ohmmeter an die jeweils gegenüberliegenden Zündkabel-Anschlüsse der Zündspule anschließen. **Sollwert:** 9 – 14 kΩ.
- Werden die Sollwerte nicht erreicht, Zündspule ersetzen.

Primärwiderstand der Zündspule prüfen, Motorkennbuchstaben ABC, AAH

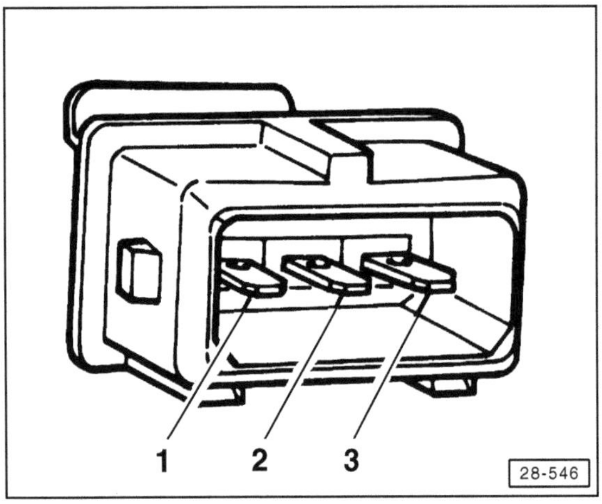

- Ohmmeter zwischen einem beliebigen Kontakt des weißen Steckers im Steckerhalter...

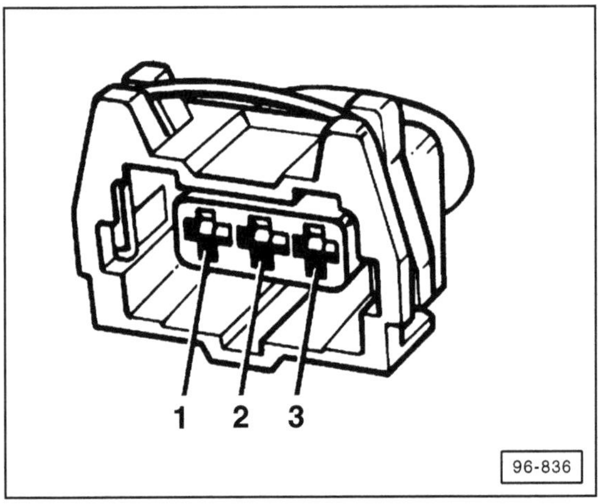

- ...und nacheinander an Klemmen 1, 2 und 3 des 3poligen Steckers an der Leistungsendstufe anschließen und Widerstand messen. **Sollwert:** jeweils 0,5 – 1,0 Ω.
- Wird der Sollwert nicht bei allen 3 Messungen erreicht, Zündspule ersetzen.

Spannungsversorgung der Zündspule prüfen, Motorkennbuchstaben ABC, AAH

- Sicherung für Zündspulen (Nr. 32) muß intakt sein.
- Weißen Stecker am Steckerhalter trennen.
- Zündung einschalten. Diodenprüflampe zwischen Motormasse und nacheinander an alle 3 Kontakte des Steckers schalten. Die Diodenprüflampe muß jeweils leuchten. Andernfalls Leitungsverbindung nach Stromlaufplan prüfen und instandsetzen.

Spannungsversorgung/Ansteuerung der Zündspule prüfen, Motorkennbuchstaben ACK, ALG

- Sicherung für Zündspulen muß intakt sein.

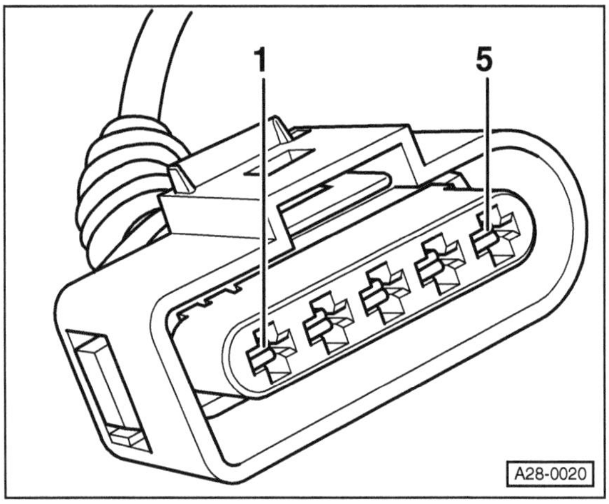

- Zündung einschalten. Diodenprüflampe zwischen Motormasse und Kontakt 1 des Steckers (Plusversorgung) schalten. Die Prüflampe muß leuchten.
- Ansteuerung prüfen: Dazu Stecker von allen 6 Einspritzventilen abziehen. Zündung einschalten und Diodenprüflampe zwischen Motormasse und nacheinander an Kontakt 3, 4 und 5 anschließen. Jedesmal Anlasser kurz betätigen, die Prüflampe muß jeweils blinken.

Geber für Motordrehzahl prüfen

Alle Benzinmotoren, außer ADR, AEB, AHL und AGB

Der Geber für Drehzahl sitzt am Schwungrad des Motors, die Steckverbindung (grau) unterhalb des Kühlmittelausgleichbehälters an der Spritzwand. Manche 6-Zylinder-Motoren haben neben dem Drehzahlgeber einen zusätzlichen Geber für Zündzeitpunkt, die Steckverbindung ist schwarz. Beide Geber werden in gleicher Weise geprüft.

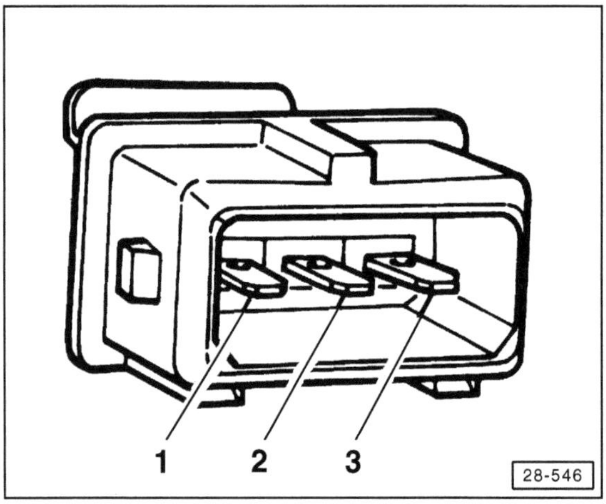

- Steckverbindung trennen. Ohmmeter zwischen Klemmen 1 und 2 des Steckers anschließen und Widerstand messen. **Sollwert:** 480 Ω bis 1 kΩ; ABC und AAH ca. 1 kΩ.
- Widerstand zwischen Kontakt 1 und 3 sowie an Kontakt 2 und 3 messen. Es darf jeweils kein Durchgang vorhanden sein.
- Wird der Sollwert nicht erreicht, Geber erneuern.

Zündkerzentechnik

Die Zündkerze besteht aus der Mittel-Elektrode, dem Isolator mit Gehäuse und der Masse-Elektrode. Die Mittel-Elektrode ist gasdicht im Isolator befestigt, der Isolator ist fest mit dem Gehäuse verbunden. Zwischen Mittel- und Masse-Elektrode springt der Zündfunke über, der das Kraftstoffluftgemisch entzünden soll. Von der Zündkerze hängen Startbereitschaft, Leerlaufverhalten, Beschleunigung und Höchstgeschwindigkeit ab. Man sollte deshalb nicht ohne Grund von dem vom Werk vorgeschriebenen Zündkerzentyp abweichen, der unter anderem von der Wärmewert-Kennzahl bestimmt wird.

Die Wärmewert-Kennzahl gibt den Grad der Wärmebelastbarkeit einer Zündkerze an. Je niedriger die Wärmewert-Kennzahl einer Kerze ist, desto höher ist die Wärmebelastbarkeit. Die Kerze kann also die Wärme besser ableiten, wodurch schädliche Glühzündungen (Motorklopfen) verhindert werden. Eine Kerze mit hoher Wärmebelastbarkeit hat allerdings den Nachteil, daß ihre Selbstreinigungstemperatur ebenfalls höher liegt. Sie neigt daher schneller zum Verrußen, insbesondere dann, wenn der Motor häufig seine Betriebstemperatur während der Fahrt nicht erreicht (Stadtverkehr, Kurzstreckenverkehr im Winter). In der Regel werden »kalte« Zündkerzen (Wärmewert-Kennzahl ab 06) bei »heißen« Motoren eingesetzt, also bei Triebwerken denen hohe Motorleistung abgefordert wird.

Durch den Kupferkern (Cu) in der Mittelelektrode und noch mehr durch die Silber-Mittelelektrode wird die Wärmeleitfähigkeit und damit die Wärmebelastbarkeit erhöht.

Die Wärmewert-Kennzahl ist im Zündkerzencode enthalten. Der Code schlüsselt sich wie folgt auf:

Beispiel: **Bosch-Zündkerze**

F 7 L T C R

① ② ③ ④ ⑤ ⑥

① W = Gewinde M 14 x 1,25 mit Flachdichtsitz, SW 21; F = Gewinde M 14 x 1,25 mit Flachdichtsitz, SW 16; M = Gewinde M 18 x 1,5 mit Flachdichtsitz, SW 25; H = Gewinde M 14 x 1,25 mit Kegeldichtsitz, SW 16; D = Gewinde M 18 x 1,5 mit Kegeldichtsitz, SW 21; SW = Schlüsselweite.

② Wärmewert-Kennzahl. Die Wärmewertskala wird von 06 (»kalt«) bis 13 (»warm«) angegeben. Dabei entspricht die Kennzahl 7 dem alten Wärmewert 175 (frühere Bezeichnung), 6 – 200,5 – 225 usw.

③ A = Gewindelänge 12,7 mm, normale Funkenlage; B = Gewindelänge 12,7 mm, vorgezogene Funkenlage; C = Gewindelänge 19 mm, normale Funkenlage; D = Gewindelänge 19 mm, vorgezogene Funkenlage; L = Gewindelänge 19 mm, weit vorgezogene Funkenlage.

④ = Elektrodenausführung: T = 3 Masse-Elektroden

⑤ = Elektrodenwerkstoff der Mittelelektrode: Ohne Angabe = Cr-Ni-Legierung, C = Ni-Cu-Verbund-Mittelelektrode, S = Silber-Mittelelektrode, P = Platin-Mittelelektrode, CO = Standard-Zündkerze mit verstärkter Mittelelektrode.

⑥ = Ausführung: R = Abbrandwiderstand.

Zündkerzen aus- und einbauen

Die Zündkerzen werden alle 60.000 km im Rahmen der Wartung gewechselt. **Hinweis:** Beim RS4-Motor ASJ/AZR Zündkerzen alle 30.000 km ersetzen. Der Wechsel für diesen Motor wird hier nicht beschrieben.

Achtung: Zündkerzen nur bei kaltem oder handwarmem Motor wechseln. Werden die Kerzen bei heißem Motor herausgedreht, kann das Zündkerzengewinde im Leichtmetall-Zylinderkopf ausreißen.

Erforderliches Spezialwerkzeug:

- 1,6-l-Motor: 20,8-mm-Steckschlüsseleinsatz, zum Beispiel HAZET-900KF, -2505-2.
- Alle Benzinmotoren außer 1,6-l-Motor: 16-mm-Steckschlüsseleinsatz, zum Beispiel HAZET-900 AKF, -2506, -4766-1.

Ausbau

- Sicherstellen, daß die Zündung ausgeschaltet ist.

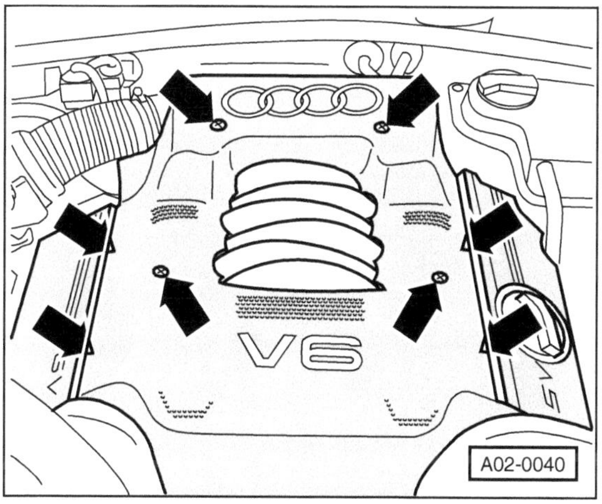

- Motorabdeckung abschrauben und herausnehmen. Dazu beim 2,4-l-Motor 8 Schrauben –Pfeile– herausdrehen.
- **2,4-/2,6-/2,8-l-Benzinmotor:** Luftansaugrohr zwischen Luftfilter und Drosselklappenteil ausbauen. Zündkerzenstecker abziehen. Dabei nur an den Steckern, nicht an den Kabeln ziehen. Zur Erleichterung gibt es eine spezielle Zange zum Abziehen der Kerzenstecker, zum Beispiel HAZET 1849-6. **Achtung:** Damit die Zündkerze hinten links zugänglich wird, vorher Kühlmittel-Ausgleichbehälter abbauen und mit angeschlossenen Schläuchen zur Seite legen.
- **1,6-l-Motor:** Für den leichteren Einbau die Zündkabel entsprechend der Zylinderreihenfolge von 1 bis 4 mit Tesaband kennzeichnen. Zündkerzen-Nischen, wenn möglich, mit Preßluft ausblasen, damit bei ausgebauten Kerzen kein Schmutz in die Gewindebohrung fällt. Sämtliche Stecker von den Zündkerzen abziehen.

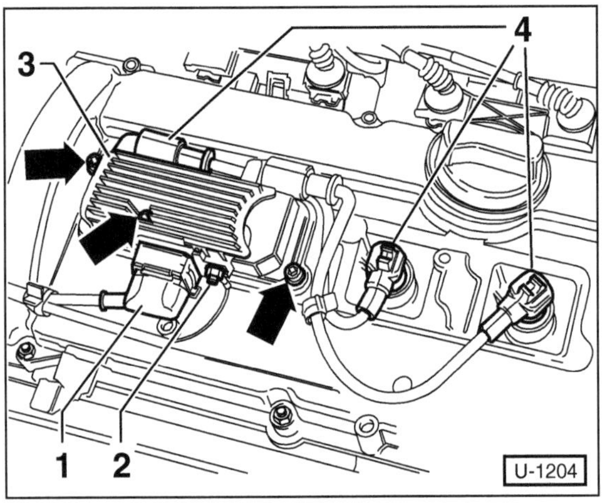

- **1,8-l-Motor/125 PS:** Mehrfachstecker –1– von der Zündspule abziehen, dazu Sicherungsklammer eindrücken. Masseleitung –2– abschrauben. Zündspule mit Endstufe –3– abschrauben –Pfeile– und Zündkerzenstecker –4– abziehen.

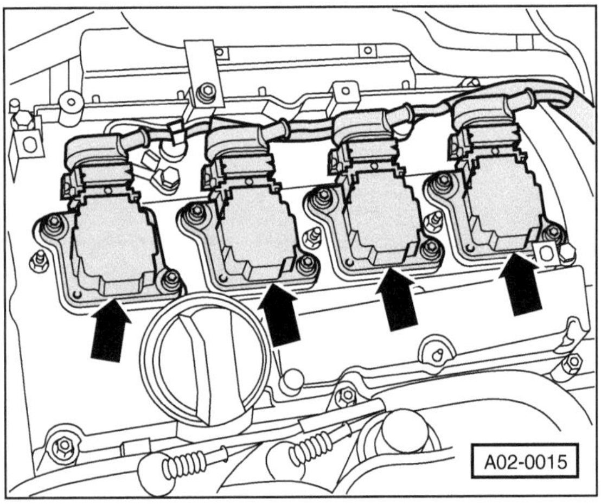

- **1,8-l-Motor/150 PS:** Mehrfachstecker von den Zündspulen abziehen, dazu Sicherungsbügel an den Anschlüssen nach oben ziehen. Zündspulen –Pfeile– mit jeweils 2 Schrauben vom Zylinderkopf abschrauben und nach oben von den Zündkerzen abziehen.

- Zündkerzen mit geeignetem Zündkerzenschlüssel herausdrehen. Dabei darauf achten, daß der Kerzenschlüssel nicht verkantet wird, was zum Bruch des Keramikisolators führen kann.

Einbau

- Zündkerzen von Hand bis zur Anlage am Zylinderkopf einschrauben. **Achtung:** Dabei Kerzen nicht verkanten.
- Zündkerzen mit Zündkerzenschlüssel und **30 Nm** festziehen. **Achtung:** Dabei Zündkerzenschlüssel nicht verkanten, damit der Keramikisolator nicht beschädigt wird.

Achtung: Steht kein Drehmomentschlüssel zur Verfügung, neue Kerzen um 90° (¼ Umdrehung) weiterdrehen, gebrauchte Zündkerzen um ca. 15° weiterdrehen. Zu fest angezogene Zündkerzen können beim Herausschrauben abreißen oder das Gewinde im Zylinderkopf beschädigen. In diesem Fall Kerzengewinde mit UTC- oder Heli-Coil-Einsätzen reparieren.

- **1,6-/2,4-/2,6-/2,8-l-Motor:** Zünderzenstecker entsprechend der angebrachten Markierungen aufstecken. Gegebenenfalls Kühlmittel-Ausgleichbehälter und Luftansaugrohr einbauen.
- **1,8-l-Motor/125 PS:** Zündkerzenstecker aufstecken. Zündspule mit Endstufe sowie Masseleitung mit 10 Nm anschrauben. Mehrfachstecker an der Zündspule aufstecken und einrasten.
- **1,8-l-Motor/150 PS:** Zündspulen mit mit integrierten Kerzensteckern auf die Zündkerzen aufstecken und mit 10 Nm anschrauben. Mehrfachstecker an den Zündspulen aufstecken und einrasten.
- Motorabdeckung einsetzen und anschrauben.

Zündkerzengewinde erneuern

Hinweis: Falls festgestellt wird, daß das Zündkerzengewinde defekt ist, muß dieses erneuert werden. Dazu gibt es unter anderem von BERU einen entsprechenden Werkzeug- und Reparatursatz. Mit einem Spezialbohrer wird das alte Gewinde herausgeschält; der Zylinderkopf muß dazu nicht ausgebaut werden. Anschließend wird ein neues Gewinde in den Zylinderkopf geschnitten und die Zündkerze mit einem speziellen Gewindeeinsatz reingedreht. Nachträglich eingebaute Zündkerzengewindeeinsätze sitzen sicher und sind kompressionsdicht.

Die richtigen Zündkerzen für AUDI A4-Motoren

Motor	Motor-Kennbuchstaben	Zündkerzen		
		Bosch	Beru	NGK
1.6	ADP/AHL/ANA/ARM	F 7 LTCR	14 FGH-7 DTURX	BKUR 6 ET-10
1.8/2.6/2.8	ADR/APT/ARG/ABC/AAH	F 7 LTCR	14 FGH-7 DTURX	BKUR 6 ET-10
1.8 T	AEB/APU/ANB/AWT	F 7 DPP 222 T	14 FGH-7 DTURX	PFR 6 Q
2.4/2.8 30V	AGA/ALF/APS/ARJ/AML/ACK/ALG/APR/AQD	FGR 7 DQE 0	14 FGR-6 DDU	BKR 6 EKUB
2.7	AGB	F 7 DPP 222 T	–	PFR 6 Q

Achtung: Es kann sein, daß inzwischen für einzelne Motoren andere Zündkerzenwerte gelten, so daß unsere Tabelle möglicherweise nicht auf dem neuesten Stand ist. Um die aktuelle Zündkerze für Ihren Fahrzeugmotor zu ermitteln, benötigt der Fachhandel die **Fahrzeug-Ident.-** und die **3 Schlüsselnummern**. Diese Nummern sind im Fahrzeugschein aufgeführt. Sie sollten beim Kauf von Zündkerzen angegeben werden.

Störungsdiagnose Zündanlage

Feststellen, ob ein Zündfunke vorhanden ist. Dazu Zündkerzen herausschrauben, in Zündkerzenstecker stecken und einzeln gegen Masse halten. Dabei Kerzenstecker oder Zündkabel **nicht** mit der Hand festhalten, sondern eine gut isolierte Zange nehmen. Von Hilfsperson Motor starten lassen. **Achtung:** Um Schäden am Katalysator zu vermeiden, darf dabei kein Benzin eingespritzt werden. Daher Stecker von den Einspritzventilen abziehen. Sicherheitshinweise für elektronische Zündanlage beachten.

Hinweis: Es empfiehlt sich, zuerst den Fehlerspeicher der Motorsteuerung abzufragen (Werkstattarbeit).

Störung: Der Motor springt schlecht oder gar nicht an.

Ursache	Abhilfe
Kein Zündfunke vorhanden, Verteilerkappe feucht, verschmutzt (1,6-l-Motor).	■ Verteilerkappe reinigen und trocknen, innen mit Zündspray einsprühen.
Verteilerläufer defekt (1,6-l-Motor).	■ Verteilerläufer erneuern.
Widerstand in Zündkerzenleitung/Zündkerzenstecker zu hoch.	■ Betreffende Zündleitung/Zündkerzenstecker erneuern.
Zündkerzenstecker in falscher Reihenfolge aufgesteckt.	■ Zündkerzenstecker nach Zündfolge 1-3-4-2 aufstecken. Beim 6-Zylindermotor Zündkerzenstecker in Einbaureihenfolge von vorn nach hinten aufstecken. Rechter Zylinderkopf: 1-2-3; linker Zylinderkopf: 4-5-6.
Zündkerzen wegen zu vieler Startversuche naß.	■ Zündkerzen ausbauen und trocknen.
Zündzeitpunkt falsch (1,6-l-Motor).	■ Zündzeitpunkt prüfen.
Zündspule/Endstufe defekt.	■ Zündspule/Endstufe prüfen, gegebenenfalls erneuern.
Zündkerze defekt.	■ Grundsätzlich alle Zündkerzen ersetzen. Nur bei ganz geringer Laufleistung einzelne Zündkerze austauschen.
Spannungsverlust durch Berührung elektrischer Anschlüsse bzw. Leitungen mit Schläuchen des Motors.	■ Elektrische Leitungen richtig führen.
Keine Stromversorgung des Steuergerätes.	■ Elektrische Leitungen nach Stromlaufplan prüfen.
Sicherung Nr. 32 beziehungsweise Nr. 28 defekt.	■ Sicherungen prüfen, gegebenenfalls ersetzen.
Kraftstoffpumpenrelais, Drehzahlgeber, Geber für Kühlmitteltemperatur/Ansauglufttemperatur defekt.	■ Relais, Drehzahlgeber, Geber für Kühlmitteltemperatur/Ansauglufttemperatur prüfen, ggf. ersetzen.

Kraftstoffanlage

Zur Kraftstoffanlage gehören der Kraftstoffbehälter, die Kraftstoffpumpe (bei den Benzinmotoren im Tank eingebaut) und die Kraftstoffleitungen sowie die Kraftstoff-Einspritzanlage mit Kraftstoff- und Luftfilter.

Der aus Kunststoff gefertigte Kraftstoffbehälter ist am Fahrzeugunterboden hinter der Hinterachse angeordnet. Der jeweilige Kraftstoffvorrat wird dem Fahrer am Schalttafeleinsatz angezeigt. Durch ein geschlossenes Entlüftungssystem wird der Tank belüftet. Die schädlichen Benzindämpfe der Tankentlüftung werden in einem Aktivkohlespeicher aufgefangen und dem Motor kontrolliert zur Verbrennung zugeführt.

Sauberkeitsregeln bei Arbeiten an der Kraftstoffversorgung

Bei Arbeiten an der Kraftstoffversorgung sind die folgenden Regeln zur Sauberkeit sorgfältig zu beachten:

- Verbindungsstellen und deren Umgebung vor dem Lösen gründlich reinigen.
- Ausgebaute Teile auf einer sauberen Unterlage ablegen und abdecken. Folien oder Papier verwenden. Keine fasernden Lappen benutzen!
- Geöffnete Bauteile sorgfältig abdecken bzw. verschließen, wenn die Reparatur nicht umgehend ausgeführt wird.
- Nur saubere Teile einbauen.
- Ersatzteile erst unmittelbar vor dem Einbau aus der Verpackung nehmen.
- Keine Teile verwenden, die unverpackt (z. B. in Werkzeugkästen usw.) aufgehoben wurden.
- Bei geöffneter Kraftstoff-Anlage möglichst nicht mit Druckluft arbeiten. Das Fahrzeug möglichst nicht bewegen.

Fernbedienung für Kraftstoffpumpe herstellen/anschließen

Benzinmotoren

Die Fernbedienung wird für Arbeiten benötigt, bei denen die elektrische Kraftstoffpumpe Kraftstoff fördern soll, ohne daß der Motor läuft.

Folgende Bauteile werden benötigt:

– 1 Druckkontaktschalter,
– 1 Krokodilklemme (ausreichend groß für Batteriepol),
– 1 „Fliegende Sicherung:“ Gehäuse mit 8-Amp.-Sicherung,
– 1 geeigneter Flachstecker, der in einen Relaissockel im Sicherungskasten seitlich am Armaturenbrett eingesteckt werden kann,
–1 doppeladriges Kabel mit je 1,5 mm^2 Querschnitt und ca. 5 m Länge.

Achtung: Vor dem Anschließen der Fernbedienung Sicherung Nr. 28 im Sicherungskasten prüfen, bei Defekt erneuern.

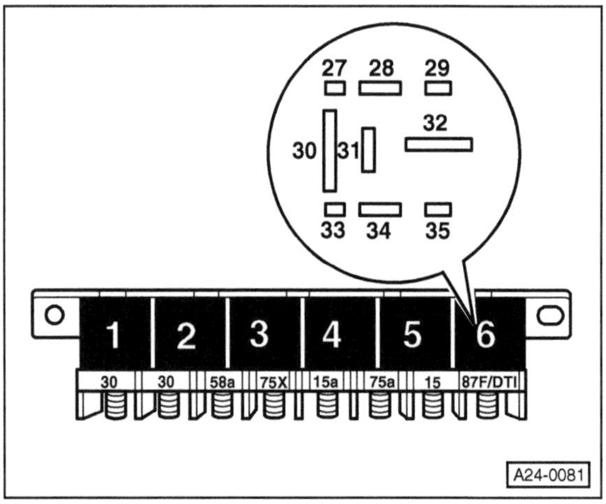

- Kraftstoffpumpen-Relais aus der Relaisplatte (Relaisplatz Nr. 6) herausziehen.
- Fernbedienung mit dem Flachstecker am Kontakt Klemme 30 von Relaisplatz 6 einstecken.
- Fernbedienung mit der Krokodilklemme an den Batterie-Pluspol (+) anschließen.

Kraftstoffpumpe prüfen

Benzinmotoren

Achtung: Die Kraftstoffpumpe befindet sich im Tank. Beim Ausbau der Kraftstoffpumpe kann etwas Kraftstoff austreten. Kraftstoffdämpfe sind giftig und feuergefährlich, deshalb auf besonders gute Belüftung des Arbeitsplatzes achten. Hautkontakt mit Kraftstoff vermeiden. Kraftstoffbeständige Handschuhe tragen. Kein offenes Feuer, nicht rauchen, Brandgefahr! Feuerlöscher bereitstellen.

Prüfvoraussetzungen: Batterie voll geladen (12 Volt), Kraftstoffilter in einwandfreiem Zustand.

Spannungsversorgung prüfen

- Sicherung Nr. 28 für Kraftstoffpumpe prüfen. Defekte Sicherung auswechseln.
- Zündung einschalten, die Kraftstoffpumpe muß **kurzzeitig** hörbar anlaufen. Bei hohem Umgebungsgeräuschpegel ist zur Hörprobe eine Hilfsperson in der Nähe der Kraftstoffpumpe erforderlich.
- Läuft die Pumpe nicht, Fernbedienung anschließen.
- Schalter der Fernbedienung drücken. Wenn die Pumpe jetzt anläuft, Kraftstoffpumpenrelais prüfen.

Läuft die Kraftstoffpumpe **nicht** an, ist folgendermaßen vorzugehen:

- Im Kofferraum hinten rechts Abdeckung für Geber Kraftstoffvorratsanzeige (Tankgeber) und Kraftstoffpumpe ausbauen.

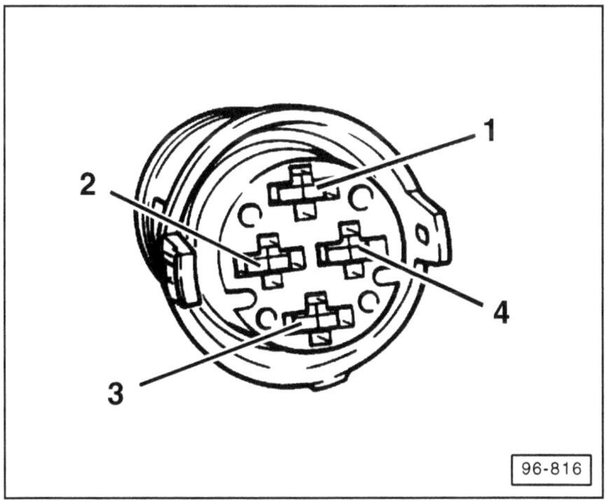

- Steckverbindung für Tankgeber und Kraftstoffpumpe am Tankgeber abziehen.
- Voltmeter an die Kontakte 1 und 4 (grünes und braunes Kabel) des Steckers anschließen.
- Fernbedienung drücken. Das Meßgerät muß ca. Batteriespannung (12 Volt) anzeigen, sonst Leitungsunterbrechung nach Stromlaufplan ermitteln und beseitigen.
- Wenn Batteriespannung angezeigt wird, Tankgeber ausbauen.
- Prüfen, ob die elektrischen Leitungen zwischen Flansch und Kraftstoffpumpe angeschlossen sind beziehungsweise guten Kontakt haben. Leitungen vom Gebergehäuse zur Kraftstoffpumpe mit Ohmmeter und Hilfsleitungen auf Durchgang prüfen und gegebenenfalls Unterbrechung beseitigen, siehe Seite 227.
- Liegt keine Unterbrechung vor, Kraftstoffpumpe ersetzen.
- Kraftstoffpumpe und Tankgeber einbauen, elektrische Leitungen anschließen.

Fördermenge prüfen

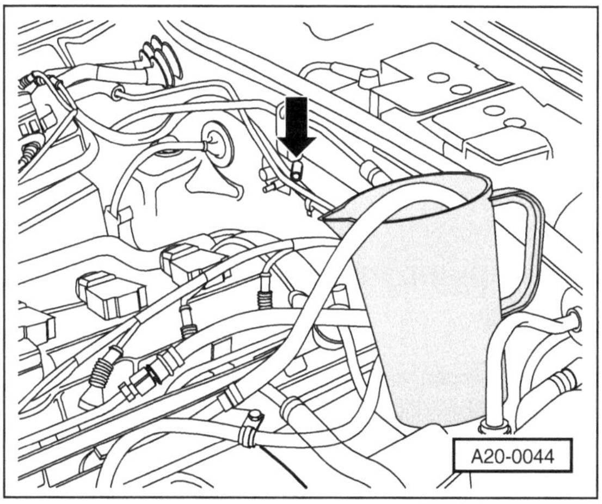

- Kraftstoff-Rücklaufleitung –Pfeil– trennen. Kraftstoffresistenten Hilfsschlauch anschließen und in ein Meßgefäß halten.
- Voltmeter an die Batterie anschließen.
- Schalter der Fernbedienung **15 Sekunden** betätigen. Dabei angezeigte Batteriespannung ablesen und merken.

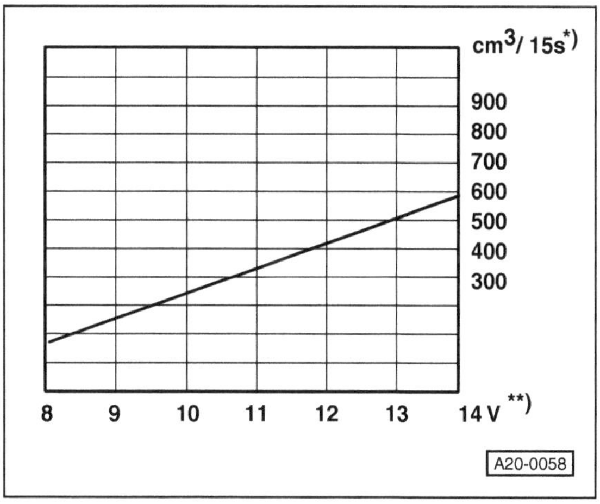

- Geförderte Kraftstoffmenge mit dem Sollwert im Diagramm vergleichen.

Beispiel: Während der Prüfung wird eine Spannung von 12,5 Volt an der Batterie gemessen. Da die Spannung an der Kraftstoffpumpe ca. 2 Volt geringer als die Batteriespannung ist, ergibt sich daraus eine Spannung an der Kraftstoffpumpe von 10,5 Volt (12,5 – 2 = 10,5). Dieser Spannung entspricht eine Mindest-Fördermenge von 300 cm^3/15 s.

- Mindest-Fördermenge mit gemessener Fördermenge vergleichen.
- Ist die Spannungsversorgung in Ordnung, die Fördermenge jedoch zu gering, prüfen ob die Kraftstoffleitungen geknickt oder verstopft sind.
- Prüfen, ob der Kraftstoffilter verstopft ist. Dazu Vorlaufleitung von der Kraftstoffpumpe am Filter abziehen und über einen Hilfsschlauch in Meßgefäß halten. Prüfung der Fördermenge wiederholen. Wird jetzt die Mindestfördermenge erreicht, Kraftstoffilter ersetzen.
- Andernfalls Kraftstoff-Fördereinheit ausbauen und Filtersieb auf Verschmutzung prüfen, gegebenenfalls reinigen.
- Wird kein Fehler gefunden, Rückschlagventil der Kraftstoffpumpe prüfen lassen, dazu wird eine Druckmeßvorrichtung mit Manometer benötigt (Werkstattarbeit).

Kraftstoffpumpenrelais prüfen

Benzinmotoren

Das Kraftstoffpumpenrelais befindet sich in der Zentralelektrik, Relaisplatz 6 auf der Fahrerseite unter dem Schalttafeleinsatz. Es ist zu prüfen, wenn die Kraftstoffpumpe nicht läuft.

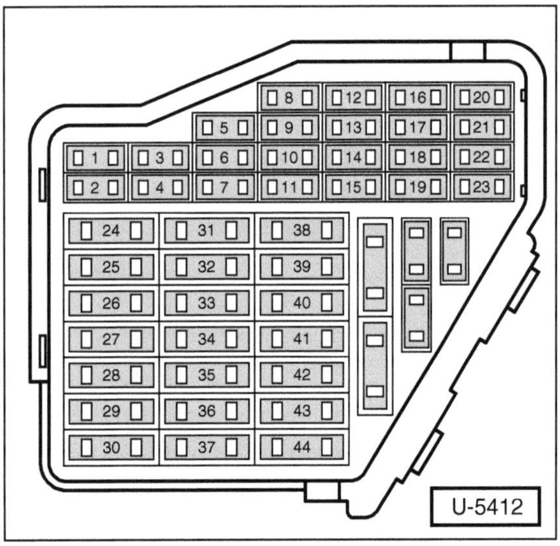

- Sicherung Nr. 28 für Kraftstoffpumpe prüfen. Defekte Sicherung auswechseln.
- Sicherung Nr. 29 und 34 für Motorsteuerung prüfen. Defekte Sicherung auswechseln.
- Anlasser betätigen, das Kraftstoffpumpenrelais muß fühl- und hörbar anziehen.
- Zieht das Relais nicht an, Spannungsversorgung folgendermaßen prüfen.

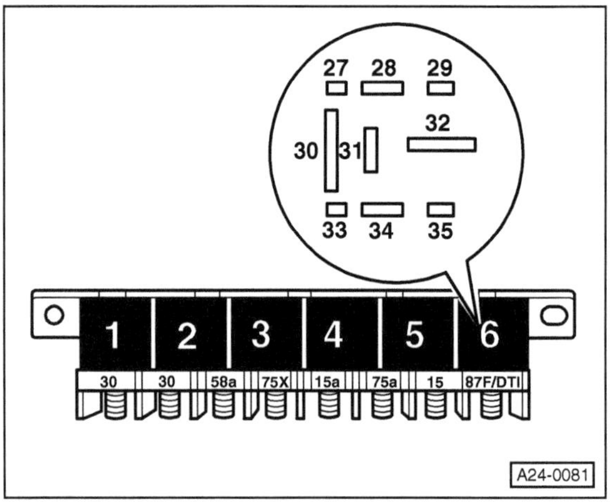

- Kraftstoffpumpen-Relais aus der Relaisplatte (Relaisplatz Nr. 6) herausziehen.
- Zündung einschalten.
- Voltmeter nacheinander wie folgt anschließen:
  – zwischen Kontakt 28 (plus) und 34;
  – zwischen Kontakt 32 (plus) und 34.
  Sollwert: jeweils 12 Volt (Batteriespannung).
  Andernfalls Leitungsunterbrechung nach Stromlaufplan ermitteln und beseitigen.
- Zündung ausschalten.

Ansteuerung prüfen

- Diodenprüflampe mit Hilfsleitungen zwischen die Kontakte 28 (plus) und 29 des Relaissockels anschließen.
- Zündung einschalten. Die Leuchtdiode muß für ca. 1 Sekunde aufleuchten. Bei Betätigung des Anlassers muß sie ständig aufleuchten. Andernfalls Leitungsunterbrechung zum Einspritz-Steuergerät nach Stromlaufplan ermitteln und beseitigen beziehungsweise Steuergerät ersetzen.
- Ist die Ansteuerung in Ordnung, liegt der Fehler am Relais, ersetzen.

Kraftstoffpumpe/Tankgeber aus- und einbauen

Die Kraftstoffpumpe befindet sich zusammen mit dem Tankgeber im Kraftstoffvorratsbehälter. Beim 1,9-l-Dieselmotor mit 75/90/110 PS ist im Tank nur der Tankgeber vorhanden, da der Kraftstoff von der Diesel-Einspritzpumpe gefördert wird.

Der Tankgeber besteht aus einem Schwimmer und einem Potentiometer. Mit sinkendem Kraftstoffspiegel sinkt auch der Schwimmer des Tankgebers ab. Ein mit dem Schwimmer verbundenes Potentiometer erhöht dabei den elektrischen Widerstand des Gebers. Dadurch sinkt die Spannung am Anzeigeinstrument, und der Zeiger der Kraftstoffanzeige geht in Richtung »leer« zurück.

Achtung: Beim Ausbau der Kraftstoffpumpe kann etwas Kraftstoff austreten. Kraftstoffdämpfe sind giftig und

feuergefährlich, deshalb auf besonders gute Belüftung des Arbeitsplatzes achten. Hautkontakt mit Kraftstoff vermeiden. Kraftstoffbeständige Handschuhe tragen. Kein offenes Feuer, nicht rauchen, Brandgefahr! Feuerlöscher bereitstellen.

Vor Ausbau von Kraftstoffpumpe und Tankgeber Tank möglichst leer fahren. Zur Belüftung des Arbeitsplatzes kann auch ein Radiallüfter verwendet werden, dessen Motor außerhalb des Luftstromes liegt.

Ausbau

- Batterie-Massekabel (–) bei ausgeschalteter Zündung abklemmen. **Achtung:** Dadurch werden elektronische Speicher gelöscht, wie zum Beispiel der Radiocode. Hinweise im Kapitel »Batterie aus- und einbauen« beachten.
- Kofferraumboden hochklappen, Abdeckblech abschrauben.
- Steckverbindung für Tankgeber und Kraftstoffpumpe abziehen.

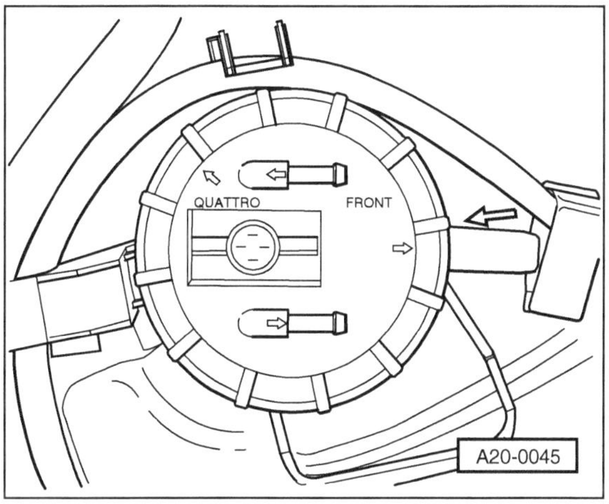

A20-0045

Achtung: Die Kraftstoffleitungen können unter Druck stehen! Vor dem Lösen von Schlauchverbindungen dicken Lappen um die Verbindungsstelle legen. Dann durch vorsichtiges Abziehen des Schlauches Druck abbauen.

- Vor- und Rücklaufleitung abziehen, vorher Schellen lösen. Leitungen mit geeigneten Stopfen verschließen, zum Beispiel saubere Schraube mit geeignetem Durchmesser in die Leitung stecken.
- Überwurfmutter mit Spezialwerkzeug AUDI-3217 lösen. Falls das Werkzeug nicht zur Verfügung steht, Bajonettverschluß mit Holzstange und leichten Hammerschlägen lösen; kein Metall verwenden.
- Flansch und Dichtring aus der Öffnung des Kraftstoffbehälters ziehen. Tankgeber ausclipsen und herausnehmen.

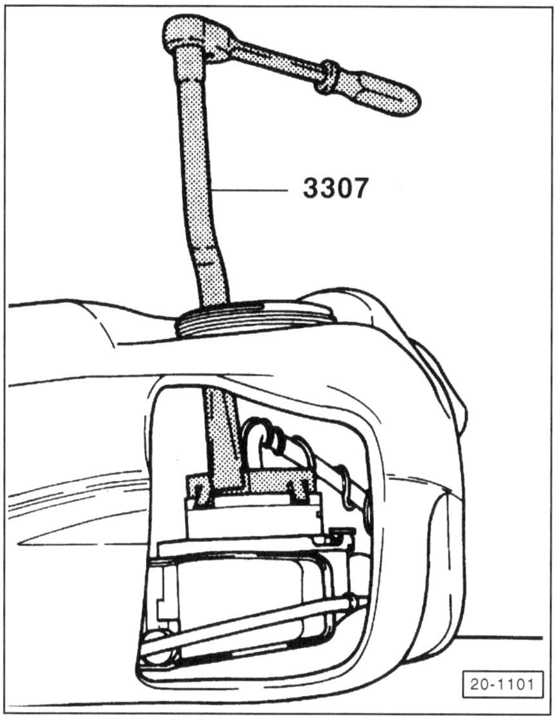

20-1101

- **Benzinmotor:** Kraftstoff-Fördereinheit mit Sonderwerkzeug durch Drehen um ca. 15° nach links aus dem Bajonettverschluß lösen und herausnehmen. Steht das Werkzeug AUDI-3307 nicht zur Verfügung, anderes geeignetes Werkzeug in den Nuten des Staugehäuses ansetzen. **Achtung:** Beim Herausziehen Lappen unterlegen und eventuell austretenden Kraftstoff auffangen.
- Kraftstoff aus der Fördereinheit in geeigneten Behälter entleeren.

Einbau

- Kraftstoff-Fördereinheit in den Kraftstoffvorratsbehälter einsetzen. Darauf achten, daß dabei der Geber für Kraftstoffvorratsanzeige nicht verbogen wird. Dichtring vor dem Einbau mit Kraftstoff benetzen.

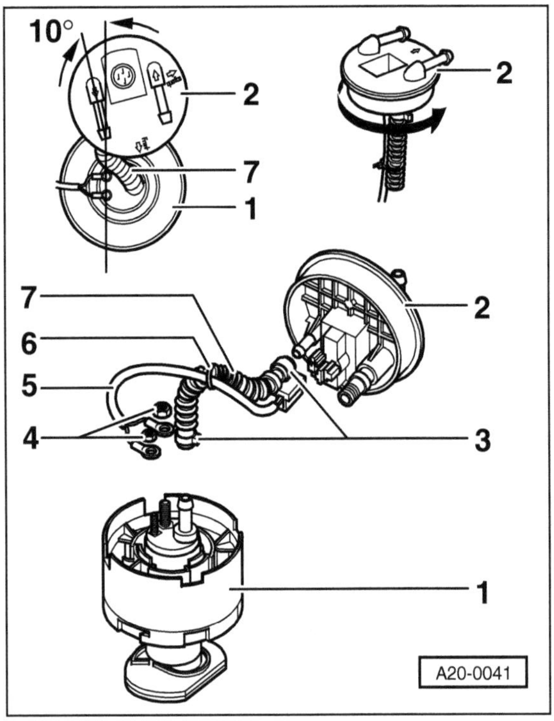

1 – Staugehäuse
2 – Verschlußflansch
3 – Klemmschellen
4 – Befestigungsschraube
5 – Elektrische Leitung
6 – Kabelbinder
7 – Schlauch

- Schlauch –7– und elektrische Leitung –5– verdrehen, siehe Abbildung oben links. Beim Einbau Verschlußflansch in Pfeilrichtung drehen, siehe Abbildung oben rechts. Klemmschellen –3– mit Zange AUDI 1275 oder handelsüblicher Spannzange zusammendrücken.
- Frontantrieb: Elektrische Leitungen für Tankgeber müssen zwischen Rücklaufleitung und Tankgehäuse verlegt werden. Bei Fahrzeugen mit Allradantrieb, Kabel für Tankgeber zwischen Saugstrahlpumpenleitung und Tankgehäuse verlegen.

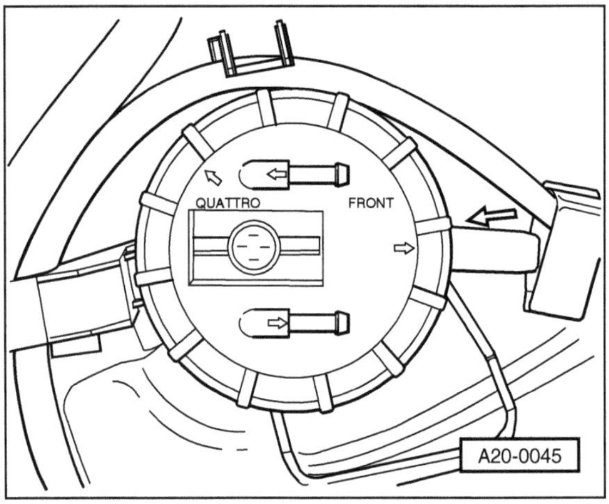

- Einbaulage des Flansches kontrollieren. Der Pfeil auf dem Flansch muß zum Pfeil auf dem Tank zeigen, siehe Abbildung. Frontantrieb- und quattro (Allradantrieb) haben je einen Pfeil, der Tankgeber wird also in unterschiedlicher Lage eingebaut. Beim Dieselmotor ist zusätzlich eine Kerbe am Rand des Flanschs, diese Kerbe muß gegenüber dem Pfeil am Tank stehen.
- Überwurfmutter ansetzen und festschrauben. Um das Anzugsdrehmoment von 75 Nm einzuhalten, ist das Spezialwerkzeug AUDI-3217 erforderlich.
- Vor- und Rücklaufschlauch aufstecken und mit Schlauchschellen sichern. Der Rücklaufschlauch ist blau. Die Pfeile auf dem Flansch zeigen jeweils in Durchflußrichtung.
- Stecker aufschieben.
- Abdeckblech einbauen.
- Kofferraumboden herunterklappen.
- Batterie-Massekabel (–) anklemmen. Code für die Diebstahlsicherung eingeben, Sender programmieren und Zeituhr einstellen. **Achtung:** Die Batterie darf nur bei **ausgeschalteter Zündung angeklemmt werden, da sonst das Steuergerät der Einspritzanlage beschädigt wird.**

Die Gasbetätigung

1,6-/1,8-l-Motor, 2,8-l/193-PS-Motor

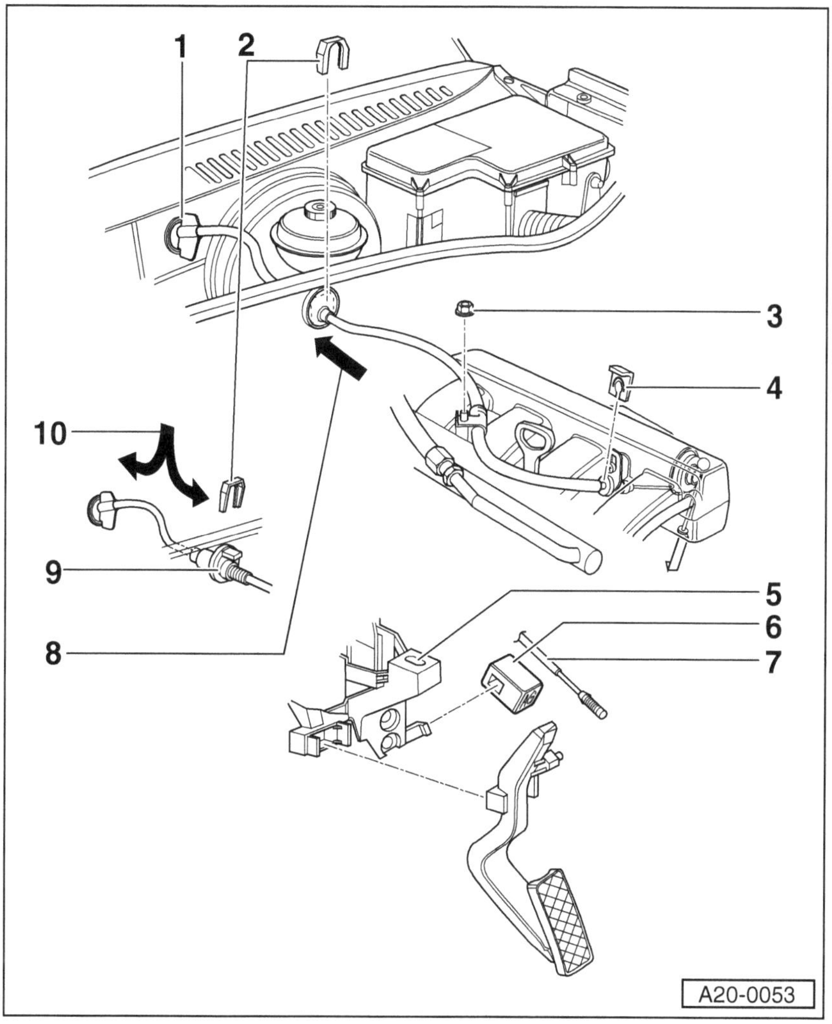

1 – **Gaszugbefestigung**
Zum Ausbau ca. 90° im Uhrzeigersinn drehen.

2 – **Sicherungsklammer für Gaszug**

3 – **10 Nm**

4 – **Sicherung für Gaszugeinstellung**

5 – **Pedalbock**

6 – **Anschlagpuffer**

7 – **Gaszug**

8 – **Einbaurichtung, Schaltgetriebe**

9 – **Kick-Down-Schalter, Automatikgetriebe**

10 – **Einbaurichtung, Automatikgetriebe**

Gaszug einstellen

Benzinmotoren

Achtung: Der Gaszug ist sehr knickempfindlich und deshalb beim Einbau besonders sorgfältig zu behandeln. Ein einziger leichter Knick kann zum späteren Bruch im Fahrbetrieb führen. Züge, die geknickt wurden, dürfen deswegen **nicht** eingebaut werden.

Beim Einbau darauf achten, daß der Gaszug zwischen seinen Stützlagern und den Zugbefestigungspunkten fluchtet.

Fahrzeuge mit Dieselmotor sowie der 6-Zylinder-Turbomotor (AGB) haben keinen Gaszug. Die Gaspedalstellung wird von einem Geber an das Motor-Steuergerät übermittelt.

- Gaspedal von Helfer bis zur Vollgasstellung durchtreten lassen.
- Fahrzeuge mit Schaltgetriebe: Seilzughülle von der Kurvenscheibe am Drosselklappenteil wegziehen, bis die Drosselklappe voll geöffnet hat. In dieser Stellung festhalten.
- Fahrzeuge mit Automatikgetriebe: Seilzughülle von der Kurvenscheibe am Drosselklappenteil wegziehen, bis die Drosselklappe voll geöffnet hat und der Kick-Down-Schalter hörbar klickt. In dieser Stellung festhalten.
- Sicherungsklammer für Gaszug direkt am Widerlager aufstecken.
- Gaspedal loslassen.
- Sicherstellen, daß der Drosselklappenhebel den Leerlauf- und den Vollastanschlag erreicht, gegebenenfalls Sicherungsklammer entsprechend umstecken.

Kraftstofffilter/Schlauchanschlüsse

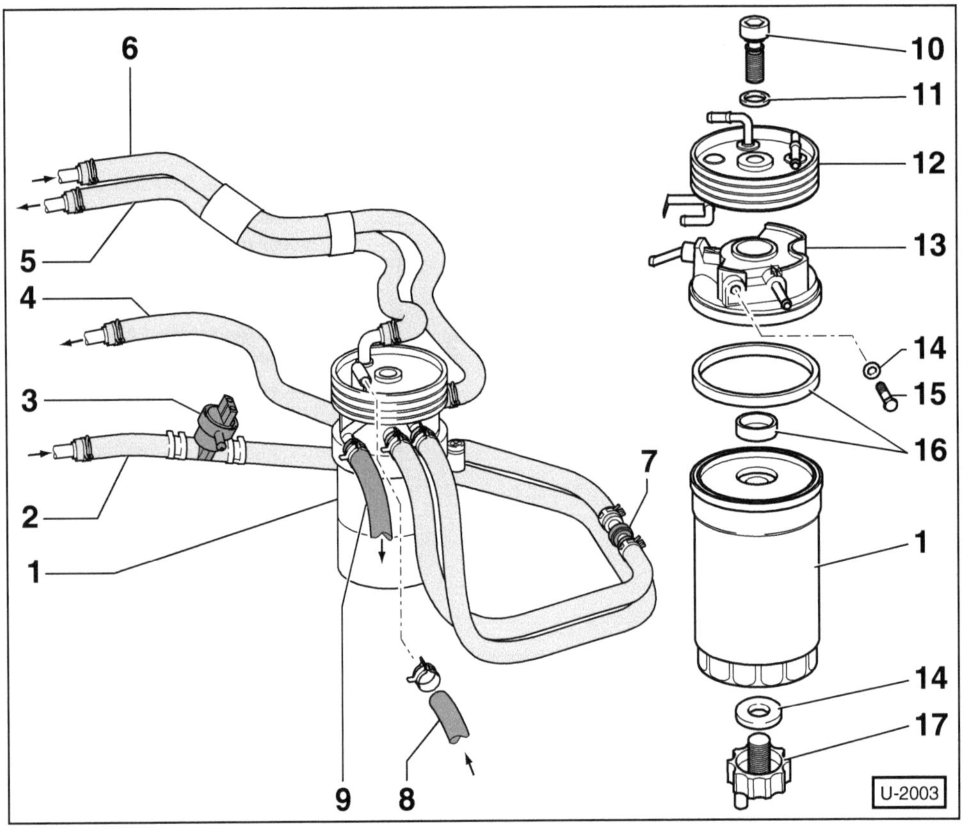

1,9-l-Dieselmotor 115 PS

Hinweis: Abbildung Kraftstofffilter 75- /90- /110-PS-Motor, siehe Seite 105.

1 – **Kraftstofffilter**
Vor dem Einbau randvoll mit sauberem Dieselkraftstoff befüllen. Von Hand anziehen.

2 – **Kraftstoff-Rücklaufleitung**
- von der Tandempumpe.
- blaue Markierung.
- am Kühlmittelrohr unten eingeclipst.

3 – **Geber für Kraftstofftemperatur**

4 – **Kraftstoff-Rücklaufleitung**
- zum Tank.
- blaue Markierung
- an der Spritzwand eingeclipst.

5 – **Kraftstoff-Vorlaufleitung**
- zur Tandempumpe.
- weiße Markierung.

6 – **Kraftstoff-Vorlaufleitung**
- vom Tank.
- weiße Markierung.
- an der Spritzwand eingeclipst.

7 – **Rückschlagventil**
- Einbaulage: Pfeilrichtung zur Tandempumpe.

8 – **Kühlmittel-Rücklaufleitung**
- zum Kraftstoffkühler.

9 – **Kühlmittel-Vorlaufleitung**
- vom Kraftstoffkühler.

10 – **Schraube, 14 Nm**

11 – **O-Ring**
Immer ersetzen.

12 – **Kühleinheit**

13 – **Kraftstofffilterflansch**

14 – **Dichtring***

15 – **Belüftungsschraube, 10 Nm**

16 – **Dichtung***

17 – **Entwässerungsschraube**
Zum Entwässern Belüftungsschraube –4– lösen und ca. 100 cm^3 Flüssigkeit ablaufen lassen.

---

*) Immer ersetzen.

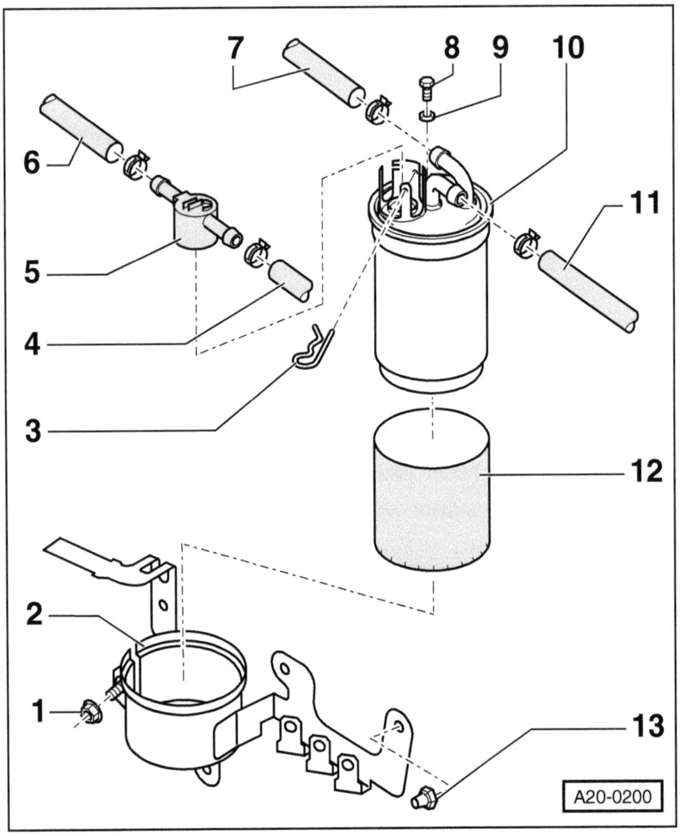

2,5-l-Dieselmotor

1 – **Mutter, 10 Nm**

2 – **Halter**

3 – **Halteklammer**

4 – **Kraftstoff-Rücklaufleitung**
Von der Einspritzpumpe.

5 – **Regelventil**

6 – **Kraftstoff-Rücklaufleitung**
Zum Tank.

7 – **Kraftstoff-Vorlaufleitung**
Vom Tank.

8 – **Entwässerungsschraube, 4 Nm**

9 – **Dichtring***

10 – **Kraftstofffilter**

11 – **Kraftstoff-Vorlaufleitung**
Zur Einspritzpumpe.

12 – **Kunststoffeinsatz**

13 – **Mutter, 10 Nm**

---

*) Immer ersetzen.

Benzin-Einspritzanlage

Die AUDI A4-Benzinmotoren sind mit unterschiedlichen Einspritzanlagen ausgestattet:

Motor	Einspritzanlage
1,6-l-Motor (bis 6/96), 1,8-l-Motor	MOTRONIC 3.2
1,6-l-Motor (ab 7/96)	SIMOS
2,6-l-Motor	MPFI
2,8-l-Motor (174 PS)	MPI
2,8-l-Motor (193 PS) 2,4-/2,7-l-Motor	MOTRONIC

Die Vorteile der Benzineinspritzung gegenüber einem Vergaser sind:

- Genau dosierte Kraftstoffmenge in jedem Betriebszustand des Motors, dadurch geringer Verbrauch bei guten Fahrleistungen.
- Reduzierung der Abgas-Schadstoffe durch exakte Kraftstoffzumessung.
- Abgasreinigung durch Lambda-geregelten Katalysator möglich.
- Eigendiagnose des Einspritz-Steuergerätes, dadurch schnelleres Auffinden von Defekten.
- Die Benzineinspritzanlage ist mit einem Fehlerspeicher ausgestattet. Treten während des Betriebs Defekte in der Einspritzanlage beziehungsweise beim Motor auf, so werden entsprechende Fehlercodes im Speicher abgelegt. Abgespeicherte Fehler können mit Hilfe eines AUDI-Auslesegerätes ausgedruckt werden. Sollte die Einspritzanlage beziehungsweise der Motor nicht einwandfrei arbeiten, so kann man sich gegen Kostenerstattung in der AUDI-Werkstatt die Fehlerliste ausdrucken lassen, um dann gegebenenfalls den Defekt zu beheben.

Die Einspritzanlage besitzt langzeitstabile Bauteile und ist praktisch wartungsfrei, nur der Luftfiltereinsatz muß alle 30.000 km gewechselt werden. Das Einstellen von Leerlaufdrehzahl und CO-Gehalt im Abgas ist **nicht** möglich. Wesentliche Einstell- und Reparaturarbeiten können nur mit Hilfe von teuren Prüfgeräten durchgeführt werden, so daß diese Arbeiten nur noch von entsprechend ausgerüsteten Fachwerkstätten ausgeführt werden können.

Achtung: Bei Arbeiten an der Einspritzanlage sind die Sauberkeitsregeln für die Kraftstoffanlage ebenso zu beachten wie die Sicherheitshinweise zur Zündanlage, siehe Seite 70.

Sicherheitsmaßnahmen zur elektronischen Einspritzanlage

Achtung: Kraftstoffsystem steht unter Druck. Vor dem Öffnen des Systems Putzlappen um die Verbindungsstelle legen. Dann durch vorsichtiges Lösen der Verbindungsstelle Druck abbauen.

Um Verletzungen von Personen und/oder eine Zerstörung der Einspritz- und Zündanlage zu vermeiden, ist folgendes zu beachten:

- Zündleitungen bei laufendem Motor beziehungsweise bei Anlaßdrehzahl nicht berühren beziehungsweise abziehen.
- Leitungen der Einspritz- und Zündanlage –auch Meßgeräteleitungen– nur bei ausgeschalteter Zündung ab- und anklemmen.
- Wenn der Motor mit Anlaßdrehzahl betrieben werden soll, ohne daß er anspringt, z. B. bei der Kompressionsdruckprüfung, Stecker von der Leistungsendstufe für Zündspulen und Stecker von den Einspritzventilen abziehen.

Funktionsweise der Motronic M3.2 (4-Zylindermotoren)

Die Einspritzanlage verfügt über 4 Einspritzdüsen, eine für jeden Zylinder, die einzeln (sequentiell) betätigt werden und den Kraftstoff direkt vor die Einlaßventile einspritzen. Die aktuelle Motorstellung und Drehzahl erkennt das Steuergerät aus den Signalen des Hallgebers an der Nockenwelle und einem Sensor am Motor-Schwungrad.

Der Kraftstoff wird von der elektrischen Kraftstoffpumpe aus dem Kraftstoffbehälter gefördert und gelangt über den Kraftstoffilter zum Verteilerrohr, an dem die Einspritzdüsen sitzen. Ein Druckregler am Verteilerrohr hält den Druck im Kraftstoffsystem im Verhältnis zum Ansaugrohr-Unterdruck konstant.

Die angesaugte Luft durchströmt einen Luftmassenmesser, der folgendermaßen funktioniert: Ein elektrisch erwärmter Hitzdraht wird durch die vorbeistreichende Ansaugluft abgekühlt. Um die Temperatur des Hitzdrahtes konstant zu halten, ändert sich der Heizstrom entsprechend der Dichte/Temperatur der angesaugten Luft. Anhand der Schwankungen des Heizstromes erkennt die Motronic die Masse der angesaugten Luft und regelt dementsprechend die Einspritzmenge.

Zusätzlich wird die Winkelstellung der vom Gaspedal betätigten Drosselklappe über ein Potentiometer erfaßt und dient dem Steuergerät als Vergleichswert für die angesaugte Luftmenge. Dieser Wert ist notwendig zur Anpassung an Fahrzustände wie bespielsweise schnelle Beschleunigung, oder wenn der Luftmassenmesser ausfällt (Notlauffunktion).

Das Steuergerät der Zünd-/Einspritzanlage regelt entsprechend der gemessenen Luftmenge und der jeweiligen Motordrehzahl die Einspritzzeit und dadurch die Einspritzmenge nach einem vorgegebenen Kennfeld. Bei längerer Öffnung eines Einspritzventils wird mehr Kraftstoff eingespritzt. Zusätzliche Fühler und Geber sorgen in jeder Fahrsituation für die richtig bemessene Kraftstoffmenge.

- Die Drosselklappe sitzt in einer zentralen Steuereinheit, in der verschiedene Funktionen integriert sind. Vornehmliche Aufgabe ist, unter allen Betriebsbedingungen und Motorbelastungen den Leerlauf des Motors zu stabilisieren: Der Leerlaufschalter übermittelt dem Steuergerät die Leerlaufstellung der Drosselklappe. Das Steuergerät öffnet oder schließt über einen Stellmotor (Drosselklappensteller) die Drosselklappe und regelt so die Leerlaufdrehzahl auf den Sollwert.
- Der Temperaturfühler am Kühlmittelstutzen mißt die Motortemperatur.
- Die Lambda-Sonde (Sauerstoffsensor) ist im vorderen Abgasrohr eingeschraubt und mißt den Sauerstoffgehalt im Abgasstrom. Das Steuergerät hält anhand der Signale die Abgaszusammensetzung auf dem besten Wert für den Katalysator.
- Das Magnetventil für Tankentlüftung wird je nach Betriebszustand des Motors angesteuert. Auftretende Kraftstoffdämpfe im Tank werden von einem Aktivkohlefilter gespeichert und über das Ventil der Verbrennung zugeführt. Die Kraftstoffdämpfe werden also durch den Aktivkohlefilter größtenteils wirtschaftlich genutzt und gelangen nicht ins Freie.

Drosselklappen-Steuereinheit

Motronic-Einspritzanlage

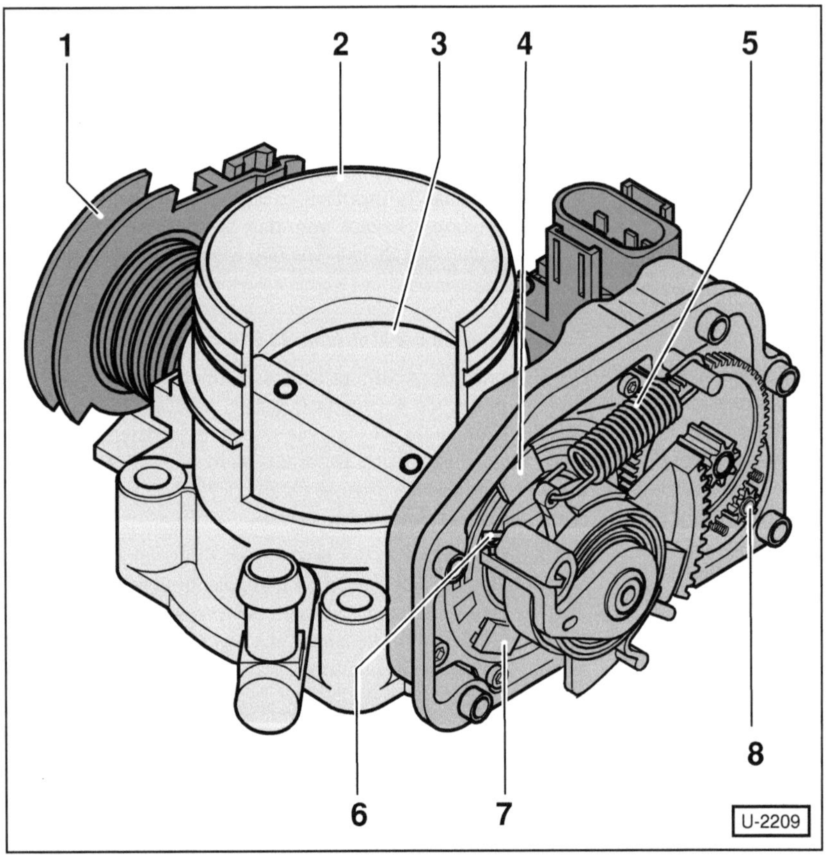

1 – **Gaszug-Seilscheibe**
Dient zur Führung und Befestigung des Gaszuges.

2 – **Ansaugstutzen**

3 – **Drosselklappe**

4 – **Drosselklappensteller-Potentiometer**
Übermittelt dem Steuergerät die Stellung des Drosselklappenstellers.

5 – **Notlauffeder**
Stellt bei Spannungsunterbrechung die Drosselklappe in Grundstellung. Die Verstellung der Drosselklappe durch den Fahrer über den Gaszug wird dadurch nicht beeinflußt.

6 – **Leerlaufschalter**

7 – **Drosselklappenpotentiometer**
Übermittelt dem Steuergerät die Stellung der Drosselklappe.

8 – **Drosselklappensteller**

Übersicht Motronic

1,8-l/125-PS-Motor

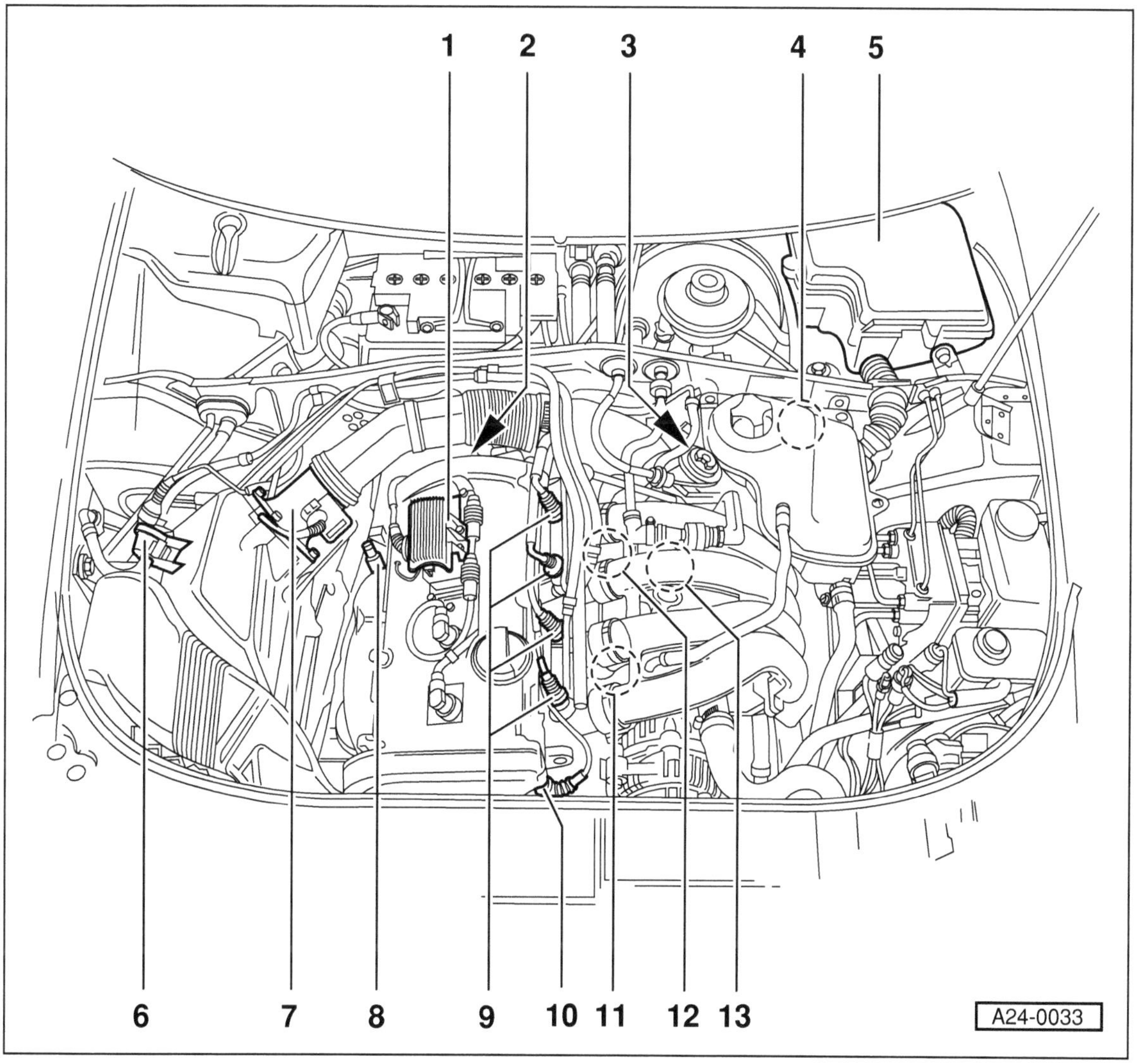

1 – Zündspule, Leistungsendstufe

2 – Geber für Kühlmitteltemperatur

3 – Drosselklappen-Steuereinheit

4 – Steckverbindungen für:
Lambdasonde (schwarz)
Geber für Motordrehzahl (grau)
Klopfsensor 1 (grün)
Klopfsensor 2 (blau)

5 – Motronic-Steuergerät

6 – Magnetventil für Aktivkohlebehälter

7 – Luftmassenmesser

8 – beheizte Lambdasonde

9 – Einspritzventile

10 – Hallgeber

11 – Klopfsensor 1

12 – Klopfsensor 2

13 – Geber für Motordrehzahl
Hinter Ölfilter.

Kühlmittel-Temperaturgeber aus- und einbauen/prüfen

Der Geber für Kühlmitteltemperatur befindet sich im Kühlmittelrohr am Zylinderkopf hinten. Er muß zur Prüfung nicht unbedingt ausgebaut werden.

Ausbau

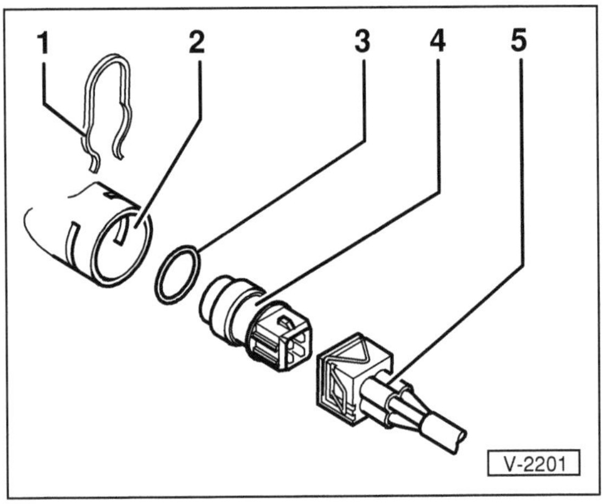

- Stecker –5– abziehen.
- Halteklammer –1– am Kühlmittelregler-Gehäuse –2– herausziehen.
- Kühlmittel-Temperaturgeber –4– herausnehmen.

Prüfen

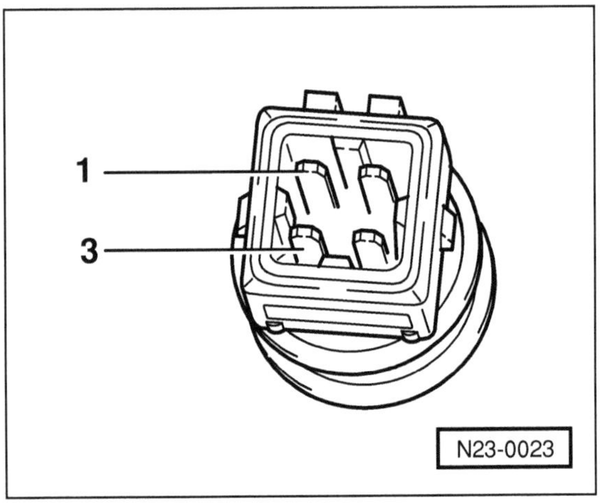

- Ohmmeter an die Kontakte des Kühlmittel-Temperaturgebers anschließen.
  Geber für Kühlmitteltemperatur: Kontakt 1 und 3;
  Geber für Kühlmitteltemperaturanzeige: Kontakt 2 und 4.

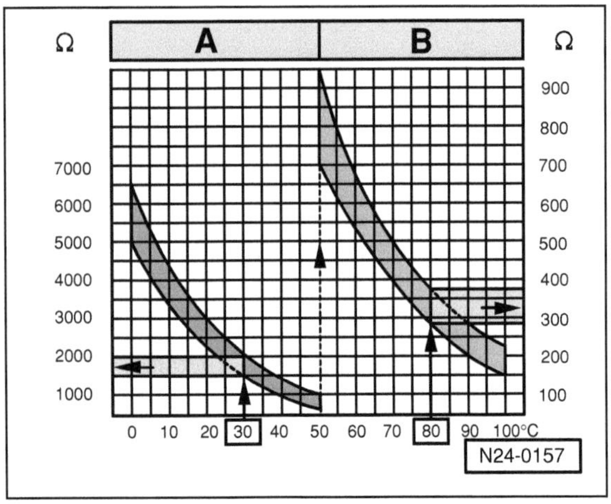

- Widerstandswerte messen und mit den Sollwerten im Diagramm vergleichen.

Der Bereich A zeigt die Widerstandswerte für den Temperaturbereich 0 bis +50 °C, Bereich B die Werte für den Temperaturbereich +50 bis +100 °C.

Ablesebeispiele:
+ 30 °C entspricht einem Widerstand von 1500 – 2000 Ω.
+ 80 °C entspricht einem Widerstand von 275 – 375 Ω.

Einbau

- Kühlmittel-Temperaturgeber mit neuem Dichtring –3– einsetzen und mit Halteklammer sichern.
- Stecker aufschieben.

Einspritzventile prüfen

Motronic

Undichte Ventile bewirken Heißstartschwierigkeiten. Defekte Einspritzventile lassen den Motor bisweilen nachdieseln und führen zu Motoraussetzern.

Widerstand prüfen

- Stecker vom zu prüfenden Einspritzventil abziehen.

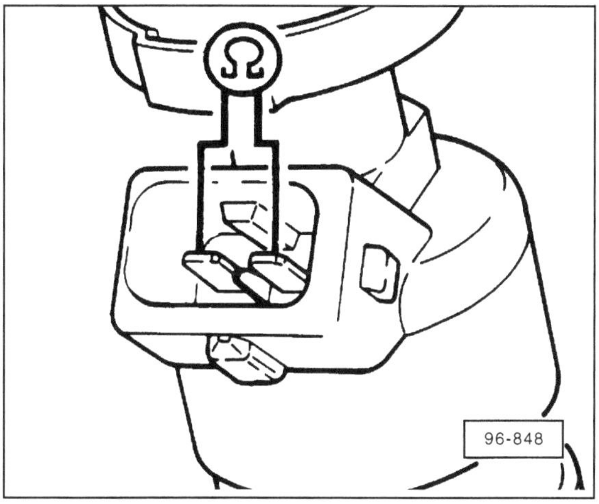

- Widerstand des Einspritzventils mit einem Ohmmeter, zum Beispiel Handmultimeter V.A.G 1526, zwischen den Kontakten am Einspritzventil messen. **Sollwerte** siehe Tabellen auf Seite 97.
- Gegebenenfalls defektes Einspritzventil ersetzen.

Spannungsversorgung prüfen

- Kraftstoffpumpenrelais prüfen, siehe Seite 82.
- Sicherung Nr. 34 für Einspritzventile überprüfen, gegebenenfalls erneuern.
- Stecker vom zu prüfenden Einspritzventil abziehen.

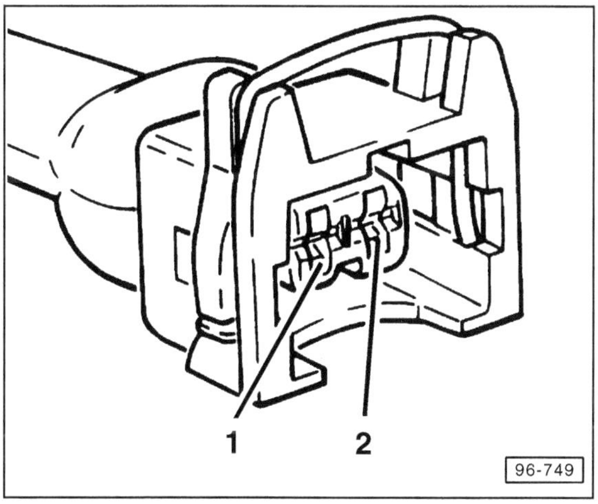

- Diodenprüflampe zwischen Kontakt 1 und Motormasse anschließen.
- Anlasser einige Sekunden betätigen, der Motor darf dabei auch anspringen. Die Diodenprüflampe muß leuchten.
- Leuchtet die Prüflampe nicht, Leitungsverbindung zur Sicherung für Einspritzventile und zum Kraftstoffpumpenrelais nach Stromlaufplan auf Durchgang prüfen und instandsetzen.
- Leuchtet die Prüflampe, anschließend Ansteuerung der Einspritzventile prüfen. Dazu Prüflampe zwischen Steckerkontakt 1 und 2 anschließen. Anlasser einige Sekunden befätigen, der Motor darf dabei auch anspringen. Die Diodenprüflampe muß blinken. Andernfalls Leitungsunterbrechung beziehungsweise Kurzschluß aufspüren und beseitigen.
- Strahlbild und Dichtheit prüfen, siehe Seite 92.

Einspritzventile aus- und einbauen/ Strahlbild und Dichtheit prüfen

4-Zylindermotor

Ausbau

- Unterdruckschlauch vom Kraftstoffdruckregler abziehen.
- Tankdeckel öffnen und wieder verschließen, dadurch baut sich der Unterdruck ab.

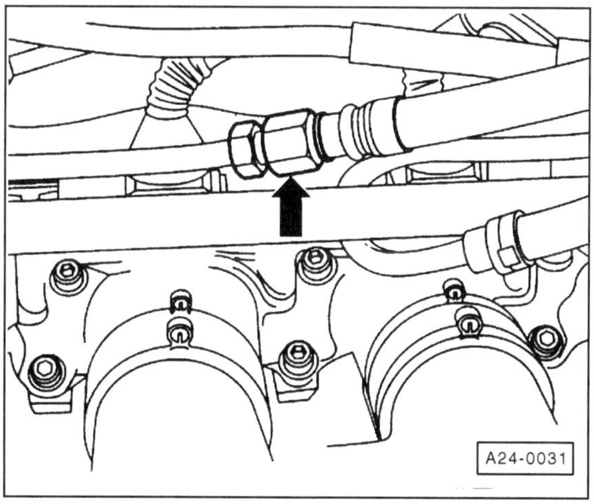

- Vorlaufleitung vom Kraftstoffverteiler abschrauben. **Achtung:** Die Kraftstoffvorlaufleitung steht unter Druck. Zum Schutz gegen Kraftstoffspritzer die Leitung beim Öffnen mit einem sauberen Lappen abdecken.
- Stecker von den Einspritzventilen abziehen.
- 1,8-l-Motoren: Stecker vom Hallgeber am Zylinderkopf abziehen.

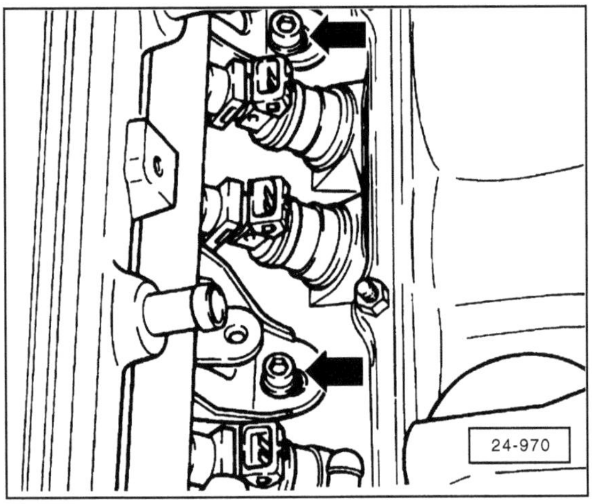

- Befestigungsschrauben für Kraftstoff-Verteilerrohr herausschrauben und Einspritzventile komplett mit Kraftstoffverteiler aus dem Ansaugkrümmer ziehen.
- Halteklammern an der Verbindung von Einspritzventilen und Kraftstoffverteiler abziehen. Einspritzventile aus dem Kraftstoffverteiler herausziehen. Die Einspritzventile sind nur eingesteckt. **Achtung:** Einspritzventile nicht vertauschen, an gleicher Stelle wieder einbauen.

Einbau

Achtung: Beim Einstecken der Ventile darauf achten, daß die O-Dichtringe und Düseneinsätze im Zylinderkopf nicht beschädigt werden. **O-Ringe immer ersetzen.** Dabei darf die vordere Kunststoffhülse **nicht** vom Einspritzventil abgezogen werden.

- Dichtringe vor dem Einsetzen leicht mit sauberem Motoröl bestreichen.
- Einspritzventile bis zum Anschlag senkrecht in den Kraftstoffverteiler einsetzen und mit Halteklammern sichern.
- Kraftstoff-Verteilerrohr mit gesicherten Einspritzventilen vorsichtig in den Ansaugkrümmer einsetzen und bis zum Anschlag eindrücken
- Befestigungsschrauben ansetzen, Kraftstoffverteiler von Hand leicht in Richtung Saugrohr drücken und Schrauben mit **10 Nm** anziehen.
- Stecker auf die Einspritzventile aufstecken.
- Vorlaufleitung am Kraftstoffverteiler anschrauben.
- Unterdruckleitung am Druckregler aufstecken.
- Stecker am Hallgeber aufstecken.

Strahlbild und Dichtheit prüfen

- Kraftstoffverteiler komplett mit Einspritzventilen ausbauen.
- Einspritzventile anschließen.
- Fernbedienung anschließen und Kraftstoffpumpe ca. 30 Sekunden laufen lassen, siehe Seite 80.
- Dichtheit der Einspritzventile prüfen. Pro Minute dürfen nicht mehr als 2 Tropfen Kraftstoff an den Einspritzventilen austreten, sonst defektes Ventil erneuern.
- Einspritzventile in ein geeignetes Meßgefäß halten.
- Anlasser von Helfer betätigen lassen. Strahlbilder der Einspritzventile miteinander vergleichen. Der Kraftstoff muß kegelförmig austreten und bei allen Einspritzventilen gleich aussehen. Die Einspritzmenge muß bei allen Zylindern gleichgroß sein.
- Einspritzventile einbauen.

Einspritzanlagen 6-Zylindermotor

Im 2,6-l-Motor ist eine MPI eingebaut, im 2,8-l/174-PS-Motor eine MPFI, beim 2,8-l/193-PS-Motor eine Bosch-Motronic. MPI steht für Multi-Point-Injection, MPFI für Multi-Point-Fuel-Injection; beides bedeutet Mehrstelleneinspritzung. Es handelt sich dabei um kombinierte Zünd- und Einspritzsysteme mit nur einem Steuergerät. In diesem Kapitel wird hauptsächlich auf den Einspritzteil des Systems eingegangen.

Unterschiede der Einspritzsysteme

Der 2,8-l-Motor besitzt ein zweiteiliges Schaltsaugrohr, während der 2,6-l-Motor mit einem dreiteiligen, aus Kunststoff gefertigten Saugrohr ohne Umschaltung ausgestattet ist. Außerdem ist für den 2,6-l-Motor ein Luftmassenmesser nicht erforderlich.

Der Kraftstoff wird von der elektrischen Kraftstoffpumpe aus dem Tank über den Kraftstoffilter zum Verteilerrohr am Motor gefördert. Das Verteilerrohr ist als Ringleitung ausgelegt, an welcher die Einspritzventile sitzen. Ein Druckregler am Verteilerrohr sorgt dafür, daß der Druck an den Einspritzventilen ständig gleichbleibt. Die Einspritzventile werden elektrisch angesteuert und spritzen den Kraftstoff intermittierend, also stoßweise, in das Ansaugrohr vor die Einlaßventile.

Die Kraftstoffeinspritzung erfolgt sequentiell. Das heißt, die Einspritzventile werden getrennt und dadurch einzeln elektrisch angesteuert und spritzen den Kraftstoff entsprechend der Zündfolge vor die Einlaßventile des Motors. Durch die Wahl des Einspritzzeitpunktes im Verhältnis zu den Öffnungszeiten der Einlaßventile können Abgas- und Leistungsverhalten genau abgestimmt werden. Außerdem spricht der Motor beim Beschleunigen schnell an.

Das Steuergerät regelt entsprechend den Signalen vom Luftmassenmesser (2,6-l-Motor: aus Saugrohrunterdruck und dem Drosselklappenwinkel) und der jeweiligen Motordrehzahl die Einspritzzeit und dadurch die Einspritzmenge. Bei längerer Öffnung des Einspritzventils wird mehr Kraftstoff eingespritzt. Zusätzliche Fühler und Geber sorgen auch in extremen Fahrsituationen für die richtig bemessene Kraftstoffmenge.

- Der Geber für Kühlmitteltemperatur ist in das Kühlmittel-Umlaufrohr der beiden Zylinderköpfe eingeschraubt. Es handelt sich dabei um einen NTC-Widerstand (Negativer-Temperatur-Widerstand), das heißt, der Widerstand ändert sich entsprechend der Kühlmitteltemperatur und damit auch entsprechend der Motortemperatur. Die Information über die Kühlmitteltemperatur dient als Korrekturfaktor für Zündzeitpunkt und Einspritzzeit bei kaltem und warmem Motor. Andere Funktionen wie Klopfregelung und Abgasrückführung werden nur bei entsprechender Motortemperatur eingeschaltet.
- Der Geber für Zündzeitpunkt ist ein Induktivgeber und auf der linken Seite des Kurbelgehäuses eingesteckt. Das Signal des Zündzeitpunktgebers ist beim Motorstart erforderlich, um zusammen mit dem Hallgebersignal den Zünd-OT des 3. Zylinders zu erkennen.
- Der Hallgeber befindet sich an der hinteren Stirnseite des linken Zylinderkopfes. Das Arbeitsprinzip des Hallgebers ist bei der Beschreibung der Zündanlage erläutert. Das Signal des Hallgebers ist beim Motorstart erforderlich, um zusammen mit dem Signal des Zündzeitpunktgebers den Zünd-OT des 3. Zylinders zu erkennen.
- Der Geber für Motordrehzahl ist am Anlasserzahnkranz angeschraubt. Er dient dem Steuergerät zur Berechnung von Zünd- und Einspritzzeitpunkt.
- Leerlaufschalter und Drosselklappenpotentiometer sind in einem gemeinsamen Gehäuse am Drosselklappenteil untergebracht. Sie übermitteln dem Steuergerät die Stellung der Drosselklappe. Dadurch wird insbesondere die Schubabschaltung gesteuert, denn solange der Leerlaufkontakt des Schalters geschlossen ist und gleichzeitig die Drehzahl über einem bestimmten Wert liegt, wird vom Steuergerät die Kraftstoffzufuhr für den Motor gesperrt.
- Die beiden Lambdasonden sind in die jeweiligen Abgaskrümmer eingeschraubt. Sie messen bei Fahrzeugen mit geregeltem Katalysator den Sauerstoffgehalt im Abgasstrom und schicken entsprechende Spannungssignale an das Steuergerät. Daraufhin verändert das Steuergerät das angesaugte Kraftstoff-/Luftverhältnis, so daß die Abgase im Katalysator optimal nachverbrannt werden.

Nur 2,8-l-Motor:

- 174-PS-Motor: Das Ventil für Leerlaufstabilisierung ist am Schaltsaugrohr angeflanscht und reguliert die Leerlaufluftmenge unter Umgehung der Drosselklappe. Dadurch wird eine gleichbleibende Leerlaufdrehzahl erreicht, unabhängig davon, ob gerade Zusatzverbraucher, wie etwa Servolenkung oder Kältekompressor, eingeschaltet sind.
- 193-PS-Motor: Die Drosselklappe sitzt in einer zentralen Steuereinheit, in der unter anderem die Leerlaufregelung integriert ist, siehe Seite 88.
- Das Saugrohr ist so ausgelegt, daß die Ansaugluft mittels Umschaltklappen einen längeren oder kürzeren Weg zurücklegt. Unter ca. 4100/min (193-PS-Motor: 4700/min) sind die Klappen geschlossen, wodurch sich das Drehmoment des Motors erhöht. Über 4100/min öffnen die Klappen, die angesaugte Luft wird über den kürzeren Weg gelenkt und dadurch die Leistung erhöht. Gesteuert wird die Bewegung der Klappen durch das Einspritz-Steuergerät über ein Unterdruckventil, welches die Druckdose an der Klappenwelle mit Unterdruck beaufschlagt.

MPFI-Einspritzanlage

2,6-l-Motor

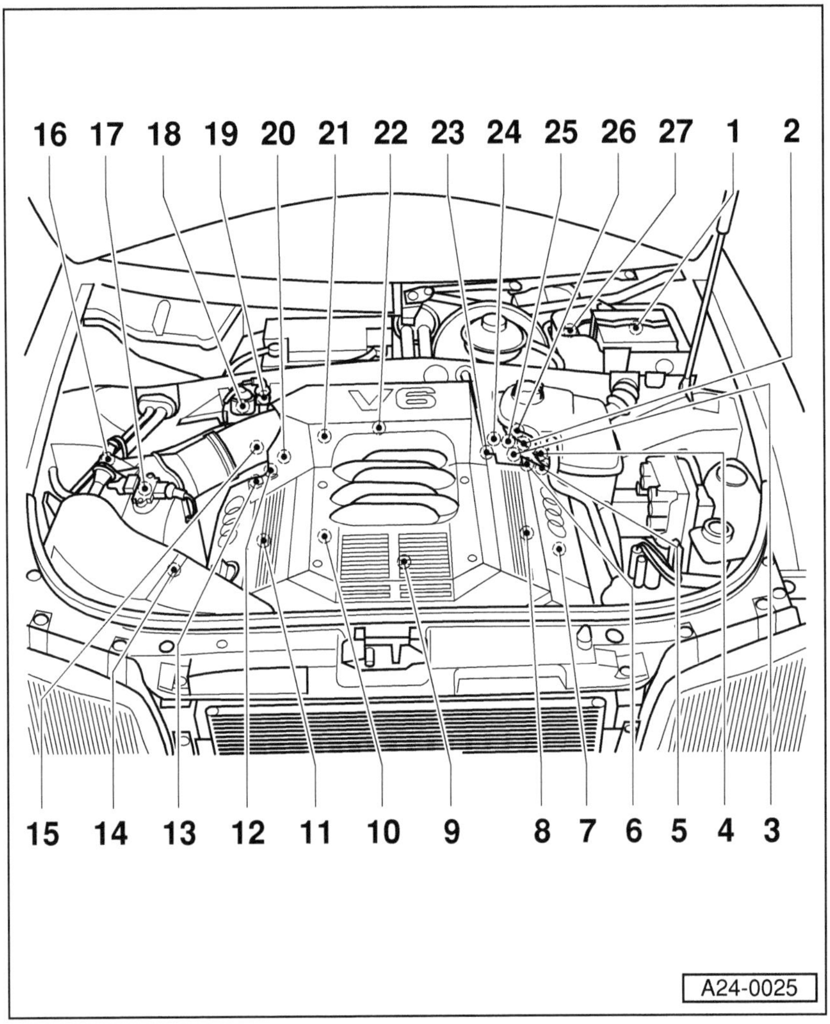

1 – **Steuergerät**

2 – **Steckverbindung weiß**
Für Zündspulen.

3 – **Hallgeber**

4 – **Steckverbindung grau**
Für Geber für Motordrehzahl.

5 – **Steckverbindung schwarz**
Für Geber für Zündzeitpunkt.

6 – **Geber für Motordrehzahl**

7 – **Geber für Zündzeitpunkt**
Bezugsmarken links am Kurbelgehäuse.

8 – **Klopfsensor II**

9 – **Zündspulen**

10 – **Einspritzventile**

11 – **Klopfsensor I**

12 – **Ventil für Leerlaufstabilisierung**

13 – **Geber für Ansauglufttemperatur**

14 – **Massepunkt Motorstütze rechts**

15 – **Lambdasonde I**

16 – **Magnetventil Aktivkohlebehälter**

17 – **Zünd-Leistungsendstufen**

18, 25 – **Lambdasondenstecker schwarz**

19 – **Klopfsensor I**

20 – **Kraftstoff-Druckregler**

21 – **Massepunkt am Saugrohr**

22 – **Drosselklappenpotentiometer**
Mit eingebautem Leerlaufschalter.

23 – **Geber für Kühlmitteltemperatur**
Am Kühlmittelrohr hinter Zylinderkopf.

24 – **Klopfsensor II**

26 – **Lambdasonde II**

27 – **Steuergerät für Lambdasondenheizung**

Einspritzventile aus- und einbauen

6-Zylindermotor

Die Abbildung zeigt die MPI-Anlage (174-PS-Motor).

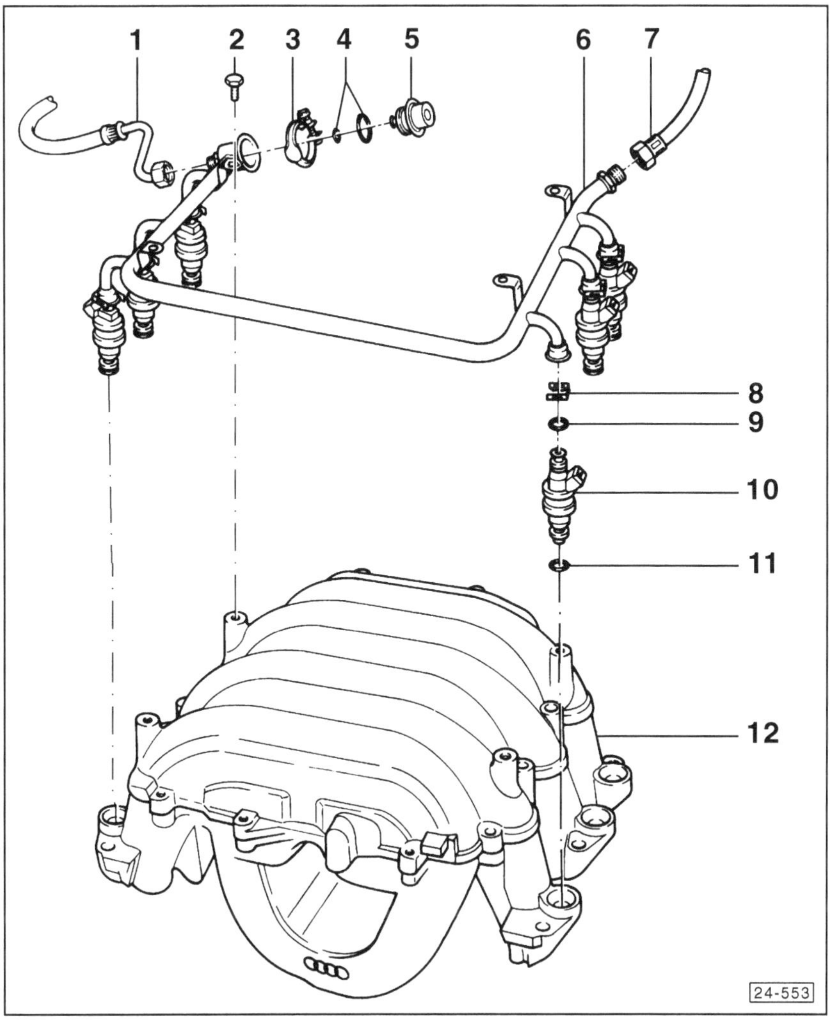

1 – **Kraftstoffrücklaufleitung, 25 Nm**
2 – **Schraube, 10 Nm**
3 – **Klemmschelle**
4 – **Dichtring**
5 – **Druckregler**
6 – **Kraftstoff-Sammelleitung (Ringleitung)**
7 – **Kraftstoff-Vorlaufleitung, 25 Nm**
8 – **Sicherungsklammer für Einspritzventile**
9 – **Dichtring**
10 – **Einspritzventil**
11 – **Dichtring**
12 – **Registersaugrohr**

Hinweis: Dichtungen immer ersetzen.

Ausbau

- Ansaugschlauch zum Luftfilter ausbauen.
- Zündleitungen an den Zündspulen abziehen, an der Ringleitung ausclipsen und zur Seite legen.
- Stecker von den Einspritzventilen abziehen.
- Ringleitung mit 4 Schrauben –2– vom Saugrohr abschrauben, siehe Abbildung.
- Ringleitung nach oben abheben, dabei Einspritzventile aus dem Saugrohr herausziehen.
- Sicherungsklammern für Einspritzventile seitlich abziehen.

Einbau

- O-Ringe an allen Einspritzventilen erneuern und leicht mit sauberem Motoröl benetzen.
- Einspritzventile senkrecht und lagerichtig in Ringleitung einsetzen und mit Sicherungsklammern befestigen.
- Ringleitung mit Einspritzventilen am Saugrohr ansetzen und gleichmäßig eindrücken. Ringleitung mit 10 Nm am Saugrohr anschrauben.
- Stecker auf die Einspritzventile aufstecken.
- Zündleitungen an den Zündspulen aufstecken und an der Ringleitung einclipsen.
- Ansaugschlauch einbauen.

Einspritzventile prüfen

MPI-/MPFI-Einspritzung

Widerstand prüfen

- Stecker am Einspritzventil abziehen.
- Ohmmeter zwischen die beiden Kontakte am Einspritzventil anschließen und Widerstand prüfen. **Achtung:** Genauigkeit des verwendeten Meßgerätes berücksichtigen, gegebenfalls Ventil in der Werkstatt nochmals prüfen lassen, bevor es ersetzt wird. Gegebenenfalls Einspritzventil ersetzen. Sollwert, siehe Tabelle auf Seite 97.
- Stecker aufschieben und nächstes Ventil prüfen.

Spannungsversorgung prüfen

Prüfvoraussetzung:

- Kraftstoffpumpenrelais in Ordnung
- Ansteuerung Kraftstoffpumpenrelais in Ordnung
- Sicherung 34 für Einspritzventile in Ordnung.

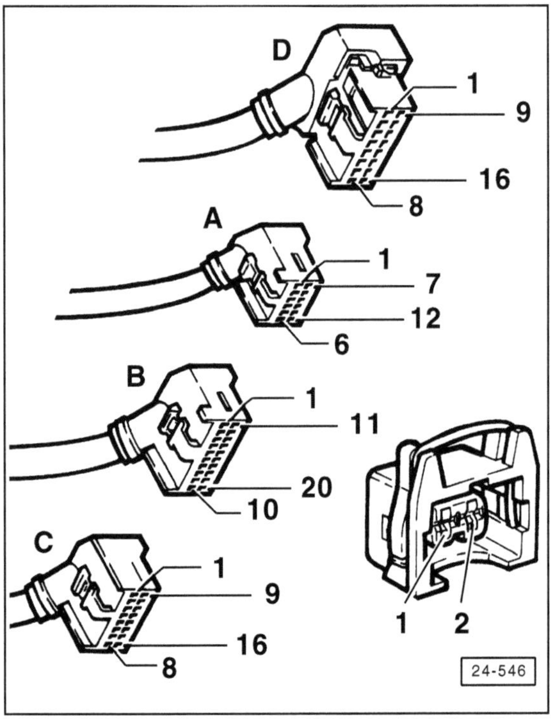

- Stecker am Einspritzventil abziehen, in der Abbildung rechts unten dargestellt. A bis D = Stecker am MPI-Steuergerät.
  Stecker A: Lambdaregelung, Leerlaufschalter, Luftmassenmesser usw.
  Stecker B: Drehzahlmesser, Bordcomputer, Automatikgetriebe-Steuerung
  Stecker C: Registersaugrohrumschaltung, Abgasrückführung, usw.
  Stecker D: Einspritzventile, Aktivkohlesystem usw.
- Diodenprüflampe an Kontakt –1– (2,6-l-Motor: Kontakt –2–) des Steckers und an Motormasse (–) anschließen.
- Durch Helfer den Anlasser einige Sekunden betätigen lassen, dabei muß die Diodenprüflampe leuchten.
- Andernfalls Leitungsverbindung zur Sicherung Nr. 34 auf Durchgang prüfen.

Ansteuerung prüfen

- Diodenprüflampe zwischen Kontakt –1– des Steckers und Batterie plus (+) anschließen.
- Durch Helfer den Anlasser einige Sekunden betätigen lassen (der Motor kann dabei auch anspringen). Die Diodenprüflampe muß blinken.
- Andernfalls elektrische Prüfung der MPI/MPFI durchführen lassen. Gegebenenfalls Leitungsunterbrechung beziehungsweise Kurzschluß in der Leitung zum Kontakt des Steckers –D– am MPI/MPFI-Steuergerät beseitigen.

Kontakt **1** am Einspritzventil für Zylinder...	1	2	3	4	5	6
Kontakt am Stecker D, »**MPI**«	4	5	6	9	10	13
Kontakt am Stecker D, »**MPFI**«	6	7	8	13	14	15

- Stecker aufschieben und nächstes Ventil prüfen. Blinkt die Diodenprüflampe bei allen Einspritzventilen nicht, Spannungsversorgung für Steuergerät prüfen lassen.
- Ist die Spannungsversorgung in Ordnung, ist in der Regel das MPI-/MPFI-Steuergerät defekt.

Technische Daten Benzin-Einspritzung

4-Zylindermotor

Motor		**1,6-l/101 PS**	**1,8-l/125 PS**	**1,8-l/125 PS**	**1,8-l/150 PS**	**1,8-l/150 PS**
Motor-Kennbuchstaben		AHL/ARM/ANA	ADR	APT/ARG	AEB	ANB/APU
Leerlaufdrehzahl	bei 1/min	810 ± 50	840 ± 60	860 ± 50	840 ± 60	800 ± 60 [1)]
Drehzahlbegrenzung	bei 1/min	6500	6800	6800	6800	6800
Kraftstoffdruck bei Leerlaufdrehzahl:						
◆ Unterdruckschlauch aufgesteckt	bar	ca. 3,5	ca. 3,5	ca. 3,5	ca. 3,5	ca. 3,5
◆ Unterdruckschlauch abgezogen	bar	ca. 4,0	ca. 4,0	ca. 4,0	ca. 4,0	ca. 4,0
◆ Haltedruck nach 10 min	bar	mind. 2,5	mind. 2,5	mind. 2,5	mind. 2,5	mind. 2,5
Einspritzventile:						
◆ Abspritzstrahl		bei allen gleich	bei allen gleich	bei allen gleich	bei allen gleich	bei allen gleich
◆ Einspritzmenge/30 Sekunden	ml	85 – 105	85 – 105	85 – 105	130 – 150	125 – 145
◆ Widerstand bei ca. 20° C	Ω	14 – 17	13 – 18	12 – 13	11 – 13	12 – 13
◆ Widerstand bei betriebswarmem Motor	Ω	18 – 23	17 – 24	16 – 18	15 – 18	16 – 18
Widerstand Zündkerzenstecker	kΩ	ca. 5	ca. 2,0	–	ca. 2,0	ca. 2,0
Zündfolge		1-3-4-2	1-3-4-2	1-3-4-2	1-3-4-2	1-3-4-2

6-Zylindermotor

Motor		**2,4-l/165 PS**	**2,4-l/165 PS**	**2,6-l/150 PS**	**2,7-l/265 PS**	**2,8-l/174 PS**	**2,8-l/193 PS**	**2,8-l/193 PS**
Motor-Kennbuchstaben		AGA/ALF	APS/ARJ/AML	ABC	AGB/AZB	AAH	ACK/ALG	APR/AQD
Leerlaufdrehzahl	bei 1/min	720 ± 50	720 ± 50	750 ± 70	800 ± 50	700 ± 50	800 ± 60 [3)]	770 ± 50 [2)]
Drehzahlbegrenzung	bei 1/min	6920	6800	6500	6800	6200	6500	6800
Kraftstoffdruck bei Leerlaufdrehzahl:								
◆ Unterdruckschlauch aufgesteckt	bar	3,5 ± 0,3	3,5 ± 0,3	–	ca. 3,5	3,5 ± 0,3	3,5 ± 0,3	3,5 ± 0,3
◆ Unterdruckschlauch abgezogen	bar	4,0 ± 0,2	4,0 ± 0,2	4,0 ± 0,2	ca. 4,0	4,0 ± 0,2	4,0 ± 0,2	4,0 ± 0,2
◆ Haltedruck nach 10 min	bar	–	–	–	mind. 2,5	–	–	–
◆ Haltedruck nach 10 min/Motor kalt	bar	ca. 2,2	ca. 2,2	ca. 2,2	–	ca. 2,2	ca. 2,2	ca. 2,2
◆ Haltedruck nach 10 min/Mot. warm	bar	ca. 3,0	ca. 3,0	ca. 3,0	–	ca. 3,0	ca. 3,0	ca. 3,0
Einspritzventile:								
◆ Abspritzstrahl		bei allen gleich	bei allen gleich	bei allen gleich	bei allen gleich	bei allen gleich	bei allen gleich	bei allen gleich
◆ Einspritzmenge/30 Sekunden	ml	90 – 125	90 – 125	85 – 100	135 – 165	85 – 110	90 – 125	90 – 125
◆ Widerstand bei ca. 20° C	Ω	13 – 18	13,5 – 15,5	13,5 – 17	13,5 – 15,5	13,5 – 15,5 [4)]	13,5 – 15,5	13,5 – 15,5
◆ Widerstand bei betriebswarmem Motor	Ω	17 – 24	17,5 – 21,5	17,5 – 23	17,5 – 21,5	–	17,5 – 21,5	17,5 – 21,5
Widerstandswerte der Zündanlage:								
◆ Zündkerzenstecker	kΩ	–	–	–	ca. 2,0	–	–	–
◆ Zündspule mit zugehörigen Zündleitungen und Zündkerzensteckern	kΩ	16 – 27	16 – 27	–	–	–	16 – 27	16 – 27
◆ Zwischen Hochspannungsanschlüssen der Zündspule	kΩ	8 – 14	8 – 14	9 – 14	–	9 – 14	8 – 14	8 – 14
◆ Zündleitung mit Zündkerzensteck.	kΩ	3 – 7	–	–	–	–	3 – 7	3 – 7
Zündfolge		1-4-3-6-2-5	1-4-3-6-2-5	1-4-3-6-2-5	1-4-3-6-2-5	1-4-3-6-2-5	1-4-3-6-2-5	1-4-3-6-2-5

1) Allrad ANB/APU: 860 ± 60/min, mit eingeschalteter Klimaanlage 900 ± 60/min. Allrad AWT: 820 ± 60/min.
2) Allrad: 680 ± 50/min.
3) Allrad: 680 ± 60/min.
4) Der angegebene Wert gilt für das SIEMENS-Einspritzventil. Der Widerstand des BOSCH-Einspritzventils liegt bei 15 - 17 Ω.

Störungsdiagnose Benzin-Einspritzanlage

Bevor anhand der Störungsdiagnose der Fehler aufgespürt wird, müssen folgende Prüfvoraussetzungen erfüllt sein: Bedienungsfehler beim Starten ausschließen. Sowohl für den kalten wie warmen Motor gilt: Gaspedal während des Startvorgangs nicht betätigen, Kupplungspedal treten.

Kraftstoff im Tank, Motor mechanisch in Ordnung, Batterie geladen, Anlasser dreht mit ausreichender Drehzahl, Zündanlage ist in Ordnung, keine Undichtigkeiten an der Kraftstoffanlage, Verschmutzungen im Kraftstoffsystem ausgeschlossen, Kurbelgehäuse-Entlüftung in Ordnung, elektrische Masseverbindung (Motor-Getriebe-Aufbau) vorhanden. Fehlerspeicher abfragen (Werkstattarbeit). **Achtung:** Wenn Kraftstoffleitungen gelöst werden, müssen diese vorher mit Kaltreiniger oder Benzin gesäubert werden.

Störung	Ursache	Abhilfe
Motor springt nicht an.	Elektrische Kraftstoffpumpe läuft beim Betätigen des Anlassers nicht an (keine Laufgeräusche hörbar).	■ Prüfen, ob Spannung an der Pumpe anliegt. Elektrische Kontakte auf gute Leitfähigkeit überprüfen.
	Sicherung defekt.	■ Sicherung für Kraftstoffpumpe überprüfen.
	Kraftstoffpumpenrelais defekt.	■ Relais überprüfen.
	Einspritzventile defekt.	■ Einspritzventile überprüfen.
	Kein Signal von folgenden Sensoren: Motordrehzahlgeber, Hallgeber.	■ Elektrische Leitungen prüfen; Fehlerspeicher abfragen.
Der kalte Motor springt schlecht an, läuft unrund.	Temperaturfühler defekt.	■ Temperaturfühler Kühlmittel/Ansaugluft prüfen.
Der Motor setzt aus.	Elektrische Verbindungen zur Kraftstoffpumpe zeitweise unterbrochen.	■ Steckverbindungen und Anschlüsse von elektrischen Leitungen an der Kraftstoffpumpe, dem Luftmassenmesser und dem Kraftstoffpumpen-Relais auf feste und widerstandslose Verbindung prüfen. Sicherung und Kontaktstellen am Kraftstoffpumpen-Relais prüfen. Kontakte reinigen bzw. erneuern.
	Kraftstoff-Fördermenge zu gering.	■ Kraftstoffpumpen-Fördermenge prüfen lassen.
	Kraftstoffilter verstopft.	■ Kraftstoffilter erneuern.
	Kraftstoffpumpe defekt.	■ Kraftstoffpumpe prüfen.
	Einspritzventil defekt.	■ Einspritzventile prüfen.
Der Motor hat Übergangsstörungen.	Luftansaugsystem undicht.	■ Ansaugsystem prüfen. Dazu Motor im Leerlauf drehen lassen und Dichtstellen sowie Anschlüsse im Ansaugtrakt mit Benzin bestreichen. Wenn sich die Drehzahl kurzfristig erhöht, undichte Stelle beseitigen. **Achtung:** Benzindämpfe sind giftig, nicht einatmen!
	Temperaturfühler defekt.	■ Temperaturfühler Kühlmittel/Ansaugluft prüfen.
	Kraftstoffsystem undicht.	■ Sichtprüfung an allen Verbindungsstellen im Bereich des Motors und der elektrischen Kraftstoffpumpe. Anschlüsse nachziehen.
Der heiße Motor springt nicht an.	Druck im Kraftstoffsystem zu hoch.	■ Kraftstoffdruck prüfen lassen, gegebenenfalls Druckregler ersetzen.
	Rücklaufleitung zwischen Druckregler und Tank verstopft oder geknickt.	■ Leitung reinigen oder ersetzen.
Der Motor läuft nach.	Einspritzventil undicht.	■ Einspritzventil prüfen.

Diesel-Einspritzanlage

Das Dieselprinzip

Beim Dieselmotor wird reine Luft in die Zylinder angesaugt und dort sehr hoch verdichtet. Dadurch steigt die Temperatur in den Zylindern über die Zündtemperatur des Dieselöls an. Wenn der Kolben kurz vor dem oberen Totpunkt steht, wird in die hochverdichtete und etwa +700° bis +900° C heiße Luft Dieselöl eingespritzt. Das Dieselöl zündet von selbst, Zündkerzen sind also nicht erforderlich.

Dieselmotor mit Verteiler-Einspritzpumpe: Der Kraftstoff wird direkt von der Verteiler-Einspritzpumpe aus dem Kraftstoff-Vorratsbehälter angesaugt. In der Einspritzpumpe wird der für die Diesel-Einspritzung erforderliche hohe Druck aufgebaut und der Kraftstoff entsprechend der Zündfolge auf die einzelnen Zylinder verteilt. Die Einspritzpumpe ist wartungsfrei. Alle beweglichen Teile der Pumpe werden mit Dieselöl geschmiert. Angetrieben wird die Einspritzpumpe von der Kurbelwelle über den Zahnriemen.

Um die Schadstoffe im Abgas zu verringern, besitzen die Dieselmotoren einen speziellen Diesel-Oxidationskatalysator. Gleichzeitig sorgt eine Abgasrückführung für eine weitgehende Verminderung der Stickoxide im Abgas. Erreicht wird das durch Beimischung von Abgas zur angesaugten Frischluft, wodurch der Sauerstoffgehalt der Verbrennungsluft reduziert wird. Dies führt zu niedrigeren Verbrennungstemperaturen und vermindert damit die NO_X-Bildung.

Für die Diesel-Einspritzung gibt es 3 unterschiedliche Verfahren: Vorkammer-, Wirbelkammer- und Direkteinspritzung.

Bei der **Vorkammereinspritzung** wird der Diesel-Kraftstoff in die Vorkammer des betreffenden Zylinders eingespritzt. Das heiße Gemisch entzündet sich sofort. Die Sauerstoffmenge, die in der Vorkammer vorhanden ist, reicht aber nur zur Verbrennung eines Teils des eingespritzten Kraftstoffs. Der übrige, unverbrannte Teil wird durch den bei der Verbrennung entstandenen Überdruck in den Verbrennungsraum geblasen. Dort verbrennt der Kraftstoff vollständig.

Auch bei der **Wirbelkammereinspritzung** wird der Kraftstoff in eine vom Hauptverbrennungsraum abgeteilte Kammer eingespritzt. Hauptunterschied zur Vorkammereinspritzung ist die andere Auslegung des Verbindungskanals zwischen Wirbelkammer und Zylinder. Beim Verdichten entsteht ein starker Luftwirbel in der Wirbelkammer. Dadurch vermischt sich der eingespritzte Kraftstoff gut mit der Luft und verbrennt weich, das heißt nicht schlagartig.

Direkteinspritzung beim 75-/90-/110-/150-PS-Dieselmotor

Der Kraftstoff wird von der Hochdruck-Einspritzpumpe direkt in den Brennraum eingespritzt, und zwar in die Brennmulde im Kolben. Die Einspritzpumpe baut dabei einen Druck von 900 bar auf und spritzt den Kraftstoff in 2 Stufen ein.

Über die Mehrstrahl-Einspritzdüsen erfolgt zunächst eine Voreinspritzung von einer geringen Menge Kraftstoff, wodurch die Zündbedingungen für die Hauptkraftstoffmenge verbessert werden. Daraus resultiert eine weichere und damit auch leisere Verbrennung, ähnlich wie bei der Wirbelkammereinspritzung. Die Einspritzmenge wird dabei durch das Motor-Steuergerät vollelektronisch geregelt.

Direkteinspritzung beim 115-PS-Dieselmotor

Die Diesel-Direkteinspritzung erfolgt durch ein »Pumpe-Düse-System«. Im Gegensatz zu den bisherigen Diesel-Einspritzsystemen, bei denen **eine** Einspritzpumpe den Kraftstoffdruck für alle Einspritzdüsen aufbaut, hat das Pumpe-Düse-System für jeden Zylinder eine eigene Einspritzpumpe. Einspritzpumpe, Steuerventil und Einspritzdüse sind wiederum zu einem Bauteil zusammengefaßt.

Der Dieselkraftstoff wird eine Kraftstoffpumpe zu den Pumpe-Düse-Einheiten gefördert. Die Hochdruckpumpen der Pumpe-Düse-Einheiten werden über zusätzliche Nocken an der Nockenwelle und Rollenkipphebel betätigt. Durch den hohen Druck von ca. 2.000 bar wird der Kraftstoff sehr fein zerstäubt. Die Kraftstoff-Einspritzmenge wird vom Motor-Steuergerät über Magnetventile den Pumpe-Düse-Einheiten exakt zugeteilt.

Durch den hohen Druck in den Pumpe-Düse-Einheiten erwärmt sich der Kraftstoff sehr stark, was sich auf die Funktion des Tankgebers negativ auswirkt. Um den Kraftstoff zu kühlen ist im Kraftstoff-Rücklauf ein Kraftstoffkühler vorhanden. Ab einer Kraftstofftemperatur von +70° C wird eine Elektro-Kühlmittelpumpe zugeschaltet, um die Abkühlung des Kraftstoffs zu beschleunigen.

Bevor der Kraftstoff in die Einspritzpumpe beziehungsweise zu den Pumpe-Düse-Einheiten gelangt, durchfließt er den Kraftstoffilter. Dort werden Verunreinigungen und Wasser zurückgehalten. Es ist deshalb äußerst wichtig, den Kraftstoffilter regelmäßig zu entwässern oder auszuwechseln.

Achtung: Bei Arbeiten an der Kraftstoffanlage Sicherheits und Sauberkeitsregeln beachten, siehe Seite 80.

Übersicht Diesel-Einspritzanlage

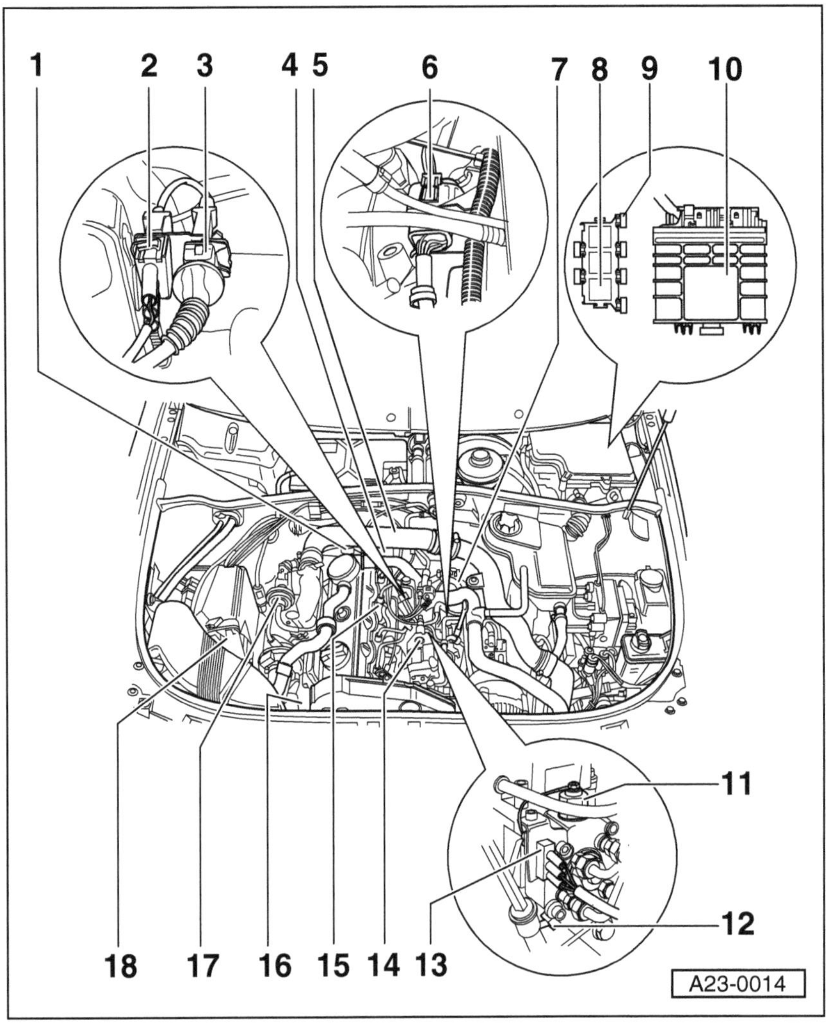

1,9-l-Dieselmotor
55 – 81 kW (75 – 110 PS)

1 – **Geber für Saugrohrtemperatur**

2 – **Steckverbindung**
Vom Geber für Motordrehzahl.

3 – **Steckverbindung**
Vom Geber für Nadelhub.

4 – **Ventil für Abgasrückführung**

5 – **Geber für Kühlmitteltemperatur**

6 – **Steckverbindung für Einspritzpumpe**

7 – **Geber für Motordrehzahl**

8 – **Relais für Diesel-Einspritzung**

9 – **Sicherung für Glühkerzen, 60A**

10 – **Steuergerät Diesel-Einspritzung**

11 – **Kraftstoffabschaltventil**

12 – **Ventil für Einspritzbeginn**

13 – **Steckverbindung für Einspritzpumpe**

14 – **Mengensteller**
Mit Geber Regelschieberweg und Geber Kraftstofftemperatur.

15 – **Einspritzdüse mit Geber für Nadelhub**

16 – **Magnetventil für Ladedruckbegrenzung**

17 – **Mechanisches Abgasrückführventil**

18 – **Luftmassenmesser**

Vorglühanlage/Glühkerzen prüfen

Achtung: Eine defekte Vorglühanlage führt zu Kaltstartschwierigkeiten insbesondere bei Außentemperaturen unter 0° C.

Prüfvoraussetzungen:

- Batterie geladen, Batteriespannung mindestens 11,5 Volt.
- Steuergerät für Diesel-Einspritzanlage ist in Ordnung.
- Zündung ausgeschaltet.

Prüfen

- Streifensicherung für Glühkerzen auf Beschädigung (Haarrisse), festen Sitz und ausreichenden Kontakt prüfen, gegebenenfalls Kontakte reinigen, Schrauben festziehen oder Sicherung ersetzen. Die Streifensicherung für die Vorglühanlage befindet sich neben dem Einspritz-Steuergerät in der Elektronikbox.

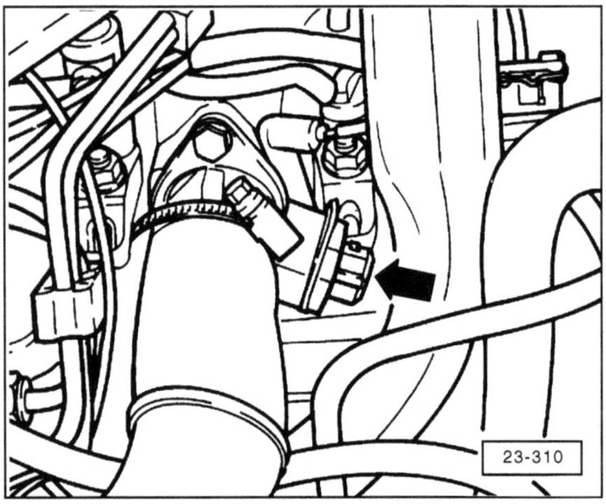

- Anschlußstecker für Kühlmitteltemperaturgeber abziehen. Der Temperaturgeber befindet sich am Kühlmittelanschlußstutzen links am Zylinderkopf.

- Glühkerzenstecker von den Glühkerzen abziehen.
- Voltmeter zwischen einem Glühkerzenstecker und Fahrzeugmasse anschließen.
- Zündung einschalten. Für ca. 20 Sekunden muß Batteriespannung angezeigt werden. Auf diese Weise die Anschlüsse für alle 4 Glühkerzen kontrollieren.
- Falls keine Spannung angezeigt wird, elektrische Leitungen nach Stromlaufplan überprüfen.
- Stecker auf Temperaturgeber aufstecken.

Glühkerzen prüfen/ersetzen

- Zündung ausschalten.
- Glühkerzenstecker von den Glühkerzen abziehen.

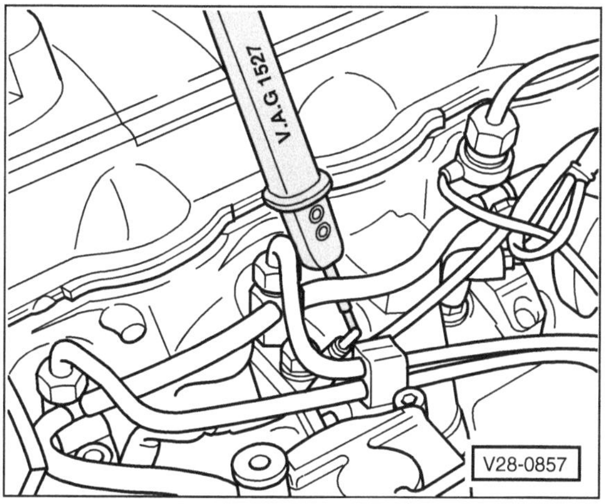

- Diodenprüflampe an den Pluspol der Batterie (+) anklemmen und nacheinander an jede Glühkerze anlegen.
- Wenn die Leuchtdiode leuchtet, ist die Glühkerze in Ordnung.
- Wenn die Leuchtdiode nicht aufleuchtet, Glühkerze ersetzen. Anzugsdrehmoment: **15 Nm.**

Achtung: Anzugsdrehmoment **nicht** überschreiten, sonst wird der Ringspalt zwischen Glühstab und Gewindeteil zugezogen. Ein zugezogener Ringspalt führt zu vorzeitigem Ausfall der Glühkerze.

- Stecker für Glühkerzen aufstecken.

Glühkerzen mit verbrannten Glühstiften

Verbrannte Glühstifte von Glühkerzen sind häufig Folgeschäden von Düsenstörungen. Derartige Schäden sind nicht auf Mängel in oder an der Glühkerze zurückzuführen. Es muß eine Überprüfung der Einspritzdüsen auf Abspritzdruck und Dichtigkeit erfolgen (Werkstattarbeit).

Einspritzdüsen aus- und einbauen

1,9-l-TDI mit 55 – 81 kW (75 – 110 PS) sowie 2,5-l-TDI

Defekte Einspritzdüsen können zu starkem Klopfen des Motors führen und Lagerschäden vermuten lassen. Bei derartigen Beanstandungen Motor im Leerlauf laufen lassen und Einspritzleitungs-Überwurfmuttern der Reihe nach lösen. Verschwindet das Klopfen nach dem Lösen einer Überwurfmutter, so zeigt dies eine defekte Düse an.

Defekte Düsen macht man auch ausfindig, indem man der Reihe nach die Einspritzleitungs-Überwurfmuttern löst, während der Motor in schnellerem Leerlauf dreht. Bleibt die Motordrehzahl nach Lösen einer Überwurfmutter konstant, zeigt dies eine defekte Düse an. Die AUDI-Werkstatt prüft die Einspritzdüsen mit Hilfe des Fehlerauslesegeräts 1551, das an den Diagnoseanschluß angeschlossen wird und schlechtere Leistung (Einspritzmenge, Kompression) auf einem Zylinder erkennt.

Hinweise für den Aus- und Einbau der Einspritzleitungen beim 6-Zylinder-Dieselmotor stehen am Ende des Kapitels.

Die ersten Anzeichen von Düsenstörungen treten wie folgt auf.

- Leistungsabfall des Motors
- Übermäßig starker schwarzer Auspuffqualm
- Verstärkter Blaurauch beim Kaltstart
- Hoher Kraftstoffverbrauch
- Motor überhitzt
- Klopfen in einem oder mehreren Zylindern
- Fehlzündungen

1,9-l-TDI mit 55 – 81 kW (75 – 110 PS)

Ausbau

- Einspritzleitungen mit Kaltreiniger reinigen.

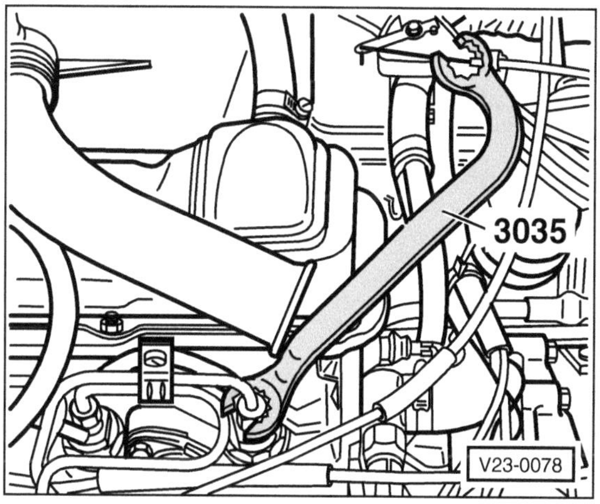

- Einspritzleitungen komplett ausbauen, dazu Überwurfmuttern mit offenem Ringschlüssel, zum Beispiel HAZET 4560 oder AUDI 3035, lösen. **Achtung:** Biegeform der Einspritzleitungen nicht verändern. Leitungssatz immer komplett ausbauen, auch wenn nur eine Einspritzdüse ausgebaut wird.

- An der Einspritzdüse für Zylinder 3 Steckverbindung für Nadelbewegungsfühler trennen.
- Klemmuttern abschrauben und Spannbügel herausnehmen. Gegebenenfalls Lagerböcke abnehmen.
- Einspritzdüsen herausziehen.

Einbau

- Kupferdichtungen zwischen Zylinderkopf und Einspritzdüsen immer ersetzen.
- Einspritzdüsen einsetzen.
- Richtigen Sitz der Lagerböcke im Zylinderkopf überprüfen, gegebenenfalls Lagerböcke einsetzen.
- Spannbügel einsetzen und Klemmuttern mit **20 Nm** festziehen.
- Elektrische Leitung für Nadelbewegungsfühler zusammenstecken.
- Einspritzleitungen mit **25 Nm** festziehen.

2,5-l-TDI mit 110 kW (150 PS)

Ausbau

- Leckölleitungen von den Einspritzdüsen abschrauben.
- Drei Einspritzleitungen vorsichtig anheben und ein ca. 25 mm starkes Stück Holz zwischen Leitungen und Ansaugrohr schieben.
- Befestigungsschrauben der Ventildeckelhaube lösen und Ventildeckelhaube vorsichtig, ohne die Dichtringe zu beschädigen, abnehmen.
- Spannbügel für Einspritzdüsen abschrauben und Einspritzdüsen aus den Einbauöffnungen herausziehen. **Hinweis:** Läßt sich eine Einspritzdüse nicht herausziehen, 4. Gang einlegen und Fahrzeug etwas verschieben.
- Kupferdichtringe (Abdichtringe zwischen Einspritzdüse und Zylinderkopf) entfernen. Grundsätzlich neue Dichtringe verwenden.

Einbau

- Zylinderkopf und Ventildeckelhaube sehr gründlich von Dichtmittelrückständen befreien.
- Einspritzdüsen einsetzen und Spannbügel mit **10 Nm** anziehen.
- Ventildeckelhaube am vorderen Halbmond und seitliche Befestigungen der Nockenwellenlagerdeckel leicht mit SILMATE-Dichtmasse bestreichen.
- Beim Einbau der Ventildeckelhaube unbedingt darauf achten, daß die Runddichtungen nicht beschädigt werden, anderenfalls Ventildeckelhaube erneuern. Haube mit **10 Nm** anschrauben.
- Einspritzleitungen mit **30 Nm** an den Düsen festschrauben.

Förderbeginn der Einspritzpumpe überprüfen/einstellen

1,9-l-TDI außer Motor AHH/AJM

Der Förderbeginn der Einspritzpumpe kann bei ein- oder ausgebautem Motor überprüft werden. Beschrieben wird hier die Prüfung bei eingebautem Motor. Zur Prüfung werden eine Meßuhr mit entsprechendem Adapter zum Einschrauben in die Pumpe benötigt.

Der Förderbeginn der Einspritzpumpe muß nach dem Spannen, Abnehmen oder Ersetzen des Zahnriemens sowie Lösen von Verschraubungen an der Einspritzpumpe oder der Zahnriemenräder grundsätzlich neu eingestellt werden.

Achtung: Nach der hier beschriebenen statischen Einstellung muß der Einspritzbeginn dynamisch, also bei laufendem Motor, überprüft und gegebenenfalls eingestellt werden (Werkstattarbeit).

Hinweis: Beim 1,9-l-Motor AHH wird der Förderbeginn mit dem Absteckstift VW/AUDI-3359 eingestellt, siehe Kapitel »Zahnriemen- aus und einbauen« auf Seite 40.

Prüfvoraussetzungen:

- Zahnriemen für Nockenwellen- und Einspritzpumpenantrieb richtig gespannt, siehe Seite 42.
- Motorsteuerung richtig eingestellt, siehe »Zahnriemen einbauen«.

Prüfen

- Kurbelwelle auf Oberen Totpunkt (OT) für Zylinder 1 stellen. Dazu Kurbelwelle drehen, bis OT-Markierung auf dem Schwungrad und Anguß an der Kupplungsglocke sowie die Markierung auf Einspritzpumpenrad und Konsole übereinstimmen. Markierungen, siehe Seite 40.

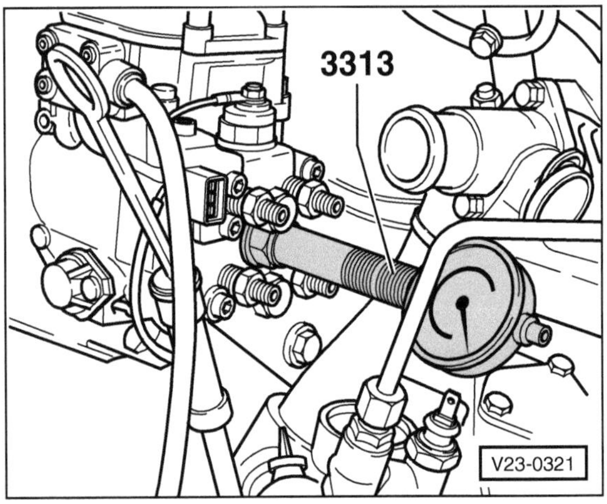

- Verschlußschraube an der Einspritzpumpe herausdrehen und abnehmen.
- Adapter für Meßuhr 3313 anstelle der Verschlußschraube einschrauben.
- Stößel des Adapters mit seiner Gewindeseite fest in die Meßuhr (Meßbereich 0 bis 3 mm) einschrauben.

- Meßuhr mit Stößel in den Adapter einsetzen.
- Meßuhr auf etwa 2 mm Vorspannung bringen, Spannmutter des Adapters festziehen.

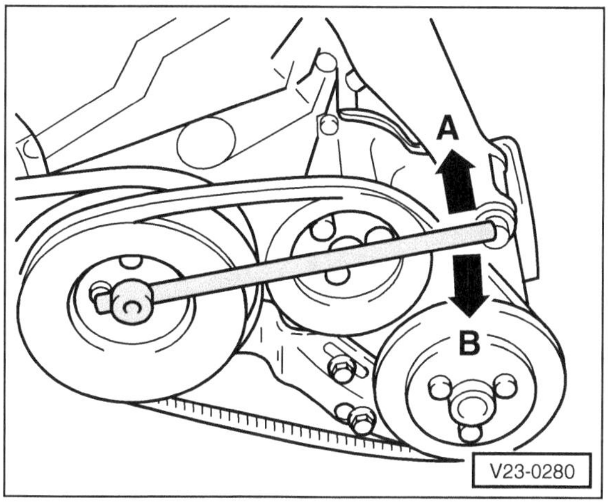

- Kurbelwelle mit einer 12kant-Steckschlüsselnuß SW 19 langsam entgegen Motordrehrichtung –Pfeilrichtung A– drehen, bis der Meßuhr-Zeiger sich nicht mehr bewegt.
- Spannmutter des Adapters lösen und Meßuhr einschieben, bis ca. 1 mm Hub angezeigt wird. Spannmutter wieder anziehen und Meßuhr auf »0« stellen.
- Kurbelwelle in Motordrehrichtung (im Uhrzeigersinn, Pfeil –B–) drehen, bis die OT-Markierung auf dem Schwungrad mit der Bezugsmarke fluchtet. **Achtung:** Die OT-Markierung muß durch Drehung der Kurbelwelle in Motordrehrichtung angefahren werden. Wurde versehentlich über die OT-Markierung hinausgedreht: Kurbelwelle zurückdrehen, bis die Meßuhr wieder auf »0« steht und OT-Markierung erneut anfahren.
- Wenn die Kurbelwelle auf OT für Zylinder 1 steht, muß die Meßuhr den Prüfwert anzeigen.

Motor	Meßuhranzeige (Hub)	
	Prüfwert	Einstellwert
1,9-l-TDI außer AHH	0,65 – 0,75 mm	0,70 ± 0,02 mm

Achtung: Sofern der Prüfwert innerhalb der angegebenen Toleranz liegt, ist keine neue Einstellung erforderlich. Falls eine Neueinstellung vorgenommen werden muß, ist der Einstellwert einzustellen.

Einstellen

- Oberen Zahnriemenschutz ausbauen.

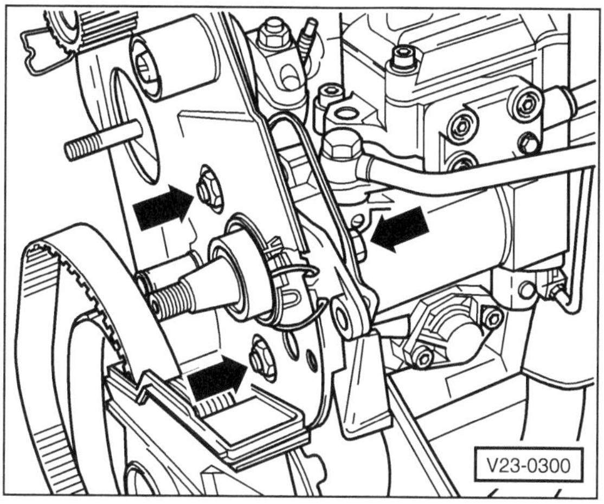

- Verschraubung an der Einspritzpumpenkonsole ca. 1 Umdrehung lösen. Das Zahnriemenrad muß nicht abgenommen werden, es wird aus Gründen der besseren Darstellung nicht gezeigt.

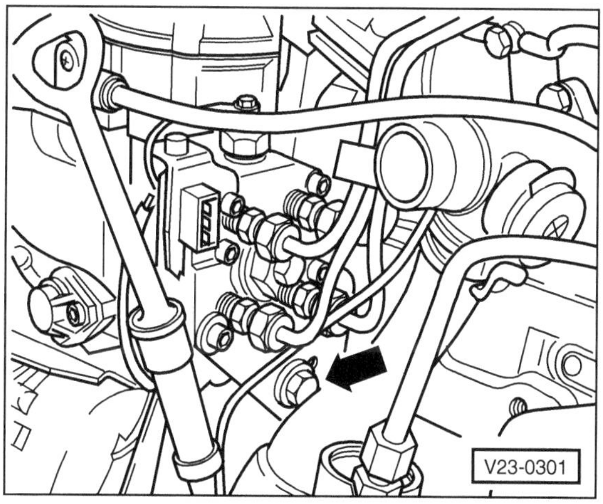

- Befestigungsschraube –Pfeil– an der hinteren Abstützung ca. eine Umdrehung lösen.

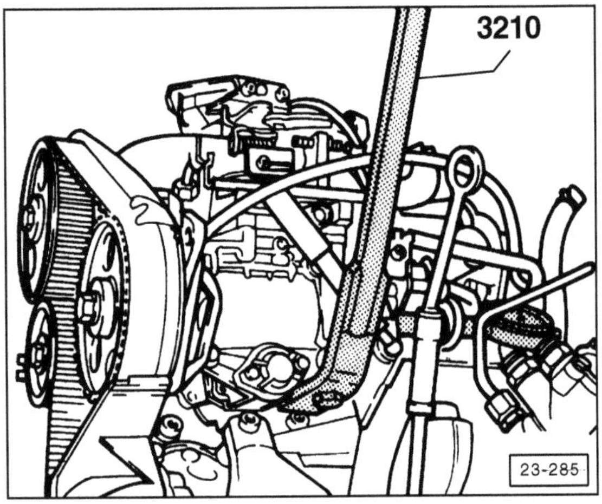

- AUDI-Einstellhebel 3210 montieren, wie in der Abbildung gezeigt . Man kann die Einspritzpumpe auch mit einem Montierhebel verstellen, jedoch muß dabei vorsichtig vorgegangen werden, damit nichts beschädigt wird.
- Prüfen, ob Kurbelwelle noch auf OT steht, gegebenenfalls auf OT stellen.
- Förderbeginn durch Verdrehen der Einspritzpumpe auf Sollwert einstellen.

Achtung: Entsteht beim Verdrehen der Einspritzpumpe eine spürbare Verspannung in den Einspritzleitungen, so müssen die Überwurfmuttern der Einspritzleitungen gelöst werden.

- Befestigungsschrauben der Einspritzpumpe mit **25 Nm** anziehen.
- Förderbeginn durch Zurück- und Vordrehen der Kurbelwelle prüfen.
- Falls gelöst, die Überwurfmuttern der Einspritzleitungen mit **25 Nm** anschrauben.
- Meßuhr entfernen und Verschlußschraube am Pumpendeckel mit **20 Nm** einschrauben.
- Oberen Zahnriemenschutz einbauen.
- Baldmöglichst AUDI-Werkstatt zur dynamischen Prüfung des Einspritzbeginns aufsuchen.

Kraftstoffanlage auf Dichtheit prüfen

Dieselmotor außer 115-PS-Motor AJM

Prüfen

Achtung: Für die Prüfung werden ein Druckprüfgerät für Kühlsystem (handelsüblich) mit Anzeige, ein Adapter für den Rücklaufanschluß der Einspritzpumpe sowie Schlauchklemmen benötigt.

- Rücklaufleitung an der Einspritzpumpe abklemmen.

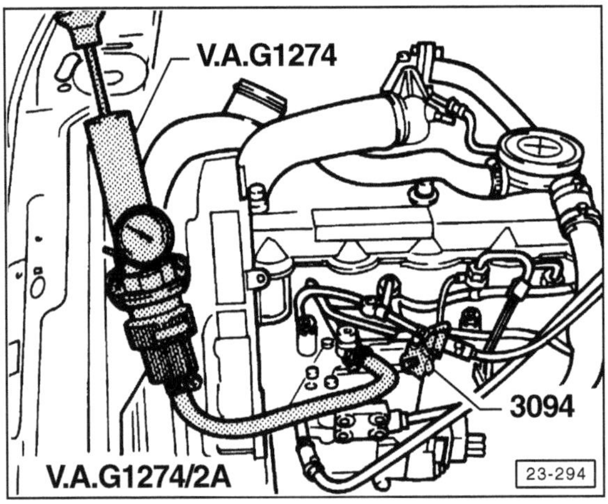

- Schlauchleitung der Handpumpe anstelle der Rücklaufleitung an der Einspritzpumpe anschrauben.
- Kraftstoffvor- und -rücklaufleitung zwischen Kraftstoffilter und Tank sowie Rücklaufleitung von Einspritzpumpe mit handelsüblichen Schlauchklemmen zusammendrücken.
- Mit der Handpumpe einen Überdruck von 1,0 – 1,5 bar erzeugen. **Achtung:** Falls in den Leitungen Luft vorhanden ist, wird diese komprimiert und erfordert ein mehrmaliges Aufpumpen.
- Fällt der Druck ständig ab, undichte Stelle suchen und beseitigen. **Achtung:** Durch Umstecken der Schlauchklemmen, z. B. weiter in Richtung Tank, Fehler einkreisen.

Kraftstoffilter

1,9-l-Dieselmotor 75/90/110 PS

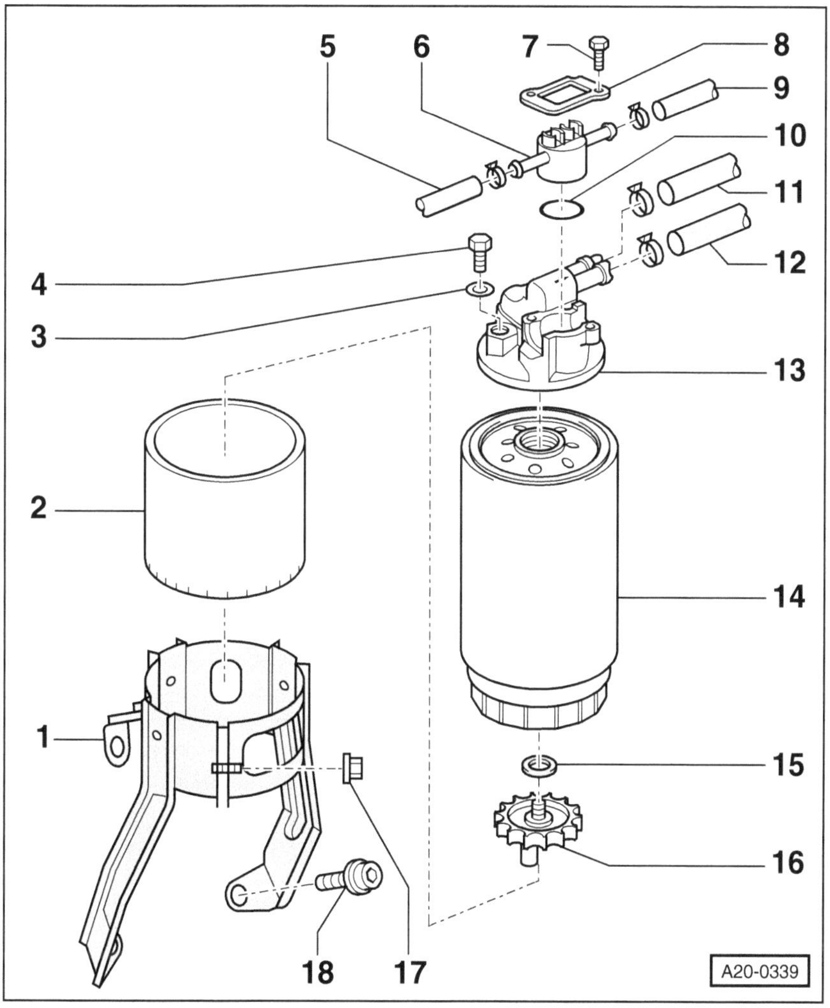

1 – Halter
Für Kraftstoffilter.

2 – Kunststoffeinsatz
Auf den Kraftstoffilter aufschieben.

3 – Dichtring
Immer ersetzen.

4 – Belüftungsschraube, 10 Nm
Zum Entwässern lösen.

5 – Kraftstoff-Rücklaufleitung
Zum Tank.

6 – Regelventil
Einbaulage: Pfeilrichtung zeigt zum Tank.
Bei Filterwechsel Halteklammer entfernen und Regelventil mit angeschlossenen Kraftstoffleitungen abnehmen.
Beim Einsetzen auf richtigen Sitz des O-Ringes im Kraftstsoffilterflansch achten.
Unter +15° C: Durchgang zum Filter geöffnet.
Über +31° C: Durchgang zum Filter verschlossen.

7 – Schraube, 5 Nm

8 – Halteplatte

9 – Kraftstoff-Rücklaufleitung
Von der Einspritzpumpe.

10 – O-Ring
Immer ersetzen.

11 – Kraftstoff-Vorlaufleitung
Vom Tank.

12 – Kraftstoff-Vorlaufleitung
Zur Einspritzpumpe.

13 – Kraftstoffilterflansch

14 – Kraftstoffilter
Vor dem Einbau randvoll mit sauberem Dieselkraftstoff befüllen. Von Hand anziehen.

15 – Dichtring
Bei Beschädigung ersetzen.

16 – Entwässerungsschraube
Zum Entwässern die Belüftungsschraube –4– lösen und ca. 100 cm^3 Flüssigkeit ablaufen lassen.

17 – Mutter, 10 Nm

18 – Schraube, 25 Nm

Hinweis: Der Kraftstoffilter sitzt rechts hinten im Motorraum. Alle Schlauchverbindungen nach dem Aufschieben mit Schlauchschellen sichern.

Die Kraftstoffilter-Vorwärmanlage

Damit der Kraftstoff auch bei niedrigen Außentemperaturen fließfähig bleibt, wird er vorgewärmt. Das geschieht durch den zuviel geförderten Kraftstoff, der normalerweise von der Einspritzpumpe in den Tank zurückfließt. Dieser Kraftstoff erwärmt sich automatisch beim Durchfluß durch die Einspritzpumpe. In der Kraftstoffrücklaufleitung befindet sich ein Regelventil, welches in Abhängigkeit von der Filtertemperatur den erwärmten Kraftstoff umleitet. Bei Temperaturen unter 0° C wird der wärmere Kraftstoff von der Einspritzpumpe in den Filter geleitet. Steigt die Kraftstofftemperatur im Filter auf über +10° C, schaltet das Regelventil um, und der zuviel geförderte Kraftstoff gelangt über die Rücklaufleitung direkt in den Tank. Das Regelventil sitzt oben im Kraftstoffilter.

Störungsdiagnose Diesel-Einspritzanlage

Bevor anhand der Störungsdiagnose der Fehler aufgespürt wird, müssen folgende Prüfvoraussetzungen erfüllt sein: Bedienungsfehler beim Starten ausgeschlossen. Kraftstoff im Tank, Motor mechanisch in Ordnung, Batterie geladen, Anlasser dreht mit ausreichender Drehzahl, elektrische Masseverbindung (Motor-Getriebe-Aufbau) vorhanden. Fehlerspeicher abfragen (Werkstattarbeit). **Achtung:** Wenn Kraftstoffleitungen gelöst werden, müssen diese vorher mit Kaltreiniger gesäubert werden.

Störung	Ursache	Abhilfe
1. Motor springt nicht oder schlecht an.	1. Motor glüht nicht vor.	■ Vorglühanlage prüfen.
	2. Kraftstoffversorgung defekt:	■ Prüfen, ob Kraftstoff gefördert wird
	a) Kraftstoffleitungen geknickt, verstopft, undicht, porös.	■ Kraftstoffleitungen reinigen.
	b) Kraftstoffilter verstopft.	■ Kraftstoffilter ersetzen
	c) Im Winter: Eis oder Wachs in Filter und Leitungen.	■ Fahrzeug in beheizte Garage schieben.
	d) Tankbelüftung verschlossen. Kraftstoffsieb im Tank verschmutzt.	■ Reinigen.
	3. Förderbeginn verstellt.	■ Förderbeginn prüfen, einstellen
	4. Einspritzdüsen defekt.	■ Einspritzdüsen prüfen, Überwurfmuttern nacheinander lösen und prüfen, ob die Zylinder arbeiten.
	5. Kraftstoffabschaltventil schaltet nicht.	■ Kraftstoffabschaltventil, Einspritz-Steuergerät sowie Steuergerät für Wegfahrsicherung prüfen (Werkstattarbeit).
	6. Einspritzpumpe defekt.	■ Versuchsweise neue Pumpe einbauen.
2. Motor ruckelt im Leerlauf, beim Anfahren.	1. Einspritz-Steuergerät defekt.	■ Fehlerspeicher abfragen (Werkstattarbeit).
	2. Gasbetätigung schwergängig.	■ Gangbar machen, einstellen.
	3. Kraftstoffschläuche an der Kraftstoffpumpe bzw. am Kraftstofffilter lose.	■ Kraftstoffschläuche ersetzen, mit Schlauchschellen befestigen, Hohlschrauben festziehen.
	4. Zu- und Rücklaufleitung an der Einspritzpumpe vertauscht.	■ Anschlüsse der Kraftstoffleitungen prüfen.
	5. Wie unter 1.2 – 4.	■ Wie unter 1.2 – 4.
3. Kraftstoffverbrauch zu hoch.	1. Luftfilter verschmutzt.	■ Filtereinsatz ersetzen.
	2. Kraftstoffanlage undicht.	■ Sichtprüfung an allen Kraftstoffleitungen (Saug- Rücklauf- und Einspritzleitungen), Kraftstoffilter und Einspritzpumpe durchführen, Kraftstoffanlage auf Dichtheit prüfen.
	3. Rücklaufleitung verstopft.	■ Rücklaufleitung von Einspritzpumpe zum Kraftstoffbehälter mit Luft durchblasen. Überströmdrossel in der Hohlschraube der Rücklaufleitung ersetzen.
	4. Leerlauf- bzw. Höchstdrehzahl zu hoch.	■ Einstellen.
	5. Wie unter 1.3 – 4.	■ Wie unter 1.3 – 4.

Abgasanlage

Die Abgasanlage besteht aus folgenden Teilen: Abgaskrümmer, Katalysator, vorderes Abgasrohr, Mittel- und Nachschalldämpfer. Die für die Regelung des Katalysators erforderliche Lambdasonde sitzt im Abgasrohr vor dem Katalysator. Je nach Motorisierung und Front-/Allradantrieb sind unterschiedliche Ausführungen eingebaut.

Mittel- und Nachschalldämpfer sind serienmäßig als ein Teil eingebaut. Sie können im Reparaturfall getrennt werden und sind einzeln als Ersatzteil erhältlich. Alle Teile der Abgasanlage sind miteinander verschraubt beziehungsweise mit Doppelschellen verbunden und lassen sich einzeln auswechseln. Selbstsichernde Muttern und Dichtungen sind nach dem Ausbau zu ersetzen. Halteringe und Gummipuffer auf Porosität und Beschädigung prüfen, gegebenenfalls auswechseln.

Der Abgasturbolader

Alle AUDI A4-Dieselmotoren, sowie der 4-Zylinder-Benzinmotor mit 150 PS und der 6-Zylinder-Benzinmotor mit 265 PS, sind mit einem Abgas-Turbolader ausgerüstet.

Beim Turbolader sitzen auf einer Welle zwei Turbinenräder, die in getrennten Gehäusen untergebracht sind. Die Abgase treiben die Turbinenräder an. Sie bringen die Laderwelle auf bis zu 120.000 Umdrehungen in der Minute. Und da Abgas- und Frischluftrotor auf gleicher Welle sitzen, wird mit gleicher Drehzahl Frischluft in die Zylinder gedrückt. Zur Schmierung ist der Lader an den Ölkreislauf des Motors angeschlossen, beim Benziner wird er zusätzlich durch Kühlmittel gekühlt.

Aufgrund des guten Füllungsgrades lassen sich bei vorhandenen Motoren Leistungszuwachsraten von bis zu 100 Prozent verwirklichen. Abhängig ist der Leistungszuwachs unter anderem vom Ladedruck, der bei einem Pkw-Motor zwischen 0,4 bis 0,8 bar (Reifenfülldruck etwa 1,8 bar) liegt. Der Ladedruck wird über einen Druckfühler laufend vom Steuergerät überprüft und geregelt. Dadurch ist auch sichergestellt, daß ein maximaler Ladedruck nicht überschritten wird.

Neben der Motorleistung steigt bei der Verwendung eines Abgasladers auch das Drehmoment an, was vor allem im Hinblick auf einen elastischen Motorlauf wünschenswert ist. Voraussetzung ist allerdings, daß die Laderwelle mit ausreichender Drehzahl rotiert und somit einen ordentlichen Füllungsgrad garantiert. Deswegen ist beim Benziner ein relativ kleiner Turbolader eingebaut, der schon bei geringen Motordrehzahlen anspricht und das Drehmoment steigert.

Zwischen Turbolader und Einlaßkanal des Motors befindet sich ein Ladeluftkühler, der die vorverdichtete Luft abkühlt. Dadurch wird die Leistung erhöht, weil kühle Luft durch die höhere Luftdichte einen höheren Sauerstoffanteil besitzt.

Im TDI mit 81 kW/110 PS sorgt ein verstellbarer Turbolader für zusätzliche Leistung. Der Abgaslader besitzt verstellbare Leitschaufeln, die vom Motorsteuergerät über ein Magnetventil und eine Unterdruckdose stufenlos geregelt werden. Dadurch kann bei allen Drehzahlen der optimale Ladedruck erzeugt werden, was zu höherem Drehmoment und damit zu mehr Leistung führt, insbesondere bei niedrigen Drehzahlen.

Gegenüber dem Ottomotor ist es beim Dieseltriebwerk nicht erforderlich, aufgrund der Aufladung die normale Verdichtung zu verringern, so daß auch im unteren Drehzahlbereich der eingespritzte Kraftstoff vollständig ausgenutzt wird.

Der Turbolader ist ein äußerst präzise hergestelltes Bauteil. Es empfiehlt sich deshalb im Falle einer Reparatur, diese nur von einem Fachmann ausführen zu lassen. In der Regel wird der Turbolader bei einem Defekt komplett ausgetauscht.

Funktion des Katalysators

Alle Motoren im A4 sind mit einem oder mehreren Katalysatoren zur Abgasreinigung ausgestattet.

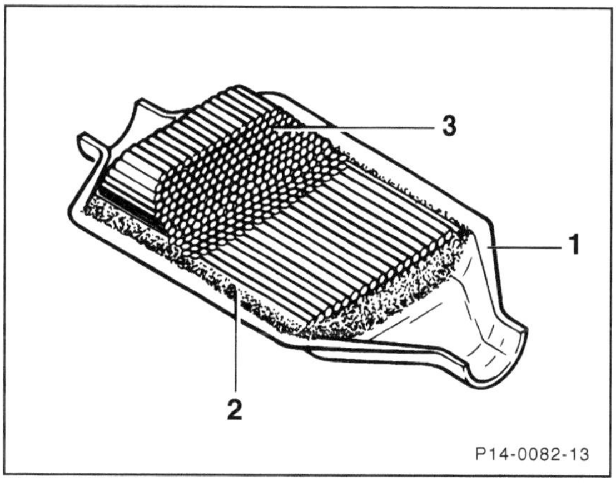

Der Katalysator –1– besteht aus einem Keramik-Wabenkörper –3–, der mit einer Trägerschicht überzogen ist. Auf der

Trägerschicht befinden sich Edelmetallsalze, die den Umwandlungsprozeß bewirken. Im Gehäuse wird der Katalysator durch eine Isolations-Stützmatte –2– fixiert, die außerdem Wärmeausdehnungen ausgleicht.

Benzinmotoren

In Verbindung mit der elektronischen Einspritzanlage und der Lambdasonde wird die Kraftstoffmenge für die Verbrennung exakt dosiert, damit der Katalysator die Schadstoffe reduzieren kann. Die Lambdasonde sitzt im Abgasrohr vor dem Katalysator und wird hier vom Abgasstrom umspült. Bei der Lambdasonde handelt es sich um einen elektrischen Meßfühler, der den Restgehalt an Sauerstoff im Abgas durch elektrische Spannungsschwankungen anzeigt und Rückschlüsse auf die Zusammensetzung des Luft-Benzin-Gemisches ermöglicht. In Bruchteilen von Sekunden kann die Lambdasonde entsprechende Signale an die Steuereinheit der Einspritzanlage weitergeben und dadurch das Kraftstoff-Luftverhältnis ständig verändern. Das ist einerseits erforderlich, da sich ja die Betriebsverhältnisse (Leerlauf, Vollgas) ständig ändern, zum anderen aber auch, weil nur dann eine optimale Nachverbrennung im Katalysator erfolgt, wenn noch genügend Benzin-Anteile im Motor-Abgas vorhanden sind.

Damit es also bei einer Temperatur von +300° bis +800° C im Katalysator überhaupt zu einer Nachverbrennung kommen kann, muß das Kraftstoff-Luftgemisch mehr Kraftstoffanteile aufweisen, als für die reine Verbrennung erforderlich wären.

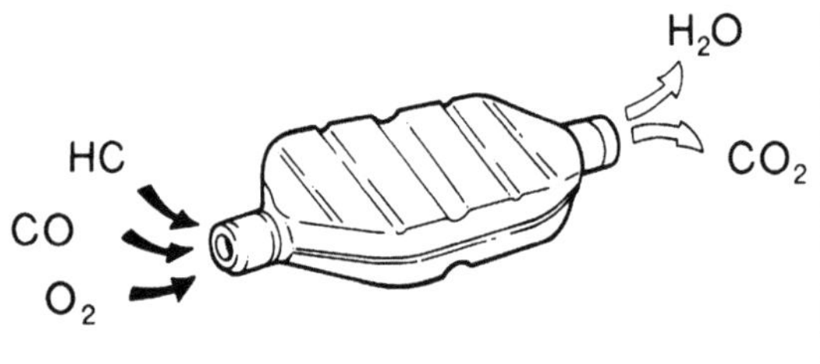

P15-0153-13

Bei dem verwendeten Katalysator handelt es sich um einen sogenannten 3-Wege-Katalysator. Das bedeutet, daß bei diesem Katalysator aufgrund der Lambda-Regelung die Oxidation von Kohlenmonoxid (CO) und Kohlenwasserstoffen (HC) sowie die Reduktion der Stickoxide (NO_X) gleichzeitig durchgeführt werden.

Katalysator beim Dieselmotor

Auch beim Dieselmotor ist serienmäßig ein Katalysator eingebaut. Allerdings ist hier keine Gemischanpassung möglich. Der Katalysator reduziert jedoch die umweltschädlichen Kohlenmonoxid- und Kohlenwasserstoff-Emissionen auf ein Niveau, das deutlich unter dem von Benzin-Motoren mit geregeltem Katalysator liegt. Außerdem vermindert sich der dieseltypische Abgasgeruch. Der bei Dieselmotoren höhere Anteil von Stickoxiden im Abgas wird durch ein zusätzliches Abgas-Rückführungssystem auf geringem Niveau gehalten.

Der Umgang mit Katalysator-Fahrzeugen

Um Beschädigungen an der Lambdasonde und am Katalysator zu vermeiden, sind nachstehende Hinweise unbedingt zu beachten:

Benzinmotoren

- Grundsätzlich nur bleifreies Benzin tanken.
- Das Anlassen des **betriebswarmen** Motors durch Anschieben oder Anschleppen ist nicht erlaubt. Starthilfekabel verwenden. Unverbrannter Kraftstoff könnte bei einer Zündung zur Überhitzung des Katalysators und zu seiner Zerstörung führen.
- Bei Startschwierigkeiten nicht unnötig lange den Anlasser betätigen. Während des Anlassens wird permanent Kraftstoff eingespritzt. Fehlerursache ermitteln und beseitigen.
- Kraftstofftank nie ganz leerfahren.
- Treten Zündaussetzer auf, hohe Motor-Drehzahlen vermeiden und Fehler umgehend beheben.
- Nur die vorgeschriebenen Zündkerzen verwenden.
- Keine Funkenprüfung mit abgezogenem Zündkerzenstecker durchführen.
- Treten Zündstörungen auf, muß bei der Fehleridentifizierung verhindert werden, daß während der Betätigung des Anlassers Kraftstoff eingespritzt wird. Dazu das Kraftstoffpumpenrelais abziehen.
- Es darf kein Zylindervergleich (Balancetest) durch Zündabschaltung eines Zylinders durchgeführt werden. Bei Zündabschaltung der einzelnen Zylinder – auch über Motortester – gelangt unverbrannter Kraftstoff in den Katalysator.

Benzin- und Dieselmotoren

- Fahrzeug nicht über trockenem Laub oder Gras abstellen. Die Abgasanlage wird im Bereich des Katalysators sehr heiß und strahlt die Wärme auch nach Abstellen des Motors noch ab.
- Keinen Unterbodenschutz auf die Abgasanlage bringen.
- Die Hitzeschilder der Abgasanlage dürfen nicht verändert werden.
- Beim Ein- oder Nachfüllen von Motoröl besonders darauf achten, daß auf keinen Fall die Maximum-Markierung am Ölpeilstab überschritten wird. Das überschüssige Öl gelangt sonst aufgrund unvollständiger Verbrennung in den Katalysator und kann das Edelmetall beschädigen oder den Katalysator vollständig zerstören.

Abgasanlage aus- und einbauen

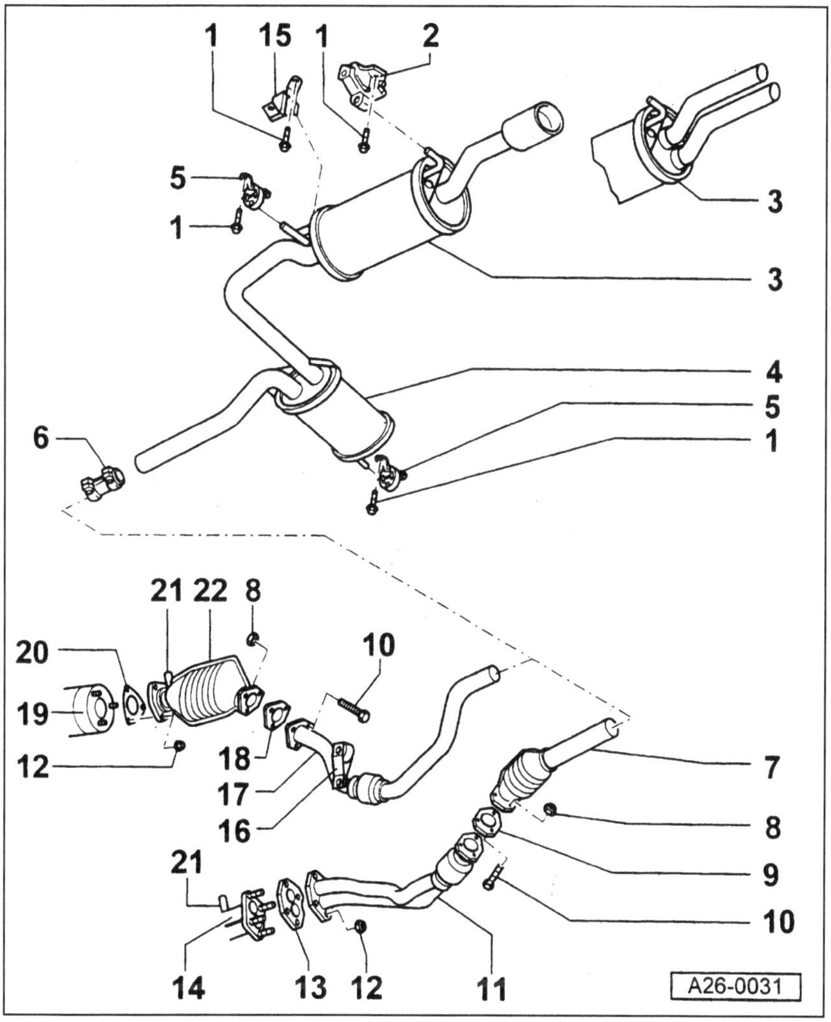

4-Zylindermotor, Frontantrieb

1 – **Schraube, 25 Nm**

2 – **Halteschlaufe**

3 – **Nachschalldämpfer**
Je nach Motorisierung mit 1 oder 2 Endrohren.

4 – **Mittelschalldämpfer**

5 – **Halteschlaufe**

6 – **Klemmhülse, 40 Nm**
So einbauen, daß die Klemmschrauben senkrecht stehen.

7 – **Katalysator**
Nur Motor ADP, ADR.

8 – **Sechskantmutter, 25 Nm**

9 – **Dichtung**
Nur Motor ADP, ADR.

10 – **Schraube**

11 – **Abgasrohr vorn**
Nur Motor ADP, ADR. Biegsames Teil nicht über 10° abwinkeln, vorsichtig behandeln.

12 – **Sechskantmutter, 30 Nm**

13 – **Dichtung**
Nur Motor ADP, ADR.

14 – **Abgaskrümmer**
Nur Motor ADP, ADR.

15 – **Anschlag**

21 – **Lambdasonde, 50 Nm**

Abweichende Teile, Motor AEB und TDI (Turbomotoren):

16 – **Aufhängung**

17 – **Abgasrohr vorn**

18 , 20 – **Dichtung**

19 – **Abgasturbolader**

22 – **Katalysator**
TDI: Biegsames Teil am Katalysator nicht über 10° abwinkeln, vorsichtig behandeln.

Ausbau

Achtung: Die Teile der Abgasanlage können auch einzeln ausgebaut werden. Mittel- und Nachschalldämpfer können getrennt werden und sind einzeln als Ersatzteil erhältlich, siehe folgendes Kapitel. Falls sich Verbindungsstücke oder Schrauben nicht lösen lassen, Abgasrohr an der Verbindungsstelle mit Schweißbrenner erhitzen. Alu-Blech unterlegen! **Achtung:** Brandgefahr!

- Fahrzeug aufbocken.
- Untere Motorraumabdeckung ausbauen, siehe Seite 19.
- Sämtliche Schrauben und Muttern der Abgasanlage mit rostlösendem Mittel einsprühen. Rostlöser einige Zeit einwirken lassen.
- **Benziner:** Steckverbindung für Lambdasonde(n) im Motorraum trennen. Lambdasonde(n) herausschrauben.
- Vorderes Abgasrohr am Abgaskrümmer oder Turbolader von unten abschrauben.
- Abgasanlage abstützen oder mit Draht am Unterboden aufhängen, damit sie nicht nach unten fällt.
- Abgasrohr vorn am Getriebehalter abschrauben.
- Schelle für Klemmhülse abschrauben. **Achtung:** Schrauben und Muttern immer ersetzen.
- Abgasanlage aus den Halteschlaufen aushängen und herausnehmen.

Einbau

Achtung: Gummiringe, Muttern und Schrauben grundsätzlich erneuern. Um die Muttern und Schrauben der Abgasanlage später leichter lösen zu können, empfiehlt es sich, diese mit einer Hochtemperaturpaste, zum Beispiel Liqui Moly LM-508-ASC, einzustreichen.

- Lambdasonde(n) einbauen, siehe Seite 111.
- Vorderes Abgasrohr und Katalysator zusammenstecken und leicht beiziehen. Falls erforderlich, Konus-Anschlußstücke vom vorderen Abgasrohr zum Katalysator vor dem Zusammenfügen mit Schmirgelleinen von Verbrennungsrückständen reinigen. Beim Zusammensetzen der Rohre auf richtigen Sitz des Dichtringes achten.

- Getriebehalter anschrauben.

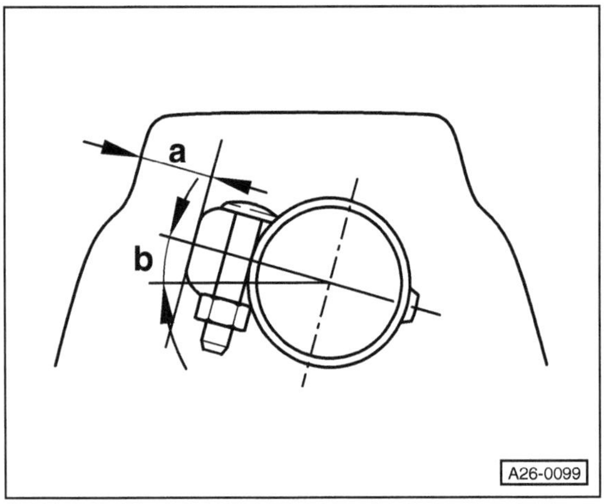

- Endrohr mit Klemmhülse zusammenstecken und in die Gummiringe einhängen. Die Verschraubung muß auf der linken Seite des Abgasrohrs liegen, die Doppelschelle ist von hinten in Fahrtrichtung abgebildet. Abstand –a– = 24 mm, Winkel –b– = 10° bis 15°. Schrauben noch nicht festziehen.

Abgasanlage einrichten

- Vor dem Anziehen der Schrauben, Abgasanlage ausrichten, damit Betriebsgeräusche und Verspannungen vermieden werden. Die angegebenen Maße werden durch Verschieben und Verdrehen der Teile in den Klemmhülsen erreicht. In folgender Reihenfolge vorgehen.

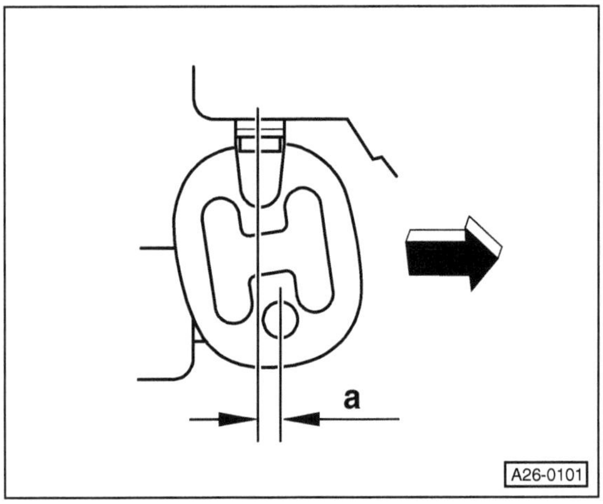

- Vorspannung –a– = 9 mm bis 11 mm an der rechten Halteschlaufe am Mittelschalldämpfer (Allrad: am Nachschalldämpfer) einstellen. Der Pfeil zeigt in Fahrtrichtung. Die Vorspannung ist nötig, weil sich die Abgasanlage im Betrieb durch Erwärmung ausdehnt und dann den richtigen Sitz hat.
- Endrohr so im Abschlußblech (Karosserieausschnitt) ausrichten, daß es links und rechts einen gleichmäßigen Abstand hat.

- Schrauben und Muttern festziehen.

Anzugsdrehmomente:

Alle Motoren	
Abgaskrümmer an Zylinderkopf	25 Nm
Klemmhülse zwischen Mittel- und Endrohr	40 Nm
Katalysator an Abgasrohr	25 Nm
Flanschverbindungen	25 Nm
4-Zylinder-Benzinmotor	
Abgasrohr an Abgaskrümmer/Turbolader	30 Nm
Lambdasonde an Katalysator	50 Nm
4-Zylinder-Turbodieselmotor	
Turbolader an Abgaskrümmer	45 Nm
Abgasrohr vorn an Turbolader	30 Nm
Abgasrohr vorn an Getriebehalter	25 Nm
6-Zylinder-Dieselmotor	
Abgasrohr an Abgaskrümmer	22 Nm
Abgasrohr an Konverter	22 Nm
Abgasvorrohr mit Katalysator an Turbolader	25 Nm
Abgasvorrohr an Getriebehalter	25 Nm
Wärmeschutzblech an Turbolader	10 Nm
Klemmhülse für Abgasrohr	40 Nm
Klimakompressor an Halter	22 Nm
Querträger für Boden an Karosserie	20 Nm
6-Zylinder-Benzinmotor	
Aufhängung an Getriebe	25 Nm
Aufhängung an Katalysator	25 Nm
Verbindung Katalysator/Abgasrohr	40 Nm
Lambdasonden an Abgaskrümmer	50 Nm
Gewindestutzen für AGR-Ventil	25 Nm
6-Zylinder-Turbo-Benzinmotor	
Abgasrohr zwischen Abgaskrümmer und Turbolader	25 Nm
Abgasrohr mit Katalysator an Turbolader	25 Nm
Abgaskrümmer an Zylinderkopf	25 Nm
Abgasrohr an Getriebe	25 Nm
Katalysator an Mittelschalldämpfer	25 Nm
Abschirmblech an Turbolader	10 Nm

- Untere Motorraumabdeckung einbauen.
- Fahrzeug ablassen.
- Kabel für Lambdasonde verbinden.

Mittelschalldämpfer/ Nachschalldämpfer ersetzen

Serienmäßig besteht das hintere Abgasrohr mit 2 Schalldämpfern aus einem Stück, die Schalldämpfer können jedoch einzeln erneuert werden. Zum Trennen wird ein handelsüblicher Ketten-Abgasrohrscheider benötigt, zum Beispiel HAZET Nr. 4682. Steht er nicht zur Verfügung, Abgasanlage ausbauen und Rohr mit Eisensäge durchsägen.

Ausbau

- Fahrzeug aufbocken.

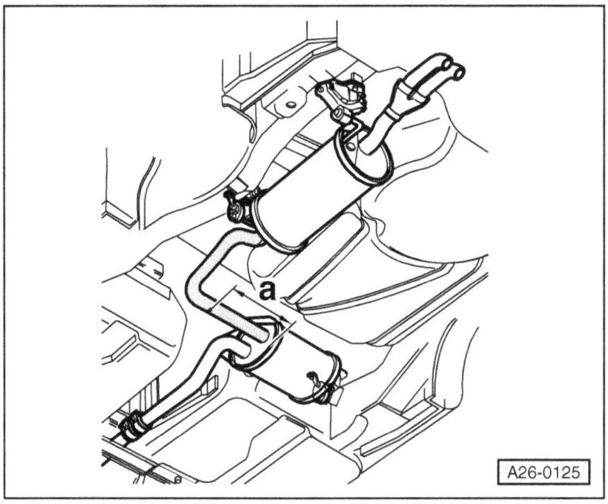

- **Frontantrieb:** Die Trennstelle ist durch eine Nut gekennzeichnet, Maß –a– beträgt ca. 140 – 150 mm.

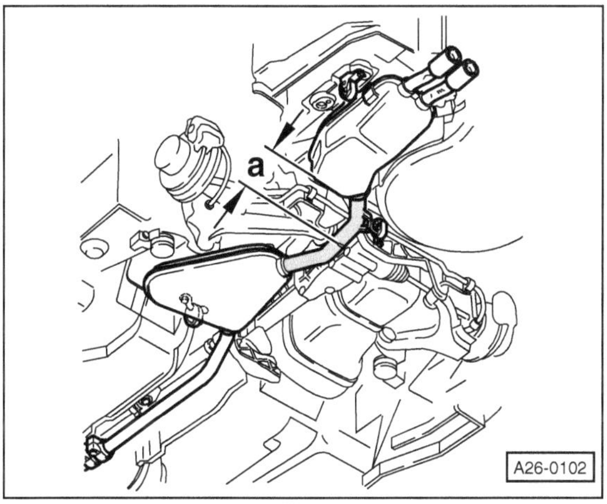

- **Allradantrieb (quattro):** Maß –a– zur Trennstelle beträgt ca. 160 – 170 mm.
- Kette des Abgasrohrschneiders um das Rohr herumlegen und spannen. Kette hin- und herrollen und dabei nachspannen, jedoch nicht zu stark, damit sich das Rohr beim Schneiden nicht verformt.
- Schalldämpfer aus den Gummihalterungen aushängen und herausnehmen.

Einbau

- Schalldämpfer in die Gummihalteringe einhängen.
- Zum Verbinden der Abgasrohre wird eine Doppelschelle (Ersatzteil) verwendet. **Achtung:** Bereits montierte Spannschellen nicht wiederverwenden, immer erneuern. Da je nach Fahrzeug unterschiedliche Rohrdurchmesser verwendet werden, auf richtige Ersatzteilzuordnung achten.
- Die Verschraubung der Doppelschelle muß in Fahrtrichtung links neben dem Abgasrohr liegen. Abgasanlage ausrichten, siehe Kapitel »Abgasanlage einbauen«.
- Doppelschelle mit **40 Nm** festziehen.

Abgasanlage auf Dichtigkeit prüfen

Bei Fahrzeugen mit geregeltem Katalysator können Undichtigkeiten der Abgasanlage vor der Lambdasonde zu folgenden Störungen führen:

- ■ Startschwierigkeiten; Motor geht aus, schüttelt im Leerlauf, ruckelt beim Beschleunigen.
- Motor starten und bei laufendem Motor Abgasanlage mit einem Lappen oder Stöpsel verschließen.
- Abgasanlage auf Undichtigkeit abhören. Gegebenenfalls Verbindungsstellen Zylinderkopf/Krümmer und Krümmer/Abgasrohr vorn mit handelsüblichem »Leck-Sucher« einsprühen und auf Blasenbildung untersuchen.
- Undichtigkeit beseitigen.

Lambdasonde aus- und einbauen

Die Lambdasonde dient zur Regelung der Abgaszusammensetzung bei den Benzinmotoren. Sie ist in das vordere Abgasrohr in der Nähe des Katalysators eingeschraubt. 6-Zylinder-Motoren haben 2 Lambdasonden, für je 1 Zylinderbank.

Ausbau

- Elektrische Steckverbindung der Lambdasonde trennen. Kabelbinder öffnen. **Achtung:** Die Kabelbinder müssen beim Einbau unbedingt wieder an gleicher Stelle eingebaut werden, um eine Berührung des Kabels mit der Abgasanlage zu vermeiden.
- Fahrzeug aufbocken.
- Lambdasonde aus dem Abgasrohr herausschrauben. **Achtung:** Aus Platzgründen wird dafür ein spezieller Schlüssel benötigt. Falls dieser nicht vorhanden ist, Schrauben für Abgasanlage lösen, Anlage absenken und Lambdasonde herausschrauben.

Einbau

- Gewinde der Lambdasonde mit V.A.G-Spezialfett G5 bestreichen. Neue Sonden sind bereits damit bestrichen. **Achtung:** G5 darf **nicht** an die Schlitze des Sondenkörpers kommen. Sondenkörper der neuen Lambdasonde möglichst nicht berühren, nicht verschmutzen.
- Lambdasonde mit **50 Nm** in das vordere Abgasrohr einschrauben.
- Fahrzeug ablassen.
- Stecker für Lambdasonde zusammenfügen und Kabel verlegen.

Kupplung

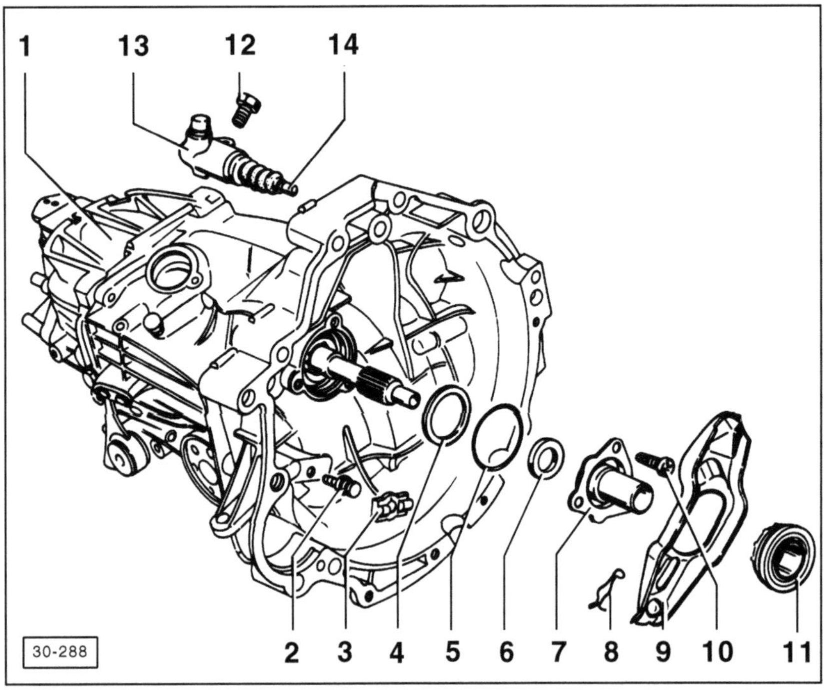

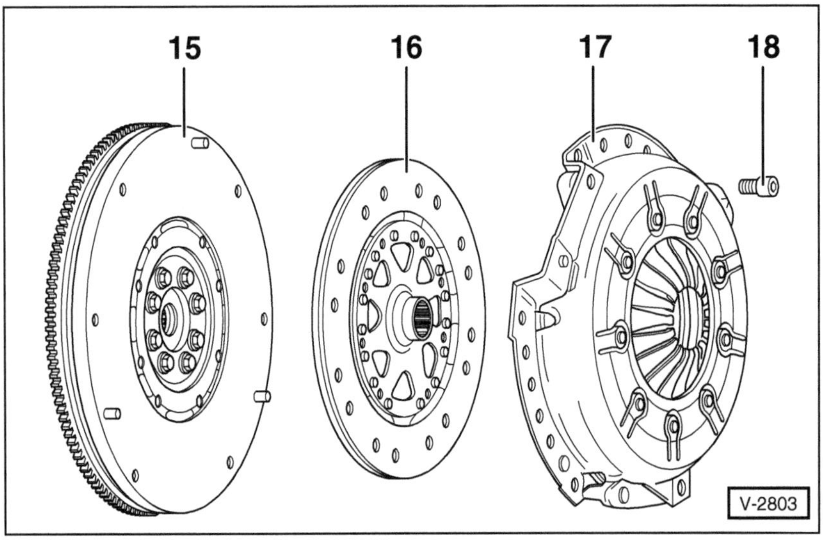

1 – **Getriebe**

2 – **Kugelzapfen, 25 Nm**

3 – **Zwischenstück**

4 – **Tellerfeder**
Kleiner Durchmesser zeigt zur Führungshülse (gewölbte Seite).

5 – **Rundschnurring**
Immer ersetzen.

6 – **Dichtring für Antriebswelle**
Bis zum Anschlag eintreiben.

7 – **Führungshülse**

8 – **Haltefeder**
Am Kupplungsausrückhebel befestigen.

9 – **Kupplungsausrückhebel**

10 – **Torxschraube, 30 Nm**
Selbstsichernd, immer ersetzen.

11 – **Ausrücklager**
Lager nicht auswaschen, nur abwischen. Laute Lager ersetzen.

12 – **Schraube, 20 Nm**

13 – **Kupplungsnehmerzylinder**
Beim Einsetzen mit Montierhebel so weit nachdrücken, bis sich die Befestigungsschraube montieren läßt. Zur Erleichterung verwendet die Werkstatt eine als Ersatzteil aufgeführte Befestigungsschraube mit angedrehter Spitze.

14 – **Stößel**
Stößelende mit Hochtemperatur-Kupferfett bestreichen.

15 – **Schwungrad**
Anlagefläche für Kupplungsbelag muß frei von Rillen, Öl und Fett sein.

16 – **Kupplungsscheibe**
Einbaulage beachten, langes Nabenende beziehungsweise Federkäfig zeigt zur Druckplatte. Nicht fetten.

17 – **Druckplatte**

18 – **Schraube, 25 Nm**
Stufenweise über Kreuz anziehen.

Die Kupplung besteht aus der Kupplungsdruckplatte, der Kupplungsmitnehmerscheibe und dem Ausrücklager.

Die Kupplungsdruckplatte ist mit dem Schwungrad verschraubt, das wiederum an der Kurbelwelle des Motors angeflanscht ist. Zwischen der Kupplungsdruckplatte und dem Schwungrad befindet sich die Kupplungsmitnehmerscheibe, die von der Kupplungsdruckplatte gegen das Schwungrad gepreßt wird. Die Mitnehmerscheibe wird von der mit ihr verzahnten Getriebeantriebswelle zentriert.

Beim Niedertreten des Kupplungspedals (auskuppeln) wird über die hydraulische Betätigung das Ausrücklager gegen die Feder der Kupplungsdruckplatte gedrückt. Dadurch entspannt sich die Kupplungsdruckplatte, und die Mitnehmerscheibe wird nicht mehr gegen die Schwungscheibe gepreßt. Der Kraftschluß zwischen Motor und Getriebe ist also aufgehoben.

Die Kupplung wird bei allen Modellen hydraulisch betätigt. Das Hydrauliksystem der Kupplung arbeitet mit Bremsflüssigkeit und wird über den gemeinsamen Ausgleichbehälter für Bremsflüssigkeit versorgt.

Bei jedem Ein- und Auskuppeln wird durch den leichten Schleifvorgang etwas Reibbelag von der Mitnehmerscheibe abgeschliffen. Die Mitnehmerscheibe ist also ein Verschleißteil, doch hat sie eine mittlere Lebensdauer von über 100.000 Kilometern. Der Verschleiß hängt im wesentlichen von der Belastung (Anhängerbetrieb) und der Fahrweise ab. Die Kupplung ist wartungsfrei, da sie sich selbst nachstellt.

Die Kupplungshydraulik

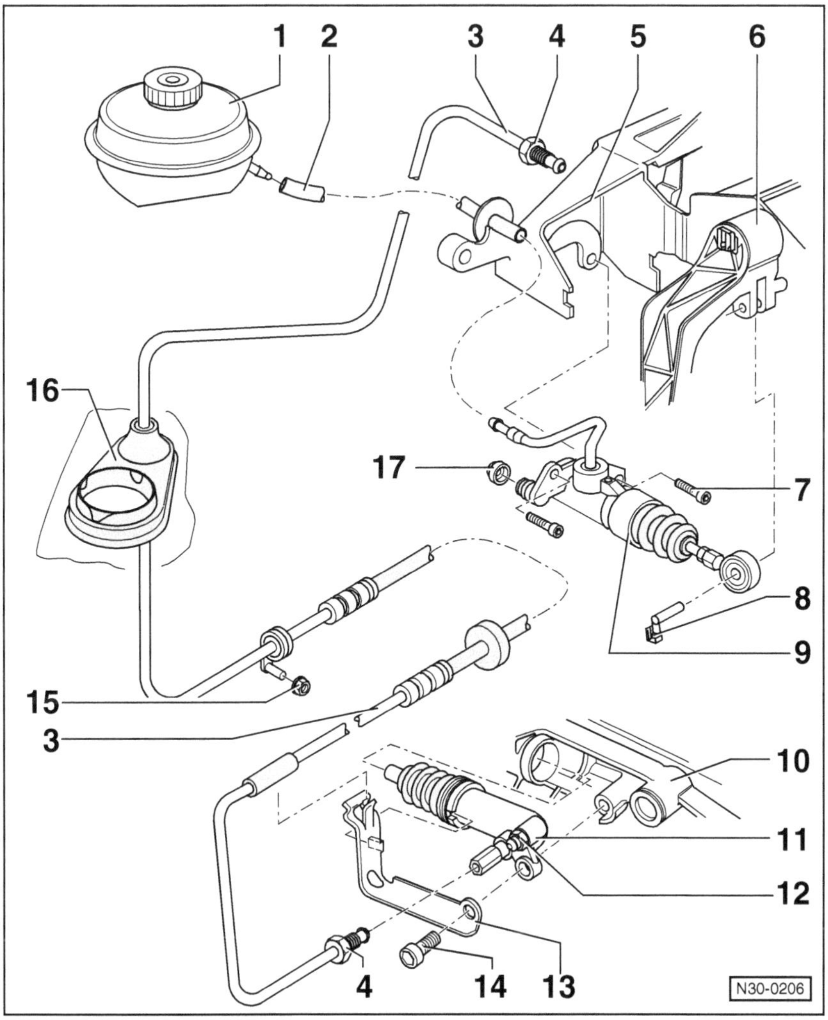

1 – **Bremsflüssigkeitsbehälter**

2 – **Nachlaufschlauch**

3 – **Rohr-Schlauchleitung**

4 – **Rohranschlußmutter, 15 Nm**

5 – **Lagerbock**

6 – **Kupplungspedal**

7 – **Innensechskantschraube, 20 Nm**

8 – **Bolzen**

9 – **Geberzylinder**

10 – **Getriebe**

11 – **Nehmerzylinder**
Bei Nehmerzylindern mit Kunststoffstützring Ringaußenfläche zum Einbau leicht einfetten. Stößelende mit MoS_2-Fett einfetten.
Achtung: Kupplungspedal nach dem Ausbau des Nehmerzylinders nicht mehr betätigen.

12 – **Entlüfterventil**
Nur zum Entlüften öffnen. Wenn Hydraulikanlage mit Bremsentlüftungsgerät entlüftet wird, Arbeitsdruck max. 2,5 bar Überdruck.
Achtung: Es darf keine Bremsflüssigkeit auf das Getriebegehäuse gelangen.

13 – **Halter am Getriebe**

14 – **Innensechskantschraube, 25 Nm**

15 – **Sechskantmutter, 2 Nm**

16 – **Dichtung**

17 – **Dichtung**

Kupplung aus- und einbauen/prüfen

Ausbau

- Getriebe ausbauen, siehe Seite 118.

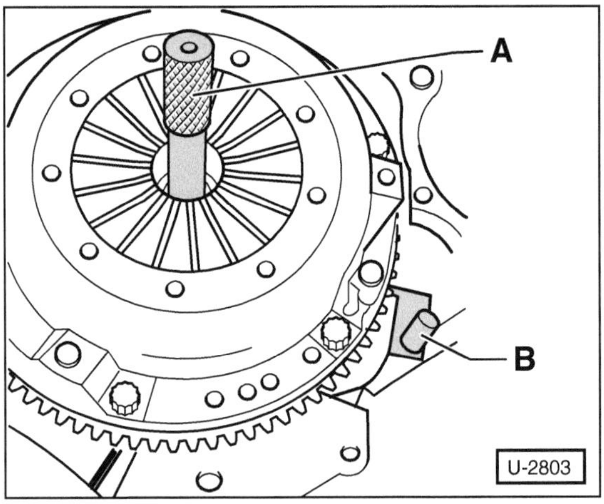

- Damit das Schwungrad beim Lösen der Schrauben nicht mitdreht, Schwungrad am Anlasserzahnkranz entweder mit AUDI-Arretierwerkzeug 10-201 –B– oder mit Schraubendreher arretieren. Zentrierdorn –A– wird zum Ausrichten beim Wiedereinbau der Kupplung benötigt.
- Befestigungsschrauben der Kupplungsdruckplatte nacheinander jeweils um 1 bis 1½ Umdrehungen lösen, bis die Druckplatte entspannt ist.

Achtung: Wenn die Schrauben sofort ganz gelöst werden, kann die Membranfeder beschädigt werden.

- Nach dem Lösen, Schrauben ganz herausdrehen.
- Druckplatte und Kupplungsscheibe herausnehmen. **Achtung:** Druckplatte und Kupplungsscheibe beim Herausnehmen nicht fallen lassen, sonst können nach dem Einbau Rupf- und Trennschwierigkeiten auftreten. Einbaulage der Kupplungsscheibe für Einbau merken.
- Ausrücklager von der Führungshülse abnehmen. **Achtung:** Lager nur abwischen, nicht auswaschen.
- Schwungrad mit Lappen und Spiritus auswischen.

Prüfen

- Kupplungsdruckplatte auf Brandrisse und Riefen prüfen.

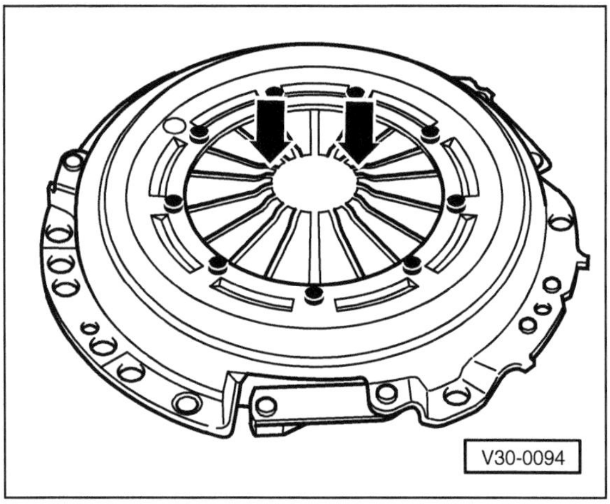

- Membranfeder auf Brüche untersuchen –Pfeile–. Eine Abnützung bis zur halben Membranfederdicke ist zulässig.
- Federverbindungen zwischen Druckplatte und Deckel auf Risse, Nietbefestigungen auf festen Sitz prüfen. Kupplungen mit beschädigten oder losen Nietverbindungen ersetzen.

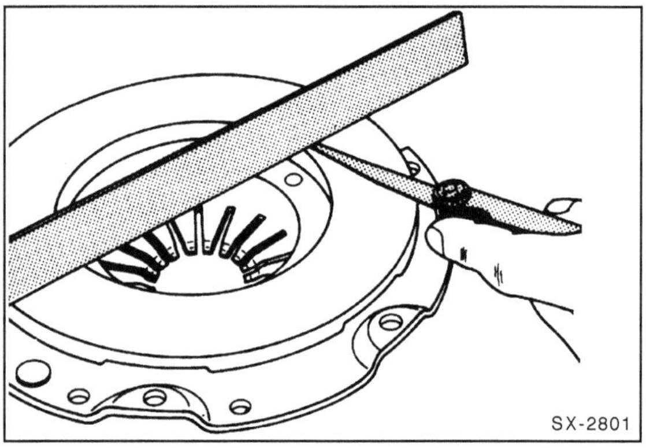

- Auflagefläche der Druckplatte auf Risse, Brandstellen und Verschleiß prüfen. Druckplatten, die bis zu 0,2 mm nach innen durchgebogen sind, dürfen noch eingebaut werden. Die Prüfung erfolgt mit Lineal und Fühlerblattlehre.
- Schwungrad auf Brandrisse und Riefen prüfen.
- Verölte, verfettete oder mechanisch beschädigte Kupplungsscheiben austauschen.
- Kupplungsscheibe auf ausreichende Belagstärke und Belagrisse prüfen.

- In der Werkstatt kann die Kupplungsscheibe auf Schlag geprüft werden. Der Seitenschlag darf bei der Kupplungsscheibe maximal 0,8 mm betragen (2,5 mm vom Außenrand gemessen). **Achtung:** Diese Prüfung ist nur dann notwendig, wenn die alte Kupplungsscheibe wieder eingebaut werden soll und die Kupplung vorher nicht richtig ausgekuppelt hat. Gegebenenfalls darf die Kupplungsscheibe vorsichtig ausgerichtet werden.

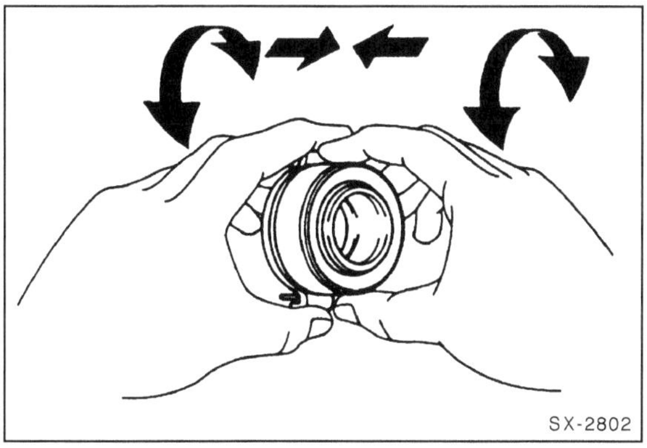

SX-2802

- Ausrücklager im Getriebe von Hand prüfen. Dazu Lager leicht zusammenpressen und drehen. Das Lager muß sich leicht drehen lassen, sonst austauschen.
- In eingebautem Zustand macht sich ein defektes Ausrücklager durch Geräusche bei getretenem Kupplungspedal bemerkbar. In diesem Fall Lager austauschen.

Einbau

Achtung: Werden Neuteile eingebaut, unbedingt Kupplungsdruckplatte und Kupplungsscheibe über Motorkennbuchstaben und Motornummer nach dem Ersatzteilkatalog zuordnen lassen, damit keine falschen Teile eingebaut werden.

Werden die alten Kupplungsteile eingebaut, so müssen diese zuvor geprüft werden, siehe unter »Prüfen«.

- Vor dem Einbau einer neuen Kupplungsdruckplatte, Korrosionsschutzfett **nur an der Anlauffläche** restlos entfernen. An den anderen Stellen darf das Fett auf keinen Fall entfernt werden, da sonst die Lebensdauer der Kupplung erheblich verkürzt wird.
- Zentrierstifte am Schwungrad auf festen Sitz prüfen.
- Kerbverzahnung der Kupplungsscheiben von Korrosion reinigen. Verzahnung der Antriebswelle hauchdünn mit MoS_2-Fett schmieren. Die AUDI-Werkstätten verwenden das Fett G000100. Danach Kupplungsscheibe auf der Antriebswelle hin- und herbewegen, bis die Nabe auf der Welle leichtgängig ist. Überschüssiges Fett **unbedingt** entfernen, da es sonst im Betrieb auf die Reibscheibe geschleudert werden kann und die Kupplung unbrauchbar macht.
- Beim Einsetzen der Kupplungsscheibe darauf achten, daß der Federkäfig zur Druckplatte zeigt. Ist eine Kupplung mit Zweimassenschwungrad eingebaut, sind keine Federkäfige vorhanden. In diesem Fall ist die Kupplung so einzubauen, daß der Kupplungsbelag am Schwungrad anliegt. Die Nabe darf nicht am Schwungrad anliegen.

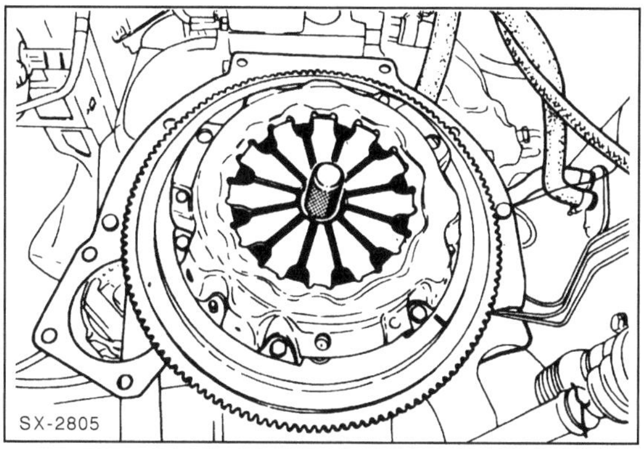

SX-2805

- Kupplungsscheibe (Mitnehmerscheibe) und Kupplungsdruckplatte in das Schwungrad einsetzen. Die Kupplungsdruckplatte in die entsprechenden Paßstifte setzen. Die Kupplungsscheibe muß mit einem passenden Dorn (zum Beispiel HAZET 2174 oder AUDI 3176) oder mit einer alten Getriebe-Antriebswelle zentriert werden.

Achtung: Die Druckplatte muß **vollständig** am Schwungrad anliegen. **Dann** erst Befestigungsschrauben einsetzen. **Keinesfalls** Druckplatte mit den Schrauben heranziehen, sonst werden die Zentrierbohrungen der Druckplatte und Zentrierstifte am Schwungrad beschädigt.

- Befestigungsschrauben für Kupplungsdruckplatte einschrauben und nacheinander mit 1 bis 1½ Umdrehungen anziehen, bis die Druckplatte festgezogen ist. Anzugsdrehmoment: **25 Nm**. Die Druckplatte darf sich nicht verkanten, da sonst Paßstifte und Zentrierbohrungen beschädigt werden.
- Anschließend Zentrierdorn entfernen.
- Getriebe einbauen, siehe Seite 118.

Kupplungsbetätigung entlüften

Die Kupplungsbetätigung muß entlüftet werden, wenn das Kupplungspedal nicht oder nur verzögert zurückkommt, beziehungsweise wenn das Hydrauliksystem geöffnet wurde. Vorher Leichtgängigkeit der Lagerung des Kupplungspedals und der Übertotpunktfeder überprüfen.

Da das Hydrauliksystem der Kupplung mit Bremsflüssigkeit arbeitet, sind ebenfalls die entsprechenden Kapitel im Abschnitt »Bremsanlage entlüften« durchzulesen.

Achtung: Bei dem hier beschriebenen Entlüftungsvorgang ohne Entlüftergerät kann etwas Luft im System bleiben. Erkennbar ist das am Kratzen und nicht richtigen Trennen der Kupplung. In diesem Fall Kupplungshydraulik umgehend in der Werkstatt mit dem Spezialgerät entlüften lassen.

- Fahrzeug vorn aufbocken.
- Bremsflüssigkeitsstand im gemeinsamen Vorratsbehälter prüfen, gegebenenfalls bis zur Max.-Markierung auffüllen.
- Staubkappen vom Entlüfterventil am Nehmerzylinder und am vorderen linken Bremssattel abziehen.
- Entlüfterventile vorsichtig gangbar machen.
- Durchsichtigen Schlauch auf das Entlüfterventil am Bremssattel aufschieben.
- Schlauch mit Bremsflüssigkeit füllen. Dazu Entlüfterschraube am Bremssattel öffnen. Bremspedal langsam durchtreten (Helfer) und in dieser Stellung halten. Entlüfterventil schließen und Bremspedal loslassen. Anschließend Entlüfterventil wieder öffnen und Bremspedal erneut durchtreten. Vorgang so lange wiederholen, bis der Schlauch vollständig mit Bremsflüssigkeit gefüllt ist. Schlauch mit dem Finger zuhalten, damit keine Bremsflüssigkeit ausläuft. **Achtung:** Der Flüssigkeitsstand im Vorratsbehälter darf nicht zu weit absinken, gegebenenfalls **neue** Bremsflüssigkeit nachfüllen.
- Freies Schlauchende auf die Entlüfterschraube am Kupplungs-Nehmerzylinder stecken und beide Entlüfterschrauben öffnen.
- Bremspedal durchtreten, Entlüfterschraube am Bremssattel schließen und Bremspedal entlasten. Diesen Vorgang so oft wiederholen, bis im Ausgleichbehälter keine Luftblasen mehr herausgedrückt werden. Dabei stets neue Bremsflüssigkeit nachfüllen.
- Entlüfterschrauben am Bremssattel und am Nehmerzylinder verschließen. Schlauch abziehen und Staubkappen aufschieben.

Achtung: Bremsflüssigkeit restlos vom Getriebegehäuse entfernen. Dies gilt vor allem bei Getrieben mit Magnesiumgehäuse, teilweise ab etwa 7/96 eingesetzt. Getriebegehäuse aus Magnesium sind mit der Aufschrift »Mg Al 9 Zn 1« versehen.

- Fahrzeug ablassen.
- Bremsflüssigkeit bis zur Max.-Markierung auffüllen.
- Funktion von Brems- und Kupplungssystem prüfen.

Entlüften mit Entlüftergerät

In den Werkstätten wird die Kupplungshydraulik in der Regel mit einem Entlüftergerät entlüftet. Das Entlüftergerät gibt Druck (max. 2,5 bar) auf die Bremsflüssigkeit.

- Verschraubung am Bremsflüssigkeits-Ausgleichbehälter abschrauben. Entlüftergerät nach Vorschrift anschließen.

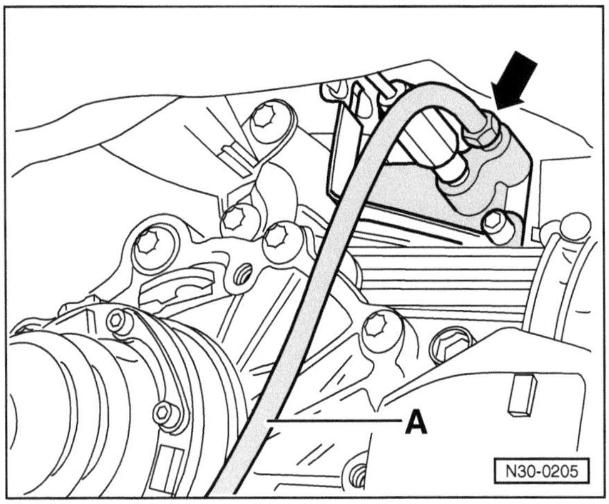

- Am Kupplungsnehmerzylinder Schlauch –A– auf Entlüfterschraube aufschieben. Schlauchende in eine mit Bremsflüssigkeit gefüllte Flasche stecken.
- Entlüfterschraube so lange öffnen, bis keine Luftblasen mehr entweichen.
- Bremsflüssigkeit bis zur Max.-Markierung auffüllen. Deckel für Bremsflüssigkeitsbehälter aufschrauben.

Störungsdiagnose Kupplung

Störung	Ursache	Abhilfe
Kupplung rupft.	Motor- oder Getriebelager defekt.	■ Prüfen, gegebenenfalls auswechseln.
	Getriebe liegt in der Aufhängung nicht fest.	■ Befestigungsschrauben nachziehen.
	Druckplatte trägt ungleichmäßig.	■ Druckplatte auswechseln.
	Kupplungsscheibe kein Originalteil.	■ Original-Kupplungsscheibe einbauen.
	Kupplungsscheibe verschlissen oder verölt.	■ Kupplungsscheibe prüfen.
Kupplung rutscht.	Kupplungsscheibe verschlissen.	■ Dicke der Kupplungsscheibe prüfen, gegebenenfalls auswechseln.
	Ausrückhydraulik klemmt oder ist undicht.	■ Sichtprüfung durchführen.
	Spannung der Membranfeder zu gering.	■ Druckplatte auswechseln.
	Belag verhärtet oder verölt.	■ Kupplungsscheibe austauschen.
	Kupplung wurde überhitzt.	■ Originalteil einbauen.
Gänge lassen sich schwer oder gar nicht einlegen (Kupplung trennt nicht richtig).	Ausrückhydraulik klemmt oder ist undicht.	■ Sichtprüfung durchführen.
	Kupplungsscheibe klemmt auf der Antriebswelle, Kerbverzahnung trocken oder verklebt.	■ Kerbverzahnung reinigen, entgraten, ggf. Rost entfernen und mit MoS_2-Fett schmieren.
	Luft im Hydrauliksystem.	■ Kupplungsbetätigung entlüften.
	Belag durch Abrieb verklebt.	■ Kupplungsscheibe austauschen.
	Kupplungsscheibe hat Seitenschlag.	■ Kupplungsscheibe prüfen lassen.
	Druckplatte defekt.	■ Druckplatte auswechseln.
Kupplungspedal knarrt Ungewöhnliche Geräusche bei betätigtem Pedal.	Pedalachse schwergängig.	■ Teile schmieren oder ersetzen.
	Ausrücklager verschlissen.	■ Ausrücklager auswechseln.
	Lose Teile im Kupplungsgehäuse.	■ Kupplung instandsetzen.
Auf- und abschwellendes Geräusch bei Zug- oder Schubzustand, oder wenn Fahrzeug im ausgekuppeltem Zustand rollt.	Torsionsdämpfer der Kupplungsscheibe schwergängig.	■ Kupplungsscheibe erneuern.
	Nietverbindungen der Kupplung locker.	■ Kupplung ersetzen.
	Unwucht der Kupplung zu groß.	■ Kupplung und Kupplungsscheibe ersetzen.

Getriebe/Schaltung/ Automatikgetriebe

Das Getriebe kann ohne Ausbau des Motors nach unten ausgebaut werden. Ein Ausbau ist dann erforderlich, wenn die Kupplung ausgebaut werden soll oder wenn das Getriebe erneuert beziehungsweise überholt werden muß. Da es jedoch in keinem Fall anzuraten ist, Reparaturen am Getriebe mit Heimwerkermitteln in Angriff zu nehmen, beschreibe ich lediglich den Ausbau des Aggregates beim frontgetriebenen Fahrzeug.

Der AUDI A4 wird auf Wunsch mit einem Automatikgetriebe ausgestattet, siehe Seite 124.

Getriebe aus- und einbauen

Zum Ausbau muß das Fahrzeug ausreichend hoch aufgebockt werden. Außerdem ist zum Ablassen des Getriebes ein geeigneter Werkstattwagenheber erforderlich.

Ausbau

- Batterie-Massekabel (–) abklemmen. **Achtung:** Dadurch werden elektronische Speicher gelöscht, wie zum Beispiel der Radiocode. Hinweise im Kapitel »Batterie aus- und einbauen« beachten.
- Fahrzeug aufbocken.
- Untere Motorraumabdeckung ausbauen, siehe Seite 19.
- Halter für Motorraumabdeckung abschrauben.
- Abgasanlage vom Abgaskrümmer beziehungsweise Turbolader abschrauben und komplett ausbauen, siehe Seite 109.
- Anlasser ausbauen, siehe Seite 243.
- Befestigungsschraube für Schaltstange am Getriebe herausdrehen und Schaltgelenk von der Schaltwelle abziehen. Schubstange am Getriebe abschrauben.
- Stecker für Tachogeber und Rückfahrlicht links am Getriebe ausclipsen.

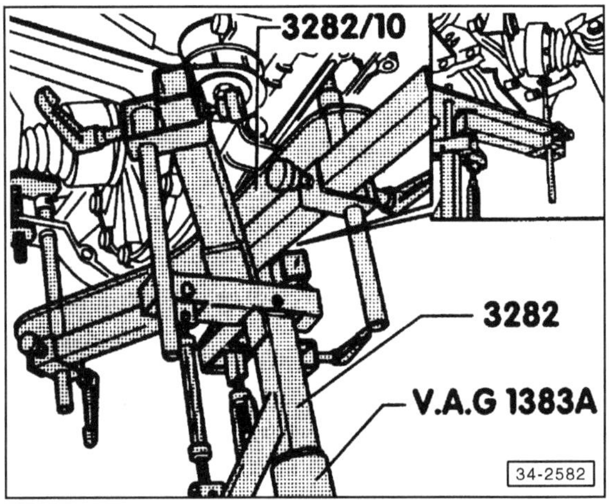

- Getriebeheber mit Getriebeaufnahme 3282, Justierplatte 3282/10 für "012/01A"-Getriebe und Aufnahmeelemente am Getriebe ausrichten und anschrauben. Getriebe mit Getriebeheber V.A.G-1383-A leicht anheben.
- Steht der Getriebeheber nicht zur Verfügung, Getriebe mit Werkstattwagenheber anheben. **Achtung:** Zwischen Getriebe und Wagenheber Holz zwischenlegen.

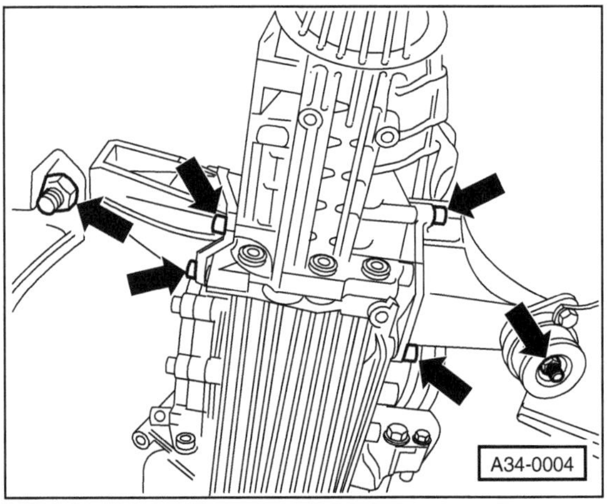

- Wärmeschutzblech für Getriebestütze rechts abschrauben.

- Befestigungsschrauben –Pfeile– für Getriebestützen/Aggregateträger rechts und links ausbauen.
- Gelenkwelle rechts und links am Getriebe abflanschen und beide Gelenkwellen mit Draht hochbinden. Die Gelenkwellen dürfen nicht herunterhängen, da sonst die Außengelenke beschädigt werden.
- Wärmeschutzbleche für Gelenkwellen vom Getriebe abschrauben.
- Verbindungsschrauben Motor/Getriebe herausschrauben. **Achtung:** Für den leichteren Einbau, Position der Verbindungsschrauben notieren.
- Getriebe von den Paßhülsen abdrücken und ca. 15 cm absenken, bis der Kupplungsnehmerzylinder zugänglich ist.
- Kupplungsnehmerzylinder abschrauben und am Aufbau mit Draht aufhängen. **Achtung:** Die Hydraulikleitung bleibt angeschlossen, sonst muß die Anlage nach dem Einbau entlüftet werden. Bei ausgebautem Nehmerzylinder nicht auf das Kupplungspedal treten.
- Getriebe vorsichtig absenken und nach hinten abnehmen.

Einbau

Achtung: Beim Ersetzen von Anbauteilen oder Schrauben beachten: **Seit 7/96** werden auch Getriebe mit **Magnesiumgehäuse** verwendet. Darauf abgestimmt sind dann alle Anbauteile wie Deckel und Schrauben. Werden Teile vom herkömmlichen Alu-Getriebe an das Magnesiumgehäuse angebaut, wird es durch Korrosion beschädigt. Das gilt auch für die Flanschschrauben Motor/Getriebe, diese sind für das Getriebe mit Magnesiumgehäuse speziell beschichtet. Erkennbar ist ein Magnesiumgetriebe an der Aufschrift »Mg AL 9 Zn 1« an der Getriebeunterseite und im Bereich der Öleinfüllschraube.

- Vor dem Einbau Kupplung prüfen, siehe Seite 114.
- Kerbverzahnung der Antriebswelle reinigen und leicht mit MoS_2-Schmierfett oder V.A.G »G 000 100« schmieren. **Achtung:** Die Kupplungsscheibe muß sich auf der Antriebswelle leicht hin- und herschieben lassen. Überschüssiges Fett unbedingt abwischen.
- Anlagefläche für Stößel am Kupplungs-Ausrückhebel leicht mit Kupferpaste, V.A.G »G 052 159 A2«, schmieren.
- Gewindebohrungen für die Befestigung des Kupplungsnehmerzylinders am Getriebe und des Schalthebels an der Schaltstange von Schraubensicherungsmittel-Rückständen mit einem Gewindebohrer reinigen.
- Prüfen, ob die Paßhülsen zur Zentrierung Motor/ Getriebe im Motorblock vorhanden sind, gegebenenfalls einsetzen.
- Getriebe anheben und waagerecht in die Kupplung einfahren. Falls beim Einsetzen die Getriebe-Antriebswelle nicht in die Kupplungsscheibe einrastet, Antriebswelle am Flansch für die Gelenkwellen von Hand entsprechend verdrehen.
- Kupplungsnehmerzylinder mit Halter für Zuleitung vor Zentrierung des Getriebes am Motor einbauen. Dabei muß der Halter in der Nut des Nehmerzylinders liegen. Kupplungsgeberzylinder mit Montierhebel so weit vorspannen, daß sich die Befestigungsschraube für den Nehmerzylinder leicht einsetzen läßt. Schraube mit **25 Nm** festziehen. Zur Montageerleichterung kann eine als Ersatzteil erhältliche Schraube mit angedrehter Spitze verwendet werden.

Befestigungsschrauben Motor/Getriebe

4-Zylinder-Motor/5-Gang-Getriebe

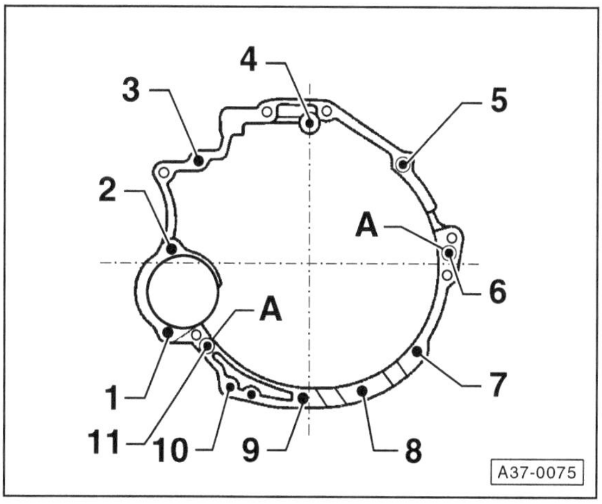

Position	Schraube	Anzugsdrehmoment
1, 3, 4	M12 x 67	65 Nm
2, 6	M12 x 90	65 Nm
5, 11	M12 x 110	65 Nm
7...10	M 10 x 45	45 Nm

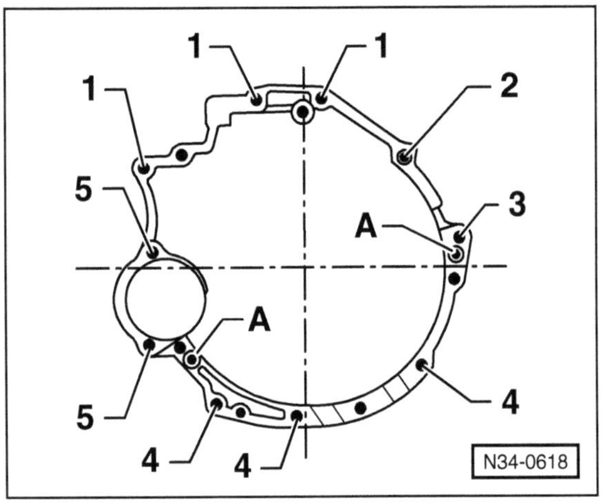

Position	Schraube	Anzugsdrehmoment
1	M12 x 67	65 Nm
2	M12 x 90	65 Nm
3	M12 x 80	65 Nm
4	M10 x 45	45 Nm
5	M10 x 135	45 Nm
5*	M12 x 130	65 Nm

5* = Anlasserschraube oben.

- Verbindungsschrauben Motor/Getriebe abwechselnd festziehen.
- Anlasser einbauen, siehe Seite 243.
- Befestigungsschrauben für Getriebestützen/Aggregateträger rechts und links mit **40 Nm** anschrauben.
- Getriebe-Heber abnehmen.
- Wärmeschutzbleche für Getriebelager rechts sowie Gelenkwelle anschrauben.
- Gelenkwellen einbauen, siehe Seite 132.
- Schaltstangen am Getriebe mit **20 Nm** anschrauben, Schaltbetätigung einstellen, siehe Seite 123.
- Stecker für Tachogeber und Rückfahrlicht links am Getriebe aufstecken.
- Abgasanlage einbauen, siehe Seite 109.
- Untere Motorraumabdeckung einbauen, siehe Seite 19.
- Motor-Aufhängevorrichtung abnehmen.
- Batterie-Massekabel (–) anklemmen. Code für die Diebstahlsicherung eingeben, Sender programmieren und Zeituhr einstellen. **Achtung:** Die Batterie darf nur bei ausgeschalteter Zündung angeklemmt werden, **da sonst das Steuergerät der Einspritzanlage beschädigt wird.**
- Ölstand im Getriebe kontrollieren, siehe Seite 121.

Getriebeölstand prüfen/ Getriebeöl auffüllen

Das Getriebeöl wird im Rahmen der Wartung nicht gewechselt. Der Ölstand muß nach Reparaturen oder bei Undichtigkeiten kontrolliert, gegebenenfalls ergänzt werden. **Spezifikation:** G 052 911A SAE 75 W 90 (Synthetiköl). **Füllmenge:** 2,25 Liter; bei Allradantrieb 2,75 Liter.

- Fahrzeug waagerecht aufbocken.
- Untere Motorabdeckung ausbauen, siehe Seite 19.

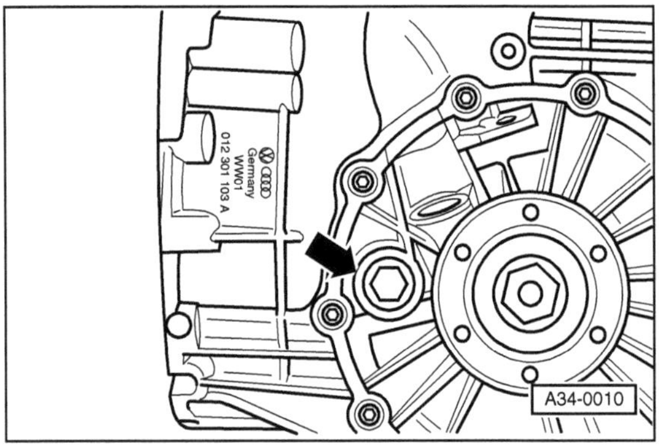

- Öleinfüllschraube –Pfeil– mit Sonderwerkzeug AUDI 3357 herausdrehen. Die Schraube befindet sich links am Getriebe unterhalb vom Geber für Geschwindigkeitsmesser. Die Öleinfüllschraube kann vom Wärmeschutzblech für Gelenkwelle verdeckt sein.
- Ölstand mit abgewinkeltem Draht prüfen. Dabei Abstand von der Unterkante der Öleinfüllbohrung bis zum oberen Stand des Getriebeöls messen.

Hinweis: Je nach Getriebeausführung muß ein unterschiedlicher Ölstand eingehalten werden.

- 5-Gang-Getriebe **012/01W** (Frontantrieb): Der Ölstand ist korrekt, wenn das Öl **0 bis 7 mm** unterhalb der Unterkante der Schraubenbohrung steht.
- 5-/6-Gang-Getriebe **01E** (Frontantrieb) und 5-Gang-Getriebe **01A** (Allradantrieb): Der Ölstand ist korrekt, wenn das Öl **bis zur Unterkante** der Schraubenbohrung steht.
- 6-Gang-Getriebe **01E** (Allradantrieb): Der Ölstand ist korrekt, wenn das Öl **3 bis 5 mm** unterhalb der Unterkante der Schraubenbohrung steht. **Hinweis:** Beim AUDI S4/RS4 ab 195 kW muß der Ölstand 8 bis 10 mm unterhalb der Unterkante der Schraubenbohrung stehen.
- Ist der Ölstand zu niedrig, Getriebe auf Undichtigkeit überprüfen und gegebenenfalls reparieren (Werkstattarbeit).
- Wenn nötig, Getriebeöl nachfüllen. Der korrekte Ölstand ist dabei unbedingt einzuhalten. Auf keinen Fall zu viel Öl einfüllen.
- Öleinfüllschraube einschrauben und mit **25 Nm** festziehen. **Hinweis:** Beim Schaltgetriebe 01E Öleinfüllschraube mit **40 Nm** festziehen.
- Untere Motorraumabdeckung einbauen, siehe Seite 19.
- Fahrzeug ablassen.

Allradantrieb

A4 quattro/A4 AVANT quattro

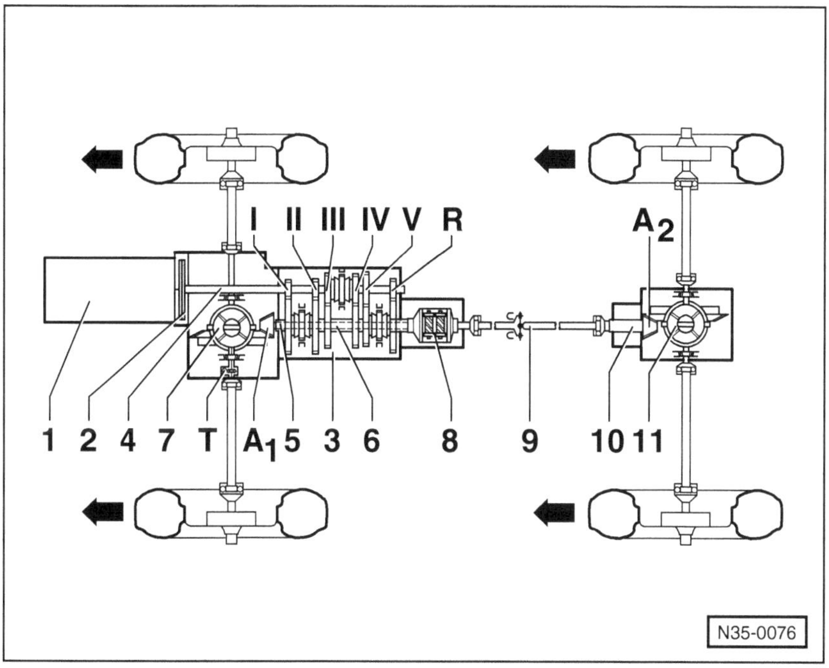

1 – **Motor**
2 – **Kupplung**
3 – **Schaltgetriebe**
4 – **Antriebswelle**
5 – **Triebling (Abtriebswelle)**
6 – **Hohlwelle**
7 – **Ausgleichgetriebe vorn**
8 – **Torsen-Differential**
9 – **Kardanwelle**
10 – **Triebling hinten**
11 – **Ausgleichgetriebe hinten**

I – **1. Gang**
II – **2. Gang**
III – **3. Gang**
IV – **4. Gang**
V – **5. Gang**
R – **Rückwärtsgang**
A_1 – **Achsantrieb vorn**
A_2 – **Achsantrieb hinten**
T – **Tachoantrieb**

Hinweis: Pfeile zeigen in Fahrtrichtung.

Die AUDI A4-quattro-Modelle sind mit Allradantrieb ausgestattet. Um auch die Hinterräder antreiben zu können, sind zusätzlich folgende Bauteile erforderlich: Für die Hinterachse ein Ausgleichgetriebe sowie 2 Antriebswellen. Außerdem muß die Verbundlenker-Hinterachse einer Schräglenker-Hinterachse weichen. Die Verbindung zwischen dem Vorder- und Hinterradantrieb erfolgt über eine Kardanwelle.

Um die unterschiedlichen Raddrehzahlen der Vorder- und Hinterachse auszugleichen, ist bei einem permanenten Allradantrieb, wie er den quattro-Modellen eigen ist, ein zusätzliches Ausgleichgetriebe zwischen Vorder- und Hinterachsantrieb notwendig.

Bei den quattro-Modellen handelt es sich dabei um ein sogenanntes Torsen-Zwischendifferential (Torsen = torque-sensing = drehmomentfühlend). Dieses Differential sorgt dafür, daß die unterschiedlichen Drehzahlen von Vorder- und Hinterachse ausgeglichen werden. Zusätzlich verteilt das Differential je nach Bedarf auch noch die Antriebsmomente. Tendiert nämlich eine Antriebsachse zum Durchdrehen, wird automatisch mehr Antriebsmoment der anderen Achse zugeteilt. Dadurch packen immer die Räder mit der besseren Bodenhaftung kräftiger zu. An der Achse mit der geringeren Bodenhaftung wird die Antriebskraft reduziert, so daß sich die Sicherheit gegen seitliches Ausbrechen erhöht. Unabhängig von der Antriebsmoment-Aufteilung erlaubt das Torsen-Differential Drehzahlunterschiede an seinen beiden Ausgängen, so daß die quattro-Modelle voll ABS-tauglich sind. Die Aufteilung der Antriebsmomente erfolgt im Torsen-Differential über Zahnräder und Schneckenradgetriebe.

Das Torsen-Differential arbeitet vollautomatisch und rein mechanisch ohne hydraulische oder elektronische Steuerelemente. Seine Regelungscharakteristik wird durch die Auslegung der Schneckenradgetriebe festgelegt. Man nutzt dabei den Effekt aus, daß Schneckenradgetriebe von einer Seite aus leicht und von der anderen Seite her schwer, beziehungsweise überhaupt nicht mehr durchgedreht werden können. Die innere Regelung funktioniert so schnell, daß der Regelvorgang nicht spürbar ist und keinerlei Beeinträchtigungen des Fahrverhaltens eintreten.

Das Torsen-Differential ist direkt am vorderen Getriebe angeflanscht, so daß es mit dem gleichen Öl befüllt ist. Ein Ölwechsel ist nicht erforderlich. Die Ölkontrolle erfolgt seitlich an der Ölkontrollbohrung für Getriebeöl.

Das Hinterachs-Differential ist mit 1,9 l Getriebeöl der **Spezifikation GL5 SAE 90** befüllt. Ein Ölwechsel ist nicht erforderlich. Die Ölkontrolle erfolgt seitlich an der Ölkontrollbohrung entsprechend der Prüfung des Getriebeölstandes.

Reparaturarbeiten am Torsen-Differential wie auch am Hinterachs-Differential sollten von einer Fachwerkstatt ausgeführt werden.

Schalthebel/Schaltgestänge

Bis 4/99

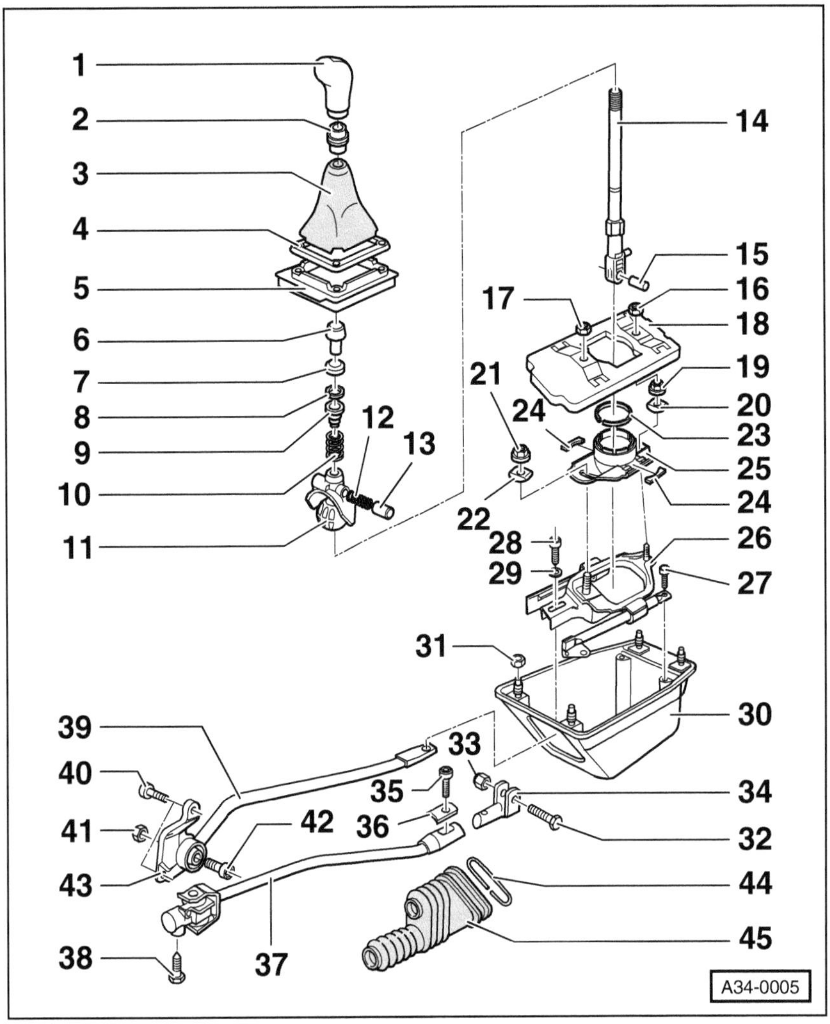

1 – **Schaltknopf**

2 – **Buchse**

3 – **Geräuschabdeckung**

4 – **Halterahmen-Oberteil**

5 – **Halterahmen-Unterteil**

6 – **Buchse**

7 – **Manschette**

8 – **Sicherungsring**

9 – **Distanzbuchse**

10 – **Druckfeder**

11 – **Kugelanschlag**
Druckfeder –12– und Buchse –13– in den Kugelanschlag setzen und so amSchalthebel montieren, daß Buchse und Feder in Fahrtrichtung rechts angeordnet sind.

12 – **Druckfeder**

13 – **Buchse**
Rundung zeigt zum Schalthebel.

14 – **Schalthebel**
Läßt sich nur in einer Stellung einsetzen.

15 – **Distanzrohr**

16 – **Mutter, 10 Nm**

17 – **Mutter, 25 Nm**

18 – **Abdeckung**

19 – **Mutter, 10 Nm**

20 – **Verbindungsstück**

21 – **Mutter, 25 Nm**

22 – **Verbindungsstück**

23 – **Sicherungsring**
Immer ersetzen. Abgerundete Seite zeigt zum Kugelgehäuse.

24 – **Puffer**

25 – **Kugelgehäuse**
Puffer –24– muß rechts und links am Kugelgehäuse eingeknüpft sein. So einsetzen, daß die Rastierung für den Rückwärtsgang nach links zeigt.

26 – **Schubstange hinten**

27 – **Schraube, 10 Nm**

28 – **Schraube, 25 Nm**

29 – **Scheibe**

30 – **Gehäuse für Schaltbetätigung**

31 – **Mutter, 10 Nm**

32 – **Schraube**

33 – **Mutter, 10 Nm**

34 – **Schaltgabel**

35 – **Schraube, 25 Nm**

36 – **Klemmstück**

37 – **Schaltstange**

38 – **Schraube, 20 Nm**
Selbstsichernd, immer erneuern.

39 – **Schubstange vorn**
Schubstange und Schaltbock zuerst befestigen, dann Schraube –42– festhalten und Mutter –41– festziehen. Auf diese Weise werden Verspannungen vermieden.

40 – **Schraube**

41 – **Mutter, 40 Nm**

42 – **Schraube**

43 – **Halter für Schubstange**

Achtung: Seit 9/96 sind Teile –41– bis –43– geändert: Die Schubstange wird ohne Halter direkt mit einem Gummilager am Getriebe angeschraubt. Daher ist auch der Getriebedeckel entsprechend abgeändert.

44 – **Spannring**

45 – **Faltenbalg**
Zum Aus- und Einbau Katalysator und Wärmeschutzblech ausbauen.

Hinweise: Faltenbalg auf den Markierungen der Schaltstange und der Schubstange ausrichten.

Zum Ausbau der kompletten Schaltung muß die Abgasanlage ausgebaut werden. Zum Zerlegen der Schaltung muß das Gehäuse für Schaltbetätigung abgeschraubt und abgesenkt werden.

Schaltbetätigung einstellen

- Getriebe in Leerlaufstellung bringen.
- Schaltknopf abschrauben.
- Faltenbalg für Schalthebel am Mitteltunnel ausclipsen und nach oben über den Schalthebel stülpen.

Bis 4/99

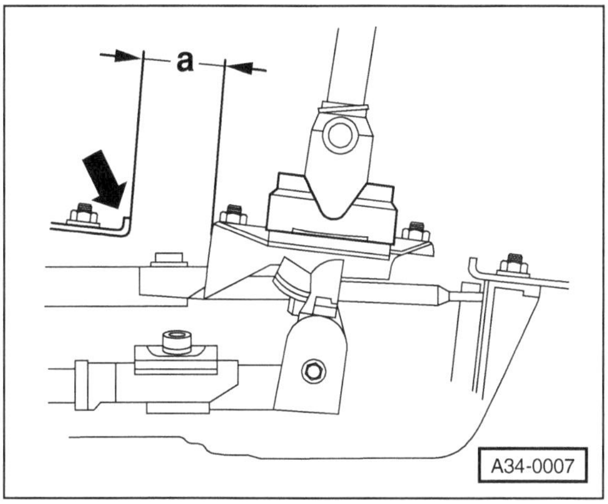

- Maß »a« kontrollieren, es muß 37 mm betragen. Andernfalls wie folgt einstellen.

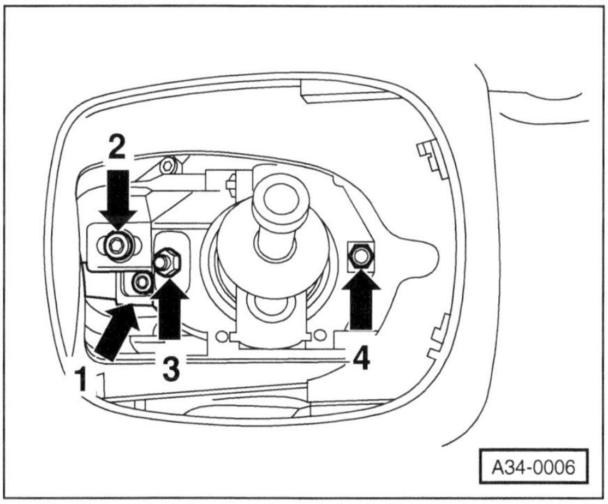

- Schraube –2– leicht lösen.
- Schubstange durch Verschieben auf Maß »a« = 37 mm einstellen. Anschließend Schraube –2– mit 25 Nm wieder festziehen.
- Muttern –3– und –4– lösen.
- Kugelgehäuselager in Fahrtrichtung waagrecht stellen.
- Muttern –3– mit 25 Nm und –4– mit 10 Nm festziehen.
- Schraube –1– lösen.
- Schalthebel quer zur Fahrtrichtung etwas nach hinten geneigt stellen.

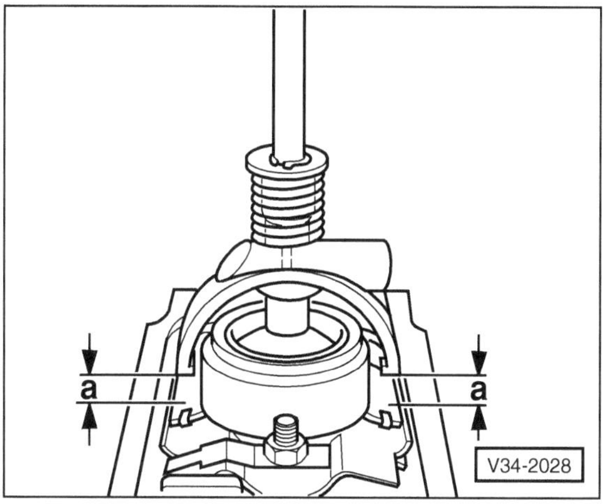

- Schalthebel so ausrichten, daß beide Nasen des Kugelanschlages den gleichen Abstand –a– zum Kugelgehäuse aufweisen.
- Schraube –1– mit 25 Nm festziehen. **Achtung:** Dabei darf die Lage des Schalthebels nicht verändert werden.
- Alle Gänge durchschalten. Dabei besonders auf Wirksamkeit der Rückwärtsgangsperre achten.
- Prüfen, ob der Schalthebel im Leerlauf in der Gasse 3./4. Gang steht.
- Nachstellmöglichkeit bei Beanstandungen: Schrauben –3– und –4– für Kugelgehäuse lösen. Schalthebel ganz nach rechts drücken. Dabei Kugelgehäuse nach links gegen den Schalthebel drücken. In dieser Stellung Mutter –3– mit 25 Nm, Mutter –4– mit 10 Nm festziehen.

Speziell Fahrzeuge ab 5/99, Fg.-Nr. 8D-X-260 001

- Geräuschabdeckung für Schaltgehäuse abschrauben.

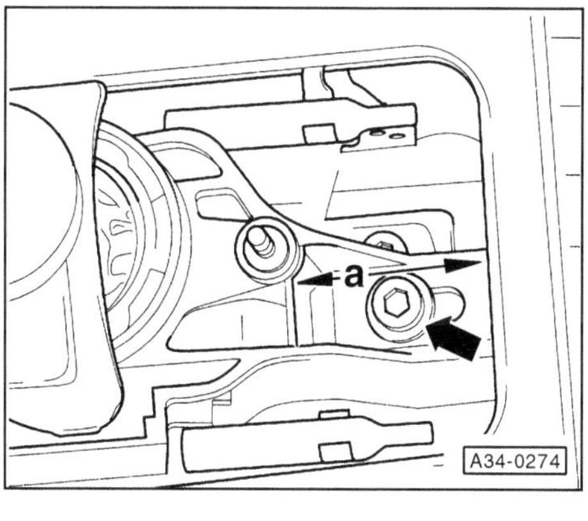

- Abstand zwischen Karosserie und Schubstange hinten in der Schaltbetätigung messen. Sollwert: a = 41 mm.
- Wird der Sollwert nicht erreicht, Abstand –a– folgendermaßen einstellen:
  - ◆ Schraube für Schubstange –Pfeil– so weit lösen, bis sich die Schubstange hinten in der Schaltbetätigung leicht auf dem Schiebestück vor- und zurückbewegen läßt.
  - ◆ Schubstange verschieben und so Maß –a– einstellen.
  - ◆ Schraube für Schubstange mit **25 Nm** anziehen.

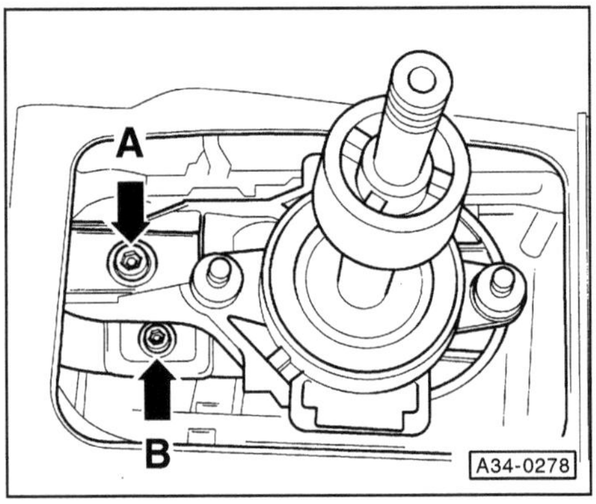

- Schraube für Schaltstange –Pfeil B– lösen, bis die Verbindung Schaltstange/Schaltbetätigung leichtgängig ist.
- Schalthebel so ausrichten, daß er leicht nach hinten geneigt ist (ca. 5° von der Senkrechten abweichend).
- Schalthebel in dieser Stellung festhalten und Schraube für Schaltstange mit **25 Nm** festziehen. **Achtung:** Dabei darf sich die Lage des Schalthebels nicht verändern.

- Abdeckung für Schalthebel einbauen, Schaltknopf aufschrauben.

Automatikgetriebe

Der AUDI A4 wird auf Wunsch mit einer Getriebevollautomatik ausgestattet. Das automatische Getriebe hat vier beziehungsweise 5 Vorwährtsfahrstufen (Gänge), die automatisch geschaltet werden.

Die Steuerung des Automatikgetriebes übernimmt ein elektronisches Steuergerät, das von Gebern und Sensoren Informationen über Schalterstellungen, Getriebeöltemperatur, Getriebedrehzahlen und durch das Motronic-Steuergerät Hinweise über den Lastzustand des Motors erhält. Mittels 4 beziehungsweise 7 Magnetventilen regelt das Steuergerät die Schaltvorgänge.

Für die Beurteilung der Funktion der Getriebeautomatik und für die richtige Fehlersuche ist Erfahrung mit automatischen Getrieben und die Kenntnis der Arbeitsweise unerläßlich. Da diese Materie nur durch lange Berufserfahrung erworben werden kann, wird nur die Einstellung des Wählhebelseilzugs sowie der Ölwechsel beschrieben, siehe Kapitel »Wartung«. Beim 1,8-l-Motor mit Automatikgetriebe muß das ATF-Öl nicht gewechselt werden (ATF = **A**utomatic **T**ransmission **F**luid).

Wählhebelseilzug einstellen

4-Gang-Automatikgetriebe

Einstellung prüfen

- Fahrzeug aufbocken.
- Abschirmblech für Abgasanlage unter Schaltbetätigung abschrauben.

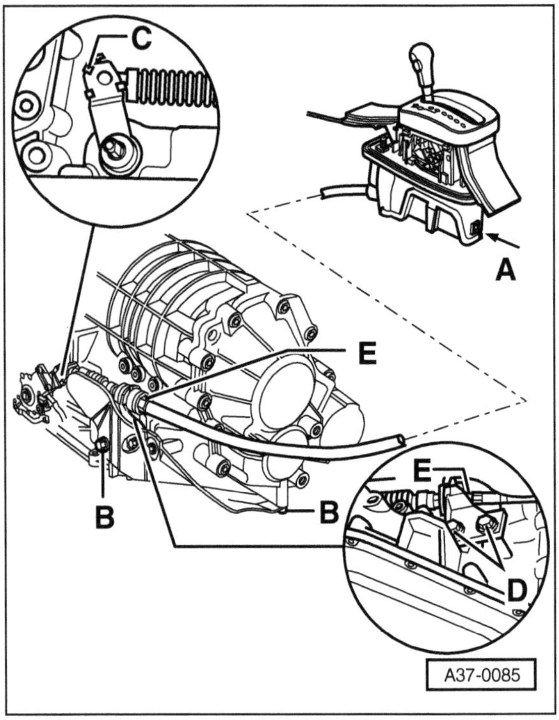

- Schnappverschluß des Deckels in Pfeilrichtung –A– entriegeln und abnehmen.
- Abschirmblech für Wählhebelseilzug ausbauen –B–.
- Halteklammer von Schaltwelle abdrücken –C–.
- Kugelpfanne des Wählhebelseilzugs von Schaltwelle abdrücken.
- Wählhebel von »P« nach »2« schalten. Dabei muß die Schaltbetätigung leichtgängig sein, sonst Seilzug erneuern.
- Wählhebel nach »P« schalten. Schaltwelle muß in hinterster Position sein, Parksperre ist eingerastet.
- In dieser Stellung muß sich der Wählhebelseilzug auf den Hebel der Schaltwelle aufdrücken lassen, sonst Seilzug einstellen.

Einstellen

- Wählhebel nach »P« schalten.
- Schaltwelle am Getriebe in hinterste Position drücken, Parksperre muß einrasten.
- Schrauben –D– für Widerlager –E– am Getriebe etwas lösen. Widerlager verschieben, bis der Seilzug spannungsfrei und ohne Spiel ist. In dieser Stellung Schrauben mit 25 Nm anziehen.
- Einstellung erneut prüfen, gegebenenfalls Einstellung wiederholen.
- Abdeckung und Abschirmblech einbauen.

Vorderachse

Tragendes Element der Vorderachse ist der Aggregateträger, der über Gummilager mit der Karosserie verschraubt ist. Am Aggregateträger sind die unteren Lenker befestigt, von denen die Traglenker über Gummimetallager die Federbeine aufnehmen. Die Federbeine sind oben an einem Lagerbock befestigt, der durch je 2 obere Lenker geführt wird. Alle 4 Lenker sind radseitig mit Kugelköpfen am Schwenklager befestigt. Diese Aluminiumlenker geben der Vorderachse den Namen »Vierlenker-Vorderachse«.

Die Übertragung der Motor-Antriebskraft erfolgt über zwei Gelenkwellen, die über jeweils zwei Gleichlaufgelenke mit den Rädern und dem Achsantrieb verbunden sind.

Hinweis: Beim Austauschen von Teilen an der Vorderachse ist zu beachten, daß es unterschiedliche Fahrwerksausführungen für den AUDI A4 gibt. Welcher Fahrwerkstyp eingebaut ist, kann man vom Datenträger ablesen. Dieser Datenträger ist in der Reserveradmulde und im Kundendienstpaß eingeklebt.

Achtung: Schweiß- und Richtarbeiten an tragenden und radführenden Teilen der Vorderradaufhängung sind nicht zulässig.

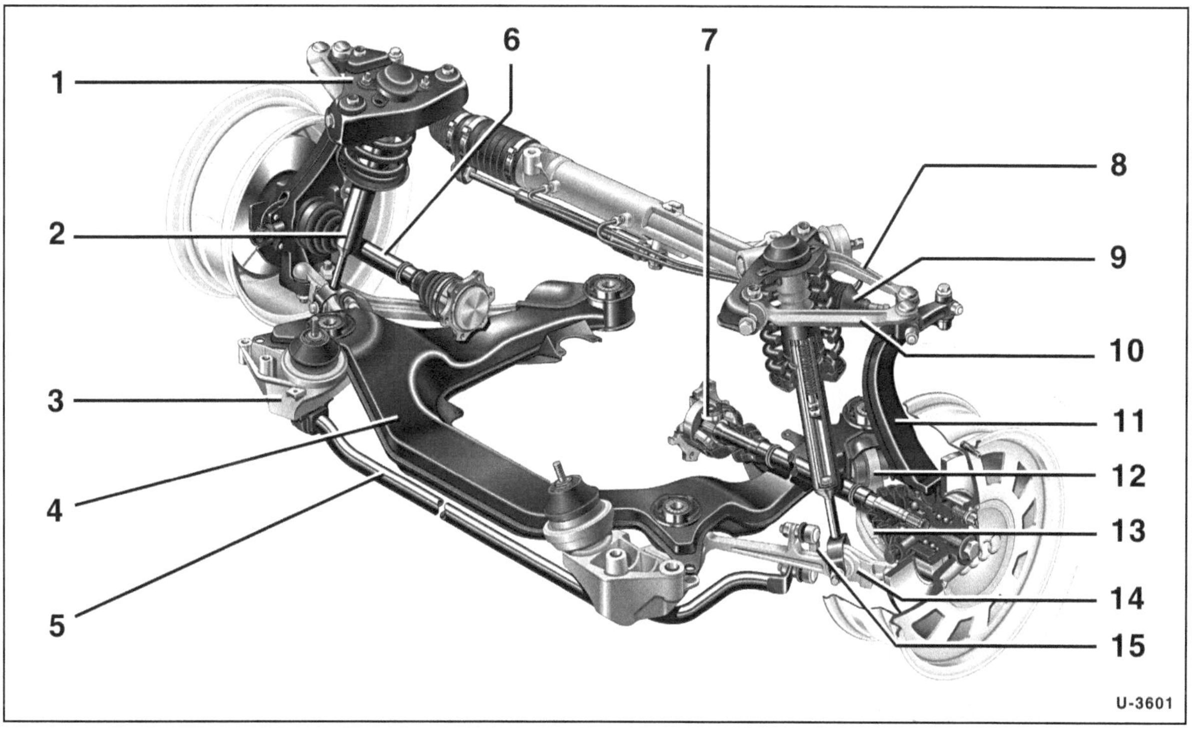

1 – Lagerbock
2 – Federbein
3 – Konsole
4 – Aggregateträger
5 – Stabilisator
6 – Gelenkwelle
7 – Tripodegelenk
8 – Hinterer Lenker
9 – Spurstange
10 – Vorderer Lenker
11 – Schwenklager
12 – Hydrolager
13 – Führungslenker
14 – Traglenker
15 – Koppelstange

Vorderachse - Montageübersicht

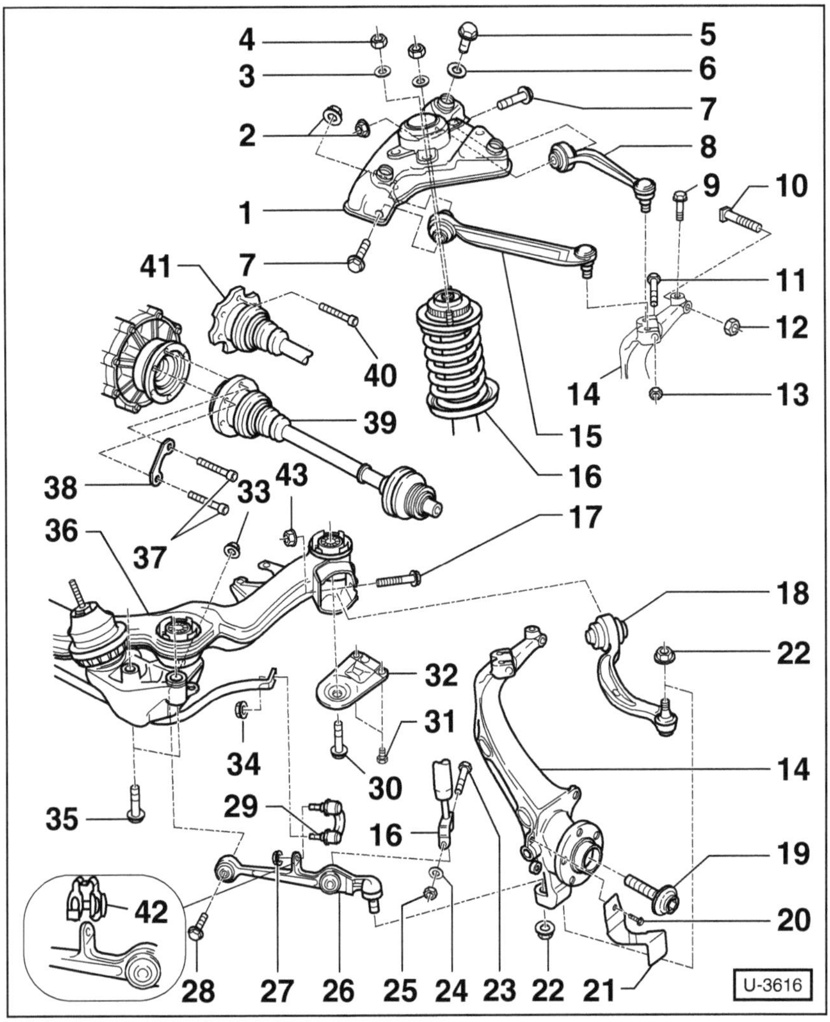

1 – **Lagerbock**
Seit Mj. '98 Aluminium-Lagerbock. Keine Mischverbauung zulässig.

2 – **Mutter, 50 Nm + 90° weiterdrehen (1/4 Umdrehung)**
Selbstsichernd, daher grundsätzlich ersetzen.

3 – **Scheibe (2x)**

4 – **Mutter (2x), 20 Nm**
Selbstsichernd, daher grundsätzlich ersetzen.

5 – **Sechskantschraube (3x), 75 Nm**

6 – **Scheibe (3x)**

7 – **Sechskantschraube M10x60**
Grundsätzlich ersetzen.

8 – **Querlenker oben hinten**
Je nach Fahrzeugausführung, mit oder ohne Anschlagpuffer.

9 – **Kombischraube, 7 Nm**

10 – **Schraube**

11 – **Sechskantschraube M10x100**

12 – **Mutter, 50 Nm**
Selbstsichernd, daher grundsätzlich ersetzen.

13 – **Mutter, 40 Nm**
Selbstsichernd, daher grundsätzlich ersetzen.

14 – **Schwenklager**

15 – **Querlenker oben vorn**
Vor dem Ausbau Lagerbock ausbauen.

16 – **Federbein**

17 – **Kombischraube M12x1,5x120**
Grundsätzlich ersetzen.

18 – **Führungslenker mit Hydrolager**
Wenn größere Mengen Lecköl am Hydrolager sichtbar sind, Lager ersetzen.

19 – **Innensechskant-Bundschraube**
Grundsätzlich ersetzen. Bis 9/95 wurden Außensechskantschrauben verwendet, auch diese durch Innensechskantschrauben ersetzen.
Anzugsdrehmoment:
M14-Schraube (SW14; SW = Schlüsselweite): **115 Nm und anschließend 180° weiterdrehen,**
M16-Schraube (SW17): **190 Nm und anschließend 180° weiterdrehen.**

20 – **Sechskantschraube, 10 Nm (3x)**

21 – **Bremsabschirmblech**

22 – **Flanschmutter, 100 Nm**
Bei Radlagergehäuse ohne Buchse.
Kombimutter, 125 Nm
Bei Radlagergehäuse mit Buchse.
Mutter grundsätzlich ersetzen.

23 – **Sechskantschraube M12x1,5x85**

24 – **Scheibe**

25 – **Mutter, 90 Nm**
Selbstsichernd, daher grundsätzlich ersetzen.

26 – **Traglenker**

27 – **Verbus-Rippmutter, 40 Nm + 90°**
Grundsätzlich ersetzen. **Achtung:** Nur Spezialmutter gemäß Ersatzteilkatalog verwenden.

28 – **Kombischraube M12x1,5x100**
Grundsätzlich ersetzen.

29 – **Koppel**
Pfeil auf der Koppel zeigt in Fahrtrichtung. Seit Mj.'98 geändert für Fahrwerk 1BC.

30 – **Kombischraube (4x), 110 Nm + 90° weiterdrehen (1/4 Umdrehung)**
M12x1,5x110, grundsätzlich ersetzen.

31 – **Sechskantschraube (4x), 25 Nm**
M8x25.

32 – **Abstützung für Aggregateträger**

33 – **Mutter, 80 Nm + 90° weiterdrehen (1/4 Umdrehung), mit Verrippung 90 Nm + 1/4 Umdrehung**
Selbstsichernd, daher grundsätzlich ersetzen.

34 – **Verbus-Rippmutter, 100 Nm**
Grundsätzlich ersetzen. **Achtung:** Nur Spezialmutter gemäß Ersatzteilkatalog verwenden.

35 – **Kombischraube (4x), 75 Nm**
M10x70, grundsätzlich ersetzen.

36 – **Aggregateträger**
Achtung: Fahrzeug **nicht** am Aggregateträger anheben.

37 – **Zylinderschraube**
Anzugsdrehmoment:
M8x48-Schraube = **40 Nm,**
M10x48-Schraube = **80 Nm.**

38 – **Unterlegplatte**

39 – **Gelenkwelle mit Gleichlaufgelenk**

40 – **Zylinderschraube, 80 Nm**
M10x20. Für Fahrzeuge mit Tripodegelenk.

41 – **Gelenkwelle mit Tripodegelenk**

42 – **Klammer**
In Traglenker eingesetzt.

43 – **Mutter, 90 Nm + 90° (1/4 Umdrehung) weiterdrehen.**
Selbstsichernd, immer ersetzen.

Federbein aus- und einbauen

Ausbau

- Stellung des jeweiligen Vorderrades zur Radnabe mit Farbe kennzeichnen. Dadurch kann das ausgewuchtete Rad wieder in derselben Position montiert werden. Radschrauben lösen wenn das Fahrzeug auf dem Boden steht. Fahrzeug vorn aufbocken und Vorderrad abnehmen.

Achtung: Damit die Gelenke der unteren Lenker nicht beschädigt werden, Schwenklager mit Werkstattwagenheber abstützen und dadurch zu starkes Ausfedern der Radaufhängung verhindern.

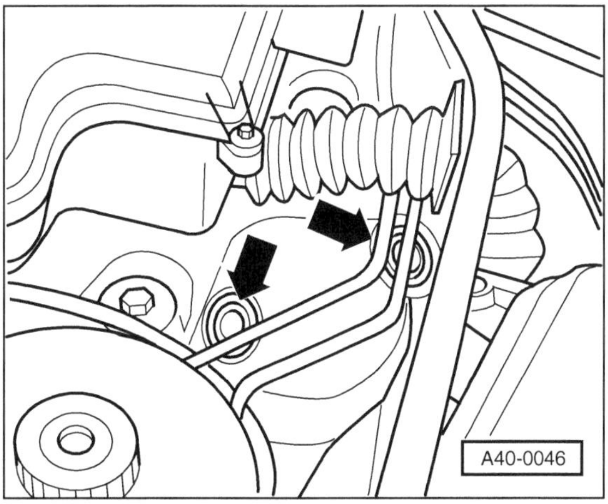

- Gummitüllen –Pfeile– im Wasserkasten herausdrücken.

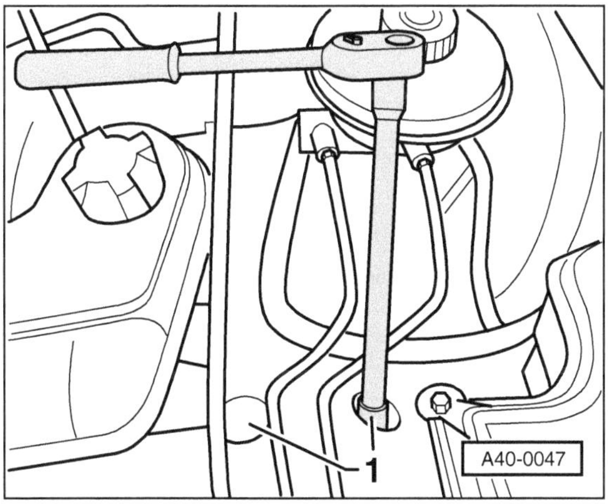

- Federbeinmuttern –1– vorsichtig herausschrauben. **Achtung:** Dabei Oberflächenschutz der Bremsleitung nicht beschädigen.

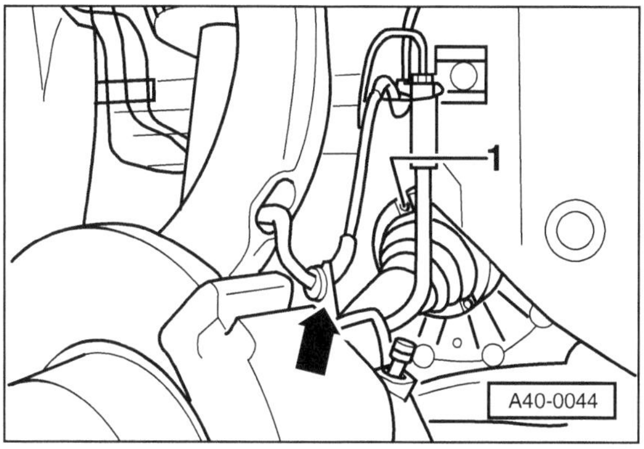

- Leitung für ABS-Drehzahlfühler aus der Halterung –Pfeil– am Bremssattel herausziehen.

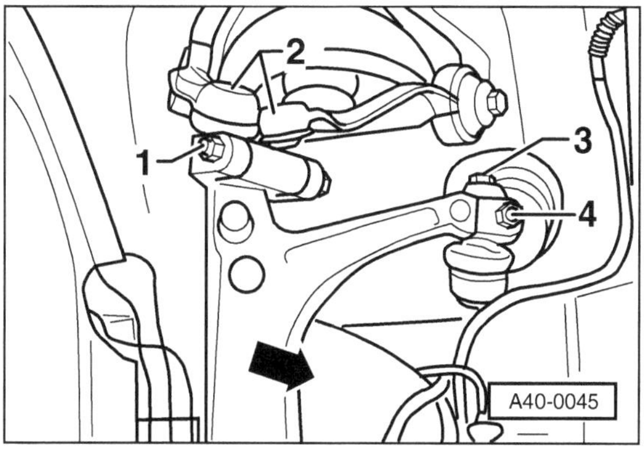

- Mutter –1– abschrauben, Sechskantschraube herausnehmen und beide Lenker –2– nach oben herausziehen. **Achtung:** Läßt sich die Sechskantschraube nicht aus dem Schwenklager herausnehmen, dann müssen die Schraube und die Achslenker ausgepresst werden (Werkstattarbeit). Die Schlitze im Schwenklager dürfen nicht aufgeweitet werden.
- Schwenklager in Pfeilrichtung seitlich wegkippen.

Achtung: Die Schrauben –3– und –4– **nicht lösen**, sonst muß die Achsgeometrie neu eingestellt werden.

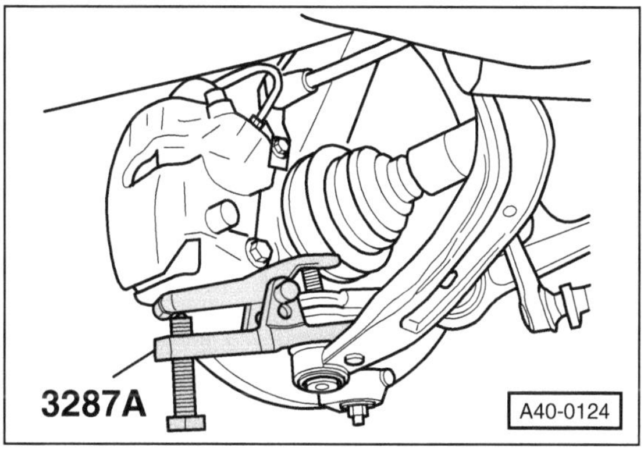

- Mutter vom Gelenkzapfen des Führungslenkers abschrauben, dabei Gelenkzapfen gegebenenfalls mit Innensechskantschlüssel SW 4 mm gegenhalten.

- Gelenkzapfen mit handelsüblichem Abdrücker, zum Beispiel VW-3287A, aus dem Schwenklager herausdrücken. **Achtung:** Dabei Achswellenmanschette nicht beschädigen.

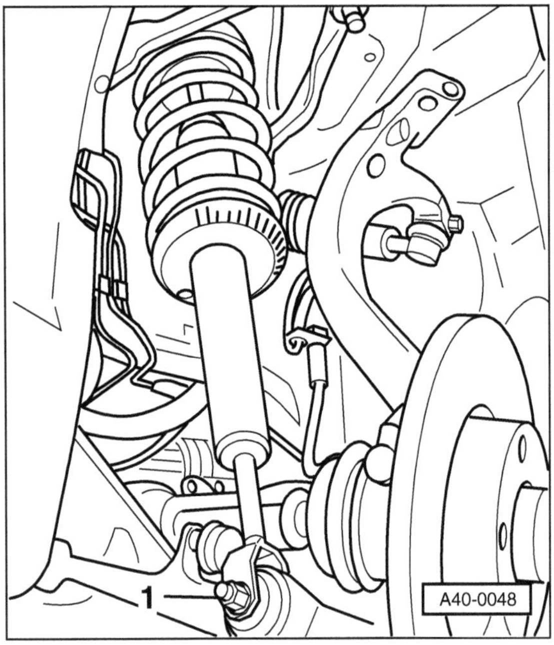

- Schraube –1– der Verbindung Federbein/Traglenker herausschrauben.
- Federbein herausnehmen. **Achtung:** Dabei darauf achten, daß die Gelenkschutzhülle nicht beschädigt wird.

Einbau

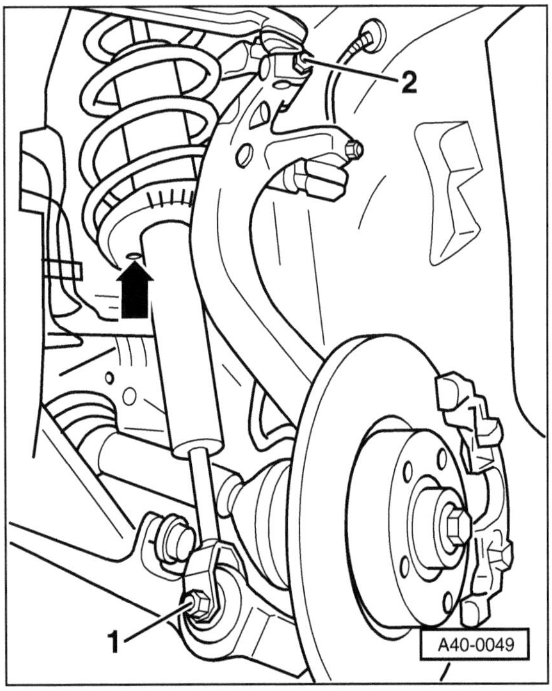

- Federbein so einsetzen, daß die Bohrung im Federteller –Pfeil– zur Fahrzeugmitte zeigt.
- Gabelkopf des Federbeins am Traglenker einsetzen. Schraube und **neue** Mutter –1– so einsetzen, dass die Mutter in Fahrtrichtung zeigt. Mutter handfest anschrauben.

Achtung: Geänderte untere Verschraubung ab folgenden Fahrgestellnummern: 8D1A 146 169 (Modelljahr 2001); 8D2A 000 512 (Modelljahr 2002); 8D1N 905 194 (RS4). Bei diesen Fahrzeugen wird die Schraube umgekehrt eingesetzt, so dass der Schraubenkopf in Fahrtrichtung zeigt.

- Beide Querlenker oben einsetzen. Querlenkerzapfen mit Bund auf Anlage Schwenklager drücken und **neue** Schraube einsetzen und **neue** Mutter –2– mit **40 Nm** anziehen.
- Mutter am Gelenkzapfen anschrauben und mit **100 Nm** festziehen. Dabei Gelenkzapfen gegebenenfalls mit Innensechskantschlüssel SW 4 mm gegenhalten.
- ABS-Leitung in Halterung am Bremssattel einsetzen.
- **Neue** Federbeinmuttern mit **20 Nm** anziehen.
- Gummitüllen im Wasserkasten einsetzen.
- Falls ausgebaut, Geber für Leuchtweiternregelung einbauen.
- Vorderrad so ansetzen, daß die beim Ausbau angebrachten Markierungen übereinstimmen. Vorher Zentriersitz der Felge an der Radnabe mit Wälzlagerfett leicht einfetten. Rad anschrauben. Fahrzeug ablassen und Radschrauben über Kreuz mit **120 Nm** festziehen.
- Mutter für untere Federbeinbefestigung mit **90 Nm** anziehen. **Achtung:** Dabei muß das Fahrzeug auf den Rädern stehen.

Stoßdämpfer/Schraubenfeder - Montageübersicht

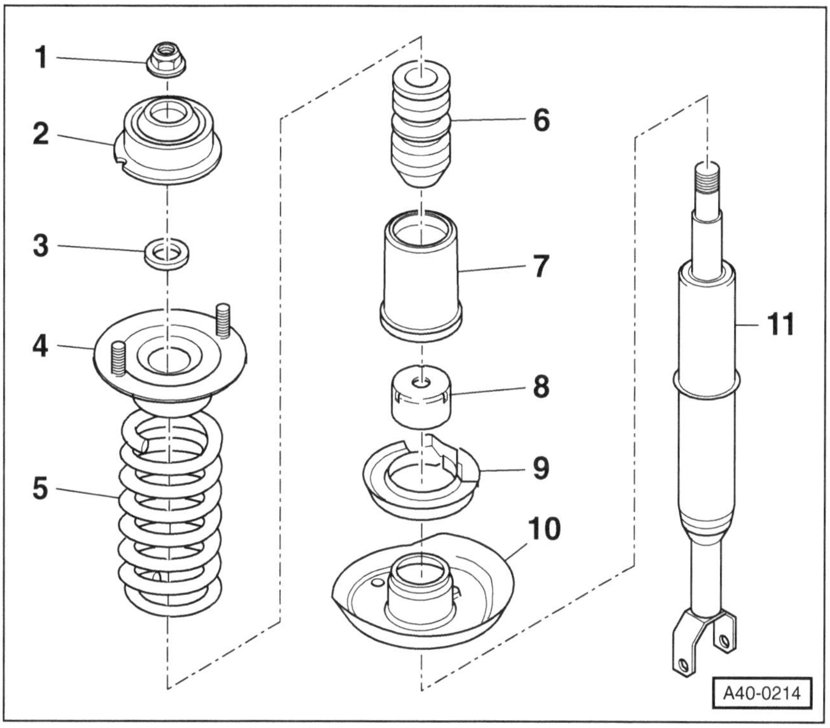

1 – **Bundmutter, 50 Nm**
Immer ersetzen.

2 – **Dämpferlager**

3 – **Scheibe**

4 – **Federteller oben**
Achtung: An einem Fahrzeug dürfen nur Stahl- oder Aluminium-Federteller eingebaut werden.

5 – **Schraubenfeder**

6 – **Anschlagpuffer**
In Federteller oben einsetzen.

7 – **Schutzhülle**

8 – **Schutzkappe**

9 – **Federunterlage unten**
Ist mit einer Aussparung in der Sicke am Federteller fixiert.

10 – **Federteller unten**

11 – **Stoßdämpfer**

Stoßdämpfer aus- und einbauen/ Federbein zerlegen

Ausbau

- Federbein ausbauen, siehe Seite 127.
- Um den Stoßdämpfer ausbauen zu können, muß die Schraubenfeder vorgespannt werden. Die AUDI-Werkstätten benutzen dazu eine Spezialvorrichtung.

Achtung: Auf keinen Fall Stoßdämpfer lösen, wenn die Feder nicht gespannt ist.

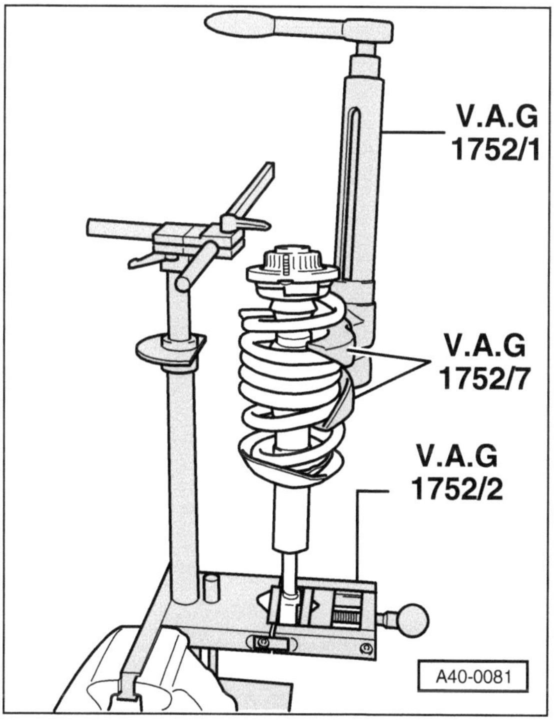

- Federbein mit Gabelkopf in Federbeinaufnahme oder in Schraubstock mit Schutzbacken einspannen.
- Schraubenfeder mit geeigneter Vorrichtung spannen.

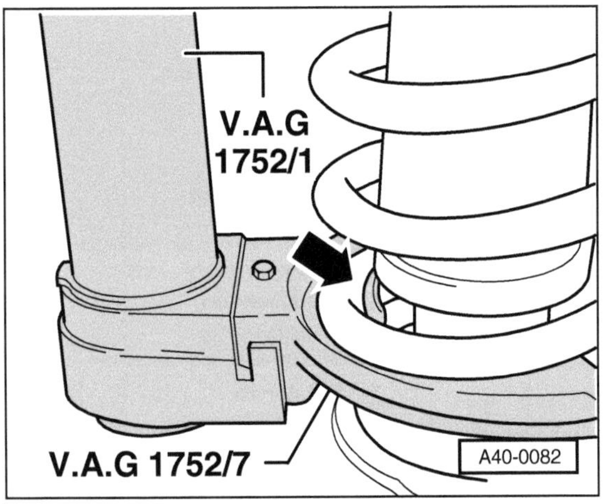

- Dabei auf richtigen Sitz der Schraubenfeder im Adapter achten –Pfeil–.

Achtung: Falls der Federspanner in die Windungen der Feder eingesetzt wird, darauf achten, daß die Federwindungen sicher umfaßt werden und der Federspanner nicht abrutschen kann. Feder grundsätzlich an 3 gleichmäßig über den Umfang verteilten Punkten spannen. Die Schraubenfeder steht unter großer Vorspannung, deshalb nur stabiles Werkzeug verwenden. Keinesfalls Feder mit Draht zusammenbinden. Unfallgefahr!

- Schraubenfeder so weit vorspannen, bis der obere Federteller frei ist.
- Bundmutter von Kolbenstange mit AUDI-Werkzeug 3353- oder einem tiefgekröpften Ringschlüssel abschrauben, dabei Kolbenstange mit Innensechskantschlüssel gegenhalten.
- Dämpferlager, Scheibe und oberen Federteller abnehmen.
- Gespannte Schraubenfeder mit Spannvorrichtung abnehmen.

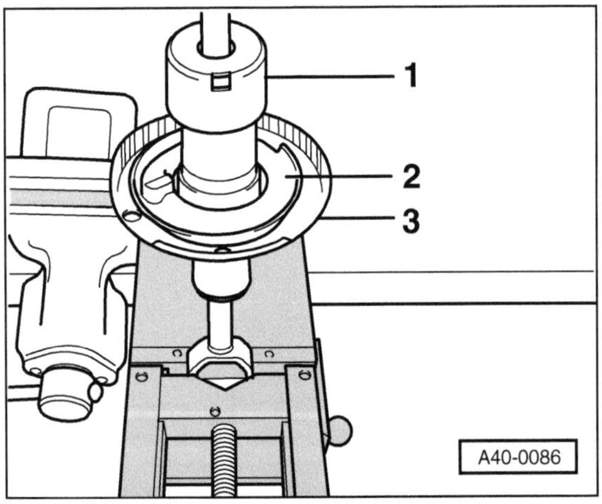

- Schutzkappe –1– und Federunterlage unten –2– abnehmen.
- Federteller –3– mit Kunststoffhammer lockern und abnehmen.

Einbau

Achtung: Es stehen Federn in verschiedenen Toleranzgruppen zur Verfügung. Nur Federn mit gleicher Kennung (Farbkennzeichnung) verwenden.

- Neue Stoßdämpferpatrone mit Gabelkopf in Federbeinaufnahme oder in Schraubstock mit Schutzbacken einspannen. Wird der bisherige Dämpfer wieder eingebaut, vorher Stoßdämpfer prüfen, siehe Seite 142.

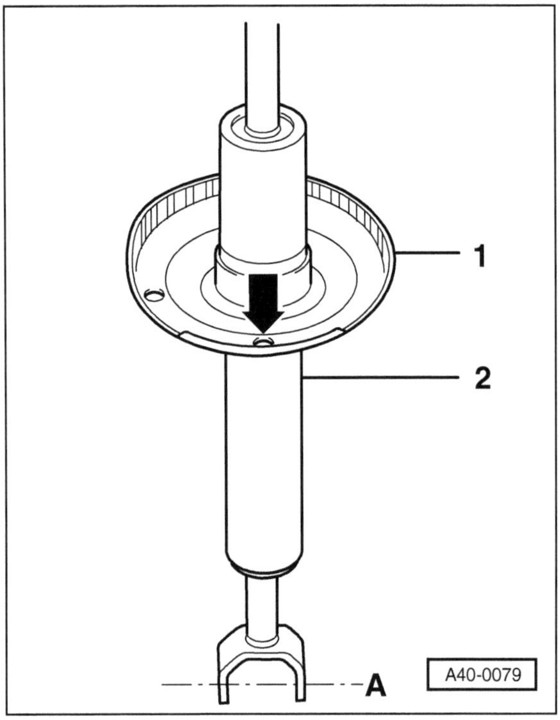

- Federteller unten so einsetzen, daß die Bohrung –Pfeil– im Federteller –1– um 90° zur Schraubachse –A– des Stoßdämpfers –2– gedreht ist. Eine Abweichung zwischen Federteller und Schraubachse des Stoßdämpfers von ± 2° ist zulässig.
- Federunterlage unten, Schutzkappe und Zusatzfeder aufsetzen.

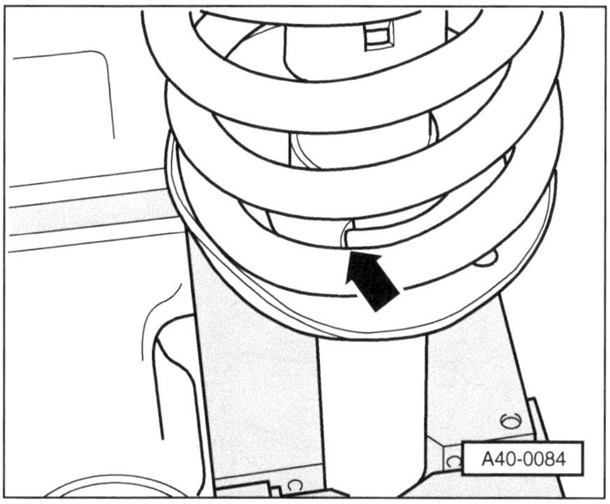

- Vorgespannte Schraubenfeder mit Spannvorrichtung auf Federunterlage unten aufsetzen, dabei muß das Ende der Federwindung am Anschlag –Pfeil– anliegen.

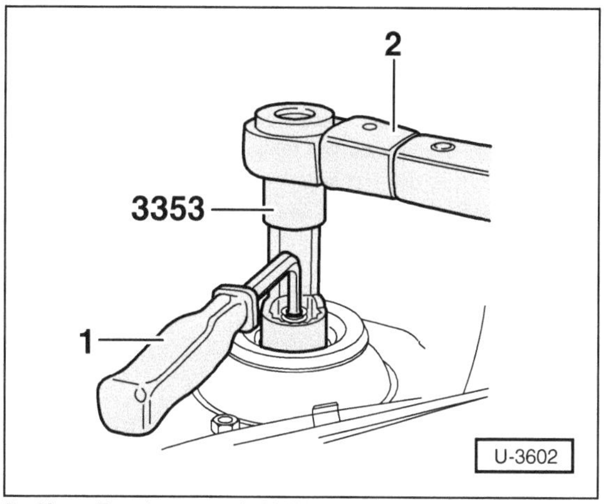

- **Neue** Bundmutter mit AUDI-Werkzeug 3353, beziehungsweise mit Steckschlüssel SW-18, und **50 Nm** festziehen. Dabei Kolbenstange mit SW-7-Innensechskantschlüssel –1– gegenhalten. 2 – Drehmomentschlüssel.

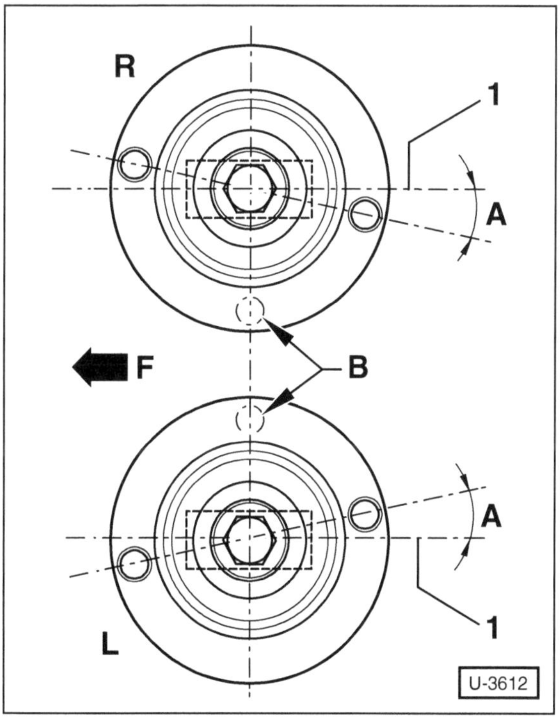

- Federteller oben so einbauen, daß die Gewindestifte im Federteller oben um 11° zur Schraubachse –1– des Gabelkopfes am Stoßdämpfer gedreht sind.
  Achtung: Unterschiedliche Einstellung der linken und rechten Seite beachten. Die Bohrungen –B– der unteren Federteller zeigen zur Fahrzeugmitte.
  F = Fahrtrichtung
  R = Federteller rechte Seite
  L = Federteller linke Seite
  A = 11° ± 2°
  B = Bohrungen in den unteren Federtellern

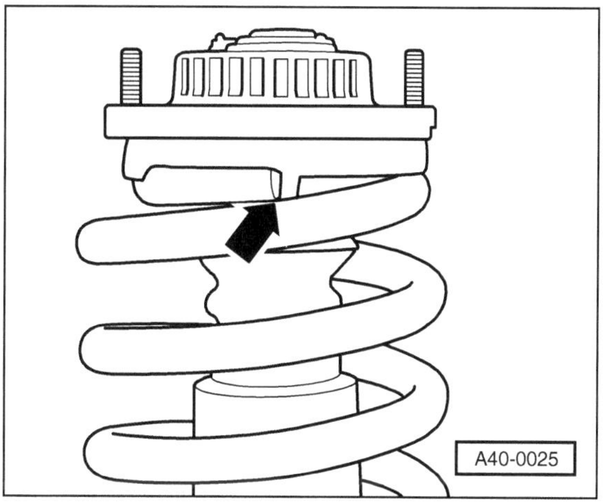

- Schraubenfeder vorsichtig entspannen.
- Dabei darauf achten, daß das Federende am Anschlag der Federunterlage oben –Pfeil– anliegt.
- Federbein einbauen.

Gelenkwelle aus- und einbauen

Ausbau

Achtung: Bei demontierter Gelenkwelle darf das Fahrzeug nicht geschoben werden, da bei fehlender axialer Vorspannung die Wälzkörper des Radlagers beschädigt werden. Gegebenenfalls statt der Gelenkwelle ein Außengelenk einbauen.

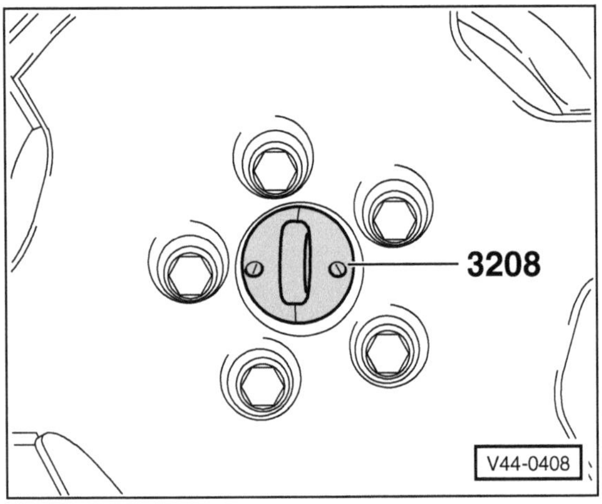

- Radzierblende abnehmen. Bei Leichtmetallrädern Abdeckkappe vorsichtig abziehen, falls vorhanden, AUDI-Werkzeug 3208 verwenden.
- Bundschraube für Gelenkwelle an Radnabe lösen. **Achtung:** Schraube nur bei auf den Rädern stehendem Fahrzeug lösen. Unfallgefahr!
- Stellung des jeweiligen Vorderrades zur Radnabe mit Farbe kennzeichnen. Dadurch kann das ausgewuchtete Rad wieder in derselben Position montiert werden. Radschrauben bei auf dem Boden stehendem Fahrzeug lösen. Fahrzeug vorn aufbocken und Vorderrad abnehmen.
- Befestigungsschraube der Gelenkwelle ganz abschrauben.

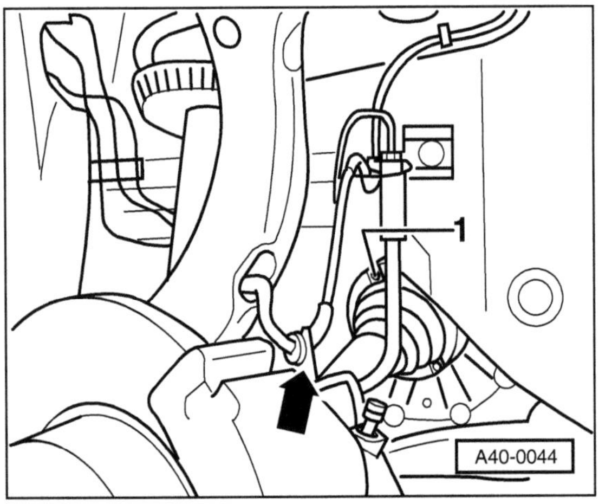

- Befestigungsschrauben –1– am Innengelenk herausdrehen.
- Leitung des ABS-Drehzahlfühlers aus der Halterung am Bremssattel –Pfeil– ziehen.
- ABS-Drehzahlfühler aus dem Schwenklager etwas herausziehen.

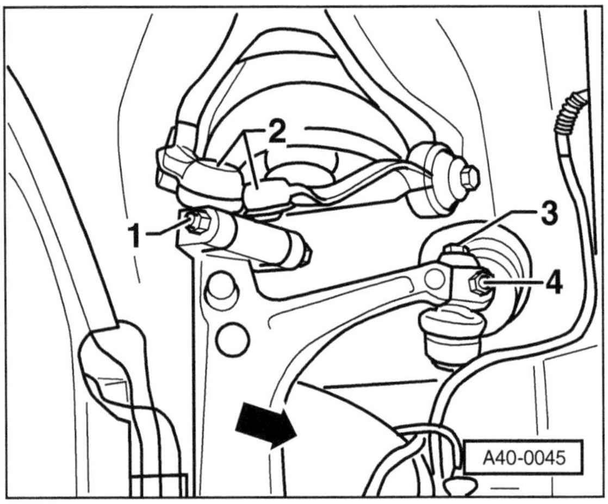

- Mutter –1– lösen, Sechskantschraube herausnehmen und beide Lenker –2– nach oben herausziehen.

Achtung: Die Schlitze im Schwenklager dürfen auf keinen Fall mit einem Meißel oder sonstigem Werkzeug aufgeweitet werden. Schrauben –3– und –4– **nicht lösen**. Andernfalls muß das Fahrwerk neu vermessen und eingestellt werden.

- Schwenklager in Pfeilrichtung seitlich wegkippen.
- Gelenkwelle herausnehmen.

Einbau

- Gelenkwelle an Getriebewelle und in Schwenklager einsetzen.
- Gelenkwelle an der Radnabe mit **neuer** Schraube handfest anschrauben.
- Beide Lenker oben einsetzen, Querlenkerzapfen mit Bund auf Anlage Schwenklager drücken und Mutter mit **40 Nm** anziehen.
- Gelenkwelle an Getriebe über Kreuz anschrauben. Anzugsdrehmomente: M8-Schrauben = **40 Nm**, M10-Schrauben = **70 Nm.**
- ABS- Drehzahlfühler bis zum Anschlag in das Schwenklager eindrücken und Leitung in Halterung am Bremssattel einsetzen.
- Vorderrad so ansetzen, daß die beim Ausbau angebrachten Markierungen übereinstimmen. Vorher Zentriersitz der Felge an der Radnabe mit Wälzlagerfett leicht einfetten. Rad anschrauben. Fahrzeug ablassen und Radschrauben über Kreuz mit **120 Nm** festziehen.
- **Neue** Bundschraube anziehen. Bis 9/95 wurde eine Außensechskantschraube verwendet, auch diese durch eine neue Innensechskantschraube ersetzen. Anzugsdrehmomente: M14-Schraube = **115 Nm**, anschließend **180° (½ Umdrehung)** weiterdrehen, M16-Schraube = **190 Nm**, anschließend **180° (½ Umdrehung)** weiterdrehen. **Achtung:** Bundschraube nur anziehen wenn das Fahrzeug auf den Rädern steht. Unfallgefahr!
- Radblende aufdrücken.

Gelenkwelle mit Tripodegelenk

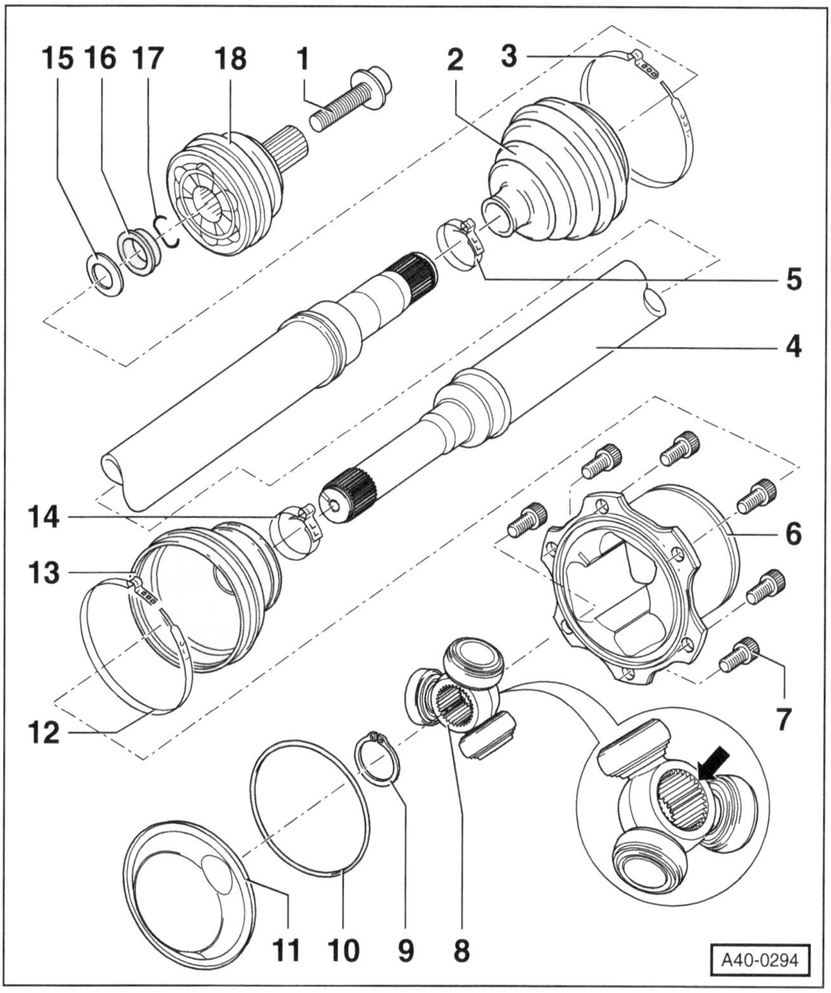

4 – **Gelenkwelle**

5 – **Klemmschelle***

6 – **Gelenkstück**

7 – **Innenvielzahnschraube M 10x20, 70 Nm**

8 – **Tripodestern**
Die Fase –Pfeil– zeigt zur Verzahnung der Gelenkwelle.

9 – **Sicherungsring***
In die Nut der Welle einsetzen.

10 – **Runddichtring**
Ein neuer Dichtring liegt dem Reparatursatz bei und muß ersetzt werden.

11 – **Deckel***
Wird bei der Demontage zerstört. Im Reparatursatz ist ein geänderter Deckel enthalten.

12 – **Klemmschelle***
Je nach Bauart sind unterschiedliche Klemmschellen erforderlich.

13 – **Gelenkschutzhülle (Manschette) für Tripodegelenk**

14 – **Klemmschelle***

15 – **Tellerfeder**
Einbaulage siehe Abbildung A40-0157.

16 – **Distanzring (Kunststoff)**
Einbaulage siehe Abbildung A40-0157.

17 – **Sicherungsring***
Vor der Montage in die Ringnut der Welle einsetzen (bei montiertem Gelenk nicht sichtbar).

18 – **Gleichlaufgelenk außen**
Nur komplett ersetzen. Beim Einbau das Gelenk mit einem Kunststoffhammer soweit auf die Welle auftreiben, bis der Sicherungsring einrastet.

*) Immer ersetzen.

1 – **Sechskantschraube***
Anzugsmethode für Schraube M16: **190 Nm und 180 °** weiterdrehen.

2 – **Gelenkschutzhülle (Manschette) für Gleichlaufgelenk außen**
Auf Risse und Scheuerstellen prüfen. Vor dem Spannen der Schlauchbinder die Gelenkschutzhülle kurz anheben, damit ein Druckausgleich erfolgt.
Es gibt verschiedene Ausführungen aus Gummi oder Hytrel.

3 – **Klemmschelle***
Verschiedene Ausführungen für Manschette aus Gummi oder Hytrel.

Fettfüllung mit Schmierfett G-6:

Außengelenk Ø mm	Fettmenge Gesamt	davon im	
		Gelenk	Faltenbalg
88	90 g	40 g	50 g
98	120 g	80 g	40 g
Innengelenk			
130	140 g	140 g	–

Fettfüllung inneres Tripodegelenk:

- Bei Erneuern der Gelenkschutzhülle Gelenk gegebenenfalls nachfetten.

Einbaulage von Tellerfeder –15– und Distanzring –16–.

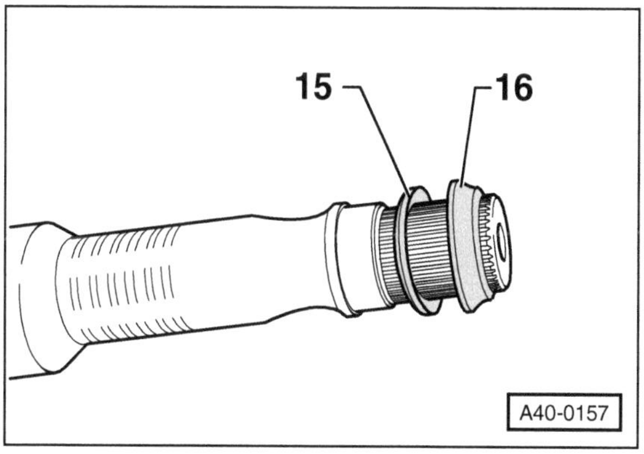

Gelenkwelle mit Gleichlauf-Kugelgelenk

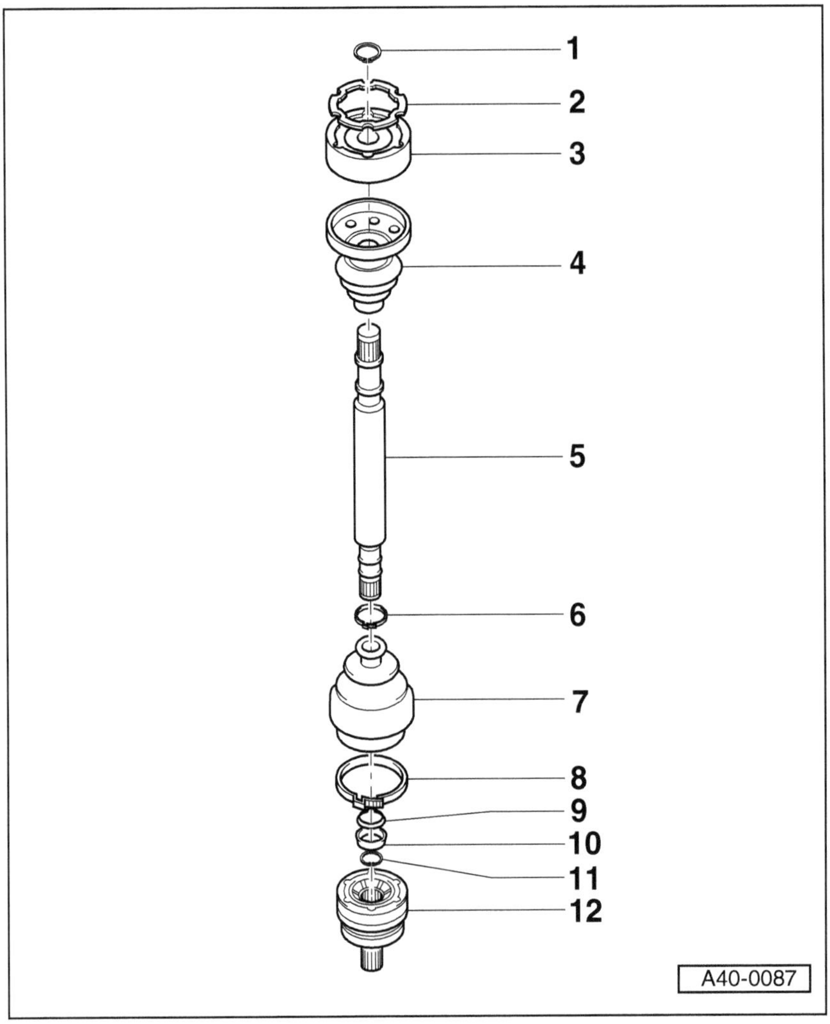

1 – **Sicherungsring**
Mit handelsüblicher Sicherungsringzange aus- und einfedern.

2 – **Dichtung**
Immer ersetzen, Schutzfolie abziehen und in das Gelenk einkleben.

3 – **Gleichlaufgelenk innen**
Nur komplett ersetzen. Außendurchmesser je nach Motor/Getriebe-Kombination 100 mm oder 108 mm

4 – **Gelenkschutzhülle mit Kappe**
Mit Belüftungsbohrung. Auf Risse und Scheuerstellen prüfen. Schutzhülle mit Dorn abtreiben. Vor der Montage auf das Gleichlaufgelenk, Stirnseite mit AUDI-Dichtmittel D-3 abdichten.

5 – **Profilwelle**

6 – **Schlauchbinder**
Immer erneuern.

7 – **Gelenkschutzhülle**
Auf Risse und Scheuerstellen prüfen. Vor dem Spannen des kleinen Schlauchbinders Gelenkschutzhülle kurz belüften.

8 – **Schlauchbinder**
Immer erneuern.

9 – **Tellerfeder**

10 – **Abstandscheibe**

11 – **Sicherungsring**
Immer ersetzen. Bei der Montage in die Ringnut der Kugelnabe einsetzen.

12 – **Gleichlaufgelenk außen**
Außendurchmesser je nach Motor/Getriebe-Kombination 88 mm oder 98 mm. Nur komplett ersetzen.

Fettfüllung der Gleichlaufgelenke mit Schmierfett G-6

Außengelenk Ø mm	Fettmenge Gesamt	davon im	
		Gelenk	Faltenbalg
88	90 g	40 g	50 g
98	120 g	80 g	40 g
Innengelenk Ø mm			
100	110 g	45 g	65 g
108	120 g	35 g	85 g

Bei Erneuern der Gelenkschutzhülle Gelenk gegebenenfalls nachfetten.

Gelenkwelle zerlegen

Achtung: Je nach Ausstattung ist das innere Gelenk als Gleichlauf-Kugelgelenk oder als Tripode-Gelenk ausgelegt. Das Tripodegelenk hat anstelle der 6 Kugeln 3 Rollen, die um 120° versetzt auf einem Tripodestern angeordnet sind. Die Arbeitsschritte beziehen sich auf die Gelenkwelle mit innerem Gleichlauf-Kugelgelenk.

Zerlegen

- Gelenkwelle ausbauen, siehe Seite 132.
- Schlauchbinder an beiden Gelenkschutzhüllen mit Seitenschneider aufschneiden und abnehmen. Gelenkschutzhülle zurückschieben.

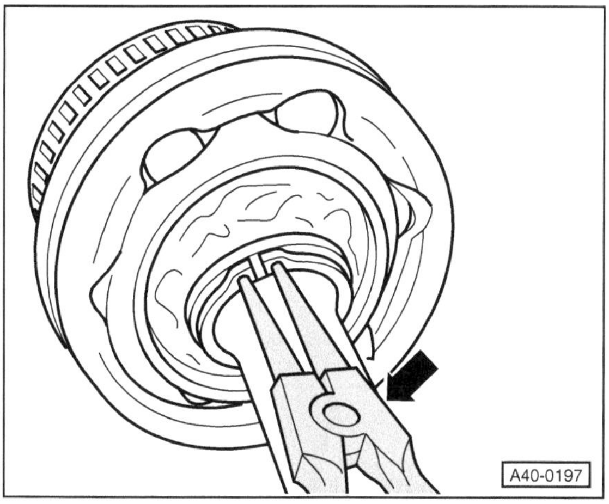

- Wo vorhanden (bei Ausführung als Hohlwelle), Sicherungsring am äußeren Gelenk mit Spitzzange ausfedern, siehe Abbildung. Anliegende Tellerfeder und Abstandsscheibe zurückschieben. Gelenk von der Wellenverzahnung mit Hammer und Messingdorn abtreiben, indem der Dorn an der Kugelnabe angesetzt wird.

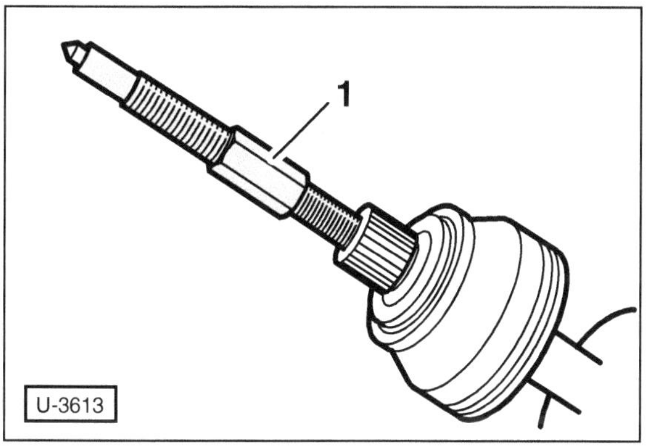

- Bei massiver Welle, äußeres Gelenk abdrücken. Dazu Gelenkwelle mit Schutzbacken in einen Schraubstock einspannen. Faltenbalg zurückstülpen. Spezialwerkzeug 3207 –1– mit M14- oder M16-Gewindeseite einschrauben, bis sich das Gleichlaufgelenk von der Profilwelle abdrückt.

Inneres Gleichlauf-Kugelgelenk

- Mit geeignetem Dorn Schutzkappe vom Gelenk abtreiben.
- Sicherungsring mit geeigneter Sprengringzange, zum Beispiel V.A.G-161a, ausfedern.

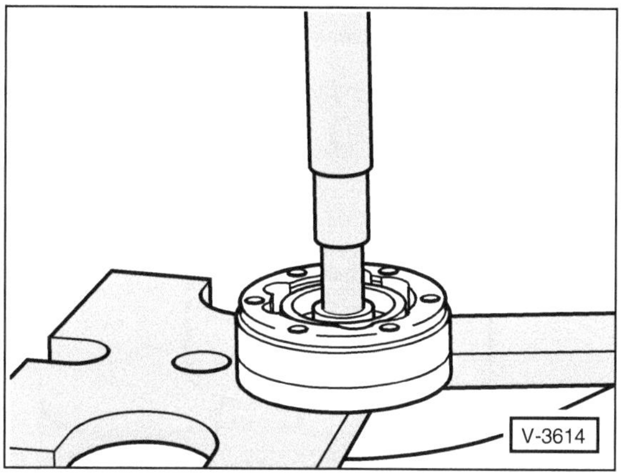

- Gelenk mit geeigneter Presse abpressen, dabei die innere Kugelnabe abstützen.
- Dichtung vom Gelenk abziehen, gegebenenfalls Dichtungsreste entfernen.

Zusammenbau

- Spröde oder defekte Gelenkschutzhüllen erneuern.

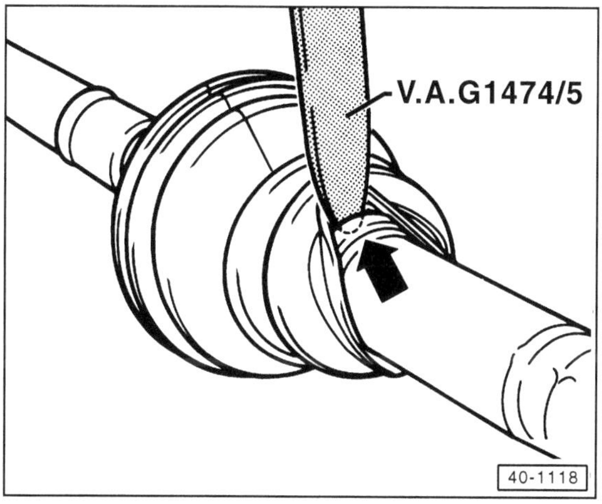

- Gelenkschutzhülle für inneres Gelenk mit Schlauchbinder auf die Welle schieben. Beim Aufschieben auf die Profilwelle, Wulst auf der Profilwelle leicht einfetten und Gelenkschutzhülle mit geeignetem Keil vorsichtig über den Wulst der Profilwelle stülpen.

Inneres Gleichlauf-Kugelgelenk

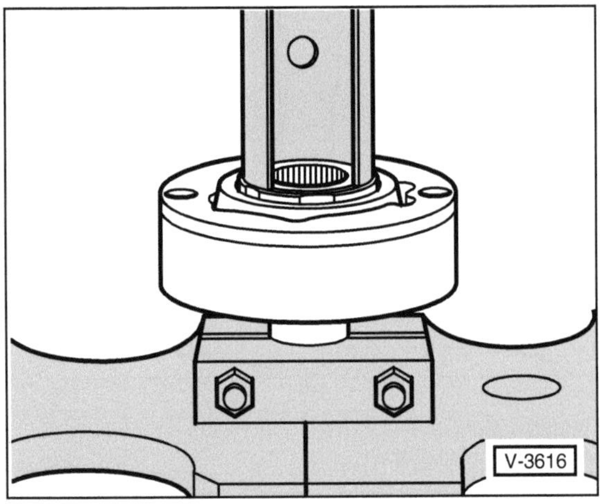

- Gelenk mit geeigneter Presse bis zum Anschlag aufpressen. **Achtung:** Fase am Innendurchmesser der Kugelnabe (Verzahnung) muß zum Anlagebund der Gelenkwelle zeigen.
- Neuen Sicherungsring mit Sprengringzange in die Nut der Welle einfedern.
- Gelenk und Schutzhülle mit Schmierfett G-6 füllen.
- Saubere Stirnseite der Schutzhülle mit Dichtmittel D-3 bestreichen und auf das Gelenk auftreiben.
- Neue Dichtung in das Gelenk einkleben, vorher Schutzfolie von der Dichtung abziehen.

Inneres Tripodegelenk

- Gelenkschutzhülle mit Schmierfett G-000 605 füllen. Falls nur die Schutzhülle erneuert wird, Tripodegelenk etwas nachfetten.
- Schutzhülle am Gelenk aufschieben. Schlauchbinder am großen Durchmesser aufschieben und mit geeigneter Zange spannen, z. B. V.A.G-1275 oder HAZET 1847-1.

- Schlauchbinder am kleinen Durchmesser spannen.
- Gelenkschutzhülle für äußeres Gelenk mit Schlauchbindern auf die Welle schieben.

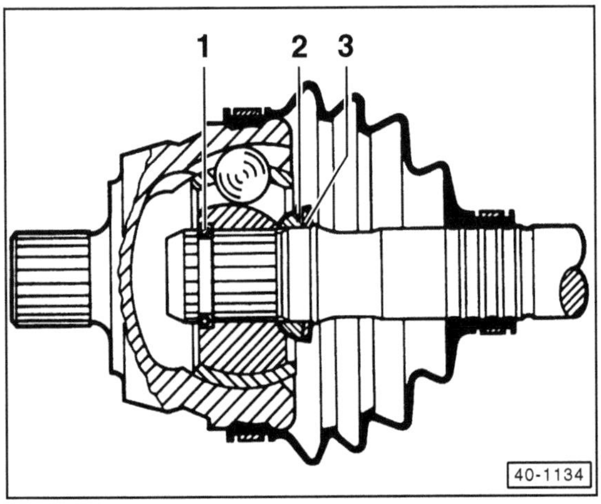

- Tellerfeder –1–, Abstandscheibe –2– und **neuen** Sicherungsring –3– auf die Profilwelle schieben. Dabei Tellerfeder lagerichtig aufsetzen. Der große Durchmesser der Tellerfeder stützt sich an der Abstandscheibe ab. Die Abstandscheibe zeigt mit balliger Seite zum Gelenk. Sicherungsring in die Ringnut der Welle beziehungsweise der Kugelnabe einsetzen.
- Äußeres Gelenk mit Kunststoffhammer auf die Welle auftreiben, bis der Sicherungsring einrastet.
- Gelenkschutzhülle am Gelenk aufziehen und Schlauchbinder am großen und kleinen Durchmesser spannen.

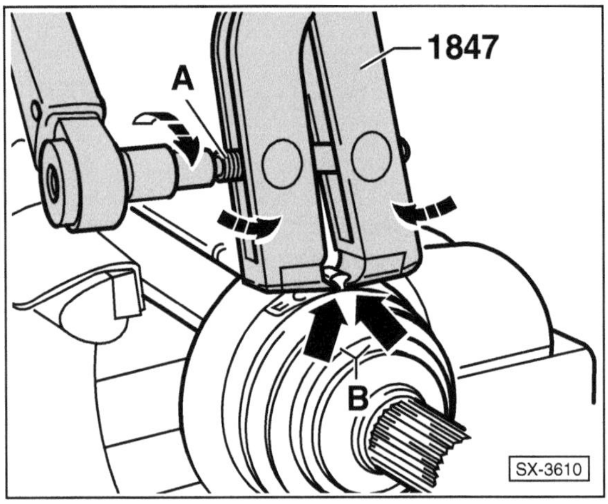

Achtung: An den **Außengelenken** der Gelenkwellen werden **seit 9/96** verbesserte Gelenkschutzhüllen eingebaut. Aufgrund des festeren Materials werden diese mit Schlauchbindern aus Edelstahl befestigt. Da die Edelstahl-Schlauchbinder mit der bisherigen Zange nicht mehr ausreichend gespannt werden können, muß die Zange HAZET-1847 verwendet werden. Dabei die Schneiden der Zange in den Ecken –Pfeile B– des Schlauchbinders anlegen. Schraube –A– mit Drehmomentschlüssel und **20 Nm** anziehen und dadurch Schlauchbinder spannen.

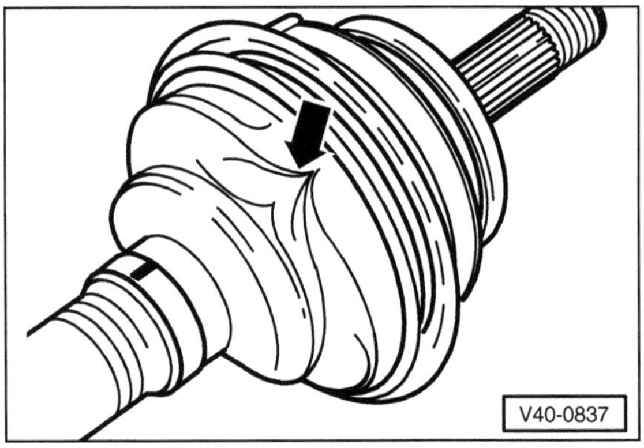

Achtung: Die Gelenkschutzhülle wird beim Aufsetzen auf den Gelenkkörper häufig eingedrückt. Dadurch entsteht in der Gelenkschutzhülle ein Unterdruck, der im Fahrbetrieb eine Falte nach innen zieht. Deshalb nach der Montage Schutzhülle am kleinen Durchmesser kurz mit einem Schraubendreher anlüften und so für einen Druckausgleich sorgen.

- Gelenkwelle einbauen.

Hinterachse

AUDI A4 mit Frontantrieb:

Die Hinterräder werden durch eine Verbundlenker-Hinterachse geführt. Die Hinterachse besteht aus zwei Längslenkern, die über den Achskörper miteinander verbunden sind. Vor dem V-Profil des Achskörpers befindet sich ein Stabilisator, der die Aufgabe hat, die Kurvenneigung des Fahrzeuges zu verringern und dadurch das Fahrverhalten zu stabilisieren. Die Längslenker sind über Gummi-Metall-Lager mit dem Aufbau verbunden. Die Abfederung der Hinterachse erfolgt über 2 Federbeine, die platzsparend in den Radhäusern untergebracht sind.

Hinweis: Bei Arbeiten an der Hinterachse sollten die Verschraubungen der Lagerböcke mit der Karosserie möglichst nicht gelöst werden, sonst muß das Fahrwerk neu vermessen und die Hinterachse neu eingestellt werden.

AUDI A4 mit Allradantrieb:

Die Doppelquerlenker-Hinterachse besteht aus einem Aggregateträger, 2 Querlenkern auf jeder Seite und je einem Federbein. Der Aggregateträger ist über 4 Gummimetallager mit dem Aufbau verbunden. Radführung und Abfederung erfolgen über die oberen und unteren Querlenker, die ebenfalls die Federbeine aufnehmen.

In diesem Kapitel wird vorwiegend auf die Hinterachse von Fahrzeugen mit Frontantrieb eingegangen.

Achtung: Schweiß- und Richtarbeiten an tragenden und radführenden Teilen sind nicht zulässig.

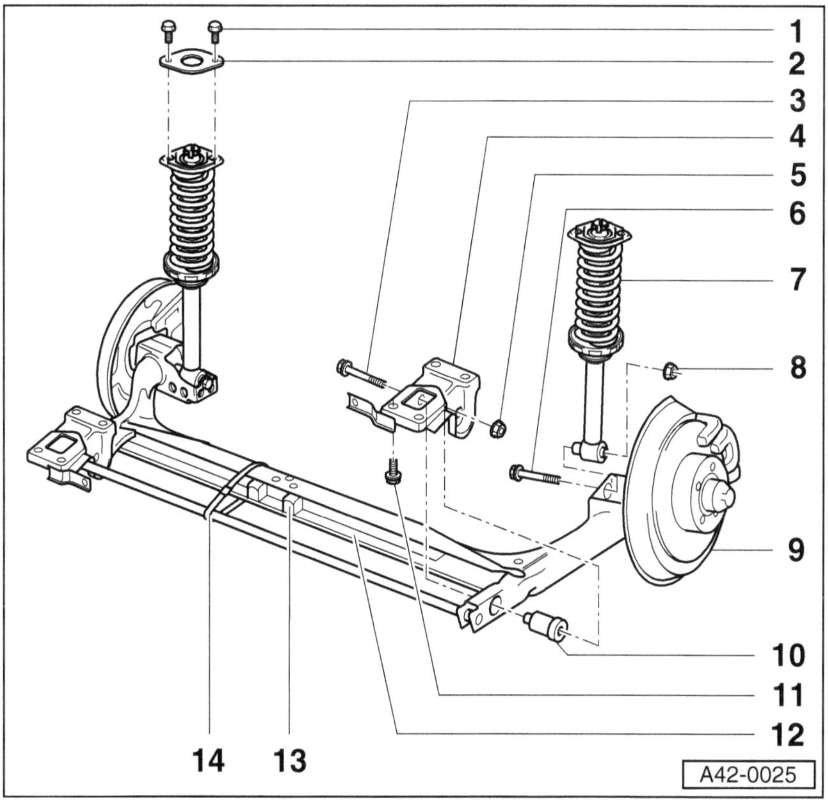

Hinterachse Frontantrieb:

1 – **Sechskantschraube, 25 Nm**

2 – **Dichtung**
Immer ersetzen.

3 – **Sechskantschraube**
Immer ersetzen.

4 – **Lagerbock**
Achtung: Schrauben für Lagerbock zum Ausbau der Hinterachse **nicht** lösen. Falls der Lagerbock ausgebaut wird, muß beim Einbau die Hinterachse zunächst grob eingestellt und anschließend neu vermessen und eingestellt werden.

5 – **Bundmutter, 80 Nm + 90° weiterdrehen**
Immer ersetzen.

6 – **Sechskantschraube, 50 Nm + 90° weiterdrehen**
Immer ersetzen.

7 – **Federbein**

8 – **Sechskantmutter**
Immer ersetzen.

9 – **Hinterachse außen, Radlagerung**

10 – **Führungslager**

11 – **Kombischraube, 75 Nm**

12 – **Achskörper**

13 – **Tilger**
Nur bei Fahrzeugen bis ca. 2/96 eingebaut.

14 – **Stabilisatorfessel**

Federbein aus- und einbauen

Ausbau

- Stellung des Hinterrades zur Radnabe mit Farbe kennzeichnen. Dadurch kann das ausgewuchtete Rad wieder in derselben Position montiert werden. Radschrauben bei auf dem Boden stehendem Fahrzeug lösen. Fahrzeug hinten aufbocken und Hinterrad abnehmen.
- Hinterachse mit Werkstattwagenheber auf der Seite unterstützen, wo das Rad abgebaut wurde. Hinterachse nicht hochheben.

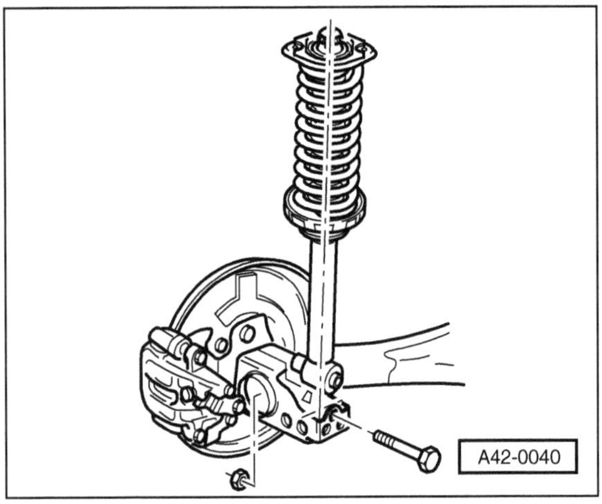

- Federbein vom Achskörper abschrauben, Wagenheber etwas absenken und Federbein aus dem Achskörper herausnehmen.
- Seitliche Sitzlehnenabdeckung beziehungsweise Rükkenlehne ausbauen, siehe Seite 207.

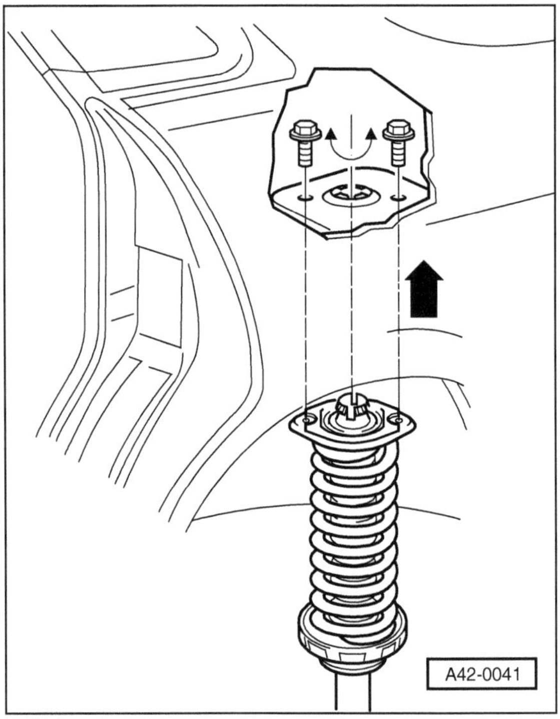

- Federbein oben abschrauben.

Achtung: Das Federbein ist zusätzlich zur Verschraubung mit vier Haltenasen am Aufbau eingehängt.

- Federbein drehen, bis die Haltenasen über den Aussparungen stehen. Anschließend Federbein nach unten aus der Halterung ziehen.

Einbau

- Federbein oben mit **neuer** Dichtung einsetzen und drehen, bis die Haltenasen einrasten und die Befestigungsbohrungen fluchten.
- Federbein oben mit **25 Nm** anschrauben.
- Federbein unten in den Achskörper einsetzen, dazu Wagenheber etwas anheben.
- **Neue** Schraube und Mutter ansetzen und handfest anziehen. **Achtung:** Die Schraube wird erst festgezogen, wenn das Fahrzeug auf den Rädern steht, sonst kann sich das Gummilager verspannen.
- Werkstattwagenheber entfernen.
- Hinterrad so ansetzen, daß die beim Ausbau angebrachten Markierungen übereinstimmen. Vorher Zentriersitz der Felge an der Radnabe mit Wälzlagerfett leicht einfetten. Rad anschrauben. Fahrzeug ablassen und Radschrauben über Kreuz mit **120 Nm** festziehen.
- Untere Verschraubung des Federbeins mit **50 Nm** festziehen. Anschließend Schraube um **90° (¼ Umdrehung)** weiterdrehen.
- Seitliche Sitzlehnenabdeckung beziehungsweise Rükkenlehne einbauen, siehe Seite 207.

Federbein für die Hinterachse

Frontantrieb

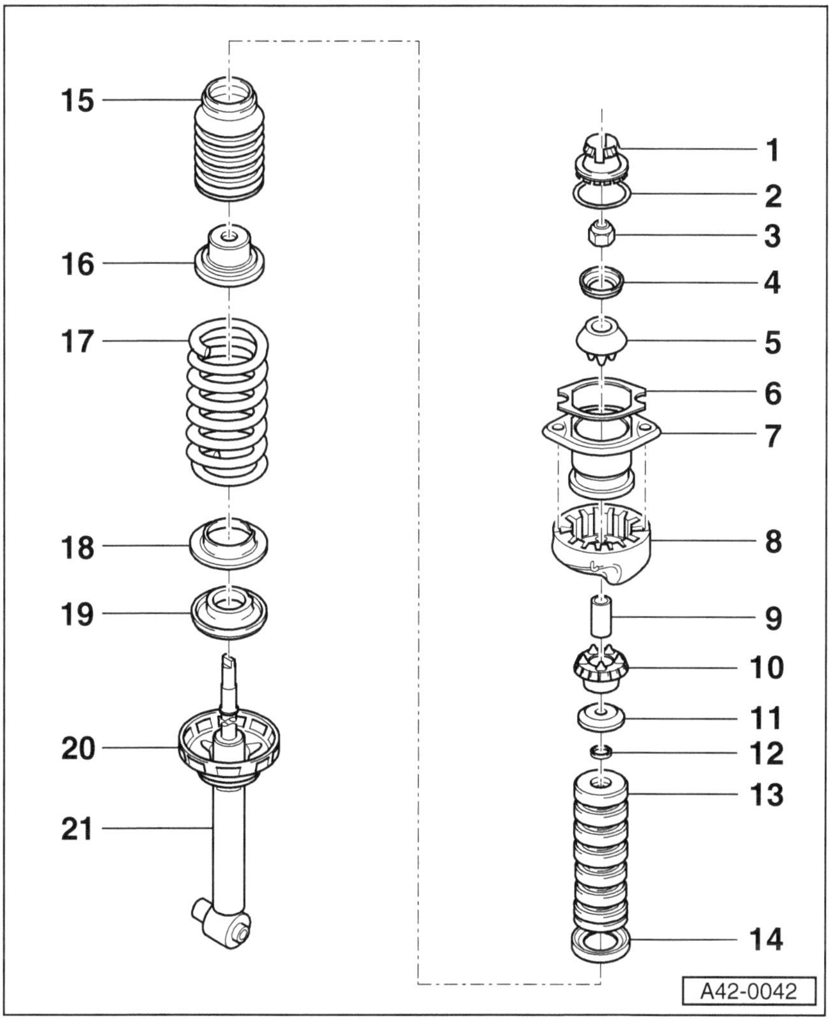

1 – **Abdeckkappe**

2 – **Rundschnurring**
Mit Silikonfett AUDI ET-Nr. G000405A2 bestreichen.

3 – **Sicherungsmutter 25 Nm**
Immer ersetzen.

4 – **Tellerscheibe**

5 – **Lagerring**
Auf richtige Einbaulage achten.

6 – **Dichtung (Schaumstoff)**
Immer ersetzen.

7 – **Federteller oben**

8 – **Federauflage oben**

9 – **Distanzrohr**

10 – **Lagerring**
Auf richtige Einbaulage achten.

11 – **Scheibe unten**

12 – **Ring**

13 – **Zusatzfeder**
Unterschiedliche Ausführung entsprechend der Fahrwerksausführung beachten

14 – **Aufnahmering Faltenbalg**

15 – **Faltenbalg**

16 – **Schutzkappe**

17 – **Schraubenfeder**
Nur paarweise wechseln. So einbauen, daß die Farbkennzeichnung unten liegt.
Unterschiedliche Ausführung entsprechend der Fahrwerksausführung beachten.

18 – **Unterlage**

19 – **Federunterlage unten**

20 – **Federteller unten**

21 – **Gasdruck-Stoßdämpfer**
Einzeln austauschbar. Wird mit aufgepreßtem Federteller unten als Ersatzteil geliefert.
Dämpferlager auf Setzung sichtprüfen. Festen Sitz und ordnungsgemäße Lage des Sprengrings auf der Kolbenstange prüfen.
Unterschiedliche Ausführung entsprechend der Fahrwerksausführung beachten.

Achtung: Die Fahrwerksausführung ist auf dem Fahrzeugdatenträger angegeben. Der Fahrzeugdatenträger befindet sich im Gepäckraum unter der Gepäckraumabdeckung.
1 BA = Serienausführung
1 BE = Sportausführung

Stoßdämpfer aus- und einbauen/ Federbein zerlegen

Ausbau

- Federbein ausbauen, siehe Seite 138.
- Um den Stoßdämpfer ausbauen zu können, muß die Schraubenfeder vorgespannt werden. Die AUDI-Werkstätten benutzen dazu eine Spezialvorrichtung.

Achtung: Auf keinen Fall Stoßdämpfer lösen, wenn die Feder nicht gespannt ist.

- Federbein mit Federbeinauge in Federbeinaufnahme oder in Schraubstock mit Schutzbacken einspannen.
- Schraubenfeder mit geeigneter Vorrichtung spannen.

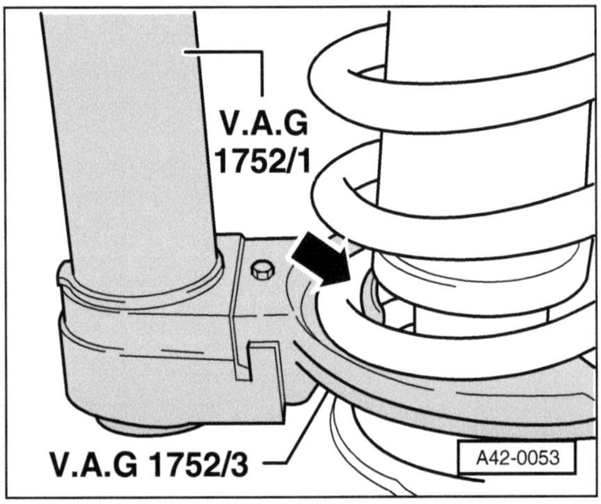

- Dabei auf richtigen Sitz der Schraubenfeder im Adapter achten –Pfeil–.

Achtung: Falls der Federspanner in die Windungen der Feder eingesetzt wird, darauf achten, daß die Federwindungen sicher umfaßt werden und der Federspanner nicht abrutschen kann. Feder grundsätzlich an 3 gleichmäßig über den Umfang verteilten Punkten spannen. Die Schraubenfeder steht unter großer Vorspannung, deshalb nur stabiles Werkzeug verwenden. Keinesfalls Feder mit Draht zusammenbinden. Unfallgefahr!

- Schraubenfeder mit Federspanner soweit vorspannen, bis der Federteller oben frei ist.

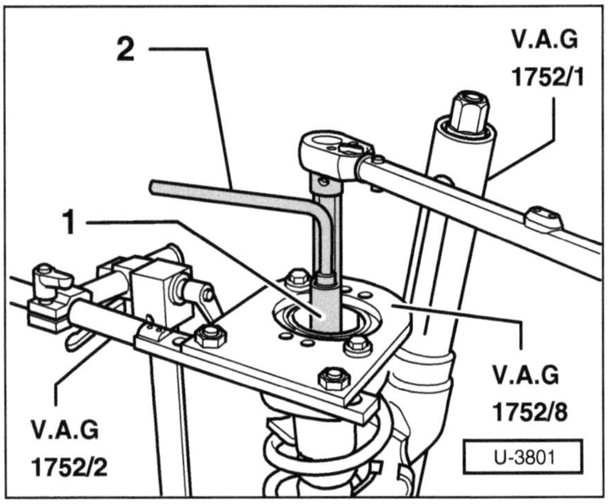

- Selbstsichernde Mutter von der Kolbenstange mit dem Schlüssel –1– abschrauben. Dabei mit dem Knebel –2– die Kolbenstange gegenhalten. Zum Abschrauben kann auch ein tiefgekröpfter Ringschlüssel und eine Zange verwendet werden, zum Anschrauben ist allerdings ein Spezialschlüssel erforderlich, um das Drehmoment einhalten zu können. Die Werkstatt verwendet dafür den Schlüssel AUDI-3379 mit 3079, V.A.G-3017A oder HAZET-2593-Lg-17.
- Sämtliche Einzelteile von der Schraubenfeder abnehmen, siehe Abbildung A42-0042.
- Gespannte Schraubenfeder mit Spannvorrichtung abnehmen.

Einbau

Achtung: Falls Stoßdämpfer, Schraubenfeder oder Zusatzfeder ersetzt werden, unterschiedliche Fahrwerksausführung beachten. Die Fahrwerksausführung ist auf dem Fahrzeugdatenträger angegeben. Der Fahrzeugdatenträger befindet sich im Gepäckraum unter der Gepäckraumabdeckung.
1 BA = Serienausführung
1 BE = Sportausführung

Außerdem stehen Federn in verschiedenen Toleranzgruppen zur Verfügung. Nur Federn mit gleicher Kennung (Farbkennzeichnung) verwenden.

- Falls der bisherige Stoßdämpfer wieder eingebaut wird, vor dem Einbau Stoßdämpfer prüfen, siehe Seite 142.
- Wird der Stoßdämpfer ausgetauscht, ist der alte Dämpfer zu verschrotten, siehe Seite 143.
- Stoßdämpfer mit Befestigungsauge in Federbeinaufnahme oder in Schraubstock mit Schutzbacken einspannen.

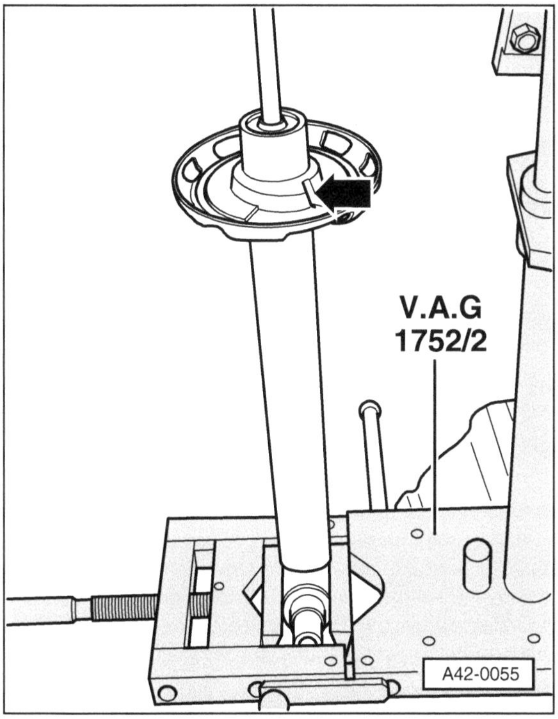

- Federunterlage unten und Unterlage mit Talkum einsetzen und wie in der Abbildung gezeigt in Richtung Dämpferauge ausrichten.
- Vorgespannte Schraubenfeder so aufsetzen, daß die Farbkennzeichnung der Feder nach unten zeigt und das Ende der Federwindung am vorgesehenen Anschlag der Unterlage anliegt.
- Schutzkappe, Faltenbalg Aufnahmering, Zusatzfeder, Ring, Scheibe, Lagerring und Distanzrohr einsetzen.

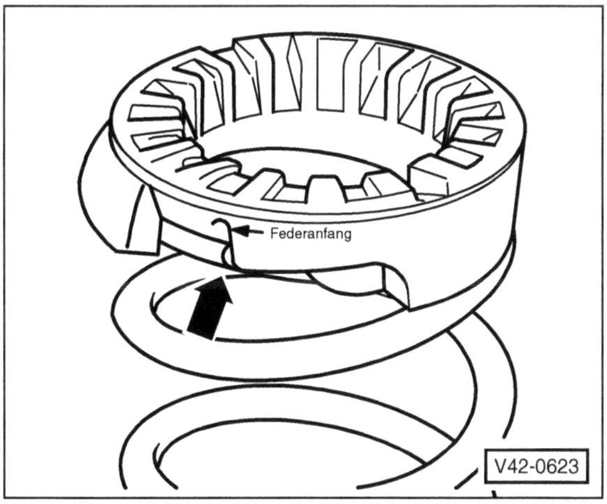

- Federauflage oben aufsetzen. Dabei darauf achten, daß der Federanfang an der Aussparung der Federauflage oben anliegt.

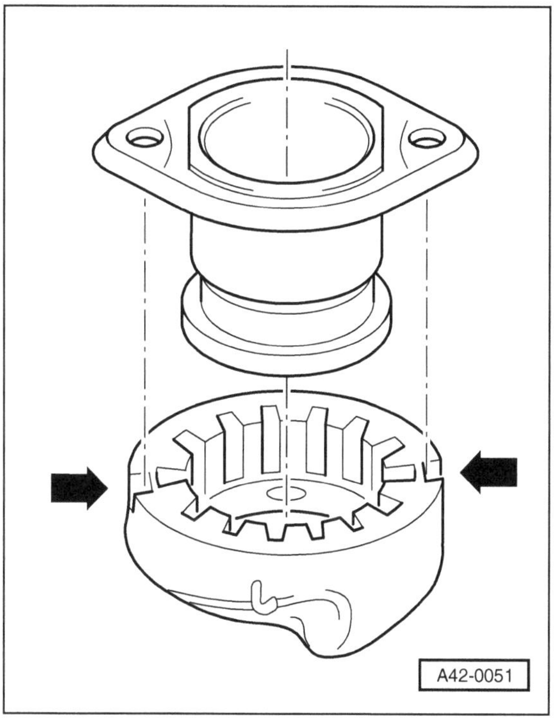

- Federteller oben so aufsetzen, daß die Stanzmuttern des Federtellers in den Aussparungen der Federauflage liegen.
- Dichtung, Lagerring, Tellerscheibe und Sicherungsmutter aufsetzen.

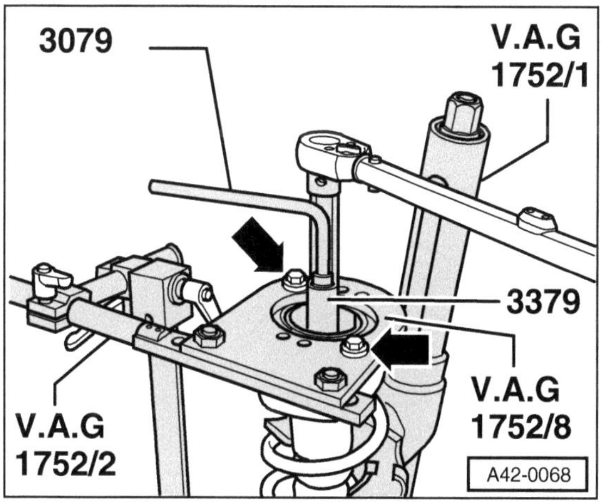

- Bevor die obere Sicherungsmutter festgezogen wird, obere Federbeinaufnahme auf 0° einstellen. Dazu wird in der Fachwerkstatt die Einstellehre V.A.G.1752/8 auf den oberen Federteller mit Sechskantschrauben festgeschraubt. Anschließend oberen Federteller verdrehen, bis die Skala der Federbeinaufnahme V.A.G.1752/2 auf 0° steht.

- In dieser Stellung Sicherungsmutter mit **25 Nm** festziehen. Dabei mit dem Knebel die Kolbenstange gegenhalten. Um das Drehmoment einhalten zu können ist ein Spezialschlüssel erforderlich, zum Beispiel AUDI-3379, V.A.G-3017A oder HAZET-2593-Lg-17.

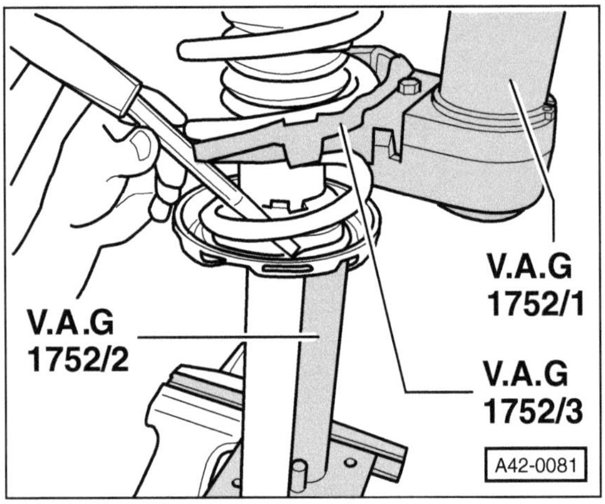

- Federunterlage unten –19– und Unterlage –18– in Abbildung A42-0042 auf Anschlag an das Federende treiben. Dazu Durchschlag am hochgestellten Rand der Federunterlage unten ansetzen. **Achtung:** Dabei Oberfläche der Feder nicht beschädigen.
- Schraubenfeder vorsichtig entspannen, dabei auf richtigen Sitz von Schraubenfeder und Federteller oben und unten achten.
- Spannvorrichtung abnehmen.
- Falls eingebaut, Einstellehre V.A.G.1752/8 abschrauben und abnehmen.
- Rundschnurring –2– vor Aufsetzen der Abdeckkappe mit Silikonfett bestreichen, siehe Abbildung A42-0042.

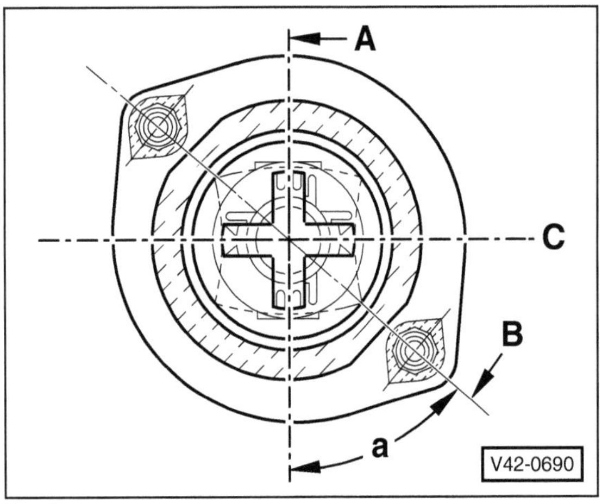

- Abdeckkappe so auf Federteller oben aufsetzen, daß die Achse –C– der Abdeckkappe um 90° versetzt ist zur Achse –A– des Dämpferauges.
- Abdeckkappe mit geeignetem Rohr in die obere Federbeinaufnahme eindrücken.
- Federbein einbauen, siehe Seite 138.

Stoßdämpfer prüfen

Folgende Fahreigenschaften weisen auf defekte Stoßdämpfer hin:

- Langes Nachschwingen der Karosserie bei Bodenunebenheiten.
- Aufschaukeln der Karosserie bei aufeinander folgenden Bodenunebenheiten.
- Springen der Räder auch auf normaler Fahrbahn.
- Ausbrechen des Fahrzeuges beim Bremsen (kann auch andere Ursachen haben).
- Kurvenunsicherheit durch mangelnde Spurhaltung, Schleudern des Fahrzeuges.
- Abnorme Reifenabnutzung mit Abflachungen (Auswaschungen) am Reifenprofil.
- Defekte Dämpfer erkennt man auch während der Fahrt an Polter- und Knackgeräuschen. Allerdings haben diese Geräusche häufig auch andere Ursachen, zum Beispiel lockere Fahrwerksschrauben, Muttern, defektes Radlager, Gleichlaufgelenk. Daher Dämpfer vor dem Ersetzen immer prüfen, gegebenenfalls auf Stoßdämpferprüfstand prüfen lassen.

Der Stoßdämpfer kann von Hand geprüft werden. Eine genaue Überprüfung der Stoßdämpferleistung ist jedoch nur mit einem Shock-Tester (Stoßdämpfer eingebaut) oder einer Stoßdämpfer-Prüfmaschine möglich.

Prüfung von Hand

- Stoßdämpfer ausbauen.

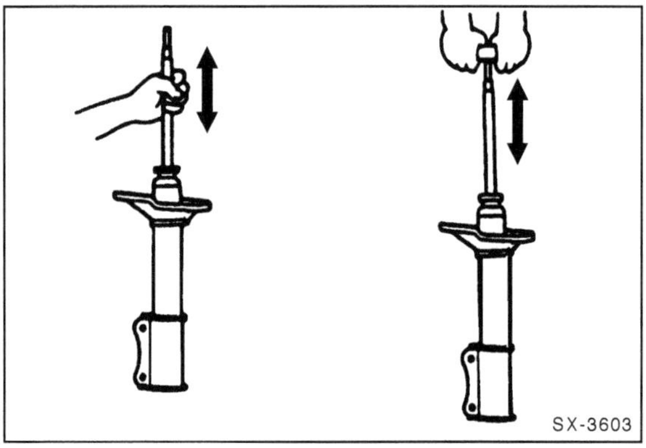

- Stoßdämpfer in Einbaulage halten, Stoßdämpfer auseinanderziehen und zusammendrücken. Der Stoßdämpfer muß sich über den gesamten Hub gleichmäßig schwer und ruckfrei bewegen lassen.
- Bei Gasdruck-Stoßdämpfern geht die Kolbenstange bei ausreichendem Gasfülldruck von selbst wieder in die Ausgangslage zurück. Ist dies nicht der Fall, braucht der Dämpfer nicht unbedingt ersetzt werden. Die Wirkungsweise entspricht, solange kein größerer Ölverlust eingetreten ist, der Wirkungsweise eines konventionellen Dämpfers. Die dämpfende Funktion ist auch ohne Gasdruck vollständig vorhanden. Allerdings kann sich das Geräuschverhalten verschlechtern.

- Bei einwandfreier Funktion sind geringe Spuren von Stoßdämpferöl kein Grund zum Austausch. Als Faustregel gilt: Wenn ein Ölfleck sichtbar ist und sich nicht weiter ausbreitet als vom oberen Stoßdämpferverschluß (Kolbenstangendichtring) bis zum unteren Federteller, gilt der Dämpfer als in Ordnung. Voraussetzung ist, daß der Ölfleck stumpf, matt beziehungsweise durch Staub getrocknet ist. Ein geringfügiger Ölaustritt ist sogar von Vorteil, weil dadurch der Dichtring geschmiert wird und sich somit die Lebensdauer erhöht.
- Bei starkem Ölverlust Stoßdämpfer austauschen.

Stoßdämpfer verschrotten

Damit ein defekter Stoßdämpfer entsorgt werden kann, muss das Hydrauliköl aus dem Stoßdämpfer abgelassen werden. Der entleerte Stoßdämpfer kann dann wie normaler Eisenschrott behandelt werden.

Achtung: Hydrauliköl ist ein Problemstoff und darf auf keinen Fall einfach weggeschüttet oder dem Hausmüll mitgegeben werden. Gemeinde- und Stadtverwaltungen informieren darüber, wo sich die nächste Problemstoff-Sammelstelle befindet.

Sicherheitshinweis
Der Gasdruck eines neuen Stoßdämpfer beträgt bis zu 25 bar. Deshalb beim Öffnen des Dämpfers Arbeitsstelle abdecken und **unbedingt Schutzbrille tragen.**

Stoßdämpfer können auf 2 Arten entleert werden, entweder durch Anbohren oder durch Aufsägen der Außenwand.

Stoßdämpfer anbohren

- Ausgebauten Stoßdämpfer senkrecht, mit der Kolbenstange nach unten, in den Schraubstock einspannen.

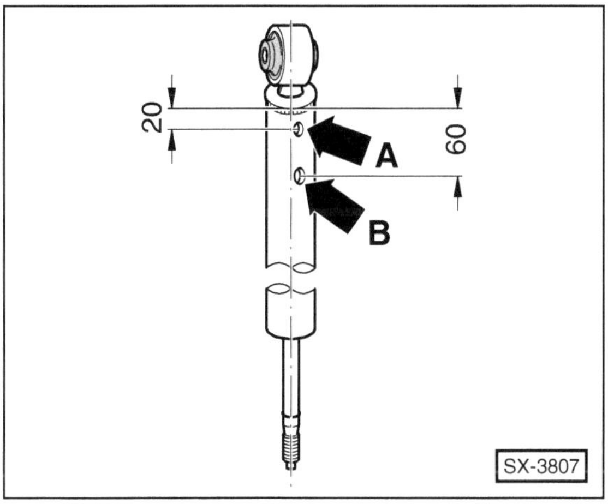

- An der Stelle –A– ein Loch mit 3 mm ∅ in das Außenrohr bohren.

Achtung: Bei Gasdruckstoßdämpfern entweicht nach dem Durchbohren der ersten Rohrwandung Gas. Öffnung während des Entgasens mit Lappen abdecken. Anschließend weiterbohren bis das innenliegende Rohr (ca. 25 mm) durchbohrt ist.

- An der Stelle –B– eine zweite Bohrung mit 6 mm-Bohrer bis durch das innenliegende Rohr bohren.
- Dämpfer über eine Ölauffangwanne halten und Hydrauliköl durch hin- und herbewegen der Kolbenstange über den gesamten Hub herausdrücken.
- Dämpfer abtropfen lassen, bis kein Öl mehr austritt.
- Hydrauliköl bei einer Problemstoff-Sammelstelle entsorgen.
- Entleerten Stoßdämpfer als Eisenschrott entsorgen.

Stoßdämpfer aufsägen

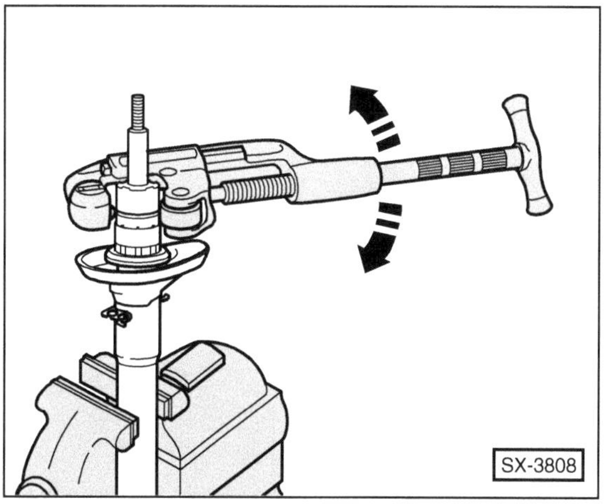

- Federbein in Schraubstock spannen.
- Rohrschneider, z. B. Stahlwille Express 150/3, ansetzen und Außenrohr durchtrennen. **Achtung:** Bei Gasdruck-Stoßdämpfern entweicht dabei das Gas; Schutzbrille tragen.
- Kolbenstange hochziehen, dabei das Innenrohr mit einer Wasserrohrzange festhalten und nach unten drücken, so dass dieses beim langsamen Hochziehen der Kolbenstange im Außenrohr verbleibt.
- Kolbenstange vom Innenrohr abziehen.
- Dämpfer über eine Ölauffangwanne halten und Hydrauliköl ablaufen lassen, bis kein Hydrauliköl mehr austritt.
- Hydrauliköl bei einer Problemstoff-Sammelstelle entsorgen.
- Entleerten Stoßdämpfer als Eisenschrott entsorgen.

Radlager/Bremsscheibe für die Hinterachse

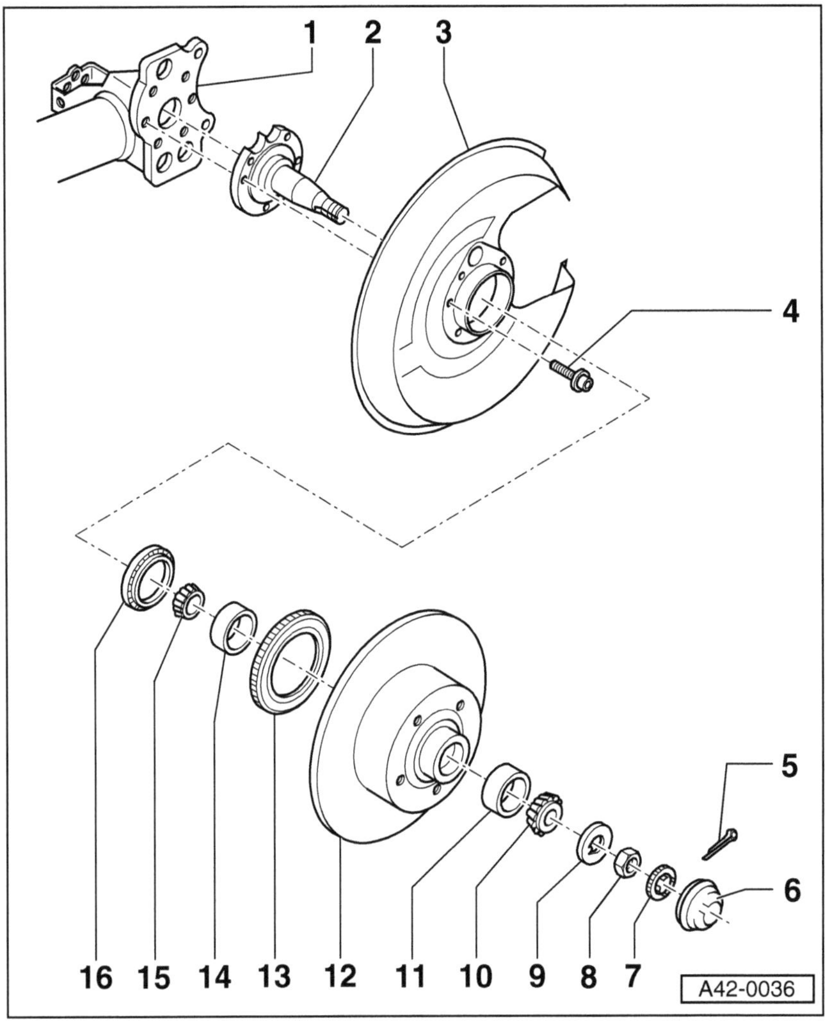

1 – **Achskörper**
Schweiß- und Richtarbeiten am Achskörper sind nicht zulässig. Die Auflagefläche für Achszapfen muß frei von Verschmutzung sein.

2 – **Achszapfen**
Richtarbeiten sind nicht zulässig.

3 – **Abdeckblech**

4 – **Kombischraube, 30 Nm**

5 – **Splint**
Immer ersetzen.

6 – **Fettkappe**
Immer ersetzen.

7 – **Kronensicherung**

8 – **Sechskantmutter**

9 – **Druckscheibe**

10 – **Radlager außen**
Bei Weiterverwendung nicht auswaschen.

11 – **Außenlaufring Radlager außen**
Außenlaufring mit Kupferdorn austreiben. Vor Einpressen des neuen Laufrings, Radlagersitz dünn mit Mehrzweckfett bestreichen.

12 – **Radnabe mit Bremsscheibe**

13 – **Rotor**
Mit Kupferdorn gleichmäßig durch die Gewindebohrungen der Radnabe abtreiben.

14 – **Außenlaufring Radlager innen**
Außenlaufring mit Kupferdorn austreiben. Vor Einpressen des neuen Laufrings, Radlagersitz dünn mit Mehrzweckfett bestreichen.

15 – **Radlager innen**
Bei Weiterverwendung nicht auswaschen.

16 – **Dichtring**
Immer ersetzen. Zwischen den Dichtlippen mit Mehrzweckfett füllen. Bündig einpressen.

Radlager aus- und einbauen

Ausbau

- Hinterrad und Bremsscheibe ausbauen, siehe Seite 164.

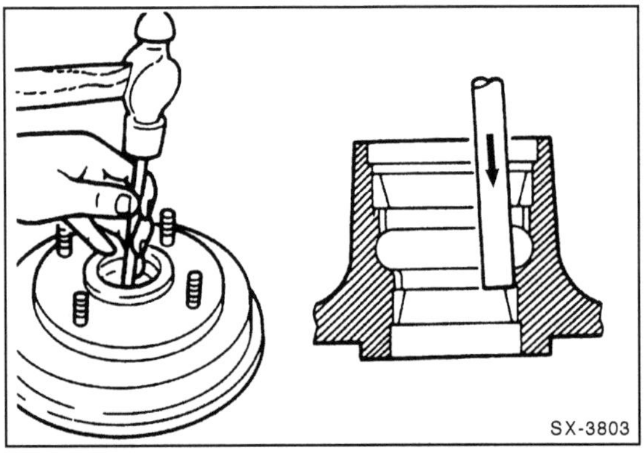

- Äußere Lagerlaufringe mit Kupferdorn austreiben. Die Abbildung zeigt nicht den AUDI A4.

Achtung: Dabei Dorn kreisförmig an verschiedenen Stellen des Laufringes ansetzen, um ein Verkanten zu verhindern. Nur einwandfreien Dorn benutzen, damit sich kein Grat am Laufringsitz bilden kann.

- Achszapfen und Bremsscheibe beziehungsweise Radnabe mit sauberem Lappen und Spiritus reinigen.
- Sitz der Lagerlaufringe in der Bremsscheibe dünn mit Mehrzweckfett bestreichen.

Einbau

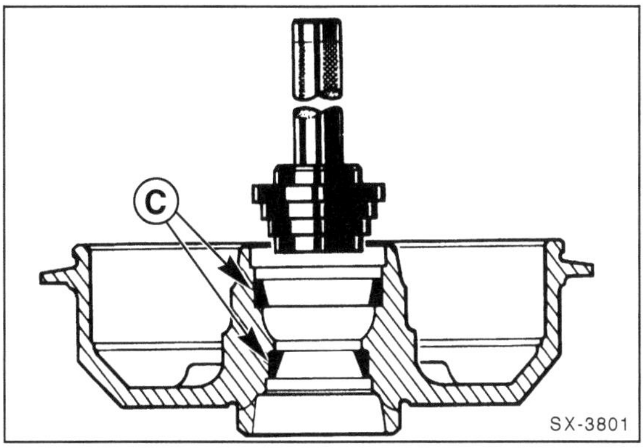

- Lagerlaufringe –C– bis zum Anschlag eintreiben. Die Werkstatt verwendet hierzu die Werkzeuge VW-30-506 und 30-204. Stehen die Spezialwerkzeuge nicht zur Verfügung, Laufring mit geeignetem Rohr vorsichtig eintreiben. Die Abbildung zeigt nicht den AUDI A4.
- Kegelrollenlager mit Radlagerfett (Lithiumfett) füllen.
- Inneres Lager einsetzen.
- Dichtring mit Radlagerfett zwischen den Dichtlippen einfetten.
- Dichtring mit geeignetem Rohr eintreiben.
- Bremsscheibe einbauen und dabei auch äußeres Kegelrollenlager einsetzen, siehe Seite 164.
- Radlagerspiel einstellen.
- Hinterrad so ansetzen, daß die beim Ausbau angebrachten Markierungen übereinstimmen. Vorher Zentriersitz der Felge an der Radnabe mit Wälzlagerfett leicht einfetten. Rad anschrauben. Fahrzeug ablassen und Radschrauben über Kreuz mit **120 Nm** festziehen.

Radlagerspiel einstellen

Einstellen

- Stellung der Hinterräder zur Radnabe mit Farbe kennzeichnen. Dadurch kann das ausgewuchtete Rad wieder in derselben Position montiert werden. Radschrauben bei auf dem Boden stehendem Fahrzeug lösen. Fahrzeug hinten aufbocken und Hinterräder abnehmen.
- Fettkappe abdrücken. Das Abdrücken der Fettkappe kann mit unterschiedlichen Werkzeugen erfolgen, zum Beispiel mit Rohrzange oder Hammer und Meißel. Dabei wird meist die Fettkappe beschädigt, daher immer erneuern.
- Splint herausziehen und Kronensicherung abnehmen.

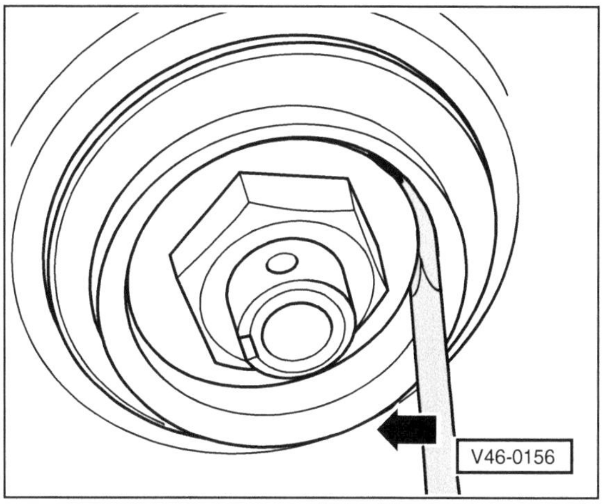

- Sechskantmutter leicht lösen und wieder anziehen. Das Radlagerspiel ist richtig eingestellt, wenn sich die Druckscheibe mit einem Schraubenzieher durch Fingerdruck –Pfeil– noch verschieben läßt. **Dabei darf auf keinen Fall der Schraubenzieher durch Dreh- oder Hebelbewegung abgestützt werden.**

Achtung: Rad beim Anziehen der Mutter drehen, damit sich das Radlager nicht verklemmt.

- Kronensicherung so aufsetzen, daß sich der Splint einstecken läßt.
- **Neuen** Splint einsetzen und an den Enden umbiegen.
- **Neue** Fettkappe zur Hälfte mit Wälzlagerfett füllen.

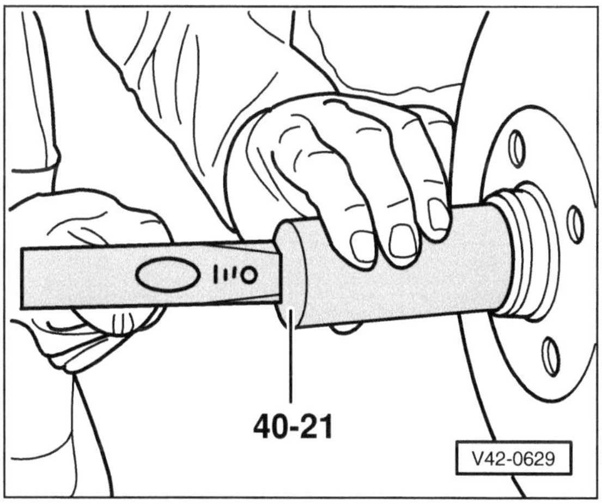

- Fettkappe mit geeignetem Rohr auftreiben, das Rohr soll am Wulst der Fettkappe anliegen. **Achtung:** Verbeulte Fettkappen unbedingt ersetzen, da durch Undichtigkeiten Feuchtigkeit ins Radlager eindringt und dieses dadurch in kurzer Zeit zerstört wird.
- Hinterräder so ansetzen, daß die beim Ausbau angebrachten Markierungen übereinstimmen. Vorher Zentriersitz der Felge an der Radnabe mit Wälzlagerfett leicht einfetten. Räder anschrauben. Fahrzeug ablassen und Radschrauben über Kreuz mit **120 Nm** festziehen.

Federbein für die Hinterachse

Allradantrieb

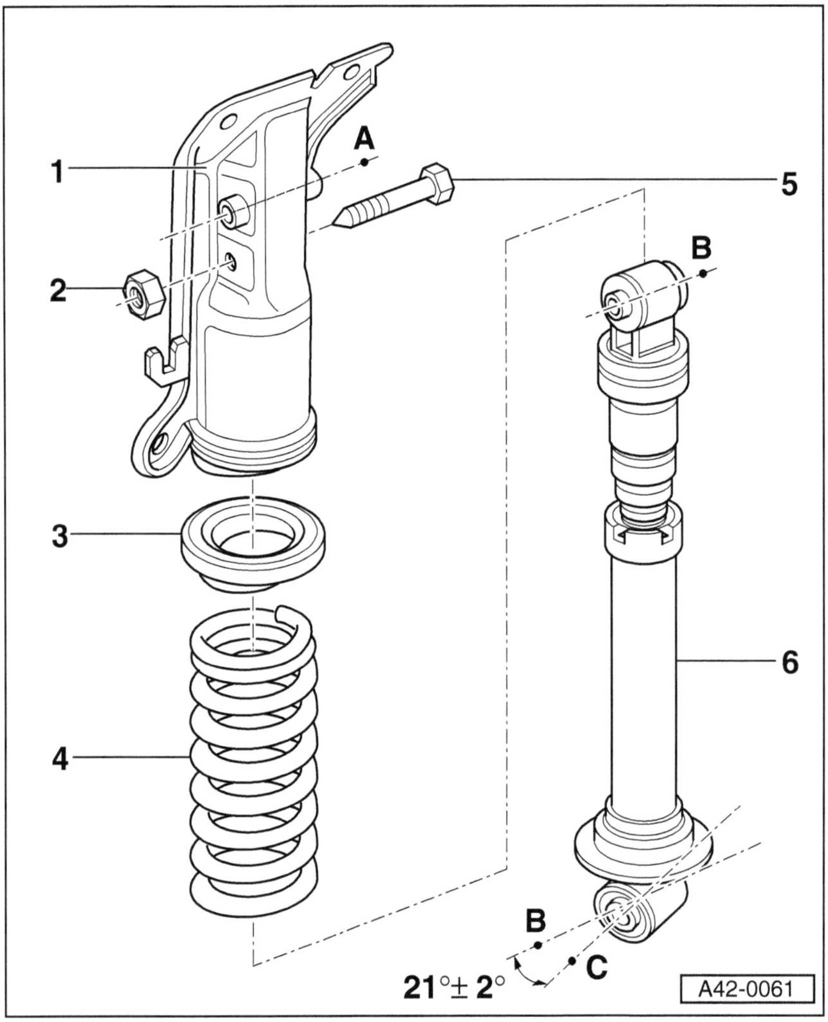

1 – Adapter
Achtung: Links und rechts unterschiedliche Ausführung.

2 – Mutter, 70 Nm + 90° weiterdrehen
Immer ersetzen. In eingebautem Zustand zeigt die Mutter in Fahrtrichtung.

3 – Dämpfungsring
Mit Talkum einsetzen. Dämpfungsring so auf Schraubenfeder aufsetzen, daß der Anschlag am Federende anliegt.

4 – Schraubenfeder
Nur paarweise wechseln. So einbauen, daß die Farbkennzeichnung unten liegt.
Unterschiedliche Ausführung entsprechend der Fahrwerksausführung beachten.
Unteres Federende zeigt bei richtig montiertem Federbein links nach hinten und rechts nach vorn.

5 – Sechskantschraube
Immer ersetzen.

6 – Gasdruck-Stoßdämpfer
Einzeln austauschbar. Wird mit aufgepreßtem Federteller unten als Ersatzteil geliefert.
Unterschiedliche Ausführung entsprechend der Fahrwerksausführung beachten
Beim Zusammenbau des Federbeins ist zu beachten, daß Achse –B– am oberen Dämpferauge mit der Achse –A– des Adapters übereinstimmt (0°) und die Achse –C– des unteren Dämpferauges zur Achse –B– einen Winkel von 21° ± 2° nach außen aufweist.

Achtung: Die Fahrwerksausführung ist auf dem Fahrzeugdatenträger angegeben. Der Fahrzeugdatenträger befindet sich im Gepäckraum unter der Gepäckraumabdeckung.
1 BA = Serienausführung
1 BE = Sportausführung

Lenkung

Die Lenkung besteht aus dem Lenkrad, der Lenksäule, dem Lenkgetriebe und dem Lenkgestänge. Das Lenkrad ist auf der Lenksäule aufgeschraubt, welche die Lenkbewegungen über das Lenkgetriebe und das Lenkgestänge auf die Räder überträgt. Die Lenksäule läßt sich manuell in der Höhe um 28 mm und in Längsrichtung um 50 mm verstellen.

Die Bedienung der Lenkung wird durch eine hydraulische Lenkhilfe (Servolenkung) erleichtert, Dadurch wird der Kraftaufwand beim Einschlagen der Lenkung möglichst gering gehalten. Die Lenkhilfe besteht aus der Ölpumpe, dem Vorratsbehälter und den Öldruckleitungen. Angetrieben wird die Ölpumpe vom Motor über den Keilrippenriemen. Die Pumpe saugt das Hydrauliköl aus dem Vorratsbehälter an und fördert es mit hohem Druck zum Ventilkörper. Der Ventilkörper sitzt im Lenkgetriebe. Er ist mit der Lenksäule mechanisch verbunden und leitet das Öl je nach Lenkeinschlag in die entsprechende Seite des Arbeitszylinders. Dort drückt das Öl gegen den Zahnstangenkolben und unterstützt dadurch die Lenkbewegung. Gleichzeitig preßt der Kolben das Öl auf der anderen Seite des Arbeitszylinders durch die Rücklaufleitung zurück zum Nachfüllbehälter.

Als Sicherheitsausstattung ist im Lenkrad der Fahrer-**Airbag** untergebracht. Der Airbag ist ein zusammengefalteter Luftsack, der im Fall einer Frontalkollision aufgeblasen wird und dadurch den Fahrer schützt. Dabei wird über ein Steuergerät eine kleine Sprengladung in der Airbag-Einheit gezündet und die Abgase der Explosion blasen den Luftsack innerhalb weniger Millisekunden auf. Diese Zeit reicht aus, den Aufprall des nach vorn schnellenden Fahrers zu dämpfen. Der Airbag fällt dann innerhalb weniger Sekunden in sich zusammen, da die Gase durch Austrittsöffnungen entweichen.

Achtung: Schweiß- und Richtarbeiten an Lenkungsteilen sind nicht zulässig. Selbstsichernde Muttern immer ersetzen.

Airbag-Sicherheitshinweise

- **Vor dem Ausbau der Airbageinheit Masseband (–) von der Batterie abklemmen und Minuspol abdecken.**
- **Bei Fahrzeugen bis 8/95 ist vor dem Ausbau der Airbageinheit außerdem die 1polige Steckverbindung für die Spannungsversorgung zu trennen.**

Hinweis: Seit 9/95 (Modelljahr 1996) ist diese Steckverbindung nicht mehr vorhanden.

- Beim Anklemmen der Batterie darf sich keine Person vor dem Fahrer- oder Beifahrerairbag aufhalten.
- Die Airbageinheit ist im ausgebauten Zustand immer so abzulegen, daß das Prallpolster bzw. die offene Seite nach oben zeigt.
- Bei Arbeitsunterbrechung die Airbageinheit nicht unbeaufsichtigt liegen lassen.
- Die Airbageinheit darf nicht zerlegt werden, bei Defekt ist sie immer komplett zu ersetzen. Da die Airbageinheit Explosivstoffe enthält, ist sie unter Verschluß oder geeigneter Aufsicht aufzubewahren. Die Entsorgung sollte die AUDI-Werkstatt vornehmen.
- Das Airbagsystem darf nur in der Fachwerkstatt geprüft werden. Keinesfalls mit Prüflampe, Voltmeter oder Ohmmeter prüfen.
- Die Airbageinheit darf nicht mit Flüssigkeiten wie Fett oder Reinigungsmitteln behandelt werden.
- Die Airbageinheit darf auch kurzzeitig keiner Temperatur über +100° C (Trockenofen) ausgesetzt werden.
- Sind die Airbageinheiten oder das Auslösegerät aus einer Höhe von mehr als 0,5 m zu Boden gefallen, dürfen diese nicht mehr eingebaut werden.
- Die Airbageinheiten haben ein Verfalldatum (Aufkleber an der B-Säule auf der Fahrerseite). Falls Airbageinheiten erneuert werden, ist der Verfallsdatum-Aufkleber von der neuen Airbageinheit abzuziehen und über den alten Aufkleber an der B-Säule zu kleben. Nach 15 Jahren muß die Airbageinheit und der Aufkleber erneuert werden.

Lenkrad aus- und einbauen

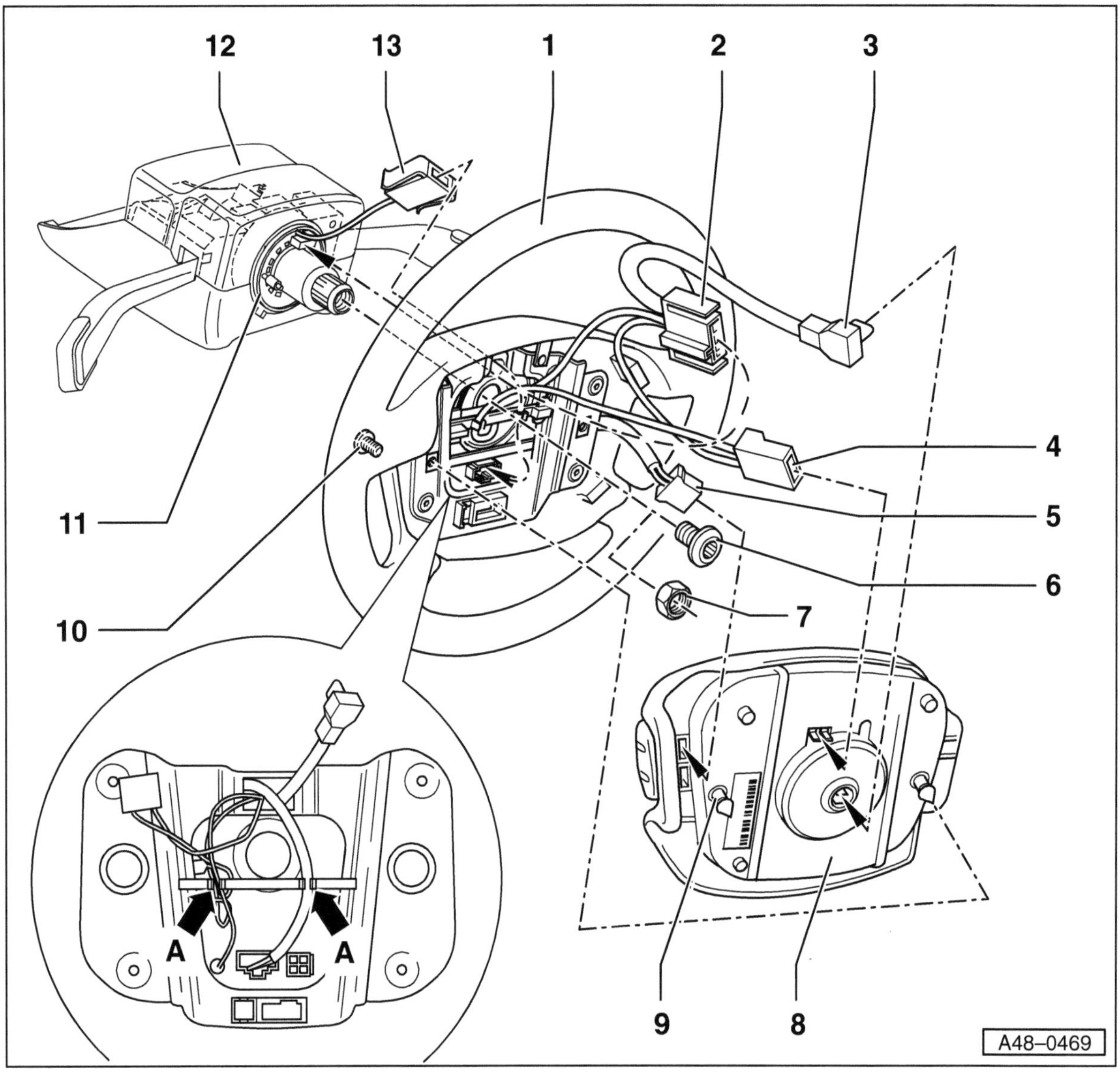

1 – **Lenkrad**
Lose Kabel an den Stellen –A– einclipsen.

2 – **Stecker für Wickelfeder**

3 – **Stecker für Airbageinheit**

4 – **Elektrostatischer Entladungsstecker**
Nur bei Fahrzeugen bis einschließlich Modelljahr '97. Seit Modelljahr '98 erfolgt die Masseübertragung über die Verschraubung –10–.

5 – **Stecker für Multifunktionsschalter**

6 – **Innenvielzahnschraube, 60 Nm***
Seit Modelljahr '98.

7 – **Mutter, 42 Nm***
Bis einschließlich Modelljahr '97.

8 – **Airbageinheit**

9 – **Rasthaken**

10 – **Schraube**
Seit Modelljahr '98 sind anstelle der Rasthaken –9– zwei Innensechskantschrauben –10– vorhanden.

11 – **Rückstellring mit Schleifring**

12 – **Verkleidung für Lenkstockschalter**

13 – **Stecker für Lenkradheizung**
Beim Einbau in das Lenkrad einfädeln. Fahrzeuge mit Multifunktionslenkrad sind immer mit Lenkradheizung ausgestattet.

A – **Nut**
Hier die losen Kabel einclipsen.

*) Immer ersetzen.

Hinweis: Die Anleitung gilt auch für das AUDI-Sportlenkrad (ab 12/95). Dargestellt ist das Lenkrad der Normalausstattung. Der nachträgliche Einbau des Sportlenkrades soll von einer AUDI-Werkstatt durchgeführt werden. Danach ist eine Eintragung in die Fahrzeugpapiere erforderlich.

Ausbau

- Airbageinheit ausbauen.
- Verstellbare Lenksäule ganz nach unten stellen und ganz herausziehen.
- Lenksäulenverstellgriff mit 2 Schrauben abschrauben.

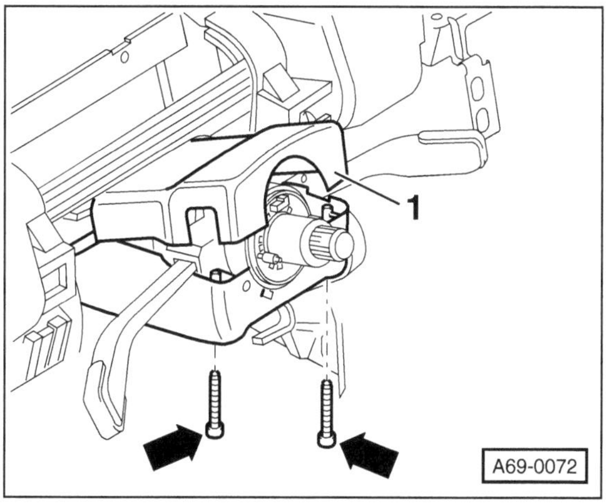

- 2 Schrauben –Pfeile– herausdrehen und obere Verkleidung –1– vorsichtig nach oben abziehen. **Hinweis:** Unterschiedliche Ausführung beachten, siehe Seite 256.

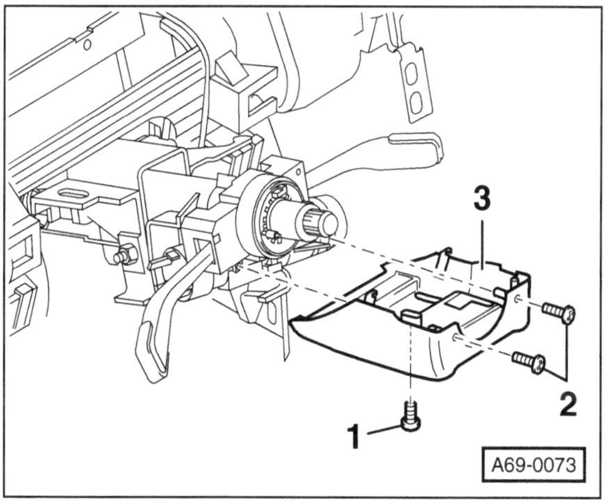

- Schrauben –1– und –2– herausdrehen und untere Lenksäulenverkleidung –3– abnehmen.
- Stecker für Hupenkontakt und Airbagwickelfeder trennen.
- Lenkung in Geradeausstellung bringen. **Achtung:** Sonst wird beim Ausbau des Lenkrades die Wickelfeder überdreht, was zum Ausfall des Airbagsystems führt.
- Lenkrad zur Lenkspindel mit Farbe oder Reißnadel kennzeichnen.
- Befestigungsschraube abschrauben und Lenkrad von der Lenkspindel abziehen. **Achtung:** Dabei darauf achten, daß die Wickelfeder nicht verdreht wird.

Einbau

- Lenkrad so auf die Kerbverzahnung der Spindel aufschieben, daß sich die vorher angebrachten Markierungen decken. **Achtung:** Beim Aufsetzen des Lenkrades müssen sich die Räder in Geradeausstellung und der Blinkerschalter in Mittelstellung befinden.
- **Neue** Innenvielzahnschraube mit **60 Nm** anschrauben.
- Steckverbindung für Hupenkontakt und Airbagwickelfeder zusammenstecken.
- Obere Verkleidung für Lenkstockschalter einsetzen und anschrauben.
- Untere Verkleidung anschrauben.
- Airbageinheit einbauen.
- Probefahrt durchführen und bei Geradeausfahrt Stellung des Lenkrades überprüfen. Die Speiche des Lenkrades muß sich in waagerechter Lage befinden.
- Falls das Lenkrad schräg steht, Lenkrad ausbauen und entsprechend umsetzen. Gegebenenfalls Spur der Vorderräder überprüfen, siehe Seite 153.
- Hupe und automatische Rückstellung des Blinkerschalters prüfen.

Airbageinheit am Lenkrad aus- und einbauen

Ausbau

Achtung: Airbag-Sicherheitshinweise beachten. Die Anleitung gilt auch für das AUDI-Sportlenkrad (ab 12/95), dargestellt ist das Lenkrad der Normalausstattung.

- Zündung ausschalten, Zündschlüssel steht in »0«-Stellung.
- **Wichtig:** Batterie-Massekabel (–) abklemmen. **Achtung:** Dadurch werden elektronische Speicher gelöscht, wie zum Beispiel der Radiocode. Hinweise im Kapitel »Batterie aus- und einbauen« beachten.

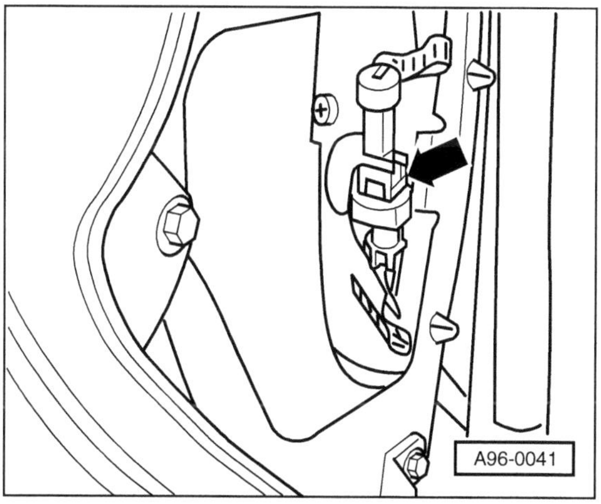

- **Fahrzeuge bis 8/95:** Beifahrertür öffnen, seitliche Abdeckung an der Schalttafel abnehmen und Steckverbindung –Pfeil– trennen. Die 1-polige Steckverbindung, rot, dient zur Spannungsversorgung des Airbag-Systems.

Hinweis: Seit 9/95 (Modelljahr 1996) ist diese Steckverbindung nicht mehr vorhanden.

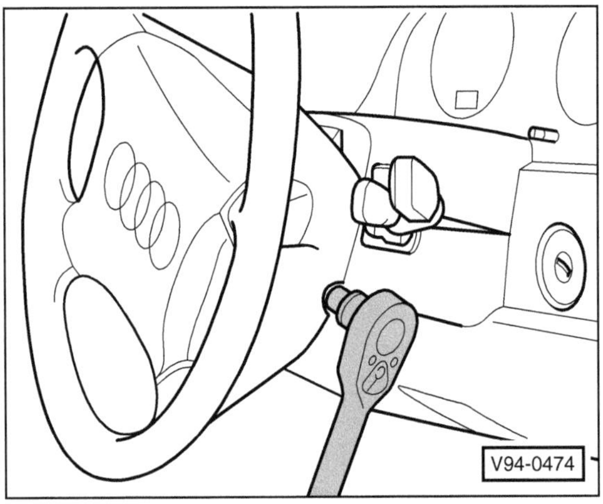

- 2 Torxschrauben für Airbageinheit links und rechts an der Lenkradrückseite abschrauben. Dazu wird ein ca. 70 mm langer Torxsteckschlüsseleinsatz T30 benötigt, zum Beispiel HAZET 2223 Lg-T30 (Bit).

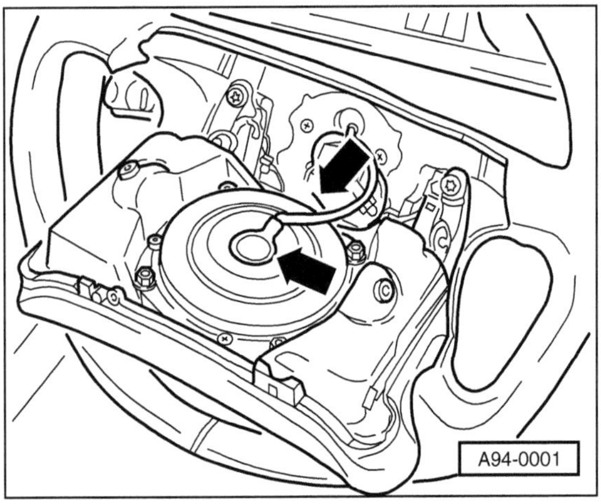

- Airbageinheit vorsichtig zurückklappen und Kabelstecker an der Rückseite abziehen.
- Airbageinheit so ablegen, daß das Prallpolster nach oben zeigt.

Einbau

- Kabelstecker für Airbageinheit zusammenfügen, er muß hörbar einrasten.
- Airbageinheit einsetzen, 2 **neue** Schrauben mit 6 Nm einschrauben. **Achtung:** Immer zuerst die rechte, dann die linke Torxschraube festziehen.
- **Fahrzeuge bis 8/95:** 1polige Steckverbindung für die Spannungsversorgung des Airbag-Systems zusammenstecken. Seitliche Abdeckung in die Schalttafel einsetzen.
- **Zuerst** Zündung einschalten und dann Batterie-Massekabel (–) anklemmen. **Achtung:** Während des Anklemmens der Batterie dürfen sich keine Personen im Fahrzeug aufhalten. Die Reihenfolge beim Anklemmen der Batterie ist nur beim Airbag-Einbau so. In allen anderen Fällen wird die Batterie grundsätzlich bei ausgeschalteter Zündung angeklemmt, sonst besteht Gefahr der Zerstörung des Motor-Steuergeräts.
- Zeituhr einstellen sowie Diebstahlcode für das Radio eingeben.

Spurstange aus- und einbauen

Die Spureinstellung erfolgt grundsätzlich an beiden Spurstangen durch Verdrehen der Gewindestücke. Die Spurstangenköpfe müssen spielfrei sein. Die Staubkappen dürfen nicht beschädigt sein, gegebenenfalls sofort erneuern.

Ausbau

- Stellung des jeweiligen Vorderrades zur Radnabe mit Farbe kennzeichnen. Dadurch kann das ausgewuchtete Rad wieder in derselben Position montiert werden. Radschrauben bei auf dem Boden stehendem Fahrzeug lösen. Fahrzeug vorn aufbocken und Vorderrad abnehmen.

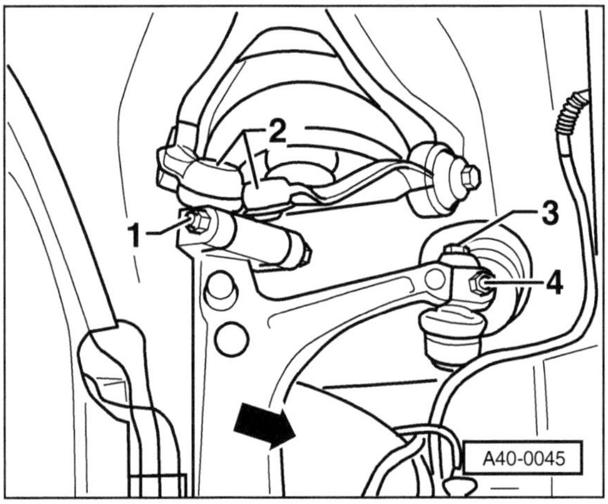

- Schrauben –3– und –4– lösen, Spurstangenkopf nach unten herausziehen.

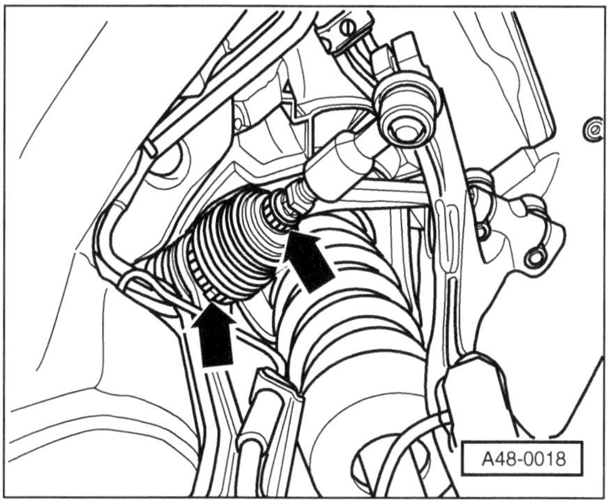

- Schlauchklemme am Faltenbalg lösen.

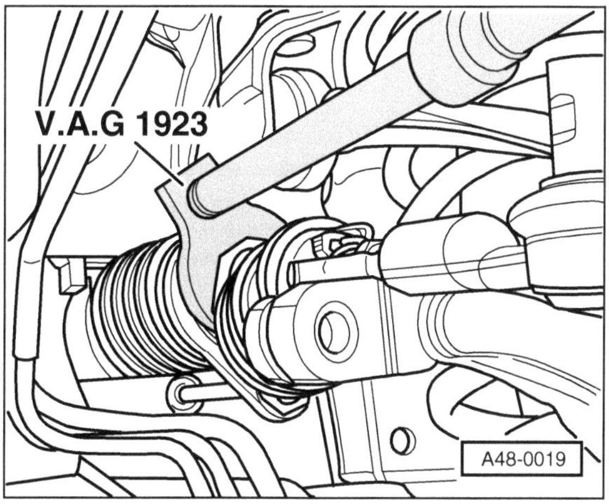

- Faltenbalg zurückschieben und Spurstange ausschrauben. Die Werkstatt verwendet hierzu das Spezialwerkzeug V.A.G 1923.
- Spurstange herausnehmen.

Einbau

- Spurstange oder Spurstangengelenk erneuern.
- Beim Abschrauben des Spurstangengelenkes Umdrehungen zählen. Neues Spurstangengelenk mit der gleichen Umdrehungsanzahl aufschrauben.
- Neue Spurstange auf das Maß der alten Spurstange bringen, dabei gegebenenfalls Gewindestück verdrehen, vorher beide Seiten entkontern.

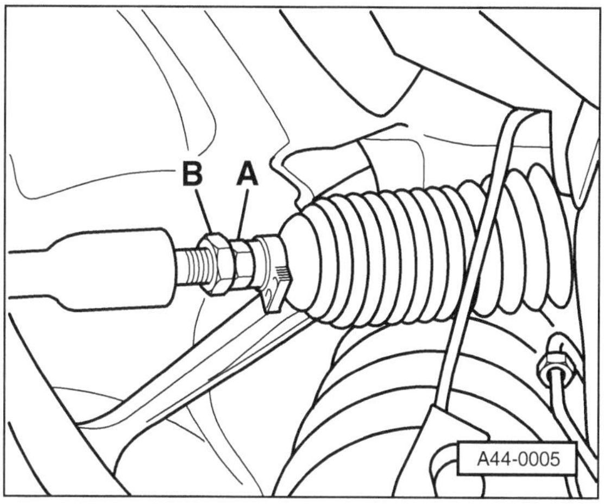

- Kontermutter –B– mit **40 Nm** festziehen. Mutter –A– dabei mit Maulschlüssel festhalten.
- Spurstange einsetzen und anschrauben.
- Spurstangenkopf einsetzen, Kombischraube –3– (Abbildung A40-0045) mit **7 Nm** und **neue** selbstsichernde Mutter –4– mit **45 Nm** festziehen.
- Faltenbalg in Einbaulage bringen und mit **neuer** Schlauchklemme sichern. Es kann auch eine Schraubschelle verwendet werden.
- Vorderrad so ansetzen, daß die beim Ausbau angebrachten Markierungen übereinstimmen. Vorher Zentriersitz der Felge an der Radnabe mit Wälzlagerfett leicht einfetten. Rad anschrauben. Fahrzeug ablassen und Radschrauben über Kreuz mit **120 Nm** festziehen.
- Spur prüfen, siehe Seite 153.

Lenkgetriebe/Ölkreislauf

4-Zylinder-Motor

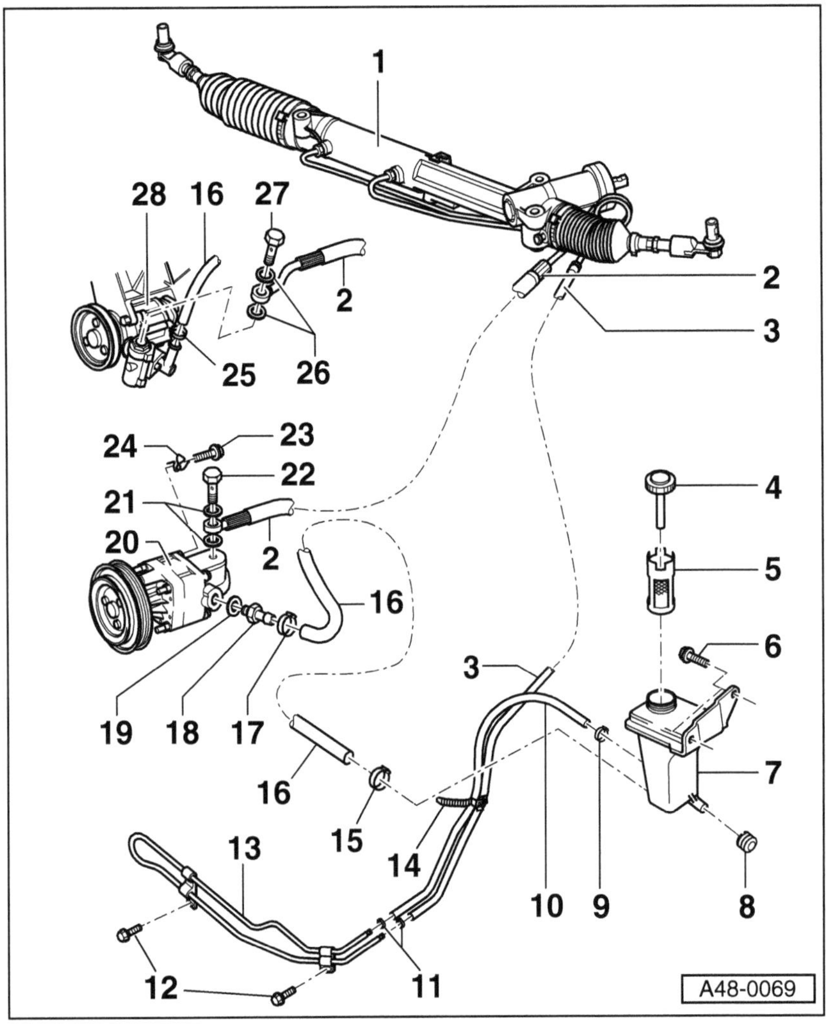

1 – **Servolenkgetriebe mit Spurstangen**

2 – **Dehnschlauch**

3 – **Rücklaufschlauch**

4 – **Verschlußdeckel mit Ölmeßstab**

5 – **Sieb für Ausgleichbehälter**
Teilweise ist das Sieb in den Ausgleichbehälter integriert.

6 – **Sechskantschraube, 10 Nm**

7 – **Ausgleichbehälter**

8 – **Tülle**

9 – **Ohrschlauchklemme**
Mit geeigneter Zange spannen, z. B. HAZET 1847-1 oder V.A.G-1275. Anstelle der Ohrschlauchklemmen können auch Schraubschellen verwendet werden.

10 – **Rücklaufschlauch vom Ölkühler**
Bei TDI ohne Anhängevorrichtung nicht vorhanden.

11 – **Ohrschlauchklemmen**
Mit geeigneter Zange spannen, z. B. HAZET 1847-1 oder V.A.G-1275. Anstelle der Ohrschlauchklemmen können auch Schraubschellen verwendet werden.

12 – **Kombischraube, 10 Nm**

13 – **Hydraulikölkühler**
Bei TDI ohne Anhängevorrichtung nicht vorhanden.

14 – **Kabelbinder**

15 – **Ohrschlauchklemme**
Mit geeigneter Zange spannen, z. B. HAZET 1847-1 oder V.A.G-1275. Anstelle der Ohrschlauchklemmen können auch Schraubschellen verwendet werden.

16 – **Saugschlauch**

17 – **Ohrschlauchklemme**
Mit geeigneter Zange spannen, z. B. HAZET 1847-1 oder V.A.G-1275. Anstelle der Ohrschlauchklemmen können auch Schraubschellen verwendet werden.

18 – **Einschraubstutzen, 50 Nm**

19 – **Dichtring 18 x 24**
Immer ersetzen.

20 – **Flügelzellenpumpe**
Bis Modelljahr '97.

21 – **Dichtringe 16 x 22**
Immer ersetzen.

22 – **Hohlschraube, 50 Nm**

23 – **Kombi-Schraube, 18 Nm**

24 – **Befestigungsbügel**

25 – **Ohrschlauchklemme**
Mit geeigneter Zange spannen, z. B. HAZET 1847-1 oder V.A.G-1275. Anstelle der Ohrschlauchklemmen können auch Schraubschellen verwendet werden.

26 – **Dichtringe 16 x 22**
Immer ersetzen.

27 – **Hohlschraube, 50 Nm**

28 – **Flügelzellenpumpe**
Seit Modelljahr '98 wird bei allen 4-Zylinder-Modellen diese Pumpe eingebaut.

Achtung: Nach jedem Öffnen des Ölkreislaufes ist das Lenksystem zu entlüften und auf Dichtheit zu prüfen.
Spezifikation des Hydrauliköls: AUDI-**G 002 000**, Füllmenge 0,7 l.

Fahrzeugvermessung

Optimale Fahreigenschaften und geringster Reifenverschleiß sind nur dann zu erzielen, wenn die Stellung der Räder einwandfrei ist. Bei unnormaler Reifenabnutzung sowie mangelhafter Straßenlage – bei schlechter Richtungsstabilität in Geradeausfahrt sowie schlechten Lenkeigenschaften in Kurvenfahrt – sollte die Werkstatt aufgesucht werden, um den Wagen optisch vermessen zu lassen.

Die Fahrzeugvermessung kann ohne eine entsprechende Meßanlage nicht durchgeführt werden. Ich beschränke mich deshalb hier auf die Beschreibung der für die Vermessung erforderlichen Grundbegriffe.

Spur/Sturz/Spreizung/Nachlauf

Als **Spur** bezeichnet man den seitlichen Abstand der Räder voneinander. Vorspur bedeutet, daß die Räder – in Höhe des Radmittelpunktes gemessen – vorn etwas enger zusammenstehen als hinten. Nachspur bedeutet, daß die Vorderräder vorn etwas weiter auseinanderstehen als hinten.

Der AUDI A4 wird auf Vorspur eingestellt.

Sturz ist der Winkel, um den die Radebene von der Senkrechten abweicht. Die Vorderräder stehen also schräg, bei negativem Sturz beispielsweise im Radaufstandspunkt mehr auseinander als oben.

Der A4 hat einen negativen Sturz.

Spreizung ist der Winkel zwischen der Schwenkachse des Achsschenkels und der Senkrechten im Reifenaufstandspunkt, in Längsrichtung des Wagens gesehen.

Nachlauf ist der Winkel zwischen der Schwenkachse des Achsschenkels und der Senkrechten im Reifenaufstandspunkt in Querrichtung des Fahrzeuges gesehen. Der Nachlauf beeinflußt maßgeblich die Geradeausführung der Vorderräder. Zu geringer Nachlauf begünstigt ein Abweichen aus der Fahrtrichtung auf schlechten Straßen oder bei Seitenwind und läßt zudem nach der Kurvenfahrt die Lenkung nicht weit genug zur Mittelstellung zurücklaufen.

Prüfvoraussetzungen

Zur Fahrzeugvermessung wird eine Meßgrube oder eine Meß-Hebebühne benötigt. Bei jeder Vermessung müssen folgende Voraussetzungen erfüllt sein:

- Vorschriftsmäßiger Reifenfülldruck
- Fahrzeug unbeladen, Tank voll
- Fahrzeug vorher kräftig durchgefedert
- Kein unzulässiges Spiel im Lenkgestänge
- Kein unzulässiges Spiel in der Radaufhängung
- Gleiche Reifenprofilstärke auf einer Achse

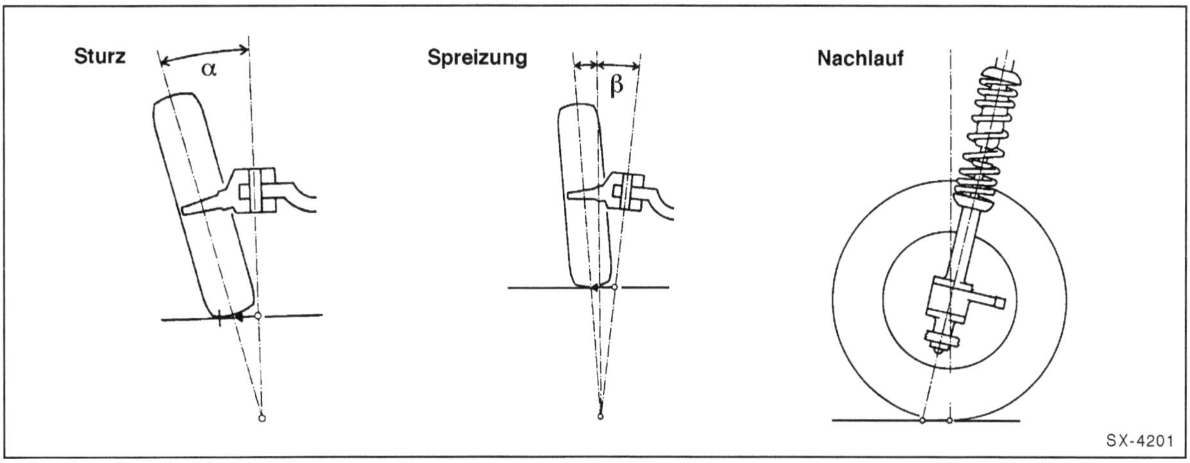

Bremsanlage

Das Bremssystem besteht aus dem Hauptbremszylinder, dem Bremskraftverstärker und den Scheibenbremsen für die Vorder- und Hinterräder. Das hydraulische Bremssystem ist in zwei Kreise aufgeteilt, die diagonal aufgeteilt sind. Ein Bremskreis arbeitet vorn rechts/hinten links, der zweite vorn links/hinten rechts. Dadurch kann bei Ausfall eines Bremskreises, zum Beispiel durch Undichtigkeit, das Fahrzeug über den anderen Bremskreis zum Stehen gebracht werden. Der Druck für beide Bremskreise wird im Tandem-Hauptbremszylinder über das Bremspedal aufgebaut.

Der Bremsflüssigkeitsbehälter befindet sich im Motorraum über dem Hauptbremszylinder und versorgt das ganze Bremssystem mit Bremsflüssigkeit.

Der Bremskraftverstärker speichert beim Benzinmotor einen Teil des vom Motor erzeugten Ansaug-Unterdruckes. Über Ventile wird dann bei Bedarf die Pedalkraft durch den Unterdruck verstärkt. Da beim Dieselmotor der Ansaug-Unterdruck nicht vorhanden ist, erzeugt eine Vakuumpumpe den Unterdruck für den Bremskraftverstärker. Die Vakuumpumpe ist am Motorblock hinten links angeflanscht und wird über die Zwischenwelle angetrieben. Bei den 5-Ventil-Motoren wird der Ansaug-Unterdruck durch eine Saugstrahlpumpe in der Unterdruckleitung verstärkt.

Die Scheibenbremsen sind mit einem sogenannten Faustsattel ausgestattet. Bei dem Faustsattel wird nur ein Kolben benötigt, um beide Bremsbeläge gegen die Bremsscheibe zu drücken.

Die Handbremse wirkt über Seilzüge auf die Hinterräder.

Beim Reinigen der Bremsanlage fällt Bremsstaub an. Dieser Staub kann zu gesundheitlichen Schäden führen. Deshalb beim Reinigen der Bremsanlage darauf achten, daß der Bremsstaub nicht eingeatmet wird.

Die Bremsbeläge sind Bestandteil der Allgemeinen Betriebserlaubnis (ABE), außerdem sind sie vom Werk auf das jeweilige Fahrzeugmodell abgestimmt. Es empfiehlt sich deshalb, nur von AUDI beziehungsweise vom Kraftfahrtbundesamt freigegebene Bremsbeläge zu verwenden. Diese Bremsbeläge haben eine KBA-Freigabenummer.

Das Arbeiten an der Bremsanlage erfordert peinliche Sauberkeit und exakte Arbeitsweise. Falls die nötige Arbeitserfahrung fehlt, sollten die Arbeiten an der Bremse von einer Fachwerkstatt durchgeführt werden.

Hinweis: Auf stark regennassen Fahrbahnen sollte während des Fahrens die Bremse von Zeit zu Zeit betätigt werden, um die Bremsscheiben von Rückständen zu befreien. Durch die Zentrifugalkraft während der Fahrt wird zwar das Wasser von den Bremsscheiben geschleudert, doch bleibt teilweise ein dünner Film von Silikonen, Gummiabrieb, Fett und Verschmutzungen zurück, der das Ansprechen der Bremse vermindert.

Nach dem Einbau von neuen Bremsbelägen müssen diese eingebremst werden. Während einer Fahrtstrecke von rund 200 km sollten unnötige Vollbremsungen unterbleiben.

Korrodierte Scheibenbremsen erzeugen beim Abbremsen einen Rubbeleffekt, der sich auch durch längeres Abbremsen nicht beseitigen läßt. In diesem Fall müssen die Bremsscheiben erneuert werden.

Eingebrannter Schmutz auf den Bremsbelägen und zugesetzte Regennuten in den Bremsbelägen führen zur Riefenbildung auf den Bremsscheiben. Dadurch kann eine verminderte Bremswirkung eintreten.

Achtung: Wird nach einer Kurvenfahrt ein unterschiedlicher Pedalweg festgestellt, dann muß die Bremsscheibe auf Seitenschlag am äußeren Durchmesser geprüft werden, gegebenenfalls ist die Bremsscheibe zu erneuern.

ABS/EBV/EDS/ASR

ABS: Das **A**nti-**B**lockier-**S**ystem verhindert bei scharfem Abbremsen das Blockieren der Räder.

EBV: Die **E**lektronische **B**remskraft**v**erteilung verteilt mittels ABS-Hydraulik die Bremskraft an die Hinterräder. Da die elektronische EBV-Steuerung wesentlich sensibler arbeitet als ein mechanisch wirkender Bremskraftregler, wird ein deutlich größerer Regelbereich ausgenutzt.

Bei Geradeausfahrt wird die Hinterradbremse voll an der Bremsleistung beteiligt. Um auch bei Kurvenbremsungen die Fahrstabilität zu gewährleisten, muß der Bremskraftanteil der Hinterachse reduziert werden. Über die ABS-Drehzahlsensoren erkennt die EBV, ob der AUDI A4 geradeaus oder durch eine Kurve fährt. Bei Kurvenfahrt wird der Bremsdruck für die Hinterräder reduziert. Dadurch können die Hinterräder die maximale Seitenführungskraft aufbringen.

EDS: Mit der **E**lektronischen **D**ifferential**s**perre werden beim Anfahren durchdrehende Räder abgebremst. Das Antriebsdrehmoment wird dabei durch elektronisch geregeltes Abbremsen durchdrehender Räder auf »greifende« Räder umgelenkt.

Das elektronische System kontrolliert den Schlupf der zum Durchdrehen neigenden Räder und reagiert ebenso blitzschnell wie individuell durch den sofortigen Aufbau und die unmittelbare Modulation des Bremsdrucks an den betroffenen Rädern. Dadurch wird immer die maximal übertragbare Antriebskraft genutzt, im Extremfall sogar nur die eines Rades.

Das selbsttätig arbeitende EDS nutzt die ABS-Technik. Die elektronische Differentialsperre wird beim Anfahren wirksam und schaltet sich bei einer Geschwindigkeit von 40 km/h automatisch ab. Besonders vorteilhaft an dieser Traktionshilfe: Sie beeinflußt weder das Fahrverhalten negativ noch beeinträchtigt sie den Lenkkomfort beim Anfahren.

ASR: Die **A**ntriebs-**S**chlupf-**R**egelung verringert das Antriebsdrehmoment beim Durchdrehen beider Antriebsräder durch Zurücknahme der Motorleistung. ASR gibt es als Sonderausstattung für die frontgetriebenen 6-Zylinder-Modelle.

Während EDS den gezielten Bremseneingriff zur Traktionsverbesserung einsetzt, sorgt die Antriebs-Schlupf-Regelung ASR bei Bedarf für einen zusätzlichen Eingriff in die Motorsteuerung. Und zwar wird bei aufkommendem Schlupf der Antriebsräder die Motorleistung so weit abgeregelt, daß nur noch das auf die Fahrbahn übertragbare Drehmoment bereitgestellt wird. Die Reduzierung erfolgt durch Ausblendung der Kraftstoffeinspritzung und bei kaltem Motor zusätzlich durch Zündwinkelverstellung.

Sinn der Antriebs-Schlupf-Regelung ist es, die aktive Sicherheit durch Gewinn an Fahrstabilität und Lenkbarkeit auch bei Kurvenfahrt zu erhöhen, und zwar unabhängig davon, wieviel Gas der Fahrer gibt. ASR wirkt vom Anfahren bis zur Höchstgeschwindigkeit.

Hinweise zum ABS/EBV/EDS/ASR

Eine Sicherheitsschaltung im elektronischen Steuergerät sorgt dafür, daß sich die Anlage bei einem Defekt (z. B. Kabelbruch) oder bei zu niedriger Betriebsspannung (Batteriespannung unter 10,5 Volt) selbst abschaltet, dies wird durch das Leuchten der Kontrollampen am Armaturenbrett angezeigt. Die herkömmliche Bremsanlage bleibt dabei in Betrieb. Das Fahrzeug verhält sich dann beispielsweise beim Bremsen so, als ob keine ABS-Anlage eingebaut wäre.

Leuchten eine oder mehrere Kontrollampen im Armaturenbrett während der Fahrt auf, folgende Punkte beachten:

- Fahrzeug kurz anhalten, Motor abstellen und wieder starten.
- Batteriespannung prüfen. Wenn die Spannung unter 10,5 Volt liegt, Batterie laden.

Achtung: Wenn die Kontrolleuchten am Anfang einer Fahrt aufleuchtet und nach einiger Zeit wieder erlöscht, deutet das darauf hin, daß die Batteriespannung zunächst zu gering war, bis sie sich während der Fahrt durch Ladung über den Generator wieder erhöht hat.

- Prüfen, ob die Batterieklemmen richtig festgezogen sind und einwandfreien Kontakt haben.
- Fahrzeug aufbocken, Räder abnehmen, elektrische Leitungen zu den Drehzahlfühlern auf äußere Beschädigungen (Scheuerstellen) prüfen. Weitere Prüfungen der ABS/EBV/EDS/ASR-Anlage sollten der Werkstatt vorbehalten bleiben.

Achtung: Vor Schweißarbeiten mit einem elektrischen Schweißgerät muß der Stecker vom elektronischen Steuergerät abgezogen werden. Stecker nur bei ausgeschalteter Zündung abziehen. Bei Lackierarbeiten darf das Steuergerät mit max. +90° C belastet werden.

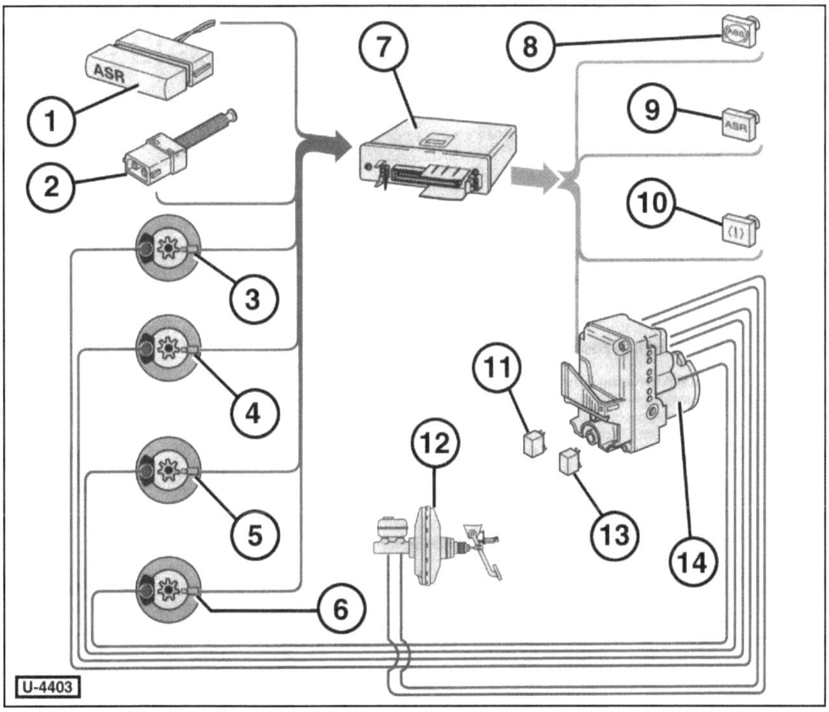

1 – Schalter für ASR
2 – Bremslichtschalter
3 – Drehzahlfühler hinten links
4 – Drehzahlfühler hinten rechts
5 – Drehzahlfühler vorn rechts
6 – Drehzahlfühler vorn links
7 – Steuergerät für ABS/EBV/EDS/ASR
8 – Kontrollampe ABS/EDS
9 – Kontrollampe ASR
10 – Kontrollampe Bremsflüssigkeitsstand
11 – Relais für Magnetventile
12 – Hauptbremszylinder, Bremskraftverstärker, Bremspedal
13 – Relais für Rückförderpumpe
14 – Hydraulikeinheit

Technische Daten Bremsanlage

Scheibenbremse		vorn				hinten		
Bremssattel-Ausführung		**FN-3**	**C-54**	**HP-2**	**FN-2**	**C-38**	**C-43**	**C-43**
Bremsscheibe	∅ mm	288	280	321	360	245	256	312
Dicke der Bremsscheibe innenbelüftet	mm	25	22	30	32	–	22	22
Verschleißgrenze der Bremsscheibe	mm	23	20	28	30,4	–	19	20,4
Dicke der Bremsscheibe unbelüftet	mm	15	13	–	–	10	–	–
Verschleißgrenze der Bremsscheibe	mm	13	11	–	–	8	–	–
Belagdicke neu ohne Rückenplatte	mm	14	14	14	20	12	12	12
Verschleißgrenze Bremsbelagdicke ohne Rückenplatte	mm	2	2	2	2	2	2	2

Bremsbeläge vorn aus- und einbauen

Teves-Bremssattel FN-3

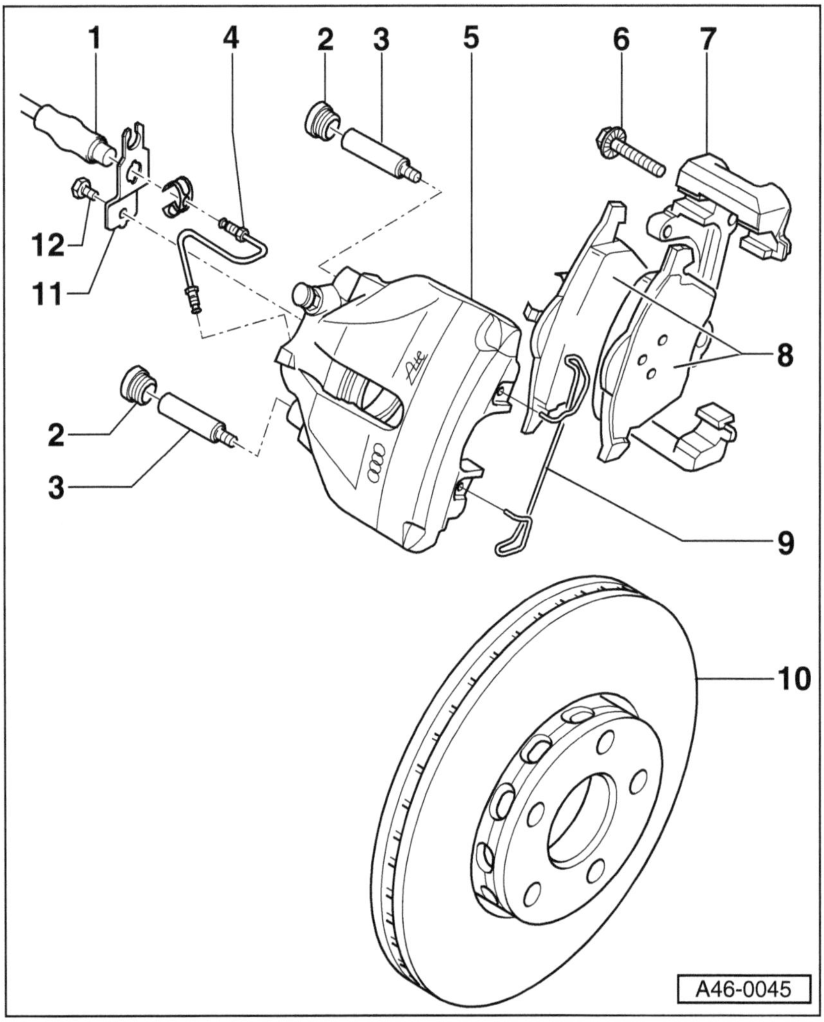

1 – **Bremsschlauch**
Zum Ersetzen der Bremsbeläge nicht abschrauben.

2 – **Abdeckkappen**

3 – **Führungsbolzen, 25 Nm**

4 – **Bremsleitung, 15 Nm**

5 – **Bremssattelgehäuse**
Ein neuer Bremssattel ist bereits mit Bremsflüssigkeit gefüllt und vorentlüftet.

6 – **Rippschraube, 125 Nm**
Bei Wiederverwendung Verrippung reinigen.

7 – **Bremsträger**

8 – **Bremsbeläge**
Die äußeren Bremsbeläge sind auf der Belagrückenplatte mit einer Klebefolie versehen. Diese ist vor dem Einsetzen abzuziehen.
Beläge nur achsweise ersetzen.
Hinweis: Vor dem Einsetzen neuer Bremsbeläge sind die Bremssättel gründlich von Verschmutzung zu reinigen (fettfrei). Dabei ist besonders auf das Entfernen eventueller Klebefolienreste an den Anlageflächen der äußeren Bremsbeläge zu achten.

9 – **Haltefeder**
In beide Bohrungen des Bremssattelgehäuses einsetzen.

10 – **Bremsscheibe**
Nur achsweise ersetzen. Zum Ausbauen vorher Bremssattel abschrauben.
Nur gleichmäßig, beidseitig, von der Dicke im Neuzustand ausgehend, abdrehen.

11 – **Halter**

12 – **Sechskantschraube, 10 Nm**

Ausbau

Achtung: Die Bremsbeläge sind Bestandteil der Allgemeinen Betriebserlaubnis (ABE), außerdem sind sie vom Werk auf das jeweilige Modell abgestimmt. Es empfiehlt sich deshalb, nur von AUDI freigegebene Bremsbeläge zu verwenden.

- Stellung der Vorderräder zur Radnabe mit Farbe kennzeichnen. Dadurch kann das ausgewuchtete Rad wieder in derselben Position montiert werden. Radschrauben bei auf dem Boden stehendem Fahrzeug lösen. Fahrzeug vorn aufbocken und Vorderräder abnehmen.

Achtung: Sollen die Bremsbeläge wieder verwendet werden, so müssen sie beim Ausbau gekennzeichnet werden. Ein Wechsel der Beläge von der Außen- zur Innenseite und umgekehrt oder auch vom rechten zum linken Rad ist nicht zulässig. Der Wechsel kann zu ungleichmäßiger Bremswirkung führen. Es empfiehlt sich nur Original AUDI-, beziehungsweise von AUDI freigegebene Bremsbeläge zu verwenden. **Grundsätzlich alle Scheibenbremsbeläge vorn gleichzeitig ersetzen, auch wenn nur ein Belag die Verschleißgrenze erreicht hat.**

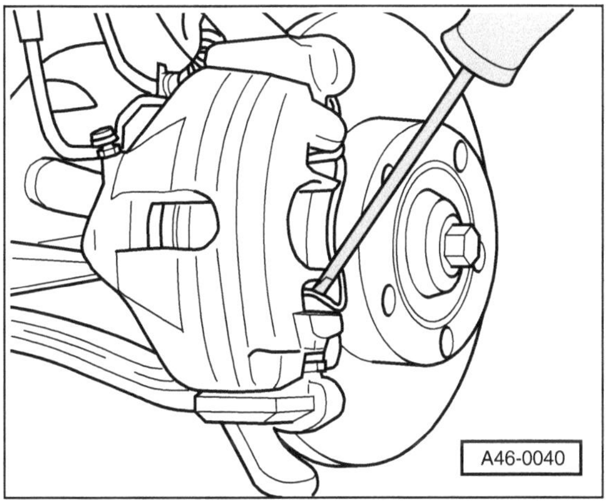

- Haltefeder für Bremsbeläge aus Bremssattelgehäuse mit Schraubendreher heraushebeln und abnehmen.

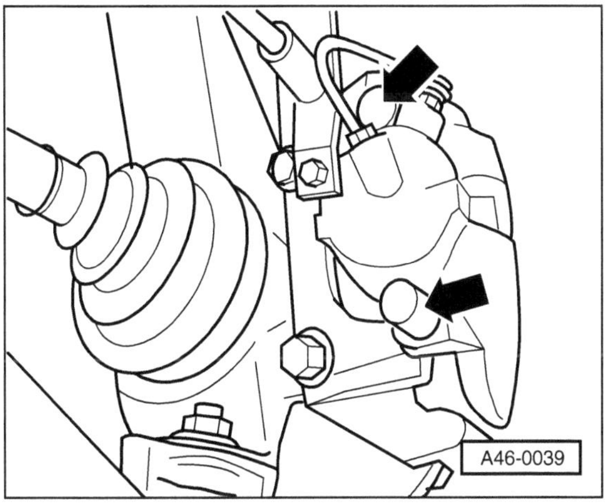

- Obere und untere Abdeckkappe –Pfeile– abnehmen.

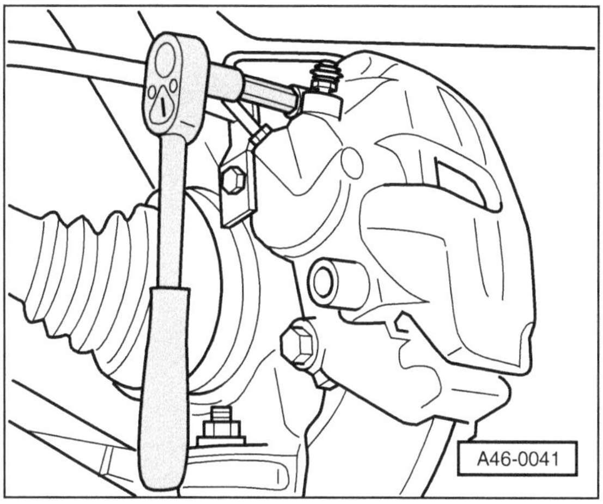

- Beide Führungsbolzen aus Bremssattel herausschrauben.
- Bremssattelgehäuse mit Draht am Aufbau aufhängen. **Achtung:** Bremssattel nicht einfach nach unten hängen lassen; der Bremsschlauch darf nicht auf Zug beansprucht oder verdreht werden.
- Äußeren Bremsbelag aus Bremsträger nehmen.
- Inneren Bremsbelag (mit Spreizfeder) aus Bremskolben ziehen.

Einbau

Achtung: Bei ausgebauten Bremsbelägen nicht auf das Bremspedal treten, sonst wird der Kolben aus dem Gehäuse herausgedrückt.

- Führungsfläche beziehungsweise Sitz der Beläge im Gehäuseschacht mit geeigneter Weichmetallbürste reinigen oder mit einem Lappen und Spiritus auswischen. Keine mineralölhaltigen Lösungsmittel oder scharfkantigen Werkzeuge verwenden.
- Vor Einbau der Beläge ist die Bremsscheibe durch Abtasten mit den Fingern auf Riefen zu untersuchen. Riefige Bremsscheiben können abgedreht werden (Werkstattarbeit), sofern sie noch eine ausreichende Dicke aufweisen.
- Bremsscheibendicke messen, siehe Seite 164.
- Staubkappe für Bremskolben auf Anrisse prüfen. Eine beschädigte Staubkappe umgehend ersetzen lassen, da eingedrungener Schmutz schnell zu Undichtigkeiten des Bremssattels führt. Der Bremssattel muß hierzu zerlegt werden (Werkstattarbeit).

Achtung: Bei hohem Bremsbelagverschleiß Leichtgängigkeit des Kolbens prüfen. Dazu einen Holzklotz in den Bremssattel einsetzen und durch Helfer langsam auf das Bremspedal treten lassen. Der Bremskolben muß sich leicht heraus- und hineindrücken lassen. Zur Prüfung muß der andere Bremssattel eingebaut sein. Darauf achten, daß der Bremskolben nicht ganz herausgedrückt wird. Bei schwergängigem Kolben Bremssattel instandsetzen (Werkstattarbeit).

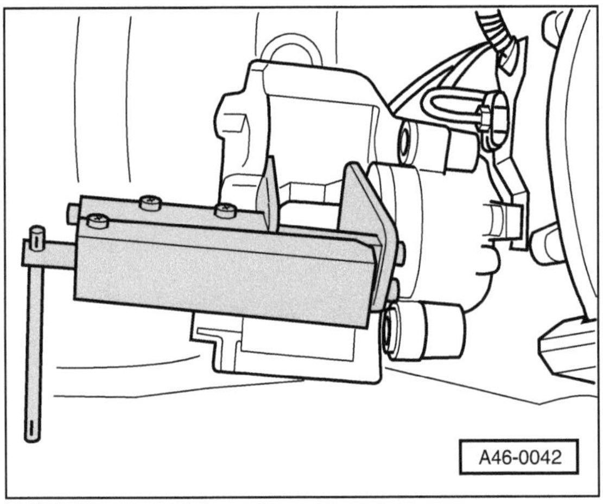

- Bremskolben mit Rücksetzvorrichtung, zum Beispiel HAZET 4971-1, zurückdrücken. Es geht auch mit einem Hartholzstab (Hammerstiel), dabei jedoch besonders darauf achten, daß der Kolben nicht verkantet wird und Kolbenfläche sowie Staubkappe nicht beschädigt werden.

Achtung: Beim Zurückdrücken des Kolbens wird Bremsflüssigkeit aus dem Bremszylinder in den Ausgleichbehälter gedrückt. Flüssigkeit im Behälter beobachten, eventuell Bremsflüssigkeit mit einem Saugheber absaugen.

Zum Absaugen eine Entlüfterflasche oder eine Plastikflasche verwenden, die nur mit Bremsflüssigkeit in Berührung kommt. Keine Trinkflaschen verwenden! **Bremsflüssigkeit ist giftig und darf auf gar keinen Fall mit dem Mund über einen Schlauch abgesaugt werden. Saugheber verwenden.** Auch nach dem Belagwechsel darf die Max.-Marke am Bremsflüssigkeitsbehälter nicht überschritten werden, da sich die Flüssigkeit bei Erwärmung ausdehnt. Ausgelaufene Bremsflüssigkeit läuft am Hauptbremszylinder hinunter, zerstört den Lack und führt zur Rostbildung.

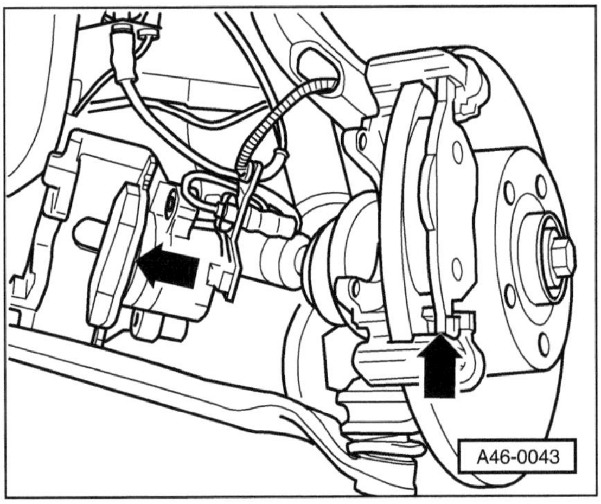

- Inneren Bremsbelag (mit Spreizfeder) in Bremskolben einsetzen.

Achtung: Der innere Bremsbelag (mit Spreizfeder) ist mit einem Pfeil versehen. Der Pfeil muß in Drehrichtung der Bremsscheibe bei Vorwärtsfahrt zeigen. Bei Falschmontage (auf der anderen Fahrzeugseite) kann es zu Geräuschen kommen.

- Schutzfolie von Rückenplatte des äußeren Bremsbelages abziehen.
- Äußeren Bremsbelag auf Bremsträger aufsetzen. Dabei nicht die Klebeschicht auf der Rückenplatte beschädigen.
- Bremssattelgehäuse mit beiden Führungsbolzen am Bremsträger mit **25 Nm** anschrauben.
- Beide Abdeckkappen einsetzen.
- Haltefeder in Bremssattelgehäuse einsetzen. **Hinweis:** Nach dem Einsetzen in die beiden Bohrungen muß die Haltefeder unter den Bremsträger gedrückt werden. Bei fehlerhafter Montage kann der Verschleiß des äußeren Belags nicht nachgestellt werden, so daß sich dadurch der Pedalweg vergrößert.
- Vorderräder so ansetzen, daß die beim Ausbau angebrachten Markierungen übereinstimmen. Räder anschrauben. Fahrzeug ablassen und Radschrauben über Kreuz mit **120 Nm** festziehen.

Achtung: Bremspedal im Stand mehrmals kräftig niedertreten, bis fester Widerstand spürbar ist. Dadurch legen sich die Bremsbeläge an die Bremsscheiben an und nehmen einen dem Betriebszustand entsprechenden Sitz ein.

- Bremsflüssigkeit im Ausgleichbehälter prüfen, gegebenenfalls bis zur Max.-Marke auffüllen.
- Neue Bremsbeläge vorsichtig einbremsen, dazu Fahrzeug mehrmals von ca. 80 km/h auf 40 km/h mit geringem Pedaldruck abbremsen. Dazwischen Bremse etwas abkühlen lassen.

Achtung: Bis zu einer Fahrstrecke von ca. 200 km sollten keine Vollbremsungen vorgenommen werden.

Hinweis: Bremsbeläge sind als Sondermüll zu entsorgen. Die örtlichen Behörden geben darüber Auskunft, ob auch eine Entsorgung über den hausmüllähnlichen Gewerbemüll zulässig ist.

Achtung, Sicherheitskontrolle durchführen:
- Sind die Bremsschläuche festgezogen?
- Befindet sich der Bremsschlauch in der Halterung?
- Sind die Entlüftungsschrauben angezogen?
- Ist genügend Bremsflüssigkeit eingefüllt?
- Bei laufendem Motor Dichtheitskontrolle durchführen. Hierzu Bremspedal mit 200 bis 300 N (entspricht 20 bis 30 kg) etwa 10 sec. betätigen. Das Bremspedal darf nicht nachgeben. Sämtliche Anschlüsse auf Dichtheit kontrollieren.

Bremsbeläge vorn aus- und einbauen

Lucas-Bremssattel C-54

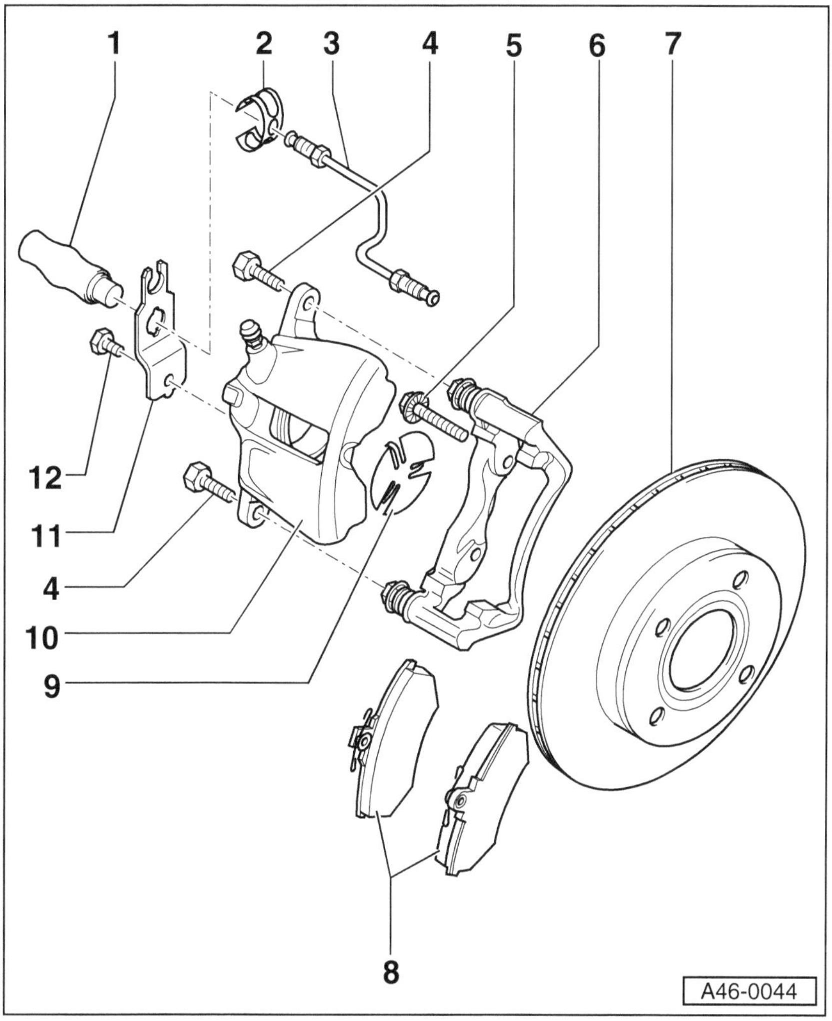

1 – **Bremsschlauch**
Zum Ersetzen der Bremsbeläge nicht abschrauben.

2 – **Klammer**

3 – **Bremsleitung, 15 Nm**

4 – **Schraube, 30 Nm**
Selbstsichernd, daher immer ersetzen. Beim Lösen und Festziehen am Führungsbolzen gegenhalten.

5 – **Rippschraube, 125 Nm**
Bei Wiederverwendung Verrippung reinigen.

6 – **Bremsträger mit Führungsbolzen und Schutzkappe**
Wird als Ersatzteil mit ausreichender Fettmenge an den Führungsbolzen in zusammengebautem Zustand geliefert.

7 – **Bremsscheibe**
Nur achsweise ersetzen. Zum Ausbauen vorher Bremssattel abschrauben.

8 – **Bremsbeläge**
Beläge nur achsweise ersetzen.
Hinweis: Vor dem Einsetzen neuer Bremsbeläge sind die Bremssättel gründlich von Verschmutzung zu reinigen (fettfrei).

9 – **Wärmeschutzblech**
In den Kolben einsetzen.

10 – **Bremssattelgehäuse**
Zum Bremsbelagwechsel Bremsschlauch nicht abschrauben. Ein neuer Bremssattel ist mit Bremsflüssigkeit gefüllt und vorentlüftet.

11 – **Halter**
An Bremssattelgehäuse anschrauben.

12 – **Sechskantschraube, 10 Nm**

Ausbau

Achtung: In diesem Kapitel sind nur die unterschiedlichen Arbeitsgänge bei der Lucas-Bremsanlage beschrieben. Der Ausbau der Scheibenbremsbeläge wird grundsätzlich anhand der Teves-Anlage beschrieben, deshalb ist dieses Kapitel ebenfalls durchzulesen.

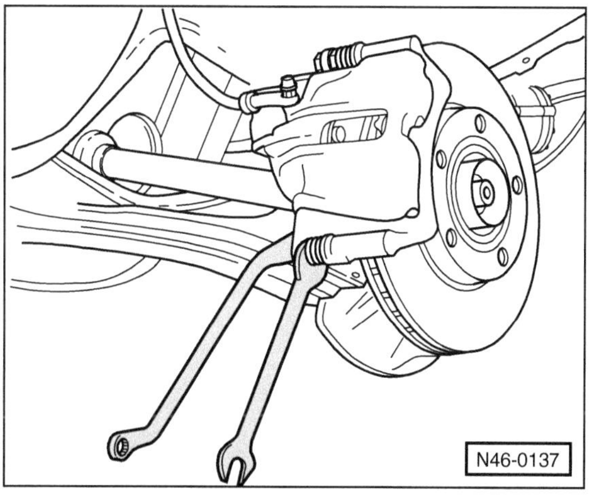

- Untere Befestigungsschraube für Bremssattelgehäuse herausschrauben. Dabei am Führungsbolzen gegenhalten.

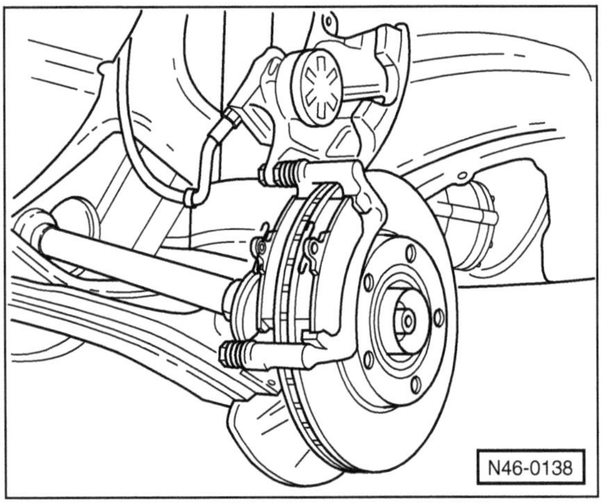

- Bremssattelgehäuse nach oben schwenken und Bremsbeläge herausnehmen.
- Kolben in Bremssattelgehäuse zurückdrücken.

Einbau

- Bremsbeläge einsetzen.
- Bremssattelgehäuse nach unten schwenken und Befestigungsschraube mit **30 Nm** anziehen. **Achtung:** Im Reparatursatz sind zwei selbstsichernde Sechskantschrauben enthalten, die in jedem Falle einzubauen sind.

Achtung, Sicherheitskontrolle durchführen:

- ◆ Sind die Bremsschläuche festgezogen?
- ◆ Befindet sich der Bremsschlauch in der Halterung?
- ◆ Sind die Entlüftungsschrauben angezogen?
- ◆ Ist genügend Bremsflüssigkeit eingefüllt?
- ◆ Bei laufendem Motor Dichtheitskontrolle durchführen. Hierzu Bremspedal mit 200 bis 300 N (entspricht 20 bis 30 kg) etwa 10 sec. betätigen. Das Bremspedal darf nicht nachgeben. Sämtliche Anschlüsse auf Dichtheit kontrollieren.

Bremsbeläge hinten aus- und einbauen

Bremssattel C-38

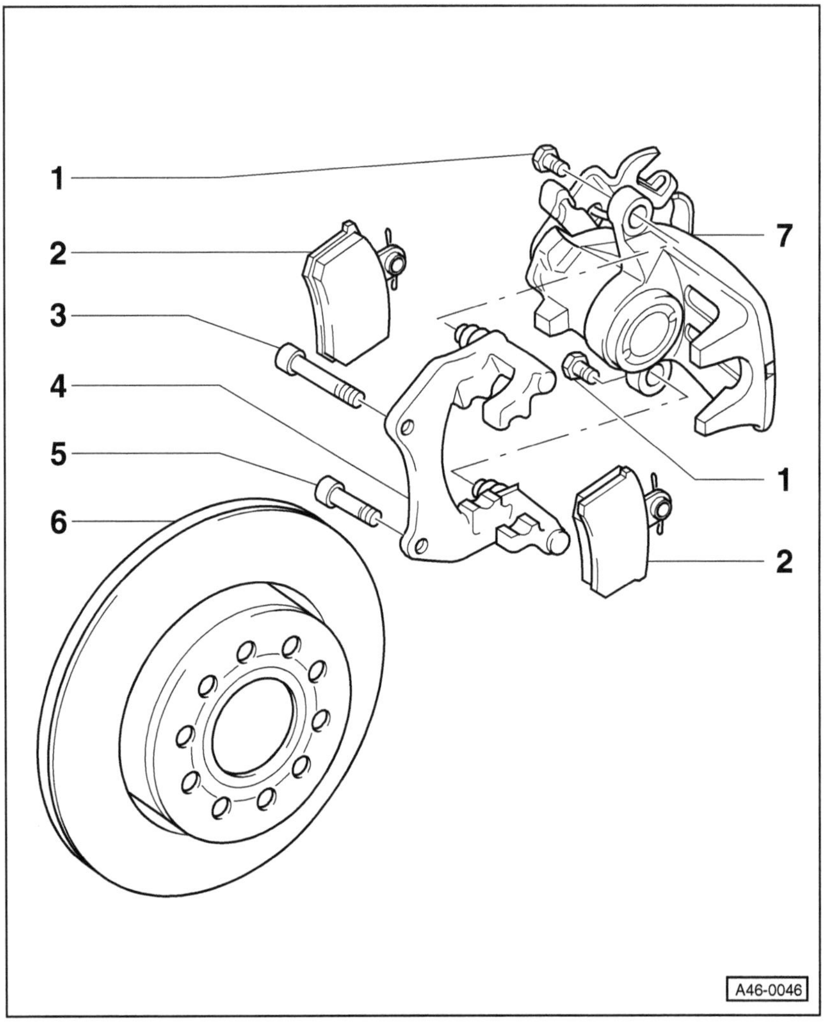

1 – **Schraube, 30 Nm**
Selbstsichernd, daher grundsätzlich ersetzen. Beim Lösen und Festziehen am Führungsbolzen gegenhalten.

2 – **Bremsbeläge**
Nur achsweise ersetzen. Bremsbelagdicke neu: 12 mm, Bremsbelagverschleißgrenze: 2 mm. Bei einer Belagdicke einschließlich Rückenplatte von 7 mm haben die Bremsbeläge ihre Verschleißgrenze erreicht und sind zu ersetzen.

3 – **Sechskant-Rippschraube, 95 Nm**
Fahrzeuge mit Allradantrieb : Zylinderschraube, **60 Nm. Achtung:** In Fahrzeugen mit Frontantrieb bis 1/95 können auch Zylinderschrauben eingebaut sein, diese ebenfalls mit 60 Nm festziehen.

4 – **Bremsträger mit Führungsbolzen und Schutzkappe**
Wird zusammengebaut mit ausreichender Fettmenge an den Führungsbolzen als Ersatzteil geliefert. Bei Beschädigungen an den Schutzkappen Reparatursatz einbauen. Beiliegendes Fettkissen zum Befetten der Führungsbolzen verwenden.

5 – **Sechskant-Rippschraube, 95 Nm**
Fahrzeuge mit Allradantrieb : Zylinderschraube, **60 Nm. Achtung:** In Fahrzeugen mit Frontantrieb bis 1/95 können auch Zylinderschrauben eingebaut sein, diese ebenfalls mit 60 Nm festziehen.

6 – **Bremsscheibe**
Nur achsweise ersetzen.

7 – **Bremssattelgehäuse**
Ein neuer Bremssattel ist mit Bremsflüssigkeit gefüllt und vorentlüftet.

Ausbau

Achtung: In diesem Kapitel sind nur die unterschiedlichen Arbeitsgänge bei der hinteren Bremsanlage beschrieben. Der Ausbau der Scheibenbremsbeläge wird grundsätzlich anhand der »Teves-Anlage vorn« beschrieben, deshalb ist dieses Kapitel ebenfalls durchzulesen.

- Bremssattelgehäuse oben und unten abschrauben. Dabei am Führungsbolzen gegenhalten. Gehäuse abnehmen.
- Bremsbeläge herausnehmen.

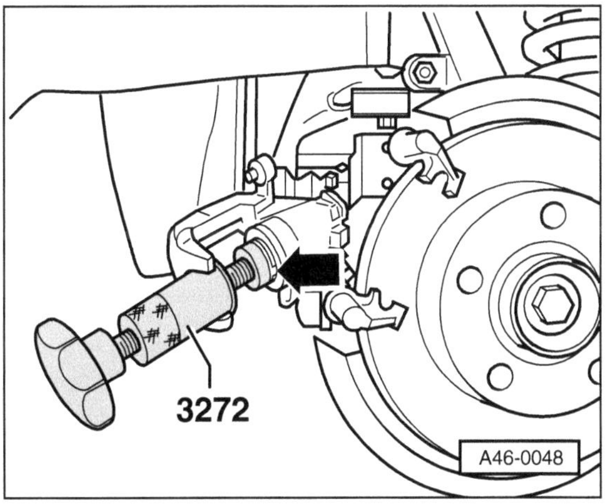

- Kolben in Bremssattelgehäuse zurück**drehen**. Das Spezialwerkzeug, VW/AUDI-3272 oder HAZET 4970/6, wird dazu so eingesetzt, daß der Bund vor dem Kolben steht. Gewindespindel nach rechts und Rändelrad nach links bis zum Anschlag einschrauben. Falls das Spezialwerkzeug nicht zur Verfügung steht, Flacheisen durch die beiden Nuten des Bremskolbens führen und Kolben unter kräftigem Druck zurückdrehen. **Achtung:** Bei schwergängigem Kolben Maulschlüssel SW 13 an den Abflachungen ansetzen. Der Kolben darf auf keinen Fall mit einer handelsüblichen Kolbenrücksetzvorrichtung zurückgedrückt werden, sonst wird der Feststellmechanismus für die Handbremse beschädigt.

Einbau

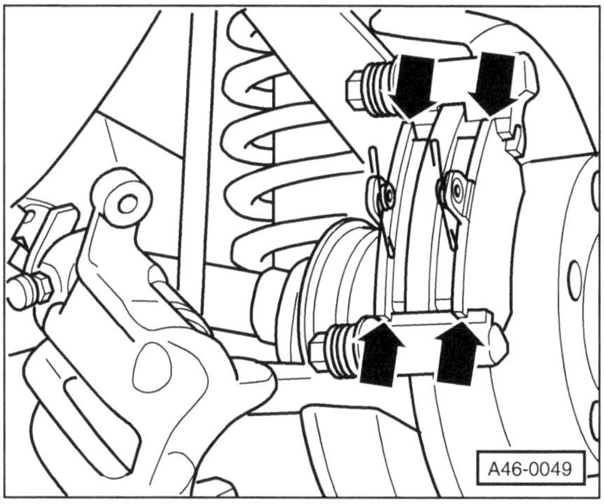

- Bremsbeläge in den Bremsträger einsetzen
- Bremssattelgehäuse ansetzen und mit **neuen** Befestigungsschraube und **30 Nm** anziehen. **Achtung:** Im Reparatursatz sind vier selbstsichernde Sechskantschrauben enthalten, die in jedem Falle einzubauen sind.

Achtung, Sicherheitskontrolle durchführen:

- ◆ Sind die Bremsschläuche festgezogen?
- ◆ Befindet sich der Bremsschlauch in der Halterung?
- ◆ Sind die Entlüftungsschrauben angezogen?
- ◆ Ist genügend Bremsflüssigkeit eingefüllt?
- ◆ Bei laufendem Motor Dichtheitskontrolle durchführen. Hierzu Bremspedal mit 200 bis 300 N (entspricht 20 bis 30 kg) etwa 10 sec. betätigen. Das Bremspedal darf nicht nachgeben. Sämtliche Anschlüsse auf Dichtheit kontrollieren.

Quietschgeräusche der Scheibenbremse beseitigen

- Bremsbeläge ausbauen.
- Beläge und Bremssattel mit einer Weichmetallbürste oder einem Lappen und Spiritus reinigen.

Achtung: Bremsstaub nicht einatmen!

- Folgende Stellen dünn mit Anti-Quietsch-Paste »Plastilube« oder Hochtemperaturpaste, z. B. »Liqui Moly LM-508-ASC«, bestreichen:
- ■ Alle zugänglichen Stellen der Bremsbelag-Rückenplatte.
- ■ Kolbenstirnseite.
- ■ Anlagefläche des Bremsträgers.
- ■ Gleitführungen des Bremssattels.

Achtung: Plastilube oder Hochtemperaturpaste darf **nicht** auf die Reibflächen der Bremsscheibe oder der Bremsbeläge kommen. Eventuell auf die Reibflächen gelangte Reste der Paste mit einem Lappen abwischen, gegebenenfalls mit Spiritus reinigen.

- Bremsbeläge einbauen.

Bremssattel vorn HP-2

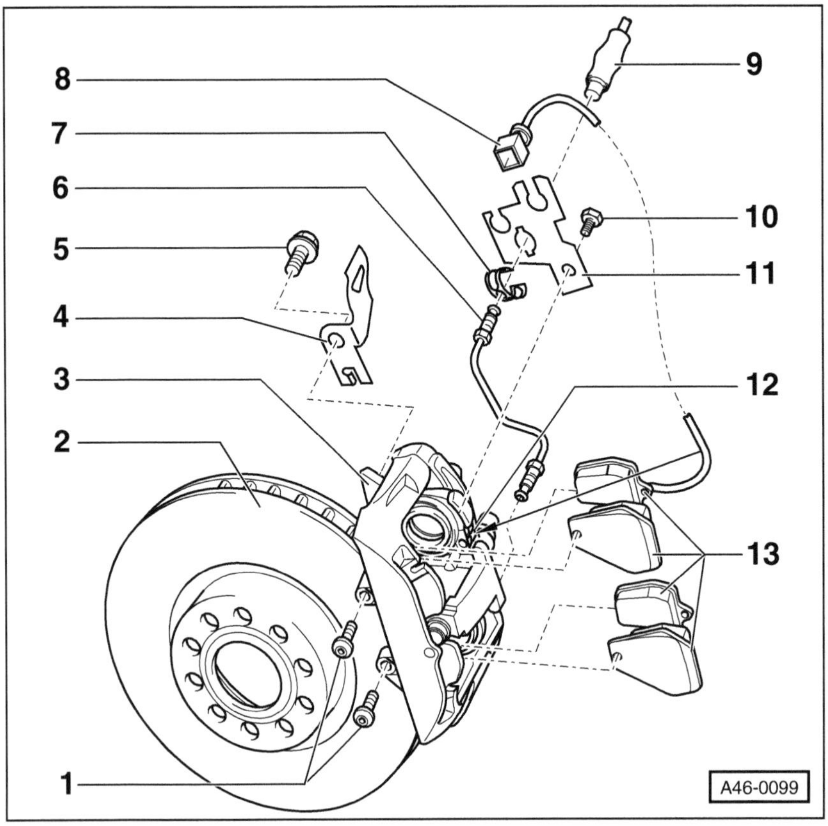

Stahl-Ausführung

1 – **Torxschrauben T40, 25 Nm***

2 – **Bremsscheibe**

3 – **Bremssattel**

4 – **Klemmfeder**

5 – **Rippschraube, 200 Nm**
Bei Wiederverwendung Verrippung reinigen.

6 – **Bremsleitung, 15 Nm**

7 – **Haltefeder**

8 – **Steckverbindung**

9 – **Bremsschlauch**
Beim Ersetzen der Bremsbeläge nicht abschrauben.

10 – **Sechskantschraube, 25 Nm**

11 – **Halter**

12 – **Leitungshalter**

13 – **Bremsbeläge**
Unterschiedliche Ausführung links und rechts.
Ansprechen der Verschleißanzeige bei einer Dicke von 3 mm.
Schutzfolie für Verklebung der äußeren Bremsbeläge erst kurz vor dem Einsetzen abziehen. Vor dem Einbau Anlagefläche am Bremssattel gründlich reinigen.
Innere Bremsbeläge in die Kolben einsetzen.

---

*) Immer ersetzen.

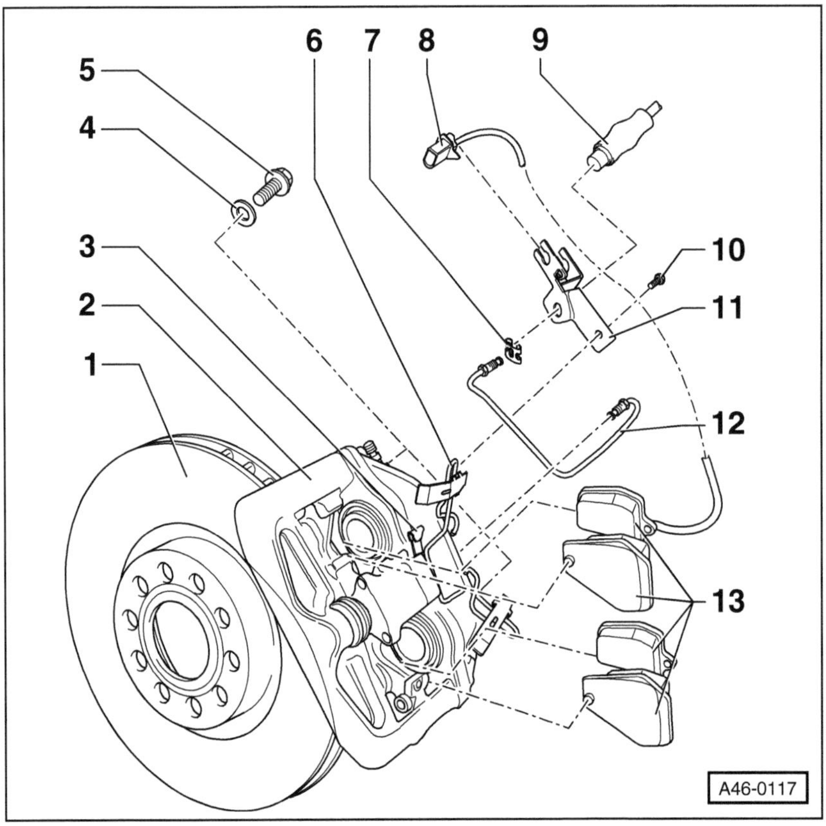

Aluminium-Ausführung

1 – **Bremsscheibe**

2 – **Bremssattel**

3 – **Leitungshalter**

4 – **Rippscheibe**

5 – **Rippschraube, 190 Nm**
Bei Wiederverwendung Verrippung reinigen.

6 – **Spannfeder**
Seitlich wegschwenken, keine Demontage möglich.

7 – **Haltefeder**

8 – **Steckverbindung**

9 – **Bremsschlauch**

10 – **Sechskantschraube, 25 Nm**

11 – **Halter**

12 – **Bremsleitung, 15 Nm**

13 – **Bremsbeläge**
Unterschiedliche Ausführung links und rechts.
Ansprechen der Verschleißanzeige bei einer Dicke von 3 mm.
Schutzfolie für Verklebung der äußeren Bremsbeläge erst kurz vor dem Einsetzen abziehen. Vor dem Einbau Anlagefläche am Bremssattel gründlich reinigen.
Innere Bremsbeläge in die Kolben einsetzen.

Bremssattel vorn FN-2

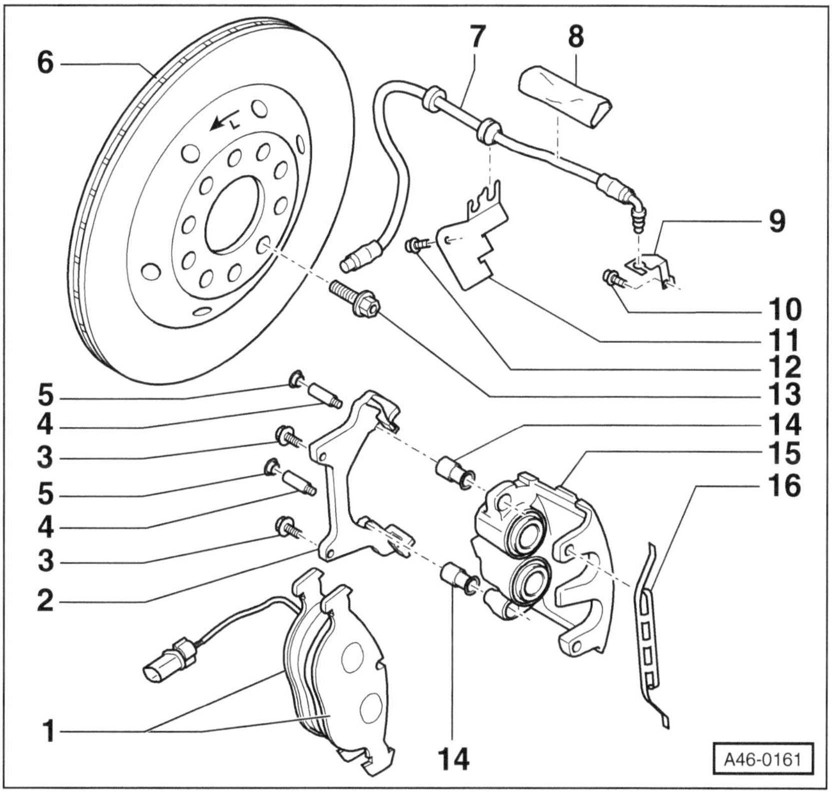

1 – **Bremsbeläge**
Innerer Belag mit Spreizfeder und Kabel für die Verschleißanzeige. Schutzfolie für Verklebung des äußeren Bremsbelages erst kurz vor dem Einsetzen abziehen. Vor dem Einbau Anlagefläche am Bremssattel gründlich reinigen.

2 – **Bremsträger**

3 – **Rippschraube, 190 Nm**
Bei Wiederverwendung Verrippung reinigen.

4 – **Führungsbolzen, 25 Nm**

5 – **Abdeckkappe**

6 – **Bremsscheibe**
Links und rechts unterschiedliche Ausführung; Pfeil zeigt in Laufrichtung.
Anlageflächen zur Radnabe mit Polyharnstoff-Fett G052142A2 fetten.

7 – **Bremsleitung, 15 Nm**

8 – **Hitzeschutz für Bremsleitung**

9 – **Halter**

10 – **Sechskantschraube, 8 Nm**

11 – **Halter**

12 – **Sechskantschraube, 8 Nm**

13 – **Radschraube, 120 Nm**

14 – **Lagerbuchse**

15 – **Bremssattel**

16 – **Haltefeder**

Bremssattel hinten C-43

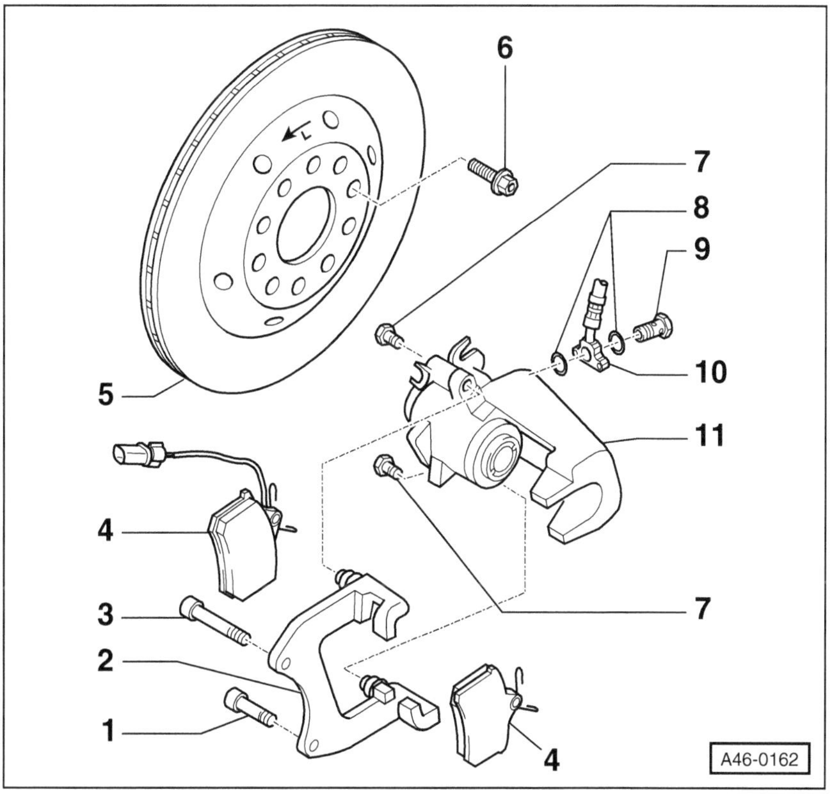

1 – **Innensechskantschraube, 60 Nm**
M10 x 40.

2 – **Bremsträger mit Führungsbolzen und Schutzkappe**

3 – **Innensechskantschraube, 60 Nm**
M10 x 65.

4 – **Bremsbeläge**

5 – **Bremsscheibe**
Links und rechts unterschiedliche Ausführung; Pfeil zeigt in Laufrichtung.
Anlageflächen zur Radnabe mit Polyharnstoff-Fett G052142A2 fetten.

6 – **Radschrauben, 120 Nm**

7 – **Sechskantschraube, 35 Nm***

8 – **Dichtungen**

9 – **Hohlschraube, 45 Nm**

10 – **Bremsleitung mit Ringstutzen**

11 – **Bremssattel**

---

*) Immer ersetzen.

Bremsscheibendicke prüfen

- Stellung der Räder zur Radnabe mit Farbe kennzeichnen. Dadurch kann das ausgewuchtete Rad wieder in derselben Position montiert werden. Radschrauben bei auf dem Boden stehendem Fahrzeug lösen. Fahrzeug aufbocken und Räder abnehmen.

- Bremsscheibendicke messen. Die Werkstätten benutzen dazu eine spezielle Lehre oder eine Mikrometer-Bügelmeßschraube, da sich durch Abnutzung der Bremsscheibe ein Rand bildet. Man kann auch eine normale Schieblehre verwenden, allerdings muß dann auf jeder Seite der Bremsscheibe eine entsprechend starke Unterlage zwischengelegt werden (beispielsweise 2 Münzen). Um die exakte Bremsscheibendicke zu erhalten, müssen von dem gemessenen Maß die Dicke der Münzen abgezogen werden.

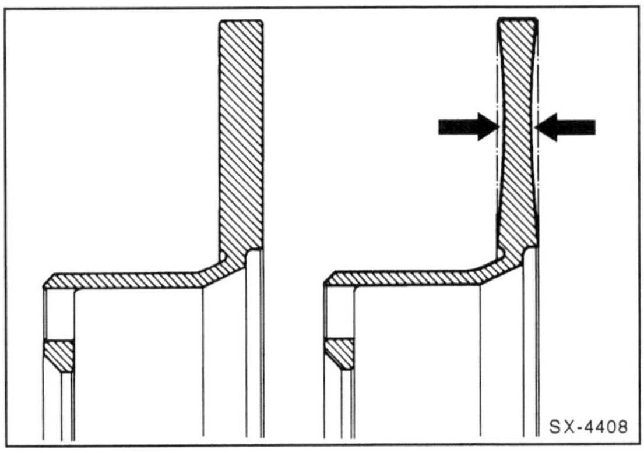

Achtung: Bremsscheibendicke an mehreren Punkten des Umfangs und immer an der dünnsten Stelle –Pfeile– messen.

- Maße für Bremsscheiben, siehe Seite 156.
- Wird die Verschleißgrenze erreicht, Bremsscheibe erneuern.
- Bei größeren Rissen oder bei Riefen, die tiefer als 0,5 mm sind, Bremsscheibe erneuern.
- Räder so ansetzen, daß die beim Ausbau angebrachten Markierungen übereinstimmen. Vorher Zentriersitz der Felge an der Radnabe mit Wälzlagerfett leicht einfetten. Räder anschrauben. Fahrzeug ablassen und Radschrauben über Kreuz mit **120 Nm** festziehen.

Bremsscheibe/Bremssattel aus- und einbauen

Ausbau

- Stellung der Räder zur Radnabe mit Farbe kennzeichnen. Dadurch kann das ausgewuchtete Rad wieder in derselben Position montiert werden. Radschrauben bei auf dem Boden stehendem Fahrzeug lösen. Fahrzeug aufbocken und Räder abnehmen.

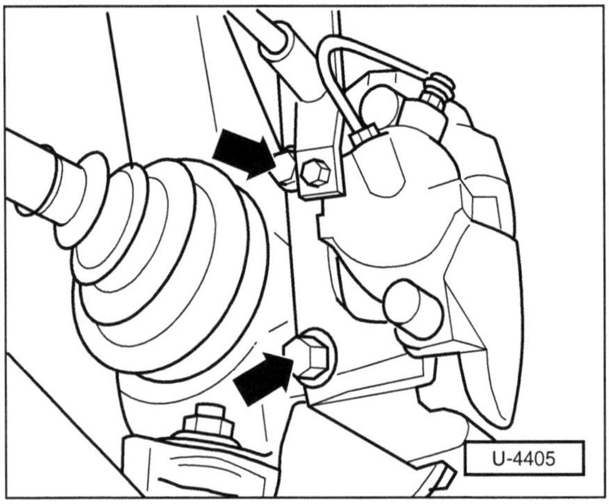

- 2 Befestigungsschrauben –Pfeile– für Bremssattel (Bremsträger mit Bremssattelgehäuse) herausdrehen und Bremssattel von der Bremsscheibe abnehmen. Die Abbildung zeigt den vorderen Bremssattel. Hinten 2 Innensechskantschrauben herausdrehen.
- Gegebenenfalls Bremsschlauch am Radlagergehäuse ausclipsen.
- Bremssattel mit selbstangefertigtem Drahthaken so am Aufbau aufhängen, daß der Bremsschlauch nicht verdreht oder auf Zug beansprucht wird.

Achtung: Bremsschlauch nicht lösen, sonst muß das Bremssystem nach dem Einbau entlüftet werden.

- Soll der Bremssattel ganz abgenommen werden:
  - ◆ Beim vorderen Bremssattel Bremsleitung an der Bremsschlauchkupplung abschrauben.
  - ◆ Beim hinteren Bremssattel zuerst die Bremsleitung an der Verbindungsstelle vom Bremsschlauch abschrauben, dann, falls erforderlich, Bremsschlauch am Bremssattel abschrauben. Zusätzlich Handbremsseil aushängen.

Achtung: Beim Öffnen vom Bremskreis läuft Bremsflüssigkeit aus. Bremsflüssigkeit in einer Flasche sammeln, die ausschließlich für Bremsflüssigkeit vorgesehen ist. Man kann auch die Bremsflüssigkeit mit einem Saugheber aus dem Vorratsbehälter absaugen.

- Bremsscheibe abnehmen.

Einbau

Um ein gleichmäßiges Bremsen beidseitig zu gewährleisten, müssen beide Bremsscheiben die gleiche Oberfläche bezüglich Schliffbild und Rauhtiefe aufweisen. Deshalb **grundsätzlich beide** Bremsscheiben ersetzen beziehungsweise abdrehen lassen.

- Bremsscheibendicke messen.
- Falls vorhanden, Rost am Flansch der Bremsscheibe und der Radnabe entfernen.
- Neue Bremsscheiben mit Nitro-Verdünnung vom Schutzlack reinigen.
- Bremsscheibe auf Radnabe aufsetzen.
- Bremssattel mit den eingesetzten Bremsbelägen ansetzen. Dabei darf der Bremsschlauch nicht verdreht oder gedehnt werden. Freigängigkeit des Bremsschlauches bei vollem Lenkradeinschlag prüfen. Am hinteren Bremssattel Handbremsseil einhängen.
- Gegebenenfalls Bremsschlauch am Radlagergehäuse einclipsen.
- Vorderen Bremssattel mit **125 Nm** anschrauben. Werden die bisherigen Rippschrauben wiederverwendet, vorher Verrippung mit Drahtbürste reinigen.
- Hinteren Bremssattel mit **95 Nm** festschrauben. Werden die bisherigen Rippschrauben wiederverwendet, vorher Verrippung mit Drahtbürste reinigen.

Achtung: War der Bremsschlauch demontiert, Bremsschlauch anschrauben und Bremsanlage entlüften, siehe Seite 165.

- Räder so ansetzen, daß die beim Ausbau angebrachten Markierungen übereinstimmen. Vorher Zentriersitz der Felge an der Radnabe mit Wälzlagerfett leicht einfetten. Räder anschrauben. Fahrzeug ablassen und Radschrauben über Kreuz mit **120 Nm** festziehen.

Achtung: Bremspedal im Stand mehrmals kräftig niedertreten, bis fester Widerstand spürbar ist.

- Bremsflüssigkeitsstand im Ausgleichbehälter prüfen, siehe Seite 286.

Die Bremsflüssigkeit

Beim Umgang mit Bremsflüssigkeit ist zu beachten:

- Bremsflüssigkeit ist giftig. Keinesfalls Bremsflüssigkeit mit dem Mund über einen Schlauch absaugen. Bremsflüssigkeit nur in Behälter füllen, bei denen ein versehentlicher Genuß ausgeschlossen ist.
- Bremsflüssigkeit ist ätzend und darf deshalb nicht mit dem Autolack in Berührung kommen, gegebenenfalls sofort abwischen und mit viel Wasser abwaschen.
- Bremsflüssigkeit ist hygroskopisch, das heißt, sie nimmt aus der Luft Feuchtigkeit auf. Bremsflüssigkeit deshalb nur in geschlossenen Behältern aufbewahren.
- **Bremsflüssigkeit, die schon einmal im Bremssystem verwendet wurde, darf nicht wieder verwendet werden. Auch beim Entlüften der Bremsanlage nur neue Bremsflüssigkeit verwenden.**
- Bremsflüssigkeits-Spezifikation: **FMVSS 116 DOT 4.**
- Bremsflüssigkeit darf nicht mit Mineralöl in Berührung kommen. Schon geringe Spuren Mineralöl machen die Bremsflüssigkeit unbrauchbar, beziehungsweise führen zum Ausfall des Bremssystems.
- Bremsflüssigkeit alle 2 Jahre wechseln, möglichst nach der kalten Jahreszeit.
- Alte Bremsflüssigkeit bei der örtlichen Deponie für Sondermüll abgeben, nicht in die Kanalisation schütten. Bremsflüssigkeit nicht mit Motoröl vermischen.

Bremsanlage entlüften

Nach jeder Reparatur an der Bremse, bei der die Anlage geöffnet wurde, kann Luft in die Druckleitungen eingedrungen sein. Dann ist das Bremssystem zu entlüften. Luft ist auch dann in den Leitungen, wenn sich beim Tritt auf das Bremspedal der Bremsdruck schwammig anfühlt. In diesem Fall muß die Undichtigkeit beseitigt und die Bremsanlage entlüftet werden.

In der Werkstatt wird die Bremse in der Regel mit einem Bremsenfüll- und Entlüftungsgerät entlüftet. Es geht aber auch ohne das Gerät. Die Bremsanlage wird dann durch Pumpen mit dem Bremspedal entlüftet, dazu ist eine zweite Person notwendig. Diese Anleitung gilt auch für Fahrzeuge mit ABS (Antiblockiersystem).

Muß die ganze Anlage entlüftet werden, jede Radbremse einzeln entlüften. Das ist immer dann der Fall, wenn Luft in jeden einzelnen Bremssattel gedrungen ist. Falls nur ein Bremssattel erneuert beziehungsweise überholt wurde, genügt in der Regel das Entlüften des betreffenden Bremssattels.

Die Reihenfolge der Entlüftung: 1. Bremssattel hinten rechts, 2. Bremssattel hinten links, 3. Bremssattel vorn rechts, 4. Bremssattel vorn links.

Achtung: Entlüftungsventile vorsichtig öffnen, damit sie nicht abgedreht werden. Es empfiehlt sich, die Ventile ca. 2 Stunden vor dem Entlüften mit Rostlöser einzusprühen. Bei festsitzenden Ventilen das Entlüften von einer Werkstatt durchführen lassen.

Achtung: Während des Entlüftens ab und zu den Ausgleichbehälter beobachten. Der Flüssigkeitsspiegel darf nicht zu weit sinken, sonst wird über den Ausgleichbehälter Luft angesaugt. Diese Luft gelangt über die Bremsleitungen in das ABS-Steuergerät und in die Hydraulikpumpe. In diesem Fall muß die Bremsanalge in der Werkstatt mit dem Bremsenfüll- und Entlüftungsgerät entlüftet werden. das Fahrzeug darf solange nicht gefahren werden. **Immer nur neue Bremsflüssigkeit nachgießen!**

- Staubkappe vom Entlüfterventil des Bremssattels abnehmen. Entlüfterventil reinigen, sauberen Schlauch aufstecken, anderes Schlauchende in eine mit Bremsflüssigkeit halbvoll gefüllte Flasche stecken (geeigneten Schlauch und passendes Gefäß gibt es auch im Autozubehör-Handel).
- **Motor starten und während der Entlüftung im Leerlauf laufenlassen. Achtung: Auf gute Belüftung des Arbeitsplatzes achten, Vergiftungsgefahr durch Abgas!**
- Von einer Hilfsperson Bremspedal so oft niedertreten lassen, »pumpen«, bis sich im Bremssystem Druck aufgebaut hat. Zu spüren am wachsenden Widerstand beim Betätigen des Pedals.

- Ist genügend Druck vorhanden, Bremspedal ganz durchtreten, Fuß auf dem Bremspedal halten.

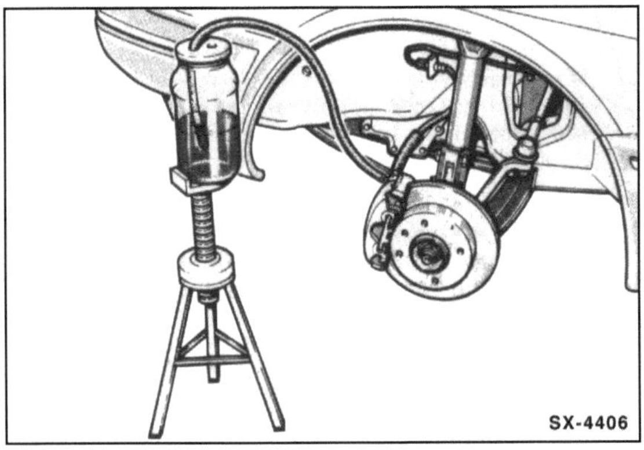

- Entlüfterventil am Bremssattel etwa eine halbe Umdrehung mit Ringschlüssel öffnen. Ausfließende Bremsflüssigkeit in der Flasche sammeln. Darauf achten, daß sich das Schlauchende in der Flasche ständig unterhalb des Flüssigkeitsspiegels befindet.
- Sobald der Flüssigkeitsdruck nachläßt, Entlüfterventil schließen.
- Pumpvorgang wiederholen, bis sich Druck aufgebaut hat. Bremspedal niedertreten, Fuß auf dem Bremspedal lassen, Entlüfterschraube öffnen, bis der Druck nachläßt, Entlüfterschraube schließen.
- Entlüftungsvorgang an einem Bremssattel so lange wiederholen, bis sich in der Bremsflüssigkeit, die in die Entlüfterflasche strömt, keine Luftblasen mehr zeigen.
- Nach dem Entlüften Schlauch von Entlüfterschraube abziehen, Staubkappe auf Ventil stecken.
- Die Bremssättel an den anderen Rädern auf gleiche Weise entlüften, Reihenfolge einhalten.
- Motor abstellen.
- Nach dem Entlüften den Ausgleichbehälter bis zur Max.-Markierung auffüllen.

Achtung, Sicherheitskontrolle durchführen:

- ◆ Sind die Entlüftungsschrauben angezogen?
- ◆ Ist genügend Bremsflüssigkeit eingefüllt?
- ◆ Bei laufendem Motor Dichtheitskontrolle durchführen. Hierzu Bremspedal mit 200 bis 300 N (entspricht 20 bis 30 kg) etwa 10 sec. betätigen. Das Bremspedal darf nicht nachgeben. Sämtliche Anschlüsse auf Dichtheit kontrollieren.

- Anschließend einige Bremsungen auf einer Straße ohne Verkehr durchführen. Dabei sollte mindestens einmal die Bremsregelung des ABS-Systems geprüft werden. Dazu Bremse stark betätigen, bis am spürbaren Pulsieren des Bremspedals der Beginn der Bremsregelung erkennbar ist.

Achtung: Falls der Bremspedalweg nach der Probefahrt zu groß ist, obwohl er direkt nach dem Entlüften in Ordnung war, dann ist möglicherweise Luft in der ABS-Hydraulikeinheit. In diesem Fall Bremsanlage umgehend in der Fachwerkstatt entlüften lassen.

- Alte Bremsflüssigkeit bei der örtlichen Deponie für Sondermüll abgeben.

Bremsleitung/Bremsschlauch ersetzen

Für das Bremsleitungssystem, das zusammen mit den druckfesten Bremsschläuchen für die Räder die Verbindung vom Hauptbremszylinder zu den vier Radbremsen herstellt, werden Rohre verwendet.

Achtung: Nur fertige Original-Bremsrohre verwenden, keine Meterware. Nach dem Ersetzen eines Bremsschlauchs oder einer Bremsleitung ist die Bremsanlage in der Werkstatt mit dem Bremsenfüll- und Entlüftungsgerät zu entlüften.

Die Bremsschläuche stellen die flexiblen Verbindungen zwischen den starren und beweglichen Fahrzeugteilen her.

- Fahrzeug aufbocken.
- Bremsleitung an den Überwurfmuttern lösen und abnehmen.
- Leitungsanschluß in Richtung Hauptbremszylinder mit geeignetem Stopfen verschließen oder vorher Bremsflüssigkeit mit Saugheber aus dem Vorratsbehälter absaugen.
- Neue Bremsleitung möglichst an gleicher Stelle verlegen.
- Soll der Bremsschlauch am Bremssattel erneuert werden, muß vorher der Bremssattel ausgebaut werden.
- Neuen Bremsschlauch so einbauen, daß er ohne Drall durchhängt, und mit **15 Nm** festziehen.
- Nur vom Werk freigegebene Bremsschläuche einbauen.
- Nach dem Einbau bei entlasteten Rädern (Wagen angehoben) Lenkung nach links und rechts einschlagen und sicherstellen, daß der Schlauch allen Radbewegungen folgt, ohne irgendwo anzuscheuern.

Achtung: Bremsschläuche nicht mit Öl oder Petroleum in Berührung bringen, nicht lackieren oder mit Unterbodenschutz besprühen.

- Bremsanlage entlüften, siehe Seite 165.
- Fahrzeug ablassen.
- Bei auf dem Boden stehendem Fahrzeug prüfen, ob der Bremsschlauch allen Radbewegungen folgt, ohne irgendwo anzuscheuern.

Achtung, Sicherheitskontrolle durchführen:

- ◆ Sind die Bremsschläuche festgezogen?
- ◆ Befindet sich der Bremsschlauch in der Halterung?
- ◆ Sind die Entlüftungsschrauben angezogen?
- ◆ Ist genügend Bremsflüssigkeit eingefüllt?
- ◆ Bei laufendem Motor Dichtheitskontrolle durchführen. Hierzu Bremspedal mit 200 bis 300 N (entspricht 20 bis 30 kg) etwa 10 sec. betätigen. Das Bremspedal darf nicht nachgeben. Sämtliche Anschlüsse auf Dichtheit kontrollieren.

- Anschließend einige Bremsungen auf einer Straße ohne Verkehr durchführen.

Bremskraftverstärker prüfen

Der Bremskraftverstärker ist auf Funktion zu überprüfen, wenn zur Erzielung ausreichender Bremswirkung die Pedalkraft außergewöhnlich hoch ist.

- Bremspedal bei stehendem Motor mindestens 5mal kräftig durchtreten, dann bei belastetem Bremspedal Motor starten. Das Bremspedal muß jetzt unter dem Fuß spürbar nachgeben.
- Andernfalls Unterdruckschlauch am Bremskraftverstärker abschrauben, Motor starten. Durch Fingerauflegen am Ende des Unterdruckschlauches prüfen, ob Unterdruck vorhanden ist.
- Ist kein Unterdruck vorhanden: Unterdruckschlauch auf Undichtigkeiten und Beschädigungen prüfen, gegebenenfalls ersetzen. Sämtliche Schellen fest anziehen.
- Dieselmotor: Unterdruckschlauch von der Vakuumpumpe abziehen und mit dem Finger prüfen, ob Unterdruck am Schlauchanschluß anliegt.
- Ist Unterdruck vorhanden: Unterdruck messen, gegebenenfalls Bremsservo ersetzen (Werkstattarbeit).

Handbremsseile aus- und einbauen

Ausbau

Achtung: Die Beschreibung bezieht sich auf Fahrzeuge mit Frontantrieb. Aufgrund der anderen Hinterachskonstruktion bei allradgetriebenen Fahrzeugen sind die Seilzüge unterschiedlich verlegt. Aus- und Einbau erfolgen aber prinzipiell auf die gleiche Weise.

- Stellung der Hinterräder zur Radnabe mit Farbe kennzeichnen. Dadurch kann das ausgewuchtete Rad wieder in derselben Position montiert werden. Radschrauben bei auf dem Boden stehendem Fahrzeug lösen. Fahrzeug hinten aufbocken und Hinterräder abnehmen.

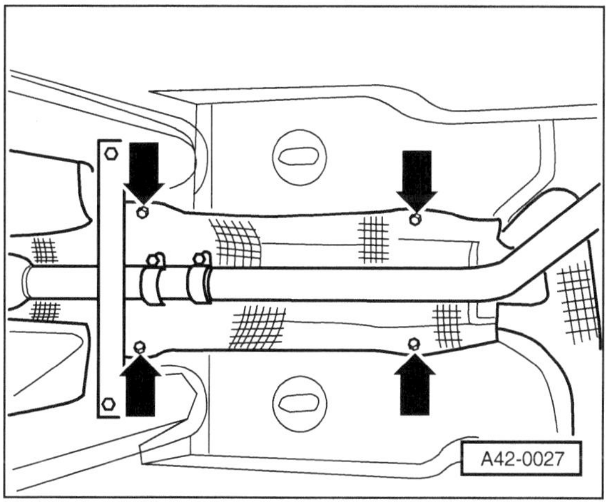

- Wärmedämmung abschrauben und herausnehmen.

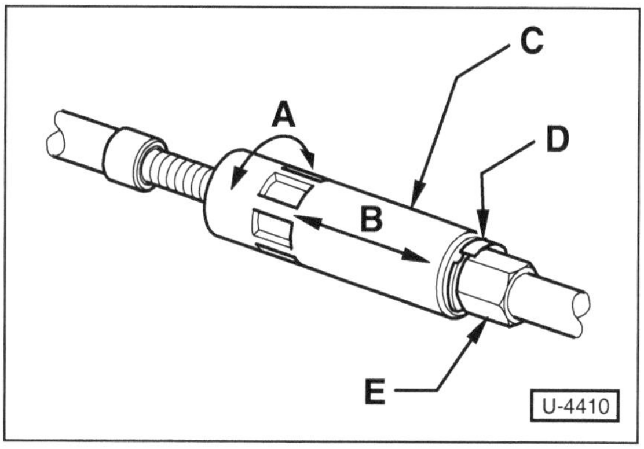

- Handbremsseil folgendermaßen entspannen:
  - ◆ Sicherungselement –D– herausnehmen.
  - ◆ Einstellmutter –C– bis zum Anschlag eindrehen –A–, dabei mit Maulschlüssel im Bereich –E– gegenhalten.
  - ◆ 1Seilverstellung –B– zusammenschieben.

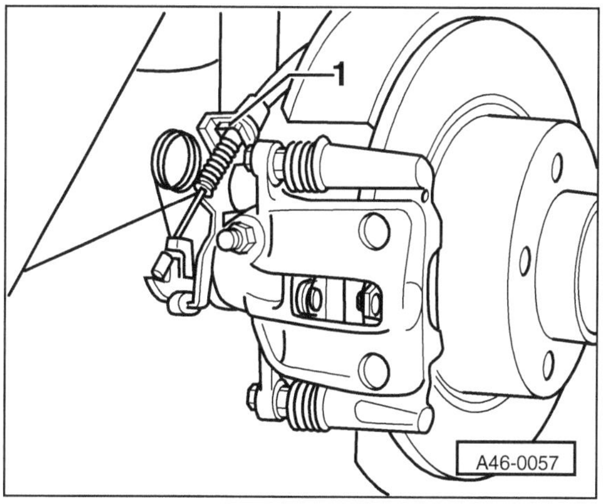

- Sicherungsscheibe –1– herausziehen.
- Handbremsseile am Bremssattel aushängen, dabei Faltenbalg des Handbremsseils nicht beschädigen.

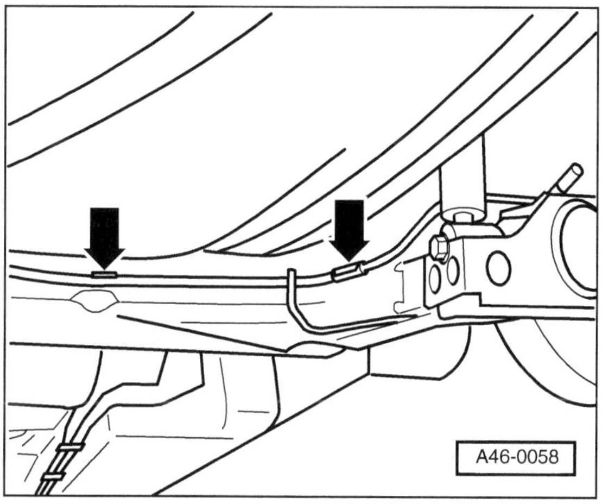

- Handbremsseile aus Halterungen am Hinterachskörper herausziehen, vorher Schrauben der Haltebleche etwas lösen.

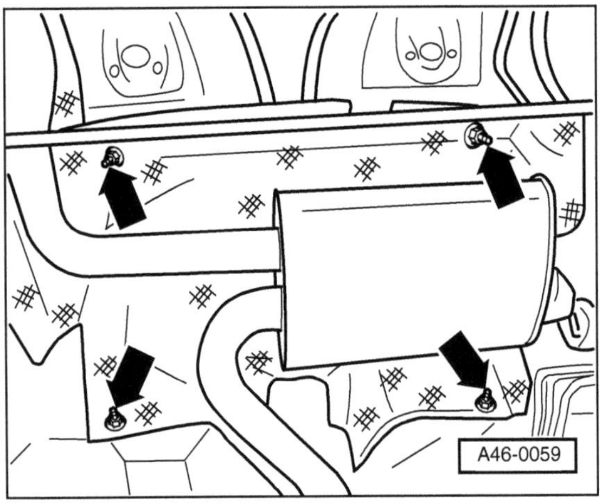

- Wärmedämmung am Nachschalldämpfer lösen und zur Seite schieben.

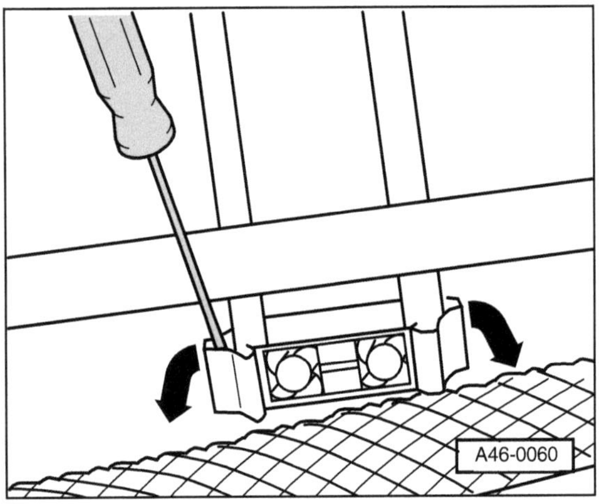

- Halterung öffnen und Handbremsseil herausnehmen.

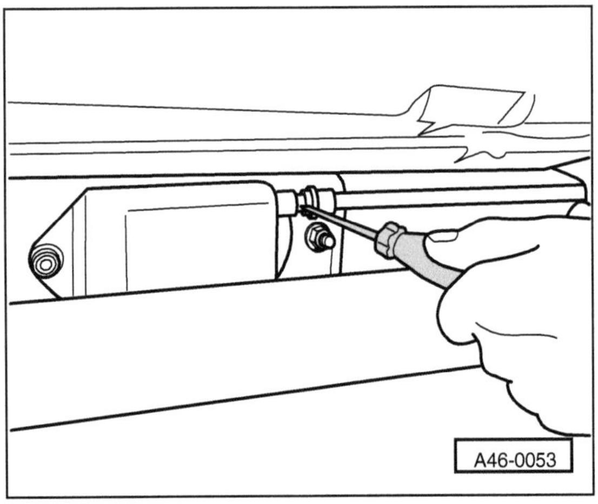

- Handbremsseile mit Schraubendreher aus der Konsole heraushebeln.
- Hinterteil der Mittelkonsole ausbauen, siehe Seite 202.

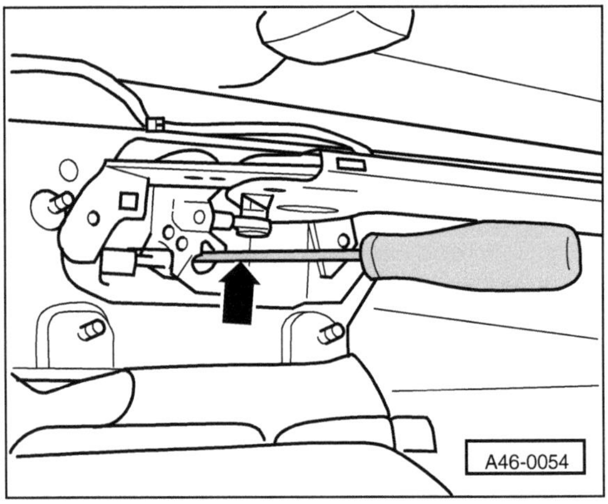

- Handbremsseile aus dem Ausgleichbügel ziehen und herausnehmen.

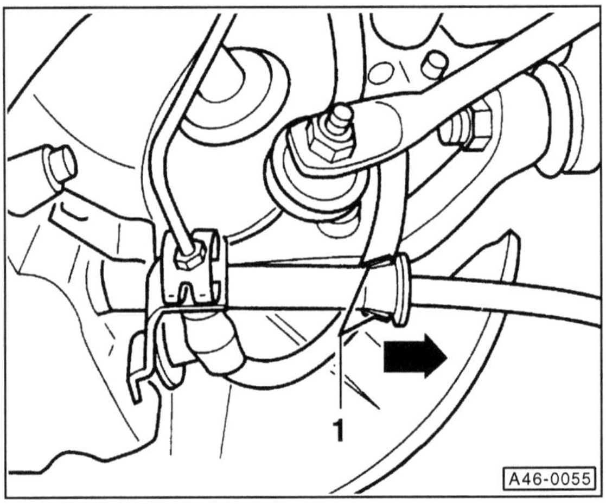

- **quattro:** Handbremsseile nach hinten in Pfeilrichtung herausziehen, dazu Verriegelung –1– der Führungshülse zusammendrücken.

Einbau

- **quattro:** Handbremsseile soweit durch den Querlenker führen, bis die Führungshülse einrastet.

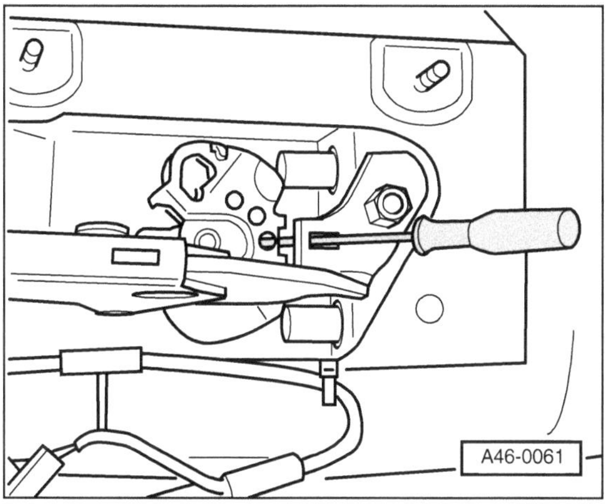

- Falls vorhanden, Kunststoffteile am Ausgleichbügel herausnehmen. Diese Teile brauchen nicht wieder eingebaut zu werden.
- Ausgleichbügel mit einem Schraubendreher der Größe 2 gegen Verdrehen fixieren.
- Kugelkopf durch Konsole in Ausgleichbügel einsetzen.
- Handbremsseil in die Konsole einrasten.
- Handbremsseile am Bremssattel einhängen und mit Sicherungsscheibe sichern.
- Handbremsseile in Halterungen am Hinterachskörper einschrauben.
- Handbremse einstellen.
- Hinterteil der Mittelkonsole einbauen, siehe Seite 202.
- Wärmedämmung am Nachschalldämpfer anschrauben.
- Vordere Wärmedämmung anschrauben.
- Hinterräder so ansetzen, daß die beim Ausbau angebrachten Markierungen übereinstimmen. Vorher Zentriersitz der Felge an der Radnabe mit Wälzlagerfett leicht einfetten. Räder anschrauben. Fahrzeug ablassen und Radschrauben über Kreuz mit **120 Nm** festziehen.

Handbremse einstellen

Achtung: Durch die automatische Nachstellung der Hinterradbremse ist ein Nachstellen der Handbremse in der Regel nicht erforderlich. Nur bei Ersatz der Handbremsseile oder der hinteren Bremssättel muß die Handbremse neu eingestellt werden.

- Die Fußbremsanlage muß entlüftet und funktionsmäßig in Ordnung sein.
- Bremspedal mindestens 1x kräftig betätigen.
- Handbremshebel lösen (in Lösestellung bringen).
- Aschenbecher aus der hinteren Mittelkonsole nach oben ausclipsen.
- Stellung der Hinterräder zur Radnabe mit Farbe kennzeichnen. Dadurch kann das ausgewuchtete Rad wieder in derselben Position montiert werden. Radschrauben bei auf dem Boden stehendem Fahrzeug lösen. Fahrzeug hinten aufbocken und Hinterräder abnehmen.
- Montagehilfen herausnehmen.

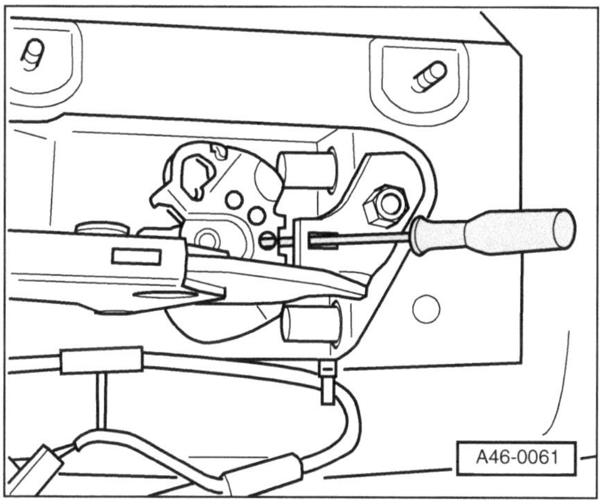

- Ausgleichbügel mit einem Schraubendreher der Größe 2 gegen Verdrehen fixieren. Die Mittelkonsole ist in der Abbildung nur zur besseren Darstellung weggelassen worden.

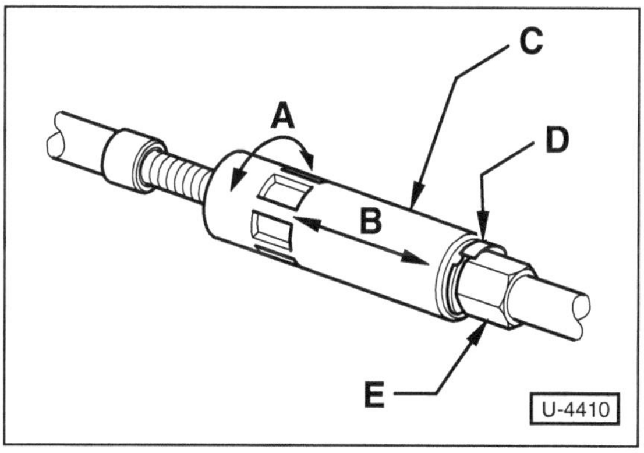

- Handbremsseil folgendermaßen entspannen:
  - ◆ Sicherungselement –D– herausnehmen.
  - ◆ Einstellmutter –C– bis zum Anschlag eindrehen –A–, dabei mit Maulschlüssel im Bereich –E– gegenhalten.
  - ◆ 1Seilverstellung –B– zusammenschieben.
- Einstellmutter herausdrehen, bis die Nut für das Sicherungselement sichtbar ist.
- Sicherungselement einsetzen.

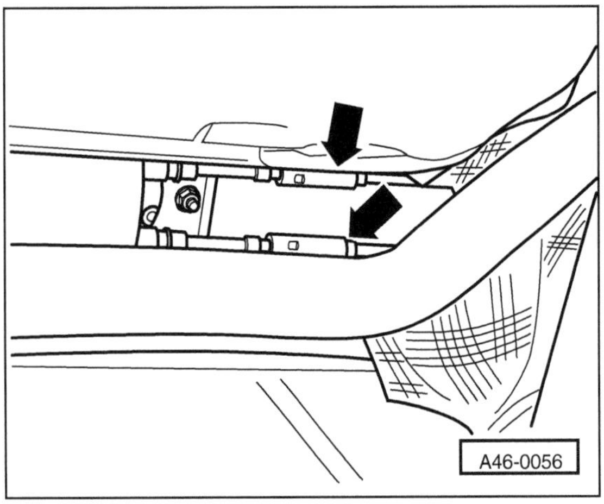

- Grobverstellung der beiden Seilhüllen gleichzeitig auseinander ziehen bis die Seile vorgespannt sind, aber der Hebel sich am Bremssattel noch nicht abhebt.
- Schraubendreher am Ausgleichhebel herausnehmen und Handbremse 3x betätigen.

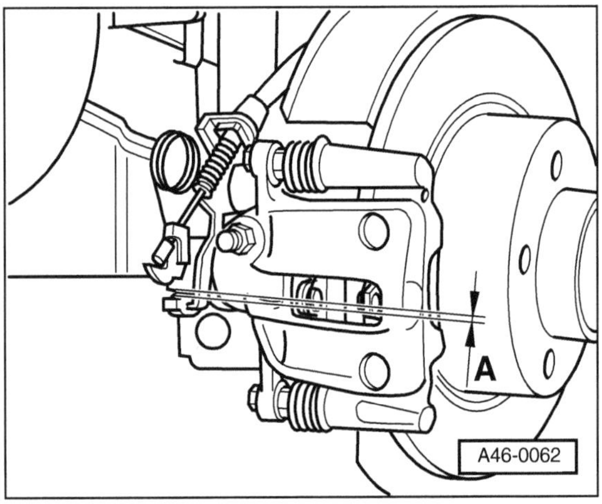

- Vorspannung der Handbremsseile überprüfen. Gegebenenfalls zur Feineinstellung Einstellmutter herausdrehen, bis sich ein Abstand von A = max. 1,5 mm an den Bremssätteln einstellt.

Achtung: Einstellmutter nicht bis an den Anschlag herausdrehen, der farbige O-Dichtring darf nicht am Rand der Hülse des Einstellelements sichtbar sein. Sonst dringt Wasser und Schmutz in das Einstellelement ein.

- Hinterräder so ansetzen, daß die beim Ausbau angebrachten Markierungen übereinstimmen. Vorher Zentriersitz der Felge an der Radnabe mit Wälzlagerfett leicht einfetten. Räder anschrauben. Fahrzeug ablassen und Radschrauben über Kreuz mit **120 Nm** festziehen.
- Aschenbecher einsetzen.

Bremslichtschalter aus- und einbauen

Ausbau

Der Bremslichtschalter befindet sich am Pedalbock, oberhalb des Bremspedals.

- Stecker vom Bremslichtschalter abziehen.

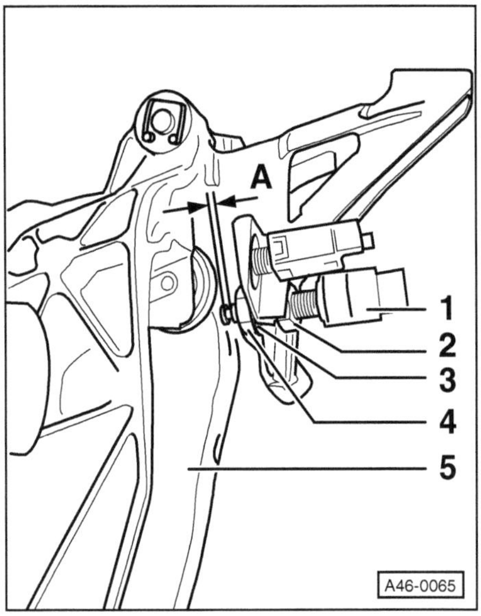

1 – Bremslichtschalter
2 – Kontermutter M12x1,5
3 – Federscheibe
4 – Einstellmutter M12x1,5
5 – Bremspedal

- Bremslichtschalter am Pedalbock des Bremspedals herausziehen, beziehungsweise Kontermutter lösen und Bremslichtschalter herausschrauben.

Achtung: Es gibt verschiedene Ausführungen der Aufnahme für Bremslichtschalter: Mit einer Hülse eingesteckt oder in den Pedalbock eingeschraubt. Bei eingesteckter Version treten öfters Beanstandungen der Einstellung auf, dann kann der Bremslichtschalter nachträglich mit 2 Kontermuttern und Federscheibe versehen werden, siehe Abbildung.

Einbau

- **Eingesteckter Schalter:** Ist der Schalter nur eingesteckt, muß er nach jedem Ausbau ersetzt werden, damit er ausreichend festsitzt. Schalter bis zum Anschlag in den Aufnahmeclip am Pedalbock eindrücken, dabei Bremspedal etwas niederdrücken. Dann Bremspedal bis zum Anschlag gegen den Schalter zurückdrücken. Dadurch ist der Bremslichtschalter eingestellt.
- **Eingeschraubter Schalter:** Gegebenenfalls vorhandenen Aufnahmeclip am Pedalbock mit Schraubendreher heraushebeln. Bremslichtschalter soweit einschrauben und mit Kontermutter feststellen, daß Maß **–A– = 0,1 mm bis 0,5 mm** beträgt. Kontermutter mit 4 Nm anziehen.
- Stecker am Schalter aufschieben. **Achtung:** Anschließend Funktion des Bremslichts prüfen. Schon bei leicht betätigtem Pedal muß das Bremslicht aufleuchten.

Störungsdiagnose Bremse

Störung	Ursache	Abhilfe
Leerweg des Bremspedals zu groß.	Bremsbeläge teilweise oder völlig abgenutzt.	■ Bremsbeläge erneuern.
	Ein Bremskreis ausgefallen.	■ Bremskreise auf Flüssigkeitsverlust prüfen.
Bremspedal läßt sich weit und federnd durchtreten.	Luft im Bremssystem.	■ Bremse entlüften.
	Zu wenig Bremsflüssigkeit im Ausgleichbehälter.	■ Neue Bremsflüssigkeit nachfüllen Bremse entlüften.
	Dampfblasenbildung. Tritt meist nach starker Beanspruchung auf, z. B. Paßabfahrt.	■ Bremsflüssigkeit wechseln. Bremse entlüften.
Bremswirkung läßt nach, und Bremspedal läßt sich durchtreten.	Undichte Leitung.	■ Leitungsanschlüsse nachziehen oder Leitung erneuern.
	Beschädigte Manschette im Haupt- oder Radbremszylinder.	■ Manschette erneuern. Beim Hauptbremszylinder Innenteile ersetzen, ggf. Hauptbremszylinder ersetzen.
Schlechte Bremswirkung trotz hohen Fußdrucks.	Bremsbeläge verölt.	■ Bremsbeläge erneuern.
	Ungeeigneter oder verhärteter Bremsbelag.	■ Beläge erneuern. Nur Original-Bremsbeläge vom Automobilhersteller verwenden.
	Bremskraftverstärker defekt, Unterdruckleitung porös, defekt.	■ Bremsservo, Unterdruckleitung prüfen.
	Bremsbeläge abgenutzt.	■ Bremsbeläge erneuern.
Bremse zieht einseitig.	Unvorschriftsmäßiger Reifendruck.	■ Reifendruck prüfen und berichtigen.
	Bereifung ungleichmäßig abgefahren.	■ Abgefahrene Reifen ersetzen.
	Bremsbeläge verölt.	■ Bremsbeläge erneuern.
	Verschiedene Bremsbelagsorten auf einer Achse.	■ Beläge erneuern. Nur Original-Bremsbeläge vom Automobilhersteller verwenden.
	Schlechtes Tragbild der Bremsbeläge.	■ Bremsbeläge austauschen.
	Verschmutzte Bremssattelschächte.	■ Sitz- und Führungsflächen der Bremsbeläge im Bremssattel reinigen.
	Korrosion in den Bremssattelzylindern.	■ Bremssattel erneuern.
	Bremsbelag ungleichmäßig verschlissen.	■ Bremsbeläge erneuern (beide Räder), Bremssättel auf Leichtgängigkeit prüfen.
Bremse zieht von selbst an.	Ausgleichsbohrung im Hauptbremszylinder verstopft.	■ Hauptbremszylinder reinigen und Innenteile erneuern lassen.
	Spiel zwischen Betätigungsstange und Hauptbremszylinderkolben zu gering.	■ Spiel prüfen.
Bremsen erhitzen sich während der Fahrt.	Ausgleichsbohrung im Hauptbremszylinder verstopft.	■ Hauptbremszylinder reinigen und Innenteile erneuern lassen.
	Spiel zwischen Betätigungsstange und Hauptbremszylinder zu gering.	■ Spiel prüfen.
	Bremse schwergängig.	■ Bewegliche Teile der Scheibenbremse schmieren. Bremssattel überholen lassen (Werkstattarbeit).

Störung	Ursache	Abhilfe
Bremsen rattern.	Ungeeigneter Bremsbelag.	■ Beläge erneuern. Nur Original-Bremsbeläge vom Automobilhersteller verwenden.
	Bremsscheibe stellenweise korrodiert.	■ Scheibe mit Schleifklötzen sorgfältig glätten.
	Bremsscheibe hat Seitenschlag.	■ Scheibe nacharbeiten oder ersetzen.
Bremsbeläge lösen sich nicht von der Bremsscheibe, Räder lassen sich schwer von Hand drehen.	Korrosion in den Bremssattelzylindern.	■ Bremssattel überholen, eventuell austauschen.
Ungleichmäßiger Belag-Verschleiß.	Ungeeigneter Bremsbelag.	■ Beläge erneuern, Nur Original-Bremsbeläge. vom Automobilhersteller verwenden.
	Bremssattel verschmutzt.	■ Bremssattelschächte reinigen.
	Kolben nicht leichtgängig.	■ Kolben gangbar machen.
	Bremssystem undicht.	■ Bremssystem auf Dichtigkeit prüfen.
Keilförmiger Bremsbelag-verschleiß.	Bremsscheibe läuft nicht parallel zum Bremssattel.	■ Anlagefläche des Bremssattels prüfen.
	Korrosion in den Bremssätteln.	■ Verschmutzung beseitigen.
Bremse quietscht.	Oft auf atmosphärische Einflüsse (Luftfeuchtigkeit) zurückzuführen.	■ Keine Abhilfe erforderlich, und zwar dann, wenn Quietschen nach längerem Stillstand des Wagens bei hoher Luftfeuchtigkeit auftrat, aber nach den ersten Bremsungen sich nicht wiederholt.
	Ungeeigneter Bremsbelag.	■ Beläge erneuern. Nur Original-Bremsbeläge vom Automobilhersteller verwenden Rückenplatte mit Anti-Quietsch-Paste bestreichen.
	Bremsscheibe läuft nicht parallel zum Bremssattel.	■ Anlagefläche des Bremssattels prüfen.
	Verschmutzte Schächte im Bremssattel.	■ Bremssattelschächte reinigen.
Bremse pulsiert.	**ABS** in Funktion.	■ Normal, keine Abhilfe.
	Seitenschlag oder Dickentoleranz der Bremsscheibe zu groß.	■ Schlag und Toleranz prüfen. Scheibe nacharbeiten oder ersetzen.
	Bremsscheibe läuft nicht parallel zum Bremssattel.	■ Anlagefläche des Bremssattels prüfen.

Räder und Reifen

Der AUDI A4 ist je nach Modell und Ausstattung mit Reifen und Felgen unterschiedlicher Größe ausgerüstet. Neben der Felgenbreite ist auch die Einpreßtiefe wichtig. Die Einpreßtiefe ist das Maß von der Felgenmitte bis zur Anlagefläche der Radschüssel an die Bremsscheibe.

Alle Scheibenräder sind als sogenannte Hump-Felgen ausgelegt. Der Hump ist ein in die Felgenschulter eingepreßter Wulst, der auch bei extrem scharfer Kurvenfahrt nicht zuläßt, daß der schlauchlose Reifen von der Felge gedrückt wird.

Sofern Reifen und/oder Felgen montiert werden, die nicht in den Fahrzeugpapieren vermerkt sind, ist eine Eintragung in die Fahrzeugpapiere erforderlich. Dazu wird in der Regel eine Freigabebescheinigung von AUDI benötigt.

Achtung: Die technische Entwicklung geht ständig weiter. Es kann sein, daß inzwischen auch für ältere Fahrzeug-Modelle andere Reifenfülldrücke beziehungsweise andere Reifen-Felgen-Kombinationen zugelassen sind. Es empfiehlt sich deshalb, die aktuellen Daten bei der Fachwerkstatt zu erfragen.

Achtung: Der Gesetzgeber verlangt, daß Reifen lediglich bis zu einer Profiltiefe von 1,6 mm abgefahren werden dürfen, und zwar muß die gesamte Lauffläche noch 1,6 mm Tiefe aufweisen. Es empfiehlt sich jedoch, sicherheitshalber die Sommerreifen bei einer Profiltiefe von 2 mm und die Winterreifen bei einer Tiefe von 4 mm auszutauschen.

Räder- und Reifenmaße, Reifenfülldruck

Motor	**Scheibenrad** (Felge)	**Reifen** Gürtelreifen schlauchlos	**Einpreß-tiefe** (in mm)	**Reifenfülldruck** (in bar) halbe Zuladung vorn	halbe Zuladung hinten	volle Zuladung vorn	volle Zuladung hinten
55, 66 und 81 kW TDI 74 kW Benziner	6 J x 15 / 7 J x 15	185/65 R 15 T[1]	45	2,4	2,4	2,6	3
	6 J x 15 / 7 J x 15	195/65 R 15 T/205/60 R 15 T	45	2,0	2,0	2,3	2,6
	7 J x 16	205/55 R 16 T	45	2,2	2,2	2,3	2,6
92, 110, 121, 128 kW Benziner	6 J x 15 / 7 J x 15	185/65 R 15 V[1]	45	2,6	2,6	2,9	3,2
	6 J x 15 / 7 J x 15	195/65 R 15 V/205/60 R 15 V	45	2,2	2,2	2,8	2,9
	7 J x 16	205/55 R 16 V	45	2,2	2,2	2,8	2,9
142 kW Benziner	6 J x 15 / 7 J x 15	195/65 R 15 91 Q/T/H [1]	45	2,6	2,6	2,9	3,2
	6 J x 15 / 7 J x 15	205/60 R 15 91 W	45	2,4	2,4	2,8	2,9
	7 J x 16	205/55 R 16 91 W	45	2,4	2,4	2,8	2,9
110 kW TDI	7 J x 16	205/55 R 16 91 W	45	2,3	2,3	2,8	2,9
195 kW Benziner	6 J x 16	205/55 R 16 91 H[1]	40	2,2	2,2	2,3	2,6
	7½ J x 17	225/45 R 17 91 Y	45	2,5	2,3	2,8	2,8

[1] Winterreifen

- Sämtliche Überdruckangaben beziehen sich auf kalte Reifen. Der sich bei längerer Fahrt einstellende, um ca. 0,2 bis 0,4 bar höhere Überdruck darf nicht reduziert werden. **Winterreifen** werden mit einem 0,2 bis 0,3 bar höheren Überdruck gefahren, als in der Tabelle angegeben. Da die Winterreifen einer Geschwindigkeitsbeschränkung unterliegen, muß ein Hinweis über die zulässige Höchstgeschwindigkeit im Blickfeld des Fahrers angebracht werden (§ 36, Absatz 1 StVZO).
- Bei sportlicher Fahrweise kann der Reifenüberdruck jeweils um 0,2 bar erhöht werden.
- Bei Anhängerbetrieb Reifenfülldruck auf den unter »volle Zuladung« angegebenen Wert erhöhen.
- Die Fülldruckwerte stehen auch auf einem Aufkleber an der Tankklappen-Innenseite.

Reifen- und Scheibenrad-Bezeichnungen

Reifen-Bezeichnungen

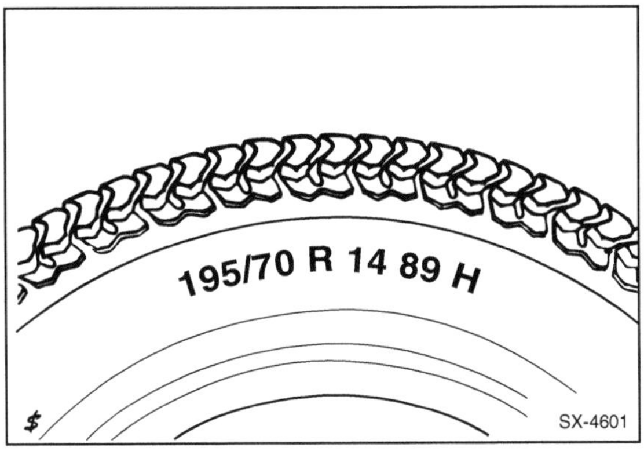

195 = Reifenbreite in mm.

/70 = Verhältnis Höhe zu Breite (die Höhe des Reifenquerschnitts beträgt 70 % von der Breite).

Fehlt eine Angabe des Querschnittverhältnisses (zum Beispiel 155 R 13), so handelt es sich um das »normale« Höhen-Breiten-Verhältnis. Es beträgt bei Gürtelreifen 82 %.

R = Radial-Bauart (= Gürtelreifen).

14 = Felgendurchmesser in Zoll.

89 = Tragfähigkeits-Kennzahl.

Achtung: Steht zwischen den Angaben 14 und 89 die Bezeichnung M+S, dann handelt es sich um einen Reifen mit Winterprofil.

H = Kennbuchstabe für zulässige Höchstgeschwindigkeit, H: bis 210 km/h.

Die Geschwindigkeitsbuchstaben gelten sowohl für Sommer- als auch für Winterreifen.

Geschwindigkeits-Kennbuchstabe

Kennbuchstabe	Zulässige Höchstgeschwindigkeit
Q	160 km/h
S	180 km/h
T	190 km/h
H	210 km/h
V	240 km/h
W	270 km/h

Reifen-Herstellungsdatum

Das Herstellungsdatum steht auf dem Reifen im Hersteller-Code.

Beispiel: DOT CUL2 UM8 0403 TUBELESS

DOT = Department of Transportation (US-Verkehrsministerium)
CU = Kürzel für Reifenhersteller
L2 = Reifengröße
UM8 = Reifenausführung
0403 = Herstellungsdatum = 4. Produktionswoche 2003.
Hinweis: Falls anstelle der 4-stelligen Ziffer eine 3-stellige Ziffer gefolgt von einem ◁-Symbol aufgeführt ist, dann wurde der Reifen im vergangenen Jahrzehnt produziert. Die Bezeichnung 509◁ bedeutet beispielsweise: 50. Produktionswoche 1999.
TUBELESS = schlauchlos (TUBETYPE = Schlauchreifen)

Achtung: Neureifen müssen seit 10/98 zusätzlich mit einer ECE-Prüfnummer an der Reifenflanke versehen sein. Diese Prüfnummer weist nach, dass der Reifen dem ECE-Standard entspricht. Werden Reifen seit 10/98 **ohne** ECE-Prüfnummer montiert, erlischt die Allgemeine Betriebserlaubnis (ABE) des Fahrzeuges.

Beispiel Scheibenrad-Bezeichnungen: 6 J x 15

6 = Maulweite der Felge in Zoll
J = Kennbuchstabe für Höhe und Kontur des Felgenhorns (B = niedrigere Hornform)
x = Kennzeichen für einteilige Tiefbettfelge
15 = Felgen-Durchmesser in Zoll

Austauschen und auswuchten der Räder

Es ist nicht zweckmäßig, bei einem Austausch der Räder die Drehrichtung der Reifen zu ändern, da sich die Reifen nur unter vorübergehend stärkerem Verschleiß der veränderten Drehrichtung anpassen. Bei einigen Reifen ist eine Laufrichtung durch einen Pfeil auf der Seitenwand vorgegeben, die Laufrichtung ist dann unbedingt einzuhalten.

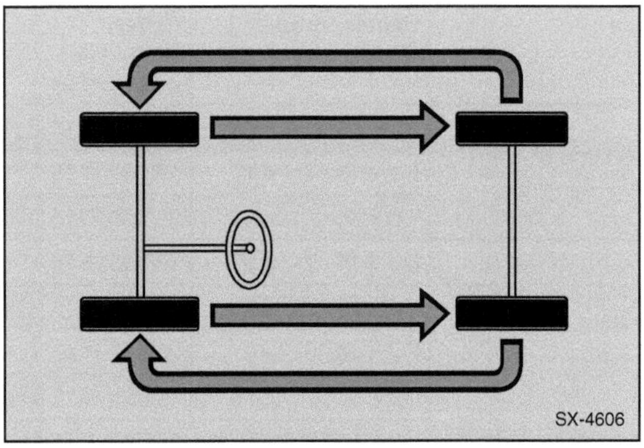

Bei deutlich stärkerer Abnutzung der vorderen Reifen empfiehlt es sich, die Vorderräder gegen die Hinterräder zu tauschen. Dadurch haben alle 4 Reifen etwa die gleiche Lebensdauer.

Reifen nicht einzeln, sondern mindestens achsweise ersetzen. Dabei Reifen mit der größeren Profiltiefe immer auf den Vorderrädern montieren.

Achtung: Beim Erneuern und Demontieren schlauchloser Reifen ist aus Sicherheitsgründen unbedingt das Gummiventil mit auszutauschen.

- Zum Schutz gegen Festrosten des Rades ist der Zentriersitz des Scheibenrades an den Radnaben vorn und hinten bei jeder Demontage des jeweiligen Rades mit Wälzlagerfett leicht einzufetten.

- Vor der Demontage Rad mit Kreide zur Radnabe markieren, damit es in gleicher Stellung wieder montiert werden kann.
- Leichtmetallfelgen sind durch einen Klarlacküberzug gegen Korrosion geschützt. Beim Radwechsel darauf achten, daß die Schutzschicht nicht beschädigt wird, andernfalls mit Klarlack ausbessern.

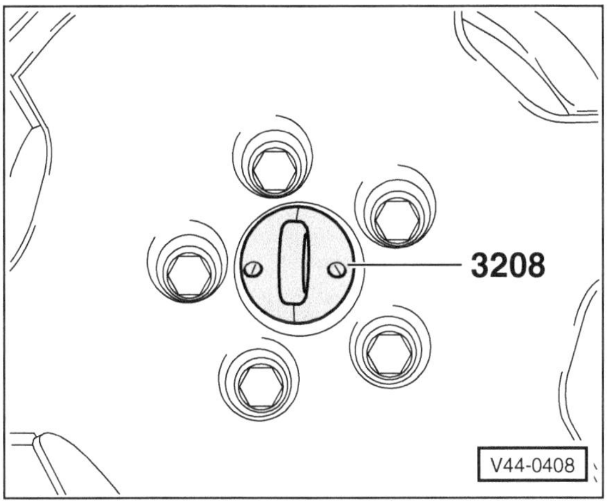

- Naben-Abdeckkappe von der Leichtmetallfelge folgendermaßen abziehen:
  - ◆ Abdeckkappe mit nassem Schwamm reinigen.
  - ◆ Saugabzieher, zum Beispiel AUDI-3208, auf die Abdeckkappe aufsetzen und andrücken.
  - ◆ Abdeckkappe abziehen.
  - ◆ Werkzeug durch seitliches Bewegen der beiden Gummiwarzen von der Abdeckkappe lösen.

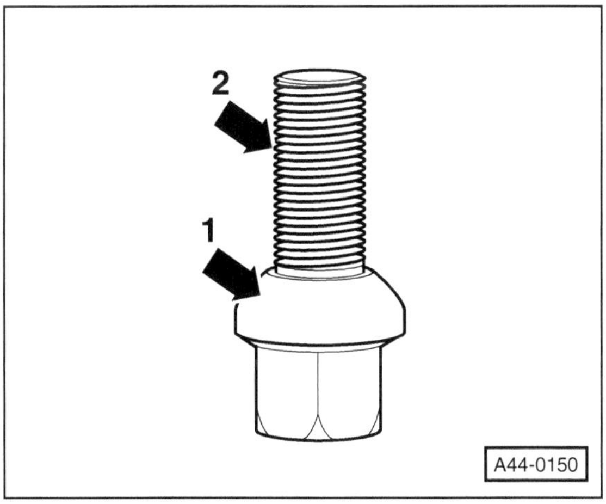

- Verschmutzte Schrauben und Gewinde reinigen. Leicht korrodierte Radschrauben im Gewindebereich –2– und an der Kalotte –1– mit der Schmierpaste »Optimol TA« beziehungsweise VW/AUDI-G052109A2 dünn fetten.

Achtung: Nur »Optimol TA« verwenden, die Schmierpaste darf nicht auf Teile der Bremsanlage gelangen. Beim **RS4** Radschrauben grundsätzlich nur ungefettet einschrauben, leicht korrodierte Schrauben ersetzen.

Hinweis: Zum Festziehen der Radschrauben sollte immer ein Drehmomentschlüssel verwendet werden. Dadurch wird sichergestellt, daß die Radschrauben gleichmäßig fest angezogen sind.

- Radschrauben über Kreuz in mehreren Durchgängen festziehen.

Achtung: Durch einseitiges oder unterschiedlich starkes Anziehen der Radschrauben können das Rad und/oder die Radnabe verspannt werden. Das Anzugsdrehmoment beträgt für alle Radschrauben **120 Nm,** (RS4: **140 Nm**).

Auswuchten der Räder

Die serienmäßigen Räder werden im Werk ausgewuchtet. Das Auswuchten ist notwendig, um unterschiedliche Gewichtsverteilung und Materialungenauigkeiten auszugleichen.

Im Fahrbetrieb macht sich die Unwucht durch Trampel- und Flattererscheinungen bemerkbar. Das Lenkrad beginnt dann bei höherem Tempo zu zittern.

In der Regel tritt dieses Zittern nur in einem bestimmten Geschwindigkeitsbereich auf und verschwindet wieder bei niedrigerer und höherer Geschwindigkeit.

Solche Unwuchterscheinungen können mit der Zeit zu Schäden an Achsgelenken, Lenkgetriebe und Stoßdämpfern führen.

Räder grundsätzlich alle 20.000 km und nach jeder Reifenreparatur auswuchten lassen, da sich durch Abnutzung und Reparatur die Gewichts- und Materialverteilung am Reifen ändert.

Reifenpflegetips

Generell gilt, daß Reifen sozusagen ein »Gedächtnis« haben und unsachgemäße Behandlung – dazu zählt beispielsweise auch schnelles oder häufiges Überfahren von Bordstein- oder Schienenkanten – oft erst viel später zu Reifenpannen führt.

Reifen reinigen

- Reifen möglichst nicht mit einem Dampfstrahlgerät reinigen. Wird die Düse des Dampfstrahlers zu nahe an den Reifen gehalten, dann wird dessen Gummischicht innerhalb weniger Sekunden irreparabel zerstört, selbst bei Verwendung von kaltem Wasser. Ein auf diese Weise gereinigter Reifen sollte sicherheitshalber ersetzt werden.
- Ersetzt werden sollte auch ein Reifen, der über längere Zeit mit Öl oder Fett in Berührung kam. Der Reifen quillt an den betreffenden Stellen zunächst auf, nimmt jedoch später wieder seine normale Form an und sieht äußerlich unbeschädigt aus. Die Belastungsfähigkeit des Reifens nimmt aber ab.

Reifen lagern

- Reifen sollten kühl, dunkel und trocken aufbewahrt werden. Sie dürfen nicht mit Fett und Öl in Berührung kommen.

- Räder liegend oder an den Felgen aufgehängt in der Garage oder im Keller lagern.
- Bevor die Räder abmontiert werden, Reifenfülldruck etwas erhöhen (ca. 0,3–0,5 bar).
- Für Winterreifen eigene Felgen verwenden, denn das Ummontieren der Reifen auf dieselben Felgen lohnt sich aus Kostengründen nicht.

Reifen einfahren

Neue Reifen haben vom Produktionsprozeß her eine besonders glatte Oberfläche. Deshalb müssen neue Reifen – das gilt auch für das neue Ersatzrad – eingefahren werden. Bei diesem Einfahren rauht sich durch die beginnende Abnutzung die glatte Oberfläche auf.

Während der ersten 300 km sollte man mit neuen Reifen speziell auf Nässe besonders vorsichtig fahren.

Gleitschutzketten

Gleitschutzketten (Schneeketten) dürfen nur an den Vorderrädern montiert werden, auch bei allradgetriebenen Fahrzeugen.

Mit Gleitschutzketten darf nicht schneller als 50 km/h gefahren werden. Auf schnee- und eisfreien Straßen sind die Gleitschutzketten abzunehmen.

Es sollten nur von AUDI freigegebene Gleitschutzketten verwendet werden.

Fehlerhafte Reifenabnutzung

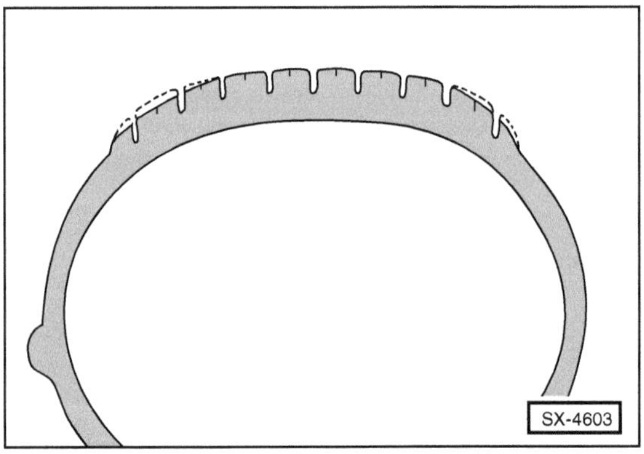

- An den Vorderrädern ist eine etwas größere Abnutzung der Reifenschultern gegenüber der Laufflächenmitte normal, wobei aufgrund der Straßenneigung die Abnutzung der zur Straßenmitte zeigenden Reifenschulter (linkes Rad: außen, rechtes Rad: innen) deutlicher ausgeprägt sein kann.
- Ungleichmäßiger Reifenverschleiß ist zumeist die Folge zu geringen oder zu hohen Reifenfülldrucks und kann auf Fehler in der Radeinstellung oder Radauswuchtung sowie auf mangelhafte Stoßdämpfer oder Felgen zurückzuführen sein.
- In erster Linie ist auf vorschriftsmäßigen Reifenfülldruck zu achten, wobei spätestens alle vier Wochen eine Prüfung vorgenommen werden sollte.
- Reifenfülldruck nur bei kühlen Reifen prüfen. Der Reifenfülldruck steigt nämlich mit zunehmender Erhitzung bei schneller Fahrt an. Dennoch ist es völlig falsch, aus erhitzten Reifen Luft abzulassen.
- Bei zu hohem Reifenfülldruck wird die Laufflächenmitte mehr abgenutzt, da der Reifen an der Lauffläche durch den hohen Innendruck mehr gewölbt ist.
- Bei zu niedrigem Reifenfülldruck liegt die Lauffläche an den Reifenschultern stärker auf, und die Laufflächenmitte wölbt sich nach innen durch. Dadurch ergibt sich ein stärkerer Verschleiß der Reifenschultern.

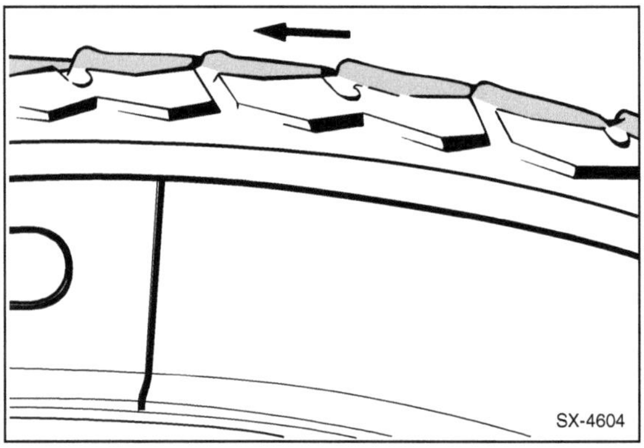

- Sägezahnförmige Abnutzung des Profils ist in der Regel auf eine Überbelastung des Fahrzeuges zurückzuführen.
- Falsche Radeinstellung und Unwucht ergeben jeweils typische Reifenverschleißbilder, auf die in der Störungsdiagnose hingewiesen wird.

Karosserie

Die Karosserie des AUDI A4 ist selbsttragend. Bodengruppe, Seitenteile, Dach und die hinteren Kotflügel sind miteinander verschweißt. Die Reparatur von größeren Karosserieschäden sowie das Ersetzen der eingeklebten Front- und Heckscheibe sollten einer Fachwerkstatt vorbehalten bleiben.

Motorhaube, Kofferraumdeckel, Türen und die vorderen Kotflügel sind angeschraubt und lassen sich leicht auswechseln. Beim Einbau sind dann unbedingt die richtigen Luftspaltmaße einzuhalten, sonst klappert beispielsweise die Tür, oder es können erhöhte Windgeräusche während der Fahrt auftreten. Der Luftspalt muß auf jeden Fall parallel verlaufen, das heißt, der Abstand zwischen den Karosserieteilen muß auf der gesamten Länge des Spaltes gleich groß sein.

Um einen größeren Schutz gegen Rost sicherzustellen, ist die Karosserie vollverzinkt.

Muß an der Karosserie geschweißt werden, soll dies grundsätzlich durch Widerstandspunktschweißen (RP) durchgeführt werden. Nur wenn sich die Schweißzange nicht ansetzen läßt, ist das Schutzgas-Schweißverfahren anzuwenden. Folgende Punkte sind zu beachten:

- Schweißstrom (Ampere) um 10 % bis max. 30 % erhöhen.
- Hartkupfer-Elektroden mit hoher Warmfestigkeit (größer als +400° C) verwenden.
- Elektroden häufig säubern, bzw. Kontaktflächendurchmesser auf 4 mm ∅ seitlich nacharbeiten.
- Elektroden-Anpreßkraft erhöhen.
- Schweißzeit verlängern. Die Schweißzeit ist richtig gesetzt, wenn sich die Schweißpunkte ohne Spritzer setzen lassen.

Achtung: Beim Schweißen von verzinkten Stahlblechen entsteht giftiges Zinkoxid, daher für eine gute Arbeitsplatzbelüftung sorgen.

An Teilen der gefüllten Klimaanlage oder in deren Nähe darf weder geschweißt noch hart- oder weichgelötet werden. Bei einer Reparatur-Lackierung dürfen im Trockenofen Objekttemperaturen bis lediglich +80° C auftreten.

Schloßträger aus- und einbauen

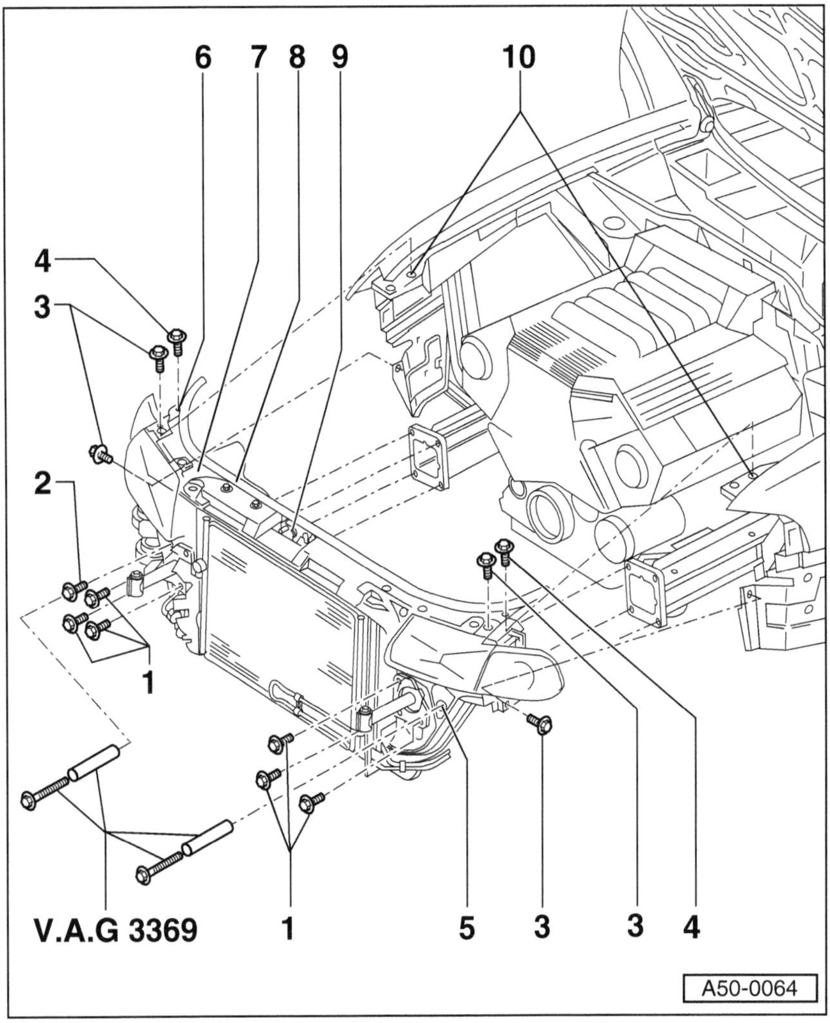

1 – **Sechskantschraube (6x), 45 Nm**
2 – **Sechskantschraube, 45 Nm**
3 – **Sechskantschraube (4x), 10 Nm**
4 – **Sechskantschraube (2x), 10 Nm**
5 – **Bohrung für Sonderwerkzeug V.A.G 3369**
6 – **Bohrung Windfang**
Befestigung für Servicestellung.
7 – **Schloßträger**
8 – **Dichtung für Klappe vorn**
9 – **Bowdenzug für Klappe vorn**
10 – **Bohrung für Seitenteil**

Ausbau

- Stoßfänger ausbauen, siehe Seite 180.
- Geräuschdämpfung ausbauen, siehe Seite 184.
- Bowdenzug –9– für Schloß vorn aushängen, siehe Seite 187.
- Luftführung ausbauen.
- Elektrische Steckverbindungen trennen.
- Kühlmittel ablassen und Kühlmittelleitungen trennen, siehe Seite 62.
- Klimaanlage: Kondensator vom Schloßträger lösen und mit Draht aufhängen. **Achtung:** Keine Leitungen trennen. Der Kondensator darf nicht an den Leitungen aufgehängt werden. Kondensatorleitungen dürfen auf keinen Fall geknickt werden.
- Hydraulikölkühler nur lösen. **Achtung:** Nicht an den Leitungen aufhängen. Hydraulikölkühlerleitungen dürfen auf keinen Fall geknickt werden.
- Schrauben –3– herausdrehen.
- Schrauben –4– herausdrehen.
- Dichtung –8– links und rechts am Schloßträger –7– abziehen.
- Schloßträger –7– festhalten. Dazu wird ein Helfer benötigt.
- Schrauben –1– und –2– herausdrehen.
- Schloßträger nach vorn herausziehen.

Einbau

- Der Einbau erfolgt grundsätzlich in umgekehrter Reihenfolge.
- Scheinwerfereinstellung prüfen, gegebenenfalls neu einstellen, siehe Seite 250.

Schloßträger einstellen

- Schloßträger –7– so ausrichten, daß zu den Kotflügeln links und rechts der gleiche Abstand vorhanden ist. **Achtung:** Werden die Kotflügel und die Motorhaube mit gewechselt, müssen diese zuerst mittig zueinander eingestellt werden.

Schloßträger in Servicestellung bringen

Achtung: Die Bezeichnungen beziehen sich auf die Abbildung A50-0064.

- Luftführung zwischen Schloßträger und Luftfilter am Schloßträger abschrauben und ausbauen.
- Auf der rechten Seite Befestigungsschraube –2– herausdrehen und Sonderwerkzeug V.A.G 3369 einschrauben.
- Auf der linken Seite Sonderwerkzeug V.A.G 3369 in Bohrung –5– einschrauben.
- Befestigungsschrauben –1– und –3– abschrauben.
- Befestigungsschraube –4– abschrauben, Schloßträger vorziehen und Befestigungsschraube –4– durch die hintere Befestigungsbohrung am Windfang –6– und die vordere Befestigungsbohrung am Seitenteil –10– einschrauben.

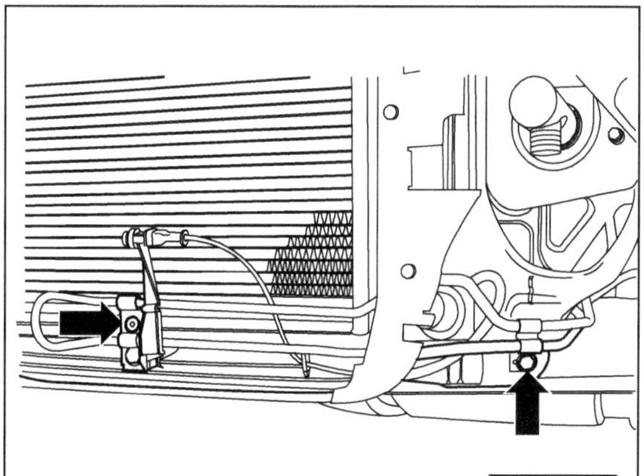
A10-0019

- Hydraulikölkühler der Servolenkung am Kühler unten abschrauben. **Achtung:** Leitungen nicht trennen.

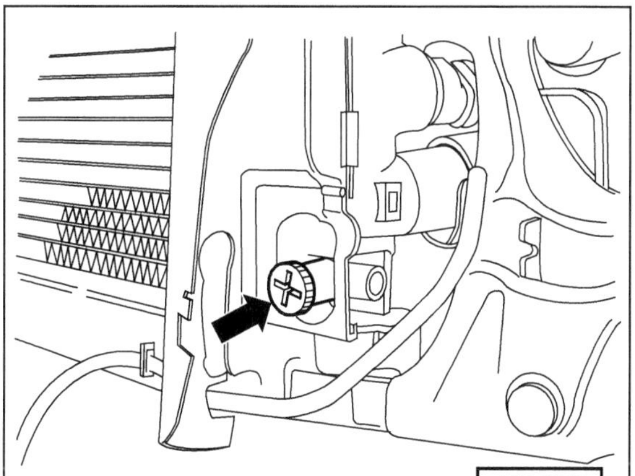
A10-0020

- Kühlmittel am Kühler ablassen.
- Sicherung für Anschlußflansch des Kühlmittelschlauch am Kühler unten herausziehen, Anschlußflansch abziehen.
- Luftführung zum Luftfilter am Windfang abschrauben und herausheben.

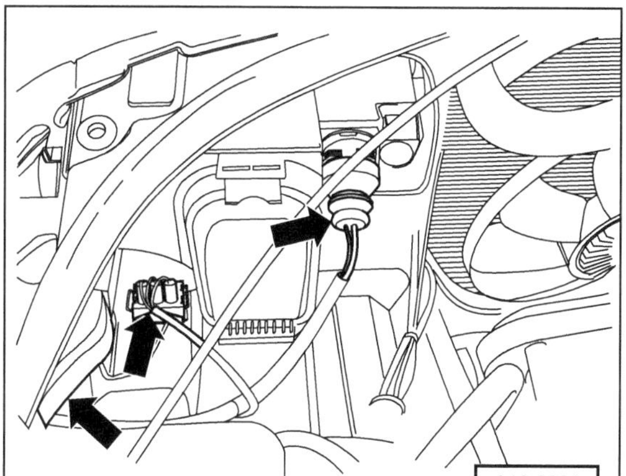
A10-0021

- Steckverbindungen für Scheinwerfer, Scheinwerferhöhenverstellung und Blinker trennen.
- Steckverbindung vom Temperaturgeber für Kühlerlüfter im Bereich des unteren Kühlmittelschlauches am Kühler links trennen.

Stoßfänger vorn aus- und einbauen

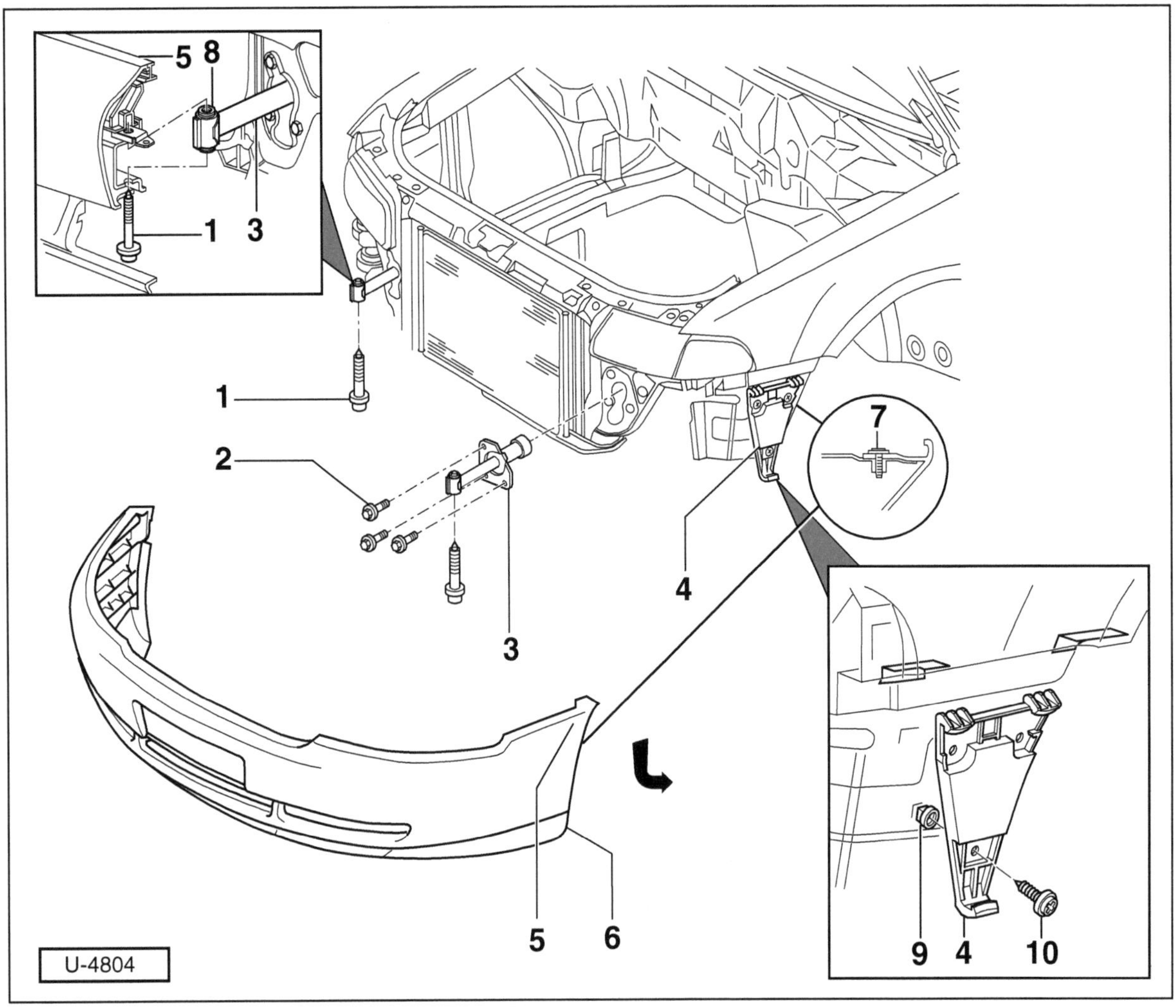

1 – **Kombischraube, 25 Nm**

2 – **Sechskantschraube, 45 Nm**
Am rechten Längsträger mit 4 Sechskantschrauben befestigt.

3 – **Pralldämpfer**
Zum Ausbau Sechskantschrauben herausdrehen und Pralldämpfer nach vorn herausziehen.

4 – **Halter**

5 – **Stoßfänger**

6 – **Spoiler**

7 – **Torxschraube, 1 Nm**

8 – **Gewindehülse**

9 – **Schraubclip**

10 – **Schraube**

Ausbau

- Torxschrauben –7– am Innenkotflügel herausdrehen.
- Luftführungsgitter am Stoßfänger herausziehen, siehe Seite 272.
- Kombischrauben –1– herausdrehen.
- Stoßfänger –5– in Pfeilrichtung aus dem Halter –4– ausclipsen und nach vorne abnehmen.
- Falls der Halter –4– ausgebaut wird, Schrauben –10– herausdrehen und Halter –4– abnehmen.

Einbau

- Falls erforderlich, Schraubclip –9– in die Bohrung eindrücken.
- Halter –4– anschrauben.
- Stoßfänger von vorn gleichmäßig aufschieben und in die Halter einrasten. Falls erforderlich, Höheneinstellung vornehmen.
- Dazu Stoßfänger wieder ausbauen und Gewindehülsen –8– im Pralldämpfer –3– entsprechend verstellen.
- Kombischraube –1– mit **25 Nm** festziehen.
- Luftführungsgitter am Stoßfänger einsetzen.
- Torxschrauben am Innenkotflügel hineindrehen.

Achtung: Die Abbildung zeigt Stoßfänger und Halter bis 9/99. **Seit 10/99** ist der Halter 2-teilig ausgeführt. Dabei kann die hintere Hälfte zur Längenanpassung des Stoßfängers verschoben werden. Die 3 Befestigungsschrauben des Halters werden in der Reihenfolge von oben nach unten mit 1,5 Nm festgezogen.

Stoßfänger hinten aus- und einbauen

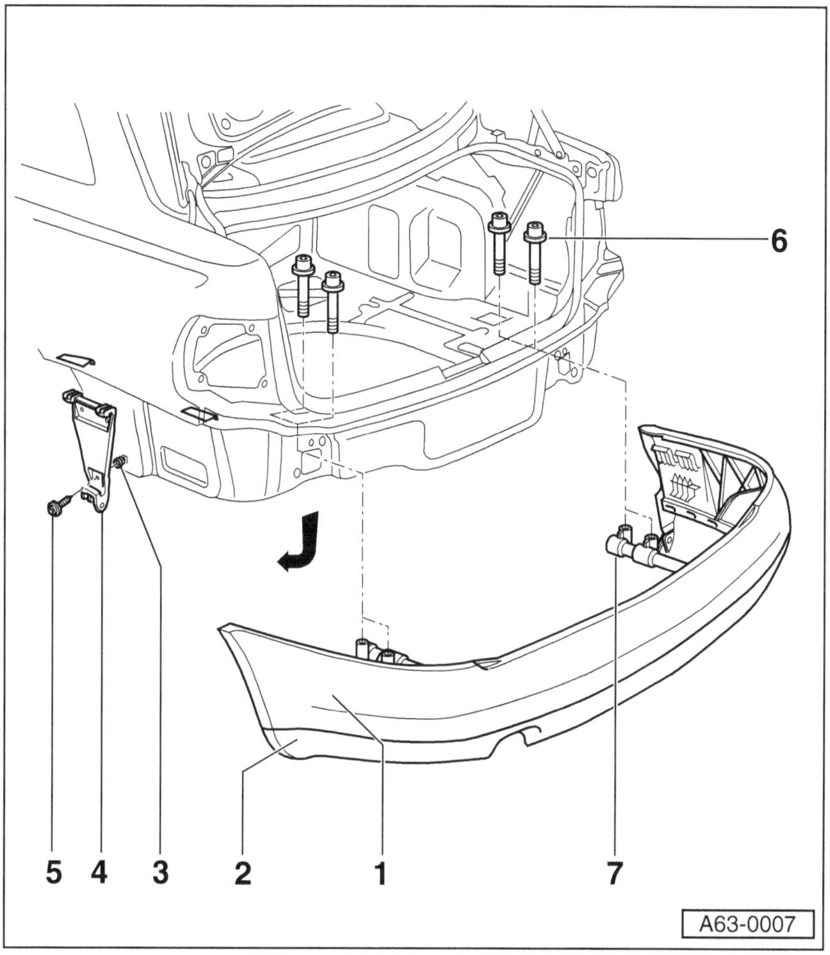

1 – Stoßfänger

2 – Spoiler

3 – Clip

4 – Halter
Zum Ausbau Blechschrauben –5– herausdrehen und Halter abnehmen.

5 – Blechschraube

6 – Kombischraube, 25 Nm

7 – Pralldämpfer

Ausbau (Limousine und Avant)

- Kombischrauben –6– herausdrehen.
- Stoßfänger in Pfeilrichtung aus den Haltern –4– ausclipsen und nach hinten abziehen.

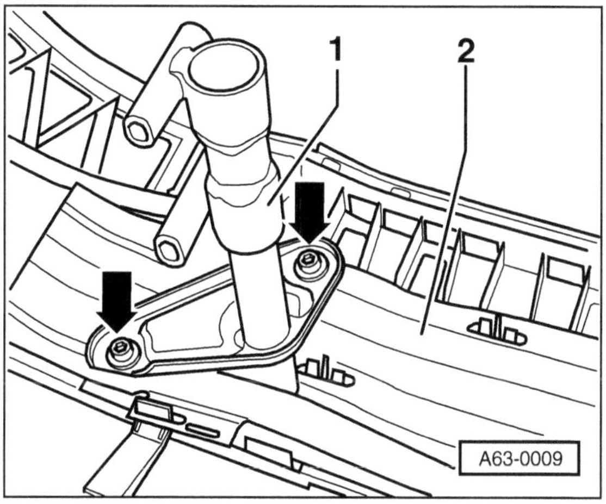

- Pralldämpfer –1– am Stoßfänger –2– abschrauben –Pfeile– und herausnehmen.

Einbau

- Pralldämpfer am Stoßfänger mit **25 Nm** anschrauben.
- Stoßfänger von hinten auf die Halter aufschieben und einclipsen.
- Stoßfänger mit **25 Nm** festschrauben.

Achtung: Die Abbildung zeigt Stoßfänger und Halter bis 9/99. **Seit 10/99** ist der Halter 2-teilig ausgeführt. Dabei kann die vordere Hälfte zur Längenanpassung des Stoßfängers verschoben werden. 4 Befestigungsschrauben des Halters mit 1,5 Nm anziehen. Reihenfolge: 1. Vorn oben, 2. Hinten oben, 3. Mitte, 4. Unten.

Kotflügel vorn aus- und einbauen

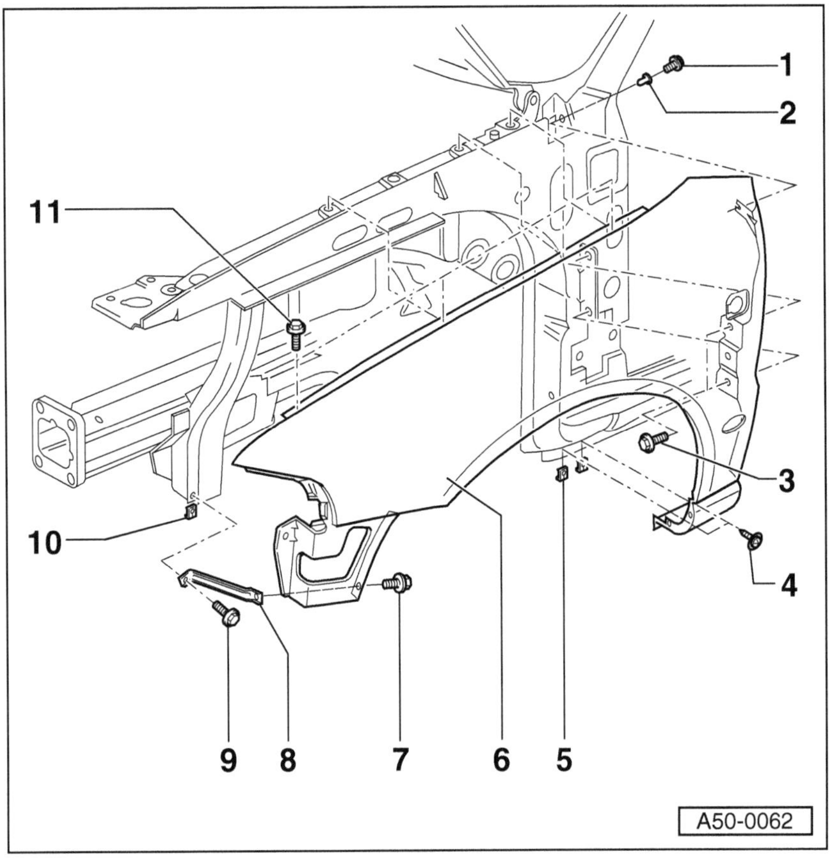

1 – **Kombischraube, 5 Nm**

2 – **Gewindeniet**
Die Werkstatt setzt den Gewindeniet mit Sonderwerkzeug V.A.G 1618 A ein.

3 – **Kombischraube (2x), 8 Nm**

4 – **Kreuzschlitzschraube, 5 Nm**

5 – **Blechmutter (2x)**

6 – **Kotflügel**

7 – **Kombischraube, 8 Nm**

8 – **Halter**

9 – **Kombischraube, 8 Nm**

10 – **Blechmutter**

11 – **Kombischraube (4x), 8 Nm**

Achtung: Seit 10/99 hat sich die vordere Kotflügelbefestigung geändert. Anstelle von Halter –8– ist der Kotflügel über 2 Streben mit dem Aufbau verschraubt.

Ausbau

- Stoßfänger ausbauen, siehe Seite 180.
- Innenkotflügel ausbauen, siehe Seite 183.

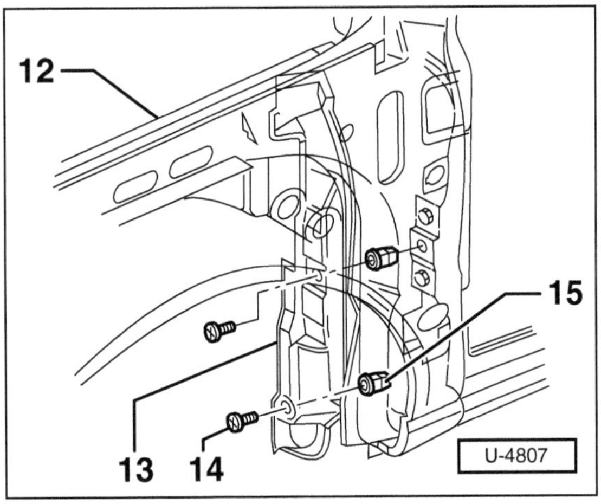

- 2 Schrauben –14– herausdrehen.
- Schließteil –13– aus dem Kotflügel –12– herausnehmen. Falls erforderlich Spreizclips –15– ersetzen.
- Seitliche Blinker ausclipsen.
- Elektrische Steckverbindungen für seitlichen Blinker trennen.
- Schrauben –1–, –3–, –4–, –7– und –11– herausdrehen.
- Durch den Unterbodenschutz und das Abdichtband sitzt der Kotflügel sehr fest. Zum Lösen des Kotflügels ist deshalb ein Heißluftfön erforderlich, der mindestens eine Temperatur von 600° C erreicht. Ein Messer ist sehr hilfreich beim Lösen des Kotflügels vom Unterbodenschutz.
- Kotflügel Stück für Stück vorsichtig abziehen.

Einbau

- Kotflügel gegebenenfalls lackieren.
- Anlagenflächen des Kotflügels reinigen, gegebenenfalls ausrichten.
- Auf den Anlageflächen handelsübliches Kotflügelabdichtband auflegen.

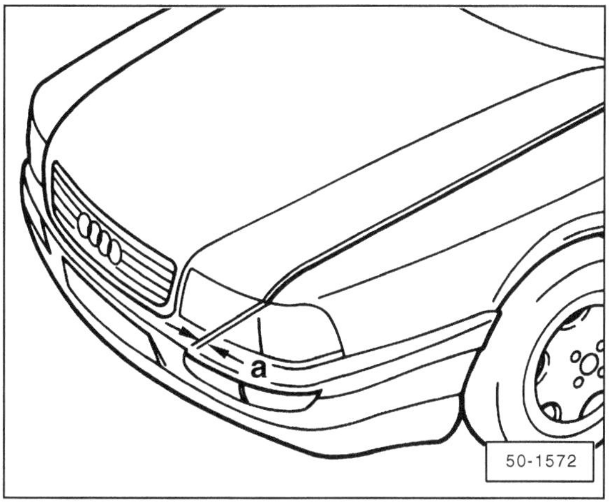

- Kotflügel ansetzen, ausrichten und anschrauben. Sollwert für das Fugenmaß zwischen Motorhaube und Kotflügel: a = 3,0 mm.
- Auf der Innenseite des Kotflügels Unterbodenschutz auftragen.
- Elektrische Stecker für seitlichen Blinker verbinden. Blinker einclipsen.
- Schließteil einbauen.
- Innenkotflügel einbauen, siehe Seite 183.
- Stoßfänger einbauen, siehe Seite 180.

Innenkotflügel vorn aus- und einbauen

Ausbau

- Stellung der Vorderräder zur Radnabe mit Farbe kennzeichnen. Dadurch kann das ausgewuchtete Rad wieder in derselben Position montiert werden. Radschrauben bei auf dem Boden stehendem Fahrzeug lösen. Fahrzeug vorn aufbocken und Vorderräder abnehmen.

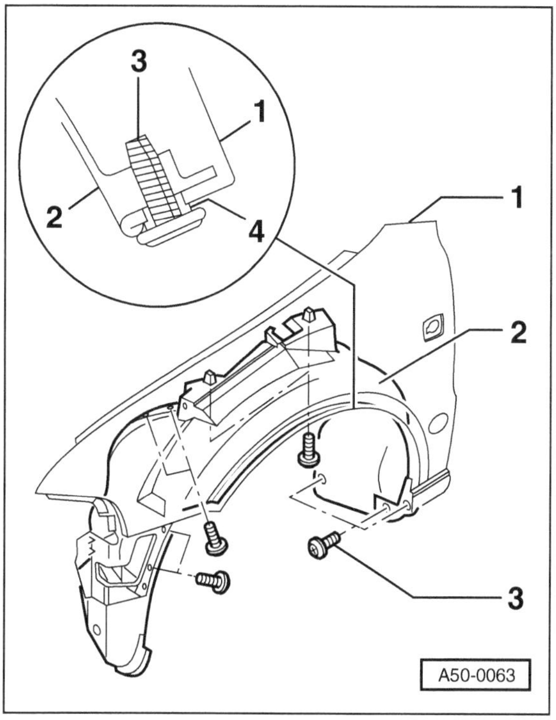

- 10 Schrauben –3– herausdrehen. **Achtung:** Der Clip –4– ist mit dem Innenkotflügel –2– fest verbunden.
- Innenkotflügel –2– aus dem Kotflügel –1– herausnehmen.

Einbau

- Innenkotflügel in den Kotflügel einsetzen.
- Falls vorhanden, Kunststofflaschen in die Bohrungen am Kotflügel eindrücken.
- Sämtliche Befestigungsschrauben von Hand einsetzen und einige Umdrehungen anziehen. Erst wenn alle Schrauben eingesetzt sind, festziehen. **Achtung:** Alle Schrauben nur mit 2 bis 3 Nm, also ganz leicht, festziehen.
- Vorderräder so ansetzen, daß die beim Ausbau angebrachten Markierungen übereinstimmen. Vorher Zentriersitz der Felge an der Radnabe mit Wälzlagerfett leicht einfetten. Räder anschrauben. Fahrzeug ablassen und Radschrauben über Kreuz mit **120 Nm** festziehen.

Geräuschdämpfung aus- und einbauen

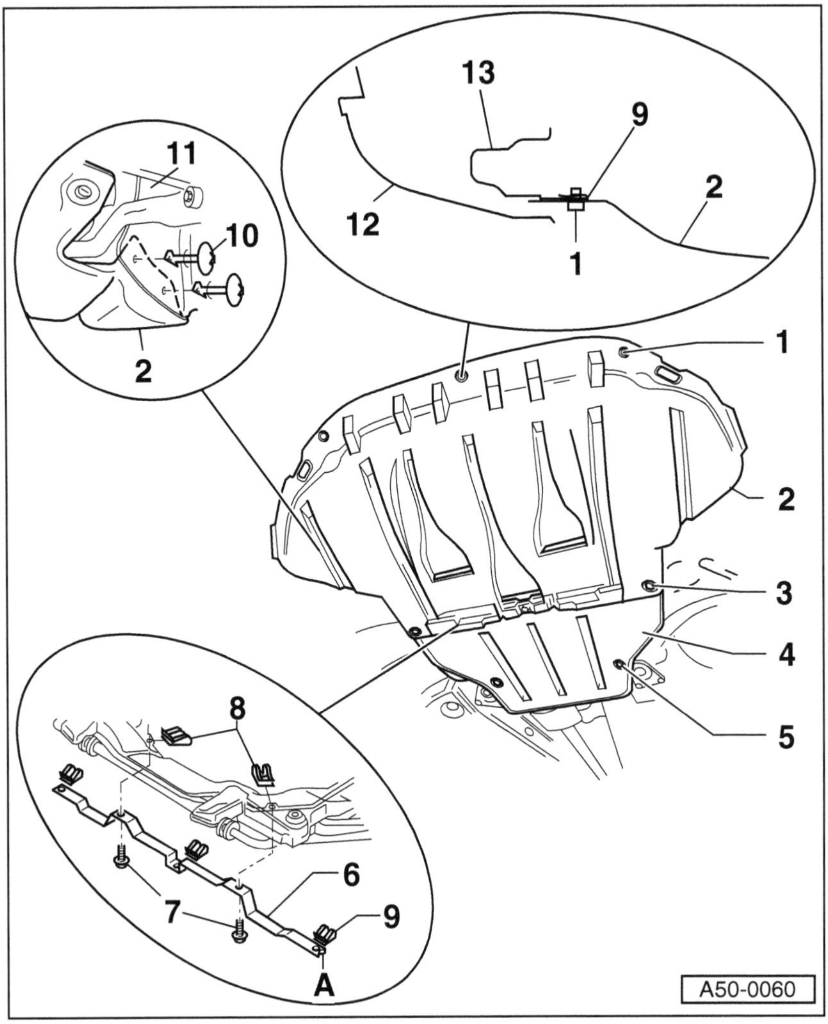

1 – **Schnellverschlußschraube (3x)**

2 – **Geräuschdämpfung vorn**
Schnellverschlußschrauben –1– und –3– lösen. **Achtung**: Geräuschdämpfung –2– wird im Schloßträger verschraubt.

3 – **Schnellverschlußschraube (3x)**
Wird die hintere Geräuschdämpfung –4– mit eingebaut, müssen längere Schnellverschlußschrauben verwendet werden.

4 – **Geräuschdämpfung hinten**
Nur bei speziellen Motorvarianten vorhanden. Wird oberhalb der Geräuschdämpfung –2– eingebaut.

5 – **Schnellverschlußschrauben (2x)**

6 – **Aufnahme für Geräuschdämpfung**
Position –9– muß zur linken Fahrzeugseite zeigen.

7 – **Schraube (2x), 8 Nm**

8 – **Blechmutter (2x)**

9 – **Blechmutter (3x)**

10 – **Klemmstift (2x)**

11 – **Innenkotflügel**

12 – **Stoßfänger**

13 – **Schloßträger**

Motorhaube aus- und einbauen/einstellen

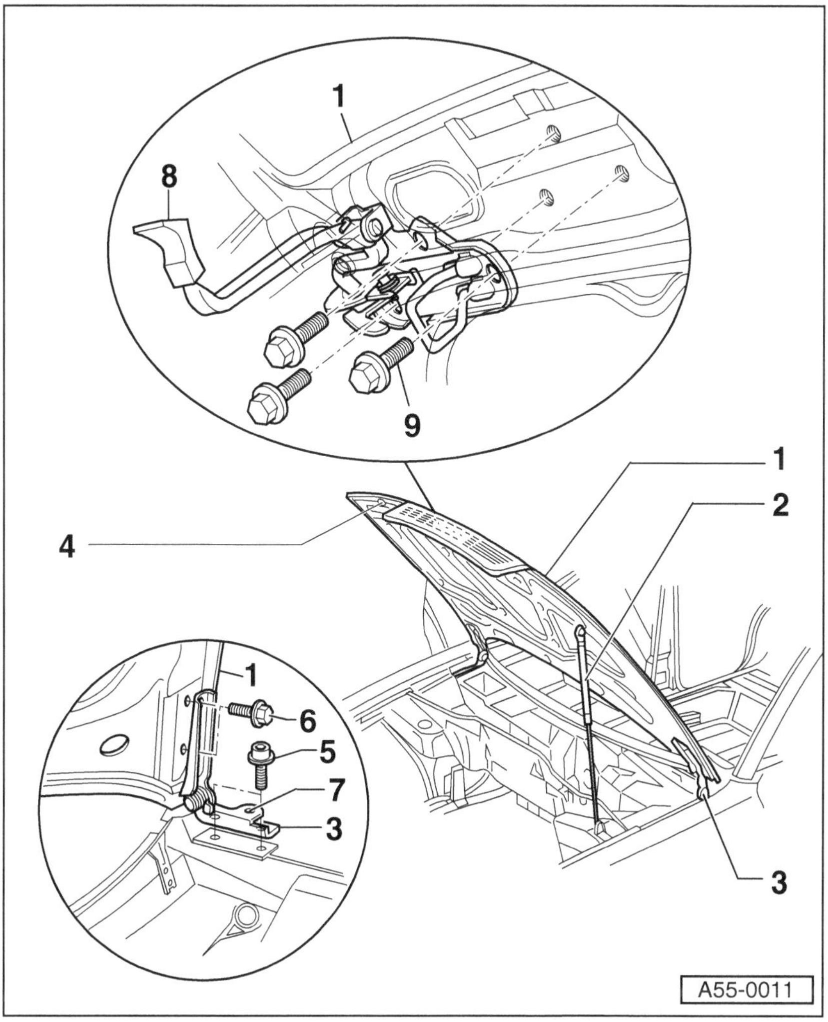

1 – **Motorhaube**

2 – **Gasdruckfeder**

3 – **Scharnier**
Zum Ausbau muß die Motorhaube -1- ausgebaut oder sicher abgestützt sein. Schrauben -5-, -6- und -7- herausdrehen.

4 – **Anschlagpuffer**

5 – **Schraube (2x), 20 Nm**

6 – **Schraube (2x), 20 Nm**

7 – **Schraube, 8 Nm**

8 – **Fanghakenentriegelung**
Zum Ausbau Schrauben -8- herausdrehen. Beim Einbau muß die Fanghakenbetätigung, von vorn gesehen, mittig im Kühlergrillausschnitt positioniert werden und mit dem Kühlergrill bündig abschließen. **Hinweis:** Die Fanghakenentriegelung kann nur in Fahrtrichtung eingestellt werden.

9 – **Schraube (3x), 8 Nm**

Ausbau

- Zuleitungsschlauch und elektrische Steckverbindung an der Scheibenwaschdüse abziehen. Leitung ausclipsen. **Hinweis:** Als spätere Montagehilfe kann man an den Kabelenden eine Schnur befestigen. Beim Herausziehen der Kabel wird die Schnur eingezogen und bleibt anschließend in der Haube.
- Einbaulage der Motorhaube kennzeichnen, dazu Schrauben -6- am Scharnier mit Filzstift umkreisen.
- Motorhaube durch Hilfsperson abstützen lassen.

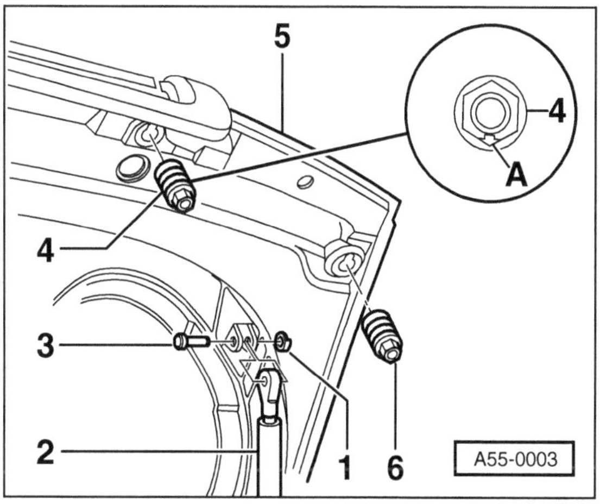

- Gasdruckfeder -2- von der Haube -5- abbauen. Dazu Federklammer -1- abziehen und Haltebolzen -3- herausziehen, gegebenenfalls mit Durchschlag heraustreiben. Soll die Gasdruckfeder demontiert werden, unten Federklammer abziehen und Gasdruckfeder vom Stift abziehen.

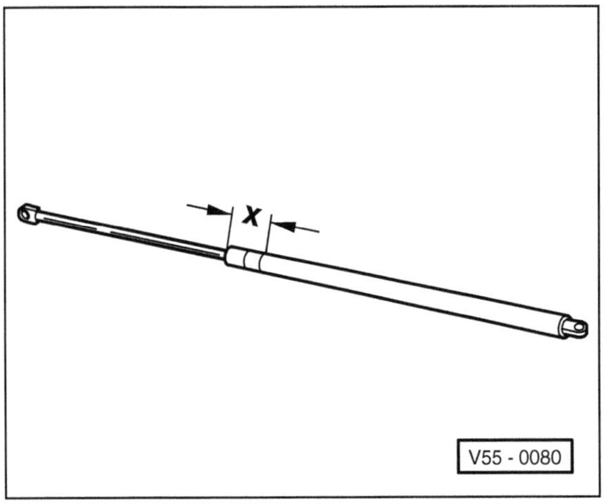

Achtung: Falls die Gasdruckfeder ersetzt wird, muß die alte Feder entgast werden, bevor sie entsorgt wird. Dazu Gasdruckfeder im **Bereich x = 50 mm** in den Schraubstock einspannen. **Achtung**: Feder unbedingt **nur in diesem Bereich** einspannen, sonst besteht Unfallgefahr! Anschließend Zylinder im ersten Drittel der Zylindergesamtlänge – ausgehend von der Bezugskante auf der Kolbenstangenseite – aufsägen. Um herausspritzendes Öl aufzufangen, Bereich des Sägetrennschnittes mit einem Lappen abdecken. Außerdem ist während des Sägevorganges eine Schutzbrille zu tragen.

- Schrauben –6– (siehe große Abbildung) am Scharnier herausdrehen und Motorhaube abnehmen. Dazu ist eine Hilfsperson erforderlich. Vor dem Lösen der Scharnierschrauben einen dicken Lappen als Lackschutz zwischen Haube und Karosserie legen.

Einbau

- Motorhaube ansetzen, Schrauben eindrehen, Haube nach den angebrachten Markierungen ausrichten und Schrauben festziehen.
- Gasdruckfeder mit Schutzkappe ansetzen, Bolzen durchtreiben und mit Klammer sichern.
- Elektrischen Anschluß und Zuleitungsschlauch mit Schnur durch Motorhaube ziehen und an der Scheibenwaschdüse anschließen.

Motorhaube einstellen

- Schrauben –6– lösen und Motorhaube in Längs- und Querrichtung verschieben, bis die Klappe gleichmäßig und parallel zu den Kotflügeln steht. Fugenmaß zu den Kotflügeln: 3,0 mm. Wird das Maß nicht erreicht, Haube so ausmitteln, daß der Spalt links und rechts gleich groß ist. Gegebenenfalls Kotflügel entsprechend versetzen.
- Schrauben –6– mit 20 Nm festziehen.

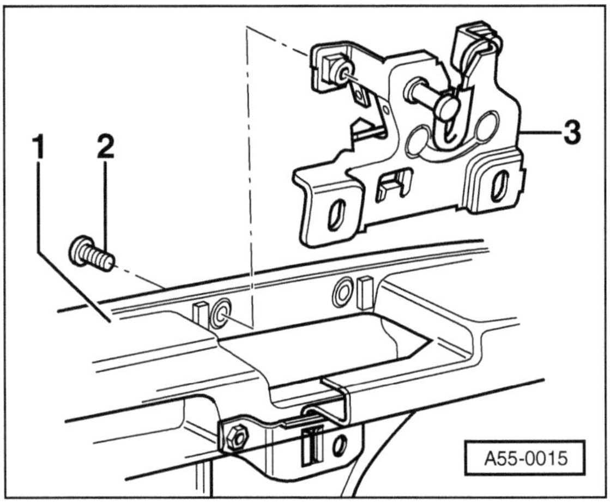

- Soll die Motorhaube vorn in der Höhe verstellt werden: Schrauben –2– für Schloßunterteil –3– lösen und Schloßunterteil im Schloßträger –1– entsprechend nach oben oder unten verschieben. Anschließend Schrauben mit 10 Nm festziehen.

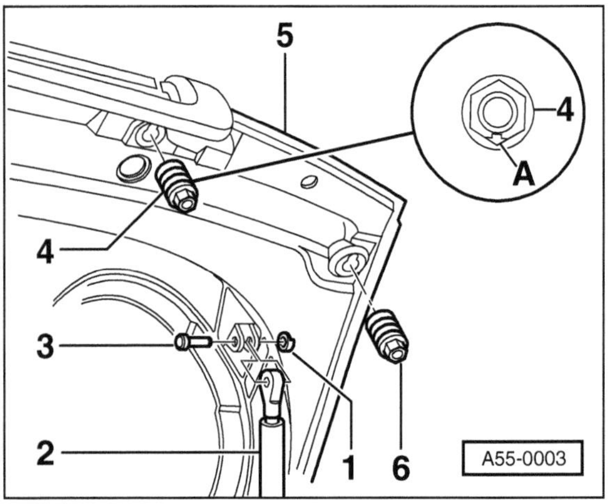

- Prüfen, ob die Anschlagpuffer –6– bei geschlossener Motorhaube –5– leicht auf dem Schloßträger aufliegen und die Motorhaube zu den Kotflügeln bündig ist. Andernfalls Höhe der Haube mit den Anschlagpuffern folgendermaßen einstellen: Anschlagpuffer –4– bis zum Anschlag einschrauben, dann ½ Umdrehung herausdrehen. Die Markierung –A– muß entgegen der Fahrtrichtung zeigen.
- Anschließend Einstellpuffer –6– einstellen: Plastilin oder Knetgummi auf beide Puffer aufkleben und Motorhaube schließen. Haube öffnen und Dicke des zusammengedrückten Knetgummis messen. Einstellpuffer entsprechend weit herausdrehen. Die Klappe muß in geschlossenem Zustand spannungsfrei auf beiden Einstellpuffern aufliegen.

Kühlergrill aus- und einbauen

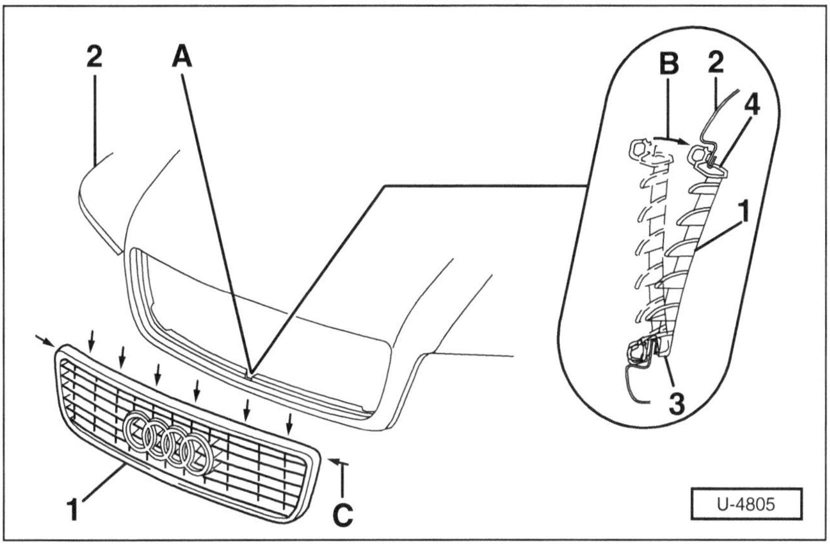

Ausbau

- Haltenasen –4– einzeln ausclipsen. Die Pfeile –C– markieren alle Haltenasen.
- Kühlergrill –1– aus der Motorhaube –2– herausnehmen.

Einbau

- Kühlergrill –1– unten in Führung –3– einhängen und in Pfeilrichtung –B– in die Motorhaube –2– einclipsen.

Achtung: Position –A– fixiert Kühlergrill mittig in der Motorhaube.

Seilzug für Motorhaube aus- und einbauen

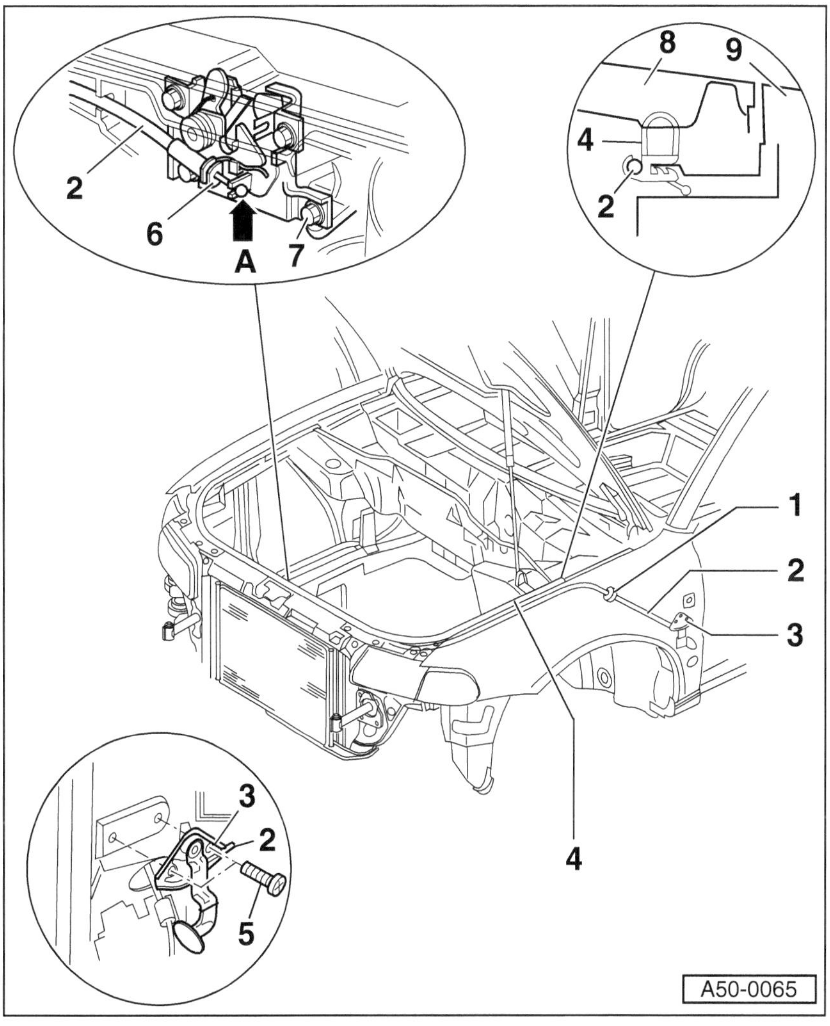

1 – Tülle

2 – Seilzug für Motorhaube
Ausbau
- Fußraumabdeckung Fahrerseite ausbauen.
- Schraube –5– herausdrehen.
- Seilzug –2– aus der Halterung –6– und Position –A– aushängen.
- Seilzug –2– aus der Führung in der Dichtung –4– herausnehmen und zum Fahrzeuginnenraum hin herausziehen.

Der **Einbau** erfolgt in umgekehrter Reihenfolge.

3 – Haubenschloßzug

4 – Dichtung

5 – Schraube (2x), 4 Nm

6 – Aufnahme für Seilzug

7 – Schraube (4x), 10 Nm

8 – Motorhaube

9 – Kotflügel

Kofferraumdeckel und Schloß aus- einbauen/einstellen

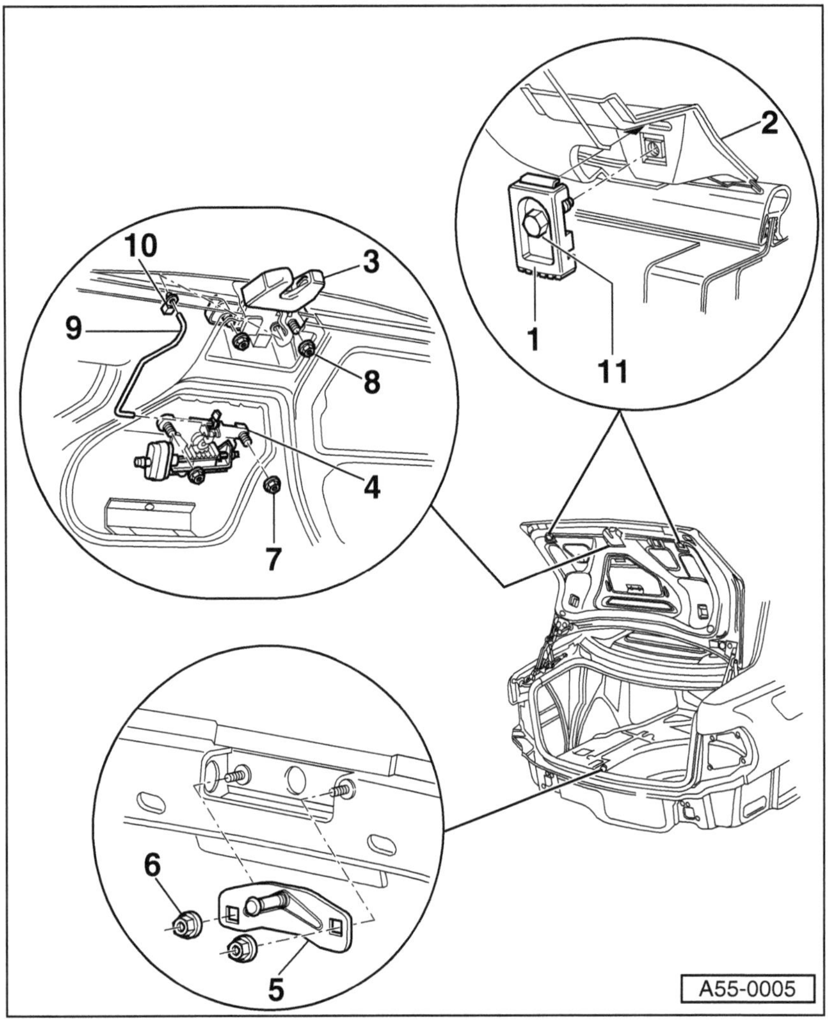

1 – **Anschlagpuffer (2x)**

2 – **Kofferraumdeckel**

3 – **Schloß**
Ausbau: Betätigungsstange –9– ausclipsen und Muttern –8– abschrauben.

4 – **Schließzylinder**
Ausbau: Warndreieck mit Halter, Verkleidung für Kofferraumdeckel ausbauen, Leitung für Zentralverriegelung abklemmen, elektrische Leitung trennen.
Betätigungsstange –9– ausclipsen und Schrauben –7– abschrauben.

5 – **Schließzapfen**

6 – **Sechskantmutter (2x), 8 Nm**

7 – **Sechskantmutter (2x), 6 Nm**

8 – **Sechskantmutter 12x), 6 Nm**

9 – **Betätigungsstange**

10 – **Halteclip**

11 – **Sechskantschraube (2x), 6 Nm**

Hinweis: Bei Fahrzeugen ab Modelljahr '99 (ab Fahrgestell-Nr. 8D XA 200 001) ist ein geändertes Heckklappenschloß eingebaut. Der Ausbau des Schlosses beziehungsweise des Schließzylinders geht prinzipiell wie hier beschrieben - Sinngemäß vorgehen. Vor dem Ausbau sind die Betätigungsstangen des Schließzylinders und des Stellelementes der Kofferraumdeckelbetätigung auszuclipsen und abzunehmen. Dies gilt auch für die Heckklappe beim AUDI A4 AVANT.

Ausbau

- Warndreieck herausnehmen und Halter abschrauben.
- Verkleidung für Kofferraumdeckel ausbauen.
- Elektrische Leitungen trennen und ausclipsen.
- Leitung für Zentralverriegelung abziehen.
- Einbaulage von Scharnier und Befestigungsmuttern kennzeichnen, dazu Teile mit Filzstift umkreisen.
- Kofferraumdeckel abstützen beziehungsweise durch zweite Person festhalten lassen.
- Scharniere am Kofferraumdeckel abschrauben.

Einbau

- Kofferraumdeckel an den Scharnieren ansetzen, Befestigungsmuttern leicht beiziehen. Deckel nach den angebrachten Markierungen ausrichten und Muttern mit 20 Nm festziehen.

Kofferraumdeckel neu einstellen

- Kofferraumdeckel in Höhen– und Längsrichtung am Scharnier einstellen, siehe unter »Scharnier einbauen«.
- Befestigungsmuttern –5– für Schließzapfen –6– etwas lösen und handfest anziehen. Der Schließzapfen muß gerade noch zu verschieben sein.
- Kofferraumdeckel vorsichtig schließen, bis der Deckel mit dem Seitenteil hinten bündig ist.
- Deckel vorsichtig öffnen, Mutter –6– mit 8 Nm anziehen.
- Anschlagpuffer –1– einstellen. Dazu Anschlagpuffer mit Schraube –11– handfest anschrauben. Der Anschlagpuffer muß sich gerade noch verschieben lassen.
- Kofferraumdeckel vorsichtig schließen, bis der Deckel mit dem Seitenteil hinten bündig ist.
- Kofferraumdeckel vorsichtig öffnen, Anschlagpuffer 2 Rasten herausziehen (≙ 1 mm Vorspannung) und Schrauben –11– ganz leicht, mit ca. 6 Nm anziehen.
- Kofferraumdeckel mittig ausrichten, daß die Fugen links und rechts ca. 3,0 mm groß sind.

- Leitung für Zentralverriegelung aufstecken.
- Elektrische Leitungen verbinden und einclipsen.
- Verkleidung für Kofferraumdeckel einbauen. Halter für Warndreieck anschrauben und Warndreieck einsetzen.

Scharnier für Kofferraumdeckel aus- und einbauen

Ausbau

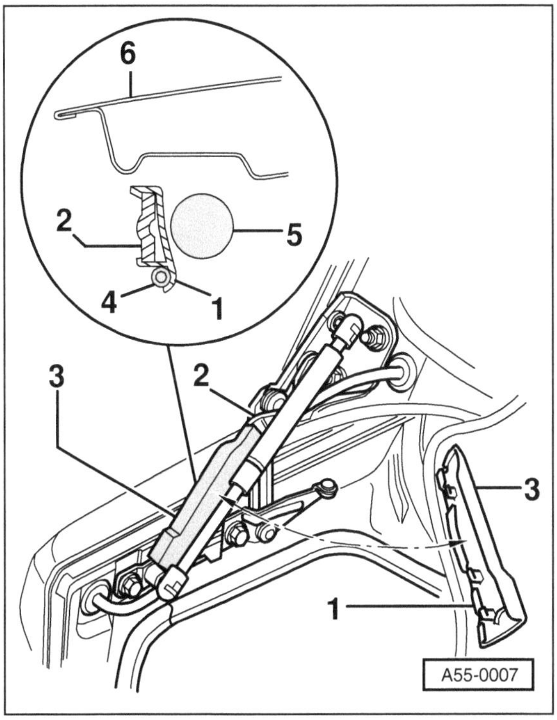

- Abdeckung für Klappenscharnier folgendermaßen ausbauen:
  - ◆ Elektrische Leitung beziehungsweise Leitung für Zentralverriegelung –4– aus der unteren Kabelführung ausclipsen. 6 – Kofferraumdeckel.
  - ◆ Verkleidung –3– für Klappenscharnier nach unten ausclipsen und herausnehmen.

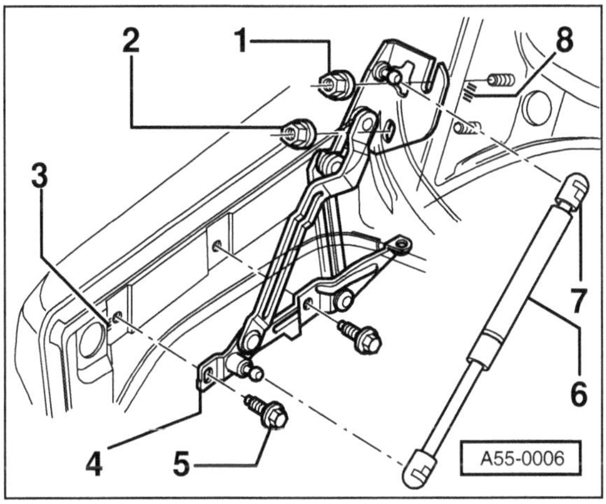

- Gasdruckfeder –6– ausbauen. Dazu Haltefedern –7– mit einem Schraubendreher leicht zurückdrücken und Gasdruckfeder ausclipsen. **Achtung:** Dabei geöffneten Kofferraumdeckel leicht in Richtung »Öffnen« drücken. Gasdruckfeder entgasen, siehe Seite 185.
- Einbaulage von Scharnier und Befestigungsmuttern kennzeichnen, dazu Teile mit Filzstift umkreisen.
- Mutter –1– links und rechts herausdrehen.
- Mutter –2– links und rechts abschrauben.
- Kofferraumdeckel durch zweite Person oder durch andere Hilfsmittel sicher abstützen.
- Schrauben –5– herausdrehen.
- Kofferraumdeckel leicht anheben und Scharnier –4– herausziehen.

Einbau

- Kofferraumdeckel leicht anheben, Scharnier einsetzen und handfest anschrauben.
- Kofferraumdeckel nach den angebrachten Markierungen ausrichten und Muttern mit 20 Nm festziehen.
- Gegebenenfalls Scharnier mit Hilfe von Skala –3– und –8– ausrichten und Muttern sowie Schrauben mit 20 Nm festziehen.
- Falls erforderlich, Kofferraumdeckel einstellen.
- Gasdruckfeder so ansetzen, daß das Federrohr zum Kofferraumdeckel zeigt. Anschließend Gasdruckfeder zuerst unten, dann oben einclipsen. **Achtung:** Dabei geöffneten Kofferraumdeckel leicht in Richtung »Öffnen« drücken.
- Scharnierverkleidung –3– (Abbildung A55-0007) zwischen Gasdruckfeder –5– und langem Scharnierhebel –2– von unten her einhängen und nach oben hin hörbar auf dem langen Scharnierhebel –2– einclipsen lassen.
- Elektrische Leitung beziehungsweise Leitung für Zentralverriegelung –4– in die untere Kabelführung –1– einlegen.

Heckklappenverkleidung/Heckklappe aus- und einbauen (Avant)

Ausbau

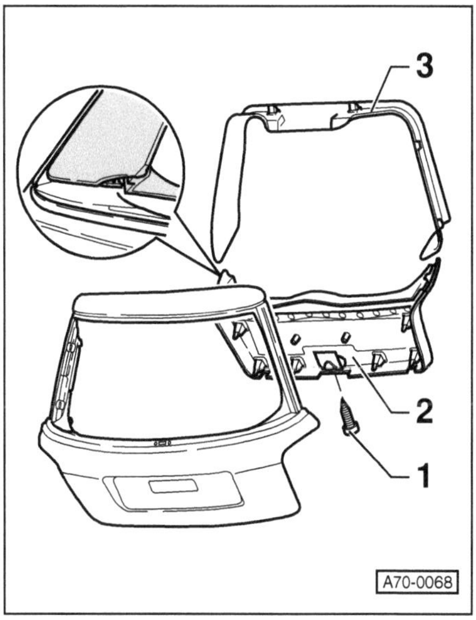

- Klappe öffnen, Schraube –1– aus Griffschale ausschrauben. Untere –2–, dann obere Verkleidung –3– abclipsen. **Achtung:** Beim Einsetzen der unteren Verkleidung muß diese seitlich in die obere Verkleidung eingreifen. Falls vorhanden, an diesen Stellen Kreuzschlitzschrauben ausschrauben.
- Anschlußkabel, Schläuche für Zentralverriegelung und Scheibenwaschanlage an Klappe abziehen.
- Klappe von Helfer abstützen lassen. Gasdruckdämpfer an der Klappe abbauen, indem mit einem Schraubendreher die Metallklammer etwas angehoben wird. Dabei Gasdruckdämpfer vom Kugelkopf der Klappe abziehen.

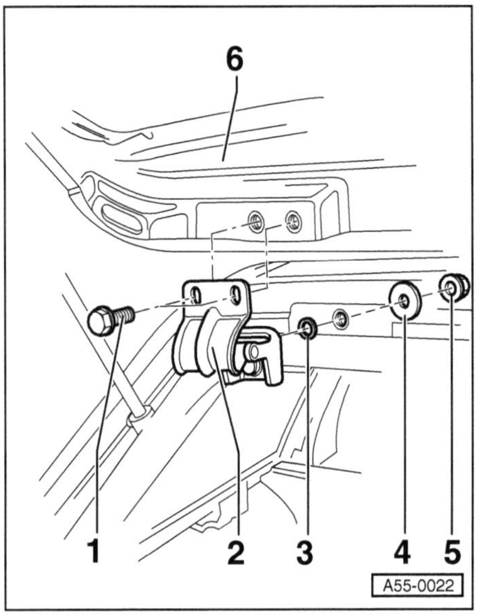

- Heckklappe mit je 2 Schrauben –1– von den beiden Scharnieren –2– abschrauben und mit Helfer abnehmen. Darauf achten, daß der Lack nicht verkratzt wird, gegebenenfalls Stoff zwischenlegen. Damit die Klappe beim Einbau besser ausgerichtet werden kann, empfiehlt es sich, die Schraubenköpfe vor dem Lösen mit Farbstift zu umranden. Weitere abgebildete Teile: 1 – Sechskantschraube; 3 – Dichtung (bei Ausbau immer erneuern); 4 – Unterlegscheibe; 5 – Mutter, 20 Nm; 6 – Heckklappe.

Einbau

- Klappe an Scharniere anschrauben, ausrichten und mit **20 Nm** festziehen.
- Gasdruckdämpfer auf die Kugelzapfen der Heckklappe aufdrücken und einrasten.
- Anschlußkabel, Schläuche für Zentralverriegelung und Scheibenwaschanlage aufstecken.
- Heckklappenverkleidung einclipsen und anschrauben.
- Wurde eine neue Klappe eingebaut, diese einstellen.

Heckklappe einstellen

- Gasdruckfedern müssen eingebaut sein.

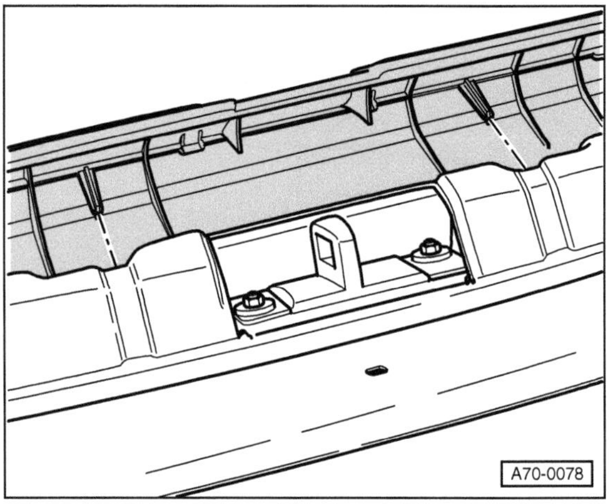

- Schließkeil mit 2 Muttern lösen und wieder locker anziehen, so daß er vom Heckklappenschloß verschiebbar ist. Um an die Schrauben zu gelangen, Ladekantenverkleidung links und rechts mit 2 Kreuzschlitzschrauben abschrauben und nach oben abclipsen. Gegebenenfalls Gummidichtung vom Karosserieausschnitt abziehen, nach Demontage der Verkleidung wieder aufdrücken.

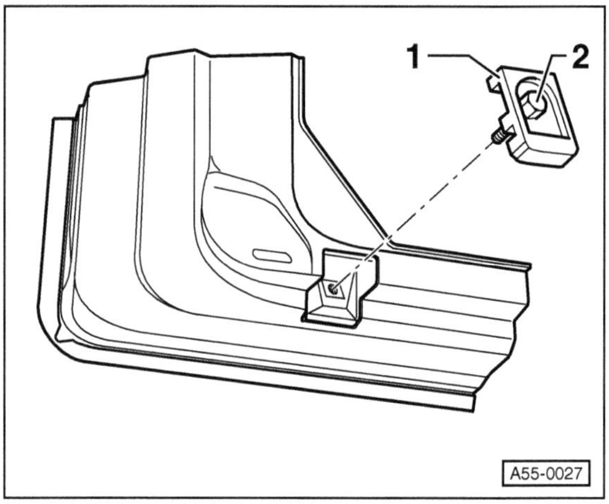

- Einstellpuffer –1– an Heckklappenunterkante mit Sechskantschraube –2– locker anziehen.

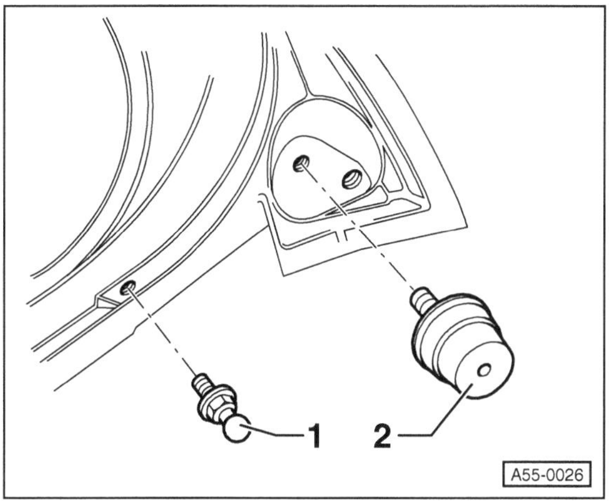

- Beide oberen Einstellpuffer –2–, seitlich in Höhe der Heckscheibenunterkante, vollständig eindrehen (1 – Kugelbolzen für Gasdruckfeder).
- Heckklappe schließen, dabei muß das Schloß einrasten. Umliegende Fugenmaße überprüfen, gegebenenfalls Klappe entsprechend durch Verschieben des Schließkeils und in den Scharnierschrauben ausrichten. Dazu Klappe mehrmals öffnen, Einstellung verändern und wieder schließen.
- Heckklappe öffnen und Muttern für Schließkeil mit **10 Nm** anziehen.
- Auf oberen Einstellpuffer eine Schicht handelsübliche Knetmasse auftragen. Heckklappe schließen und wieder öffnen.
- Dicke der nun zusammengedrückten Knetmasse messen und Einstellpuffer um dieses Maß herausdrehen. 1 Umdrehung verstellt den Puffer um 1,25 mm.
- Beide Puffer jetzt nochmals um 2 Umdrehungen herausdrehen. Dadurch sind diese um 2,5 mm vorgespannt, die seitliche Fuge der geschlossenen Klappe verbreitert sich um 0,8 mm.

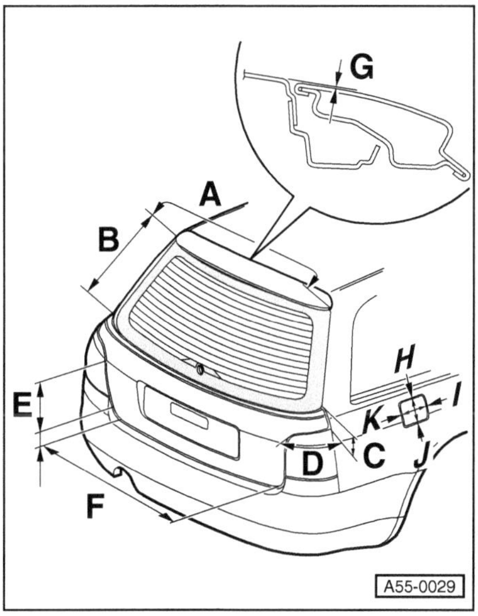

- Fugenmaße für Heckklappe/Tankklappe:

Position	Fugenbreite mm	Parallelität mm
A	4,0 – 5,0	0,5
B	5,0 – 6,0	1,0
C	4,0 – 5,0	0,5
D	3,4 – 4,4	0,5
E	3,4 – 4,4	0,5
F	5,0 – 6,0	
G	1,0	
H	2,5 ± 0,1	
I	3,3 ± 0,1	
J	3,3 ± 0,2	
K	3,0 ± 0,4	

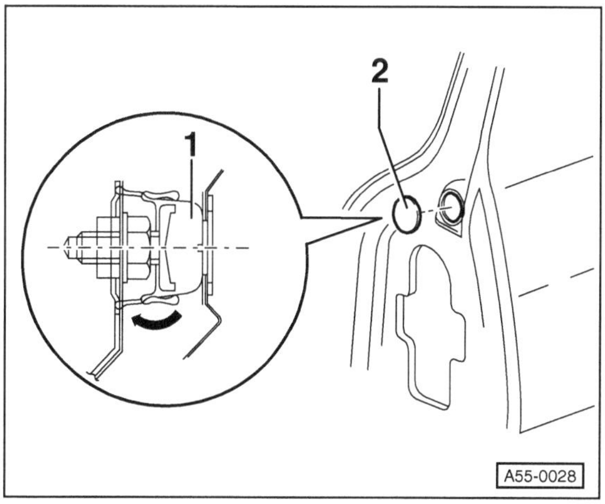

- Sitzt die Klappe korrekt und läßt sich gut schließen, Kontermuttern an oberen Einstellpuffern –1– mit 20 Nm festziehen, dazu Gummirand hochstülpen. 2 – Anschlag-Schutzfolie.
- Gummirand an den Puffern zurückstülpen.
- Ladekantenverkleidung anclipsen und links und rechts mit 2 Kreuzschlitzschrauben anschrauben.
- Heckklappe schließen und untere Einstellpuffer einstellen, siehe Abbildung A55-0027. Dazu vom Innenraum her eine 1 mm starke Fühlerlehre zwischen Puffer und Ladekantenverkleidung schieben. Beide Puffer mit 1 mm Abstand zur Verkleidung und **10 Nm** festziehen. **Achtung:** Die Einstellpuffer dürfen bei geschlossener Heckklappe nicht anliegen.
- Heckklappenverkleidung einclipsen und anschrauben.

Türrahmen und Türträger aus- und einbauen

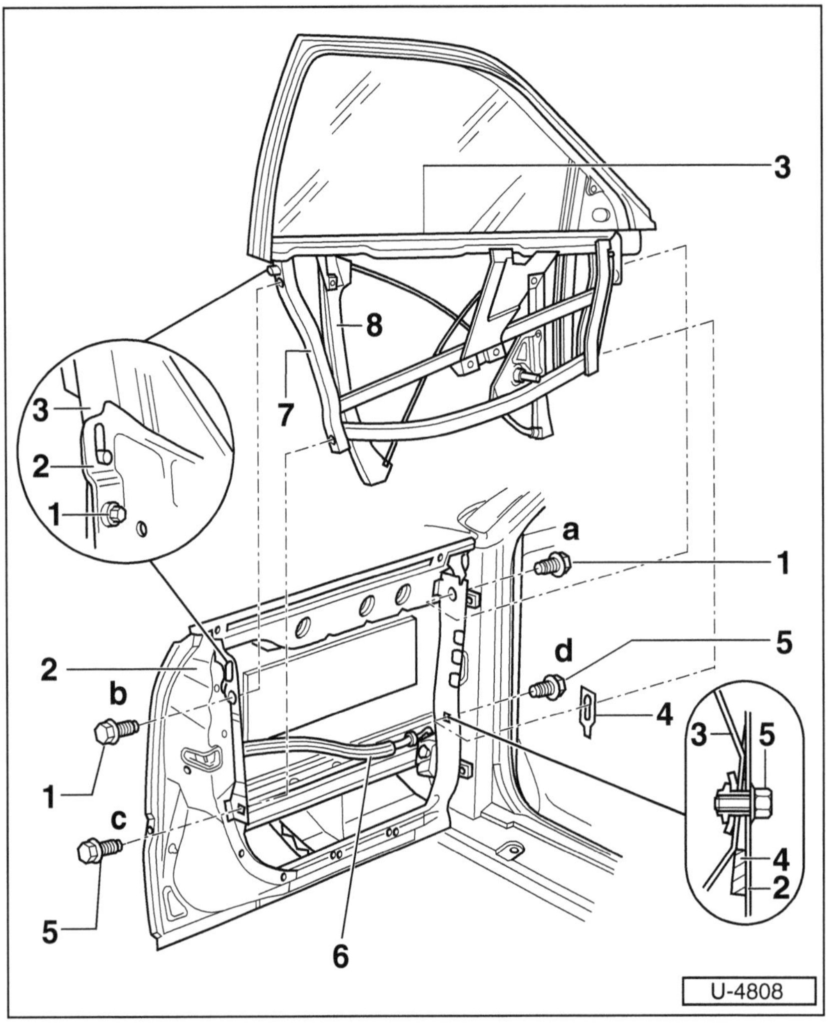

1 – Schraube (2x), 30 Nm

2 – Türrahmen
Türrahmen kann auch ohne Demontage des Trägers ausgebaut werden.

3 – Türträger

4 – Einstellkeil
Einstellkeil muß immer eingebaut sein. Durch verstellen des Einstellkeiles –4– kann die Neigung der Tür im Bereich der B-Säule eingestellt werden.

5 – Schraube (2x), 30 Nm

6 – Bowdenzug für Türinnenbetätigung

7 – Türträgerteil innen

8 – Fensterführung

- Türverkleidung ausbauen, siehe Seite 196.
- Verkleidung A-Säule unten ausbauen. Dazu 2 Schrauben herausdrehen, Türdichtung im Bereich der Verkleidung abziehen und die Verkleidung aus der Türeinstiegsleiste aushängen.
- Elektrische Steckverbindungen an der Steckerstation der A-Säule abziehen.
- Faltenbalg zwischen Türrahmen und A-Säule ausclipsen und die elektrischen Leitungen für die Zentralverriegelung aus der A-Säule herausziehen.
- Türträger –3– ausbauen. Dazu elektrische Leitungen vom Träger trennen und abclipsen. Schrauben –1– und –5– herausdrehen und Träger nach oben herausnehmen.
- Tür abstützen.

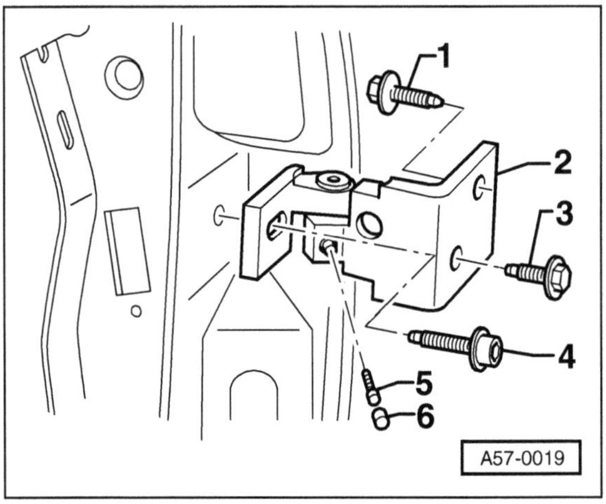

- Schraube –4– für Türscharnier –2– oben herausdrehen. Vorher Schraubenkopf mit Filzstift umkreisen und dadurch Einbaulage markieren. **Achtung:** Das Türscharnier kann auch über die Schraube –5– getrennt werden. Falls das Türscharnier –2– komplett ausgebaut werden soll, zusätzlich die Schrauben –1– und –3– herausdrehen.

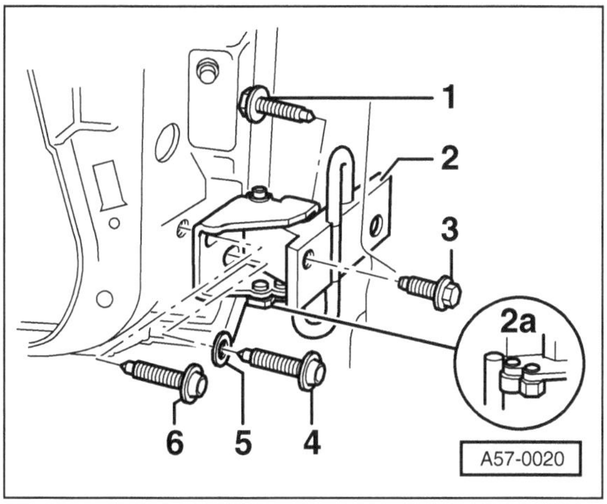

- Schrauben –4– und –6– für Türscharnier unten herausdrehen. Einbaulage der Schraube vorher mit Filzstift markieren. Dazu Schraubenkopf mit Stift umkreisen. Falls das Türscharnier –2– komplett ausgebaut werden soll, zusätzlich die Schrauben –1– und –3– herausdrehen.

Einbau

- Unteres Türscharnier an den Fettstellen –2a– mit AUDI-Schmierfett G 000 150 schmieren.
- Türrahmen mit Scharnieren ansetzen und handfest anschrauben.
- Tür entsprechend den angebrachten Markierungen ausrichten und Schrauben mit **30 Nm** festziehen. Gegebenenfalls Tür neu einstellen. **Hinweis:** Falls gelöst, Schraube –5– in Abbildung A57-0019 mit **20 Nm** festziehen.
- Türträger einsetzen und einstellen. **Achtung:** Dabei Bowdenzug –6– für Türinnenbetätigung unbedingt zwischen innerem Türträgerteil –7– und Fensterführung –8– verlegen, siehe Abbildung U-4808.
- Schrauben –1– und –5– für den Türträger in der Reihenfolge a, b, c, d mit **30 Nm** festziehen.
- Elektrische Leitungen am Türträger einclipsen und verbinden.
- Elektrische Leitungen für die Zentralverriegelung in die A-Säule schieben und Faltenbalg zwischen Türrahmen und A-Säule einclipsen.
- Elektrische Steckverbindungen an der Steckerstation der A-Säule aufschieben.
- Verkleidung für A-Säule in die Türeinstiegsleiste einhängen. Türdichtung über die Verkleidung schieben. Verkleidung mit 2 Schrauben anschrauben.
- Türverkleidung einbauen, siehe Seite 196.

Tür einstellen

Türrahmen einstellen

Achtung: Der Türrahmen hinten muß zuerst eingestellt werden, oder muß eingestellt sein.

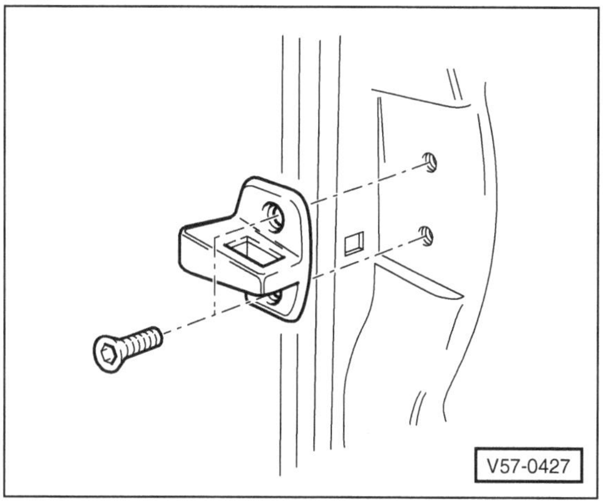

- Schließkeil abschrauben.
- Scharnierschrauben an der A-Säule soweit lösen, daß sich die Tür mit den Scharnieren in den Langlöchern gerade verschieben läßt.

- Tür verschieben, bis die Fugenmaße –a–, –b–, –c– mit den Sollwerten übereinstimmen:
  a = 4 mm ± 0,5
  b = 5 mm ± 0,5
  c = 3,5 mm – 0,5 / + 1
- Gleichzeitig muß die Türkontur bündig mit den umliegenden Karosserieteilen sein. Dies gilt vor allem für den vorderen Bereich. Im hinteren Bereich der Tür ist die Einstellung durch den Schließkeil vorzunehmen.
- Scharnierschrauben mit **30 Nm** festziehen.
- Tür öffnen und Schließkeil anschrauben. Schrauben nur beiziehen, nicht festziehen. Der Schließkeil muß sich gerade noch verschieben lassen. Schließkeil so einbauen, daß die Tür zu weit nach außen steht.

- Tür vorsichtig schließen und verschieben, bis sie mit der Karosserie-Kontur bündig ist.
- Tür vorsichtig öffnen und Schrauben für Schließkeil mit **20 Nm** festziehen.

Achtung: Die Einstellung mit dem Schließkeil kann nur zur Fahrzeugmitte hin erfolgen und nicht in der Höhe. Die Höheneinstellung erfolgt durch den Türträger.

Türträger einstellen

Achtung: Der Türrahmen muß eingestellt sein.

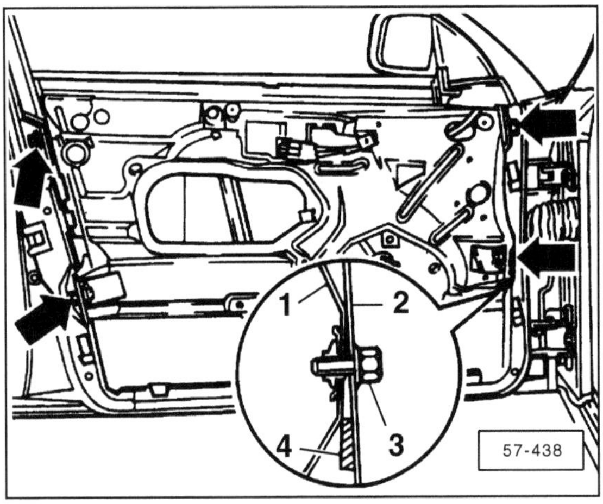

- Schrauben –3– so festschrauben, daß sich der Türträger –1– gerade noch verstellen läßt. **Achtung:** Die Schraube am Einstellkeil –4– darf nur angesetzt und nicht festgeschraubt werden. 2 – Türgrundkörper.
- Zur Einstellung muß sich eine Hilfsperson ins Fahrzeug setzen.
- Tür schließen.
- Die Hilfsperson drückt von innen den Türträger gegen Dach und A-Säule. Dabei muß der Türträger leicht überdrückt werden, um die Rückstellkräfte durch die Gummidichtung auszugleichen.

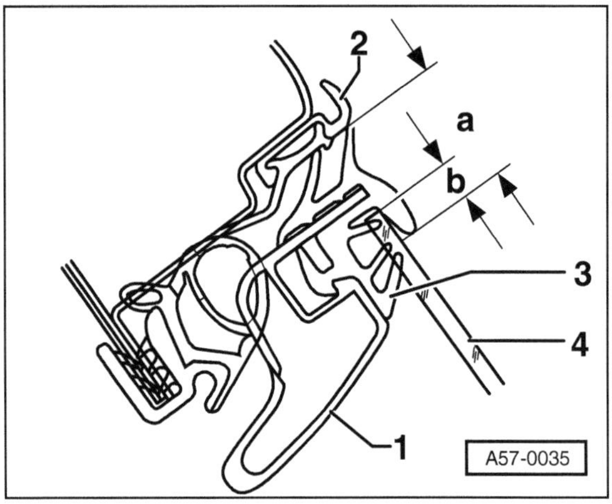

- Von außen den richtigen Sitz des Türträgers im Türausschnitt überprüfen:
  - Die äußere Dichtlippe –3– muß an A-Säule und Dachzierleiste –2– konturmäßig anliegen.
  - Der Abstand zwischen den Unterkanten der Dachzierleisten –2– und der Dichtung –3– beträgt a = 18,3 mm.
  - Türscheibe –4– taucht um das Maß b = 5 mm in die Dichtung für Träger Türeinbauteile –3– ein.
- Anschließend Einstellkeil –4– nach oben schieben, bis er an den Flächen des Türrahmens –2– und des Türträgers –1– anliegt.

Achtung: Der Einstellkeil –4– muß immer eingebaut sein.

Hinweis: Durch Verstellen des Einstellkeils –4– kann die Neigung der Tür im Bereich der B-Säule eingestellt werden. Steht die Tür im hinteren Bereich beispielsweise unten zu weit heraus, muß der Einstellkeil weiter nach oben geschoben werden. Dadurch neigt sich die Tür unten zur Fahrzeugmitte und oben nach außen.

- Tür vorsichtig öffnen und Schrauben –3– mit **30 Nm** festziehen.
- Tür schließen und Einstellung des Türträgers überprüfen.
- Ist die Einstellung des Trägers für Türeinbauteile noch nicht in Ordnung muß der Vorgang so oft wiederholt werden, bis eine zufriedenstellende Einstellung erreicht wird. Die Einstellung immer bei geschlossener Tür überprüfen.

Fensterheber und Türscheibe vorn aus- und einbauen

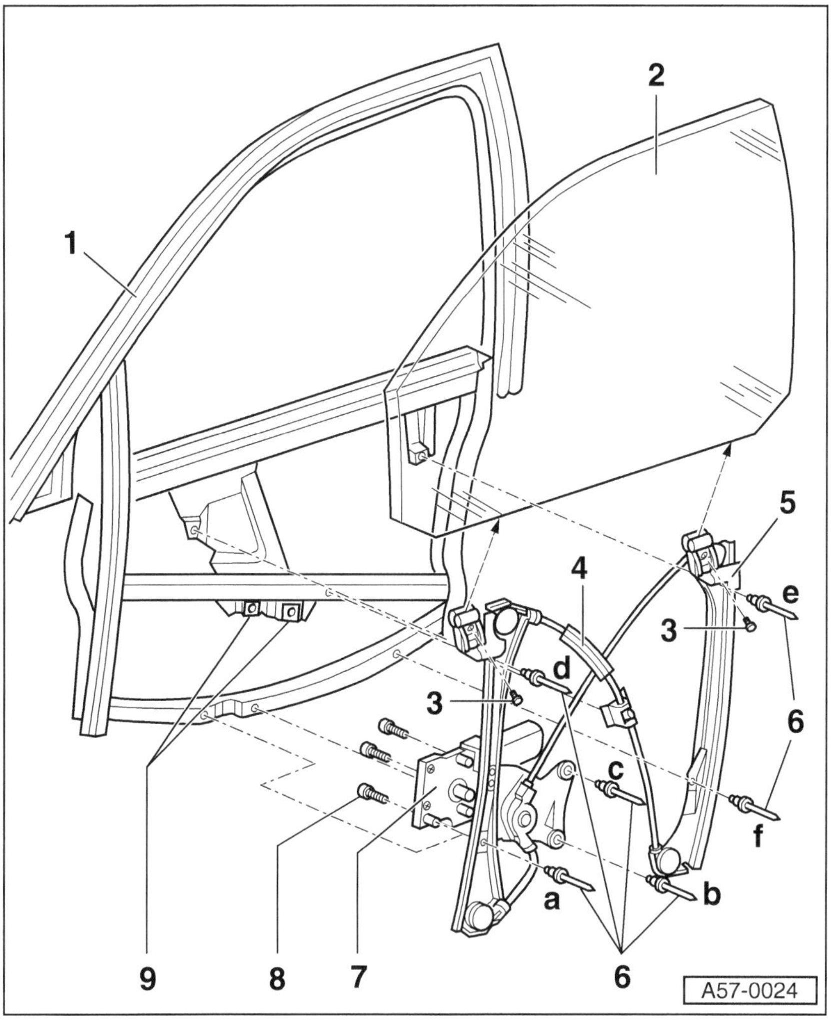

1 – Türträger

2 – Scheibe

3 – Schraube (2x), 7 Nm

4 – Schutztülle
Muß immer in der vorgegebenen Position liegen um das Scheuern der beiden Bowdenzüge zu vermeiden.

5 – Fensterheber

6 – Niet (6x)
Einbaureihenfolge a, b, c, d, e, f.

7 – Fensterhebermotor

8 – Schrauben (3x), 6,5 Nm
Torxschrauben T30.

9 – Schnappmutter (2x)
Schnappmutter muß vor dem Einbau des Fensterhebers eingesetzt werden.

Ausbau

- Türträger –1– ausbauen.
- Scheibe nach unten fahren.
- Schrauben –3– herausdrehen.
- Scheibe aus der Aufnahme herausheben.
- Fensterheber ausbauen:
- Befestigungsnieten –6– mit einem 8,5 mm Bohrer anbohren und mit einem Durchschlag herausschlagen.
- Fensterheber mit Motor –7– abnehmen.

Einbau

- Fensterheber ansetzen und festnieten. Dazu Fensterheber am Türträger ausrichten und mit einer feststellbaren Gripzange festspannen.

Achtung: Die Bowdenzüge dürfen am Pallträger nicht anliegen, sonst können später Geräusche auftreten. Der Bowdenzug mit der Schutztülle –4– muß immer zum Türrahmen zeigen und nicht um 360° verdreht zur Türverkleidung.

- Fensterheber mit Stahlblindnieten und Blechnietzange festnieten. Stehen die Nieten und die dafür erforderliche Blindnietzange nicht zur Verfügung, Fensterheber mit entsprechenden Schrauben und Muttern befestigen. Muttern mit Loctite sichern.
- Türscheibe einsetzen und mit Schrauben –3– befestigen.
- Scheibe nach oben fahren.
- Türträger –1– einbauen.

Fensterheber einstellen

Der Motor für Fensterheber kann in jeder Position des Motors oder der Seitenscheibe aus- oder eingebaut werden.

- Fenster per Schalter bis zum Anschlag nach oben fahren.
- Danach Schalter nochmals für 1 Sekunde nach oben betätigen.
- Anschließend den Schalter nach unten betätigen. Das Seitenfenster muß nun selbständig bis Anschlag nach unten laufen.

Türscheibe vorn einstellen

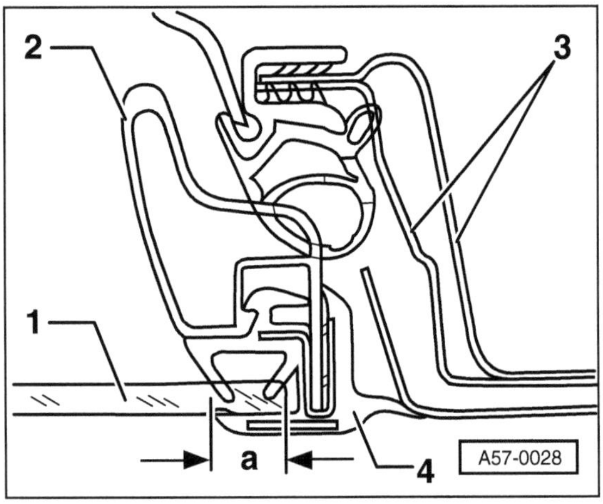

- Zur Kontrolle Maß a = 9 mm auf die Türscheibe in Länge der B-Säule mit einem wasserlöslichen Stift einzeichnen.
- Türscheibe in Aufnahme am Fensterheber einstellen.
- Türscheibe bis kurz vor Anschlag nach oben fahren.
- Die Türscheibe –1– und die Dichtung –4– für Türträger müssen im Bereich Dach und A-Säule parallel zueinander verlaufen.
- Die Türscheibe –1– in Richtung B-Säule –3– drücken.

Achtung: Die Türscheibe –1– muß a = 9 mm in die Dichtung –4– für den Türträger –3– eintauchen.

- Schrauben an den Aufnahmen am Fensterheber mit 7 Nm festschrauben.
- Scheibe –1– ganz nach oben fahren.
- Maß –a– überprüfen und Kontrollstrich löschen.

Türverkleidung aus- und einbauen

Ausbau

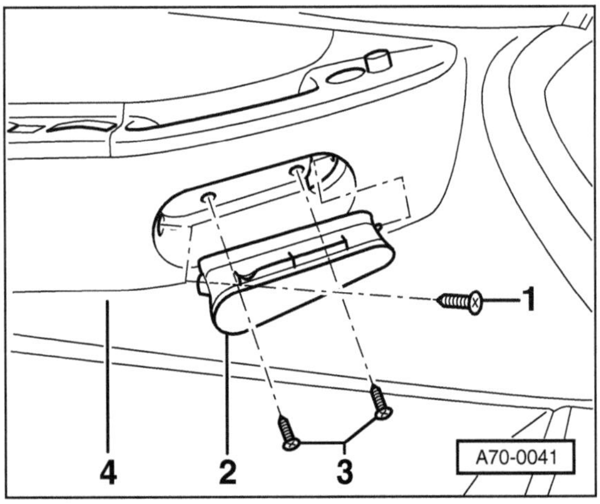

- Schraube –1– aus der Griffschale –2– herausdrehen.
- Griffschale –1– nach unten aus der Türverkleidung –4– herausnehmen.
- 2 Schrauben –3– für Türverkleidung herausdrehen.

Fensterkurbel ausbauen

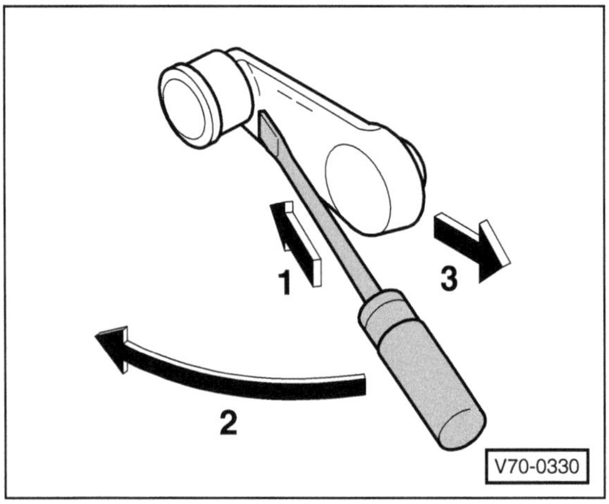

- Schraubendreher mit der flachen Seite in Pfeilrichtung –1– eindrücken, anschließend in Pfeilrichtung –2– wegdrücken und Abdeckung in Pfeilrichtung –3– abziehen.

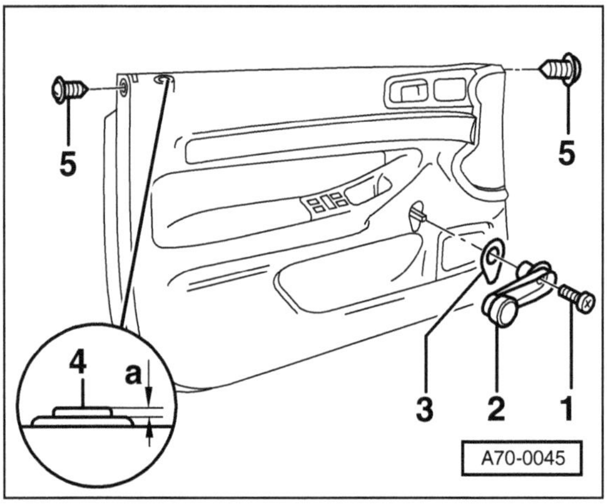

- Schraube –1– herausdrehen.
- Fensterkurbel –2– von der Kurbelachse abziehen.
- Unterlage –3– abnehmen.

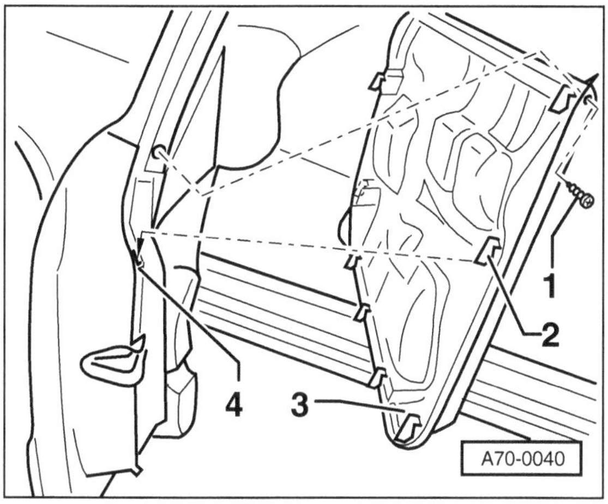

- 2 Schrauben –1– herausdrehen.
- Türverkleidung –3– nach oben aus dem Türrahmen herausheben. Dabei darauf achten, daß die Dämpfung der Türverkleidung nicht beschädigt wird.

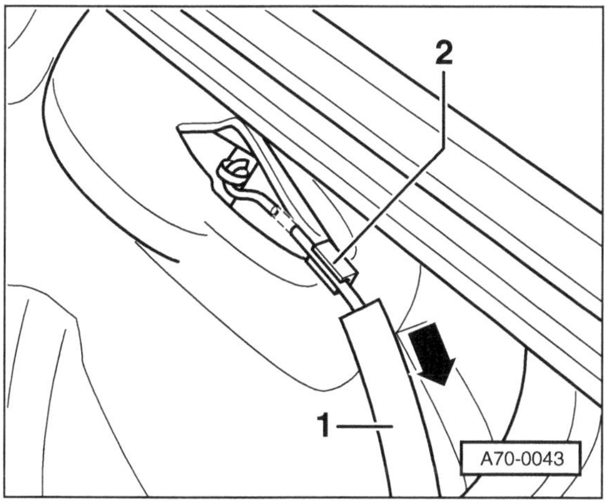

- Bowdenzug –1– in Pfeilrichtung aus der Führung –2– herausziehen und aushängen.
- Elektrische Steckverbindungen trennen.

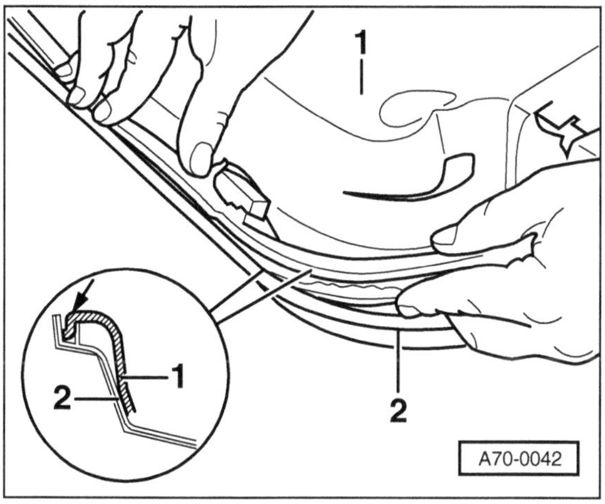

- Falls erforderlich, Dämpfung –1– aus der Türverkleidung –2– herausziehen.

Einbau

- Falls ausgebaut, Dämpfung umlaufend in die Türverkleidung einschieben.
- Prüfen, ob die Unterlagen –4– für die 7 Rasthaken –2– eingeclipst sind, siehe Abbildung A70-0040. Gegebenenfalls Unterlagen einclipsen beziehungsweise erneuern.
- Bowdenzug in die Führung einsetzen und einhängen.
- Elektrische Leitungen verbinden.
- Türverkleidung von oben in die Aufnahmen einsetzen, nach unten drücken und einrasten.
- Türverkleidung an den Stirnseiten anschrauben.

Fensterkurbel einbauen

- Unterlage für Fensterkurbel aufschieben.

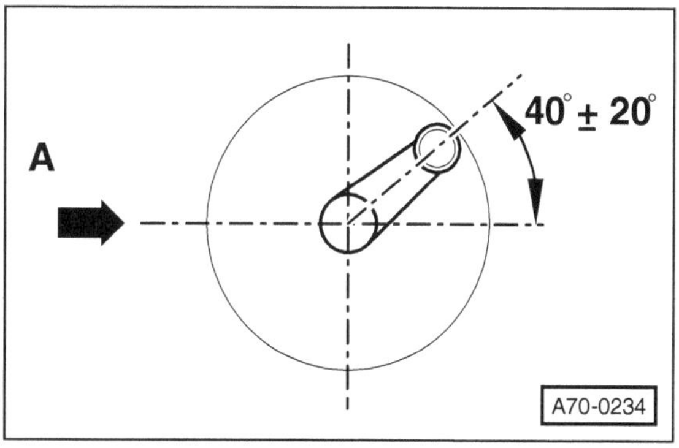

- Fensterkurbel so auf die Kurbelachse aufschieben, daß sie in einem Winkel von 40° ± 20° schräg nach vorn oben zeigt. In der Abbildung ist die Fensterkurbel der Fahrertür dargestellt; der –Pfeil A– zeigt in Fahrtrichtung. **Achtung:** Bei den Fondtüren muß die Fensterkurbel schräg nach hinten unten zeigen (30° ± 20°).
- Fensterkurbel ganz leicht mit 2 Nm anschrauben.
- Abdeckung für Kurbel ansetzen, aufschieben und einrasten.

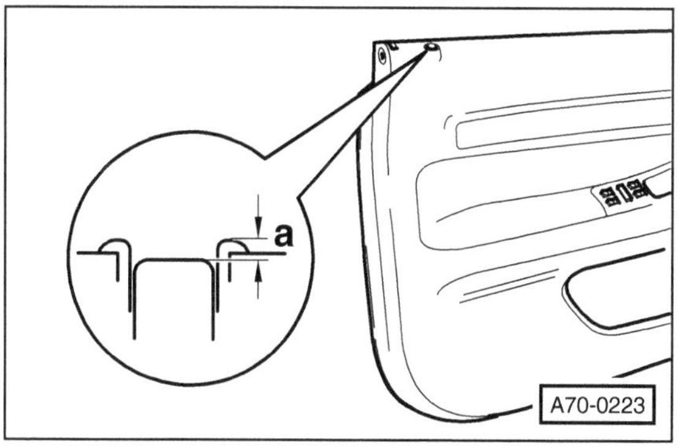

- Falls erforderlich, Entriegelungsknopf so einstellen, daß in verriegeltem Zustand der Knopf a = 0 bis 2 mm versenkt ist. Der Knopf darf nicht überstehen.
- Verkleidung durch die Öffnung für die Griffschale anschrauben.
- Griffschale einsetzen und anschrauben.

Türgriff vorn aus- und einbauen

Fahrzeuge bis einschließlich Modelljahr '98

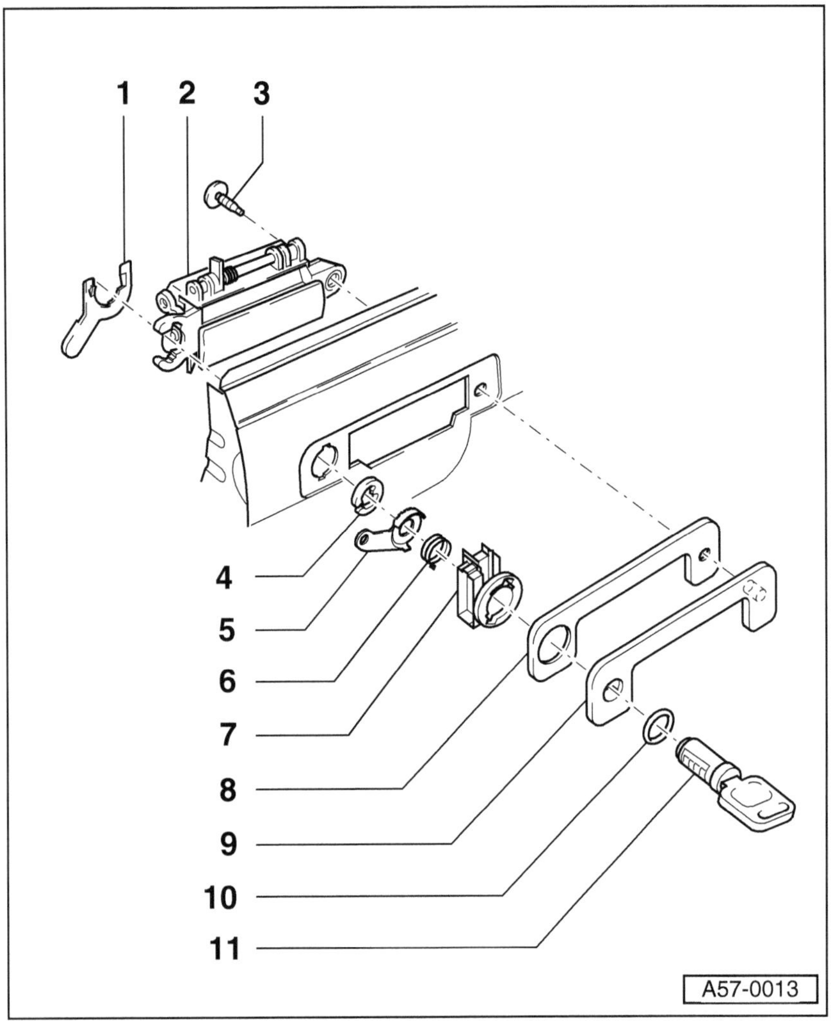

1 – **Drehklammer**

2 – **Türgriff**

3 – **Kombischraube, 5 Nm**

4 – **Sicherungsring**

5 – **Mitnehmer**
Beim Einbau auf richtige Einbaulage achten, sonst ist die Funktion der Zentralverriegelung und der Diebstahlwarnanlage nicht sichergestellt. Mitnehmer so einsetzen, daß die halbgeschlossene Zahnteilung des Mitnehmers mit dem halben Zahn des Mikroschalterzahnrades übereinstimmt.

6 – **Feder**
Die Enden der Feder müssen im gespannten Zustand jeweils links und rechts vom Betätigungshebel liegen. Betätigungshebel und Schließzylinder werden durch die Vorspannung immer wieder in Mittelstellung gedrückt.

7 – **Gehäuse**
Zum Ausbau Türgriff –2– und Schließzylinder –11– demontieren.

8 – **Unterlage**

9 – **Blende**

10 – **Dichtring**

11 – **Schließzylinder**
Ausbau
◆ Türträger ausbauen.
◆ Sicherungsring –4– aus der Nut des Schließzylinders hebeln.
◆ Mitnehmer –5– mit Feder –6– abziehen.
◆ Schließzylinder mit Schlüssel herausziehen.

Achtung: Schließzylinder nur mit eingestecktem Schlüssel herausziehen, sonst fallen die Schließplättchen heraus. Damit der Schlüssel herausgezogen werden kann, Schließzylinder mit Tesaband umwickeln.

Ausbau

● Türverkleidung ausbauen.

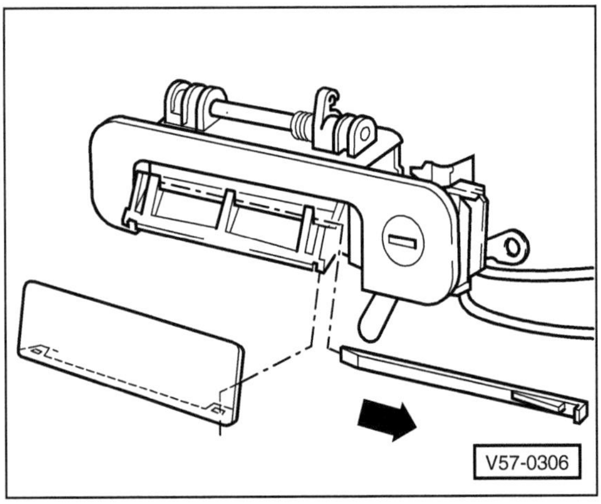

● Blende für Türgriff nach außen abnehmen. Dazu Türgriff hochziehen und Befestigungsleiste mit kleinem Schraubendreher in Pfeilrichtung aus dem Türgriff hebeln und herausziehen.

● Drehklammer –1– nach hinten, gegen die Fahrtrichtung schwenken und herausnehmen. Die Bezeichnungen beziehen sich auf die große Abbildung.

● Schraube –3– herausdrehen und Türgriff nach innen abnehmen.

Einbau

● Türgriff ansetzen und mit 5 Nm anschrauben.

● Drehklammer einsetzen, in Fahrtrichtung drehen und dadurch Türgriff befestigen.

● Blende für Türgriff ansetzen und einclipsen.

● Türverkleidung einbauen.

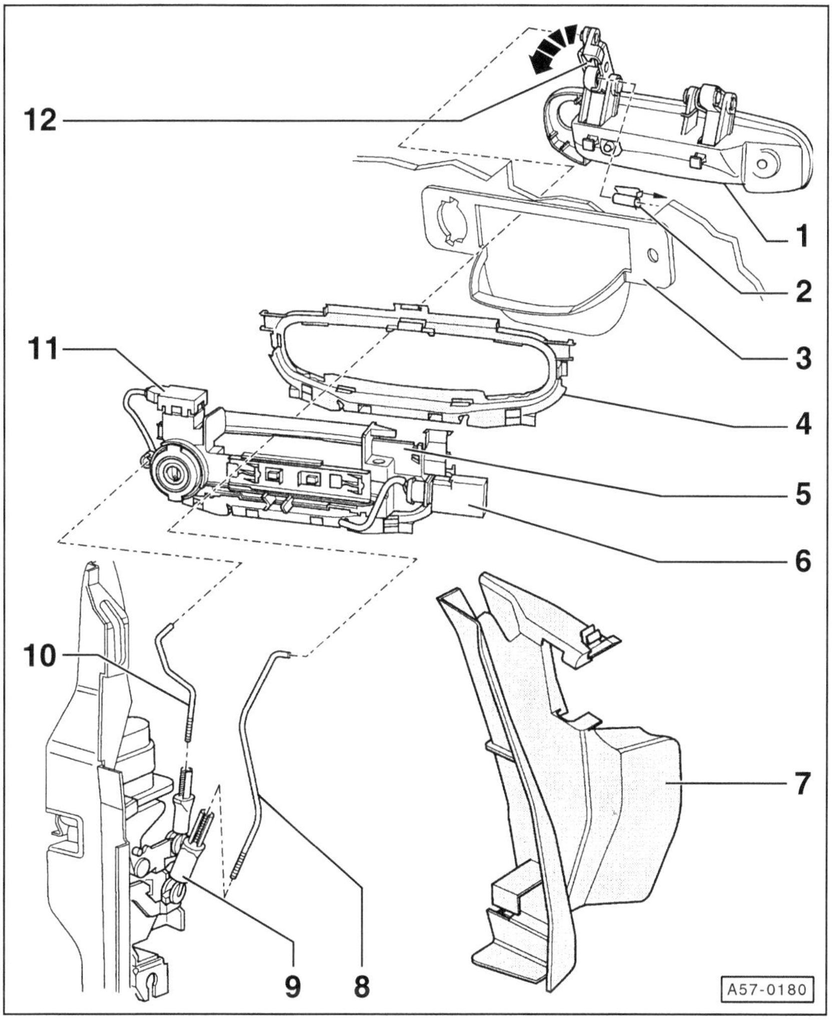

1 – **Türgriff**

2 – **Sicherungsbolzen**

3 – **Tür vorn**

4 – **Dichtung für Türgriff**

5 – **Aufnahme für Türgriff**

6 – **Steckverbindung**
Nur Fahrzeuge mit Diebstahlwarnanlage.

7 – **Abdeckkappe Türschloß**
Zum Ausbau erst oben ausclipsen, dann unten nach hinten von Türschloß herausziehen.

8 – **Betätigungsstange**
Vor Ausbau des Türgriffs am Clip –9– aushängen.

9 – **Betätigungsclip**

10 – **Sicherungsstange-Schließzylinder**

11 – **Microschalter**
Nur Fahrzeuge mit Diebstahlwarnanlage.

12 – **Gelenkhebel**

Ausbau

- Türverkleidung und Träger für Türeinbauteile ausbauen.
- Sicherungsbolzen –2– innen am Türgriff herausziehen und Gelenkhebel –12– hochklappen.
- Den Schieber an der Aufnahme für den Türgriff –5– mit einem Schraubendreher entriegeln.
- Aufnahme für Türgriff und Türgriff mit Schließzylinder abnehmen. Der Schließzylinder kann nicht einzeln ersetzt werden.

Einbau

- Türgriff mit Schließzylinder ansetzen.
- Schieber an der Aufnahme für den Türgriff einrasten und verriegeln.
- Gelenkhebel herunterklappen und Sicherungsbolzen einsetzen.
- Träger für Türeinbauteile und Türverkleidung einbauen.

Türschloß vorn aus- und einbauen

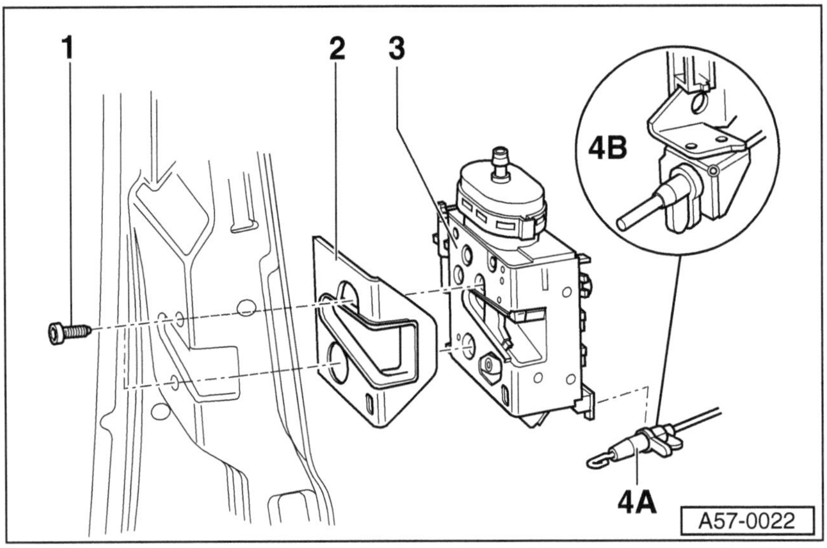

Ausbau

- Türträger ausbauen. **Achtung:** Falls die Abdeckkappe –8– (Abbildung A57-0023) nicht vorhanden ist, muß der Türträger nicht ausgebaut werden.
- Abdeckkappe –8– für Türschloß ausclipsen.
- Sicherungs- und Betätigungsstangen ausclipsen.
- Verbindungsschlauch vom Stellelement für Zentralverriegelung abziehen.
- Bowdenzug –4A– für Türinnenbetätigung entriegeln, nach unten ausclipsen und aus dem Türschloß aushängen. Der Bowdenzug ist in Position –4B– entriegelt dargestellt.
- Schrauben –1– herausdrehen.
- Türschloß und Schloßunterlage –2– herausnehmen.

Der **Einbau** erfolgt sinngemäß in umgekehrter Reihenfolge. Schrauben für Türschloß mit 10 Nm festziehen.

Betätigungsstangen für Türschloß aus- und einbauen

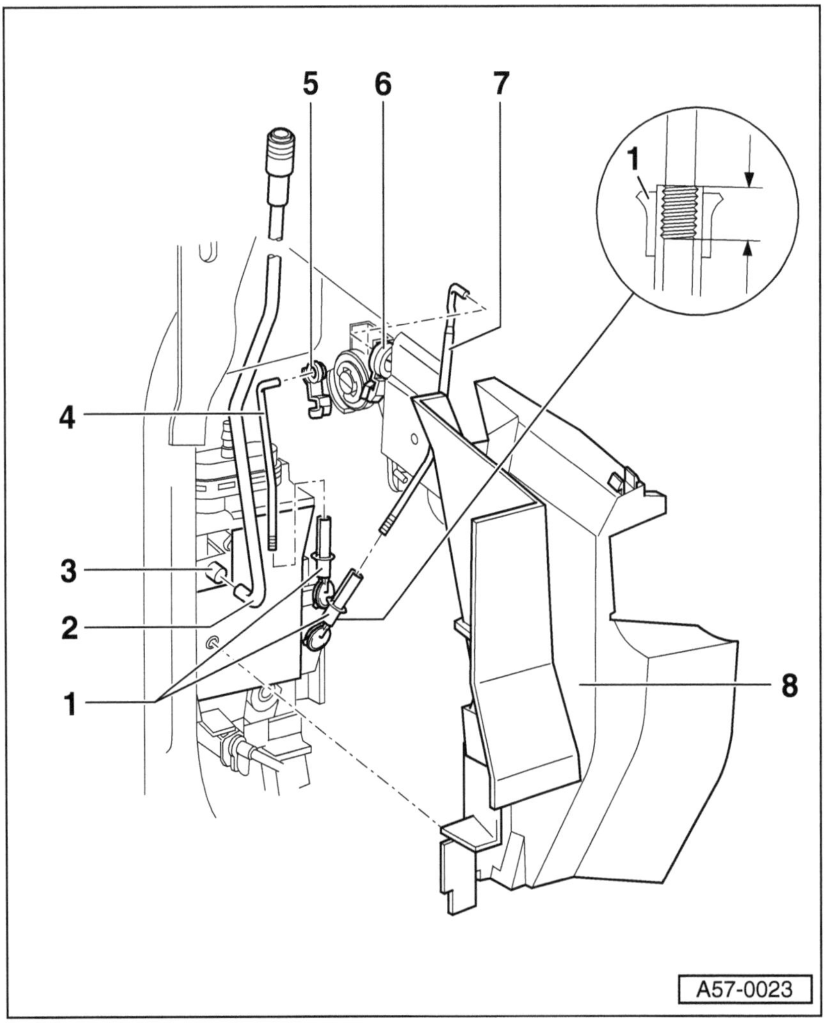

1 – Betätigungsclip

2 – Sicherungsstange
Zum Aubau am Sicherungsteil –3– ausclipsen.

3 – Sicherungsteil

4 – Sicherungsstange Schließzylinder
Ausclipsen, Einbau siehe Seite 201.

5 – Gelenkbuchse

6 – Gelenkbuchse

7 – Betätigungsstange Türschloß
Ausclipsen, Einbau siehe Seite 201.
Einclipslänge –a– 13 ± 3 mm.

8 – Abdeckkappe Türschloß
Abgebildet ist die große Abdeckkappe der neueren Modelle. Bisher wurde eine kleinere Abdeckkappe eingebaut.

Betätigungsstangen einbauen

Beispiel: Sicherungsstange für Schließzylinder

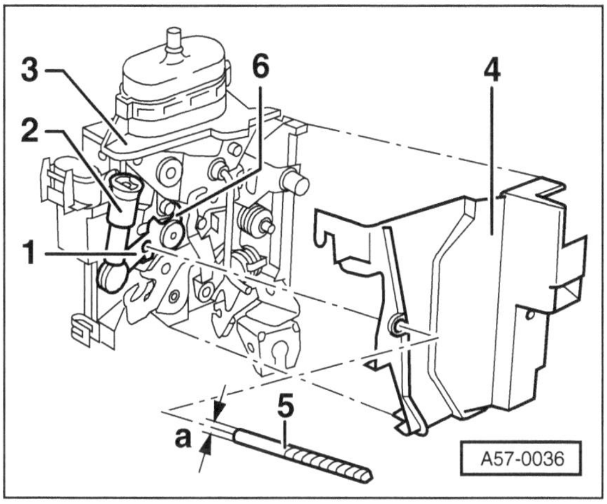

- Betätigungshebel –1– mit einem 4 mm starken Führungsstift –5– (z. B. Spiralbohrer) fixieren. Dazu Führungsstift durch die Abdeckkappe –4– in den Betätigungshebel –1– einstecken. **Achtung:** Die Abdeckkappe –4– wird bei neueren Modellen durch eine größere Ausführung ersetzt.
- Falls die größere Abdeckkappe –8– (in Abbildung A57-0023) eingebaut ist, entfällt der Führungsstift. Dann muß zum Einstellen der Sicherungsstange zwischen Führungsnase –6– und Anschlag ein Spiel von ca. 1 mm vorhanden sein.

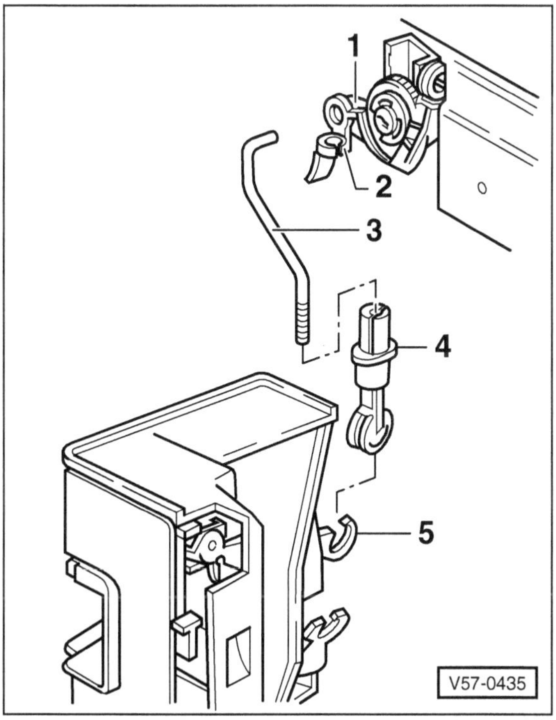

- Gelenkbuchse –2– in den Auslösehebel –1– einclipsen.
- Sicherungsstange –3– für Schließzylinder in Gelenkbuchse –2– stecken und einclipsen.
- Betätigungsclip –4– um 90° kippen, in den Auslösehebel Türschloß –5– einstecken und nach oben zurückkippen.
- Sicherungsstange Schließzylinder –3– spielfrei in den Betätigungsclip –4– einclipsen, ohne den Auslösehebel Türschloß –5– zu verspannen (maximales Spiel 1,5 mm).
- Hülse am Betätigungsclip –4– nach oben schieben.

Der Gurtstraffer

Der Gurtstraffer ist bei allen AUDI A4-Modellen eingebaut und fest in den Gurtautomaten integriert. Er sorgt bei einem Frontalaufprall für einen eng am Körper liegenden Sicherheitsgurt und verhindert, daß der Insasse unter dem Gurt wegrutscht. Ausgelöst wird der Gurtstraffer durch das Airbag-Steuergerät bei einem starken Frontalaufprall zusammen mit dem Airbag.

Beim Auslösen des Gurtschloßstraffers wird die Treibladung in einem Gasgenerator gezündet. Das dabei freiwerdende Gas treibt einen Kolben im Druckrohr nach oben. Am Kolben ist ein Seil befestigt, das die Gurtrolle verdreht. Das Gurtband wird so innerhalb von 10 ms (Millisekunden) um bis zu 150 mm aufgerollt.

Der Gurtstraffer ist wartungsfrei. Nach Auslösen von Airbag und Gurtstraffer muß der Gurtautomat komplett ersetzt werden. **Achtung:** Vor der Entsorgung eines nicht ausgelösten Gurtschloßstraffers muß dieser zwangsausgelöst werden (Werkstattarbeit).

Achtung: Um ein ungewolltes Auslösen des Gurtstraffers zu vermeiden, ist grundsätzlich bei allen Ausbeul- und Richtarbeiten an der Karosserie, die mit starken Erschütterungen verbunden sind, der Sicherheitsgurt auszubauen. Montagearbeiten an den Sicherheitsgurten sollten von der AUDI-Werkstatt durchgeführt werden. **Vor Ausbau des Sicherheitsgurtes Batterie komplett abklemen** und elektrische Steckverbindung (roter Stecker) am Gurtstraffer (Aufrollautomat) abziehen. Die Sicherheitshinweise für den Airbag gelten auch beim Umgang mit dem Gurtstraffer, siehe Seite 147.

Mittelkonsole hinten aus- und einbauen

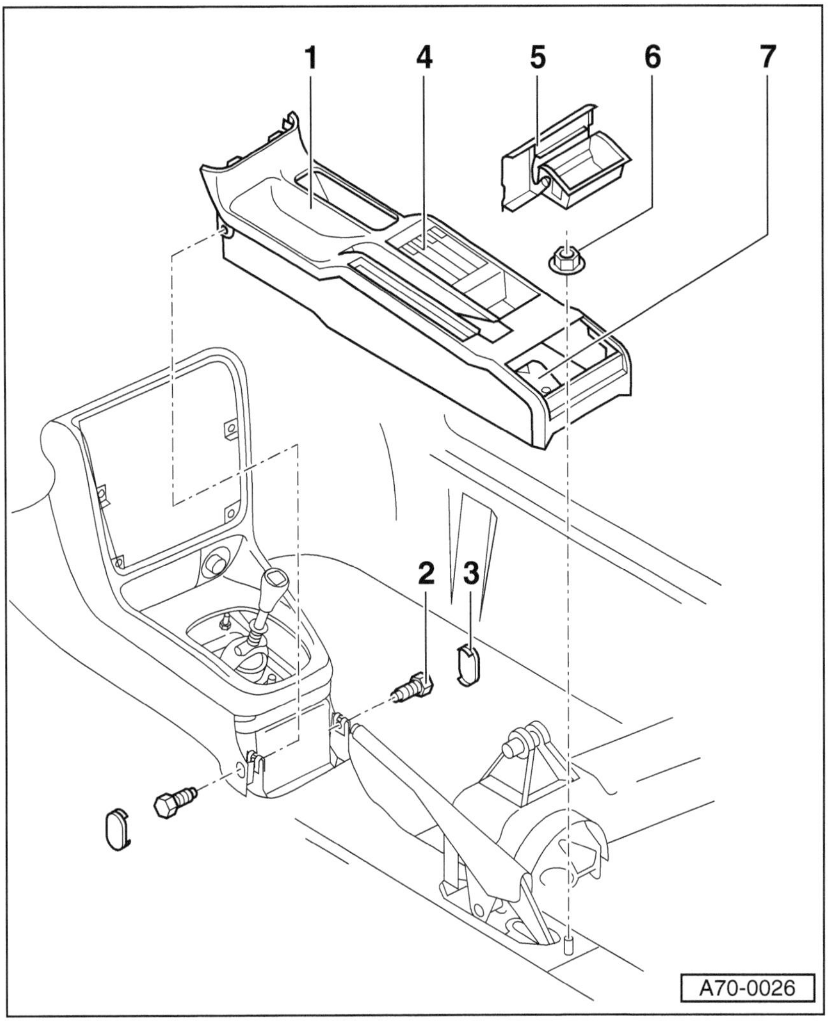

1 – Mittelkonsole hinten

2 – Schraube (2x), 5 Nm

3 – Abdeckung (2x)

4 – Cassettenablage

5 – Ascher hinten
Ascher beim Ausbau nur nach oben ausclipsen.

6 – Mutter, 10 Nm

7 – Stecker für Diagnoseleitung

Ausbau

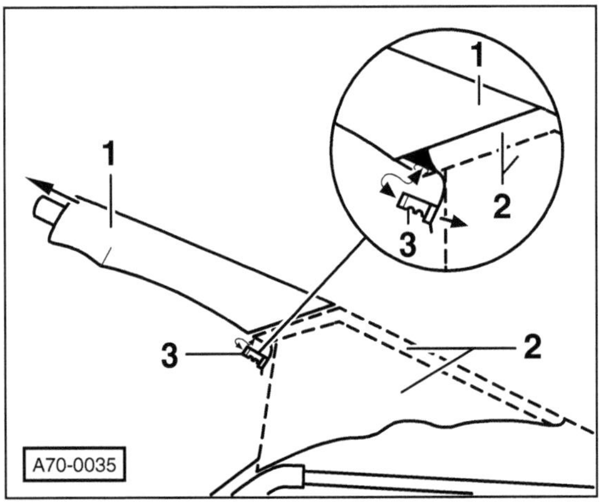

- Handbremshebelverkleidung ausbauen. Dazu Sicherungsstift –3– nach unten aushebeln. Verkleidung –1– in Pfeilrichtung abziehen. Verkleidung –2– abziehen.

Hinweis: Die folgenden Bezeichnungen beziehen sich auf die große Abbildung (A70-0026).

- Abdeckung –3– ausclipsen.
- Schrauben –2– herausdrehen.
- Ascher –5– ausclipsen.
- Mutter –6– herausdrehen.
- Handbremshebel anziehen, Mittelkonsole –1– hinten leicht anheben und vorne aus dem Mittelkonsolen-Vorderteil aushängen.
- Mittelkonsole nach vorne hin abnehmen.
- Stecker für Diagnoseleitung –7– an der Mittelkonsole ausclipsen.
- Der **Einbau** erfolgt sinngemäß in umgekehrter Reihenfolge.

Mittelkonsole vorn aus- und einbauen

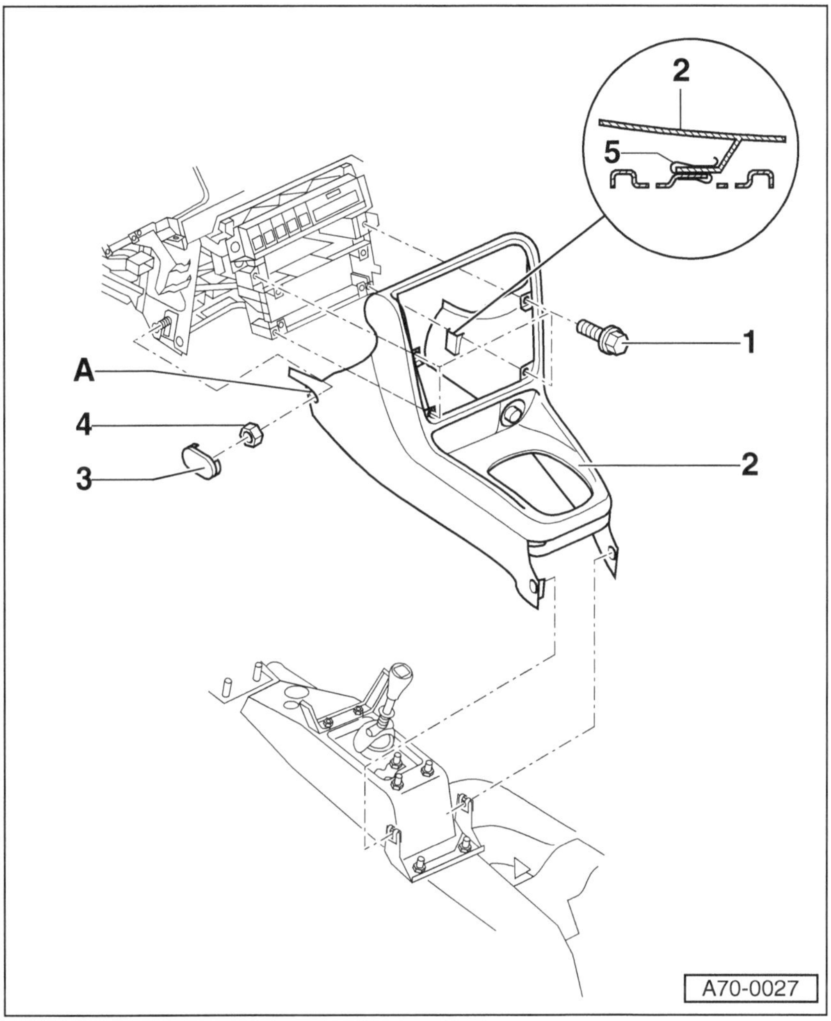

1 – Schraube (4x), 5 Nm

2 – Mittelkonsole vorn

3 – Abdeckung

4 – Mutter, 4 Nm

5 – Halteklammer

Ausbau

- Mittelkonsole hinten ausbauen.

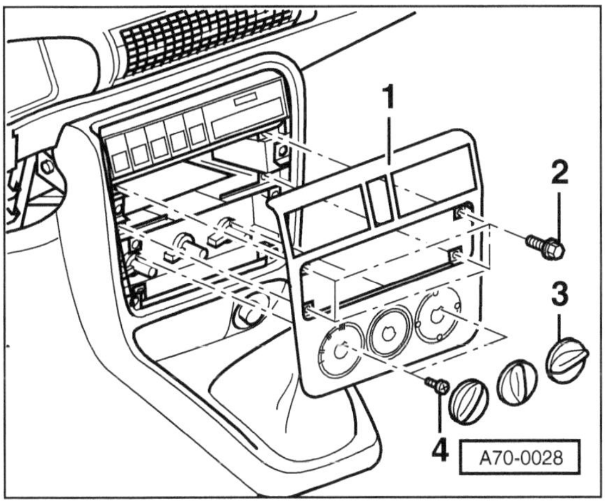

- Blende für Schalttafelmittelteil folgendermaßen ausbauen:
  - ◆ Radio ausbauen, siehe Seite 257.
  - ◆ 3 Drehknöpfe –3– für Heizungsbetätigung abziehen und 2 Schrauben –4– herausdrehen.
  - ◆ 4 Schrauben –2– herausdrehen.
  - ◆ Blende –1– ausclipsen.
- Heizungsbetätigung von Schalttafelmittelteil mit 4 Schrauben abschrauben.

Hinweis: Die folgenden Bezeichnungen beziehen sich auf die große Abbildung (A70-0027).

- Abdeckung –3– ausclipsen.
- Mutter –4– abschrauben.
- Schrauben –1– herausdrehen.
- Mittelkonsole aus Position –A– aushängen und nach hinten herausziehen.
- Der **Einbau** erfolgt sinngemäß in umgekehrter Reihenfolge. Dabei Mittelkonsole in die Klammer –5– einstecken. Schrauben mit ca. 5 Nm festziehen.

Vordersitz aus- und einbauen

Achtung: Seit etwa 10/96 kann der AUDI A4 mit Seitenairbags ausgestattet sein. Ist ein Seitenairbag eingebaut, folgende Sicherheitsvorschriften beachten.

- Es gelten dieselben Sicherheitsvorschriften wie für Fahrer- und Beifahrerairbag, siehe Seite 147.
- Vor Ausbau des Sitzes Batterie-Massekabel abklemmen und Minuspol abdecken. Am ausgebauten Sitz ist ein Airbagadapter (VAS 5094) anzubringen, der den Massekreislauf des Seitenairbags aufrecht erhält und ein unbeabsichtigtes Auslösen verhindert.
- Der Sitz, insbesondere die Rückenlehnen dürfen nicht mit Schonbezügen überzogen werden.
- Nicht mit spitzen Gegenständen in den Sitz stechen.
- Bei Beschädigung des Bezugs (durch Risse, Brandlöcher etc.) der Rückenlehne ist aus Sicherheitsgründen immer der Bezug zu erneuern, da sich sonst der Seitenairbag nicht richtig entfaltet.
- Nach einem Unfall müssen alle beschädigten Teile ausgewechselt werden.
- Das Auswechseln von Teilen des Sitzes darf nur in einer Fachwerkstatt von geschultem Personal vorgenommen werden.

Ausbau

Achtung: Verfügen die Vordersitze über Seitenairbags, wird der Airbagadapter VAS 5094 benötigt.

- Ausstattung mit Seitenairbag: Batterie-Massekabel abklemmen und Minuspol abdecken. **Achtung:** Hinweise im Kapitel »Batterie aus- und einbauen« beachten.
- Sitz ganz nach vorn schieben.

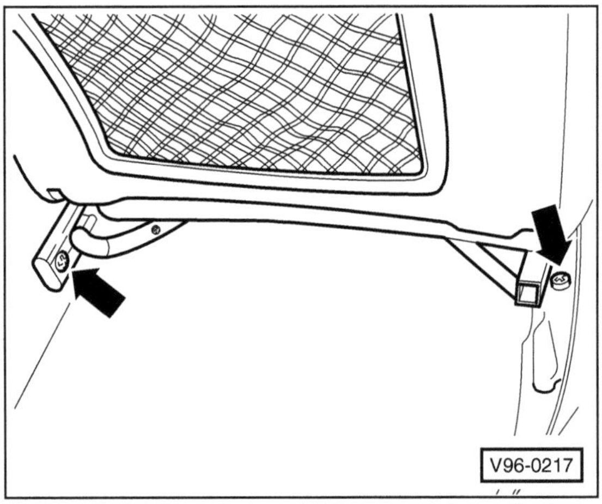

- Abdeckkappe –Pfeil rechts– mit kleinem Schraubendreher heraushebeln und darunterliegende Kreuzschlitzschraube herausdrehen.
- Schraube –Pfeil links– herausdrehen und Stopper nach hinten abnehmen.

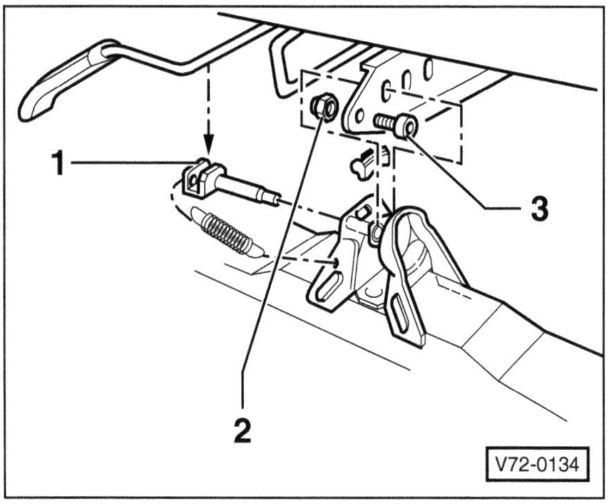

- **Ausführung 1:** Hutmutter –2– abschrauben und Zylinderschraube –3– herausnehmen.
- Raststange –1– entriegeln und Sitz nach hinten aus den Führungsschienen herausziehen.

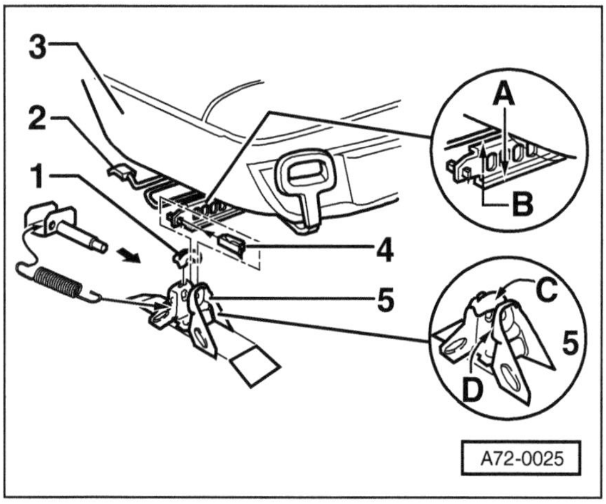

- **Ausführung 2:** Anschlagfeder –4– ausclipsen.

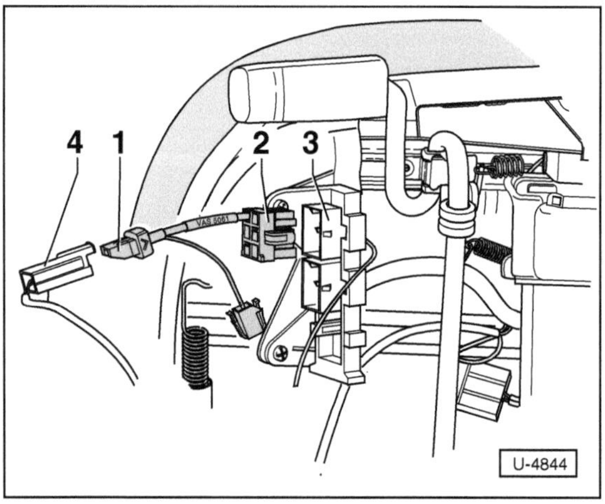

- **Achtung:** Vor dem Trennen des Airbag-Anschlusses muß man sich unbedingt elektrostatisch entladen. Dazu Schließkeil für Tür oder Karosserie kurz anfassen.

- Steckverbindung für Seitenairbag abziehen und Airbagadapter anschließen: Stecker –2– in Steckgehäuse –3– einstecken; Stecker –1– in Zündleitung –4– einstecken.
- Bei Fahrzeugen mit elektrischer Sitzheizung beziehungsweise elektrischer Sitzverstellung die Steckverbindung für elektrische Zuleitung trennen.
- Bodenteppich hinten im Bereich der Führungsschiene etwas zurückschlagen.
- Entriegelungshebel –2– nach oben ziehen und Sitz –3– vorsichtig nach hinten herausschieben. Dabei darauf achten, daß der Bodenbelag nicht eingerissen wird. 5 – Führung für Sitz.
- Sitz aus dem Fahrzeug herausheben.

Achtung: Der Airbagadapter VAS 5094 muß so lange am Sitz eingesteckt bleiben, bis der Sitz wieder eingebaut wird. Der Beifahrersitz kann mit einer Sensormatte für Sitzbelegungserkennung unter der Sitzfläche ausgestattet sein. Diese Sensormatte aktiviert bei belegtem Beifahrersitz den Beifahrerairbag. Nicht mit Nadeln oder anderen Werkzeugen in die Sitzfläche des Beifahrersitzes stechen.

Einbau

- Vor Einbau des Sitzes sind die Stellen A, B, C und D **dünn** mit Universal-Tieftemperaturfett, zum Beispiel AUDI-Fett G 052 745 A3, zu schmieren. Sitzführungsschienen innen unten und innen seitlich ebenfalls mit einer dünnen Schicht Fett bestreichen.
- Sitz von hinten in die Führungsschienen einschieben, dabei Decke oder Packpapier unterlegen, damit der Bodenbelag nicht durch Fett verschmutzt wird.
- Airbagadapter VAS 5094 abziehen und elektrische Anschlußleitung für Seitenairbag unten am Sitz einstecken.
- Elektrische Verbindung für Sitzheizung beziehungsweise für elektrische Sitzverstellung einstecken.
- Raststange einclipsen.
- Je nach Ausführung Zylinderschraube mit Hutmutter und 8 Nm anschrauben oder Anschlagfeder einclipsen.
- Stopper einsetzen und anschrauben.
- Kreuzschlitzschraube einschrauben und Abdeckkappe aufdrücken.

Achtung: Bei Ausstattung mit Seitenairbag, vor Anschließen der Batterie Zündung einschalten. Türen schließen, es darf sich niemand im Fahrzeug aufhalten. Batterie-Massekabel anklemmen.

Außenspiegel aus- und einbauen

Ausbau

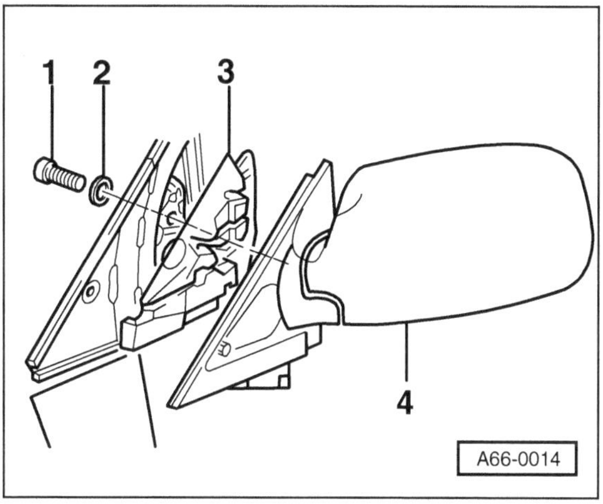

- Schraube –1– herausdrehen und mit Scheibe –2– abnehmen.
- Abdichtung –3– mit abnehmen und elektrische Steckverbindung durch die Öffnung im Türrahmen ziehen und trennen.
- Außenspiegel –4– abnehmen.

Einbau

- Elektrische Stecker verbinden, Leitung durch den Türrahmen ziehen und Abdichtung ansetzen.
- Außenspiegel in Fensterschachtabdichtung und Fensterführung einsetzen, andrücken und mit 10 Nm anschrauben. Unterlegscheibe nicht vergessen.

Spiegelglas aus- und einbauen

Ausbau

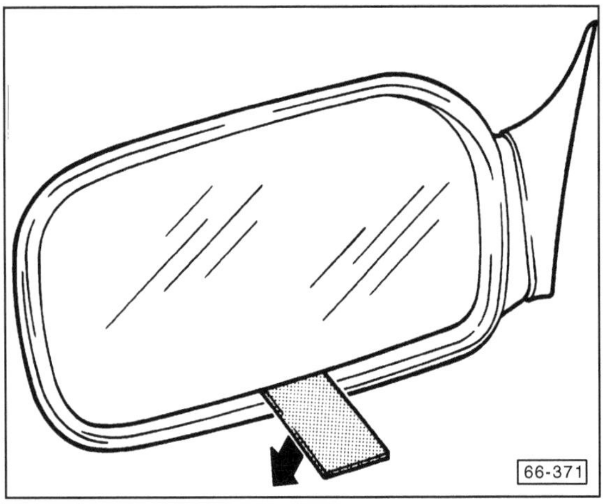

- Mit dünnem Kunststoffkeil Spiegelglas vorsichtig abheben, zuerst unten, dann oben. **Achtung:** Um Beschädigungen zu vermeiden, Gehäusekante mit Klebeband abkleben.
- Elektrische Steckverbindungen trennen.
- Spiegelglas abnehmen.

Einbau

- Elektrische Steckerverbindungen aufstecken.
- Spiegelglas in Führungszapfen und Reibfeder einsetzen, aufdrücken und einrasten.

Achtung: Dabei nur auf die Glasmitte drücken. Um Verschmutzungen des Glases zu vermeiden und auch aus Sicherheitsgründen, empfiehlt es sich, einen sauberen Lappen zu unterlegen oder Handschuhe anzuziehen.

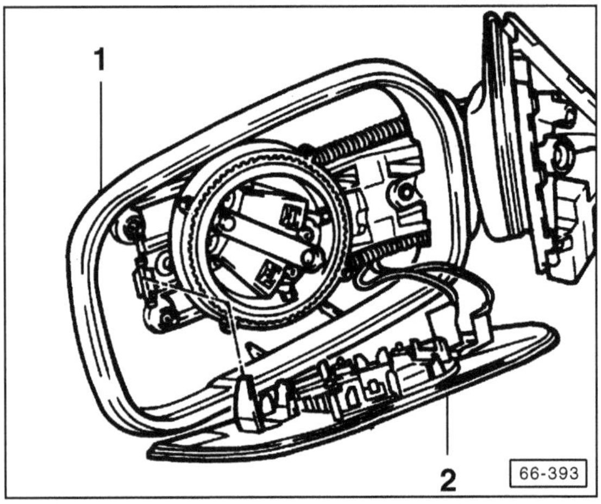

- Darauf achten, daß der Reibfinger am Spiegelglas –2– beim Einsetzen in die Reibfeder im Gehäuse –1– mit eingesteckt wird.

Gehäuse für Außenspiegel aus- und einbauen

Ausbau

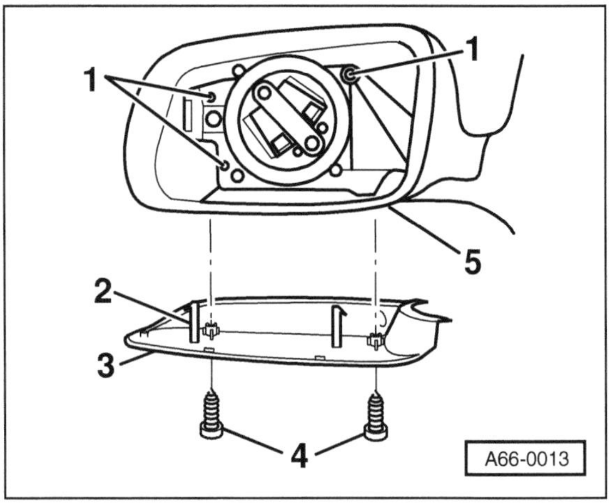

- Spiegelglas ausbauen. 2 Schrauben –4– herausdrehen.
- Rastnasen –2– zurückdrücken und Abdeckung –3– abnehmen. 3 Schrauben –1– herausdrehen und Gehäuse –5– nach oben hin abnehmen.

Einbau

- Gehäuse ansetzen und mit 3 Schrauben anschrauben.
- Abdeckung einrasten und anschrauben.
- Spiegelglas einbauen.

Rücksitzbank aus- und einbauen

Ausbau

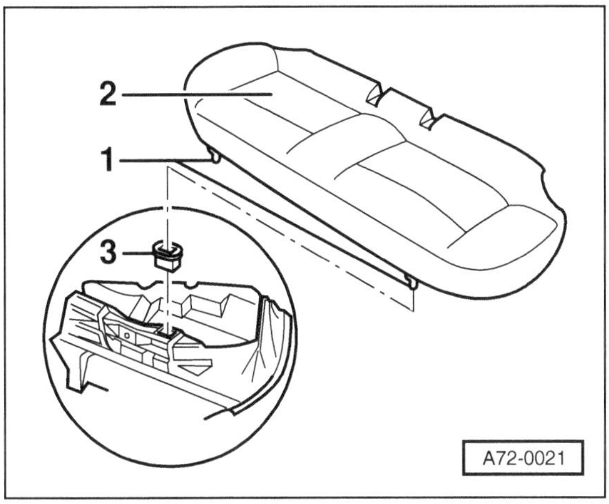

- Rücksitzbank –2– nach oben aus der Aufnahmetülle –3– ausclipsen.

Einbau

- Rücksitzbank mit den Haltern –1– über den Aufnahmen –3– ansetzen, nach unten drücken und einrasten.

Rücksitzlehne aus- und einbauen

Ausbau

- Rücksitzbank ausbauen.
- Kopfstützen ausbauen. Dazu Kopfstützen bis zum Anschlag herausziehen, Taste an der linken Kopfstützenführung eindrücken und Kopfstütze ganz herausziehen.
- Kopfstützenführungen vorsichtig aus der Rückenlehne nach oben herausziehen. Gegebenenfalls hintere Lehnenabdeckung abdrücken und Führung mit einer 17 mm Stecknuß nach oben herausdrücken.

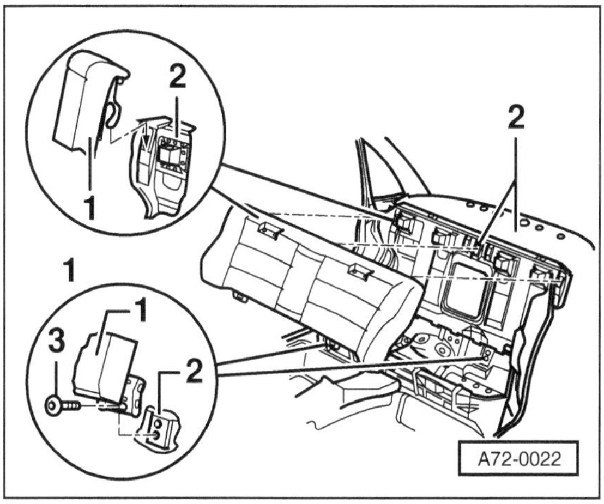

- 2 Schrauben –3– herausdrehen.
- Rücksitzlehne –1– nach oben aus Haken –2– aushängen.

Einbau

- Rücksitzlehne in die Aufnahmen einhaken und anschrauben.
- Kopfstützenführungen hineindrücken. Dabei darauf achten, daß die Führungsnasen jeweils seitlich nach außen zeigen, also von der anderen Kopfstützenführung weg.
- Kopfstützen einsetzen.
- Rücksitzbank einbauen.

Seitenpolster für Rücksitzlehne aus- und einbauen

Ausbau, Limousine

- Rücksitzbank ausbauen.

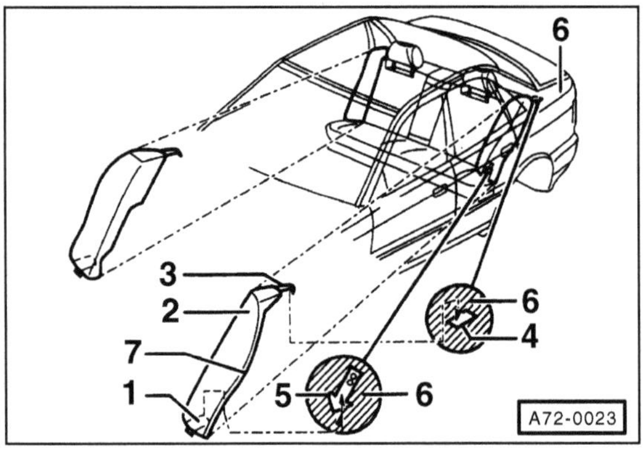

- Blechlasche –5– aufbiegen und Bügel –1– aushängen.
- Seitenpolster –2– aus dem Haken –7– aushängen.
- Seitenpolster –2– oben nach hinten drücken und Bügel –3– aus der Aufnahme –4– nach oben aushängen.

Einbau

- Seitenpolster mit dem Bügel –3– in die Aufnahme –4– einsetzen, nach unten drücken und in die Rückwand –6– einrasten.
- Seitenplster in den Haken –7– einhängen und mit Blechlasche sichern.

Ausbau, Avant

- Rücksitzbank ausbauen und Rückenlehne vorklappen.

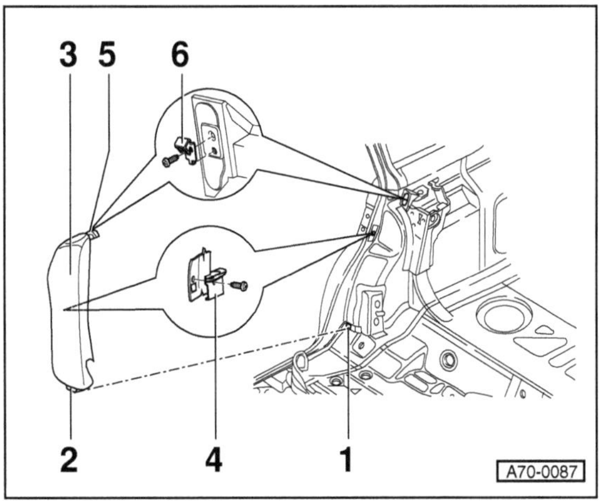

- Blechlasche –1– aufbiegen und Bügel –2– aushängen.
- Seitenpolster –3– aus Haken –4– aushängen.
- Seitenpolster oben nach hinten drücken und Bügel –5– aus der Aufnahme –6– nach oben aushängen.

Einbau

- Beim Einbau des Seitenpolsters ist darauf zu achten, daß der Bügel –5– in der Halteklammer –6– und der Polsterrahmen –3– am Haken –4– beim Türflansch verrastet.
- Blechlasche umbiegen.
- Rücksitzbank einbauen.

Schutzzierleiste aus- und einbauen

Ausbau

Achtung: Beim Ausbau wird die Schutzzierleiste beschädigt und muß ersetzt werden.

- Die Schutzzierleiste sitzt in Führungszapfen und ist zusätzlich angeklebt.
- Schutzzierleiste mit Heißluftfön stückweise erwärmen und mit Schraubendreher vorsichtig abhebeln. Schraubendreher mit Stoff umwickeln, damit der Lack nicht beschädigt wird.

Einbau

Achtung: Schutzzierleisten nur bei Raumtemperatur (ca. 20° C) einbauen. Das Fahrzeug sollte sich ca. 2 Stunden vor der Verarbeitung in Raumtemperatur befinden.

- Klebebereich mit Reinigungsbenzin und fusselfreien Lappen staub- und fettfrei reinigen.

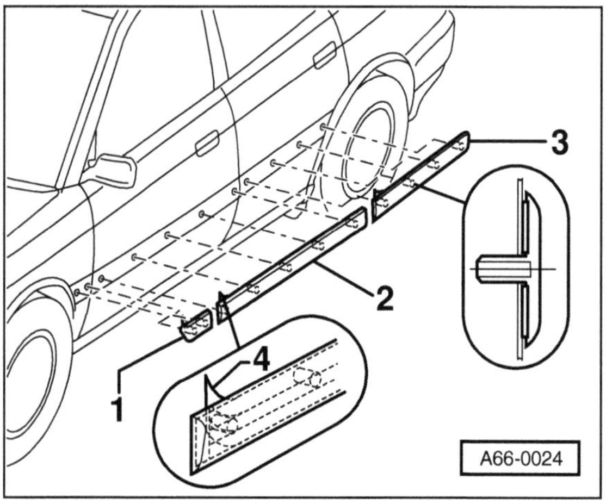

- Schutzfolie –4– kurz vor der Montage abziehen. **Achtung:** Bei abgezogener Schutzfolie muß die Schutzzierleiste innerhalb von 90 Minuten eingebaut werden.
- Schutzzierleisten –1–, –2–, –3– vorn mit Führungszapfen ansetzen und nach hinten zu aufkleben.
- Schutzzierleiste Stück für Stück fest andrücken oder mit einer geeigneten Rolle unter Druck anrollen.
- Nach dem Einbau muß das Fahrzeug noch ca. 4 Stunden unter Raumtemperatur bleiben, bis der Klebstoff ausgehärtet ist.

Die Zentralverriegelung

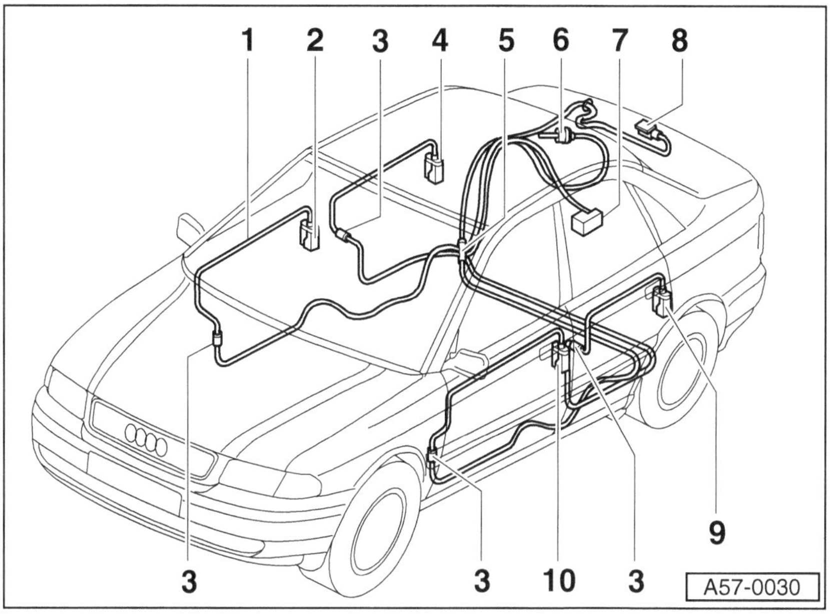

1 – **Unterdruckleitung**

2 – **Stellelement für Tür vorn rechts**

3 – **Steckverbindungen**
Steckverbindung vor dem Abziehen ausrasten.
Zusätzliche Steckverbindungen befinden sich an A-Säule unten und im Faltenbalg an der B-Säule.

4 – **Stellelement für Tür hinten rechts**

5 – **Verteilstück**
Ist bis auf die Leitung zur Heckklappe mit den restlichen Leitungen fest verbunden.

6 – **Stellelement für Tankklappe**

7 – **Pumpe für Zentralverriegelung**

8 – **Stellelement für Heckklappe**

9 – **Stellelement für Tür hinten links**

10 – **Stellelement für Tür vorn links**

Die Zentralverriegelung ist nach längerer Standzeit des Fahrzeuges und nach Ersetzen der Pumpe erst nach mehrfacher Betätigung wieder betriebsbereit.

Bei intakter Anlage muß die Verriegelung aller Schlösser nach ca. 2 Sekunden erfolgt sein. Läuft die Pumpe länger als 5 Sekunden, ist die Anlage undicht.

Bei undichter Anlage darf die Pumpe maximal 30 Sekunden laufen, danach muß die Steuereinheit in der Pumpe für Zentralverriegelung die Pumpe abschalten.

Steckverbindung lösen

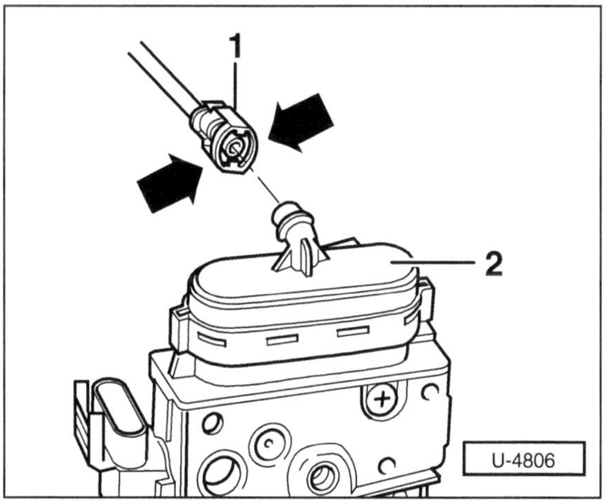

Achtung: Die Steckverbindungen an den Stellelementen können nicht einfach abgezogen werden, sondern die Verrastungen müssen vorher gelöst werden.

- Steckverbindung –1– an den Pfeilen zusammendrücken und Verrastung dadurch lösen. 2 – Stellelement Türschloß.
- Steckverbindung abziehen.

Steckverbindung A-Säule

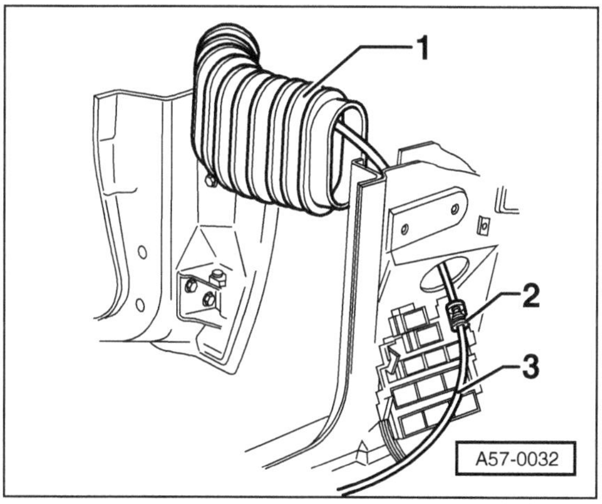

- Die Steckverbindung –2– an der A-Säule unten wird nach Demontage der unteren Verkleidung der A-Säule zugänglich.
  3 – Leitung zum Verteilerstück.
  1 – Faltenbalg.

Steckverbindung B-Säule

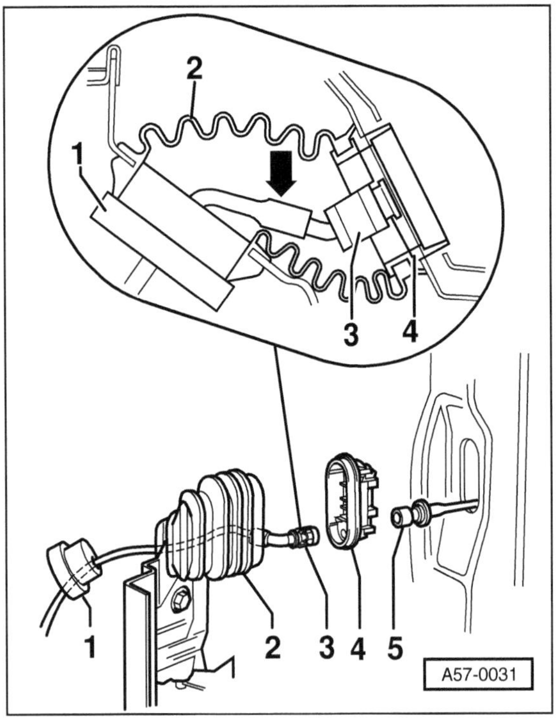

- Dichtung –1– wird mit Schlitz nach unten montiert.
- Nach Abziehen des Faltenbalgs –2– kann die Steckverbindung –3– durch Lösen der Verriegelung von Leitung –5– abgezogen werden. 4 – Dichtung für B-Säule.

Achtung: Der 45°-Stecker –Pfeil– muß in Fahrtrichtung nach vorn zeigen.

Stellelement für Kofferraumdeckel aus- und einbauen

Ausbau

- Schließzylinder ausbauen.

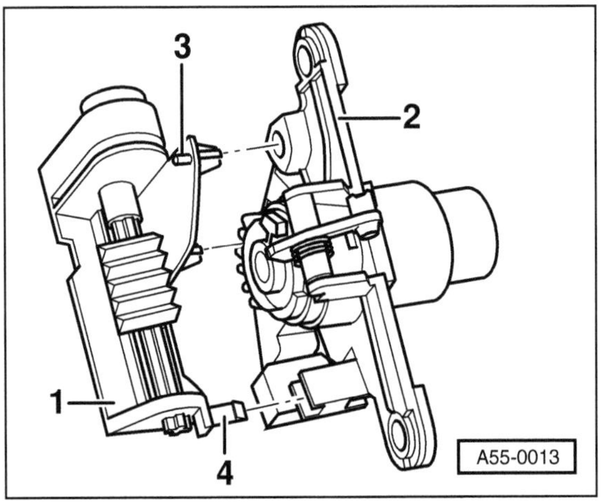

- 2 Haltestifte –3– aus Schließzylinder –2– herausdrücken.
- Lasche –4– zurückdrücken und aushängen.
- Stellelement –1– heraushebeln.

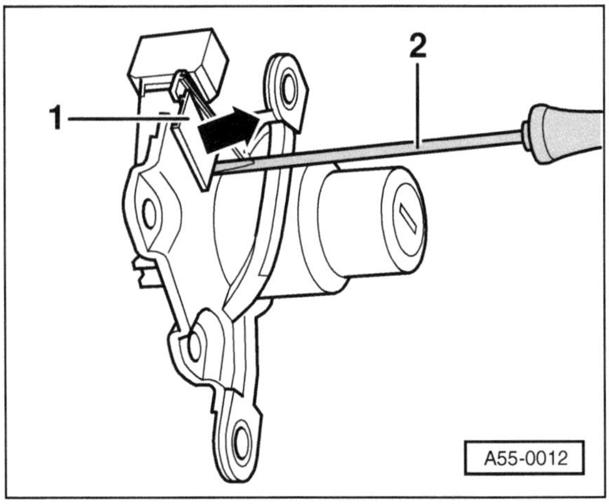

- Falls erforderlich, Microschalter –1– in Pfeilrichtung aushängen und mit schmalem Schraubendreher –2– vorsichtig herausdrücken.

Einbau

- Falls ausgebaut, Microschalter einhängen.

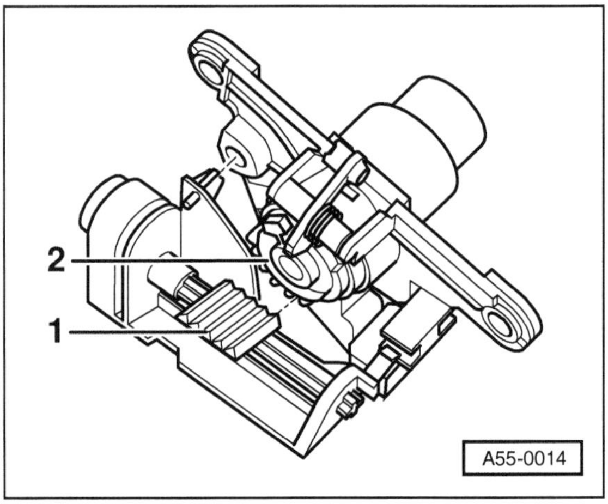

- Schließzylinder in Stellung »offen« stellen.
- Zahnstange –1– nach links drücken. Der erste Zahn der Zahnstange –1– muß in die erste Zahnreihe des Zahnsegmentes –2– einrasten.
- Stellelement aufdrücken und einrasten.
- Schließzylinder einbauen.

Stellelement für Heckklappe aus- und einbauen (Avant)

Ausbau

- Heckklappenverkleidung ausbauen, siehe Seite 189.

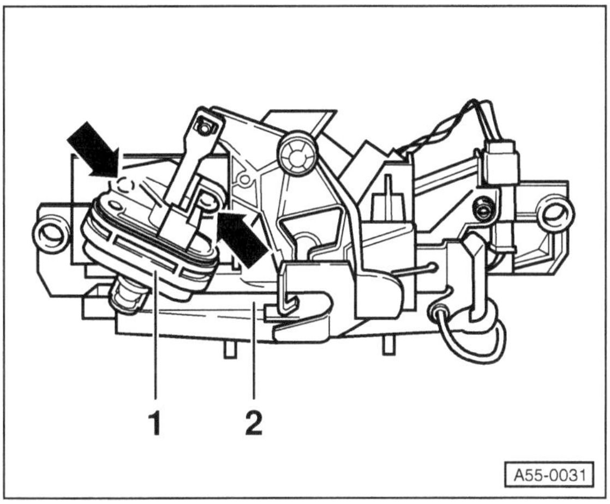

- Klemmstifte –Pfeile– durchdrücken und Stellventil –1– aus Heckklappenschloß –2– herausnehmen. Gegebenenfalls mit einem Schraubendreher heraushebeln.

Einbau

- Der Einbau erfolgt in umgekehrter Reihenfolge, wie ausgebaut.

Pumpe für Zentralverriegelung aus- und einbauen

Ausbau

- Limousine: Kofferraumboden hochklappen. Pumpe für Zentralverriegelung mit Dämmung am rechten Kotflügel herausnehmen. Unterdruckschlauch abziehen.

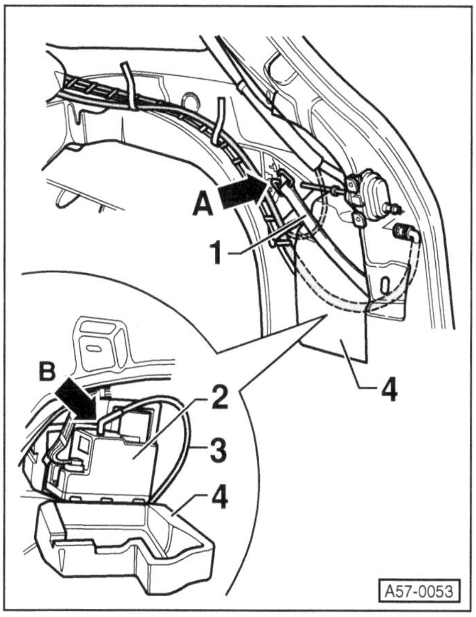

- Avant: Deckel an Seitenverkleidung rechts im Gepäckraum abnehmen. Spannband –1– aufhaken, Pfeil –A–. 3 – Druckleitung für Zentralverriegelung.
- Dämpfung –4– mit Pumpe für Zentralverriegelung –2– aus Seitenteil herausnehmen.
- Dämpfung aufklappen und Pumpe herausnehmen.
- Elektrische Anschlußstecker trennen und Winkelstecker –Pfeil B– für Druckleitung abziehen.

Einbau

- Elektrische Anschlußstecker auf die Pumpe aufstecken. **Achtung:** Die 3 Stecker müssen in richtiger Reihenfolge aufgesteckt werden: Zuerst die beiden äußeren Stecker, die mittlere 6-polige Steckverbindung muß als letzte wieder aufgesteckt werden.
- Winkelstecker für Druckleitung aufstecken.
- Pumpe in Dämpfung einsetzen, Dämpfung in Seitenteil einsetzen. Bei Avant, mit Spannband befestigen.
- Abdeckungen anbringen.

Schiebedach - Montageübersicht

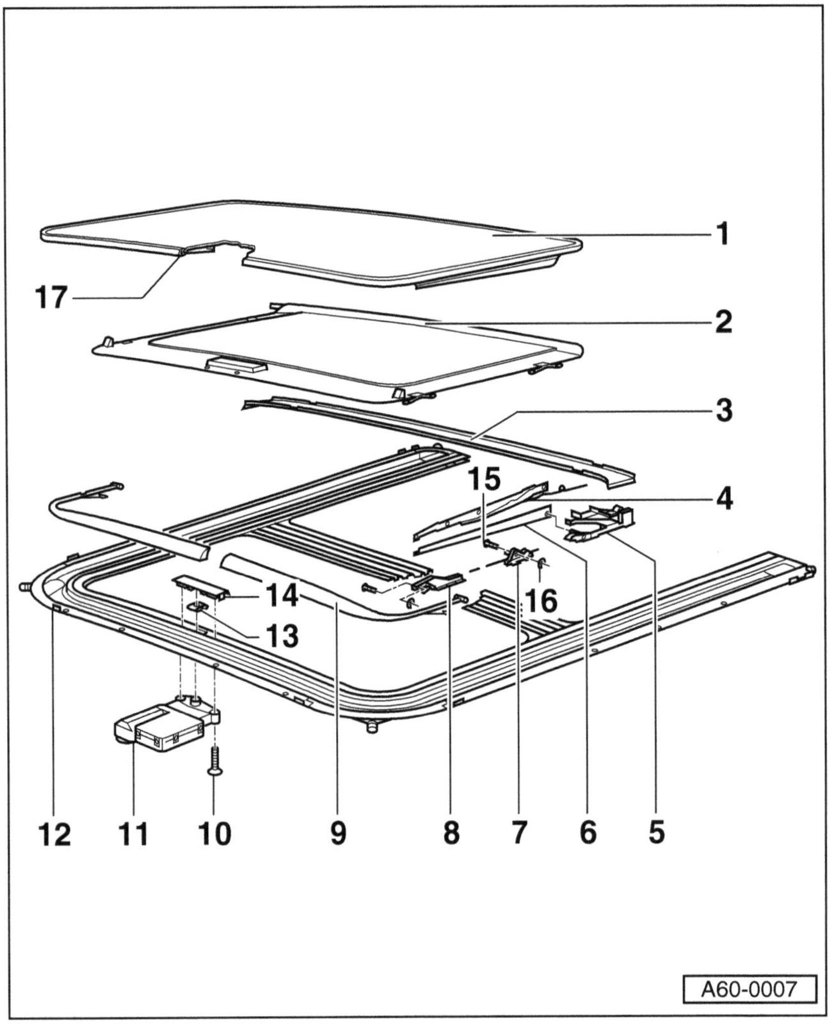

1 – **Schiebedachdeckel**

2 – **Schiebehimmel**

3 – **Wasserrinne**
Vor Ausbau Schiebedachdeckel demontieren.
Klammern nach vorne aufdrücken und Wasserrinne nach oben herausnehmen.
Achtung: Bei ausgebauter Wasserrinne darf das Schiebedach nicht nach hinten in das Dach einfahren, sonst verhaken sich die Halteklammern und das Schiebedach kann nur sehr schwer wieder geschlossen werden.

4 – **Kulissenführung**
Ausbau nur nach Demontage des Fertighimmels möglich.

5 – **Führung hinten**
Wird mit Kulissenführung zusammen ausgebaut.

6 – **Blende**

7 – **Führung Mitte**
Wird mit Kulissenführung zusammen ausgebaut.

8 – **Führung vorn**
Wird mit Kulissenführung zusammen ausgebaut.

9 – **Windabweiser**

10 – **Senkschraube, 4 Nm**
Microverkapselt, beim Einbau neue Schrauben verwenden.

11 – **Schiebedachmotor**

12 – **Rahmen**

13 – **Klammer**

14 – **Blende**

15 – **Bolzen**

16 – **Sicherungsring**

17 – **Dichtung für Schiebedachdeckel**

Windabweiser aus- und einbauen

Ausbau

- Schiebedach öffnen.

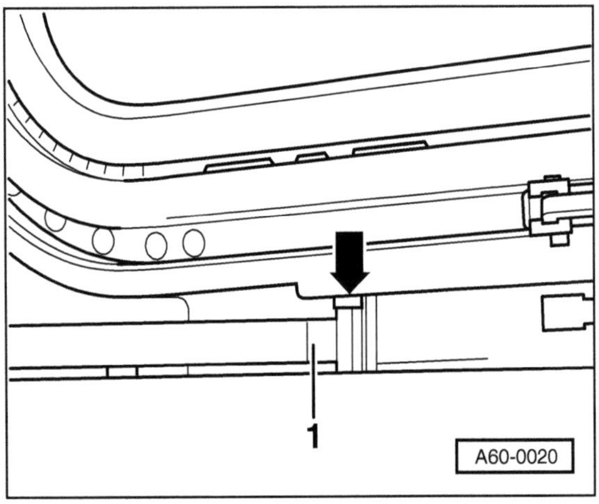

- Windabweiser –1– nach unten und gleichzeitig in Pfeilrichtung auf beiden Seiten aus der Führung herausdrücken.
- Windabweiser herausnehmen.

Einbau

- Windabweiser einsetzen und vollständig in die Führung einrasten.
- Schiebedach schließen.

Deckel für Schiebedach aus- und einbauen/einstellen

Ausbau

- Schiebedachdeckel ausstellen.
- Blenden (–6– in Abbildung A60-0007) links und rechts zur Fahrzeugmitte hin abziehen. Dabei untere Blende ausclipsen, nach vorn aus dem Langloch schieben und abnehmen. Obere Blende vorn und in der Mitte ausclipsen und entgegen der Fahrtrichtung abnehmen.

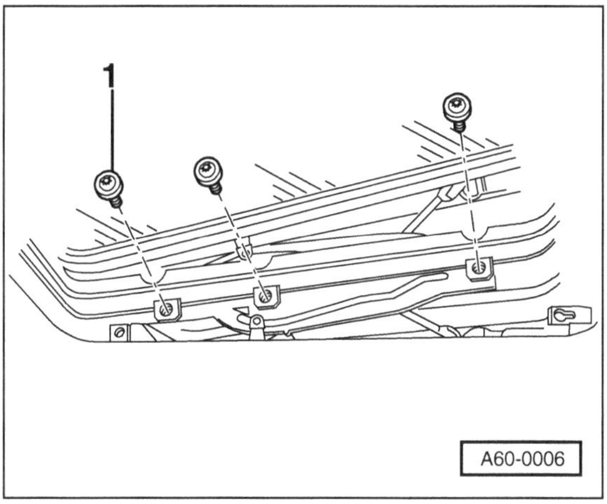

- 3 Torxschrauben –1– links und rechts herausdrehen.
- Schiebedachdeckel nach oben herausnehmen.

Einbau

- Schiebedachdeckel einsetzen und mit 5 Nm anschrauben.
- Seitliche Blenden ansetzen und einclipsen.

Einstellen

- Schiebedach öffnen und wieder schließen.

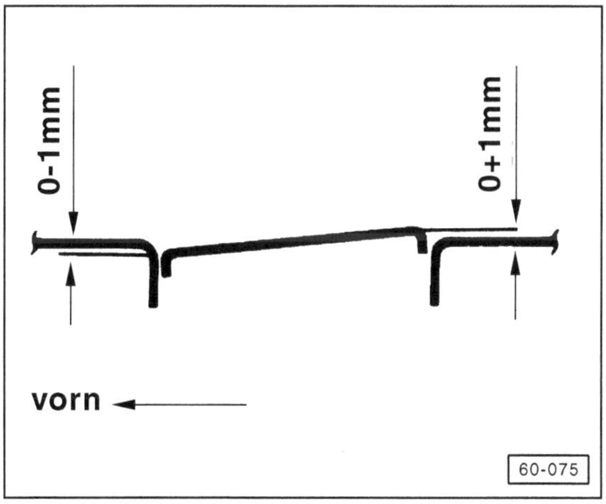

- Höhe des Schiebedaches gegenüber dem Fahrzeugdach jeweils am Ende der Radien des Dachausschnitts zur Fahrzeugmitte hin prüfen.
- Schiebedach entsprechend den in der Abbildung angegebenen Maßen einstellen. Dabei sollte der Deckel an keiner Stelle vorn höher und hinten tiefer als das Dach stehen, sonst können verstärkt Windgeräusche auftreten.

Dichtung für Schiebedachdeckel aus- und einbauen

Ausbau

- Schiebedachdeckel ausbauen.
- Dichtung –2– abziehen.

Einbau

- Neue Dichtung am hinteren Deckelrand von unten nach oben auf den Schiebedachdeckel –3– aufziehen. Dabei in der Mitte beginnen.

Achtung: Zur leichteren Montage der Dichtung, Deckelrand mit Seifenlösung bestreichen.

- Nach dem Einbau Deckeldichtung bündig abschneiden.

Einstellen

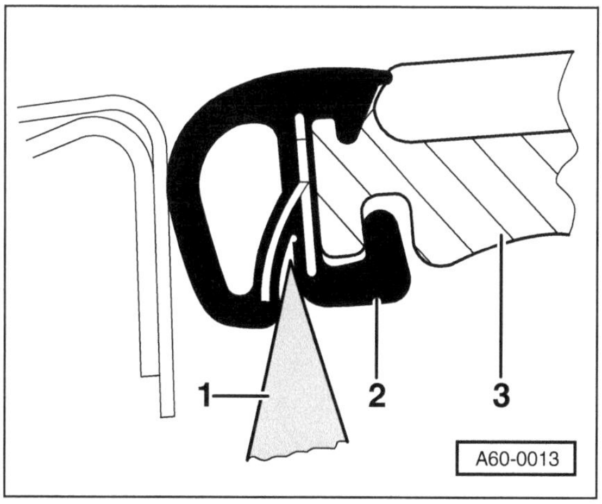

- Vorspannung der Deckeldichtung prüfen. Dazu einen ca. 0,3 mm dicken Pappstreifen, zum Beispiel eine Visitenkarte, zwischen Dichtung und Karosserie einführen und umlaufend durchziehen. Der Pappstreifen muß sich über die gesamte Strecke gleichmäßig stramm durchziehen lassen.
- Bei zu geringer Vorspannung kann die Deckeldichtung mit einem Keil –1– auseinandergedrückt werden.
- Bei zu großer Vorspannung Spalt der Dichtung etwas zusammendrücken.
- Schiebedachdeckel einbauen.

Motor für Schiebedach aus- und einbauen

Ausbau

- Schiebedach vollständig schließen.

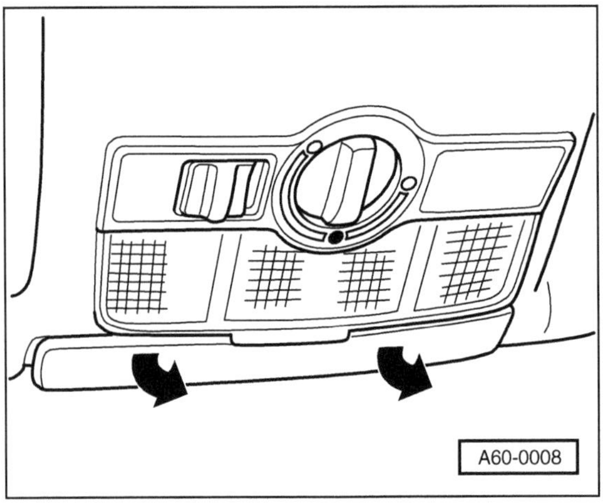

- Blende für Motorabdeckung in Pfeilrichtung ausclipsen.

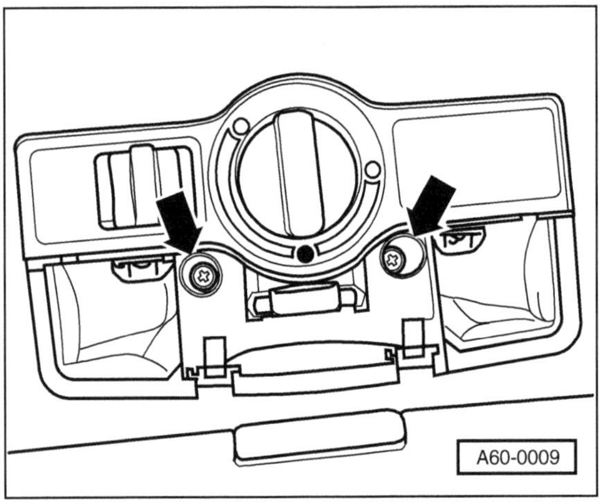

- Schrauben –Pfeile– herausdrehen und Abdeckung abnehmen.
- Sämtliche Sonnenblenden ausbauen.
- Haltegriffe links und rechts ausbauen.
- Himmel im vorderen Bereich herunterziehen.
- Elektrische Steckverbindungen trennen.

Achtung: Schiebedachmotor nur bei geschlossenem Dach, das heißt nur bei Nullstellung von Seilzugantrieb und Schiebedachmotor aus- und einbauen.

- Motor abschrauben und herausnehmen.

Einbau

- Motor in Nullstellung bringen. Dazu elektrische Verbindungen anschließen. Betätigungsschalter für Schiebedach in die Stellung »Dach geschlossen« bringen. Der Motor läuft dann automatisch in Nullstellung und schaltet ab.
- Motor in dieser Stellung ansetzen und mit 4 Nm anschrauben. **Achtung:** Motor nur bei geschlossenem Schiebedachdeckel einbauen.
- Himmel nach oben drücken und Haltegriffe anschrauben.
- Sonnenblenden einbauen.
- Motorabdeckung mit 4 Nm anschrauben.
- Blende für Abdeckung einclipsen.

Wasserablaufschläuche reinigen

Bei Fahrzeugen mit Schiebedach sind Wasserablaufschläuche vorhanden, die das Wasser vom Schiebedach nach außen ableiten.

- Verstopfte Wasserablaufschläuche lassen sich am besten mit alten, flexiblen Tachowellen reinigen. Dazu Tachowellen zu einer ca. 230 cm langen Sonde zusammenfügen. Gegebenenfalls Tachowelle in eine elektronisch gesteuerte Bohrmaschine einspannen und mit langsamen Umdrehungen die Wasserablaufschläuche »durchbohren«.

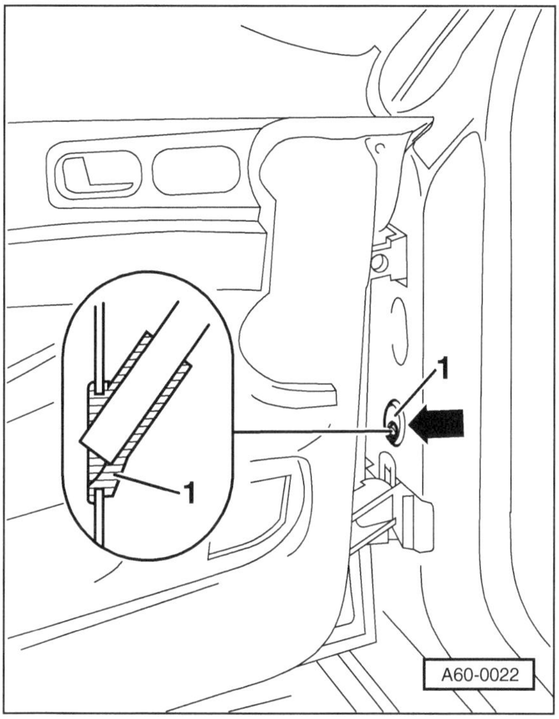

- Die vorderen Wasserablaufschläuche verlaufen in den A-Säulen (vordere Karosseriesäulen) und enden –1– über dem unteren Scharnier –Pfeil– der vorderen Türen. Die Reinigung erfolgt vom Schiebe-/Ausstelldach-Ausschnitt.

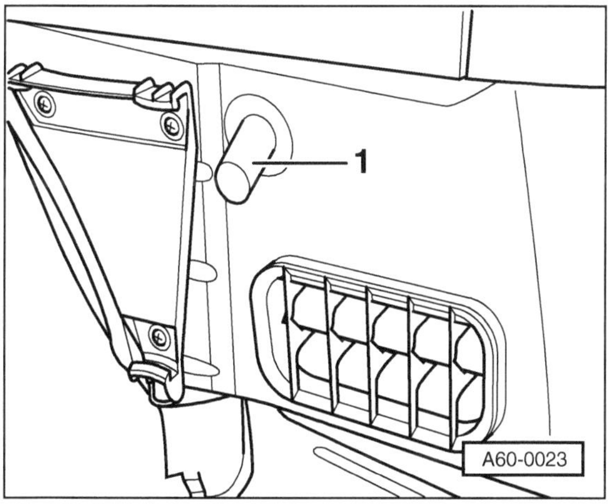

- Die hinteren Wasserablaufschläuche verlaufen in den D-Säulen (hintere Karosseriesäulen) und enden seitlich hinter dem Stoßfänger –1–. Die Reinigung erfolgt vom unteren Schlauchende her. Dazu muß der hintere Stoßfänger ausgebaut werden.

Innenspiegel aus- und einbauen

Manuell abblendbarer Spiegel

Ausbau

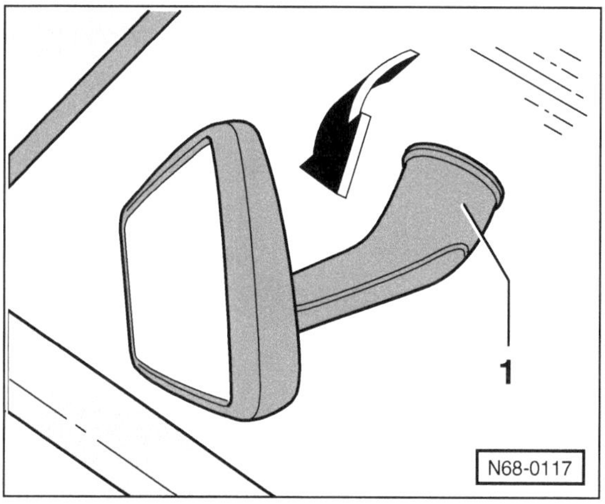

- Innenspiegel –1– schräg nach unten –Pfeil– von der Halteplatte abdrücken und dadurch mit den Klemmfedern im Spiegelfuß ausrasten.

Einbau

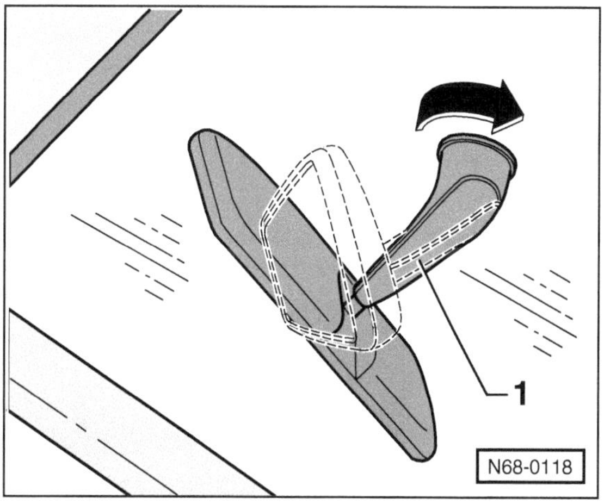

- Spiegel –1– um 60° bis 90° verdreht zur Anbaulage ansetzen und drehen –Pfeil– bis die Arretierfeder einrastet.

Achtung: Je nach Ausführung kann es erforderlich sein, das Spiegelglas vom Kugelkopf des Spiegelfußes abzudrücken. Zum Aufdrücken ist relativ großer Kraftaufwand erforderlich, um die Klemmfeder in den Kugelkopf einrasten zu lassen.

Automatisch abblendender Spiegel

Ausbau

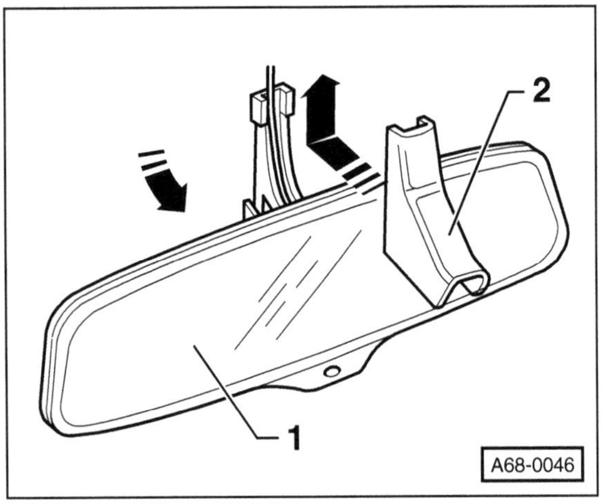

- Kabelkanalabdeckung –2– ausclipsen.
- Stecker aus der Fixierung nehmen und abziehen.
- Innenspiegel –1– schräg nach unten –Pfeil– von der Halteplatte abdrücken (Klemmfedern im Spiegelfuß).

Einbau

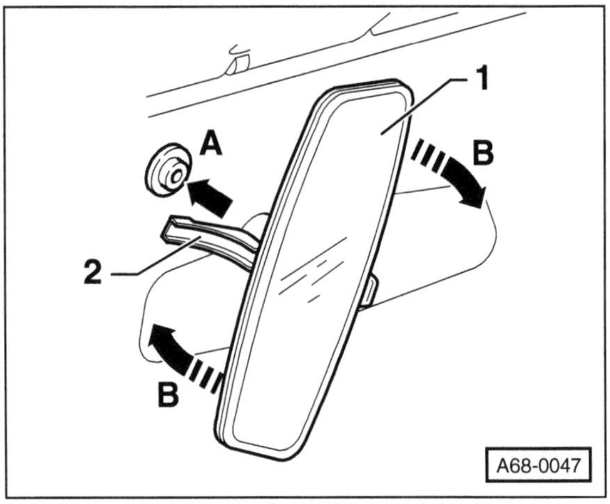

Achtung: Kabelkanal –2– **nicht** zum Drehen des Innenspiegels verwenden.

- Spiegel –1– um 60° bis 90° verdreht zur Anbaulage ansetzen –Pfeil A– und drehen –Pfeile B–, bis die Arretierfeder einrastet.

Handschuhfach aus- und einbauen

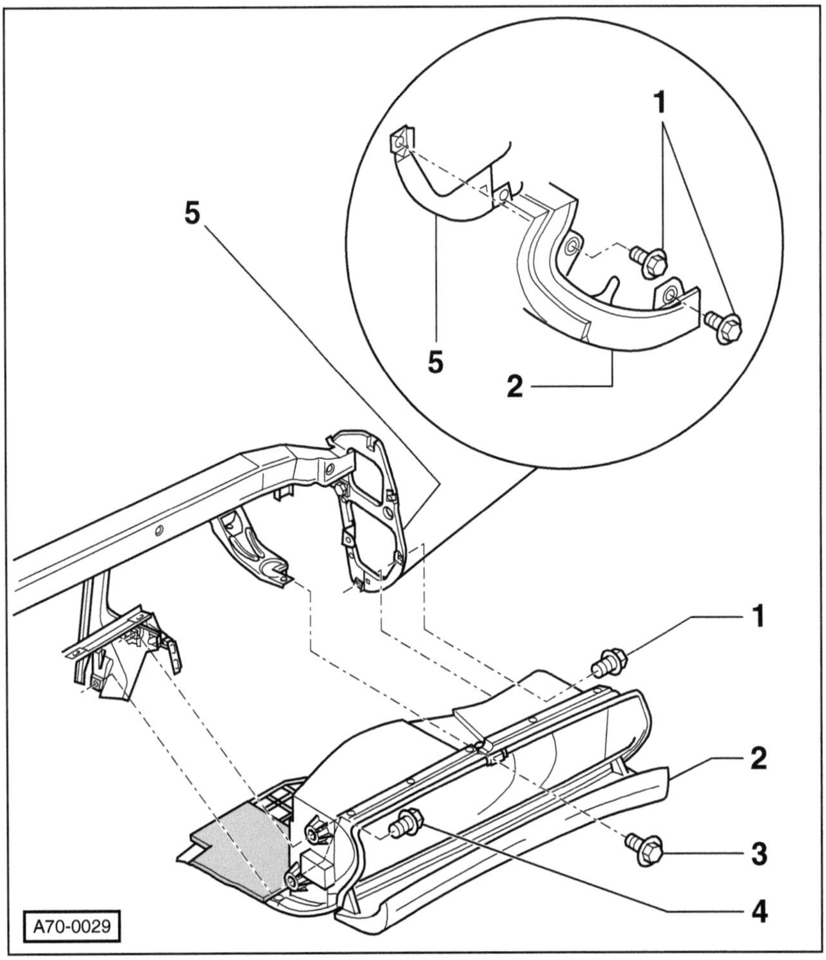

1 – Schraube (2x), 5Nm

2 – Handschuhkasten

Ausbau

- Seitliche Abdeckkappe für Schalttafel ausclipsen.
- Schrauben –1–, –3– und –4– herausdrehen.

3 – Schraube, 5 Nm

4 – Schrauben (2x), 5 Nm

5 – Querträger für Schalttafel

Heizung

Die Frischluft für die Heizung gelangt über das Heizgebläse in den Fahrzeuginnenraum. Dabei durchströmt die Luft das Heizungsgehäuse und wird durch verschiedene Klappen auf die einzelnen Luftaustrittsdüsen verteilt. Wird die Heizung auf »warm« gestellt, wird die kühle Luft durch den Wärmetauscher geleitet. Der Wärmetauscher befindet sich im Heizungsgehäuse und wird durch das heiße Kühlmittel aufgeheizt. Die vorbeistreichende Frischluft erwärmt sich an den heißen Lamellen des Wärmetauschers und gelangt dann in den Fahrzeuginnenraum. Die Heizung wird luftseitig beeinflußt, das heißt, die Temperatur wird durch das Mischungsverhältnis von kalter und warmer Luft mit Hilfe der Temperaturmischklappe gesteuert.

Zur Vergrößerung des Luftdurchsatzes dient ein vierstufiges Frischluftgebläse. Damit das Gebläse in den einzelnen Stufen mit unterschiedlicher Geschwindigkeit läuft, werden Widerstände vorgeschaltet. Die Widerstände befinden sich in der Anschlußplatte am Gebläse. Bei einem Defekt ist die komplette Anschlußplatte zu ersetzen.

Achtung: Der AUDI A4 ist auch mit **Klimaanlage** erhältlich. Hinweise beachten, siehe Seite 223.

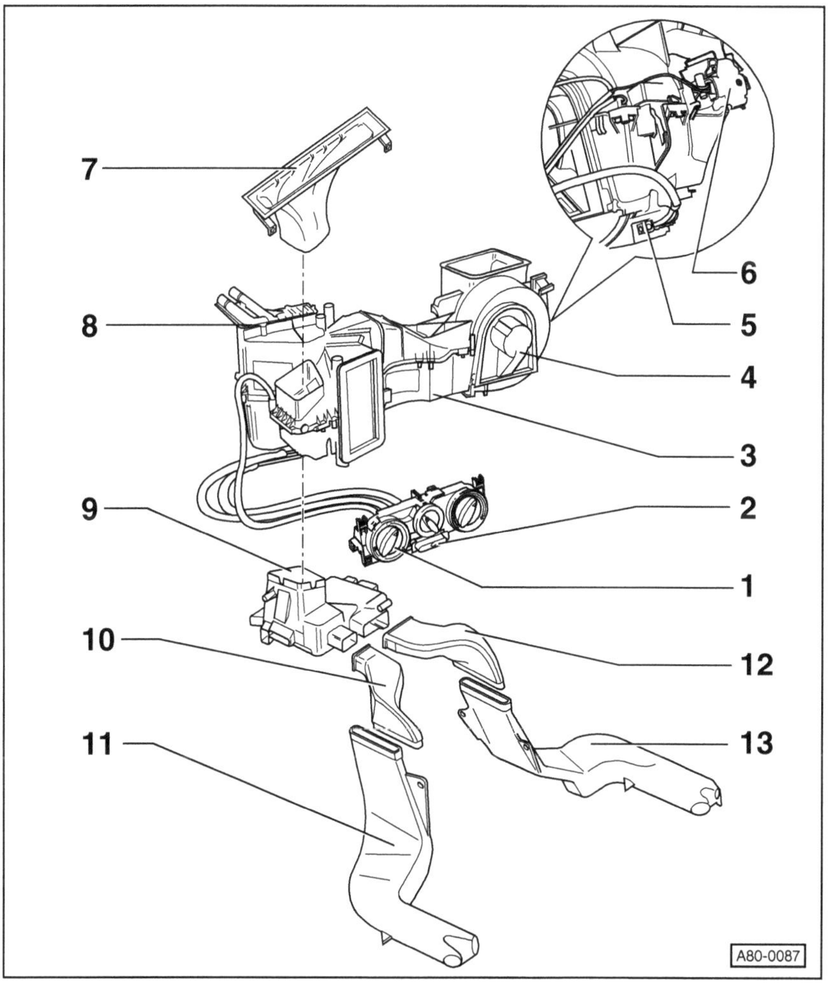

1 – Heizungsbetätigung
Achtung: Die Beleuchtung der Drehschalter erfolgt über Lichtleiter, es ist nur eine Glühlampe vorhanden. Zum Ersetzen der Glühlampe, Blende für vordere Mittelkonsole ausbauen, bei Heizung seit 9/96 Drehschalter für Gebläse abziehen. Ab ca. Mitte '97ist auf Leuchtdiode (LED) umgestellt worden, diese ist nicht mehr ersetzbar.

2 – Schalter für Frisch- und Umluftklappe
Nur bei Heizung seit 9/96 vorhanden.

3 – Heizkasten

4 – Gebläse

5 – Vorwiderstand für Gebläse

6 – Stellmotor für Frischluft- und Umluftklappe
Nur bei Heizung seit 9/96 vorhanden.

7 – Zwischenstück
Für Defrosterkanal.

8 – Wärmetauscher

9 – Fußraumausströmer

10, 12 – Verbindungsstücke
Zum Fondraumausströmer Fahrer-/Beifahrerseite.

11, 13 – Fondraumausströmer Fahrer-/Beifahrerseite

Hinweis: Die Abbildung zeigt die Heizung seit 9/96. Die bisherige Heizung sieht im Bereich des Heizungsmotors und der Betätigung anders aus, als abgebildet.

Luftaustrittsdüsen aus- und einbauen

Ausbau

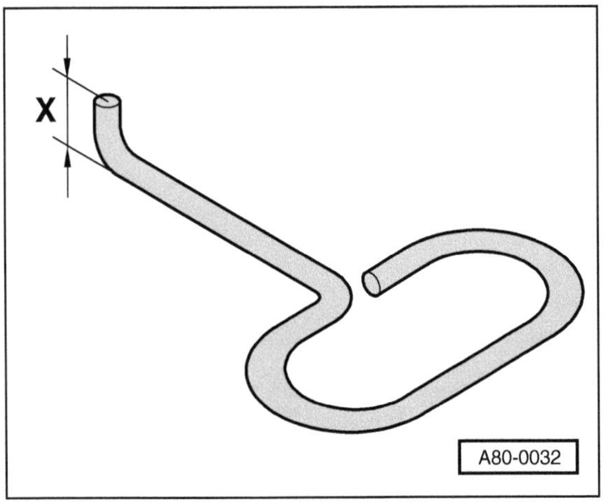

- Zum Ausbau der Luftaustrittsdüsen sind ein oder zwei Drahthaken erforderlich, die auch selbst hergestellt werden können.
- Hilfswerkzeug aus Draht (∅ 3 mm) nach Abbildung biegen. Maß x = 6 mm.

Mittlere Düse

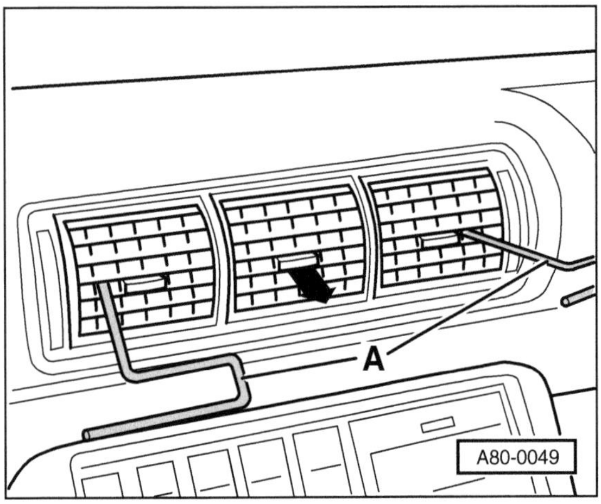

- Hilfswerkzeuge –A– in die Luftaustrittsdüse einsetzen und die Düse gleichmäßig aus der Schalttafel ziehen.

Achtung: Sollte sich beim Ausbauen ein Schwenkeinsatz aus der Luftaustrittsdüse lösen, diesen wieder seitenrichtig einsetzen. Dabei muß der Schwenkeinsatz auf beiden Seiten einrasten.

Seitliche Düse

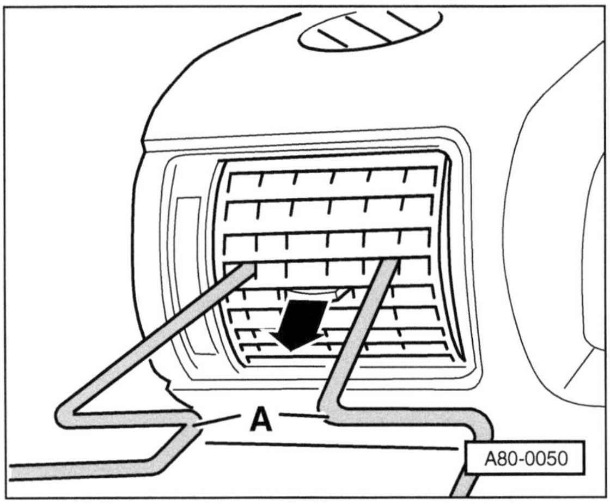

- Hilfswerkzeuge –A– in die Luftaustrittsdüse einsetzen und die Düse gleichmäßig aus der Schalttafel ziehen.

Achtung: Sollte sich beim Ausbauen ein Schwenkeinsatz aus der Luftaustrittsdüse lösen, diesen wieder seitenrichtig einsetzen. Dabei muß der Schwenkeinsatz auf beiden Seiten einrasten.

Entfrosterdüse »Frontscheibe«

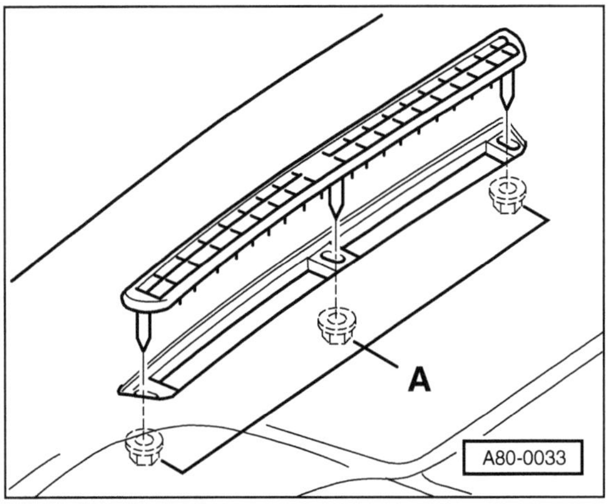

- Schalttafelaußenhaut ausbauen.
- Schneidmuttern –A– herausdrehen und die Entfrosterdüse aus der Schalttafelaußenhaut herausziehen.

Heizungsbetätigung aus- und einbauen

Ausbau

- Radio ausbauen, siehe Seite 257.

Heizung bis 8/96

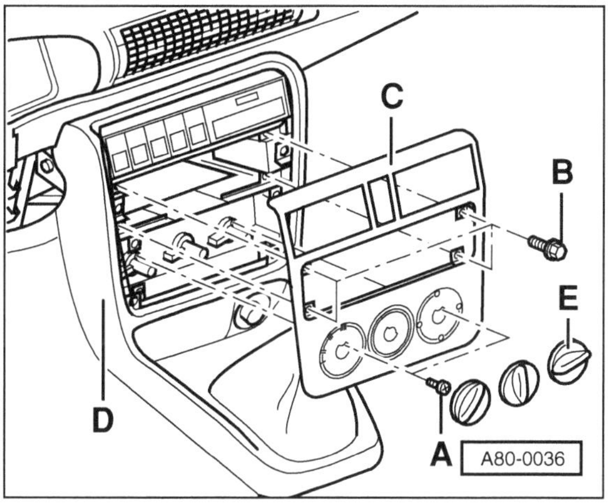

- 3 Drehknöpfe –E– für Heizungsbetätigung abziehen.
- 2 Schrauben –A–, 4 Schrauben –B– herausdrehen.
- Blende –C– ausclipsen und von vorderer Mittelkonsole –D– abnehmen.

Heizung seit 9/96

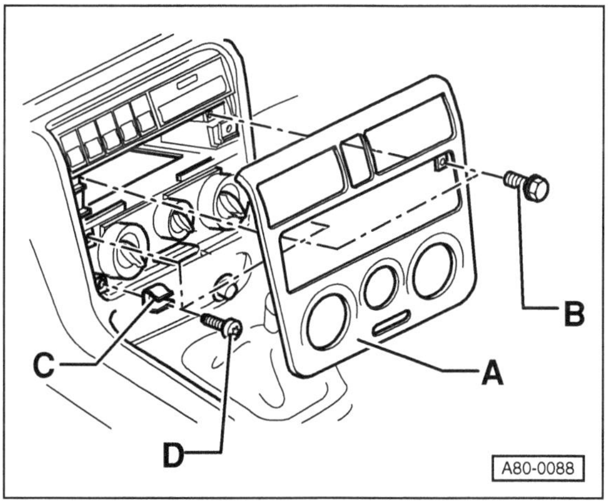

- 2 Schrauben –B– abschrauben. Blende –A– ausclipsen und abnehmen.
- 4 Schrauben –D– an Bedieneinheit abschrauben. Dabei Position der Klammern –C– für Wiedereinbau merken.

Alle Modelle

- Vordere Mittelkonsole –D– ausbauen, siehe Seite 203.

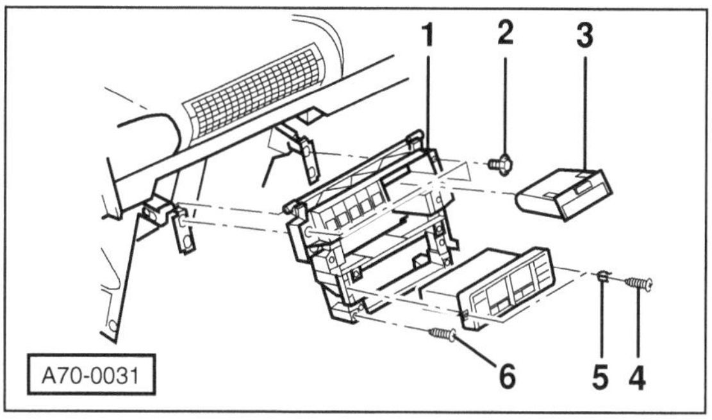

- 4 Schrauben –2– herausdrehen.
- Heizungsbetätigung von Schalttafelmittelteil abschrauben. Dazu 4 Schrauben –6– herausdrehen. **Achtung:** Bei Fahrzeugen mit Klimaanlage stattdessen 2 Schrauben –4– herausdrehen.
- Mittelteil oben aus den beiden Führungen aushängen, etwas nach vorne nehmen und elektrische Leitungen abziehen.

Einbau

- Der Einbau erfolgt in umgekehrter Ausbaureihenfolge.

Elektrische Zusatzheizung prüfen

4-Zylinder-TDI-Motor

Weil der hohe Wirkungsgrad des Diesel-Direkteinspritzers eine vergleichsweise geringe Wärmeabstrahlung verursacht, sind zur Beheizung des Fahrzeuginnenraums elektrische Glühkerzen im Kühlmittelkreislauf vorhanden. Die Glühkerzen werden bei Bedarf vom Motor-Steuergerät zugeschaltet.

Prüfen

- Relais für kleine Heizleistung und Relais für große Heizleistung prüfen, siehe Seite 228/294.
- Leitungsverbindung auf Unterbrechung oder Kurzschluß prüfen.

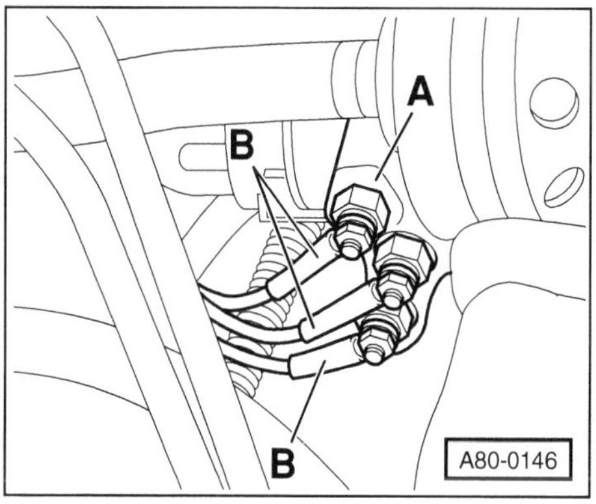

- Masseverbindung des Kühlmittelstutzens –A–, in dem die 3 Glühkerzen eingebaut sind, zum Zylinderkopf prüfen.
- Elektrische Leitungen –B– von den Glühkerzen abschrauben und Widerstand zwischen Glühkerze und Kühlmittelstutzen messen. **Sollwert:** 0,5 – 0,7 Ω bei ca. 20° C.

Heizungszüge aus- und einbauen

Ausbau

- Heizungsbetätigung ausbauen.

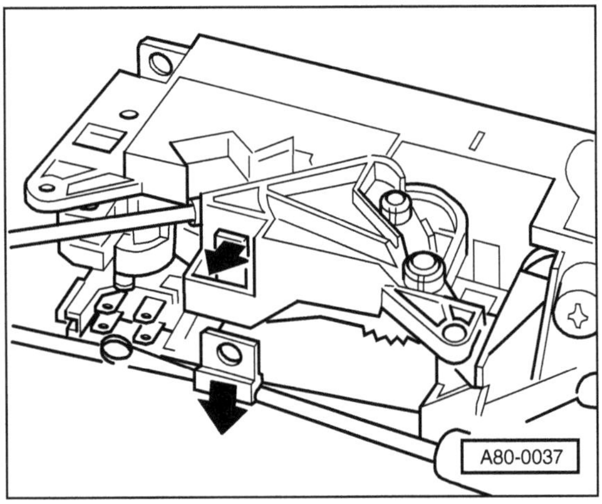

- Heizungszugwiderlager ausclipsen –Pfeile–. Heizungszüge an der Heizungsbetätigung aushängen. Heizungszugwiderlager am Heizungskasten ausclipsen. Heizungszüge vorsichtig vom Hebelarm abdrücken.

Einbau

Achtung: Heizungszüge vor dem Einbauen auf Leichtgängigkeit prüfen, schwergängige oder beschädigte Heizungszüge ersetzen.

Achtung: Heizungszüge beim Zusammenbauen mit Kabelbindern und Clips so sichern, daß sie nicht mit beweglichen Bauteilen in Berührung kommen können.

Heizungszüge am Heizungskasten anbauen:

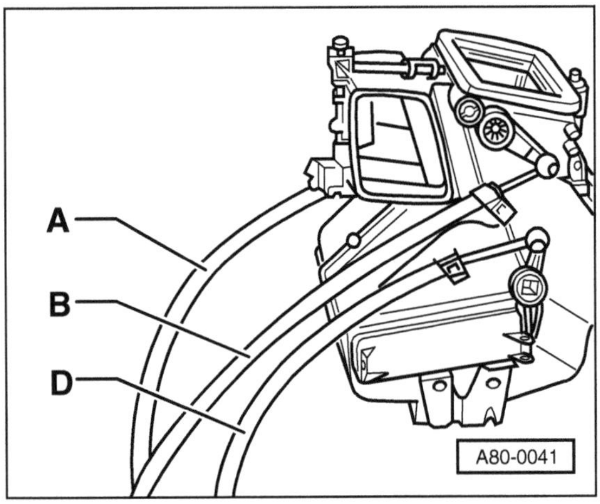

- Heizungszug –A–, Farbe des Lagers ist weiß, am Hebel der Fußraum-/Defrostklappe einhängen. Lager einclipsen.
- Heizungszug –B–, Farbe des Lagers ist schwarz, am Hebel der Zentralklappe einhängen. Widerlager einclipsen.
- Heizungszug –D–, Farbe des Lagers ist rot, am Hebel der Temperaturklappe einhängen. Widerlager einclipsen.

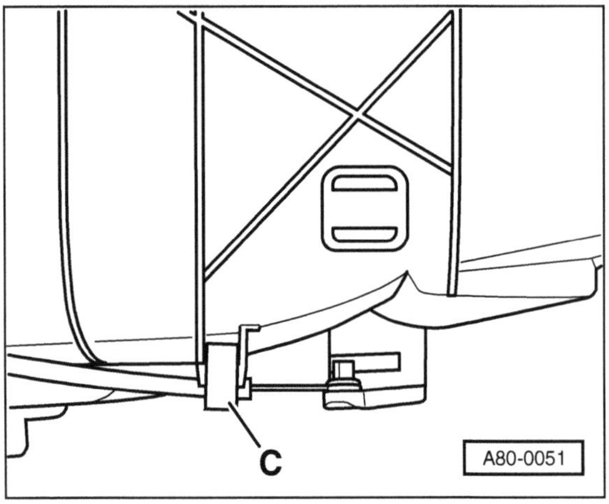

- Nur Heizung bis 8/96: Heizungszug –C–, Farbe des Widerlagers ist blau, am Hebel der Frischluftabsperrklappe einhängen. Widerlager einclipsen.

Heizungszüge an der Heizungsbetätigung anbauen:

Heizung bis 8/96:

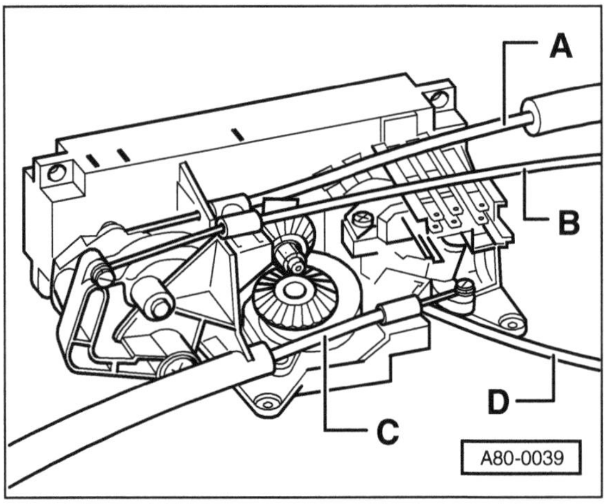

Heizung seit 9/96:

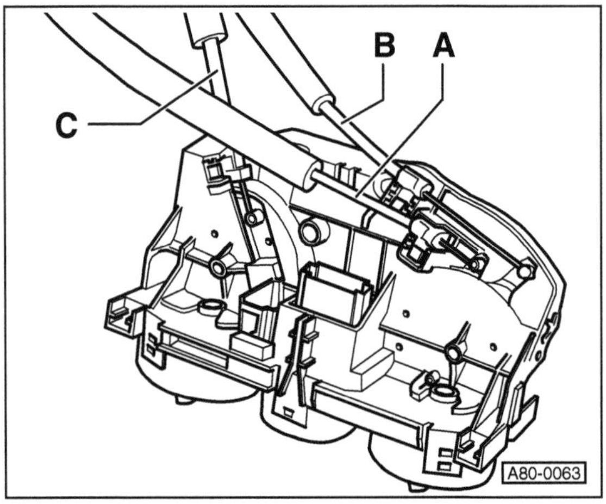

- Heizungszug –A–, Farbe des Widerlagers ist weiß, von der Fußraum-/Defrostklappe am Hebel der Heizungsbetätigung einhängen. Widerlager einclipsen.
- Heizungszug –B–, Farbe des Widerlagers ist schwarz, von der Zentralklappe am Hebel der Heizungsbetätigung einhängen. Widerlager einclipsen.
- Heizungszug –C–, Farbe des Widerlagers ist blau, von der Frischluftabsperrklappe am Hebel der Heizungsbetätigung einhängen. Widerlager einclipsen.
- Nur Heizung bis 8/96: Heizungszug –D–, Farbe des Widerlagers ist rot, von der Temperaturklappe am Hebel der Heizungsbetätigung einhängen. Widerlager einclipsen.

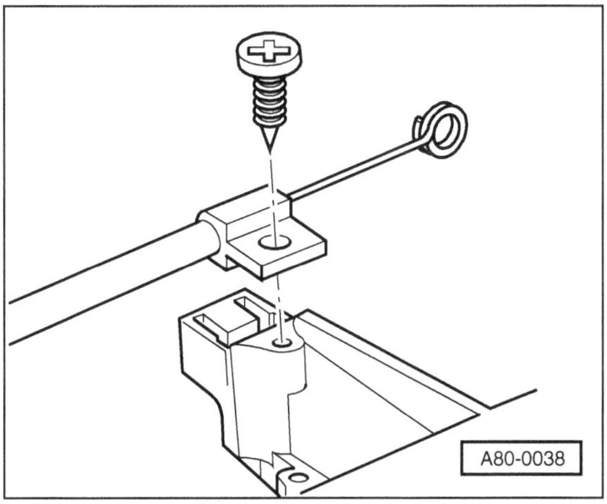

Achtung: Sollte ein Widerlagerrasthaken an der Heizungsbetätigung abgebrochen sein, Heizungszugwiderlager mit einer geeigneten Schraube befestigen.

- Heizungsbetätigung einbauen.

Gebläse aus- und einbauen

Ausbau

- Handschuhkasten ausbauen, siehe Seite 216.

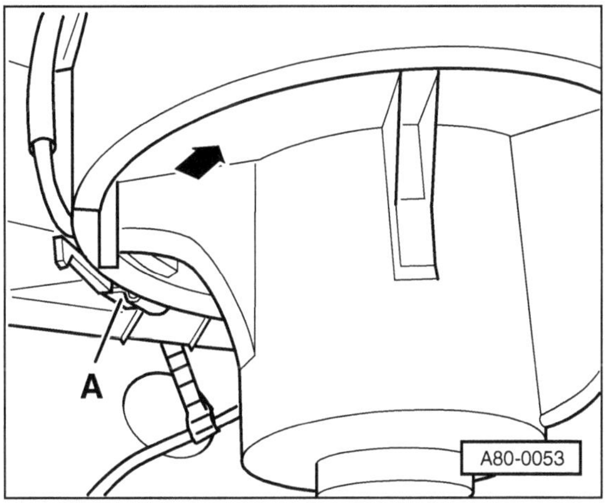

- Heizung bis 8/96: Stecker zum Gebläse vom Vorwiderstand abziehen. Raste –A– entriegeln und das Gebläse im Uhrzeigersinn drehen.

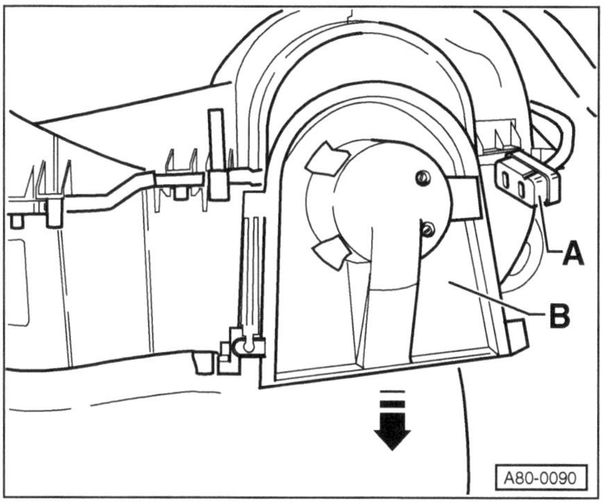

- Heizung seit 9/96: Vorwiderstand ausbauen. Dann Stecker –A– vom Gebläse –B– abziehen. Gebläse nach unten aus der Heizung ziehen –Pfeil–. Gegebenenfalls Gebläsemotor mit 2 Schrauben von der Grundplatte abschrauben.

Einbau

- Heizung bis 8/96: Gebläse ansetzen, entgegen dem Uhrzeigersinn drehen und einrasten. Durch Hin- und Herbewegen festen Sitz des Gebläses prüfen. Stecker am Vorwiderstand aufschieben.
- Heizung seit 9/96: Gebläse in Heizung einschieben. Vorwiderstand einbauen. Stecker auf Gebläse aufstecken.
- Handschuhkasten einbauen.

Vorwiderstand aus- und einbauen

Ausbau

- Handschuhkasten ausbauen, siehe Seite 216.

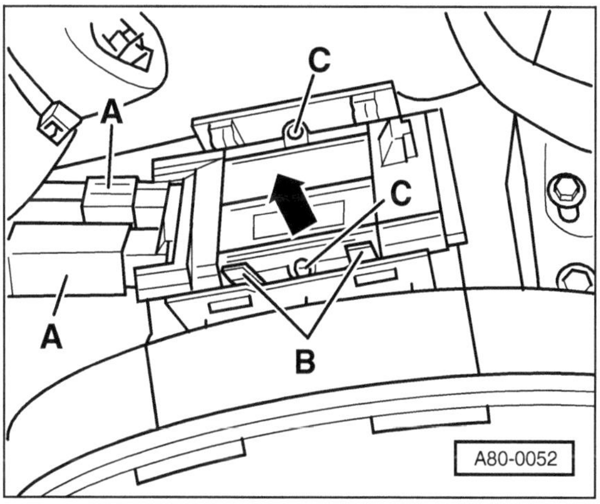

- Heizung bis 8/96: Beide Stecker –A– vom Vorwiderstand abziehen. Beide Rastnasen –B– zurückdrücken und Vorwiderstand herausnehmen. **Hinweis:** Beim Einbau gegebenenfalls Vorwiderstand mit geeigneten Schrauben an den Ösen –C– befestigen, wenn er locker sitzt.

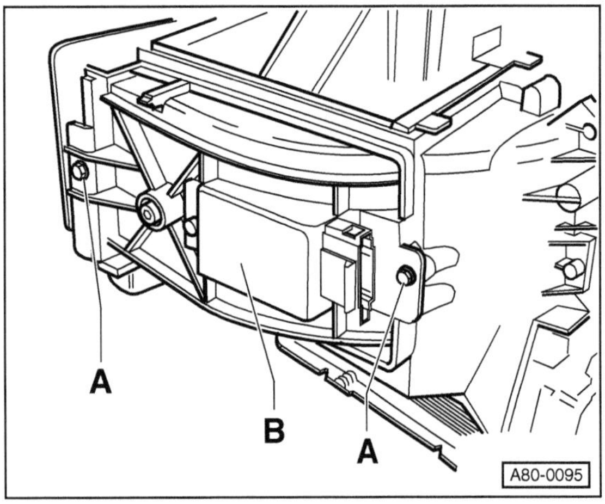

- Heizung seit 9/96: Stecker vom Vorwiderstand abziehen. Schrauben –A– abschrauben und Widerstandsträger –B– abnehmen.

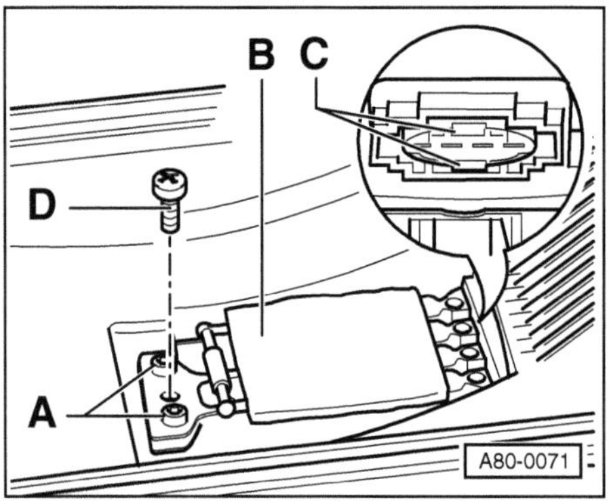

- Heizung seit 9/96: Vorwiderstand –B– an Träger erneuern. Dazu Befestigungen –A– abbohren oder abbrechen. Rastzungen –C– zurückdrücken. **Hinweis:** Beim Einbau, Widerstand mit Blechschrauben –D– 3,2 x 10 mm anschrauben.

Einbau

- Vorwiderstand einsetzen und anschrauben.
- Stecker am Vorwiderstand aufschieben.
- Handschuhkasten einbauen.

Störungsdiagnose Heizung

Störung	Ursache	Abhilfe
Heizgebläse läuft nicht.	Sicherung für Gebläsemotor defekt.	■ Sicherung für Gebläse prüfen, gegebenenfalls ersetzen.
	Gebläseschalter defekt.	■ Prüfen, ob an den Vorwiderständen Spannung anliegt. Wenn nicht, Gebläseschalter ausbauen und prüfen.
	Elektromotor defekt.	■ Prüfen, ob bei eingeschalteter Zündung und betätigtem Gebläseschalter am Kontakt des Gebläsemotors Spannung anliegt. Wenn ja, Motor auswechseln.
Heizgebläse läuft nur in einer Geschwindigkeitsstellung nicht.	Vorwiderstand defekt.	■ Vorwiderstand ersetzen.
Heizleistung zu gering.	Kühlmittelstand zu niedrig.	■ Kühlmittelstand prüfen, gegebenenfalls Kühlmittel auffüllen.
	Heizungsbetätigung schwergängig, defekt.	■ Bowdenzug ersetzen.
	Wärmetauscher undicht oder verstopft.	■ Wärmetauscher ersetzen (Werkstattarbeit).
Heizung läßt sich nicht ausschalten.	Heizungsbetätigung schwergängig, defekt.	■ Heizungsbetätigung prüfen, gegebenenfalls Bowdenzug ersetzen.
Geräusche im Bereich des Heizgebläses.	Eingedrungener Schmutz, Laub.	■ Gebläse ausbauen, reinigen, Luftkanal säubern.
	Lüfterrad hat Unwucht, Lager defekt.	■ Gebläsemotor ausbauen und auf leichten Lauf prüfen.
Heizluft riecht süßlich, Scheiben beschlagen wenn Heizung eingeschaltet wird.	Wärmetauscher undicht.	■ Kühlsystem abdrücken (Werkstattarbeit), wenn Kühlflüssigkeit aus dem Heizungskasten austritt, Wärmetauscher erneuern.

Klimaanlage

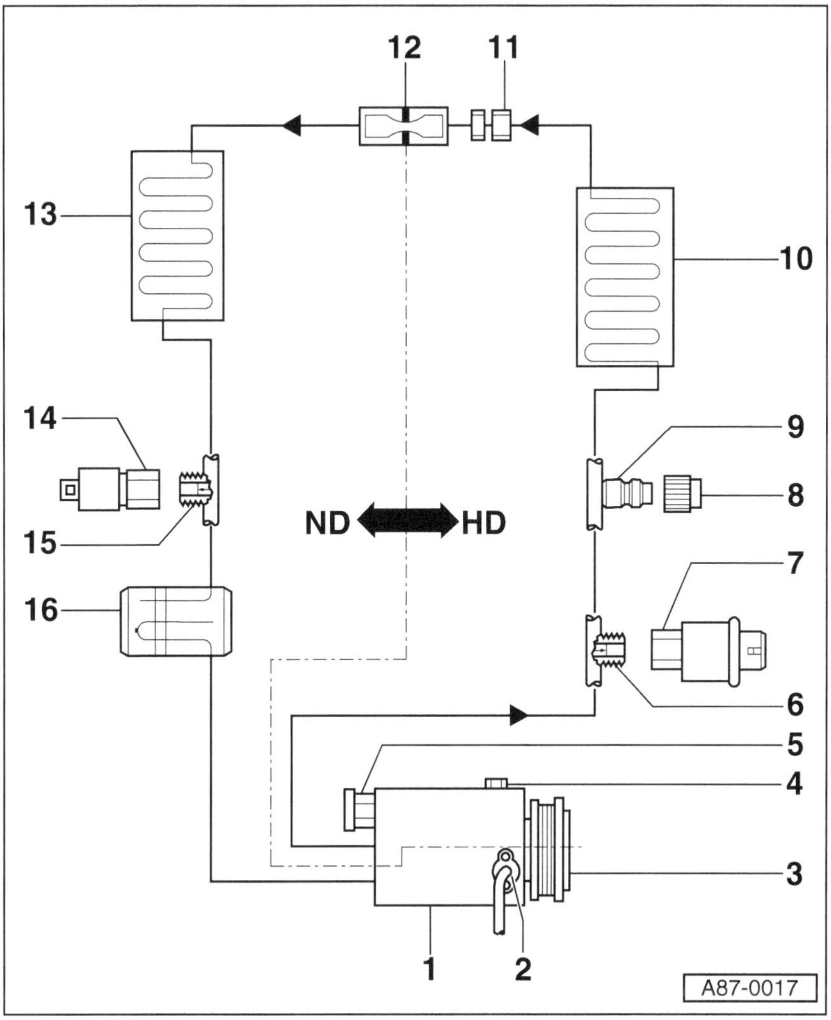

1 – **Kompressor**

2 – **Geber für Klimakompressordrehzahl**
Nur bei Fahrzeugen mit 6-Zyl.-Motor eingebaut.

3 – **Magnetkupplung**

4 – **Ölablaßschraube**

5 – **Überdruckablaßventil**

6 – **Anschluß mit Ventil**

7 – **Hochdruckschalter**
Für Klimaanlage und Magnetkupplung.

8 – **Verschlußkappe**
Mit Abdichtung, muß grundsätzlich angeschraubt sein.

9 – **Serviceanschluß**
Am Kondensator.

10 – **Kondensator**

11 – **Verschraubung in der Kältemittelleitung**

12 – **Drossel**
In der Verschraubung –11– eingebaut.

13 – **Verdampfer**

14 – **Niederdruckschalter für Kältemittelkreislauf**

15 – **Anschluß mit Ventil**

16 – **Auffangbehälter**

HD = Hochdruckseite
ND = Niederdruckseite

Mit Hilfe der Klimaanlage kann die Innenraumtemperatur unter die Außentemperatur abgesenkt werden. Bei der vollautomatischen Anlage wird eine beliebig eingestellte Temperatur beibehalten, auch Luftverteilung und Luftmenge werden von einem elektronischen Steuergerät vollautomatisch und unabhängig von der Fahrzeuggeschwindigkeit geregelt: Verschiedene Temperaturfühler übermitteln dem Steuergerät die Außen- und Innenlufttemperatur. Nach vorprogrammierten Sollwerten werden unter anderem Stellmotoren an den Luftklappen sowie das Frischluftgebläse angesteuert und so das Klima im Innenraum geregelt. Auftretende Fehler im Steuergerät oder an Sensoren und Stellgliedern werden in einem Fehlerspeicher des Steuergerätes abgelegt. Zur Fehlersuche kann die AUDI-Werkstatt den Fehler durch ein spezielles Prüfgerät abrufen.

Funktion der Klimaanlage

Der **Kältekompressor** wird über einen Keilrippenriemen durch die Kurbelwelle angetrieben. Er erhöht den Druck im Kältemittelkreislauf auf maximal 30 bar, wodurch sich das Kältemittelgas erhitzt. Im **Kondensator** nimmt die vorbeiströmende Luft die Wärme auf (Kühlluft, bleibt im Außenbereich), dadurch kühlt das heiße Kältemittelgas ab und kondensiert. Das Kältemittel wird flüssig. Es durchfließt unter weiterhin hohem Druck eine **Drossel**, die den Druck reduziert. Daraufhin verdunstet das Kältemittel im Kreislauf und gleichzeitig kühlt es nochmals stark ab. Im **Verdampfer** nimmt das Kältemittel von der vorbeiströmenden Luft Wärme auf. Dadurch wird die Luft abgekühlt. Diese kühlere Luft wird nun in den Innenraum des Fahrzeuges geleitet. Durch die aufgenommene Wärme im Verdampfer wird das Kältemittel gasförmig und wird mit niedrigem Druck zum Kompressor geleitet. Dort beginnt der Kreislauf von vorn.

Achtung: Reparaturen an der **Klimaanlage** werden nicht beschrieben. Arbeiten an der Klimaanlage sollten von einer Fachwerkstatt durchgeführt werden. Insbesondere darf der **Kältemittelkreislauf nicht geöffnet** werden, da das Kältemittel bei Hautberührung Erfrierungen hervorrufen kann.

Elektrische Anlage

Bei der Überprüfung der elektrischen Anlage stößt der Heimwerker in den technischen Unterlagen immer wieder auf die Begriffe Spannung, Stromstärke und Widerstand.

Die Spannung wird in Volt (V) gemessen, die Stromstärke in Ampere (A) und der Widerstand in Ohm (Ω). Mit dem Begriff Spannung ist beim Auto in der Regel die Batteriespannung gemeint. Es handelt sich dabei um eine Gleichspannung von ca. 12 Volt. Die Höhe der Batteriespannung hängt vom Ladezustand der Batterie und von der Außentemperatur ab. Sie kann zwischen 10 bis 13 Volt betragen. Demgegenüber wird die Bordspannung vom Generator (Lichtmaschine) erzeugt, die bei mittleren Drehzahlen ca. 14 Volt beträgt.

Der Begriff Stromstärke taucht im Bereich der Automobil-Elektrik relativ selten auf. Die Stromstärke ist beispielsweise auf der Rückseite von Sicherungen angegeben und weist auf den maximalen Strom hin, der fließen kann, ohne daß die Sicherung durchbrennt und damit den Stromkreis unterbricht.

Überall wo Strom fließt, muß er einen Widerstand überbrücken. Der Widerstand ist unter anderem von folgenden Faktoren abhängig: Leitungsquerschnitt, Leitungsmaterial, Stromaufnahme usw. Ist der Widerstand zu groß, treten Funktionsstörungen auf. Beispielsweise darf der Widerstand in den Zündleitungen nicht zu hoch sein, sonst fehlt ein ausreichend starker Zündfunke an den Zündkerzen, der das Kraftstoff-Luftgemisch entzündet und damit den Motor zum Laufen bringt.

Meßgeräte

Zum Messen der Bord-Elektrik gibt es im Handel sogenannte Mehrfach-Meßgeräte. Sie vereinen in einem Gerät das Voltmeter, um Spannungen zu messen, das Amperemeter, um die Stromstärke zu messen und das Ohmmeter, um den Widerstand zu messen. Die im Handel befindlichen Meßgeräte unterscheiden sich hauptsächlich im Meßbereich und in der Meßgenauigkeit. Durch den Meßbereich wird festgelegt, in welchem Bereich Spannungen oder Widerstände liegen müssen, damit sie überhaupt vom Gerät erfaßt werden können.

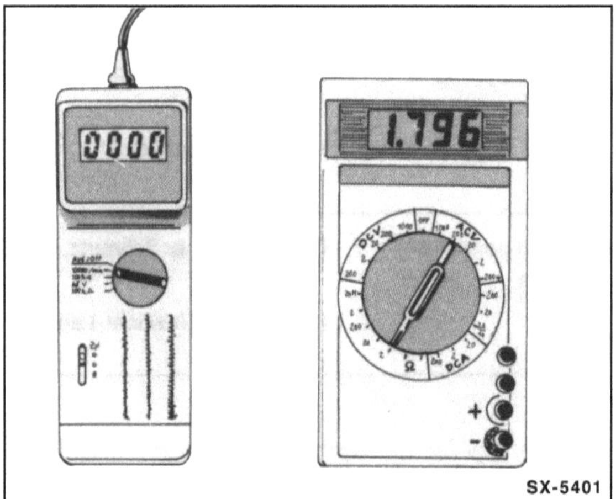

SX-5401

Für den Heimwerker gibt es Vielfach-Meßgeräte, die speziell für Prüfarbeiten am Auto abgestimmt sind. Mit solch einem Gerät können Motordrehzahl, Zünd-Schließwinkel und Spannungen bis zu 20 Volt gemessen werden. Bei Widerstandsmessungen beschränkt sich das Gerät in der Regel auf den Kilo-Ohm-Bereich, also etwa 1–1000 kΩ.

Darüber hinaus werden Meßgeräte zur Überprüfung von elektrischen und elektronischen Bauteilen angeboten. Sie erlauben eine umfassende Messung von kleinen Widerständen in Ohm (Ω) bis zu großen Widerständen im Mega-Ohm-Bereich (MΩ). Spannungen (in Volt) können sehr exakt gemessen werden, was vor allem bei elektronischen Bauteilen erforderlich ist.

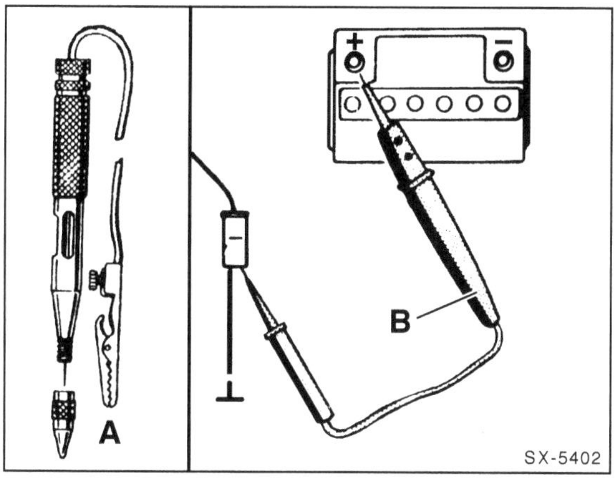

Wenn nur geprüft werden soll, ob überhaupt Spannung (V) anliegt, eignet sich hierzu eine einfache Prüflampe –A–. Dies gilt allerdings nur für Stromkreise, in denen sich keine elektronischen Bauteile befinden. Denn Elektronikteile reagieren äußerst empfindlich auf zu hohe Ströme. Unter Umständen können sie bereits durch Anschließen einer Prüflampe zerstört werden. Achtung: Bei der Prüfung elektronischer Bauteile (Transistoren, Dioden, und Steuergeräte) ist ein hochohmiger Spannungsprüfer –B– erforderlich. Er arbeitet wie eine Prüflampe, jedoch ohne daß elektronische Bauteile geschädigt werden, und eignet sich für sämtliche Prüfarbeiten.

Meßtechnik

Spannung messen

Spannung kann schon mit einer einfachen Prüflampe oder einem Spannungsprüfer nachgewiesen werden. Allerdings erkennt man dann nur, ob überhaupt Spannung anliegt. Um die Höhe der anliegenden Spannung zu prüfen, muß ein Voltmeter (Spannungs-Meßgerät) angeschlossen werden.

Zunächst ist beim Voltmeter der Meßbereich einzustellen, in dem sich die zu messende Spannung voraussichtlich befindet. Spannungen am Fahrzeug sind in der Regel nicht höher als ca. 14 Volt. Eine Ausnahme bildet die Zündanlage; hier kann die Zündspannung bis zu 30.000 Volt betragen. Diese hohe Spannung ist nur mit einem speziellen Meßgerät oder einem Oszilloskop meßbar.

Während man bei Meßgeräten, die speziell auf das Auto abgestimmt sind, am Wählschalter nur das Voltmeter einschalten muß, sind bei einem allgemeinen Vielfachmeßgerät erst eine Reihe von Entscheidungen zu fällen. Zunächst wird mit dem Wählschalter der Bereich Gleichspannung (DCV im Gegensatz zu ACV = Wechselspannung) eingestellt. Dann wird der Meßbereich gewählt. Da beim Auto außer an der Zündanlage keine höheren Spannungen als ca. 14 Volt auftreten, sollte die Obergrenze des einzustellenden Meßbereiches etwas höher liegen (ca. 15 bis 20 Volt). Falls sicher ist, daß die gemessene Spannung wesentlich niedriger ist, zum Beispiel im Bereich von 2 Volt, kann der Meßbereich heruntergeschaltet werden, um eine größere Anzeigegenauigkeit zu erreichen. Liegen höhere Spannungen an, als sie vom Meßbereich des Gerätes erfaßt werden, kann das Meßgerät zerstört werden.

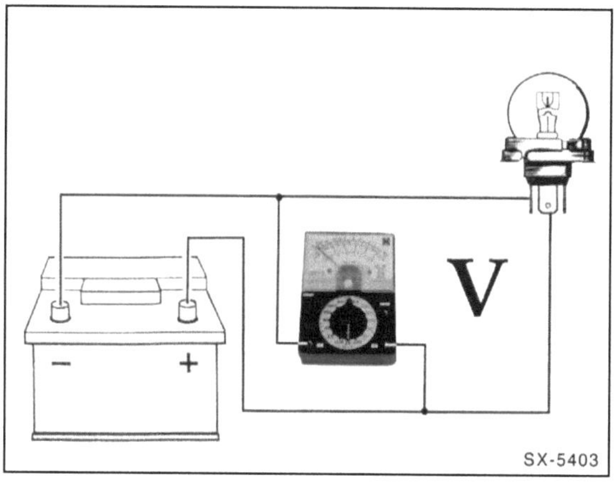

Die Kabel des Meßgerätes entsprechend der Zeichnung parallel zum Verbraucher anschließen. Dabei wird das rote Meßkabel an die vom Batterie-Pluspol kommende Leitung angelegt, das schwarze Meßkabel an die Masse-Leitung oder an Fahrzeugmasse, wie zum Beispiel den Motorblock.

Prüfbeispiel: Wenn der Motor nicht richtig anspringt, weil der Anlasser zu langsam dreht, ist es zweckmäßig, die Batteriespannung zu prüfen, während der Anlasser betätigt wird. Dazu das Voltmeter mit dem roten Kabel (+) an den Batterie-Pluspol und mit dem schwarzen Kabel an Fahrzeugmasse (–) anklemmen. Anschließend durch einen Helfer den Anlasser betätigen lassen und den Spannungswert ablesen. Liegt die Spannung unter ca. 10 Volt (bei einer Batterie-Temperatur von +20°C), muß die Batterie überprüft und eventuell vor den nächsten Startversuchen geladen werden.

Stromstärke messen

Am Auto ist es relativ selten erforderlich, die Stromstärke zu messen. Beispiel, siehe Kapitel »Batterie entlädt sich selbständig«. Benötigt wird hierzu ein Amperemeter, welches ebenfalls in einem Vielfachmeßgerät integriert ist.

Vor der Strommessung wird das Meßgerät auf den Meßbereich eingestellt, in dem sich die zu messende Stromstärke voraussichtlich befindet. Falls das nicht bekannt ist, höchsten Meßbereich einstellen und, falls keine Anzeige erfolgt, nacheinander in die nächstniedrigeren Meßbereiche schalten.

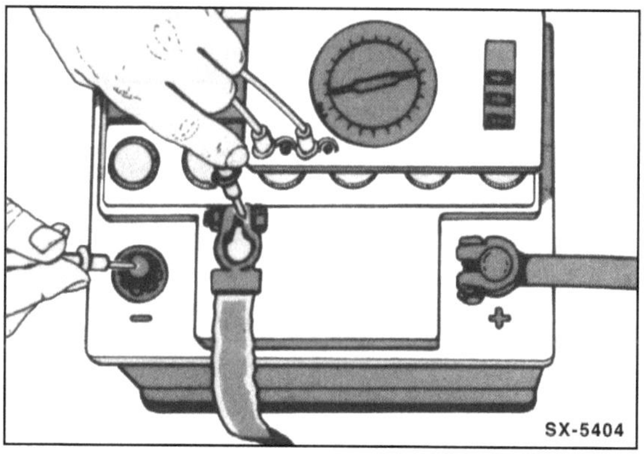

Für die Messung der Stromstärke muß der Stromkreis aufgetrennt werden, das Meßgerät (Amperemeter) wird dazwischengeschaltet. Dazu wird beispielsweise der Stecker abgezogen und das rote Kabel (+) des Amperemeters an die stromführende Leitung angeschlossen. Das schwarze Kabel (–) wird an den Kontakt angelegt, an dem normalerweise die unterbrochene Leitung angeschlossen ist. Die Massekontakte zwischen Verbraucher und Stecker müssen dann mit einem Hilfskabel verbunden werden.

Achtung: Keinesfalls sollte mit einem normalen Amperemeter die Stromstärke in der Leitung zum Anlasser (ca. 150 A) oder zu den Glühkerzen beim Dieselmotor (bis 60 A) gemessen werden. Durch die hierbei auftretenden hohen Ströme kann das Meßgerät zerstört werden. Die Werkstatt benutzt für diese Messungen ein Amperemeter mit Gleichstromzange. Dabei wird eine Stromzange über das isolierte Stromkabel geklemmt und der Stromwert durch Induktion gemessen.

Widerstand messen

Vor der Prüfung des Widerstandes ist grundsätzlich sicherzustellen, daß am Bauteil, an welches das Ohmmeter angeschlossen wird, keine Spannung anliegt. Also immer vorher Stecker abziehen, Zündung ausschalten, Leitung beziehungsweise Aggregat ausbauen oder Batterie abklemmen. Andernfalls kann das Meßgerät beschädigt werden.

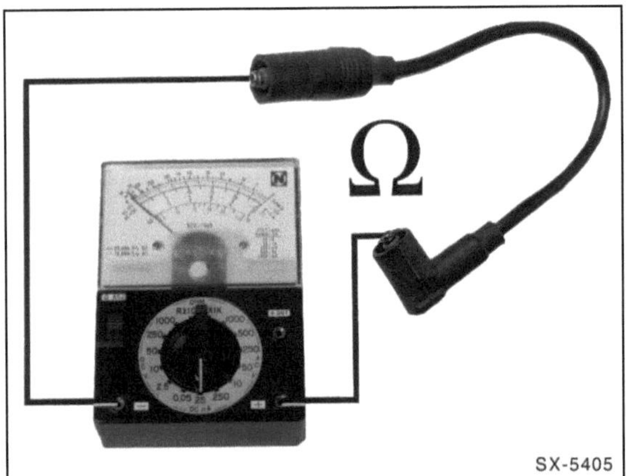

SX-5405

Das Ohmmeter wird an die 2 Anschlüsse eines Verbrauchers oder an die 2 Enden einer elektrischen Leitung angeschlossen. Dabei spielt es keine Rolle, welches Kabel (+/–) des Meßgerätes an welchen Kontakt angeklemmt wird. Ausnahme: Widerstandsmessung an Bauteilen, die Dioden enthalten. Hier müß das Meßgerät in Durchlaßrichtung der Diode(n) angeschlossen werden.

Die Widerstandsmessung am Auto erstreckt sich weitgehend auf 2 Bereiche:

1. Kontrolle eines in den Stromkreis integrierten Widerstandes oder Bauteils.

2. »Durchgangsprüfung« einer elektrischen Leitung, eines Schalters oder einer Heizwendel. Dabei wird geprüft, ob eine elektrische Leitung im Fahrzeug unterbrochen ist und deshalb das angeschlossene elektrische Gerät nicht funktionieren kann. Zur Messung wird das Ohmmeter an die beiden Enden der betreffenden elektrischen Leitung angeschlossen. Beträgt der Widerstand 0 Ω, dann ist „Durchgang“ vorhanden. Das heißt, die elektrische Leitung ist in Ordnung. Bei unterbrochener Leitung zeigt das Meßgerät ∞ (unendlich) Ω an.

Elektrisches Zubehör nachträglich einbauen

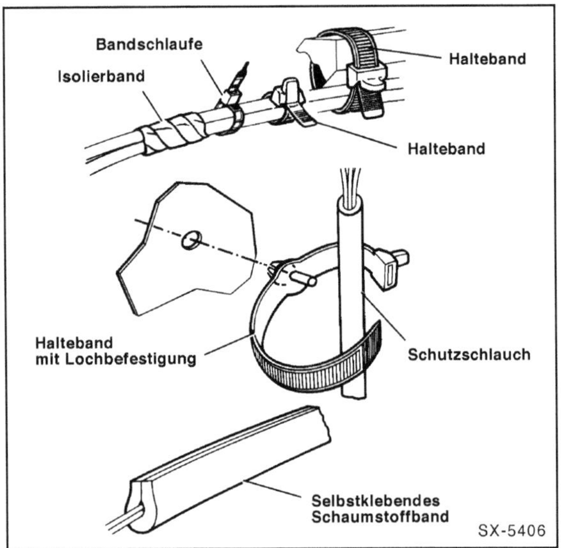

SX-5406

Kabel, die beim Einbau von Zubehör zusätzlich zu dem serienmäßig eingebauten Kabelsatz im Fahrzeug verlegt werden müssen, sind nach Möglichkeit immer entlang der einzelnen Kabelstränge unter Verwendung der vorhandenen Kabelschellen und Gummitüllen zu verlegen.

Falls erforderlich, sind die neu verlegten Kabel, um Geräuschen während der Fahrt vorzubeugen und das Scheuern von Kabeln zu vermeiden, mit Isolierband, plastischer Masse, Kabelbändern und dergleichen zusätzlich festzulegen. Hierbei ist besonders darauf zu achten, daß zwischen den Bremsleitungen und den festverlegten Kabeln ein Mindestabstand von 10 mm sowie zwischen den Bremsleitungen und den Kabeln, die mit dem Motor oder anderen Teilen des Fahrzeuges schwingen, ein Mindestabstand von 25 mm vorliegt.

Beim Bohren von Karosserie-Löchern müssen die Lochränder anschließend entgratet, grundiert und lackiert werden. Die beim Bohren zwangsläufig anfallenden Späne sind restlos aus der Karosserie zu entfernen.

Bei allen Einbauarbeiten, die das elektrische Leitungssystem berühren, ist, um der Gefahr von Kurzschlüssen im elektrischen Leitungssystem vorzubeugen, grundsätzlich das Massekabel (–) von der Fahrzeugbatterie abzuklemmen und zur Seite zu hängen.

Achtung: Wird die Batterie abgeklemmt, werden unter Umständen der Fehlerspeicher für Motor- und Getriebesteuerung, Antiblockiersystem sowie andere elektrische Geräte wie zum Beispiel das Radio und die Zeituhr stillgelegt, beziehungsweise Speicherwerte gelöscht. Spezielle Hinweise zu diesem Thema stehen im Kapitel »Batterie-Ausbau«.

Sofern zusätzliche elektrische Verbraucher eingebaut werden, ist in jedem Fall zu überprüfen, ob die erhöhte Belastung noch von dem vorhandenen Drehstromgenerator mit übernommen werden kann. Falls erforderlich, sollte ein Generator mit größerer Leistung vorgesehen werden.

Fehlersuche in der elektrischen Anlage

Beim Aufspüren eines Defekts in der elektrischen Anlage ist es wichtig, systematisch vorzugehen. Dies gilt sowohl beim Überprüfen von ausgefallenen Glühlampen wie auch bei nicht laufenden Elektromotoren.

Der **erste Schritt** ist immer die Überprüfung der Sicherung, sofern das elektrische Bauteil abgesichert ist. Die aktuelle Sicherungsbelegung ergibt sich aus dem Aufdruck auf dem Sicherungskastendeckel, siehe auch unter Kapitel »Sicherungen auswechseln«.

Defekte Sicherung gegebenenfalls auswechseln und nach Einschalten des elektrischen Verbrauchers kontrollieren, ob diese nicht unmittelbar wieder durchbrennt. In diesem Fall muß zuerst der Fehler aufgespürt und behoben werden, in der Regel handelt es sich um einen Kurzschluß. Das bedeutet, an irgend einer Stelle, mitunter auch intern im elektrischen Gerät, sind Masse- und Plusanschluß miteinander verbunden.

Zweiter Prüfschritt: Wenn bei intakter Sicherung die Glühlampe nicht leuchtet beziehungsweise der Elektromotor nicht anläuft, ist die Stromversorgung zu überprüfen.

Glühlampe prüfen

- Lampe ausbauen und sichtprüfen. Ist der Glühfaden durchgebrannt oder sitzt der Glaskolben locker im Sockel, Lampe erneuern.
- Um einwandfrei festzustellen, ob die Glühlampe intakt ist, geht man folgendermaßen vor: Eine Plusleitung (+) und eine Masseleitung (–) direkt an die Pole der Batterie anschließen und mit der Lampe verbinden. Dabei ist es unwichtig, wie die Kabel an die Lampe angeschlossen werden. Ein Kabel an den Stromanschluß, das andere an das Glühlampengehäuse. Wenn jetzt die Lampe nicht leuchtet, Lampe erneuern. Hinweis: Es muß sichergestellt sein, daß die Kontakte an der Lampe und in der Lampenfassung nicht korrodiert sind. Gegebenenfalls korrodierte oder verbogene Anschlüsse abschmirgeln und einwandfreien Kontakt herstellen.
- Ist die Lampe intakt, Lampe einsetzen und einschalten. Leuchtet die Lampe nicht, mit Prüflampe Stromzuführung überprüfen. Dazu Prüflampe an Masse anlegen. Das bedeutet: Das eine Kabel der Prüflampe muß an eine gute Massestelle am Motor (blankes Metall) oder direkt am Batterie-Minuspol angeschlossen werden. Die andere Prüflampen-Prüfspitze (+) entweder an den stromführenden Stecker halten oder mit der Prüfspitze in das stromführende Kabel einstechen. Wenn die Prüflampe jetzt aufleuchtet und die Lampe dennoch nicht brennt, ist die Massezuführung zur Lampe unterbrochen. Um dies zu überprüfen, Massehilfsleitung an die Lampenfassung anlegen. Die Lampe muß jetzt leuchten.
- Wenn das stromführende Kabel zur Lampe keine Spannung aufweist, die Prüflampe also nicht aufleuchtet, ist sehr wahrscheinlich der Schalter defekt. Schalter auf Durchgang prüfen.

Elektromotoren prüfen

Im Auto werden immer mehr Komfortfunktionen von kleinen Elektromotoren übernommen. Dazu gehören bespielsweise der Fensterheber, das Schiebedach, die elektrische Zentralverriegelung oder die elektrische Antenne.

Jeder Motor wird bei Bedarf über einen Schalter zugeschaltet, meist von Hand. Bei der elektrischen Antenne wird der Schalter automatisch vom Radio angesteuert.

- Sicherung des betreffenden Elektromotors prüfen, gegebenenfalls ersetzen.
- Brennt die Sicherung gleich wieder durch, liegt ein Kurzschluß vor.
- Um eindeutig zu klären, ob der Defekt im Motor liegt, 2 Hilfskabel (∅ ca. 2 mm) direkt von der Fahrzeugbatterie an den Motor anlegen. Pluskabel an den Pluspol, Massekabel an Massepol des Motors. Die Pol-Belegung ergibt sich im Zweifelsfall aus dem Stromlaufplan. Dazu muß der Motor gegebenenfalls ausgebaut werden. Alle elektrischen Motoren im Fahrzeug werden mit Bordspannung (12 bis 14 Volt) versorgt. Funktioniert der Motor jetzt ordnungsgemäß, war die Stromversorgung defekt. Hinweis: Ein zu langsam laufender oder aussetzender Elektromotor kann auf abgenützte Schleifkohlen hinweisen. In diesem Fall Schleifkohlen (Bürsten) ersetzen.
- Funktioniert der Motor, anhand des Stromlaufplans feststellen, welche Zuleitung am Elektromotor Spannung führt, wenn der Schalter betätigt wird und zuvor die Zündung eingeschaltet wurde.
- Spannungsführendes Kabel am Elektromotor mit Prüflampe prüfen. Da bei Elektromotoren ein großer Strom fließt, kann eine herkömmliche Prüflampe mit Glühlampe genommen werden. Diese haben spitze Prüfnadeln, mit denen das Anschlußkabel durchstochen werden kann. So läßt sich auf einfache Weise die Spannnung prüfen. Die Anschlußklemmen der Elektromotoren sind mit kleinen Zahlen gekennzeichnet, die normiert sind:
  - Klemme 32 ist der Masseanschluß
  - Klemme 33 der Plus (+)-Anschluß.

  Motoren, die links/rechtsherum drehen, zum Beispiel Fensterhebermotoren, haben zwei Plus-Anschlüsse. Hier ist:
  - Klemme 33L der Anschluß der Drehrichtung linksherum,
  - Klemme 33R für rechtsherum.

Achtung: Der Scheibenwischermotor hat besondere Klemmenbezeichnungen, siehe entsprechendes Kapitel.

- Liegt keine Spannung am Elektromotor an, ist die Stromversorgung defekt. Fehler in der Zuleitung nach Stromlaufplan suchen und beheben. Elektromotoren haben in der Regel aufgrund des hohen Strombedarfs zusätzliche Schaltrelais. Prüfung, siehe entsprechendes Kapitel.
- Wurde kein Fehler gefunden, Schalter prüfen.
- Ist ein Kabel defekt, ist es oft sinnvoller, man legt ein neues Kabel, da es schwierig ist, einen Defekt im Kabel zu lokalisieren.

Schalter auf Durchgang prüfen

Die meisten elektrischen Verbraucher werden über einen von Hand betätigten Schalter ein- und ausgeschaltet. Darüber hinaus gibt es auch Schalter, die automatisch betätigt werden. Zu diesen Schaltern zählen zum Beispiel der Öldruckschalter und der Geber für Bremsflüssigkeitsstand.

Grundsätzlich hat ein Schalter die Aufgabe, den Stromkreis zu schließen und zu unterbrechen. Es gibt Schalter, die die Masseleitung unterbrechen, und Schalter, die den Plusstrom unterbrechen.

Schalter für Lampen und Elektromotoren prüfen

- Betreffenden Schalter ausbauen.
- Einfache Schalter haben nur 2 Anschlüsse für die Kabel. In diesem Fall muß an einem Anschluß immer Spannung (+) anliegen und nach dem Einschalten an der anderen Klemme auch. Es gibt auch Schalter mit mehreren Klemmen. Bei diesen Schaltern anhand des Stromlaufplans klären, an welcher Klemme Spannung anliegen muß, gegebenenfalls vorher Zündung einschalten.
- Mit Prüflampe prüfen, ob am Schalter Spannung anliegt. Leuchtet die Prüflampe auf, Schalter betätigen und an der Ausgangsklemme prüfen, ob dort auch Spannung anliegt. Ist das der Fall, ist sichergestellt, daß der Schalter funktioniert.
- Wenn an der Eingangsklemme keine Spannung anliegt, liegt eine Unterbrechung in der Leitungs-Zuführung vor. Anhand des Stromlaufplans muß die Spannungszuführung kontrolliert und gegebenenfalls eine neue Leitung gelegt werden.

Geberschalter prüfen

Geberschalter sind beispielsweise: Öldruckschalter, Geber für Bremsflüssigkeits- und Kühlmittelstand.

- Durchgangsprüfer (Prüflampe oder Ohmmeter) an der Zu- und Ableitung des Schalters anschließen, dazu Kabel am Schalter abziehen. **Achtung:** Schalter, die im Motorblock eingeschraubt sind, haben in der Regel kein Massekabel, da das Schaltergehäuse über den Motorblock als Massepol dient.
- Bei geschlossenem Schalter muß der Durchgangsprüfer Durchgang anzeigen. Am besten ist ein Ohmmeter als Durchgangsprüfer: Bei geschlossenem Schalter muß es 0 Ω, bei geöffnetem Schalter ∞ Ω (unendlich) anzeigen.
- Die Funktionsfähigkeit etwa der Kühlmittel- oder Bremsflüssigkeitsstand-Warnschalter läßt sich am schnellsten prüfen, indem bei eingeschalteter Zündung die Zuleitung am Schalter abgezogen wird und an eine gute Massestelle, zum Beispiel gegen den Motorblock, gehalten wird. Spricht die Warnlampe im Schalttafeleinsatz jetzt an, liegt der Fehler am Schalter.
- Ein Sonderfall ist der Öldruckschalter: Bei stehendem Motor ist der Kontakt geschlossen (Warnlampe brennt), erst bei einem gewissen Öldruck öffnet der Schalter.

Relais prüfen

In vielen Stromkreisen ist ein Relais integriert. Ein Schaltrelais arbeitet wie ein Schalter. Beispiel: Wenn das Fernlicht über den Handschalter eingeschaltet wird, bekommt das Relais den Befehl, den Strom zum Fernlicht durchzuschalten. Man könnte natürlich den Strom auch direkt über den Lichtschalter von der Batterie zum Fernlicht legen. Bei allen Verbrauchern mit hoher Stromaufnahme (Fernscheinwerfer, Scheibenwischer, Nebelscheinwerfer) schaltet man jedoch ein Relais dazwischen, um den Schalter nicht zu überlasten beziehungsweise um kurze Stromwege sicherzustellen. Neben diesen Schaltrelais gibt es auch Funktionsrelais, zum Beispiel für die Wisch-Wasch-Anlage oder das Warntonrelais für eingeschaltete Außenbeleuchtung.

Schaltrelais prüfen

Beim Einschalten des betreffenden Verbrauchers wird das Relais angesteuert, das heißt durch den Schaltstrom zieht eine Magnetspule im Relaisinnern einen Kontakt an und schließt so den Stromkreis für den »Arbeitsstrom«. Der Arbeitsstrom läuft über das Relais zum Stromverbraucher weiter.

Am einfachsten läßt sich die Funktionsfähigkeit eines Relais prüfen, wenn man es gegen ein intaktes auswechselt. So macht man es auch in der Werkstatt. Da dem Heimwerker jedoch in den seltensten Fällen ein neues Relais sofort zur Verfügung steht, empfiehlt sich folgender Arbeitsschritt bei den sogenannten Schaltrelais, wie sie unter anderem zum Schalten von Nebel- und Hauptscheinwerfern verwendet werden. Die hier angegebenen Klemmenbezeichnungen können vor allem bei den serienmäßig eingebauten Relais auch anders lauten.

- Relais aus der Halterung herausziehen.
- Zündung und entsprechenden Schalter einschalten.
- Zuerst mit Spannungsprüfer feststellen, ob an Klemme 30 (+) im Relaishalter Spannung anliegt. Dazu Spannungsprüfer an Masse (–) anschließen und die andere Kontaktspitze vorsichtig in Klemme 30 einführen. Wenn die Leuchtdiode des Spannungsprüfers aufleuchtet, ist Spannung vorhanden. Zeigt der Spannungsprüfer keine Spannung an, Unterbrechung vom Batterie-Pluspol (+) zu Klemme 30 anhand des Schaltplanes aufspüren.
- Leitungsbrücke aus einem Stück isoliertem Draht herstellen, die Enden müssen blank sein.
- Mit dieser Brücke im Relaishalter die Klemme 30 (Batterie +, führt immer Spannung) mit dem Ausgang des Relais-Schließers Klemme 87 verbinden. Mit diesem Arbeitsschritt wird praktisch genau das getan, was ein intaktes Relais auch vornimmt. Wo sich die Klemmen im Relaishalter befinden, ist auf dem Relais beziehungsweise am Steckkontakt aufgeführt.
- Wenn bei eingesetzter Brücke zum Beispiel das Fernlicht aufleuchtet, kann man davon ausgehen, daß das Relais defekt ist.

- Wenn das Fernlicht nicht aufleuchtet, klären, ob die Masseverbindung zum Scheinwerfer intakt ist. Dann Unterbrechung in der Leitungsführung von Klemme 87 zum Hauptscheinwerfer anhand des Schaltplanes aufspüren und beheben.
- Falls erforderlich, neues Relais einsetzen.

Achtung: Falls ein Fehler nur zeitweise in einem Stromkreis auftritt, der mit einem Relais bestückt ist, dann liegt der Defekt in Regel im Relais. Und zwar bleibt dann ein Kontakt im Relais ab und zu hängen, während das Relais in der übrigen Zeit einwandfrei funktioniert. Bei Auftreten des Fehlers leicht gegen das Relaisgehäuse klopfen. Wenn das Relais daraufhin durchschaltet, Relais ersetzen.

Scheibenwischermotor prüfen

Der Scheibenwischermotor sitzt im Wasserkasten unterhalb der Windschutzscheibe. Zum Prüfen muß die jeweilige Abdeckung demontiert werden.

Klemmenbezeichnungen

Die Klemmen am Motor sind genormt:

- Klemme **31** ist der Masseanschluß (allgemein in der Fahrzeugelektrik).
- Klemme **53** erhält Spannung für die erste Wischergeschwindigkeit.
- Klemme **53 a** liefert Plusstrom (+) für die Wischer-Endabstellung: Der Motor erhält über einen Schleifkontakt so lange Spannung, bis die Wischer in Ruhestellung gelaufen sind, wenn der Fahrer den Scheibenwischer ausschaltet.
- Klemme **53 b** führt die Spannung für die zweite Wischergeschwindigkeit (Nebenschlußwicklung).
- Über Klemme **53 e** wird der Wischermotor beim Zurücklaufen nach dem Abschalten abgebremst, damit die Wischer nicht über ihre Parkstellung hinauslaufen.
- Nicht überall vorhanden: Klemme **53 c** führt zur elektrischen Scheibenwaschpumpe.

Wischermotor prüfen

Zunächst klären, ob der Wischermotor oder die Stromversorgung defekt ist. Dazu folgendermaßen vorgehen:

- Mehrfachstecker am Wischermotor abziehen.
- Mit 2 Hilfskabeln Spannung (+) und Masse (–) von der Fahrzeugbatterie an den Wischermotor anlegen:
  - Ein Kabel vom Batterie-Pluspol zu Klemme **53** oder **53 b** verlegen.
  - Das zweite vom Batterie-Minuspol zu Motor-Klemme **31** führen.
- Der Scheibenwischermotor muß jetzt je nach benutzter Klemme auf Stufe I oder II laufen. Wenn nicht, ist der Motor oder die entsprechende Stufe defekt. Wischermotor ausbauen, siehe Seite 229.

Blinkanlage prüfen

Die Takte für die Blink- und Warnblinkanlage werden von einem Relais erzeugt, dem sogenannten Blinkgeber. Das Relais ist im Warnblinkschalter integriert.

- Ist der Blinker-Rhythmus auf einer Seite schneller als auf der anderen Seite, ist auf der »schnellen« Seite eine Glühlampe defekt oder eine Leitungsunterbrechung vorhanden.
- Bei allen anderen Störungen ist meist das Blinkrelais die Ursache. Klemmenbelegung am Blinkgeber, die Anschlußfahnen sind markiert, siehe auch Stromlaufplan.
- Für die Richtungsblinkanlage ist Klemme **6** der Relaiseingang, Klemme **1** beziehungsweise **49a** der Relaisausgang
- Steht kein neues Relais zur Verfügung, dünnen Draht vorsichtig zwischen Anschluß **6** (Klemme **49**) und Anschluß **1** (Klemme **49a**) im Relaisstecker einstecken. **Achtung:** Dabei dürfen die empfindlichen Kontakte nicht beschädigt werden. Drahtenden vor dem Einstecken umbiegen, damit keine scharfen Kanten vorhanden sind. Defektes Blinkrelais wieder aufsetzen. Die Anschlußfahnen sind so lang, daß das Relais trotz Überbrückung wieder aufgesteckt werden kann.
- Zündung einschalten. Wird der Blinkhebel jetzt betätigt, leuchtet die betreffende Blinkerseite dauernd auf. Durch Ein- und Ausschalten mit dem Blinkerhebel kann ein Blinkrhythmus erzeugt werden.
- Leuchtet das Blinklicht trotz Überbrückung der Relaiskontakte nicht, ist die Sicherung defekt oder es liegt ein Defekt im Blinkerschalter beziehungsweise in der elektrischen Zuleitung vor.

Bremslicht prüfen

- Wenn das Bremslicht nicht aufleuchtet, zuerst Sicherung im Sicherungkasten überprüfen.
- Ist die Sicherung in Ordnung, Brems-Glühlampen überprüfen, gegebenenfalls erneuern.
- Bremslichtschalter überprüfen. Dazu Abdeckung oberhalb der Pedale ausbauen. Kabelstecker vom Bremslichtschalter abziehen.
- Zündung einschalten.
- Beide Kontakte (schwarz-schwarz/gelb) im Kabelstecker des Bremslichtschalters mit einer kurzen Hilfsleitung überbrücken. Wenn die Bremslichter jetzt aufleuchten, ist der Bremslichtschalter defekt, ersetzen.

Heizbare Heckscheibe prüfen

Bei eingeschalteter Heckscheibenheizung muß das Feld mit den sichtbaren Leiterbahnen nach einiger Zeit frei von Beschlag oder Eis sein.

- Bei Störungen zuerst Sicherung im Sicherungskasten überprüfen.
- Ist die Sicherung in Ordnung, anschließend festen Sitz der Kabelstecker links und rechts an der Heckscheibe überprüfen, gegebenenfalls von Korrosion reinigen.
- Funktioniert die Heckscheibenheizung immer noch nicht, Zuleitungen und Schalter sowie Schaltrelais prüfen, siehe Seite 227.

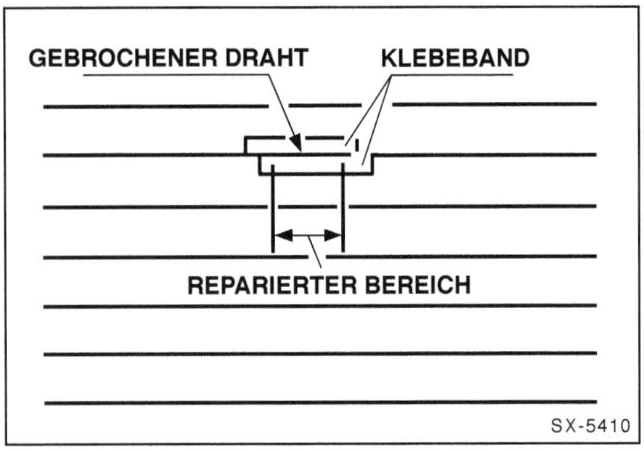

- Sind Heizfäden unterbrochen, hilft handelsüblicher Leitsilberlack zur Wiederherstellung der Verbindung. Dazu beschädigten Bereich mit Verdünner oder Ethylen reinigen.
- Unterbrochene Stelle von beiden Seiten mit Klebeband abkleben und mit einem kleinen Pinsel Silberfarbe auftragen.
- Farbe bei ca. +25° C ca. 24 Stunden trocknen lassen. Es kann auch ein Heißluftfön verwendet werden. Bei +150° C trocknet die Farbe in ca. 30 Minuten.

Achtung: Heckscheibenheizung nicht einschalten, bevor die Farbe ganz trocken ist. Kein Benzin oder andere Lösungsmittel zum Reinigen des beschädigten Teils verwenden.

Elektrische Steckverbindungen lösen

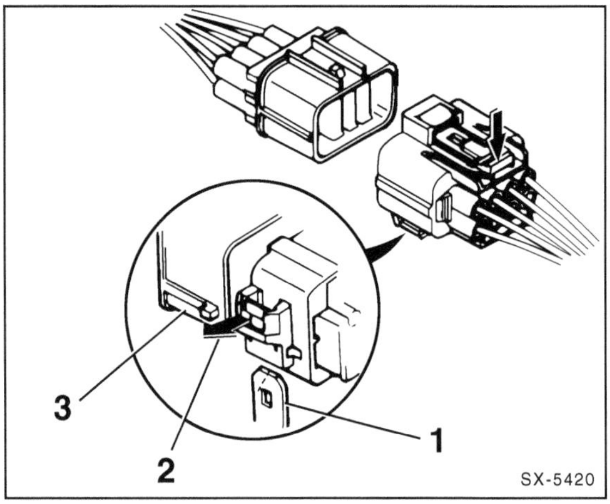

- Manche Steckverbinder sind mit einem Haltebügel –1– an der Karosserie- oder den unterschiedlichsten Bauteilen befestigt. Zum Lösen der Verbindung muß das Gegenstück am Stecker in Pfeilrichtung –2– aufgebogen werden, so daß der Stecker vom Haltbügel abgenommen werden kann.
- Rasthaken –3– zum Lösen der Steckverbindung eindrücken. Bei manchen Steckern muß der Rasthaken auch angehoben werden.

Schalter aus- und einbauen

Beispiel: Warnblinkschalter

Ausbau

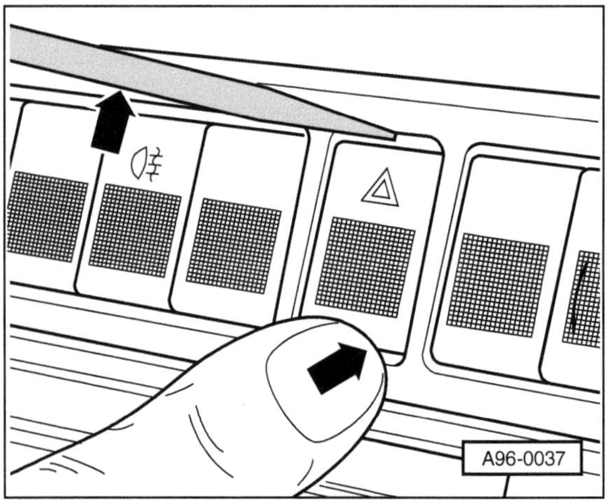

- Kleinen Schraubendreher oder flachen Kunststoffkeil, wie in der Abbildung dargestellt, in den Spalt zwischen Schalter und Blende einsetzen. Gleichzeitig an der gegenüberliegenden Seite gegendrücken und dabei Taste abhebeln. Damit die Blende nicht zerkratzt wird, oberhalb des Schraubendrehers Lappen unterlegen.

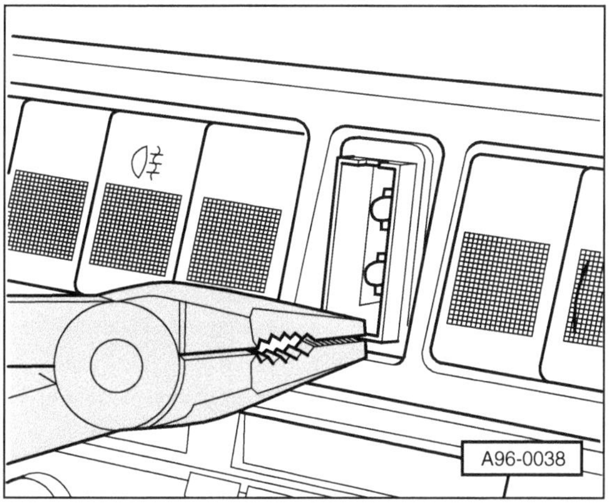

- Mit Kombi- oder Flachzange Schalter nach vorn herausziehen.
- Stecker abhebeln oder abziehen.

Einbau

- Taste auf den ausgebauten Schalter ganz aufdrücken, bis sie hörbar einrastet.
- Stecker aufschieben und Schalter von Hand ganz eindrücken.

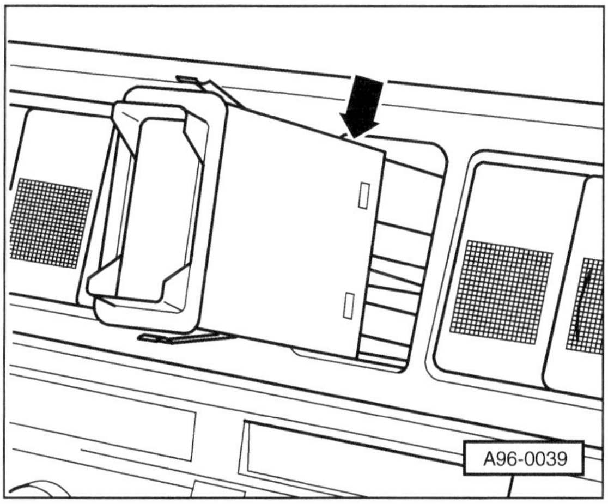

Achtung: Das Blink-/Warnblinkrelais ist im Schalter für Warnblinkanlage integriert.

Hupe aus- und einbauen/prüfen

Als Hupe ist hinter dem vorderen Stoßfänger auf der rechten Seite je ein Hoch- und ein Tieftonhorn montiert. Zur Schonung der Hupkontakte ist zwischen Betätigungsknopf und Hupe ein Relais zwischengeschaltet. Beim Betätigen der Hupe wird der Steuerstromkreis des Relais geschlossen.

Ausbau

- Anschlußstecker –1– abziehen, dazu Drahtsicherungen eindrücken. Haltemutter –2– lösen und Hupe herausnehmen.

Prüfen

- Hupe mit Hilfsleitungen direkt an die Fahrzeugbatterie anschließen. Dabei Anschluß für schwarz/gelbes Kabel mit Batterie-Plus (+) und Anschluß für braunes Kabel mit Batterie-Masse (–) verbinden. Die Hupe muß ertönen.

Achtung: Das Signalhorn ist ebenfalls zugäglich, wenn das rechte Luftführungsgitter aus dem Stoßfänger herausgezogen wird. Dazu Gitter an der rechten Lasche nach vorn ziehen.

Einbau

- Signalhorn einsetzen und anschrauben.
- Mehrfachstecker aufschieben.

Elektronische Wegfahrsicherung

Der AUDI A4 ist serienmäßig mit einer elektronischen Wegfahrsicherung ausgerüstet. Bei aktiviertem System geht der Motor nach maximal 2 Sekunden wieder aus, wenn nicht der mit dem richtigen Code versehene Schlüssel verwendet wird.

Die Anlage besteht aus:

- ❑ dem Steuergerät für elektronische Wegfahrsicherung,
- ❑ dem angepaßten Motorsteuergerät,
- ❑ der Kontrollampe für Wegfahrsicherung,
- ❑ einer Lesespule am Zündschloß,
- ❑ dem Zündschlüssel mit eingebautem Transponder (Antwort-Lese-Speicher). Der Transponder ist eine batterielos arbeitende Empfangs- und Sendeeinheit, die für jeden Schlüssel einen anderen fest eingespeicherten Code enthält.

- ■ Die Wegfahrsicherung wird durch Einschalten der Zündung aktiviert. Dabei wird durch die Lesespule elektrische Energie induktiv auf den Transponder im Schlüssel übertragen.
- ■ Der Schlüsselcode wird gelesen und an das Steuergerät für Wegfahrsicherung übermittelt. Dort wird der Schlüsselcode mit dem abgespeicherten Wert verglichen. Danach wird der Code des Motor-Steuergerätes geprüft.
- ■ Wenn sämtliche Codes übereinstimmen leuchtet im Schalttafeleinsatz die Kontrollampe für Wegfahrsicherung kurz auf und der Motor kann gestartet werden.
- ■ Falls die Codes nicht übereinstimmen, blinkt die Kontrolleuchte bei eingeschalteter Zündung und der gestartete Motor geht wieder aus. Das kann folgende Ursachen haben:
  - ◆ Lesevorgang durch zusätzliche Schlüssel am Schlüsselbund behindert,
  - ◆ Schlüsselcode defekt.
  - ◆ Lesevorgang noch nicht abgeschlossen. In diesem Fall beim Einschalten der Zündung den Zündschlüssel ganz langsam drehen.
- ■ Die elektronische Überprüfung der Wegfahrsicherung erfolgt mit dem VW/AUDI-Diagnosegerät.

Geheimnummer

Die Geheimnummer ist bei Neufahrzeugen auf einem Schlüsselanhänger angebracht. Sie ist erforderlich, um neue Schlüssel zu codieren.

Identnummer

Die Identnummer wird benötigt, um bei Verlust der Geheimnummer diese beim Werk zu erfragen. Sie befindet sich ebenfalls auf einem Schlüsselanhänger, kann aber auch aus dem Steuergerät der Wegfahrsicherung ausgelesen werden.

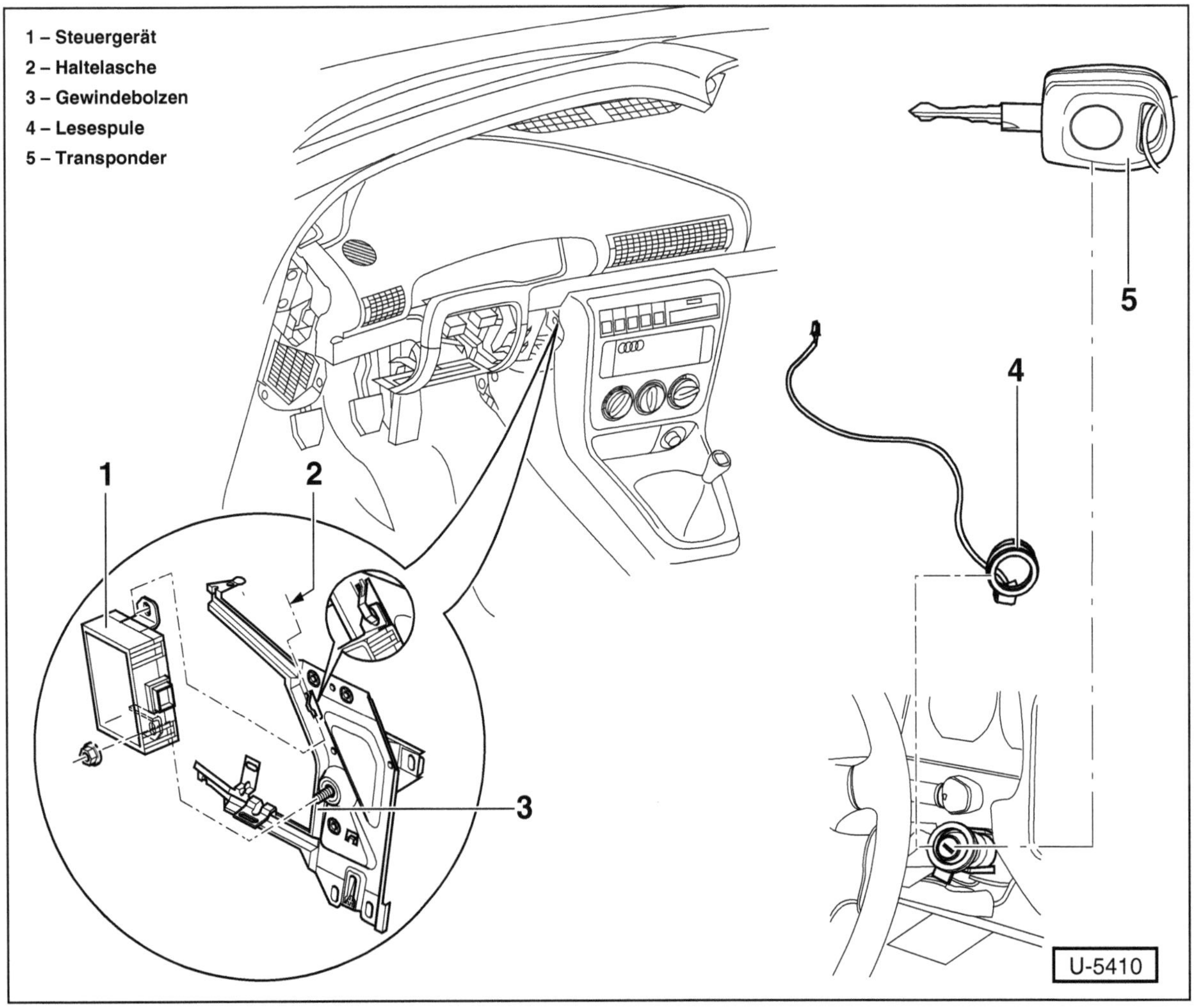

Sicherungen auswechseln

Um Kurzschluß- und Überlastungsschäden an den Leitungen und Verbrauchern der elektrischen Anlage zu verhindern, sind die einzelnen Stromkreise durch Schmelzsicherungen geschützt. Es werden Sicherungen verwendet, die mit Messerkontakten ausgestattet sind, so daß herkömmliche Sicherungen nicht mehr verwendet werden können.

- Vor dem Auswechseln einer Sicherung immer zuerst den betroffenen Verbraucher ausschalten.

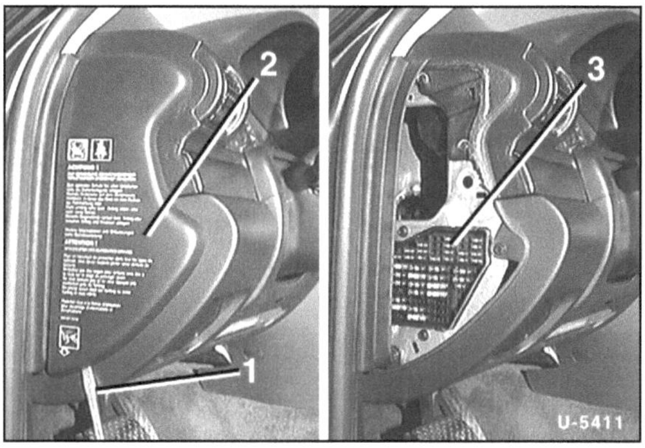

U-5411

- Die Sicherungen –3– sind vornehmlich in einem Sicherungskasten seitlich im Armaturenbrett links untergebracht. Deckel öffnen, dazu Schraubendreher –1– von unten in den Schlitz einsetzen und Deckel –2– abdrücken.
- Eine Übersicht der aktuellen Sicherungsbelegung befindet sich auf der Innenseite der Sicherungskasten-Abdeckung.
- Zusätzliche Sicherungen befinden sich am Relaisträger hinter der linken Fußraumabdeckung.
- Beim Dieselmotor befindet sich die 80 Ampere Sicherung für die Vorglühanlage in der Elektronik-Box im Motorraum hinten links.

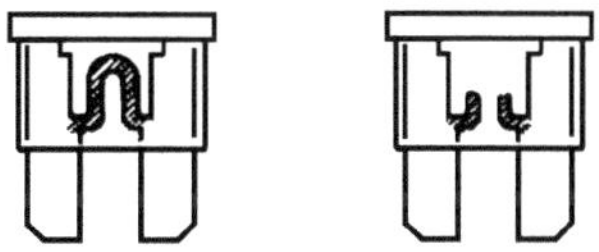

SX-5407

- Eine durchgebrannte Sicherung erkennt man am durchgeschmolzenen Metallstreifen.

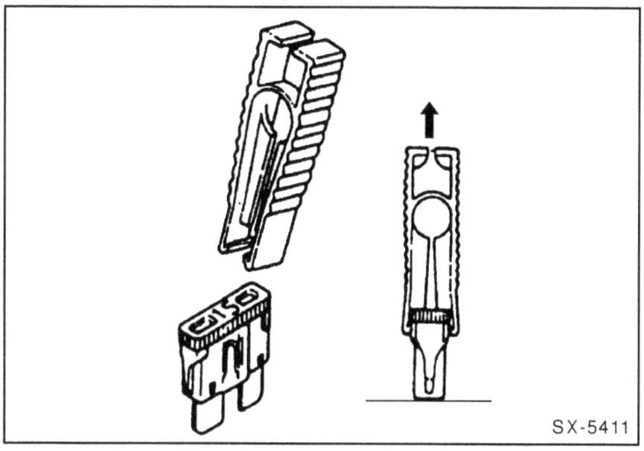
SX-5411

- Kunststoffklammer von der Deckelinnenseite abnehmen und defekte Sicherung herausziehen.
- Neue Sicherung **gleicher Sicherungsstärke** einsetzen. Die Nennstromstärke der Sicherung ist auf der Rückseite des Griffes aufgedruckt. Außerdem hat der Griff der Sicherungen eine Kennfarbe, an der ebenfalls die Nennstromstärke zu erkennen ist.

Nennstromstärke in Ampere	Kennfarbe
5	hellbraun
10	rot
15	blau
20	gelb
25	weiß
30	grün

- Sicherungskasten-Abdeckung wieder einrasten.
- Brennt eine neu eingesetzte Sicherung nach kurzer Zeit wieder durch, muß der entsprechende Stromkreis überprüft werden.
- Auf keinen Fall Sicherung durch Draht oder ähnliche Hilfsmittel ersetzen, weil dadurch ernste Schäden an der elektrischen Anlage auftreten können.
- Es ist empfehlenswert, stets einige Ersatzsicherungen im Wagen mitzuführen.

Sicherungsbelegung

Die Sicherungsbelegung ist abhängig von der Ausstattung und vom Baujahr des Fahrzeuges. Die aktuelle Belegung der Sicherungen befindet sich im Deckel vom Sicherungskasten.

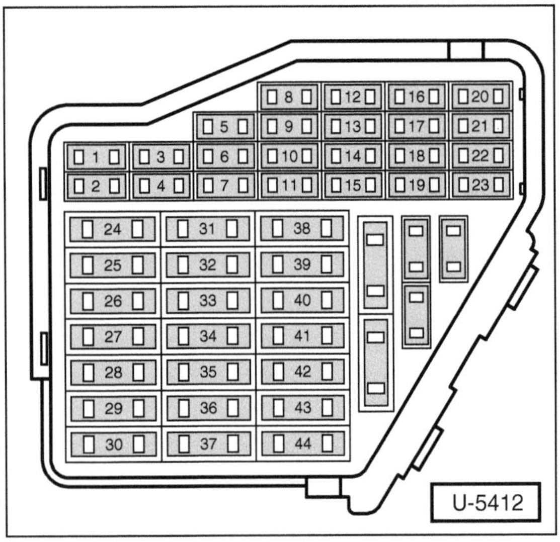

Nr.	Amp.	Verbraucher
1	5 A	Heizbare Waschdüsen
2	5 A	Richtungsblinkanlage
3	5 A	Beleuchtung, SRA
4	5 A	Kennzeichenleuchte
5	5 A	Schalttafeleinsatz, Suchbeleuchtung
6	5 A	Zentralverriegelung
7	10 A	ABS (Anti-Blockier-System)
8	5 A	Telefon
9	–	–
10	–	–
11	5 A	GRA (Geschwindigkeitsregelanlage)
12	10 A	Spannungsversorgung Diagnose
13	10 A	Bremsleuchten
14	10 A	Innenraumbeleuchtung
15	10 A	Schalttafeleinsatz, Steuergeräte
16	5 A	ABS-Steuergerät
17	10 A	Türschließzylinderheizung
18	10 A	Fernscheinwerfer rechts
19	10 A	Fernscheinwerfer links
20	10 A	Abblendlicht rechts, LWR (Leuchtweitenreg.)
21	10 A	Abblendlicht links, LWR (Leuchtweitenreg.)
22	5 A	Standlicht rechts
23	5 A	Standlicht links
24	25 A	Wischeranlage, Waschpumpe
25	30 A	Heizgebläse, Klimaanlage
26	30 A	Heckscheiben-, Spiegelheizung
27	15 A	Heckwischer
28	15 A	Kraftstoffpumpe
29	20 A	Motorsteuerung
30	20 A	Schiebedach
31	15 A	Rückfahrleuchten, Steuergeräte
32	20 A	Motorsteuerung
33	15 A	Zigarettenanzünder
34	15 A	Motorsteuerung
35	30 A	Steckdose Anhängevorrichtung
36	15 A	Nebelscheinwerfer und -schlußleuchte
37	20 A	Telefon, Radio
38	15 A	Kofferraumleuchte, Zentralverriegelung
39	15 A	Warnblinkanlage
40	25 A	Signalhorn
41	25 A	ABS-Hydroaggregat
42	30 A	Sekundärluftgebläse
43	–	–
44	30 A	Sitzheizung

Achtung: Sicherungen im Sicherungshalter werden ab Sicherungsplatz 23 im Stromlaufplan mit 223 bezeichnet.

Batterie aus- und einbauen

Die Batterie befindet sich im Wasserkasten hinter der Spritzwand des Motorraums.

Achtung: Die Batterie darf **nur bei ausgeschalteter Zündung abgeklemmt werden**, da sonst das Steuergerät der Einspritzanlage beschädigt wird.

Wird die Batterie abgeklemmt, werden der Fehlerspeicher von Motor- und Getriebesteuerung sowie Antiblockiersystem gelöscht. Vor dem Abklemmen gegebenenfalls Fehlerspeicher von einer AUDI-Werkstatt abrufen lassen. Wurde die Batterie jedoch abgeklemmt und die gleichen Fehler treten während einer anschließenden Fahrt wieder auf, werden sie wieder im Speicher abgelegt. Auch andere ständig im Eingriff befindliche Geräte (zum Beispiel Radio und Zeituhr) werden beim Abklemmen der Batterie stillgelegt. Nach dem Anklemmen betreffende Geräte neu programmieren.

Es kann auch vorkommen, daß der elektrische Fensterheber seine aktuelle Position »verloren« hat. In diesem Fall Fensterheber einstellen, siehe Seite 195.

Die serienmäßig eingebauten Radios besitzen überdies eine Codierung. Die Anti-Diebstahl-Codierung verhindert die unbefugte Inbetriebnahme des Gerätes, wenn die Stromversorgung unterbrochen wurde. Die Stromversorgung ist nicht nur beim Abklemmen der Batterie unterbrochen, sondern auch beim Ausbau des Radios oder wenn die Radiosicherung durchgebrannt ist.

Falls das Radio codiert ist, Radiocode vor Abklemmen der Batterie feststellen. Ist der Code nicht bekannt, kann nur die AUDI-Werkstatt beziehungsweise der Radiohersteller das Autoradio wieder in Betrieb nehmen, siehe auch Seite 259.

Ausbau

Sicherheitshinweis:
Batterien enthalten Säure und giftige Substanzen, diese dürfen nicht in den Hausmüll gelangen. Altbatterien auf der Sondermülldeponie abgeben. Gemeinde- und Stadtverwaltungen informieren darüber, wo sich die nächste Annahmestelle befindet.

- Zündung ausschalten.
- Motorhaube öffnen.
- Falls vorhanden, Abdeckung an der Batterie-Oberseite abnehmen.
- Batteriekabel abklemmen, zuerst Massekabel (–), dann Pluskabel (+).

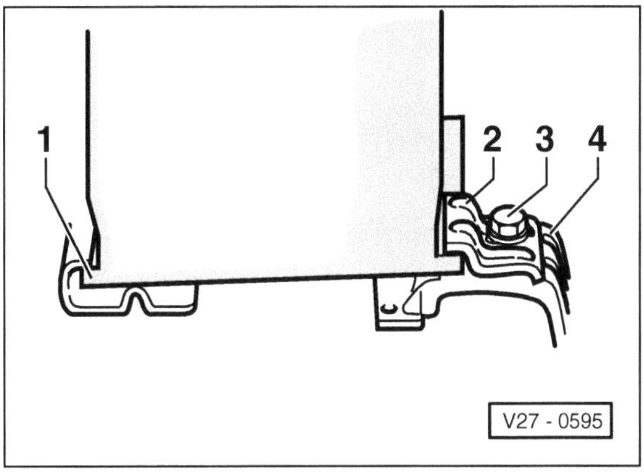

- Halteplatte –2– am Batteriefuß abschrauben –3– und herausnehmen.
- Batterie von der Halteleiste –1– wegschieben und herausheben.

Einbau

Hinweis: Wird die Autobatterie ersetzt, unbedingt die Altbatterie zum Händler mitnehmen und zurückgeben. Sonst muß Pfand für die neue Batterie bezahlt werden .

- Batterie in die Halteleiste einsetzen.
- Halteplatte –2– am Bock –4– für Batteriebefestigung ansetzen und mit 20 Nm festschrauben.
- Sicherstellen, daß Zündung ausgeschaltet ist. **Achtung:** Durch das Anklemmen der Batterie, bei eingeschalteter Zündung, werden die elektronischen Steuergeräte beschädigt. Ausnahme: Airbag aus- und einbauen, siehe Seite 149.
- Pluskabel am Pluspol (+), dann Massekabel am Minuspol (–) anklemmen. **Achtung**: Durch eine falsch angeschlossene Batterie können erhebliche Schäden am Generator und an der elektrischen Anlage entstehen.

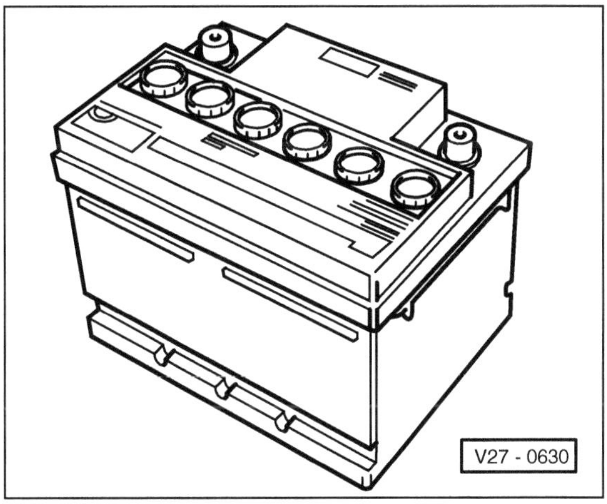

- Falls vorhanden, Abdeckung für Batterie anbringen.

Achtung: Bei dem abgebildeten Batterietyp mit belüfteten, herausschraubbaren Stopfen, **muß** eine Abdeckung als Schutz gegen eindringendes Spritzwasser sowie austretende, korrosionsfördernde Batteriesäure angebracht werden. Neuere Batterien mit Zentralentgasung (flache, nur mit Schraubendreher herausschraubbare Stopfen) benötigen diese Abdeckung nicht.

- Radio gegebenenfalls neu programmieren, siehe Seite 259.
- Zeituhr einstellen.
- Generatorspannung prüfen, siehe Seite 241.

Hinweis: Eine zu hohe Ladespannung des Generators kann die Ursache für den Ausfall der bisherigen Batterie sein und, falls der Fehler weiter besteht, die neue Batterie schädigen.

Hinweise zur wartungsarmen Batterie

Der AUDI A4 ist serienmäßig mit einer wartungsarmen Batterie ausgestattet. Bei dieser Batterie muß nur selten im Rahmen der Wartung destilliertes Wasser nachgefüllt werden, dennoch sind einige Wartungspunkte zu beachten.

- Zum Laden können die normalen Ladegeräte verwendet werden. Die Batterie darf auch mit einem Schnellladegerät geladen werden. Der Ladestrom soll zwischen 3 und 25 Ampere liegen; die Ladespannung zwischen 14 und 15,5 Volt.
- Batterie nur im Freien oder in gut belüfteten Räumen laden.
- Zum Laden der Batterie, die Stopfen (mit kreuzförmigen Schlitzen für Schraubendreher) **nicht** herausschrauben.
- Bei zu niedrigem Säurestand, zum Beispiel durch längeren Aufenthalt in heißen Regionen, destilliertes Wasser nachfüllen.
- Wird das Fahrzeug länger als 3 Monate stillgelegt, Batterie ausgebaut und geladen lagern. Die günstigste Lagertemperatur liegt zwischen 0° C und +27° C. Bei diesen Temperaturen hat die Batterie die günstigste Selbstentladungsrate. Spätestens nach 3 Monaten Batterie erneut aufladen, da sie sonst unbrauchbar wird.
- Batteriepole regelmäßig reinigen und mit Vaseline oder Bosch-Polfett einreiben.

Schnelladen/Starthilfe

- Das Laden beziehungsweise Starthilfe geben mit einem Schnelladegerät darf nur ausnahmsweise durchgeführt werden, da die Batterie hierdurch kurzfristig einer sehr hohen Stromstärke ausgesetzt ist. Länger gelagerte Batterien sollten nicht mit einem Schnelladegerät aufgeladen werden.

Batterie laden

Die mit ■ gekennzeichneten Positionen entfallen bei der serienmäßig eingebauten wartungsarmen Batterie. Hinweise zur wartungsarmen Batterie beachten.

- Batterie niemals kurzschließen, das heißt Plus- (+) und Minuspol (–) dürfen nicht verbunden werden. Bei Kurzschluß erhitzt sich die Batterie und kann platzen. Nicht mit offener Flamme in Batterie leuchten. Batteriesäure ist ätzend und darf nicht in die Augen, auf die Haut oder die Kleidung gelangen, ggf. mit viel Wasser abspülen.

- Die Batterie kann auch in eingebautem Zustand geladen werden. Die Anschlußkabel für das Bordnetz brauchen dazu normalerweise nicht abgenommen zu werden. Allerdings sind unbedingt die Angaben des Ladegeräteherstellers zu beachten.
- Vor dem Schnelladen, vorher immer Masse- (–) und Pluskabel (+) abklemmen. **Achtung:** Dadurch werden aus dem Speicher des elektronischen Einspritz-Steuergerätes »Betriebswerte« und aus dem Speicher des Radios der Keycode für die Diebstahlsicherung sowie die eingestellten Sender gelöscht. Vor dem Abklemmen daher unbedingt Hinweise im Kapitel »Batterie aus- und einbauen« durchlesen.
- Vor dem Laden Säurestand prüfen, gegebenenfalls destilliertes Wasser nachfüllen.
- Gefrorene Batterie vor dem Laden auftauen. Eine geladene Batterie friert bei ca. –65° C, eine halbentladene bei ca. –30° C und eine entladene bei ca. –12° C.
- ■ Stopfen aus der Batterie herausschrauben oder mit schmalem Schraubendreher herausheben und leicht auf die Öffnungen legen. Dadurch werden Säurespritzer auf dem Lack vermieden, während die beim Laden entstehenden Gase entweichen können. Bei der wartungsarmen Batterie bleiben die Stopfen eingeschraubt.
- Batterie nur in gut belüftetem Raum laden. Beim Laden der eingebauten Batterie Motorhaube geöffnet lassen.
- Bei der Normalladung beträgt der Ladestrom ca. 10 % der Kapazität. (Bei einer 50-Ah-Batterie also etwa 5,0 A.) Als Richtwert für die Ladezeit können dann 10 Stunden genommen werden.
- Pluspol (+) der Batterie mit Pluspol, Minuspol (–) der Batterie mit Minuspol des Ladegerätes verbinden.
- Die Säuretemperatur darf während des Ladens +55° C nicht überschreiten, gegebenenfalls Ladung unterbrechen oder Ladestrom herabsetzen.
- ■ So lange laden, bis alle Zellen lebhaft gasen und bei drei im Abstand von je einer Stunde aufeinanderfolgenden Messungen das spezifische Gewicht der Säure und die Spannung nicht mehr angestiegen sind.
- ■ Nach der Ladung Säurestand prüfen, gegebenenfalls destilliertes Wasser nachfüllen.
- ■ Säuredichte prüfen. Liegt der Wert in einer Zelle deutlich unterhalb der anderen Werte (z. B. 5 Zellen zeigen 1,26 g/ml und 1 Zelle 1,18 g/ml), so ist die Batterie defekt und sollte erneuert werden.
- ■ Batterie ca. 20 Minuten ausgasen lassen, dann Verschlußstopfen einschrauben.

Achtung: Der Motor darf nicht bei abgeklemmter Batterie laufen, da sonst die elektrische Anlage beschädigt wird.

Batterie prüfen

Säurestand prüfen

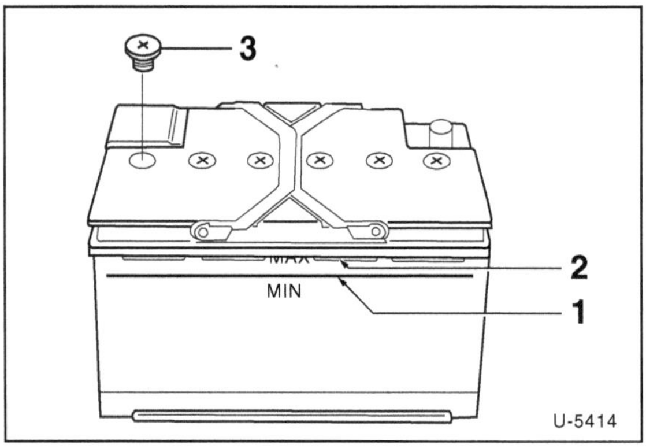

- Der Säurestand muß in den einzelnen Zellen zwischen der MIN- –1– und der MAX-Marke –2– liegen. Gegebenenfalls Batteriestopfen –3– herausschrauben und destilliertes Wasser nachfüllen.

Spannung prüfen

Der Batterie-Zustand wird durch Messen der Spannung mit einem Voltmeter zwischen den Batteriepolen überprüft.

- Batteriepole abklemmen, siehe Seite 234.
- Vor der Prüfung muß die Batterie mindestens 2 Stunden abgeklemmt sein.

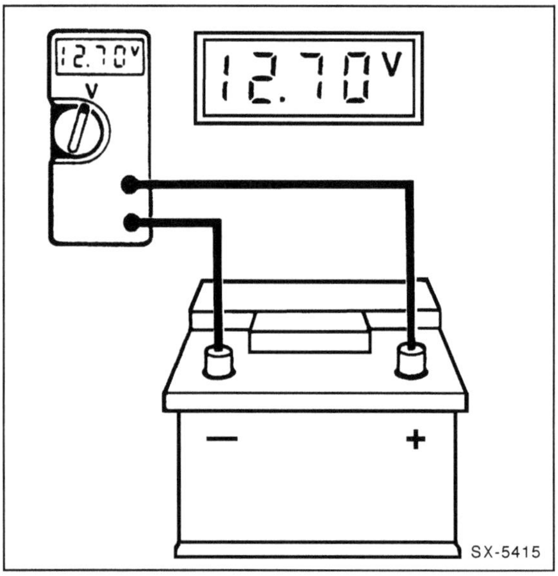

- Voltmeter an die Batteriepole anschließen und Spannung messen.

  Beurteilung:

  12,6 Volt oder darüber = Batterie in gutem Zustand
  12,4 Volt = normal
  12,3 Volt oder darunter = Batterie in schlechtem Zustand, Batterie laden oder ersetzen
- Batterie anklemmen, siehe Seite 234.

Batterie unter Belastung prüfen

- Voltmeter an den Polen der Batterie anschließen.
- Motor starten und Spannung ablesen.
- Während des Startvorganges darf bei einer vollen Batterie die Spannung nicht unter 10 Volt (bei einer Säuretemperatur von ca. +20° C) abfallen.
- Bricht die Spannung sofort zusammen und wurde in den Zellen eine unterschiedliche Säuredichte festgestellt, so ist auf eine defekte Batterie zu schließen.

Säuredichte prüfen

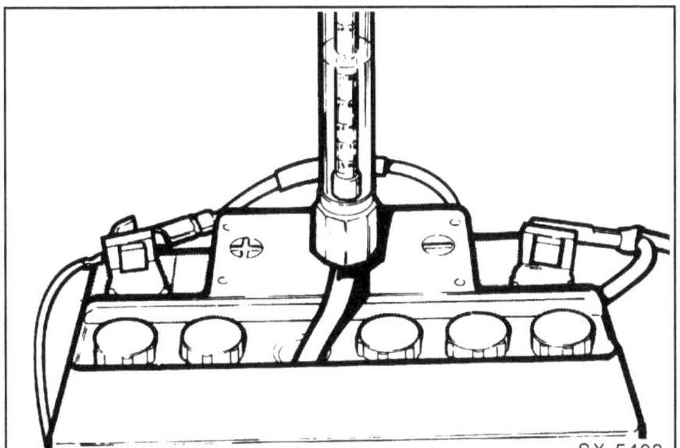
SX-5408

- Die Säuredichte ergibt in Verbindung mit der Spannungsmessung genauen Aufschluß über den Ladezustand der Batterie. Deckelleiste mit Schraubendreher abhebeln. Zur Prüfung dient ein Säureheber, der recht preiswert in Fachgeschäften angeboten wird. Als Prüfgerät kann auch der optische Prüfer HAZET-4810A verwendet werden. Je größer das spezifische Gewicht (Säuredichte) der angesaugten Batteriesäure ist, desto mehr taucht der Schwimmer auf. An der Skala kann man die Säuredichte in spezifischem Gewicht (g/ml) oder Baumégrad (+°Bé) ablesen. Folgende Werte müssen erreicht werden:

Ladezustand	+°Bé	g/ml
entladen	16	1,15
halb entladen	24	1,22
gut geladen	30	1,28

- Nacheinander jede Batteriezelle prüfen, alle Zellen müssen die gleiche Säuredichte (maximale Differenz 0,04 g/ml) haben. Sonst kann auf eine defekte Batterie geschlossen werden.

Batterie entlädt sich selbständig

Je nach Fahrzeugausstattung addiert sich zur natürlichen Selbstentladung der Batterie auch die Stromaufnahme der verschiedenen Steuergeräte im Ruhezustand. Daher sollte die Batterie in einem abgestellten Fahrzeug spätestens alle 6 Wochen nachgeladen werden. Wenn der Verdacht auf Kriechströme besteht, Bordnetz nach folgender Anleitung prüfen:

- Zur Prüfung geladene Batterie verwenden.

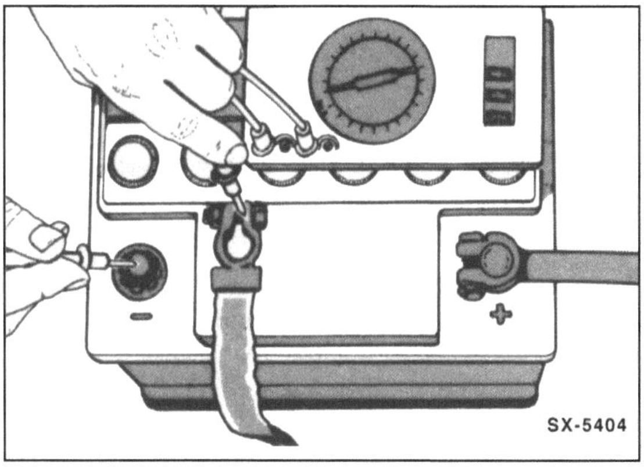
SX-5404

- Am Amperemeter (Meßbereich von 0–5 mA und 0–5 A) den höchsten Meßbereich einstellen. Massekabel (–) von der Batterie abklemmen. **Achtung:** Dadurch werden aus dem Speicher des elektronischen Einspritz-Steuergerätes »Betriebswerte« und aus dem Speicher des Radios der Keycode für die Diebstahlsicherung sowie die eingestellten Sender gelöscht. Vor dem Abklemmen daher unbedingt Hinweise im Kapitel »Batterie aus- und einbauen« durchlesen.
- Amperemeter zwischen Batterie-Minuspol (–) und Massekabel (–) schalten. Amperemeter-Plus- (+) Anschluß an Massekabel (–) und Amperemeter-Minus-Anschluß an Batterie-Minuspol (–).

Achtung: Die Prüfung kann auch mit einer Prüflampe durchgeführt werden. Leuchtet die Lampe zwischen Masseband und Minuspol der Batterie jedoch nicht auf, ist auf jeden Fall ein Amperemeter zu verwenden.

- Alle Verbraucher ausschalten, vorhandene Zeituhr (und andere Dauerverbraucher) abklemmen, Türen schließen.
- Vom Amperebereich solange auf den Milliamperebereich zurückschalten, bis eine ablesbare Anzeige erfolgt (1–3 mA sind zulässig).
- Durch Herausnehmen der Sicherungen nacheinander die verschiedenen Stromkreise unterbrechen. Wenn bei einem der unterbrochenen Stromkreise die Anzeige auf Null zurückgeht, ist hier die Fehlerquelle zu suchen. Fehler können sein: korrodierte und verschmutzte Kontakte, durchgescheuerte Leitungen, interner Schluß in Aggregaten.
- Wird in den abgesicherten Stromkreisen kein Fehler gefunden, so sind die Leitungen an den nicht abgesicherten Aggregaten, wie Generator und Anlasser, abzuziehen.
- Geht beim Abklemmen von einem der ungesicherten Aggregate die Anzeige auf Null zurück, betreffendes Bauteil überholen oder austauschen. Bei Stromverlust in Anlasser- oder Zündanlage immer auch den Zünd-Anlaßschalter nach Stromlaufplan prüfen.
- Batterie-Massekabel (–) anklemmen.
- Zeituhr einstellen.
- Diebstahlcode für Radio eingeben.

Entladene Batterie prüfen

Eine Batterie, die längere Zeit unbenutzt war (zum Beispiel Fahrzeug stillgelegt), ist entladen und kann darüber hinaus sulfatiert sein. Wenn diese Batterie mit einem Schnellladegerät geladen wird, nimmt sie keinen Ladestrom auf oder wird durch sogenannte Oberflächenladung zu früh als »voll« ausgewiesen. Sie ist anscheinend defekt.

Batterie folgendermaßen prüfen:

- Säuredichte prüfen. Bei einer Abweichung von nicht mehr als 0,04 g/m, Batterie mit Normalladegerät laden.
- Batterie nach der Ladung durch eine Belastungsprüfung testen. Werden die Sollwerte nicht erreicht, ist sie defekt.
- Weicht die Säuredichte in einer oder in zwei benachbarten Zellen merklich nach unten ab (zum Beispiel 5 Zellen zeigen 1,16 g/ml und eine Zelle 1,08), hat die Batterie einen Kurzschluß und ist defekt.

Störungsdiagnose Batterie

Störung	Ursache	Abhilfe
Abgegebene Leistung ist zu gering, Spannung fällt stark ab.	Batterie entladen.	■ Batterie nachladen.
	Ladespannung zu niedrig.	■ Spannungsregler prüfen, ggf. austauschen.
	Anschlußklemmen lose oder oxydiert.	■ Anschlußklemmen reinigen und besonders Unterseite mit Säureschutzfett leicht einfetten, Befestigungsschrauben anziehen.
	Masseverbindungen Batterie-Motor-Karosserie sind schlecht.	■ Masseverbindung überprüfen, ggf. metallische Verbindungen herstellen oder Schraubverbindungen festziehen. Korrodierte oder gelblich schimmernde Befestigungsschrauben durch verzinnte Schrauben ersetzen.
	Zu große Selbstentladung der Batterie durch Verunreinigung der Batteriesäure.	■ Batterie austauschen.
	Evtl. Batterie sulfatiert (grauweißer Belag auf den Plus- und Minusplatten).	■ Batterie mit kleinem Strom laden, damit sich der Belag langsam zurückbildet. Falls nach wiederholter Ladung und Entladung die abgegebene Leistung immer noch zu gering ist, Batterie austauschen.
	Batterie verbraucht, aktive Masse der Platten ausgefallen.	■ Batterie austauschen.
Nicht ausreichende Ladung der Batterie.	Fehler an Generator, Spannungsregler oder Leitungsanschlüssen.	■ Generator und Spannungsregler überprüfen, instand setzen bzw. austauschen.
	Keilrippenriemen locker, Spannvorrichtung defekt.	■ Spannvorrichtung prüfen, ggf. Keilrippenriemen ersetzen.
	Zu viele Verbraucher angeschlossen.	■ Größere Batterie einbauen; evtl. auch größeren Generator verwenden.
Frischluft bzw. Heizluft riecht nach faulen Eiern. Batterie gast kurz nach Abstellen des Motors sehr stark.	Spannungsregler am Generator defekt. Batterie wird zu stark geladen und beginnt zu gasen. Dabei bildet sich Schwefelwasserstoff (H_2S).	■ Ladespannung bzw. Spannungsregler des Generators prüfen, ggf. Spannungsregler ersetzen.
Säurestand zu niedrig.	Überladung, Verdunstung (besonders im Sommer).	■ Destilliertes Wasser bis zur vorgeschriebenen Höhe nachfüllen (bei geladener Batterie).
Säuredichte zu niedrig.	Batterie entladen.	■ Batterie laden.
	Säuredichte in einer Zelle deutlich niedriger als in den übrigen Zellen.	■ Kurzschluß in einer Zelle. Batterie erneuern.
	Säuredichte in zwei benachbarten Zellen deutlich niedriger als in den übrigen Zellen.	■ Trennwand undicht, dadurch entsteht eine leitende Verbindung zwischen den Zellen, wodurch die Zellen entladen werden. Batterie erneuern.
	Kurzschluß im Leitungsnetz.	■ Elektrische Anlage überprüfen.

Sicherheitshinweise für den Drehstromgenerator

Bei Arbeiten an der elektrischen Anlage im Motorraum grundsätzlich das Batterie-Massekabel (–) abklemmen.

- Kabel an Spannungsregler und Generator **nicht** vertauschen. Kabel vor dem Abklemmen mit Tesaband kennzeichnen.
- Batterie oder Spannungsregler **nicht** bei laufendem Motor abklemmen.
- Generator **nicht** bei angeschlossener Batterie ausbauen.
- Beim Elektroschweißen Batterie grundsätzlich abklemmen.

Generator aus- und einbauen

Der AUDI A4 ist mit einem Drehstromgenerator ausgerüstet. Je nach Modell und Ausstattung können Generatoren mit unterschiedlichen Leistungen eingebaut sein. Die Leistung steht auf dem Typschild am Generator. **Achtung:** Wenn nachträglich elektrisches Zubehör eingebaut wird, sollte überprüft werden, ob die bisherige Generatorleistung noch ausreicht, gegebenenfalls stärkeren Generator einbauen.

Der Generator wird von der Kurbelwelle über den Keilriemen angetrieben. Dabei dreht sich der Läufer mit der Erregerwicklung innerhalb der feststehenden Ständerwicklung mit etwa doppelter Motordrehzahl.

Über Kohlebürsten und Schleifringe fließt der Erregerstrom durch die Erregerwicklung. Dabei bildet sich ein Magnetfeld.

Die Lage des magnetischen Feldes zur Ständerwicklung ändert sich ständig, entsprechend der Umdrehung des Läufers. Dadurch wird in der Ständerwicklung ein Drehstrom erzeugt.

Da die Batterie aber nur mit Gleichstrom geladen werden kann, wird der Drehstrom durch Gleichrichter in der Diodenplatte in Gleichstrom umgewandelt. Der Spannungsregler verändert den Ladestrom durch Ein- und Ausschalten des Erregerstromes, entsprechend dem Ladezustand der Batterie. Gleichzeitig hält der Regler die Betriebsspannung konstant bei ca. 14 Volt, unabhängig von der Drehzahl.

Achtung: Der Generator ist ein sogenanntes Austauschteil. Das bedeutet, daß ein defekter Generator bei Kauf eines überholten oder neuen Generators vom Hersteller in Zahlung genommen wird, daher Altteil zum Händler mitnehmen.

Ausbau

- Batterie-Massekabel (–) abklemmen. **Achtung:** Dadurch werden elektronische Speicher gelöscht, wie zum Beispiel der Radiocode. Hinweise im Kapitel »Batterie aus- und einbauen« beachten.
- Keilrippenriemen entspannen und abnehmen, siehe Seite 49.
- Viskolüfter abnehmen, siehe Seite 50.

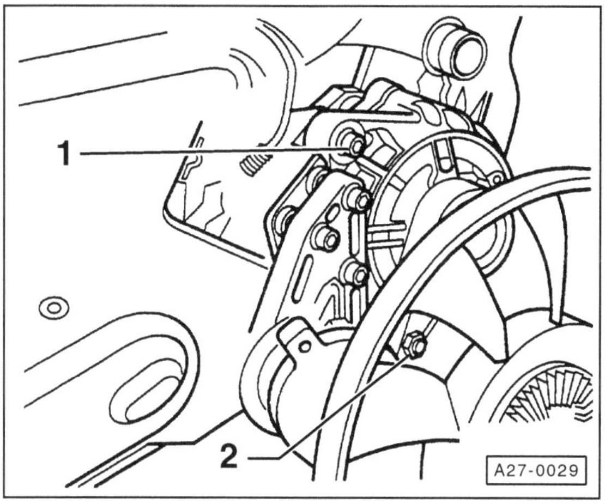

- Schraube –1– herausdrehen, Mutter –2– lösen.
- Generator etwas zur Seite schwenken und untere Schraube herausziehen.

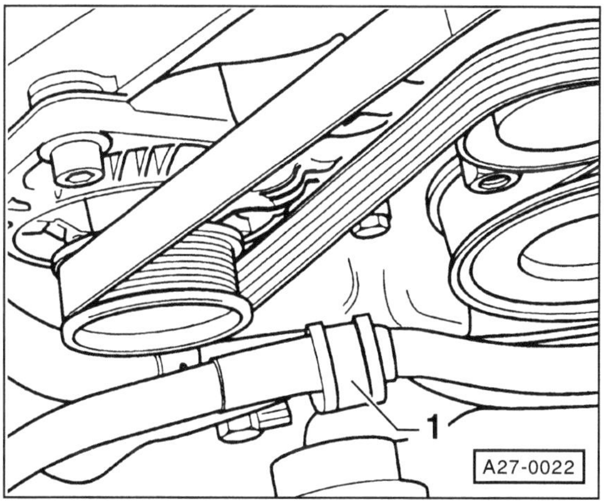

- **Speziell 6-Zylinder-Motor (außer 2,7-l) mit Klimaanlage:** Befestigungsschelle –1– für Klimaleitungen oberhalb der Drehmomentstütze abschrauben.
- Leitungsstrang für Generator aus Kabelbinder aushängen.

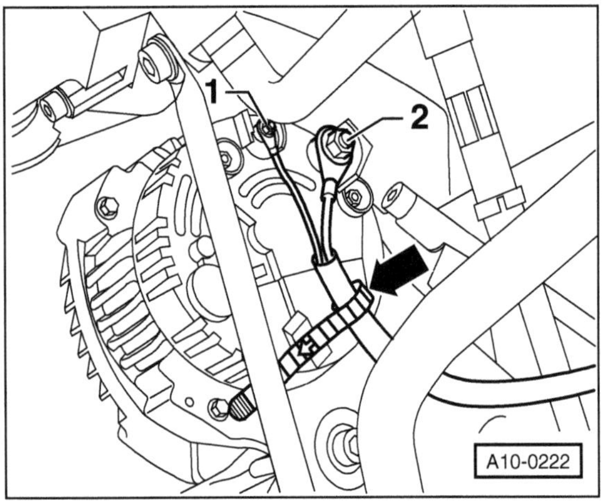

- Leitung an der Klemme 30/B+ –2– abschrauben.
- Leitung an der Klemme D+ –1– abschrauben.
- **Dieselmotor:** Elektrische Steckverbindung an Klemme DF lösen.
- Gegebenenfalls Luftführung an der Generatorrückseite abbauen.
- Kühlmittelschlauch etwas zur Seite drücken und Generator nach oben herausnehmen. Beim 1,6-l-Motor (101 PS) Stecker vom linken Scheinwerfer abziehen und Abdeckung auf Hydrauliköl-Vorratsbehälter ausclipsen.

Einbau

- Buchse für die untere Halteschraube am Generator etwas zurücktreiben. Der Generator läßt sich dann leichter einsetzen.
- Generator am Lagerbock einsetzen. Dazu Gegebenenfalls den Kühlmittelschlauch etwas zur Seite drücken. Beim 1,6-l-Motor (101 PS) Stecker am linken Scheinwerfer aufschieben und Abdeckung am Hydrauliköl-Vorratsbehälter einclipsen.
- Untere Schraube hineinstecken und Mutter handfest anziehen. Obere Schraube hineinstecken und handfest anziehen.
- Befestigungsschrauben anziehen. Untere Schraubverbindung mit Mutter und **45 Nm** anziehen, obere Schraube mit **25 Nm** anziehen.
- Dieselmotor: Stecker auf Klemme DF aufstecken.
- Elektrische Leitung an Klemme D+ anschrauben, Anzugsmoment **4 Nm**.
- Elektrische Leitung an Klemme 30/B+ anschrauben, Anzugsmoment **16 Nm**.
- **Speziell 6-Zylinder-Motor (außer 2,7-l) mit Klimaanlage:** Befestigungsschelle für Klimaleitungen oberhalb der Drehmomentstütze anschrauben.
- Leitungsstrang für Generator aus Kabelbinder aushängen.
- Keilrippenriemen einbauen, siehe Seite 49.
- Batterie-Massekabel (–) anklemmen. Zeituhr einstellen. Diebstahlcode für Radio eingeben.

Schleifkohlen für Generator/ Spannungsregler ersetzen/prüfen

Der Ausbau der Schleifkohlen (Bürsten) ist auch bei eingebautem Generator möglich, allerdings muß dann das Saugrohr-Oberteil abgebaut werden.

Ausbau

- Batterie-Massekabel (–) abklemmen. **Achtung:** Dadurch werden elektronische Speicher gelöscht, wie zum Beispiel der Radiocode. Hinweise im Kapitel »Batterie aus- und einbauen« beachten.

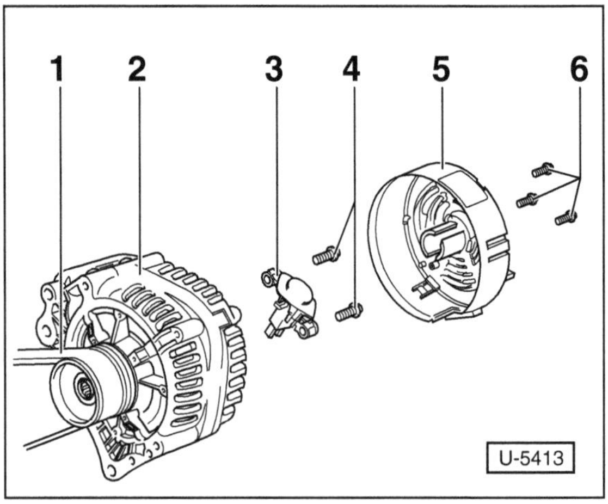

- Keilrippenriemen –1– ausbauen, siehe Seite 49.
- Generator –2– ausbauen.
- Generator-Schutzkappe –5– abschrauben –6–.
- Spannungsregler –3– an der Rückseite des Generators abschrauben –4– und vorsichtig herausziehen.

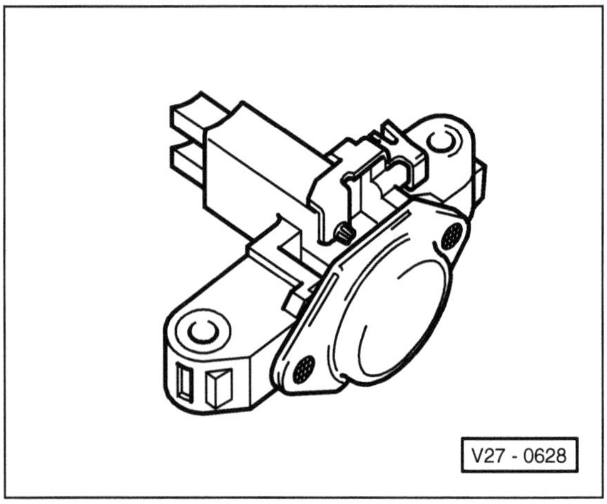

- Schleifkohlen ersetzen, wenn die Länge 5 mm oder weniger beträgt. Dazu Anschlußlitze auslöten.
- Schleifringe auf Verschleiß prüfen, gegebenenfalls feinstüberdrehen und polieren.
- Kontaktfläche reinigen und Vorspannung der Kontaktfeder prüfen, gegebenenfalls erneuern.

Einbau

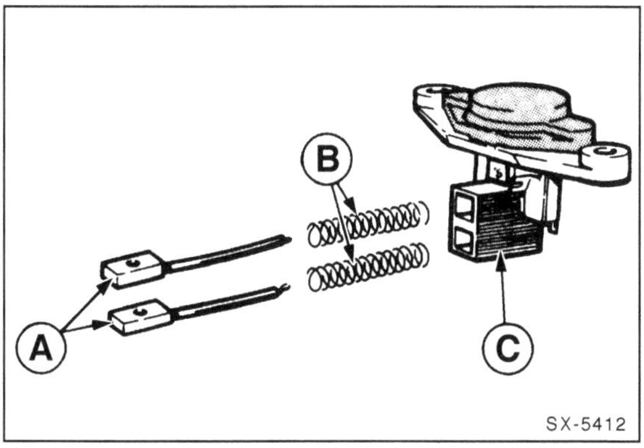

- Kohlebürsten –A– und Federn –B– in den Bürstenhalter –C– einsetzen und Anschlüsse verlöten.
- Damit beim Anlöten der neuen Bürsten kein Lötzinn in der Litze hochsteigen kann, Anschlußlitze der Bürsten mit einer Flachzange fassen. **Achtung:** Durch hochsteigendes Lötzinn würde die Litze steif und die Kohlebürste unbrauchbar werden.
- Der Isolierschlauch über der Litze muß neben der Lötstelle mit der vorhandenen Öse festgeklemmt werden.
- Nach dem Einbau neue Kohlebürsten auf leichten Lauf in den Bürstenhaltern prüfen.
- Spannungsregler erst mit einer Schraube von Hand befestigen, dann vorsichtig in endgültige Einbaulage drücken und festschrauben.
- Generator-Schutzkappe anschrauben.
- Generator einbauen.
- Keilrippenriemen einbauen, siehe Seite 49.
- Batterie-Massekabel (–) anklemmen. Code für die Diebstahlsicherung eingeben, Sender programmieren und Zeituhr einstellen. **Achtung:** Die Batterie darf nur bei **ausgeschalteter Zündung angeklemmt werden, da sonst das Steuergerät der Einspritzanlage beschädigt wird.**

Generatorspannung prüfen

- Voltmeter zwischen Plus- und Minuspol der Batterie anschließen.
- Motor starten. Die Spannung darf beim Startvorgang bis 8 Volt (bei +20° C Außentemperatur) absinken.
- Motordrehzahl auf 3000/min erhöhen. Die Spannung soll dann 13,5 bis 14,5 Volt betragen. Dies ist ein Beweis, daß Generator und Regler arbeiten. Die Generatorspannung (Bordspannung) muß höher als die Batteriespannung sein, damit die Batterie im Fahrbetrieb wiederaufgeladen wird.
- Regelstabilität prüfen. Dazu Fernlicht einschalten und Messung bei 3000/min wiederholen. Die gemessene Spannung darf nicht mehr als 0,4 Volt über dem vorher gemessenen Wert liegen.
- Liegen die gemessenen Werte außerhalb der Sollwerte, Generator von Fachwerkstatt überprüfen lassen.

Störungsdiagnose Generator

Störung	Ursache	Abhilfe
Ladekontrollampe brennt nicht bei eingeschalteter Zündung.	Batterie leer.	■ Laden.
	Kabel an Generator locker oder korrodiert.	■ Kabel auf einwandfreien Kontakt prüfen, Schraube festziehen.
	Ladekontrollampe durchgebrannt.	■ Ersetzen.
	Regler defekt.	■ Regler prüfen, gegebenenfalls austauschen.
	Unterbrechung in der Leitungsführung zwischen Generator, Zündschloß und Kontrollampe.	■ Mit Ohmmeter nach Stromlaufplan untersuchen.
	Steckverbindungen zwischen Gleichrichterplatte und Spannungsregler nicht gesteckt.	■ Generator demontieren, gegebenenfalls Stecker ersetzen.
	Kohlebürsten liegen nicht auf dem Schleifring auf.	■ Freigängigkeit der Kohlebürsten und Mindestlänge (5 mm) prüfen.
	Erregerwicklung im Generator durchgebrannt.	■ Läufer austauschen.
Ladekontrollampe erlischt nicht bei Drehzahlsteigerung.	Keilrippenriemen locker.	■ Keilrippenriemen spannen.
	Kohlebürsten abgenutzt.	■ Kohlebürsten sichtprüfen, gegebenenfalls austauschen.
	Regler defekt.	■ Regler prüfen, gegebenenfalls austauschen.
	Leitung zwischen Drehstromgenerator und Regler defekt.	■ Leitung und Kontakte prüfen, ggf. Leitungsstrang ersetzen.
Ladekontrollampe brennt bei ausgeschalteter Zündung.	Plusdiode hat Kurzschluß.	■ Dioden prüfen, gegebenenfalls Diodenplatte austauschen.

Anlasser aus- und einbauen

Zum Starten des Verbrennungsmotors ist ein kleiner elektrischer Motor, der Anlasser, erforderlich. Damit der Motor überhaupt anspringen kann, muß der Anlasser den Verbrennungsmotor auf eine Drehzahl von mindestens 300 Umdrehungen in der Minute beschleunigen. Das funktioniert aber nur, wenn der Anlasser einwandfrei arbeitet und die Batterie hinreichend geladen ist.

Der Anlasser besteht aus einem Antriebs-, Pol- und Kollektorgehäuse. In dem Pol- und Kollektorgehäuse sind Anker und Kollektor gelagert sowie der Bürstenhalter. Im Bürstenhalter befinden sich Kohlebürsten, die ein Verschleißteil darstellen und sich zwar langsam, aber stetig abnutzen. Bei hoher Abnutzung der Kohlebürsten kann der Anlasser nicht mehr einwandfrei arbeiten.

In dem vorderen Antriebsgehäuse ist der Ritzelantrieb untergebracht. Wenn über den Zündanlaßschalter der Anlasser Spannung erhält, wird über den Magnetschalter, der auf dem Anlassergehäuse sitzt, das Ritzel auf einem Steilgewinde gegen den Zahnkranz des Schwungrades geschoben. Sobald das Ritzel bis zum Anschlag auf der Spindel vorgelaufen ist, ist es formschlüssig mit dem Schwungrad verbunden. Nun kann der Anlasser den Motor auf die erforderliche Anlaßdrehzahl bringen. Wenn der Verbrennungsmotor angelaufen ist, wird das Ritzel vom Motor her beschleunigt, es läuft also kurzzeitig schneller als der Motor und spurt aus, wodurch die Verbindung zum Verbrennungsmotor aufgehoben ist.

Da zum Starten des Verbrennungsmotors eine hohe Stromaufnahme erforderlich ist, ist im Rahmen der Wartung auf eine einwandfreie Kabelverbindung zu achten. Korrodierte Anschlüsse säubern und mit Polschutzfett einstreichen.

Achtung: Der Anlasser ist ein sogenanntes Austauschteil. Das bedeutet, daß ein defekter Anlasser bei Kauf eines überholten oder neuen Anlassers vom Hersteller in Zahlung genommen wird, daher Altteil zum Händler mitnehmen.

Der Aus- und Einbau des Anlassers wird für die 4- und 6-Zylinder-Motoren gesondert beschrieben.

4-Zylinder-Motor

Ausbau

- Batterie-Massekabel (–) abklemmen. **Achtung:** Beim Abklemmen der Batterie werden Speicher im Radio und in elektronischen Steuergeräten gelöscht. Siehe auch Kapitel »Batterie aus- und einbauen«.
- Fahrzeug aufbocken.
- Motorraum-Unterschutz ausbauen, siehe Seite 19/184.
- Keilrippenriemen ausbauen, siehe Seite 49.
- Fahrzeuge mit Klimaanlage: Klimakompressor abschrauben und mit angeschlossenen Leitungen im Motorraum aufhängen.

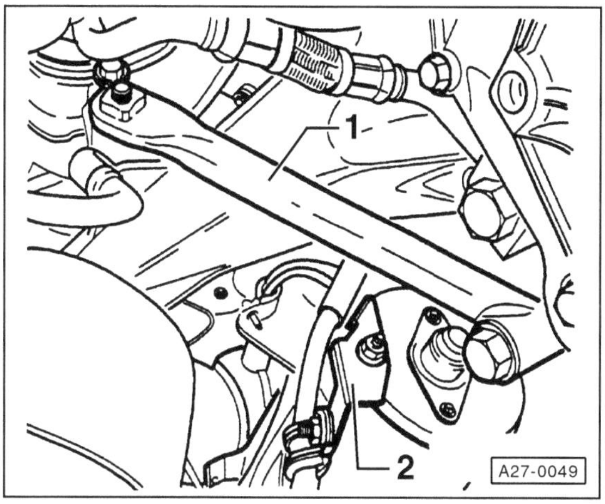

- 1,9-l-Turbodiesel (110 PS): Abstützung für Turbolader –1– abschrauben.
- 1,9-l-Turbodiesel (110 PS): Kabelhalter –2– vom Anlasser abschrauben.

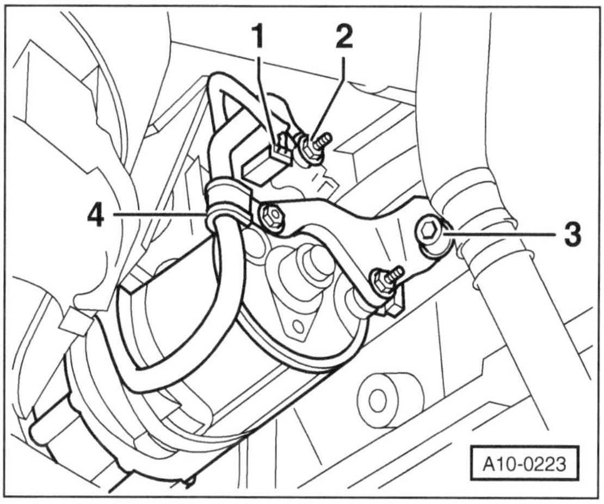

- Leitung von Klemme 30/B+ –2– abschrauben.
- Steckverbindung von Klemme 50 –1– abziehen.
- Schraube –3– herausdrehen; außer 1,9-l-Turbodiesel (110 PS).
- Befestigungsschelle –4– abschrauben.

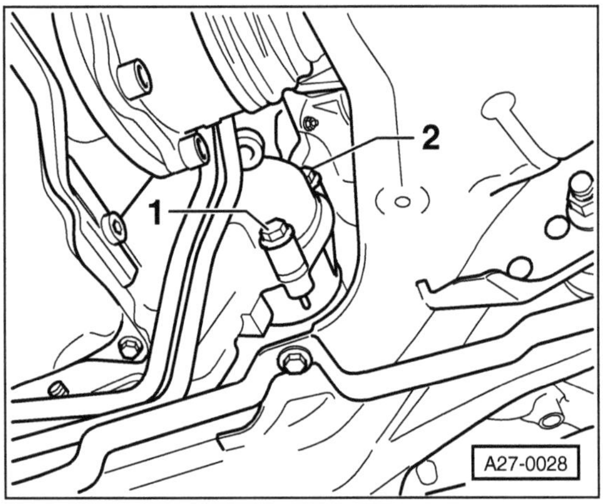

- Befestigungsschrauben –1– und –2– herausdrehen und Anlasser nach vorn herausnehmen.

Einbau

- Anlasser einsetzen und mit **65 Nm** anschrauben.
- Befestigungsschraube –3– (siehe Abbildung A10-0223) einschrauben und mit **22 Nm** anziehen (nicht beim 1,9-l-Turbodiesel, 110 PS).
- Leitung an Klemme 30 mit **16 Nm** anschrauben.
- Steckverbindung auf Klemme 50 aufschieben.
- Leitungsschelle am Anlasser mit **4 Nm** anschrauben.
- 1,9-l-Turbodiesel (110 PS): Kabelhalter am Anlasser mit **10 Nm** anschrauben.
- 1,9-l-Turbodiesel (110 PS): Abstützung für Turbolader anschrauben. Anzugsmomente: M8-Schraube = **25 Nm**, M10-Schraube = **40 Nm**.
- Gegebenenfalls Klimakompressor am Halter für Klimakompressor anschrauben. Befestigungsschrauben mit **25 Nm** anziehen.
- Keilrippenriemen einbauen, siehe Seite 49.
- Motorraum-Unterschutz einbauen.
- Batterie-Massekabel (–) anklemmen. Code für die Diebstahlsicherung eingeben, Sender programmieren und Zeituhr einstellen. **Achtung:** Die Batterie darf nur bei **ausgeschalteter Zündung angeklemmt werden, da sonst das Steuergerät der Einspritzanlage beschädigt wird.**

6-Zylinder-Benzinmotor

Ausbau

- Batterie-Massekabel (–) abklemmen. **Achtung:** Beim Abklemmen der Batterie werden Speicher im Radio und in elektronischen Steuergeräten gelöscht. Siehe auch Kapitel »Batterie aus- und einbauen«.
- Generator ausbauen, siehe Seite 239.
- Leitung an Klemme 30/B+ am Anlasser abschrauben.
- Stecker von Klemme 50 am Anlasser abziehen.

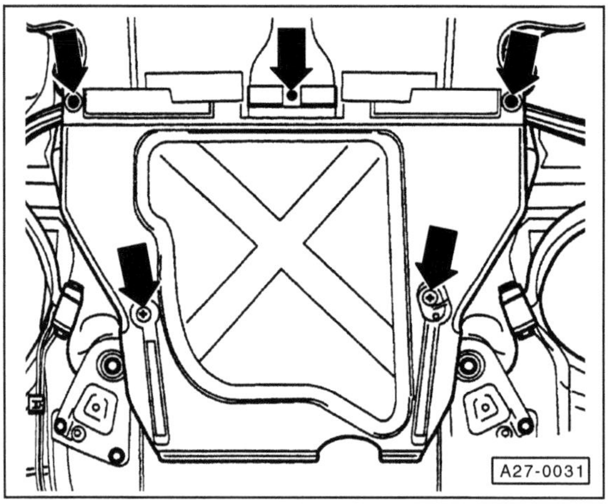

- Fahrzeuge mit Schaltgetriebe: Hintere untere Geräuschdämpfung abbauen –Pfeile–.

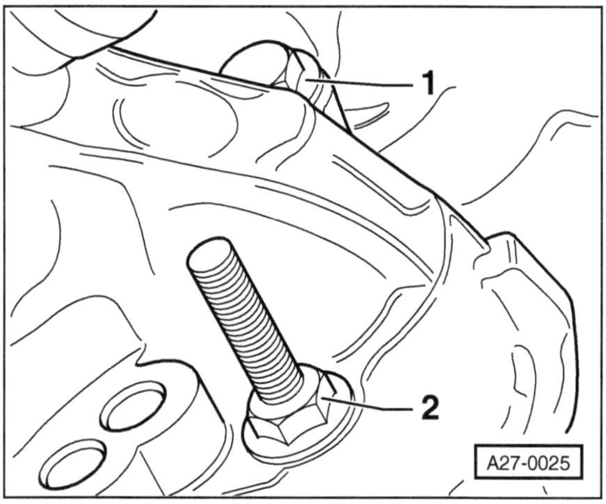

- Befestigungsschrauben –1– und –2– für Anlasser herausdrehen.
- Anlasser nach vorn herausnehmen.
- Fahrzeuge mit Automatikgetriebe: Stellung des rechten Vorderrades zur Radnabe mit Farbe kennzeichnen. Dadurch kann das ausgewuchtete Rad wieder in derselben Position montiert werden. Radschrauben lösen, dabei muß das Fahrzeug auf dem Boden stehen. Fahrzeug vorn aufbocken und rechtes Vorderrad abnehmen.
- Obere Schraube –1– (siehe Abbildung A27-0025) durch das rechte Radhaus herausdrehen.
- Schraube –2– (siehe Abbildung A27-0025) vom Motorraum her herausdrehen.
- Anlasser nach vorn herausnehmen.

Einbau

- Anlasser einsetzen und mit **65 Nm** anschrauben.
- Fahrzeuge mit Automatikgetriebe: Rechtes Vorderrad so ansetzen, daß die angebrachte Markierungen übereinstimmen. Vorher Zentriersitz der Felge an der Radnabe mit Wälzlagerfett dünn einfetten. Radschrauben **nicht** fetten oder ölen. Korrodierte Radschrauben erneuern.

- Rad anschrauben. Fahrzeug ablassen und Radschrauben über Kreuz mit **120 Nm** festziehen.
- Fahrzeuge mit Schaltgetriebe: Hintere untere Geräuschdämpfung einbauen, siehe –Pfeile– in Abb. A27-0031.
- Stecker auf Klemme 50 am Anlasser aufstecken.
- Elektrische Leitung an Klemme 30/B+ am Anlasser anschrauben. Klemmutter mit **16 Nm** anziehen.
- Generator einbauen, siehe Seite 239.
- Batterie-Massekabel (–) anklemmen. Code für die Diebstahlsicherung eingeben, Sender programmieren und Zeituhr einstellen. **Achtung:** Die Batterie darf nur bei **ausgeschalteter Zündung angeklemmt werden, da sonst das Steuergerät der Einspritzanlage beschädigt wird.**

6-Zylinder-Dieselmotor

Ausbau

- Batterie-Massekabel (–) abklemmen. **Achtung:** Beim Abklemmen der Batterie werden Speicher im Radio und in elektronischen Steuergeräten gelöscht. Siehe auch Kapitel »Batterie aus- und einbauen«.
- Obere Motorabdeckung mit 4 Schrauben abschrauben.
- Luftführungsschlauch rechts zwischen Ladeluftkühler und Schloßträger ausbauen.
- Fahrzeug aufbocken.
- Untere Motorabdeckung ausbauen, siehe Seite 19.
- Stabilisator vom Aggregateträger abschrauben und nach unten schwenken.
- Motor mit geeigneter Abfangvorrichtung abfangen.
- Unteren Teil des elektrischen Motorlagers mit 2 Schrauben und 1 Mutter abschrauben.
- Elektrische Steckverbindung vom Motorlager abziehen.
- Obere Befestigungsschraube des Motorlagers herausdrehen und oberen Teil des Lagers mit Gummimanschette abnehmen.
- Leitung für Anlasser und Generator freilegen. Dazu die beiden Kabelbinder aufschneiden, Rastnasen entriegeln und Kabelkanal abnehmen.
- Elektrische Leitung Klemme 30/B+ vom Magnetschalter abschrauben.
- Steckverbindung für Klemme 50 vom Magnetschalter abziehen.

Hinweis: Bei Fahrzeugen mit Automatikgetriebe für bessere Zugänglichkeit rechtes Rad abbauen und Abdeckung für Gelenkwelle abnehmen.

- Anlasserhalteschraube –2– (Abbildung A27-0025) von der Motorseite her herausdrehen.
- Zweite Anlasserhalteschraube –1– (Abbildung A27-0025) von der Getriebeseite her herausdrehen.

Einbau

- Der Einbau erfolgt in umgekehrter Ausbaureihenfolge. **Anzugsdrehmomente:** Mutter für Klemme 30 = **16 Nm;** Anlasser = **65 Nm**; Motorlager an Aggregateträger = **25 Nm.**

Magnetschalter prüfen/ aus- und einbauen

Bei einem Defekt des Magnetschalters wird das Ritzel im Anlasser nicht gegen den Zahnkranz des Schwungrades gezogen. Dadurch kann der Anlasser den Motor nicht durchdrehen. Dieser Defekt tritt häufiger auf als daß der Anlassermotor selbst schadhaft ist.

Prüfen in eingebautem Zustand

- Gang herausnehmen, Schalthebel in Leerlaufstellung.
- Prüfvoraussetzung: Batterie voll geladen.
- Mit Hilfskabel Klemme 30 (= dickes Pluskabel) und 50 (dünnes Kabel, zum Zündschloß) am Anlasser kurz überbrücken, das Anlasserritzel muß nach vorne schnellen (klicken) und der Anlasser anlaufen. Wenn nicht, Anlasser abschrauben und im ausgebauten Zustand überprüfen.

Ausbau

- Anlasser ausbauen und Prüfung bei ausgebautem Anlasser mit einer Autobatterie wiederholen. Als Zuleitung zu Klemme 50 des Anlassers eignet sich ein Starthilfekabel. Schnellt das Ritzel nach vorne, ohne daß der Anlasser anläuft, Anlassermotor von einer Werkstatt überholen lassen.
- Schnellt das Ritzel nicht nach vorn, Magnetschalter abschrauben und ersetzen.

Einbau

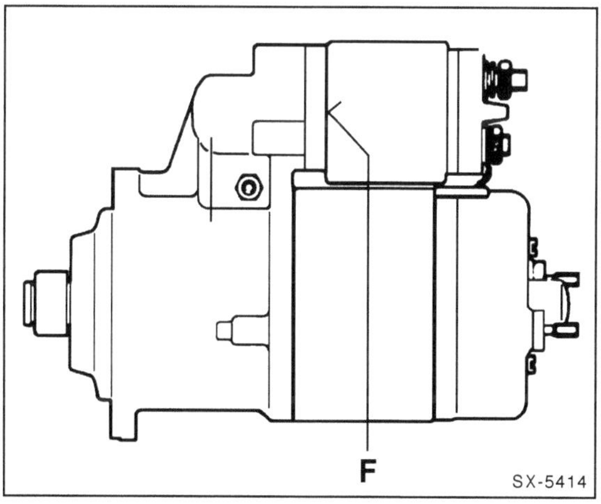

- Trennfuge –F– zum Anlasser mit geeignetem Dichtmittel abdichten.
- Magnetschalter an Gabelhebel im Anlasser einhängen, dann anschrauben.
- Leitung für Magnetschalter anschrauben.
- Anlasser erneut prüfen, wie oben beschrieben.
- Anlasser einbauen.

Störungsdiagnose Anlasser

Wenn ein Anlasser nicht durchdreht, ist zunächst zu prüfen, ob an der Klemme 50 des Magnetschalters die zum Einziehen benötigte Spannung von mindestens 10 Volt vorhanden ist. Liegt die Spannung unter dem genannten Wert, dann müssen die Leitungen, die zum Anlasserstromkreis gehören, nach dem Stromlaufplan überprüft werden. Ob der Anlasser bei voller Batteriespannung einzieht, kann folgendermaßen geprüft werden:

- Keinen Gang einlegen, Zündung eingeschaltet.
- Mit einer Leitung (Querschnitt mindestens 4 mm^2) die Klemmen 30 und 50 am Anlasser überbrücken, siehe auch Stromlaufplan.

Spurt der Anlasser dabei einwandfrei ein, so liegt der Fehler in der Leitungsführung zum Anlasser. Anderenfalls Anlasser in ausgebautem Zustand überprüfen.

Prüfvoraussetzung: Leitungsanschlüsse müssen festsitzen und dürfen nicht oxydiert sein.

Störung	Ursache	Abhilfe
Anlasser dreht sich nicht beim Betätigen des Zündanlaßschalters.	Batterie entladen.	■ Batterie laden.
	Klemmen 30 und 50 am Anlasser überbrücken: Anlasser läuft an. Leitung 50 zum Zündanlaßschalter unterbrochen, Anlaßschalter defekt.	■ Unterbrechung beseitigen, defekte Teile ersetzen.
	Kabel oder Masseanschluss ist unterbrochen, oder die Batterie ist entladen.	■ Batteriekabel und Anschlüsse prüfen. Batteriespannung messen, ggf. laden.
	Ungenügender Stromdurchgang infolge lockerer oder oxydierter Anschlüsse.	■ Batteriepole und -klemmen reinigen. Stromsichere Verbindungen zwischen Batterie, Anlasser und Masse herstellen.
	Keine Spannung an Klemme 50 (Magnetschalter).	■ Leitung unterbrochen, Zündanlaßschalter defekt.
Anlasser dreht sich zu langsam und zieht den Motor nicht durch.	Batterie entladen.	■ Batterie laden.
	Kein Mehrbereichsöl im Motor.	■ Mehrbereichsöl einfüllen.
	Ungenügender Stromdurchgang infolge lockerer oder oxydierter Anschlüsse.	■ Batteriepole und -klemmen und Anschlüsse am Anlasser reinigen, Anschlüsse festziehen.
	Kohlebürsten liegen nicht auf dem Kollektor auf, klemmen in ihren Führungen, sind abgenutzt, gebrochen, verölt oder verschmutzt.	■ Kohlebürsten überprüfen, reinigen bzw. auswechseln. Führungen prüfen.
	Ungenügender Abstand zwischen Kohlebürsten und Kollektor.	■ Kohlebürsten ersetzen und Führungen für Kohlebürsten reinigen.
	Kollektor riefig oder verbrannt und verschmutzt.	■ Kollektor abdrehen oder Anker ersetzen.
	Spannung an Klemme 50 fehlt (mind. 10 Volt).	■ Zündanlaßschalter oder Magnetschalter überprüfen.
	Magnetschalter defekt.	■ Schalter auswechseln.
Anlasser spurt ein und zieht an, Motor dreht nicht oder nur ruckweise.	Ritzelgetriebe defekt.	■ Ritzelgetriebe ersetzen.
	Ritzel verschmutzt.	■ Ritzel reinigen.
	Zahnkranz am Schwungrad defekt.	■ Zahnkranz nacharbeiten, falls erforderlich, Schwungrad erneuern.
Ritzelgetriebe spurt nicht aus.	Ritzelgetriebe oder Steilgewinde verschmutzt bzw. beschädigt.	■ Ritzelgetriebe reinigen, ggf. ersetzen.
	Magnetschalter defekt.	■ Magnetschalter ersetzen.
	Rückzugfeder schwach oder gebrochen.	■ Rückzugfeder erneuern.
Anlasser läuft weiter, nachdem der Zündschlüssel losgelassen wurde.	Magnetschalter hängt, schaltet nicht ab.	■ Zündung sofort ausschalten, Magnetschalter ersetzen.
	Zündschloß schaltet nicht ab.	■ Sofort Batterie abklemmen, Zündschloß ersetzen.

Beleuchtungsanlage

Zur Beleuchtungsanlage zählen: Hauptscheinwerfer, Heckleuchten, Bremsleuchten, Rückfahrscheinwerfer, Blinkleuchten, Nebelschlußleuchten, Kennzeichenleuchten und Innenleuchten. Die Instrumentenbeleuchtung wird im Kapitel »Armaturen« abgehandelt.

Glühlampen verschleißen mit der Zeit. Etwa alle 2 Jahre sollten sie deshalb ausgewechselt werden, auch wenn sie noch intakt sind. Dies gilt nicht für Halogenlampen, wie sie beispielsweise in den Hauptscheinwerfern verwendet werden. Sie halten normalerweise wesentlich länger und müssen erst bei einem Defekt gewechselt werden. Eine Glühlampe mit verminderter Leuchtkraft erkennt man auch an schwarzen Ablagerungen auf dem Glaskolben.

Vor dem Auswechseln einer Glühlampe Schalter des betreffenden Verbrauchers ausschalten. **Achtung: Glaskolben nicht mit bloßen Fingern anfassen.** Der Fingerabdruck würde verdunsten und sich – aufgrund der Wärme – auf dem Reflektor niederschlagen und diesen erblinden lassen. Grundsätzlich Glühlampe nur durch eine gleiche Ausführung ersetzen. Versehentlich entstandene Berührungsflecken mit sauberem, nicht faserndem Tuch und Spiritus entfernen.

Glühlampentabelle

Um jederzeit eine Lampe auswechseln zu können, sollte stets ein Kasten mit mit den wichtigsten Ersatzlampen im Fahrzeug mitgeführt werden.

Fahrzeuge ohne Nebelscheinwerfer:

12-V-Glühlampe für:	Typ	Leistung
Fernlicht, Abblendlicht	H4	60/55 W
Blinklicht vorn (gelb eingefärbt)	Bajonett	21 W
Blinklicht hinten	Bajonett	21 W
Brems-/Schlußlicht	Bajonett	21/5 W
Standlicht	Bajonett	4 W

Abweichend davon **Fahrzeuge mit Nebelscheinwerfer:**

12-V-Glühlampe für:	Typ	Leistung
Abblendlicht	H7	55 W
Fernlicht	H7	55 W
Standlicht	Glassockel	5 W
Nebellicht	H1	55 W

Glühlampen auswechseln

- Schalter der betreffenden Lampe ausschalten.

- Um an den rechten Scheinwerfer zu gelangen, Luftführung –1– ausbauen. Dazu 2 Schrauben –2– herausdrehen. Luftführung an der rechten Seite, in Fahrtrichtung gesehen, hochziehen und zur Fahrzeugaußenseite hin wegschieben.

Scheinwerfer (ohne Nebelscheinwerfer)

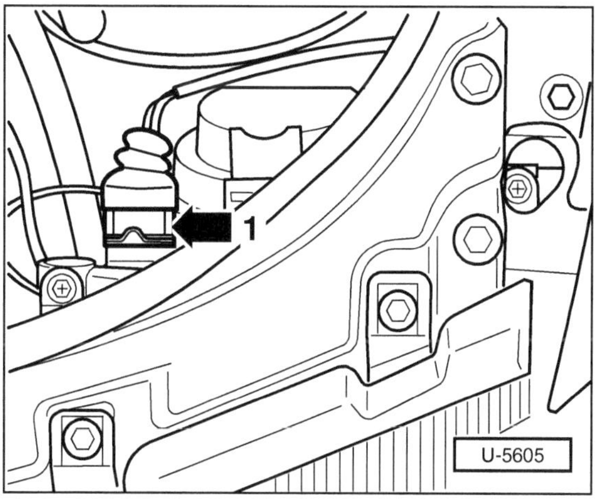

- Stecker für Leuchtweitenregulierung –1– abziehen, dazu Drahtklammer eindrücken.

- Lasche nach oben ziehen und Kunststoffabdeckung abnehmen.

- Stecker –1– von der Lampe –2– abziehen.
- Federdrahtbügel –3– oben gegen den Scheinwerfer drücken und nach rechts aus den Rastnasen –4– aushängen. Drahtbügel nach unten klappen.
- Defekte Lampe herausnehmen.
- Neue Glühlampe so einsetzen, daß die Nasen in die entsprechenden Aussparungen am Gehäuse passen.

Achtung: Glaskolben nicht mit bloßen Fingern anfassen. Versehentlich entstandene Berührungsflecken mit sauberem, nicht faserndem Tuch und Spiritus entfernen.

- Federklammer nach oben klappen und in die Haltenasen einrasten.
- Stecker auf die Fassung aufdrücken.
- Scheinwerfereinstellung von einer Fachwerkstatt kontrollieren lassen.
- Kunststoffverkleidung an der Scheinwerferrückseite einsetzen, oben andrücken und einrasten.
- Stecker für Leuchtweitenregulierung aufstecken.

Standlicht vorn

- Abdeckkappe für Scheinwerfer abnehmen, siehe Scheinwerferlampe wechseln.
- Fassung –5– am Anschlußstecker herausziehen.
- Lampe leicht in die Fassung hineindrücken, um 90° (¼ Umdrehung) nach links drehen und Lampe herausnehmen.
- Neue Lampe einsetzen, leicht eindrücken und nach rechts drehen.
- Fassung mit eingesetzter Standlicht-Glühlampe in den Reflektor stecken.
- Kunststoffverkleidung an der Scheinwerferrückseite aufsetzen und einrasten, siehe Scheinwerferlampe wechseln.

Vordere Blinkleuchte

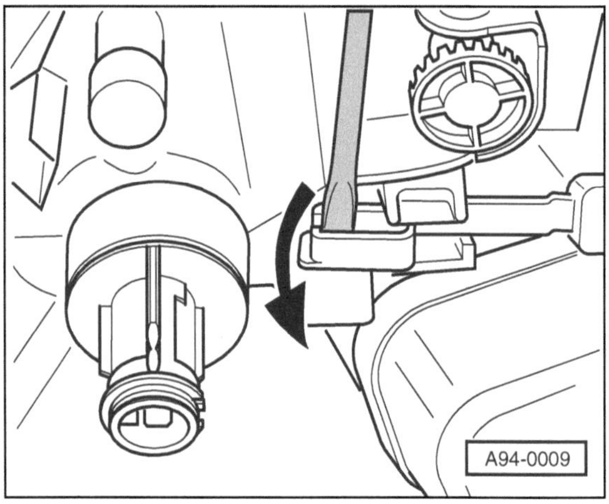

- Sicherungshebel mit Schraubendreher nach hinten wegklappen. **Achtung:** Der Hebel ist beim Normalscheinwerfer am Scheinwerfergehäuse, beim 3fach-Scheinwerfer an der Blinkleuchte befestigt.

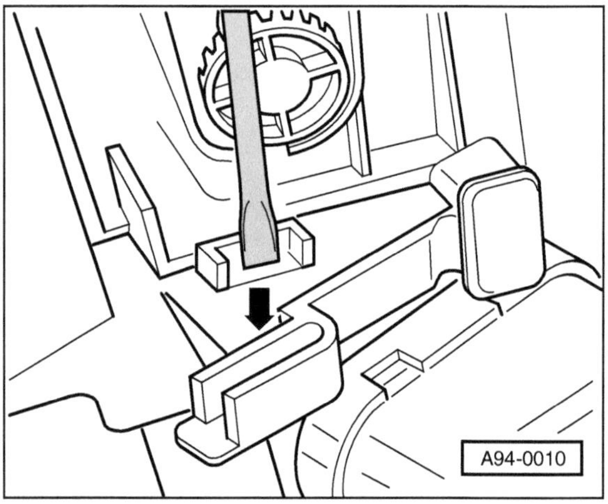

- Haltelasche nach unten drücken –Pfeil– und gleichzeitig Blinkleuchte nach vorn herausschieben.
- Lampenfassung nach links drehen und herausnehmen.
- Lampe leicht in die Fassung hineindrücken, um 90° (¼ Umdrehung) nach links drehen und Lampe herausnehmen.
- Neue Lampe einsetzen, leicht eindrücken und nach rechts drehen.
- Fassung mit eingesetzter Glühlampe in den Reflektor stecken und durch Rechtsdrehen befestigen.
- Blinkleuchte in die Führungen des Scheinwerfergehäuses einsetzen und nach hinten schieben, bis die Lasche hörbar einrastet, siehe Abbildung U-5607 auf Seite 250.

Scheinwerfer (mit Nebelscheinwerfer)

- An der Abdeckkappe die beiden Laschen gleichzeitig nach unten drücken, Abdeckung abnehmen.
- Stecker von der jeweiligen Lampe abziehen. Federdrahtbügel aushaken und abklappen. Lampe herausnehmen.

- Neue Glühlampe so einsetzen, daß die Fahne des Lampentellers senkrecht nach oben zeigt (Abblend- und Fernlicht). **Nebellampe:** Die Abschrägung des Lampentellers muß zur Blinkleuchte hin zeigen und die beiden Noppen in die zugehörigen Löcher eingreifen.

Achtung: Glaskolben nicht mit bloßen Fingern anfassen. Versehentlich entstandene Berührungsflecken mit sauberem, nicht faserndem Tuch und Spiritus entfernen.

- Federklammer über den Lampensockel klappen und in die Haltenasen einrasten. Stecker auf die Fassung aufdrücken.
- Scheinwerfereinstellung von einer Fachwerkstatt kontrollieren lassen.
- Kunststoffverkleidung an der Scheinwerferrückseite in die unteren Aussparungen einhängen, oben andrücken und einrasten.

Heckleuchte

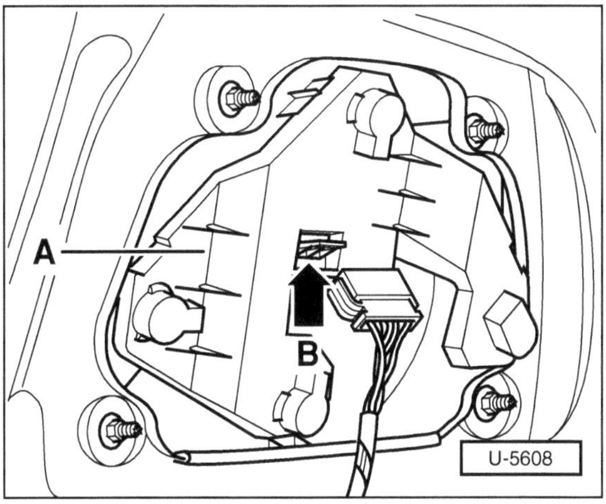

- Limousine: 2 Halteclips für Kofferraumverkleidung im Bereich der Heckleuchten mit kleinem Schraubendreher von den Stehbolzen abdrücken. Haltelasche –B– hochziehen und Lampenträger –A– abnehmen.

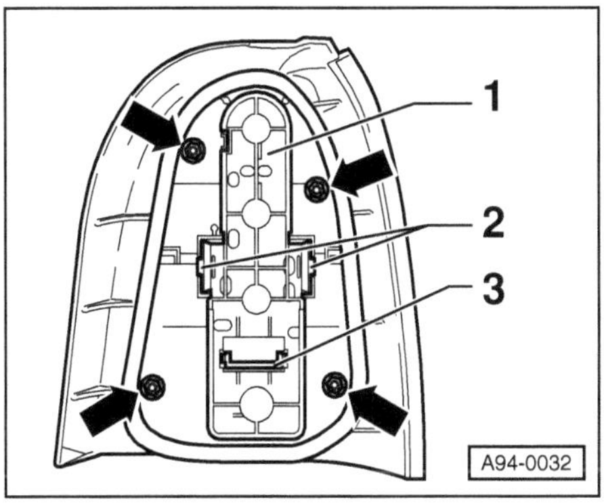

- Avant: Staufach im Gepäckraum im Bereich der Heckleuchte öffnen. Bügel –2– zusammendrücken und Lampenträger –1– abnehmen. 3 – Anschlußstecker. Bei rechter Heckleuchte, zuvor Pumpe der Zentralverriegelung abnehmen und ablegen, siehe Seite 211.
- Defekte Lampe leicht in die Fassung hineindrücken, um 90° (1/4 Umdrehung) nach links drehen und Lampe herausnehmen.
- Neue Lampe einsetzen, leicht eindrücken und nach rechts drehen.
- Lampenträger ansetzen und an der Lasche einrasten.
- Avant: Bei rechtem Rücklicht die Pumpe der Zentralverriegelung einsetzen.
- Gepäckraumverkleidung einrasten.

Kennzeichenlampe

- Kofferraumdeckel hochklappen.
- Leuchte abschrauben. Gegebenenfalls Leuchte vorsichtig mit kleinem Schraubendreher heraushebeln.
- Soffittenlampe aus den Federklammern herausziehen und ersetzen.
- Dichtung auf Beschädigung prüfen, gegebenenfalls erneuern.
- Leuchte in die Öffnung einsetzen, dabei darauf achten, daß sich die Dichtung nicht verschiebt.
- Befestigungsschrauben festziehen.

Scheinwerfer aus- und einbauen

Ausbau

Achtung: Stoßfänger im Bereich des Scheinwerfers mit Klebeband abkleben, um Lackschäden zu vermeiden.

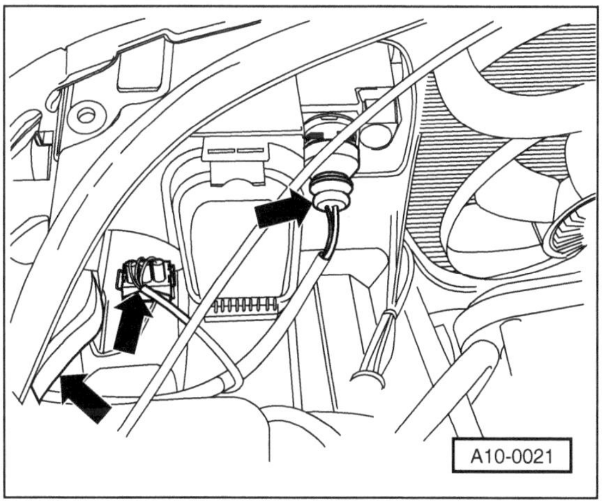

- Zentralstecker für Scheinwerfer abziehen.
- Anschlußstecker für Stellmotor der Leuchtweitenregulierung abziehen.
- Blinkleuchte ausbauen, siehe unter »Glühlampe für Blinkleuchte wechseln«.

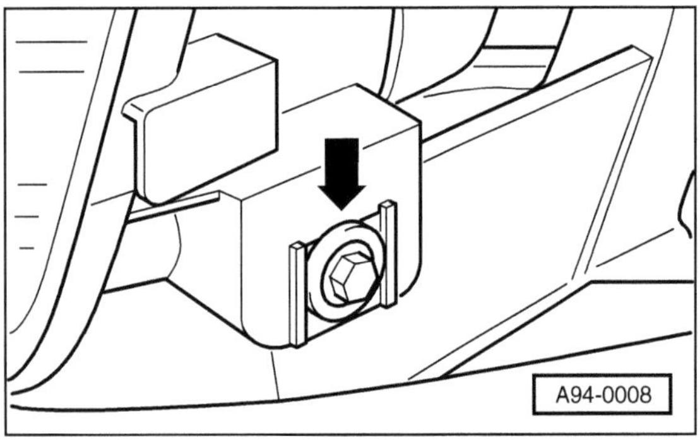

- Schraube –Pfeil– unten an der Außenseite herausdrehen.

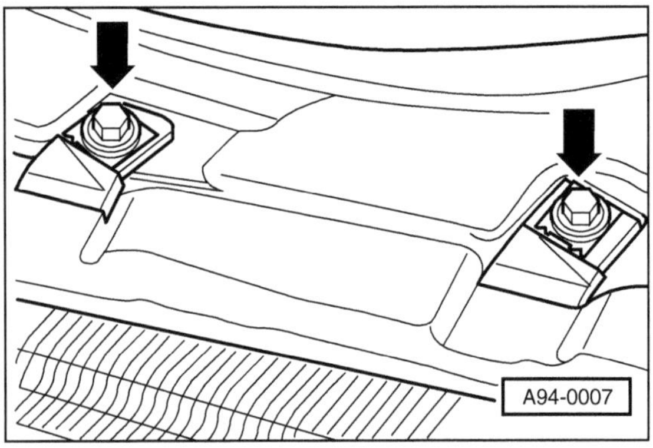

- 2 Schrauben oben –Pfeile– herausdrehen.

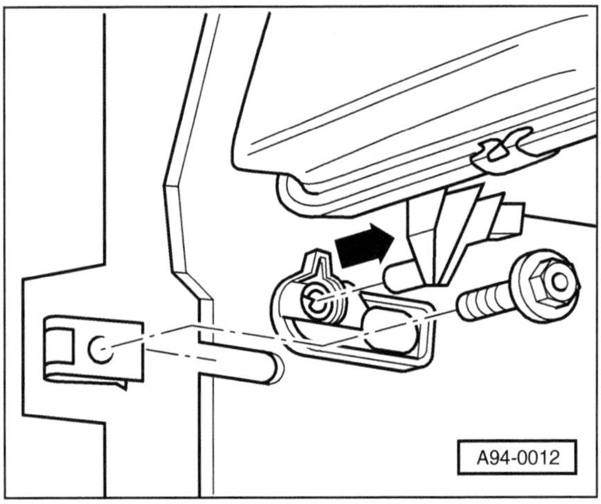

- Scheinwerfer seitlich aus Zapfenbefestigung ausziehen (ca. 15 mm), anschließend Scheinwerfer leicht anheben und vorsichtig nach vorn herausdrehen bzw. herausheben.

Einbau

- Scheinwerfer einsetzen, nach den Konturen der Karosserie ausrichten und mit 5 Nm anschrauben.

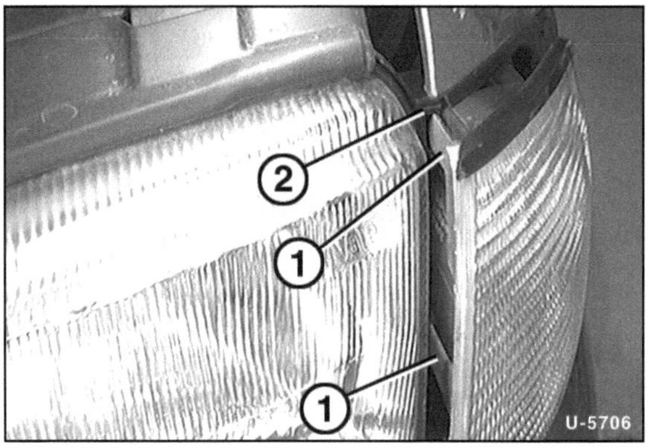

- Blinkleuchte mit den Laschen –1– in die Führungen –2– des Scheinwerfergehäuses einsetzen, nach hinten schieben und einrasten.
- Stecker für Scheinwerfer, Leuchtweitenregulierung und Blinkleuchte aufschieben.
- Scheinwerfer einstellen.

Scheinwerfer einstellen

Für die Verkehrssicherheit ist die richtige Einstellung der Scheinwerfer von großer Bedeutung. Die exakte Einstellung der Scheinwerfer ist nur mit einem Spezialeinstellgerät möglich. Es wird deshalb nur gezeigt, wo der Scheinwerfer eingestellt werden kann und welche Bedingungen zum richtigen Einstellen der Scheinwerfer erfüllt sein müssen.

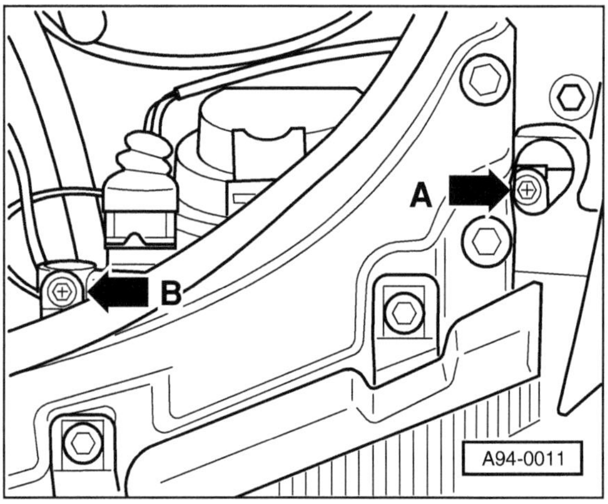

- Scheinwerfer durch Drehen der Einstellschrauben –A– und/oder –B– einstellen. Dazu wird ein Kreuzschlitzschraubendreher oder Innensechskantschlüssel benötigt. **Achtung:** Für Zuordnung der Einstellschrauben Scheinwerferfabrikat beachten.

BOSCH	VALEO
A – Seitenverstellung	A – Höhenverstellung
B – Höhenverstellung	B – Seitenverstellung

- Die Abbildung zeigt den linken Hauptscheinwerfer, beim rechten Scheinwerfer sind die Einstellschrauben spiegelbildlich angeordnet.
- Die Nebelscheinwerfer können nicht separat eingestellt werden. Die Einstellung erfolgt zusammen mit den Hauptscheinwerfern.
- Reifen müssen den vorgeschriebenen Reifenfülldruck haben.
- Das unbeladene Fahrzeug muß mit 75 kg (eine Person) auf dem Fahrersitz belastet sein.
- Kraftstofftank füllen, mindestens 90%.
- Fahrzeug auf ebene Fläche stellen.
- Vorderwagen mehrmals kräftig nach unten drücken, damit die Federung der Vorderradaufhängung sich setzt.
- Leuchtweitenregulierung auf »0« stellen.
- Die Scheinwerfer dürfen nur bei Abblendlicht eingestellt werden. Das Neigungsmaß beträgt für Normalscheinwerfer X = 10 cm auf 10 m Entfernung. Das Neigungsverhältnis ist auf dem Scheinwerferhalter eingeprägt (1,0% ≙ 10 cm auf 10 m).

Scheinwerfer zerlegen

Einfachscheinwerfer

Ist zum Beispiel die Streuscheibe defekt, muß nicht der gesamte Scheinwerfer ersetzt werden. Nach Ausbau des Scheinwerfers kann das Lampenglas einzeln ersetzt werden.

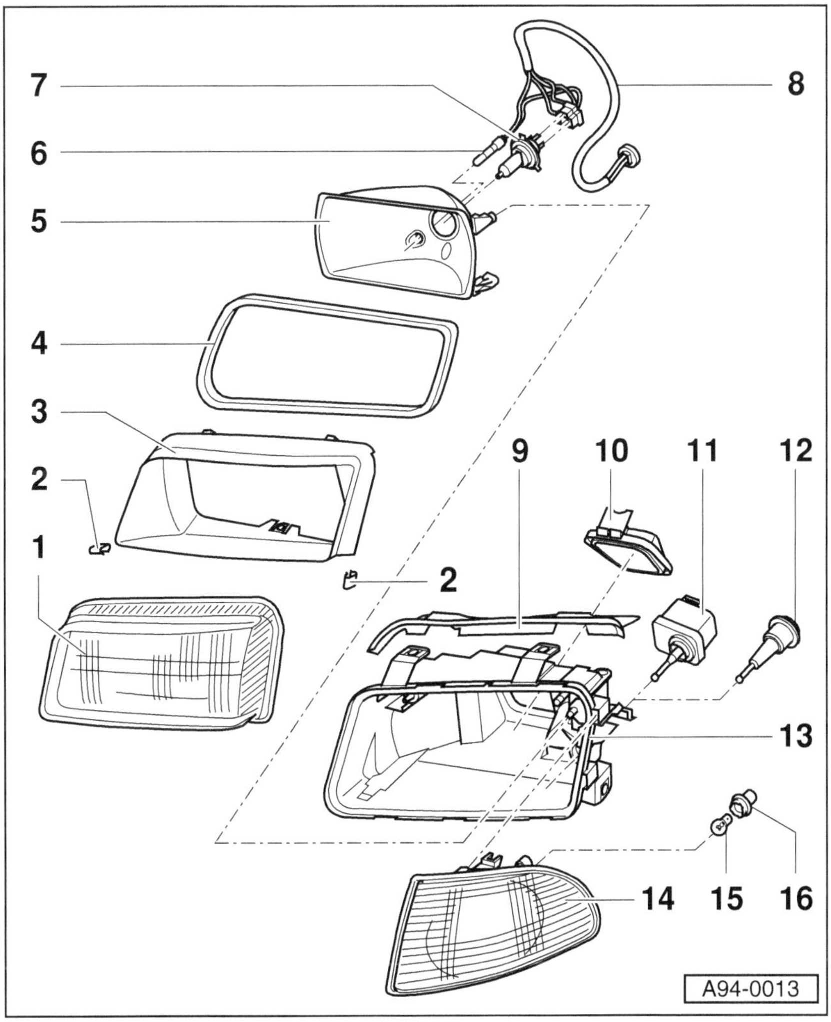

1 – **Streuscheibe**

2 – **Halteklammer (5x)**
Zum Ausbau Klammer vorsichtig mit Schraubendreher heraushebeln. Zum Einbau Klammer von Hand eindrücken.

3 – **Zierblende**
Ist im Scheinwerfergehäuse verrastet.

4 – **Dichtung für Streuscheibe**
Grundsätzlich erneuern.

5 – **Reflektor**
Zum Ausbau aus Halteringen ausclipsen.
Beim Einbau vorsichtig in Halteringe eindrücken. Reflektor an der Innenseite nicht berühren.

6 – **Glühlampe für Standlicht, 4 W**

7 – **Glühlampe für Abblend-/ Fernlicht, 60/55 W (H4)**

8 – **Leitungsstrang mit Steckergehäuse und Fassung für Standlicht**

9 – **CW-Leiste**
Ist am Scheinwerfer angeclipst.

10 – **Verschlußdeckel**
Verrastung nach unten drücken und nach hinten abnehmen.

11 – **Stellmotor für Leuchtweitenregelung**

12 – **Festlager für Reflektor**
Nur bei Fahrzeugen ohne Leuchtweitenregelung (Export).

13 – **Scheinwerfergehäuse**

14 – **Blinkleuchte**

15 – **Glühlampe für Blinklicht, 21 W**

16 – **Fassung für Glühlampe**

Achtung: Die Nachrüstung von Nebelscheinwerfern ist nur durch Einbau von Dreifachscheinwerfern möglich, dabei muß zusätzlich die entsprechende Verkabelung hergestellt werden. Kontaktbelegung und Verschaltung siehe Stromlaufplan.

Dreifachscheinwerfer zerlegen

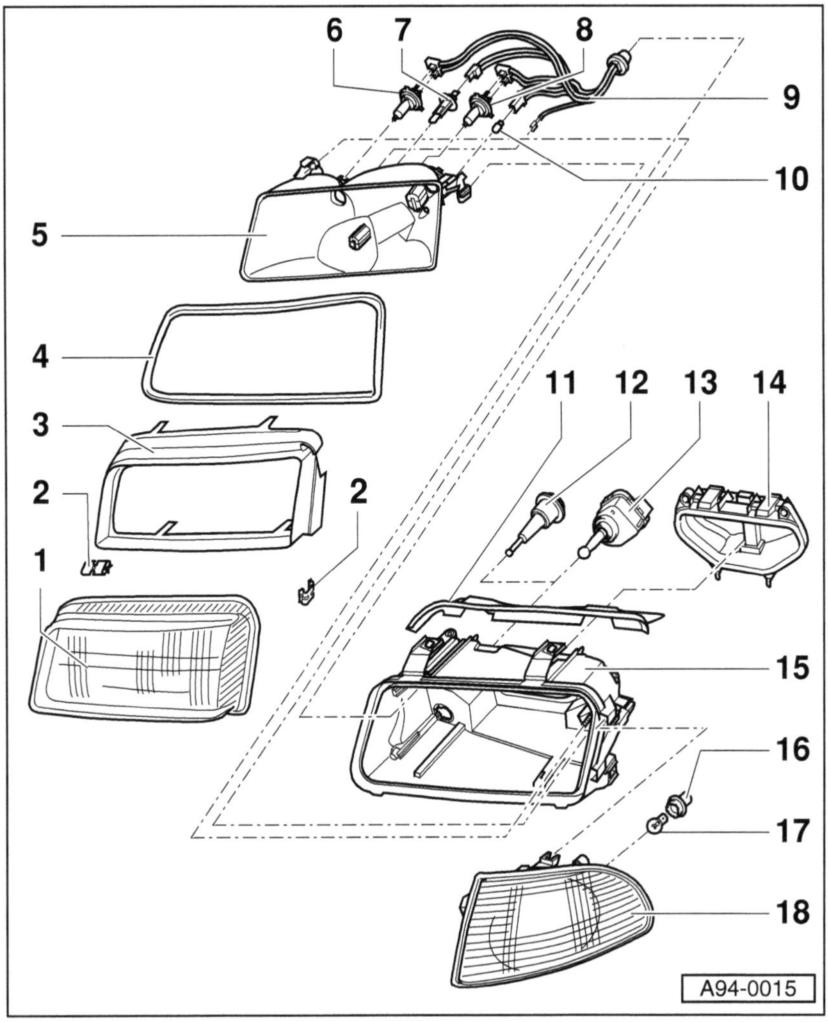

1 – **Streuscheibe**

2 – **Halteklammer, (5x)**
Zum Ausbau Klammer vorsichtig mit Schraubendreher heraushebeln. Beim Einbau Klammer von Hand eindrücken.

3 – **Zierblende**
Im Scheinwerfergehäuse verrastet.

4 – **Dichtung für Streuscheibe**
Grundsätzlich erneuern.

5 – **Reflektor**
Zum Ausbau aus Verstellung herausdrehen.

6 – **Glühlampe für Fernlicht, 55 W (H7)**

7 – **Glühlampe für Nebelscheinwerfer, 55 W (H1)**

8 – **Glühlampe für Abblendlicht, 55 W (H7)**

9 – **Leitungsstrang mit Steckergehäuse, Anschlußstecker für Glühlampen und Fassung für Standlicht**

10 – **Glühlampe für Standlicht, 5 W**
Glassockel-Lampe.

11 – **CW-Leiste**
Am Scheinwerfer angeclipst.

12 – **Festlager für Reflektor**
Nur bei Fahrzeugen ohne Leuchtweitenregelung (Export).

13 – **Stellmotor für Leuchtweitenregelung**

14 – **Verschlußdeckel**
Laschen nach unten drücken und Deckel nach hinten abnehmen.

15 – **Scheinwerfergehäuse**

16 – **Fassung für Glühlampe**

17 – **Glühlampe für Blinklicht, 21 W**

18 – **Blinkleuchte**

Stellmotor für Leuchtweitenregelung aus- und einbauen

Ausbau

- Scheinwerfer ausbauen.

Normalscheinwerfer

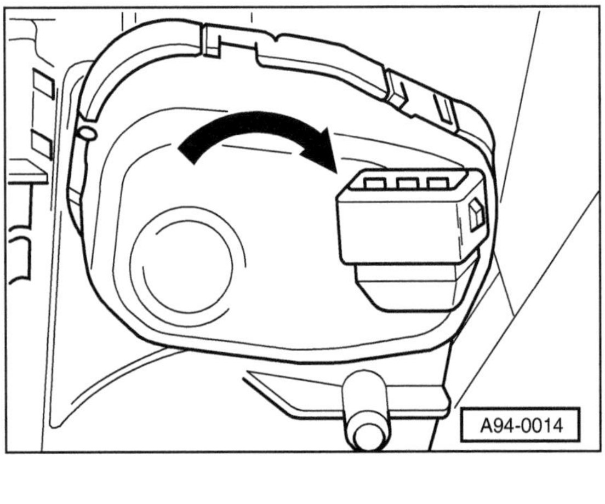

Dreifachscheinwerfer

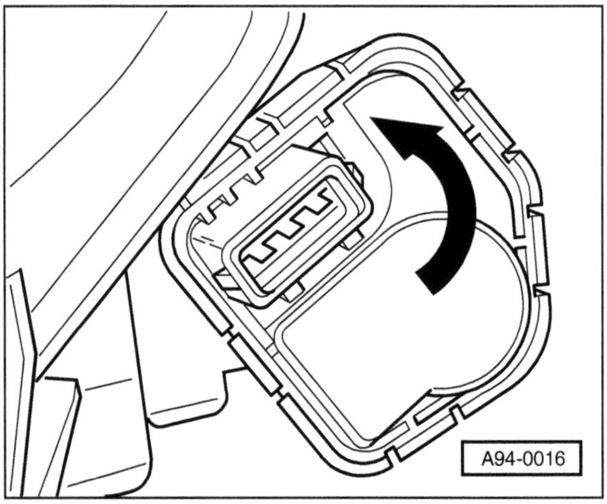

- Stellmotor für linken Scheinwerfer in Pfeilrichtung drehen und entriegeln. Beim rechten Scheinwerfer Stellmotor zum Lösen in die entgegengesetzte Richtung drehen.

- Stellmotor seitlich wegkippen und aus dem Halter für Reflektor ausclipsen. Motor nach hinten herausziehen.

Einbau

- Stellmotor in den Halter für Reflektor einclipsen. Gegebenenfalls Reflektor durch die Öffnung am Scheinwerfer hinten gegenhalten.

Achtung: Reflektor nicht an der Innenseite anfassen.

- Stellmotor durch Links- beziehungsweise Rechtsdrehen verriegeln.
- Scheinwerfer einbauen.

Heckleuchte aus- und einbauen

Heckleuchte Limousine

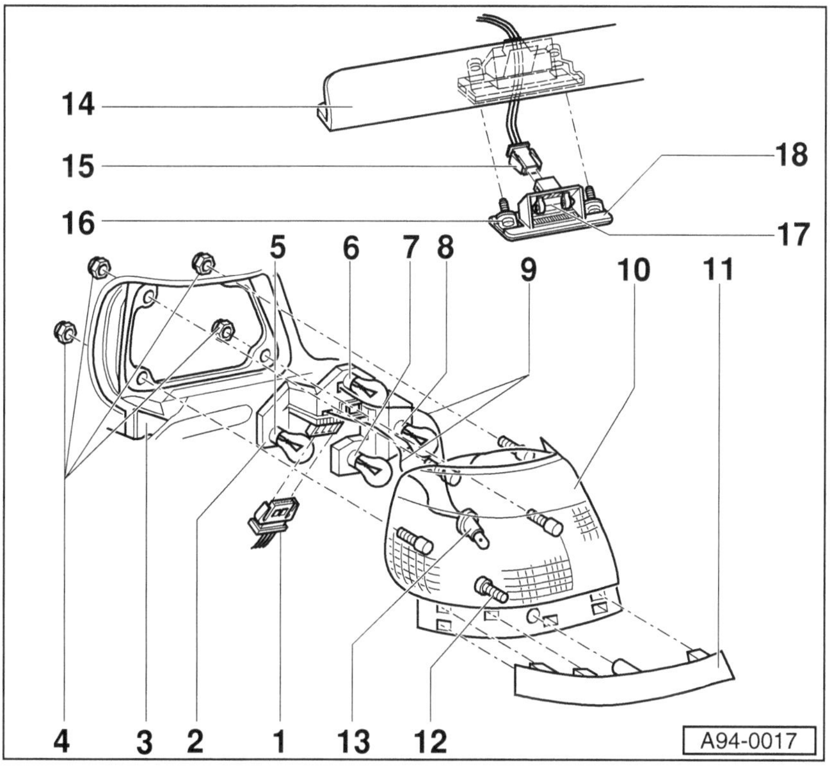

1 – Anschlußstecker für Heckleuchte
2 – Lampenträger
3 – Karosserie
4 – Mutter, 4 Nm
5 – Glühlampe für Bremslicht
6 – Glühlampe für Blinker
7 – Glühlampe für Rückfahrscheinwerfer
8 – Glühlampe für Nebelschlußleuchte
9 – Zusatzleitungsstrang für Schlußlicht
10 – Heckleuchte
11 – Blende für Heckleuchte
Zum Ausbau Heckleuchte grundsätzlich ausbauen.
12 – Blechschraube
Nur wenn Blende ersetzt wird.
13 – Lampenfassung mit Glühlampe für Schlußlicht
14 – Griffleiste
15 – Anschlußstecker für Kennzeichenleuchte
16 – Blechschraube
17 – Lampe für Kennzeichenleuchte
18 – Kennzeichenleuchte mit Dichtung

Ausbau, Limousine und Avant

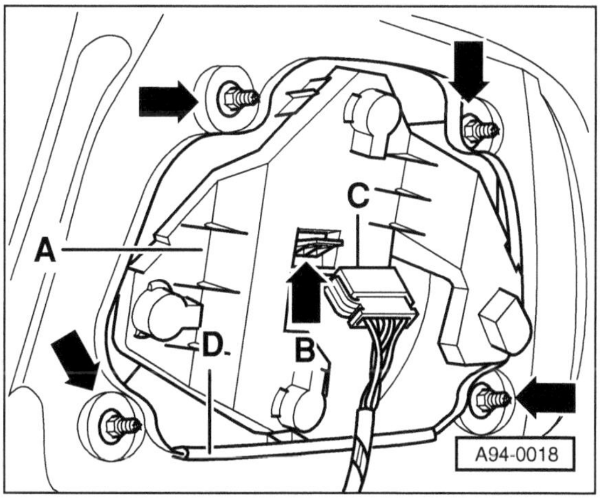

- **Limousine:** Anschlußstecker –C– abziehen. 4 Befestigungsmuttern –Pfeile– herausdrehen.
- **Avant:** 4 Befestigungsmuttern –Pfeile– herausdrehen, siehe Abbildung A94-0032 aus Seite 249.
- Leuchte mit Lampenträger –A– nach hinten aus der Karosserie herausschieben. B – Verriegelungsbügel.

Achtung: Die Dichtung ist fest mit dem Gehäuse verklebt.

- Limousine: Falls erforderlich, Blende –11– (Abbildung A94-0017) für Heckleuchte ausbauen. Dazu Blende mit einem Schraubendreher nacheinander im Bereich der Clips abdrücken und abnehmen.

Einbau

- Falls ausgebaut, Blende für Heckleuchte aufdrücken und zusätzlich mit einer Blechschraube 4,2 x 9,5 –12– (Abbildung A94-0017) befestigen.
- Heckleuchte einsetzen, ausrichten und mit 5 Nm anschrauben.
- Limousine: Zusatz-Leitungsstrang –9– (Abbildung A94-0017) im Bereich des Kantenschutzes –D– (Abbildung A94-0018) verlegen.
- Anschlußstecker aufschieben.

Armaturen

Beim AUDI A4 sind die Instrumente in einem Schalttafeleinsatz zusammengefaßt. Der Schalttafeleinsatz muß beispielsweise ausgebaut werden, wenn Glühlampen der Instrumentenbeleuchtung ersetzt werden sollen. Sind einzelne Instrumente defekt, muß der gesamte Schalttafeleinsatz ersetzt werden, da er nicht zerlegbar ist.

Den Schalttafeleinsatz gibt es in 2 unterschiedlichen Ausführungen. Die normale Ausführung ist mit dem Minicheck-System, Ausführung 2 mit dem LCD-Multifunktionsmonitor ausgerüstet. Das Minicheck-System überwacht Bremssystem, Kühlmitteltemperatur, Tankinhalt und Motoröldruck. Über den Multifunktionsmonitor werden folgende Funktionen angezeigt: Auto-Check-System mit Radiofrequenzanzeige, Außentemperatur, Bordcomputer, Ganganzeige für Automatikgetriebe.

Der Schalttafeleinsatz wird von einem Mikroprozessor gesteuert und verfügt über eine Eigendiagnose. Treten Störungen an Systembauteilen auf, werden Fehlercodes im Fehlerspeicher des Steuergerätes abgelegt. Die Fehlercodes können mit den V.A.G-Meßgeräten 1551 und 1552 ausgelesen werden. Mit diesen Meßgeräten können zusätzlich die folgenden Funktionen angepaßt beziehungsweise korrigiert werden: Tankanzeige, Verbrauchsanzeige, Service-Intervall-Anzeige, Wegstreckenzähler.

Schalttafeleinsatz aus- und einbauen

Ausbau

- Batterie-Massekabel (–) abklemmen. **Achtung:** Dadurch werden elektronische Speicher gelöscht, wie zum Beispiel der Radiocode. Hinweise im Kapitel »Batterie aus- und einbauen« beachten.

Achtung: Falls der Schalttafeleinsatz erneuert werden soll, vor dem Ausbau Fehlerspeicher abfragen lassen. Außerdem die Werte der Service-Intervall-Anzeige und den Stand des Wegstreckenzählers über das Fehlerauslesegerät V.A.G 1551 auslesen lassen und notieren (Werkstattarbeit).

- Lenkrad mit der Verstelleinrichtung ganz herausziehen und nach unten verstellen.

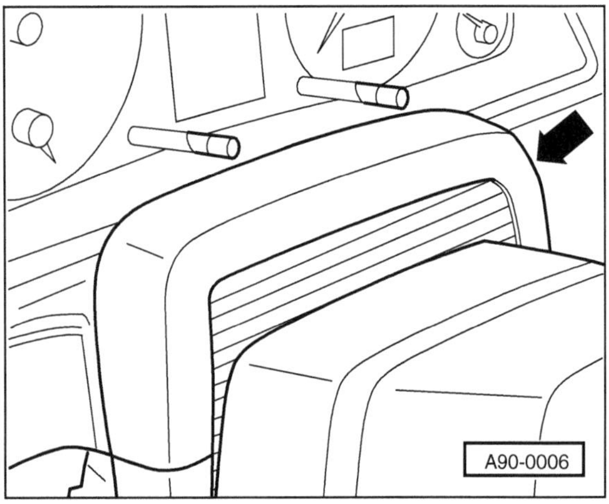

- Obere Abdeckung nach vorne kippen und nach oben abnehmen.

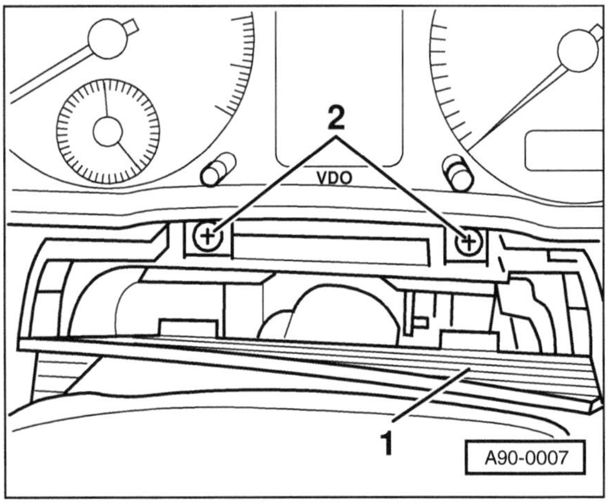

- Blende –1– nach vorne wegklappen.
- Schrauben –2– herausdrehen.
- Schalttafeleinsatz nach vorne herausziehen.
- Kabelbinder auf der Rückseite des Schalttafeleinsatzes durchkneifen. Einbaulage mit Filzstift markieren.
- Sicherungslaschen der Stecker entriegeln und Stecker abziehen.

Einbau

- Elektrische Anschlußstecker einsetzen und Verriegelung ganz eindrücken.
- Elektrische Leitungen durch Kabelbinder in der gleichen Position wie vor dem Ausbau fixieren.
- Schalttafeleinsatz einsetzen und anschrauben.
- Blende unten und Abdeckung oben einsetzen.
- Lenkrad in Normalstellung bringen.
- Batterie-Massekabel (–) anklemmen.
- Zeituhr einstellen.
- Diebstahlcode für Radio eingeben.
- Funktionsprüfung durchführen.
- Wurde der Schalttafeleinsatz erneuert, Service-Intervall-Anzeige (SIA) und Wegstreckenzähler anpassen lassen (Werkstattarbeit).

Lampen im Schalttafeleinsatz

Ausführung 2, mit Bordcomputer

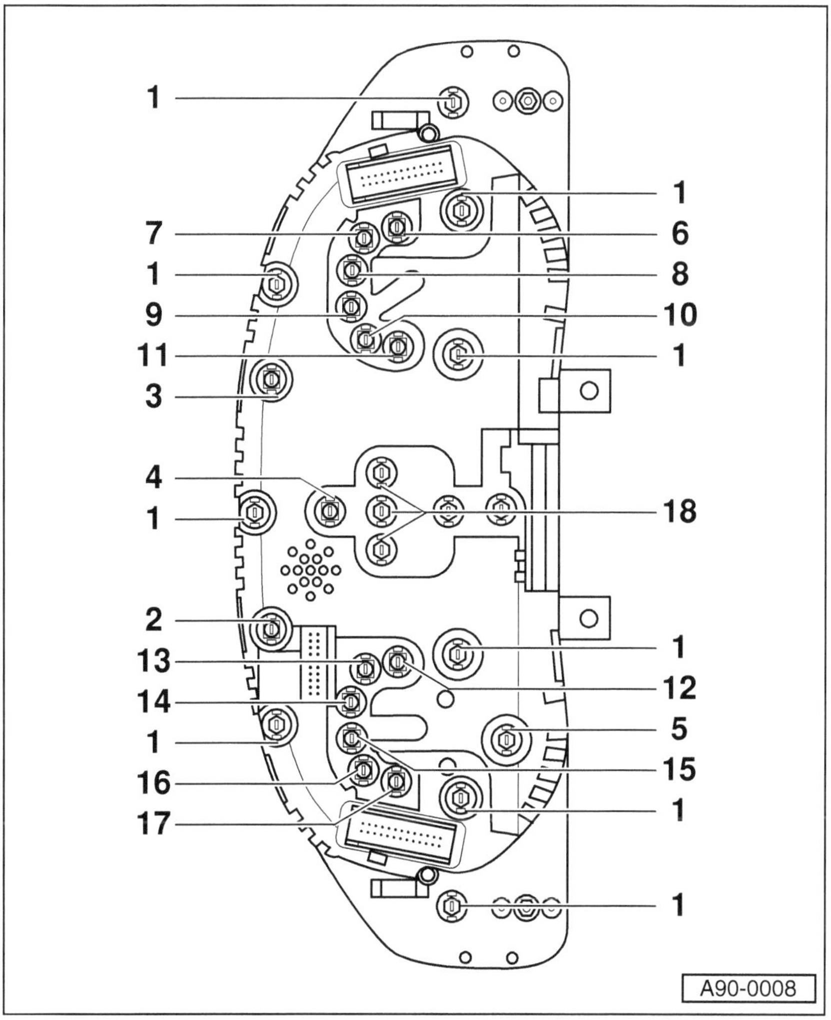

1 – **Beleuchtung für Schalttafeleinsatz, 1,1 W**
Achtung: Für den Nippon-Seiki-Schalttafeleinsatz müssen Ersatz-Glühlampen mit roten Kappen verwendet werden.

2 – **Kontrollampe für Blinker rechts, 1,2 W**

3 – **Kontrollampe für Blinker links, 1,2 W**

4 – **Kontrollampe für Fernlicht, 1,2 W**

5 – **Beleuchtung für Wegstrecken-display, 1,1 W**

6 – **Kontrollampe für Funktionsstörung der Motorelektrik, 1,2W** (Export)

7 – **Kontrollampe für Anhängerblinker, 1,2W**

8 – **Kontrollampe für Antriebsschlupfregelung (ASR), 1,2 W**

9 – **Kontrollampe für Begrenzungsleuchte, 1,2 W**

10 – **Kontrollampe für Diesel-Vorglühung, 1,2 W**

11 – **Kontrollampe für Wegfahrsicherung, 1,2W**

12 – **Kontrollampe für CAT, 1,2 W**
CAT = Katalysatorfunktion (Export).

13 – **Kontrollampe für Airbag, 1,2 W**

14 – **Kontrollampe für ABS, 1,2W**
ABS = Anti-Blockier-System.

15 – **Kontrollampe für Handbremse/ Bremsstörung, 1,2W**

16 – **Kontrollampe für Ladekontrolle, 1,2W**

17 – **Kontrolle für Gurtwarnung, 1,2W** (Export).

18 – **Beleuchtung für Bordcomputer, (5x), 1,1 W**

Lenkstockschalter aus- und einbauen/zerlegen

Ausbau

- Lenkrad mit Airbag ausbauen, siehe Seite 148.

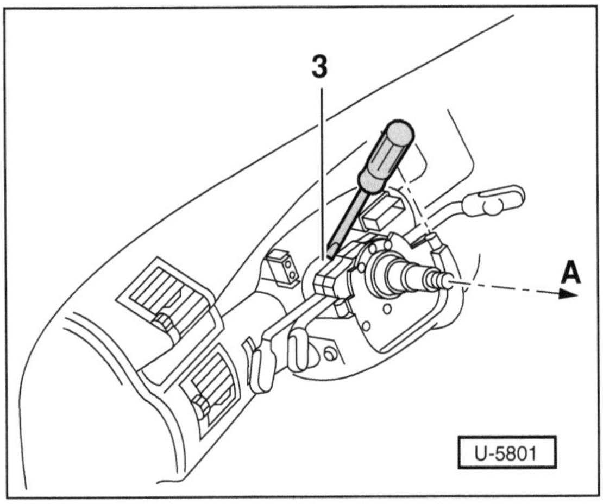

- Position des Lenkstockschalters auf der Lenksäule mit Filzstift markieren.
- Innensechskantschraube für Klemmschelle –3– lösen.

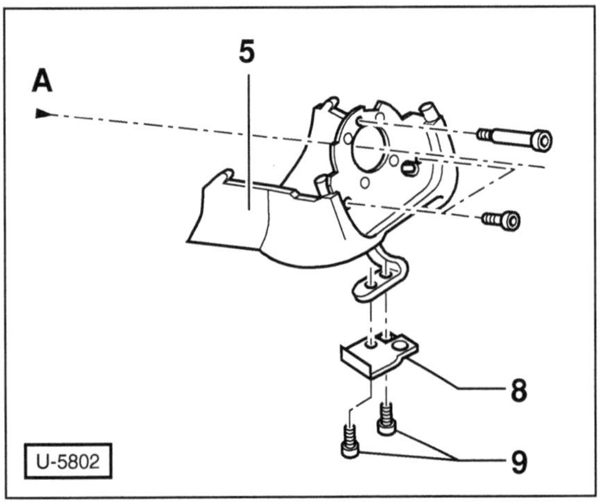

- Griff für Verstellhebel –8– nach Lösen der beiden Schrauben –9– abnehmen.
- Lenkstockschalter vorsichtig ca. 15 mm axial (in Pfeilrichtung –A–) von der Lenksäule abziehen.
- Sämtliche Anschlußstecker für Lenkstockschalter abheben.
- Lenkstockschalter mit Verkleidung –5– vorsichtig über die Verstellhebel abziehen.

Einbau

- Lenkstockschalter mit Verkleidung vorsichtig aufschieben. **Achtung:** Die Kunststoff-Abdeckung für das Lenkschloßgehäuse muß eingebaut sein.
- Sämtliche Anschlußstecker aufstecken, von Hand festen Sitz prüfen.
- Lenkstockschalter vollständig bis zur Markierung aufschieben und mit Schelle anschrauben.
- Griff für Verstellhebel anschrauben.
- Lenkrad einbauen, siehe Seite 148.

Achtung: Vor dem Aufsetzen des Lenkrades auf die Lenksäule sind die Räder geradeaus zu stellen und der Blinkerschalter muß unbedingt in 0-Stellung sein, sonst wird der Rückstellnocken beschädigt.

- Das Spaltmaß zwischen Lenkrad und Lenkstockschalter-Verkleidung prüfen. Der Spalt muß ca. 3 mm betragen. Andernfalls Klemmschraube für Lenkstockschalter lösen, 3 mm starkes Blech (Lehre) zwischenschieben und Innensechskantschraube festziehen.

Lenkstockschalter zerlegen

Der Lenkstockschalter (Lichtschalter, Blinkerschalter, Scheibenwischerschalter) kann nur in ausgebautem Zustand zerlegt werden.

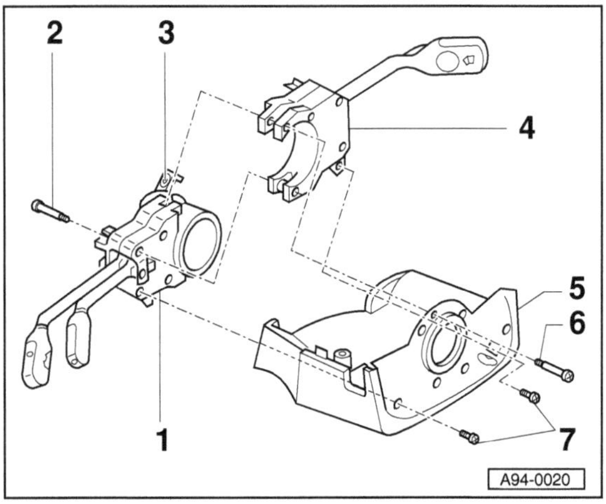

1 – **Lichtschalter, Blinkerschalter, Schalter für Handabblendung und Lichthupe, Parklicht und Geschwindigkeitsregelanlage**
Schrauben –2–, –6–, –7– herausdrehen, Lenkstockschalter-Verkleidung abnehmen und Schalter auseinanderziehen.

2 – **Schraube**

3 – **Klemmschelle mit Innensechskantschraube**
Die Schraube ist unverlierbar am Blinkerschalter befestigt.

4 – **Scheibenwischerschalter, Schalter für Bordcomputer**

5 – **Unterteil der Lenkstockschalter-Verkleidung**
Schrauben –6– und –7– herausdrehen und Verkleidung abnehmen.
Hinweis: Je nach Modelljahr und Ausstattung unterschiedliche Befestigung der Lenksäulenverkleidung beachten, siehe auch Seite 149.

6 – **Schraube**

7 – **Schraube (2x)**

Radioanlagen-Übersicht

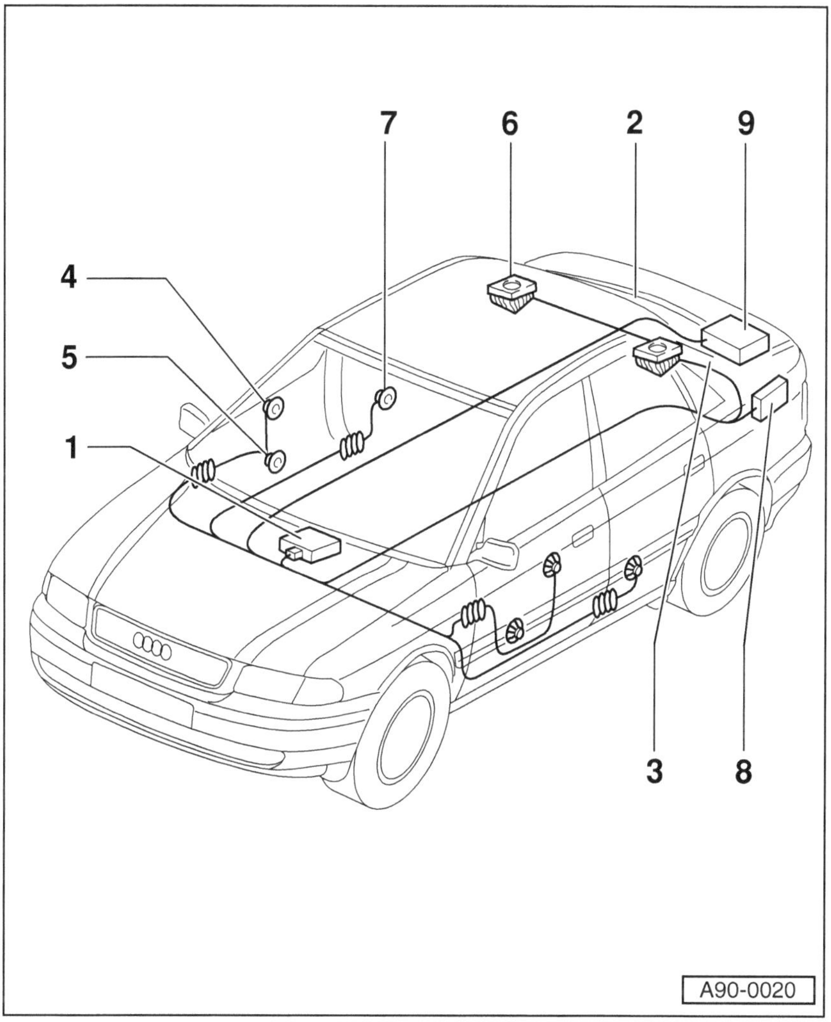

1 – **Radio**
In Mittelkonsole eingebaut.

2 – **Scheibenantenne**
Obere 3 Fäden nicht beheizt, nur als MW-Antenne (AM). Restliche Fäden beheizt und UKW-Antenne (FM).

3 – **Antennenverstärker**
In der Verkleidung der D-Säule links.

4 – **Lautsprecher Tür vorne oben**
Mittel-/Hochtonlautsprecher für alle Radiosysteme.

5 – **Lautsprecher Tür vorne unten**
Tieftonlautsprecher für alle Radiosysteme .

6 – **Lautsprecher Hutablage**
Breitbandlautsprecher für Radiosysteme »gamma« und »delta«. Tieftonlautsprecher für Radiosystem »delta mit BOSE-Soundsystem«.

7 – **Lautsprecher Tür hinten unten**
Mittel-/Hochtonlautsprecher nur für Radiosystem »delta mit BOSE-Soundsystem«.

8 – **CD–Wechsler**
Im Kofferraum unter der Hutablage eingebaut.

9 – **BOSE-Soundverstärker**
Im Kofferraum links neben dem CD-Wechsler eingebaut.

Radio aus- und einbauen

Das vom Werk eingebaute Radiogerät ist mit einer Einschubhalterung ausgestattet, die den schnellen Ein- und Ausbau des Radios ermöglicht. Allerdings gelingt das nur mit Ausziehbügeln, die beim Kauf des Radios beigelegt oder im Fachhandel erhältlich sind.

Ausbau

- Zündung ausschalten.
- Batterie-Massekabel (–) abklemmen. **Achtung:** Beim Abklemmen der Batterie werden Speicher im Radio und in elektronischen Steuergeräten gelöscht. Serienmäßig werden Radios mit Anti-Diebstahl-Codierung eingebaut. Diese verhindert die unbefugte Inbetriebnahme des Gerätes, wenn die Stromversorgung unterbrochen wurde. Die Stromversorgung ist beispielsweise unterbrochen beim Abklemmen der Batterie, beim Ausbau des Radios oder wenn die Radiosicherung durchgebrannt ist.
- Falls das Radio codiert ist, Radiocode vor Abklemmen der Batterie oder Ausbau des Radios feststellen. Ist der Code nicht bekannt, kann nur die AUDI-Werkstatt das Autoradio wieder in Betrieb nehmen.
- Die individuelle Code-Nummer ist in der Radio-Bedienungsanleitung angegeben.

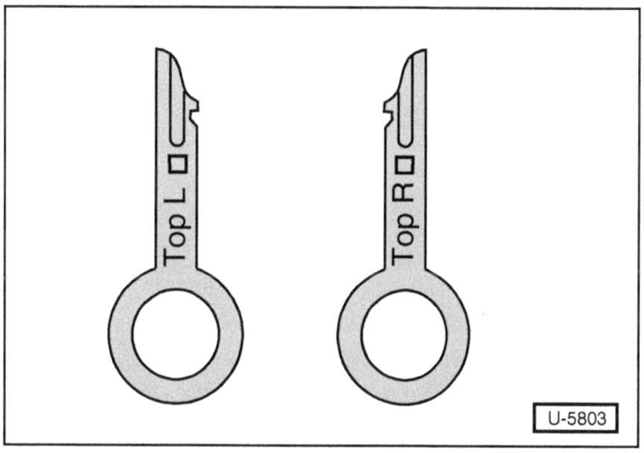

- Für den Ausbau werden die beiden Entriegelungswerkzeuge 3344 benötigt.

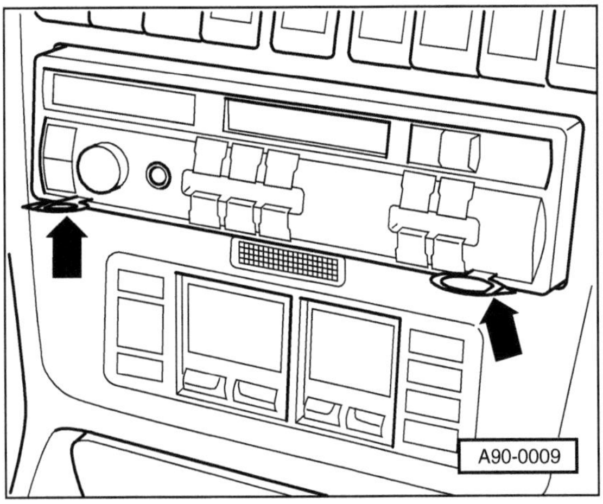

- Entriegelungswerkzeuge in die Entriegelungsschlitze – Pfeile– stecken, bis sie einrasten. Falls beschriftet: »Top L« zeigt nach links oben, »Top R« nach rechts oben.
- Radio an den Grifffösen der Werkzeuge aus der Schalttafel herausziehen.

Achtung: Radio beziehungsweise Entriegelungswerkzeuge dabei nicht verkanten.

- Bei ausgebautem Radio Entriegelungswerkzeuge abnehmen.
- Steckverbindungen für Lautsprecher und Antenne herausziehen, Mehrfachsteckverbindung für Stromversorgung abziehen. Falls das Radio nicht mit den serienmäßigen Mehrfachsteckern angeschlossen ist, Kabel vor dem Abziehen kennzeichnen, damit sie beim Einbau nicht vertauscht werden.

Einbau

- Beide Ausziehbügel aus dem Radio herausziehen.
- Elektrische Anschlüsse an der Rückseite des Radiogerätes anbringen.
- Radio in Armaturentafel eindrücken, bis die Haltefedern einrasten.
- Batterie-Massekabel (–) anklemmen.
- Radio einschalten und Funktion überprüfen. Falls ein Radio mit Anti-Diebstahl-Codierung eingebaut ist, zuvor Geheimcode eingeben.

Hinweise für den nachträglichen Radioeinbau

- Der serienmäßig eingebaute Mehrfachstecker des Kabelstranges paßt zu allen Radiogeräten aus dem AUDI-Zubehörprogramm seit Modelljahr 1995.
- Für andere Radiogeräte ist ein AUDI-Adapterkabel erhältlich.

Achtung: Wird das Adapterkabel nicht verwendet, unbedingt darauf achten, daß keine unisolierten Kabel frei herumliegen. Ein sonst möglicher Kurzschluß kann zu einem Kabelbrand führen.

- Darauf achten, daß nur typgeprüfte Entstörsätze (mit allgemeiner Betriebserlaubnis, ABE) verwendet werden, sonst kann die Zulassung des Fahrzeuges erlöschen. Im Handel gibt es speziell auf den AUDI abgestimmte Entstörsätze mit Einbauanleitung.
- Bei Anschluß des Geschwindigkeitssignals (bei Radio mit Gala-Funktion) ist unbedingt darauf zu achten, daß dieses nicht kurzgeschlossen wird, da sonst Fehlfunktionen im Fahrzeug (z.B. Motorsteuerung) auftreten können. Auch der Anschluß des Geschwindigkeitssignals an fremde Radiofabrikate kann zu Störungen am Fahrzeug führen.

Belegung der Mehrfachsteckverbindung an der Radiorückseite

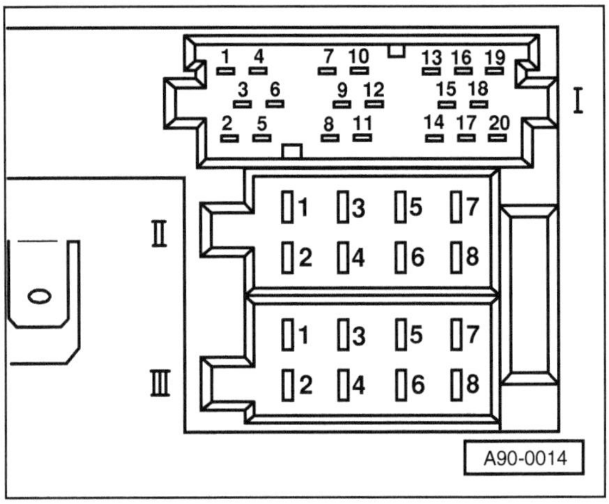

Radio »beta«

Mehrfachsteckverbindung I, 20-polig
Stecker nicht belegt

Mehrfachsteckverbindung II, 8-polig, braun

Pin 3	Lautsprecher vorne rechts +
Pin 4	Lautsprecher vorne rechts –
Pin 5	Lautsprecher vorne links +
Pin 6	Lautsprecher vorne links –

Mehrfachsteckverbindung III, 8-polig, schwarz

Pin 2	NF-Stummschaltung
Pin 4	Klemme 86s
Pin 5	Steuerplus (Antenne)
Pin 6	Beleuchtung
Pin 7	Klemme 30
Pin 8	Klemme 31

Radio »gamma«

Mehrfachsteckverbindung I, 20-polig

Pin 1	Line hinten links
Pin 2	Line hinten rechts
Pin 3	Line Masse
Pin 6	Steuerplus (Lautsprecher)
Pin 8	Clock
Pin 9	Date
Pin 10	Enable

Mehrfachsteckverbindung II, 8-polig, braun
Pin 3 Lautsprecher vorne rechts +
Pin 4 Lautsprecher vorne rechts –
Pin 5 Lautsprecher vorne links +
Pin 6 Lautsprecher vorne links –

Mehrfachsteckverbindung III, 8-polig, schwarz
Pin 1 Geschwindigkeitsgeber
Pin 2 NF-Stummschaltung
Pin 3 Klemme 30
Pin 4 Klemme 86s
Pin 5 Steuerplus (Antenne)
Pin 6 Beleuchtung
Pin 7 Klemme 30
Pin 8 Klemme 31

Radio »delta« (nur Abweichungen gegenüber »gamma«)

Mehrfachsteckverbindung I, 20-polig
Pin 7 BOSE-Codierung, nicht belegt
Pin 11 Fernbedienung Lenkrad
Pin 12 Fernbedienung Klimaanlage
Pin 13 SDA (CD-Wechsler)
Pin 14 SCL (CD-Wechsler)
Pin 15 Masse (CD-Wechsler)
Pin 16 Spannungsversorgung (CD-Wechsler)
Pin 17 Steuer-Plus (CD-Wechsler)
Pin 18 NF-Masse (CD-Wechsler)
Pin 19 NF links
Pin 20 NF rechts

Radio-Codierung eingeben

Gilt nur für AUDI-Radio mit Codierung

Die Anti-Diebstahl-Codierung verhindert die unbefugte Inbetriebnahme des Gerätes, wenn die Stromversorgung unterbrochen wurde. Die Stromversorgung wird beispielsweise unterbrochen beim Abklemmen der Batterie, beim Ausbau des Radios oder wenn die Radiosicherung durchgebrannt ist.

Falls das Radio codiert ist, Radiocode vor Abklemmen der Batterie oder Ausbau des Radios feststellen. Ist der Code nicht bekannt, kann nur die AUDI-Werkstatt das Autoradio wieder in Betrieb nehmen.

Die individuelle Code-Nummer ist in der Radio-Bedienungsanleitung angegeben. Sie sollte nicht im Fahrzeug aufbewahrt werden.

Elektronische Sperre aufheben

- Stromversorgung herstellen, Radio einschalten.
- Die Tasten »FM« und »DX« **gleichzeitig** so lange drücken, bis in der Radioanzeige »CODE« erscheint. Tasten loslassen, kurz darauf wird automatisch »1000« angezeigt.
- Mit Hilfe der Stationstasten 1 bis 4 die geheime Code-Nummer eingeben.
  Dabei wird mit Taste 1 die erste Stelle der Code-Nummer eingegeben, mit Taste 2 die zweite Stelle usw.
- Anschließend wieder die Tasten »FM« und »DX« gleichzeitig so lange drücken, bis in der Radioanzeige »SAFE« erscheint. Tasten loslassen. Das Gerät ist jetzt wieder betriebsbereit.

Achtung: Wird versehentlich eine falsche Code-Nummer eingegeben, erscheint in der Anzeige »SAFE« zunächst blinkend und dann dauernd. Jetzt kann der gesamte Vorgang **einmal** wiederholt werden. Wird erneut eine falsche Code-Nummer eingegeben, ist das Radio für ca. 1 Stunde gesperrt, es kann nicht in Betrieb genommen werden. Nach Ablauf von 1 Stunde – das Gerät muß dabei eingeschaltet bleiben und der Schlüssel im Zündschloß stecken – kann die elektronische Sperre wieder aufgehoben werden. Dieser Zyklus gilt für alle weiteren Versuche.

Antennenverstärker aus- und einbauen

Der Antennenverstärker befindet sich hinter der Verkleidung der linken D-Säule.

Ausbau

- Rückenlehne vorklappen und linkes Seitenteil ausbauen, siehe Seite 207.

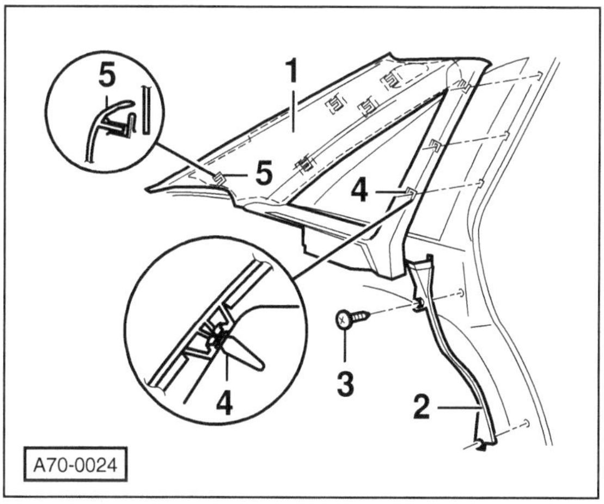

- Verkleidung –1– für D-Säule von oben nach unten ausclipsen –4–. Verkleidung nach oben abziehen, dabei aus dem hinteren Halter –5– aushängen.

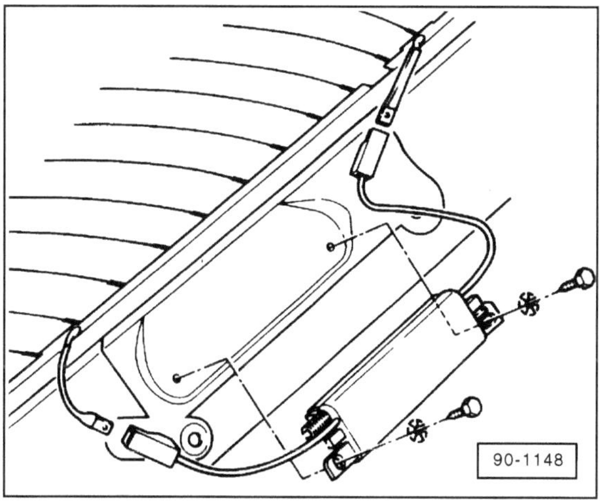

- Antennenleitung abschrauben und sämtliche Anschlußstecker abziehen.

- Sechskantblechschrauben herausdrehen und Antennenverstärker abnehmen.

Einbau

- Antennenverstärker anschrauben, Sicherungsscheiben nicht vergessen. Dabei auch auf gute Masseverbindung achten.
- Antennenleitung anschrauben, Stecker aufschieben.
- Verkleidung für D-Säule hinten einhängen und einclipsen.
- Lehnenseitenteil einbauen, siehe Seite 207.

CD-Wechsler aus- und einbauen

Der CD-Wechsler sitzt im Kofferraum unter der Hutablage.

Ausbau

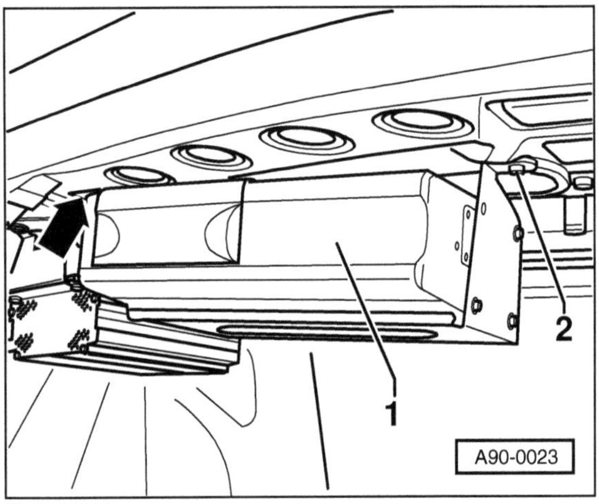

- Halterahmen des CD-Wechslers –1– abschrauben und herausnehmen. Dazu Schraube –2– und die beiden Schrauben auf der linken Seite –Pfeil– herausdrehen.
- Steckverbindung hinten am CD-Wechsler trennen.

Einbau

- Stecker hinten am CD-Wechsler aufstecken, dabei auf guten Sitz der Steckverbindung achten.
- CD-Wechsler mit Halterahmen anschrauben.
- Leitungsverbindung zwischen Radio und CD-Wechsler wie folgt prüfen:
  - ◆ Radio ausschalten.
  - ◆ Mode-Taste drücken und gleichzeitig Radio einschalten.
  - ◆ Wenn die Leitungsverbindung in Ordnung ist, erfolgt im Radiodisplay die Anzeige: »Connect« und »CD« wenn die Mode-Taste nicht mehr gedrückt ist.

BOSE-Soundverstärker aus- und einbauen

Der BOSE–Soundverstärker befindet sich im Kofferraum auf der linken Seite über dem Radhaus.

Ausbau

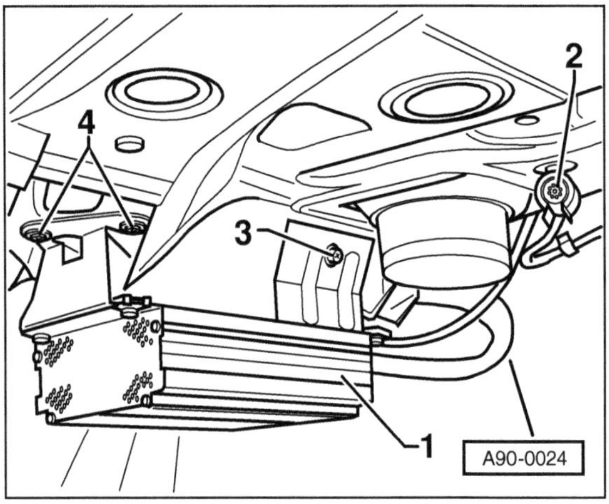

- Halterahmen des BOSE-Soundverstärkers –1– abschrauben und herausnehmen. Dazu Schraube –3– und die beiden Schrauben –4– herausdrehen. 2 – Stecker vom Leitungsstrang für CD-Wechsler.

Einbau

- Stecker hinten am Verstärker aufstecken, dabei auf guten Sitz der Steckverbindung achten.
- BOSE-Soundverstärker mit Halterahmen anschrauben.

Stabantenne nachträglich einbauen

Einbau

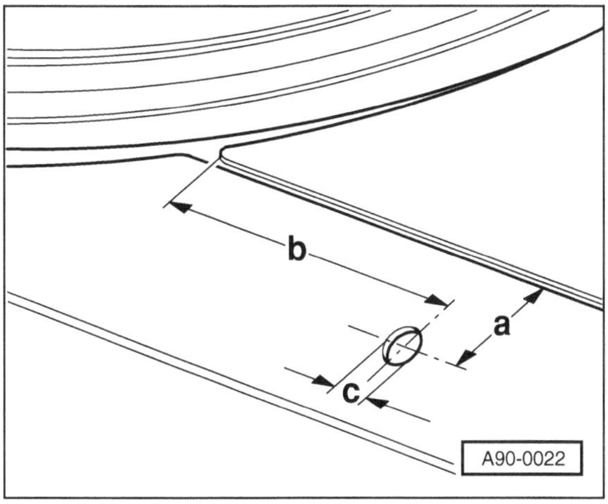

- Maße für Antennenbohrung am Seitenteil hinten links wie in der Abbildung dargestellt mit Filz- oder Faserstift anzeichnen.
  a = 65 mm
  b = 165 mm
  c = 26,5 mm
- Antennenloch bohren und vorsichtig entgraten.
- Bohr- und Feilspäne gründlich absaugen beziehungsweise entfernen.
- Bohrungskante lackieren und gegen Korrosion schützen.

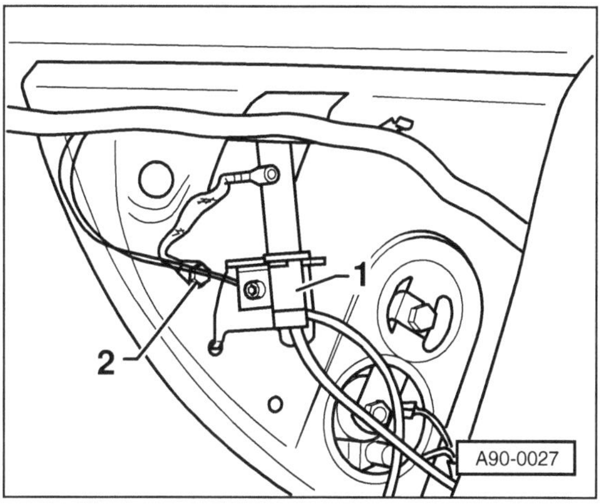

- Antenne einsetzen und anschrauben.
- Masseleitung –2– mit der Karosserie verbinden. Dabei auf gute Masseverbindung achten. Schraube mit einer Zahnscheibe unterlegen.
- Antenne mit Verdrehschutz –1– gegen Verdrehen sichern.
- Anschlußleitungen gemäß Stromlaufplan verlegen.

Dachantenne aus- und einbauen

AVANT

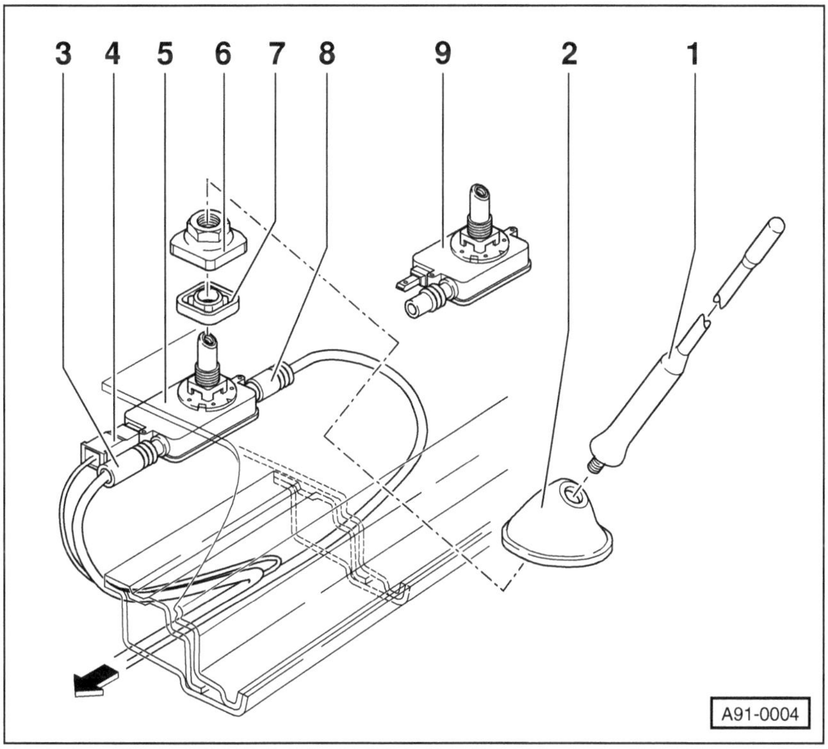

1 – Antenne

2 – Antennenfuß-Abdeckung

3 – Stecker für Radio-Antennenleitung

4 – Stecker für Steuer-Plus (bis 9/96)

5 – Antennenfuß für Radio/Telefon

6 – Mutter, SW 17

7 – Dichtung für Antennenfuß

8 – Stecker für Telefon-Antennenleitung

9 – Antennenfuß für Radio

Ausbau

- ◆ Gepäckraumleuchte hinten vorsichtig mit einem Schraubendreher aus dem Fahrzeughimmel heraushebeln.
- ◆ Antenne –1– abschrauben.
- ◆ Abdeckung –2– nach oben abziehen.
- ◆ Befestigungsmutter –6– lösen und abschrauben.
- ◆ Antennenfuß –5– bzw. –9– nach innen durch die Öffnung im Fahrzeughimmel herausnehmen.
- ◆ Stecker –3/4– und ggf. –8– abziehen. Schiebemuffe –3– und –8– beim Ausbau zurückschieben.

Einbau

- ◆ Der Einbau erfolgt in umgekehrter Ausbaureihenfolge.

Scheibenwischanlage

Scheibenwischergummi ersetzen

Die Scheibenwischergummis sind bei schlechtem Wischbild zu ersetzen. Im Handel werden sowohl komplette Scheibenwischerblätter (Wischergummi mit Träger) als auch einzelne Wischgummis angeboten. Wird nur das Wischgummi ersetzt, darauf achten, daß der Träger nicht verbogen wird.

Ausbau

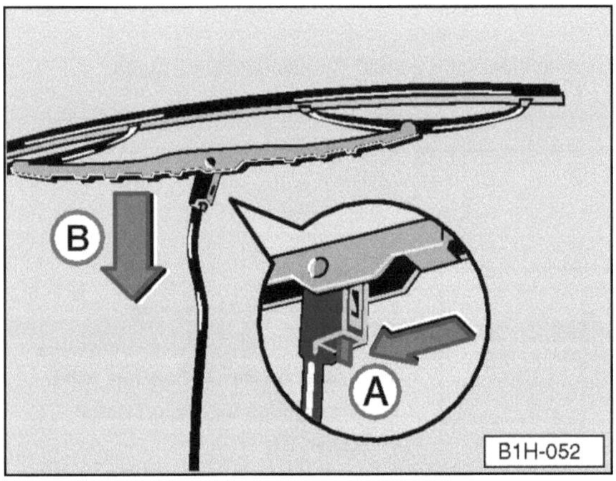

- Wischerarm hochklappen und Wischerblatt waagerecht stellen.
- Federklammer –A– niederdrücken und Wischerblatt nach unten –B– aus dem Haken am Wischerarm schieben.
- Wischerblatt nach oben schieben und vom Haken des Wischerarmes abnehmen.

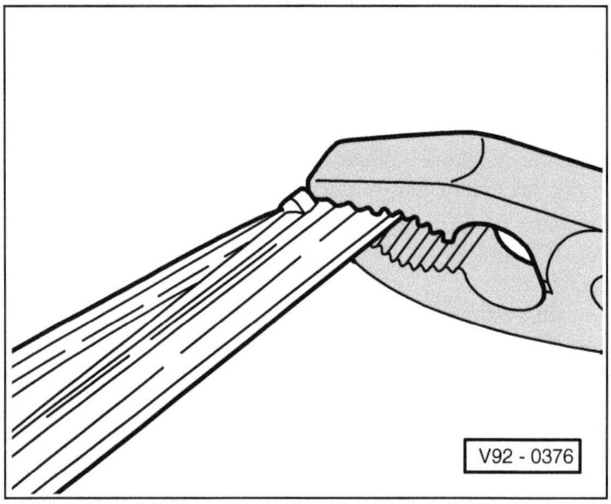

- An der geschlossenen Seite des Wischgummis beide Stahlschienen mit Kombizange zusammendrücken, seitlich aus der oberen Klammer herausnehmen und Gummi komplett mit Schienen aus den restlichen Klammern des Wischerblattes herausziehen.

Einbau

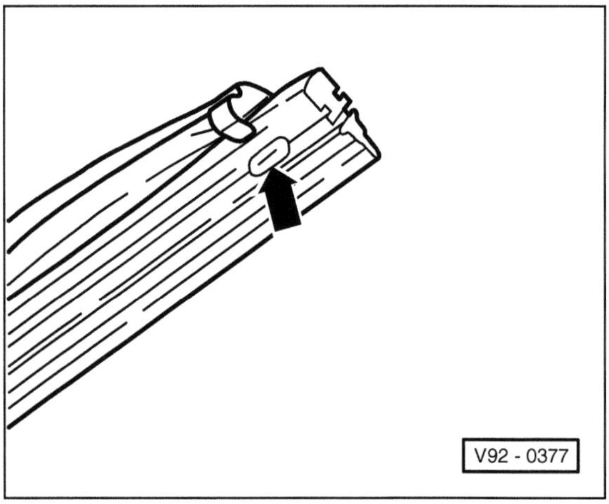

- Neues Wischgummi ohne Halteschienen in die unteren Klammern des Wischerblattes lose einlegen.

- Beide Schienen so in die erste Rille des Wischergummis einführen, dass die Aussparungen zum Gummi zeigen und in die Gumminasen der Rille einrasten. **Achtung:** Die Schienen sind leicht gebogen. Schienen so einsetzen, dass der Bauch des Bogens vom Wischerblatt weg gerichtet ist.
- Beide Stahlschienen und Gummi mit Kombizange zusammendrücken und so in die obere Klammer einsetzen, daß die Klammernasen beidseitig in die Haltenuten –Pfeil– des Wischgummis einrasten.
- Wischerblatt über den Wischerarm schieben und Federklammer in den Haken des Wischerarms einclipsen. Die Windleitschaufel am Wischerblatt, falls vorhanden, muß nach unten zeigen.
- Wischerarm zurückklappen. Darauf achten, daß das Wischgummi überall an der Scheibe anliegt.

Scheibenwaschdüse aus- und einbauen/einstellen

Ausbau

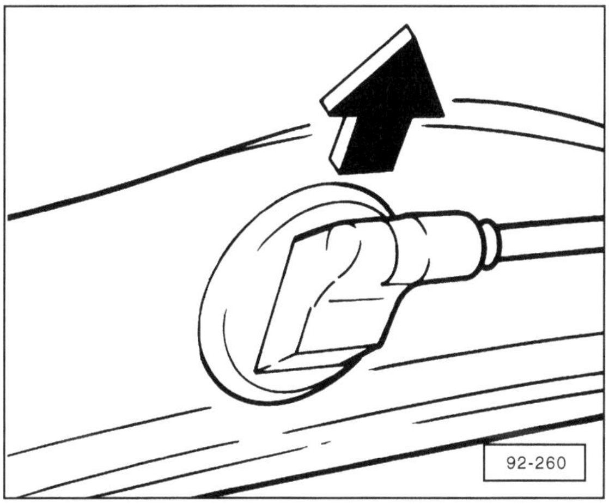

- Anschlußtülle schräg nach hinten von der Düse abziehen.

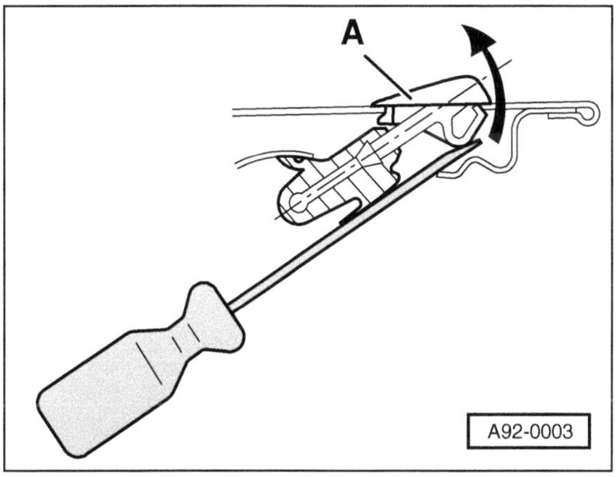

- Mit kleinem Schraubendreher Haltenase –Pfeil– zurückdrücken, gleichzeitig leicht gegen das Anschlußstück drücken. **Achtung:** Mit dem Schraubendreher nicht gegen das Karosserieblech drücken.
- Spritzdüse –A– nach außen herausziehen.

Beheizte Scheibenwaschdüse

- Anschlußstecker für Beheizung abziehen.

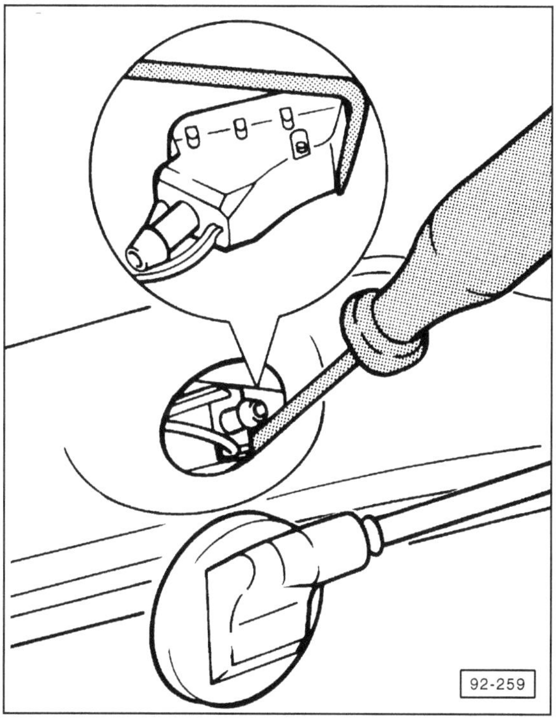

- Mit abgewinkeltem Schraubendreher (abgewinkelte Schenkellänge ca. 20 – 30 mm) Haltenase zurückdrücken, gleichzeitig leicht gegen Anschlußstück drücken. **Achtung:** Mit Schraubendreher nicht gegen Karosserieblech drücken.
- Spritzdüse nach außen herausziehen.
- Die Düse kann mit Preßluft gereinigt werden.

Einbau

- Düse von oben eindrücken, bis sie einrastet.
- Zulaufschlauch aufschieben.
- **Beheizte Düse:** Anschlußstecker für Beheizung aufstecken.

Einstellen

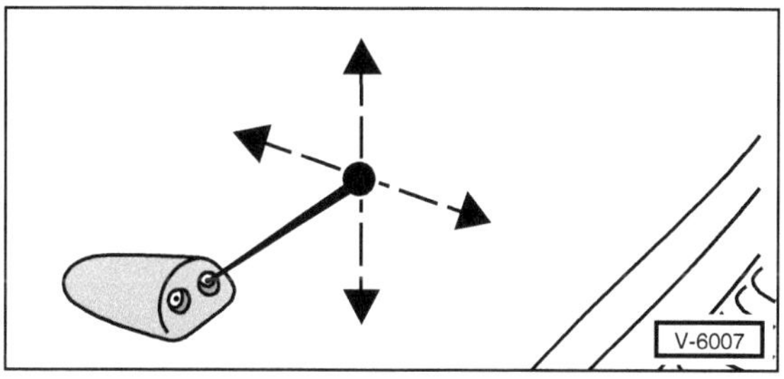

- Die Spritzrichtungen der Düsen können gegebenenfalls mit einem Dorn, ∅ 0,8 mm, korrigiert werden. Die Fachwerkstatt verwendet das Spezialwerkzeug AUDI-3125.

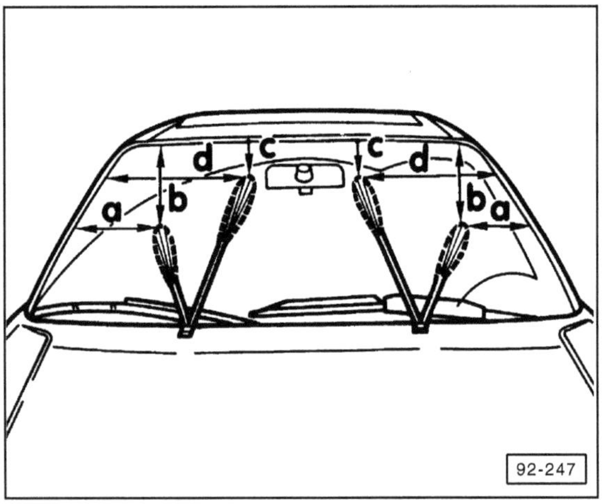

- **Bis Fg-Nr. 8DZYA200000:** Maße für Spritzstrahleinstellung: a = 235 mm, b = 445 mm, c = 80 mm, d = 520 mm.
- **Ab Fg-Nr. 8DZYA200001:** Maße für Spritzstrahleinstellung: a = 230 ± 50 mm, b = 510 ± 50 mm, c = 290 ± 50 mm, d = 470± 50 mm. **Hinweis:** Die Maße beziehen sich auf die Spritzstrahl-Auftreffpunkte während der Fahrt. Im Stand sind diese Punkte leicht versetzt.
- **Heckscheibendüse AVANT:** Die Mitte des Spritzfeldes muß ca. 280 mm oberhalb von der Spritzdüse liegen.

Scheinwerferreinigungsanlage

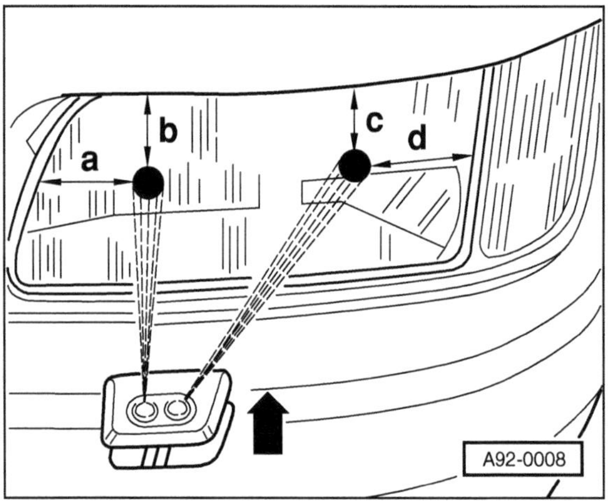

- Linker Scheinwerfer: Maße für Spritzstrahleinstellung: a = 65 mm, b = 50 mm, c = 40 mm, d = 90 mm. Die Fachwerkstatt verwendet zur Einstellung das Sonderwerkzeug AUDI-3019A. Die Maße für den rechten Scheinwerfer sind spiegelbildlich.

Scheibenwischeranlage für die Frontscheibe

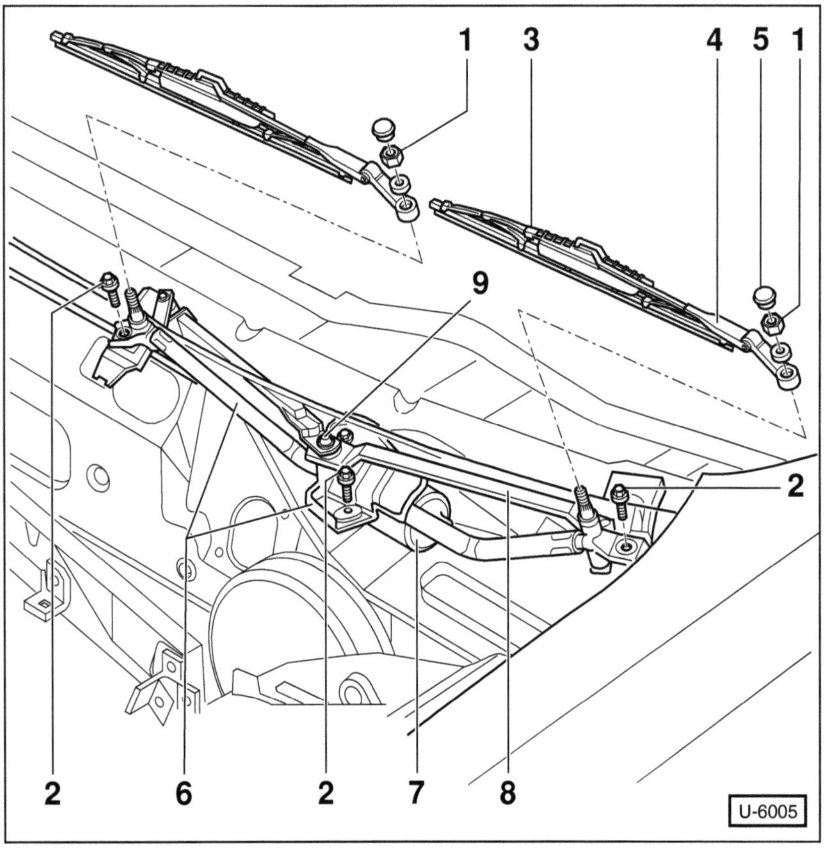

1 – **Befestigungsmuttern, 16 Nm**

2 – **Befestigungsschrauben, 8 Nm**

3 – **Wischerblatt**

4 – **Wischerarm**

5 – **Abdeckkappe**

6 – **Wischerrahmen**

7 – **Wischermotor**
Vor dem Einbau in Parkstellung laufen lassen.

8 – **Antriebsstange**
Abhebeln; Kugelschalen mit MoS_2-Fett bestreichen.

9 – **Kurbel**

Frontscheiben-Wischermotor aus- und einbauen

Der Wischermotor wird komplett mit Rahmen ausgebaut.

Ausbau

- Zündung einschalten. Scheibenwischer laufen lassen, bis der linke Wischerarm einen Winkel von ca. 45° einnimmt. In dieser Stellung Zündung ausschalten. Die Kurbel des Wischermotors muß jetzt in Fahrtrichtung zeigen.
- Abdeckkappen –5– (Abbildung U-6001) mit schmalem Schraubendreher abhebeln.
- Wischerarme –4– (Abbildung U-6001) abschrauben und von den Wischerachsen abziehen.
- Linken Windlauf ausbauen. Dazu mit Schraubendreher 2 Drehclips um 90° drehen und 2 Federklammern abhebeln.
- Kante unterhalb der Windschutzscheibe mit einem Abdeckband abkleben, um Kratzer im Lack zu vermeiden.

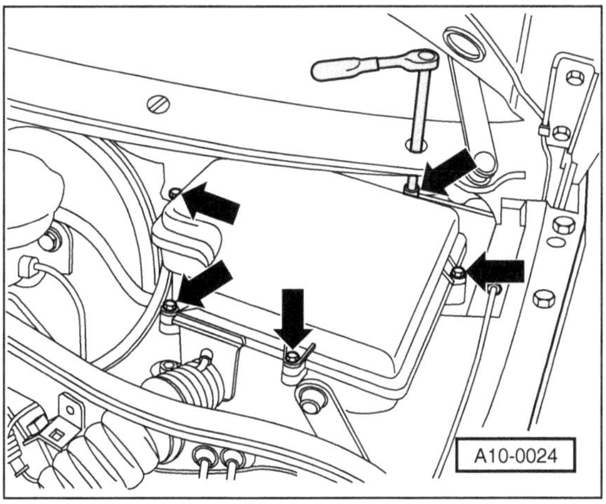

- Deckel für E-Box abschrauben. Motorsteuergerät abdecken, gegebenenfalls Motorsteuergerät ausbauen.
- Wischerrahmen mit 3 Schrauben –2– (U-6001) abschrauben und mit Wischermotor herausnehmen.
- Mehrfachstecker abziehen.
- Antriebsstangen von der Kurbel abhebeln.

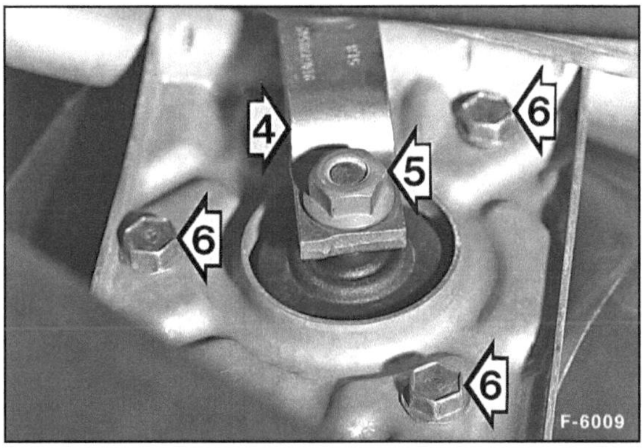

- Stellung der Kurbel –4– zur Montageplatte markieren. Dazu mit Filzstift entlang der Kurbel einen Strich auf der Montageplatte anbringen.
- Mutter –5– von der Antriebswelle abschrauben und Kurbel –4– vom Konus abziehen.
- 3 Befestigungsschrauben –6– für Wischermotor herausdrehen und Wischermotor von der Montageplatte abnehmen.

Einbau

- Wischermotor vor dem Einbau in Parkstellung bringen. Dazu Mehrfachstecker anschließen und Motor laufen lassen. Anschließend Motor mit Wischerschalter ausschalten und in Endstellung laufen lassen. Stecker abziehen.
- Wischermotor am Wischerrahmen anschrauben.
- Kurbel so aufsetzen, daß sie bei eingebautem Motor in Fahrtrichtung gesehen, nach rechts zeigt und mit Mutter anschrauben, noch nicht festziehen.
- Auf die Kurbel erst die linke, dann die rechte Antriebsstange aufdrücken. **Achtung:** Kugelschalen vorher mit MoS_2-Fett schmieren.
- Antriebsstangen so ausrichten, daß sie zusammen eine Gerade bilden. Die Kurbel muß dabei von den Antriebsstangen verdeckt werden und, in Fahrtrichtung gesehen, nach rechts zeigen.
- Kurbel in dieser Position mit **20 Nm** festschrauben.
- Motor mit Wischerrahmen einsetzen und mit 8 Nm, also nicht zu fest anschrauben. **Achtung:** Falls erforderlich, Motorachse vor dem Einsetzen so verdrehen, daß die Kurbel in Fahrtrichtung nach vorn zeigt.
- Mehrfachstecker aufschieben. Wenn die Motorachse verdreht wurde, Wischermotor in Parkstellung laufen lassen.
- Linken Windlauf ansetzen, andrücken und mit Schraubendreher die beiden Drehclips um 90° verdrehen. Federklammern aufschieben.

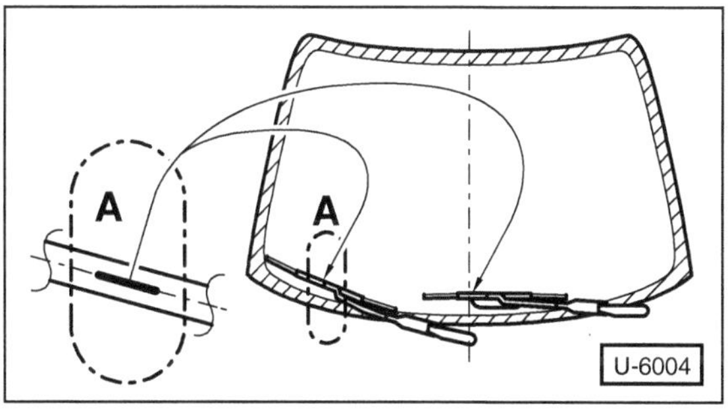

- **Bis Fg-Nr. 8DZYA200000:** Wischerarme entsprechend den an der Windschutzscheibe angebrachten Markierungen –A– auf die Wischerlager schieben und mit 16 Nm festschrauben. **Hinweis:** Die Wischerblätter können sich auch 10 – 20 mm oberhalb der Markierungen befinden.
- **Ab Fg-Nr. 8DZYA200001:** Abstand der Oberkante des rechten Wischerblattes zum unteren Scheibenrand: 15 mm (+ 5 mm). Abstand der Unterkante des linken Wischerblattes (Fahrerseite) zum unteren Scheibenrand: 25 mm (+ 5 mm).
- Abdeckkappen aufdrücken.
- Funktion der Wischeranlage überprüfen.

Heckwischermotor aus- und einbauen

AVANT

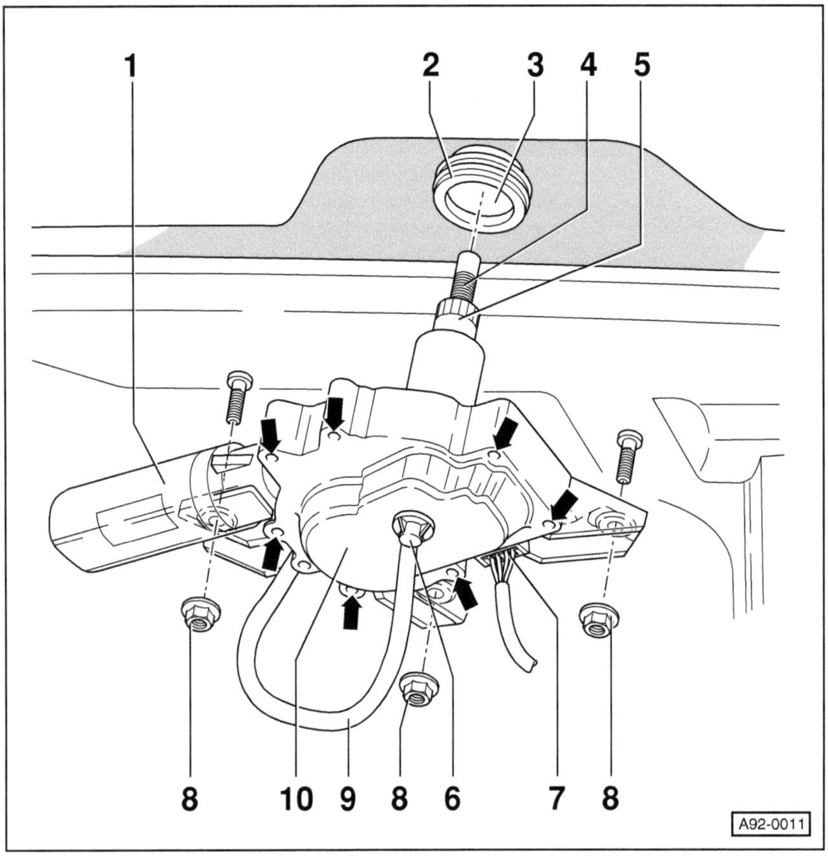

1 – **Wischermotor**
2 – **Dichtungsgummi**
3 – **Bohrung in Heckscheibe**
4 – **Spritzdüse**
5 – **Antriebswelle**
6 – **Anschlußrohr für Spritzdüse**
7 – **Anschlußstecker**
8 – **Muttern, 10 Nm**
9 – **Wasserschlauch**
10 – **Abdeckung**

Ausbau:

- Heckwischerarm ausbauen.
- Heckklappenverkleidung ausbauen, siehe Seite 189.
- Anschlußstecker –7– und Wasserschlauch –9– abziehen.
- Muttern –8– abschrauben und Wischermotor abnehmen.

Einbau:

- Wischermotor einsetzen, dabei Dichtungsgummi –2– sorgfältig in Heckscheibenbohrung –3– einführen.
- Weiteren Einbau in umgekehrter Ausbaureihenfolge durchführen.
- Heckwischerarm mit 8 Nm (leicht) festziehen.

Pumpe / Vorratsbehälter für Scheibenwasch- und Scheinwerferreinigungsanlage

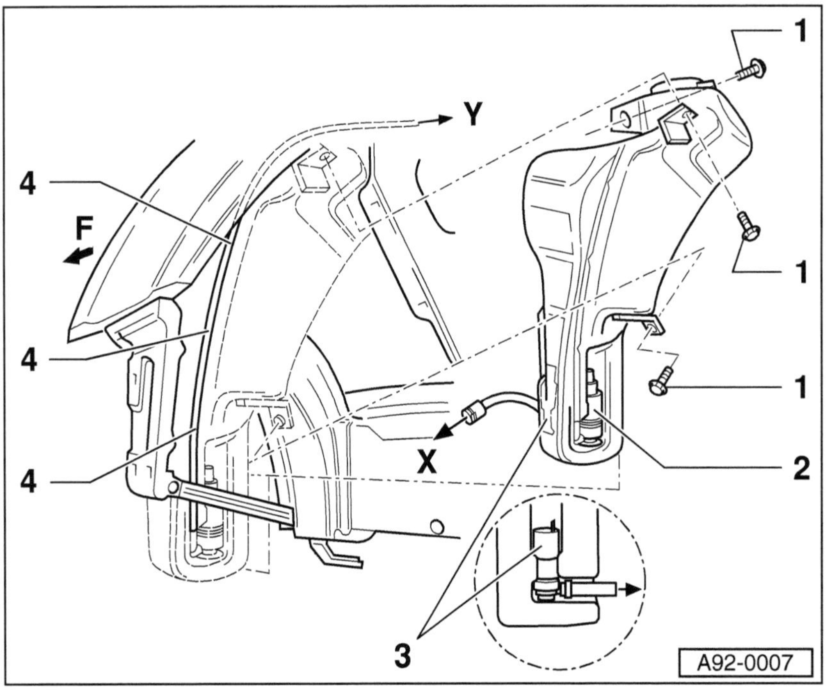

Gemeinsamer Kombibehälter

1 – **Befestigungsschrauben, 7 Nm**

2 – **Pumpe für Frontscheibenwaschanlage**
Bei Fahrzeugen mit Auto-Check System mit Wasserstandgeber.
Ausbau: Pumpe/Wasserstandgeber nach oben aus Gummitülle ziehen.

3 – **Pumpe für Scheinwerferreinigungsanlage**
Ausbau: Pumpe nach oben aus der Gummitülle ziehen.

4 – **Clip-Positionen für Wasserschlauch**
Schlauch an diesen Stellen einclipsen und zur Frontscheibe verlegen.

F – **Fahrtrichtung, Radhaus von links unten gesehen**

X – **Anschluß Spritzdüsen für Scheinwerfer**

Y – **Anschluß Spritzdüsen für Frontscheibe**

Hinweis: Der 125 PS-Motor mit Scheinwerferreinigungsanlage hat 2 getrennte Behälter (nicht abgebildet).

Scheibenwaschpumpe prüfen/ersetzen

Achtung: Elektromotor der Scheibenwaschpumpe prüfen, siehe Seite 227.

Ausbau

- Stecker abziehen, dabei Drahtsicherungen zusammendrücken.
- Scheibenwaschbehälter entleeren.
- Mit einem Schraubendreher zwischen Vorratsbehälter und Pumpe fassen und durch Drehen des Schraubendrehers Pumpe aus Gummitülle drücken.
- Pumpe aus dem Vorratsbehälter herausziehen.
- Wasserschlauch abziehen.

Einbau

- Wasserschlauch auf neue Pumpe schieben.
- Neue Pumpe einsetzen.
- Stecker aufschieben.
- Funktion der Scheibenwaschpumpe prüfen.

Scheibenwischerarme einstellen

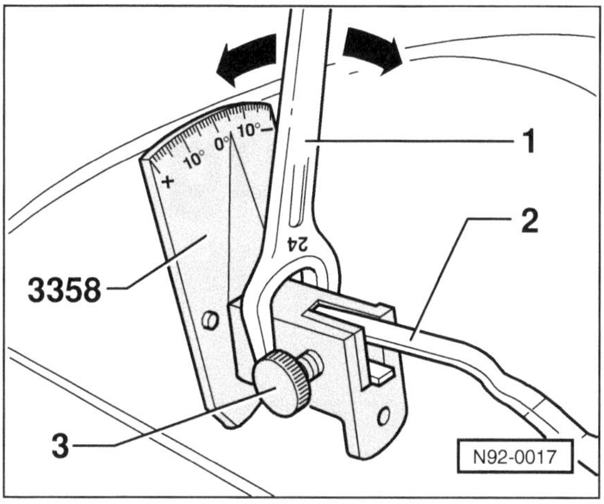

- Wischerarme in Ruhestellung bringen und Wischerblatt ausbauen.
- Falls das Spezialwerkzeug VW-3358 (oder HAZET 4851-1) vorhanden ist, Wischerarm –2– in Werkzeug einlegen und mit Schraube –3– arretieren.
- Wischerarm mit Maulschlüssel –1– vorsichtig verdrehen, bis an der Skala der Sollwert angezeigt wird.

Sollwerte	Fahrerseite:	–3°
	Beifahrerseite:	–3°
	Heckklappe:	0°

- Anschließend Werkzeug abbauen und nochmals neu aufsetzen und arretieren. Einstellwert prüfen, gegebenenfalls nochmals korrigieren.

Störungsdiagnose Scheibenwischergummi

Wischbild	Ursache	Abhilfe
Schlieren.	Wischgummi verschmutzt.	■ Wischgummi mit harter Nylonbürste und einer Waschmittellösung oder Spiritus reinigen.
	Ausgefranste Wischlippe, Gummi ausgerissen oder abgenutzt.	■ Wischgummi erneuern.
	Wischgummi gealtert, rissige Oberfläche.	■ Wischgummi erneuern.
Im Wischfeld verbleibende Wasserreste ziehen sich sofort zu Perlen zusammen.	Windschutzscheibe durch Lackpolitur oder Öl verschmutzt.	■ Windschutzscheibe mit sauberem Putzlappen und einem Fett-Öl-Silikonentferner reinigen.
Wischerblatt wischt einseitig gut - einseitig schlecht, rattert.	Wischgummi einseitig verformt, »kippt nicht mehr«.	■ Neues Wischgummi einbauen.
	Wischerarm verdreht, Blatt steht schief auf der Scheibe.	■ Wischerarm vorsichtig verdrehen, bis richtige Stellung erreicht ist, siehe Abbildung N92-0017.
Nicht gewischte Flächen.	Wischgummi aus der Fassung herausgerissen.	■ Wischgummi vorsichtig in die Fassung einsetzen.
	Wischerblatt liegt nicht mehr gleichmäßig an der Scheibe an, da Federschienen oder Bleche verbogen.	■ Wischerblatt ersetzen. Dieser Fehler tritt vor allem bei unsachgemäßem Montieren eines Ersatzblattes auf.
	Anpreßdruck durch Wischerarm zu gering.	■ Wischerarmgelenke und Feder leicht einölen oder neuen Arm einbauen.

Wagenpflege

Werkzeug

Fahrzeug waschen

Aus Umweltschutzgründen ist in den meisten Gemeinden die Wagenwäsche auf öffentlichen Plätzen verboten. Inzwischen gibt es an vielen Tankstellen die Möglichkeit, dort seinen Wagen auch von Hand zu waschen. Da an diesen Tankstellen garantiert ist, daß das Schmutzwasser nicht in der Erde versickert, sollte die Wagenwäsche dort durchgeführt werden.

- Verschmutzten Wagen möglichst umgehend waschen.
- Tote Insekten **vor** der Wagenwäsche einweichen und abwaschen.
- Reichlich Wasser verwenden.
- Weichen Schwamm oder sehr weiche Waschbürste mit Schlauchanschluß benutzen.
- Lackierung nicht scharf abspritzen, sondern nur abbrausen und Schmutz aufweichen lassen.
- Aufgeweichten Schmutz von oben nach unten mit reichlich Wasser abwaschen.
- Schwamm oft ausspülen.
- Zum Abtrocknen sauberes Leder verwenden.
- Nur gute, rückfettende Markenwaschmittel verwenden (falls überhaupt). Mit klarem Wasser gründlich nachspülen, um die Reste des Waschmittels zu entfernen.
- Zum Schutz der Lackierung kann dem Waschwasser ein Waschkonservierer beigegeben werden.
- Bei regelmäßiger Benutzung von Waschmitteln muß öfter konserviert werden.
- Wagen niemals in der Sonne waschen oder trocknen. Wasserflecken auf der Lackierung sind sonst unvermeidlich.
- Durch Streusalze besonders gefährdet sind alle innenliegenden Falze, Flansche und Fugen an Türen und Hauben. Diese Stellen müssen deshalb bei jedem Wagenwaschen – auch nach der Wäsche in automatischen Waschstraßen – mit einem Schwamm gründlich gereinigt und anschließend abgespült und abgeledert werden.

Achtung: Nach der Wagenwäsche ergibt sich eine verringerte Bremswirkung durch Nässe. Deshalb Bremsscheiben kurz trockenbremsen.

Lackierung pflegen

Konservieren: So oft wie nötig soll die sauber gewaschene und getrocknete Lackierung mit einem Konservierungsmittel behandelt werden, um die Oberfläche durch eine porenschließende und wasserabweisende Wachsschicht gegen Witterungseinflüsse zu schützen.

Übergelaufenen Kraftstoff, übergelaufenes Öl oder Fett, beziehungsweise übergelaufene Bremsflüssigkeit **sofort entfernen,** sonst kommt es zu Lackverfärbungen.

Das Konservieren muß wiederholt werden, wenn Wasser nicht mehr vom Lack abperlt, sondern großflächig verläuft. Regelmäßiges Konservieren bewirkt, daß der ursprüngliche Glanz der Lackierung sehr lange erhalten bleibt.

Eine weitere Möglichkeit, den Lack zu konservieren, bieten Waschkonservierer. Waschkonservierer schützen die Lackierung jedoch nur ausreichend, wenn sie bei **jeder** Wagenwäsche verwendet werden und der zeitliche Abstand zwischen 2 Wäschen nicht mehr als 2 bis 3 Wochen beträgt. Nur Lackkonservierer verwenden, die Carnauba- oder synthetische Wachse enthalten.

Nach dem Anwenden von Waschmitteln (Schaumwäsche) ist eine Nachbehandlung mit einem Konservierungsmittel besonders zu empfehlen (Gebrauchsanweisung beachten).

Polieren: Das Polieren der Lackierung ist nur dann erforderlich, wenn der Lack infolge mangelhafter Pflege unter der Einwirkung von Straßenstaub, industriellen Abgasen, Sonne und Regen unansehnlich geworden ist und sich durch eine Behandlung mit Konservierungsmitteln kein Glanz mehr erzielen läßt. Zu warnen ist vor stark schleifenden oder chemisch stark angreifenden Poliermitteln, auch wenn der erste Versuch damit noch so sehr zu überzeugen scheint.

Vor jedem Polieren muß der Wagen sauber gewaschen und sorgfältig abgetrocknet werden. Im übrigen ist nach der Gebrauchsanweisung für das Poliermittel zu verfahren.

Die Bearbeitung soll in nicht zu großen Flächen erfolgen, um ein vorzeitiges Eintrocknen der Politur zu vermeiden. Bei manchen Poliermitteln muß anschließend noch konserviert werden. Nicht in der prallen Sonne polieren! Matt lackierte Teile dürfen nicht mit Konservierungs- oder Poliermitteln behandelt werden.

Teerflecke entfernen: Teerflecke fressen sich innerhalb kurzer Zeit in den Lack ein und können dann nicht mehr vollkommen entfernt werden. Frische Teerflecke können mit einem in Waschbenzin getränkten weichen Lappen entfernt werden. Notfalls kann auch Tankstellenbenzin, Petroleum oder Terpentinöl verwendet werden. Sehr gut gegen Teerflecke eignet sich auch ein Lackkonservierer. Bei Verwendung dieses Mittels kann auf ein Nachwaschen verzichtet werden.

Insekten entfernen: Die Reste von Insektenleichen tragen Stoffe in sich, die den Lackfilm beschädigen können, wenn sie nicht innerhalb kurzer Zeit entfernt werden. Einmal festgeklebt, lassen sie sich durch Wasser und Schwamm allein nicht entfernen, sondern müssen mit schwacher, lauwarmer Seifen- oder Waschmittel-Lösung abgewaschen werden. Es gibt auch spezielle Insekten-Entferner.

Baumaterial-Spritzer entfernen: Spritzer jeglichen Baumaterials mit einer lauwarmen Lösung neutraler Waschmittel abwaschen. Nur leicht reiben, da sonst die Lackierung zerkratzt werden kann. Nach dem Waschen sorgfältig mit klarem Wasser nachspülen.

Kunststoffteile pflegen: Kunststoffteile, Kunstledersitze, Himmel, Leuchtengläser sowie mattschwarz gespritzte Teile mit Wasser und eventuell einem Shampoo-Zusatz säubern, Himmel nicht durchfeuchten. Kunststoffteile gegebenenfalls mit Kunststoffreiniger behandeln. Keinesfalls Lösungsmittel wie Nitroverdünner, Kaltreiniger oder Kraftstoff verwenden.

Scheiben reinigen: Fensterscheiben innen und außen mit sauberem, weichem Lappen abreiben. Bei starker Verschmutzung helfen Spiritus oder Salmiakgeist und lauwarmes Wasser, oder auch ein spezieller Scheibenreiniger. Beim Reinigen der Windschutzscheibe Scheibenwischerarm nach vorn klappen.

Bei der Reinigung der Windschutzscheibe sind auch die Wischerblätter zu säubern.

Achtung: Bei Verwendung silikonhaltiger Mittel dürfen die zur Reinigung der Lackierung verwendeten Waschbürsten, Schwämme, Lederlappen und Tücher nicht für die Scheiben verwendet werden. Beim Einsprühen der Lackierung mit silikonhaltigen Pflegemitteln sollten die Scheiben mit Pappe oder anderem Material abgedeckt werden.

Gummidichtungen pflegen: Von Zeit zu Zeit Gummidichtungen durch Einpudern der Dicht- und Gleitflächen mit Talkum oder Besprühen mit Silikonspray geschmeidig halten. So werden auch quietschende oder knarrende Geräusche beim Türenschließen vermieden. Auch das Einreiben der betreffenden Flächen mit Schmierseife beseitigt die Geräusche.

Leichtmetall-Scheibenräder mit Felgenreiniger besonders während der kalten Jahreszeit pflegen, jedoch keine aggressiven, säurehaltigen, stark alkalischen und rauhen Reinigungsmittel oder Dampfstrahler über +60° C verwenden.

Sicherheitsgurte nur mit milder Seifenlauge in eingebautem Zustand säubern, nicht chemisch reinigen, da dadurch das Gewebe zerstört werden kann. Automatikgurte nur in trockenem Zustand aufrollen. Gurtband nicht bei einer Temperatur von über +80° C oder direkter Sonneneinstrahlung trocknen.

Unterbodenschutz/ Hohlraumkonservierung

Die gesamte Bodenanlage einschließlich der hinteren Radkästen ist mit PVC-Unterbodenschutz beschichtet. Die besonders stark gefährdeten Bereiche in den vorderen Radläufen sind mit Kunststoffschalen gegen Steinschlag geschützt. Sämtliche Hohlräume sind mit Spezialwachs besprüht. Darüber hinaus sind alle Karosserieteile aus verzinktem Blech hergestellt. Vor der kalten Jahreszeit und nach einer Unterbodenwäsche sollte der Unterbodenschutz kontrolliert und mit einem Unterbodenschutzwachs nachkonserviert werden.

Im Schleuderbereich des Unterbaues können sich Staub, Lehm und Sand ablagern. Das Entfernen des angesammelten Schmutzes, der während der Winterzeit auch noch mit Salz angereichert sein kann, ist besonders wichtig.

Motorraum konservieren: Zur Verhinderung von Korrosion am Vorderwagen (z. B. Seitenteile, Längsträger oder Abschlußblech) und des Antriebaggregates muß der Motorraum einschließlich der im Motorraum befindlichen Teile der Bremsanlage sowie der Vorderachselemente und der Lenkung mit einem hochwertigen Konservierungswachs eingesprüht werden. Vor allen Dingen natürlich nach einer Motorwäsche. **Achtung:** Vor der Motorwäsche, die zum Beispiel mit Kaltreiniger und einem Dampfstrahlgerät durchgeführt werden kann, sind Generator, Sicherungskasten und Bremsflüssigkeitsbehälter mit Plastikhüllen abzudecken.

Polsterbezüge pflegen

Textilbezüge: Polsterbezüge mit Staubsauger absaugen oder mit einer nicht zu weichen Bürste ausbürsten. Bei starker Verschmutzung Textilbezüge mit Trockenschaum reinigen.

Fett- und Ölflecke mit Reinigungsbenzin oder Fleckenwasser behandeln. Das Reinigungsmittel darf aber nicht unmittelbar auf den Stoff gegossen werden, da sich sonst unweigerlich Ränder bilden. Fleck durch kreisförmiges Reiben von außen nach innen bearbeiten. Andere Verschmutzungen lassen sich meistens mit lauwarmem Seifenwasser entfernen.

Lederbezüge: Bei starker Sonneneinstrahlung und längerer Standzeit Sitze abdecken, damit sie nicht ausbleichen.

Trikot- oder Wollappen mit Wasser leicht anfeuchten und Lederflächen säubern, ohne das Leder oder die Nahtstellen zu durchfeuchten. Anschließend das getrocknete Leder mit einem sauberen und weichen Tuch nachreiben.

Stärker verschmutzte Lederflächen können mit einem milden Feinwaschmittel ohne Aufheller (2 Eßlöffel auf 1 Liter Wasser) gereinigt werden. Fett- und Ölflecke vorsichtig ohne Reiben mit Reinigungsbenzin abtupfen.

Die gereinigten (lackierten) Lederpolster sollten anschließend mit einem handelsüblichen Pflegemittel für Lederflächen behandelt werden. Solche Mittel sind bei den Fachwerkstätten und im Autofachhandel erhältlich. Das Mittel vor Gebrauch gut schütteln und mit einem weichen Lappen dünn auftragen. Nach dem Eintrocknen mit einem sauberen und weichen Tuch nachreiben. Diese Behandlung empfiehlt sich bei normaler Beanspruchung alle 6 Monate.

Werkzeugausrüstung

Langfristig zahlt es sich immer aus, wenn man qualitativ hochwertiges Werkzeug kauft. Neben einer Grundausstattung mit Maul- und Ringschlüsseln in den gängigen Größen und verschiedenen Torxschraubendrehern sowie einem Satz Steckschlüssel empfiehlt sich auch der Kauf eines Drehmomentschlüssels. Darüber hinaus ist bei manchen Arbeitsgängen der Einsatz von Spezialwerkzeug zwingend erforderlich.

Gutes und stabiles Werkzeug wird von der Firma HAZET (42804 Remscheid, Postfach 100461) angeboten. In den Tabellen sind die Werkzeuge mit der HAZET-Bestellnummer aufgeführt. Vertrieben wird das Werkzeug über den Fachhandel.

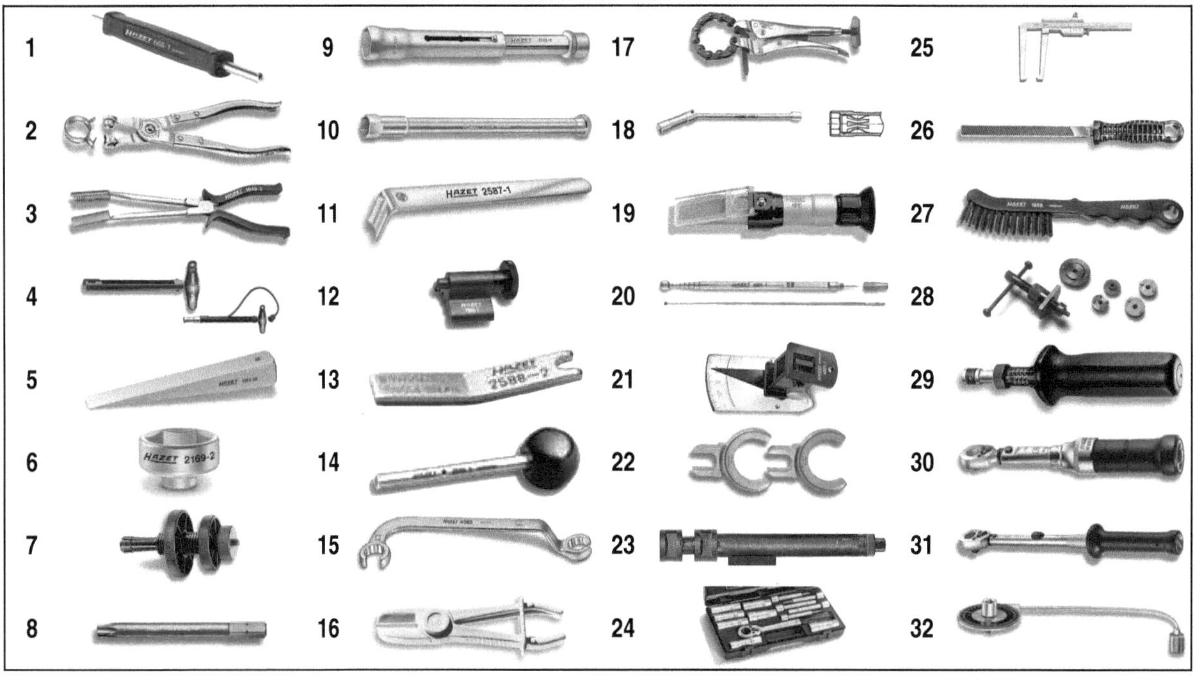

Abb.	Werkzeug	Hazet-Nr.
1	Ventildreher für Reifenventile	666-1
2	Zange für Federbandschellen der Kühlmittelschläuche	798-5
3	Zündkerzensteckerzange für tiefliegende Zündkerzen beim V6-Motor	1849-2
4	Zündkerzenstecker-Abzieher	1849-6
5	Montagekeil	1965-20
6	Steckschlüssel für Ölfilterwechsel	2169-2
7	Kupplungs-Zentrierwerkzeug	2174
8	Torxschlüsseleinsatz für Airbag	2223Lg-T30
9	Zündkerzen-Steckschlüsseleinsatz (1,6-l-Benzinmotor)	2505-2
10	Zündkerzen-Steckschlüsseleinsatz (1,8- bis 2,8-l-Benzinmotor)	2506
11	Spannrollendreher zum Zahnriemen entspannen	2587-1
12	Kurbelwellenstop	2588-1
13	Sperrplättchen	2588-2
14	Absteckstift	2588-3
15	Offener Ringschlüssel für Einspritz leitungen (Diesel)	4560
16	Abklemmzangen-Satz	4590/2
17	Ketten-Abgasrohrschneider	4682

Abb.	Werkzeug	Hazet-Nr.
18	Zündkerzenschlüssel (16V-Motor)	4766-1
19	Messgerät für Säuredichte und Frostschutzanteil	4810 C
20	Spritzdüseneinsteller für Scheibenwaschanlage	4850-1
21	Winkeleinsteller für Scheibenwischerarme	4851-1
22	Federspanner-Spannplatten-Paar für den A4 vorn/hinten	4900-11
23	Spanngerät für Schraubenfedern der Federbeine	4900-2A
24	Schlüsselsatz für Stoßdämpferwechsel vorn/hinten	4910/13
25	Bremsscheiben-Messschieber	4956-1
26	Bremssattelfeile	4968-1
27	Bremssatteldrahtbürste	4968-3
28	Bremskolbendrehwerkzeug für hintere Scheibenbremsen	4970/6
29	Drehmomentschlüssel 1 – 6 Nm	6003 CT
30	Drehmomentschlüssel 4 – 40 Nm	6109-2 CT
31	Drehmomentschlüssel 40 – 200 Nm	6122–1CT
32	Winkelscheibe für drehwinkelgesteuerten Schraubenanzug	6690

Motorstarthilfe

Fahrzeug abschleppen

Starthilfe

Achtung: Werden die vorgeschriebenen Anschlußhinweise nicht genau eingehalten, besteht die Gefahr der Verätzung durch austretende Batteriesäure. Außerdem können Verletzungen oder Schäden durch eine Batterieexplosion entstehen oder Defekte an der Fahrzeugelektrik auftreten.

- Die Starthilfekabel sollten einen Leitungsquerschnitt von 25 mm^2 aufweisen und mit isolierten Kabelzangen ausgestattet sein. In der Regel ist der Leitungsquerschnitt auf der Packung der Starthilfekabel angegeben.
- Bei beiden Batterien muss die Spannung 12 Volt betragen. Die Kapazität der stromgebenden Batterie darf nicht wesentlich unter der der entladenen Batterie liegen.
- Falls vorhanden, Deckel über der Fahrzeugbatterie öffnen.
- Eine entladene Batterie kann bereits bei –10° C gefrieren. Vor Anschluss der Starthilfekabel muss eine gefrorene Batterie unbedingt aufgetaut werden.
- Die entladene Batterie muss ordnungsgemäß am Bordnetz angeklemmt sein.
- Wenn möglich, Säurestand der entladenen Batterie prüfen, gegebenenfalls destilliertes Wasser auffüllen und Batterie verschließen.
- Fahrzeuge so weit auseinander stellen, dass kein metallischer Kontakt besteht. Andernfalls könnte bereits beim Verbinden der Pluspole ein Strom fließen.
- Bei beiden Fahrzeugen Handbremse anziehen. Schaltgetriebe in Leerlaufstellung, automatisches Getriebe in Parkstellung »P« schalten.
- Alle Stromverbraucher, auch das Autotelefon, ausschalten.
- Grundsätzlich Motor des Spenderfahrzeuges ca. 1 Minute vor dem Startvorgang und während des Startvorganges mit Leerlaufdrehzahl drehen lassen. Dadurch wird eine Beschädigung des Generators durch Spannungsspitzen beim Startvorgang vermieden.
- Während des Starthilfevorganges offene Flammen oder brennende Zigaretten in der Nähe der Batterie vermeiden, weil aus der Batterie brennbare Gase austreten können.
- Darauf achten, daß die Starthilfekabel nicht durch drehende Teile wie z. B. Kühlerventilator beschädigt werden.

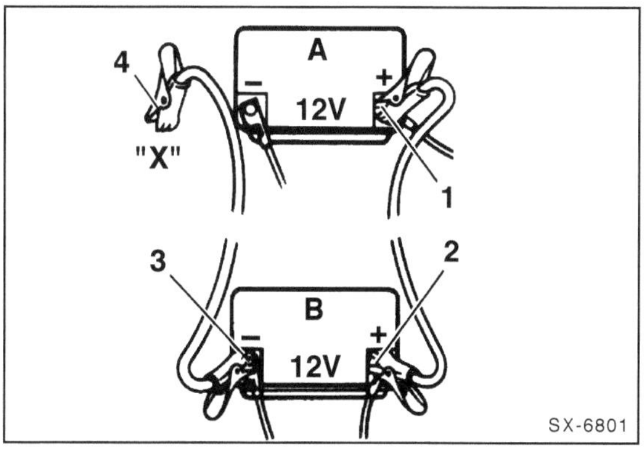

- Starthilfekabel in folgender Reihenfolge anschließen:
  1. Rotes Kabel an den Pluspol der entladenen Batterie –A– anklemmen.
  2. Das andere Ende des roten Kabels an den Pluspol der stromgebenden Batterie –B– anklemmen.
  3. Schwarzes Kabel an den Minuspol der stromgebenden Batterie anklemmen.
  4. Das andere Ende des schwarzen Kabels an eine gute Massestelle –X– des Empfängerfahrzeuges anschließen. Am besten eignet sich ein mit dem Motorblock verschraubtes Metallteil. Unter ungünstigen Umständen könnte beim Anschließen des Kabels an den Minuspol der leeren Batterie, durch Funkenbildung und Knallgasentwicklung, die Batterie explodieren.

Achtung: Die Klemmen der Starthilfekabel dürfen bei angeschlossenen Kabeln nicht in Kontakt miteinander kommen, beziehungsweise die Plusklemmen dürfen keine Massestellen (Karosserie oder Rahmen) berühren.

- Motor des Empfängerfahrzeuges (leere Batterie) starten und laufen lassen. Beim Starten Anlasser nicht länger als 10 Sekunden ununterbrochen betätigen, da sich durch die hohe Stromaufnahme Polzangen und Kabel erwärmen. Deshalb zwischendurch eine »Abkühlpause« von mindestens ½ Minute einlegen.
- Nicht über die Batterien beugen – Verätzungsgefahr!

- **Nach der Starthilfe** Kabel in **umgekehrter** Reihenfolge abklemmen: Zuerst schwarzes Kabel (–) am Empfängerfahrzeug, dann am stromgebenden Fahrzeug abklemmen. Rotes Kabel zuerst am stromgebenden und dann am Empfängerfahrzeug abklemmen.

Abschleppen

Das Fahrzeug darf nur an den dafür vorgesehenen Abschleppösen abgeschleppt werden. Die Abschleppösen befinden sich vorn und hinten auf der rechten Seite.

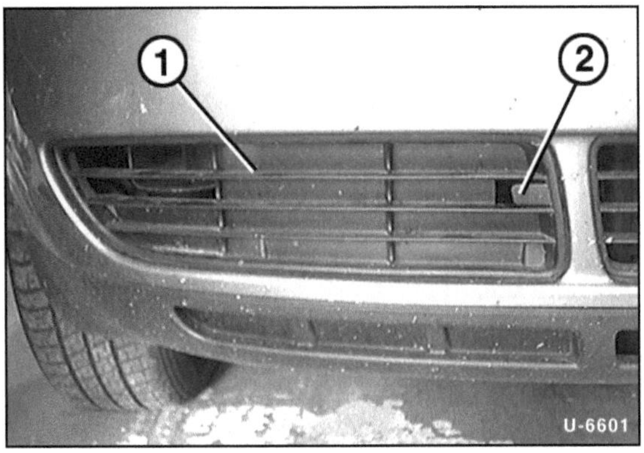

- Um an die vordere Abschleppöse zu gelangen, muß das rechte Luftführungsgitter –1– ausgebaut werden. Dazu Lasche –2– mit dem Finger nach vorn drücken und gleichzeitig Luftführungsgitter im Bereich der Lasche nach vorn ziehen.

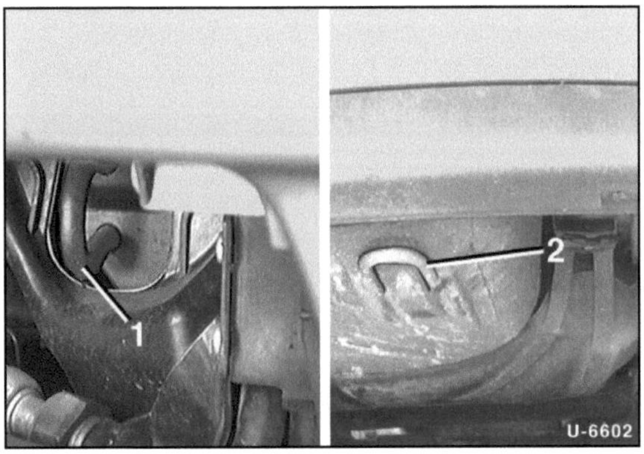

- Abschleppöse vorn –1– und hinten –2–.

Regeln beim Abschleppen

- Zündung einschalten, damit das Lenkrad nicht blockiert ist, die Bremsleuchten funktionieren und das Signalhorn und die Scheibenwischer betätigt werden können.
- Getriebe in Leerlaufstellung bringen, bei Fahrzeugen mit Automatikgetriebe den Wählhebel in Stellung »N«.
- Warnblinkanlage bei ziehendem und gezogenem Fahrzeug einschalten.
- Da der Bremskraftverstärker und die Servolenkung nur bei laufendem Motor arbeiten, müssen bei nicht laufendem Motor das Bremspedal und das Lenkrad entsprechend kräftiger betätigt werden!
- **Empfehlenswert ist die Verwendung einer Abschleppstange.** Die Gefahr des Auffahrens ist bei Verwendung eines Abschleppseils groß. Ein Abschleppseil soll elastisch sein, damit das schleppende und das gezogene Fahrzeug geschont werden. Nur Kunstfaserseile oder Seile mit elastischen Zwischengliedern verwenden.

Besonderheiten bei Fahrzeugen mit Allradantrieb

- **Bei Einsatz eines Abschleppwagens:** Fahrzeug darf mit angehobener Vorder- oder Hinterachse abgeschleppt werden. Bei diesem Abschleppverfahren ist folgendes zu beachten:
  Maximale Schleppgeschwindigkeit: **50 km/h!**
  Maximale Schleppentfernung: **50 Kilometer!**
  Grund: Bei höherer Geschwindigkeit oder weiterer Entfernung wird das Mitteldifferential nicht ausreichend geschmiert und kann dadurch beschädigt werden.
- Bei angehobener Vorderachse darf die Differentialsperre nicht eingelegt sein

Besonderheiten bei Fahrzeugen mit Getriebeautomatik

Wählhebelstellung: **»N«**
Maximale Schleppgeschwindigkeit: **50 km/h!**
Maximale Schleppentfernung: **50 Kilometer!**

- **Bei defektem Getriebe**, höherer Geschwindigkeit oder längerer Schleppstrecke Fahrzeug mit den Antriebsrädern anheben. Grund: Bei stehendem Motor arbeitet die Getriebeölpumpe nicht, das Getriebe wird für höhere Drehzahlen und längere Laufstrecken daher nicht ausreichend geschmiert.
- **Bei Einsatz eines Abschleppwagens:** Fahrzeug darf nur mit angehobenen Antriebsrädern abgeschleppt werden.

Fahrzeug anschleppen (Notstart)

Das Anschleppen (Starten des Motors durch das rollende Fahrzeug) ist bei Fahrzeugen mit Getriebeautomatik nicht möglich.

Achtung: Bei betriebswarmem Benzinmotor mit Schaltgetriebe darf nur über eine Strecke von maximal 50 Metern angeschleppt werden, da sonst die Gefahr von Katalysatorschäden besteht.

- Zündung einschalten.
- Gas geben.
- Auskuppeln und 3. Gang einlegen.
- Fahrzeug anschleppen oder anschieben lassen.
- Langsam einkuppeln.

Fahrzeug aufbocken

Bei Arbeiten unter dem Fahrzeug muß dieses, falls es nicht auf einer Hebebühne steht, auf zwei oder vier stabilen Unterstellböcken stehen. **Auf keinen Fall dürfen Arbeiten unter dem Fahrzeug ausgeführt werden, wenn dieses nicht ausreichend gesichert ist oder nur mit dem Wagenheber abgestützt wird. Lebensgefahr!**

- Das Fahrzeug nur in unbeladenem Zustand auf ebener, fester Fläche aufbocken.
- Die Räder, die beim Anheben auf dem Boden stehen bleiben, mit Keilen gegen Vor- oder Zurückrollen sichern. Nicht auf die Feststellbremse verlassen, diese muß bei einigen Reparaturen gelöst werden.
- Fahrzeug mit Unterstellböcken so abstützen, daß jeweils ein Bein seitlich nach außen zeigt.

Achtung: Durch eine geeignete Gummi- oder Holzzwischenlage werden beim Anheben Beschädigungen am Unterbau vermieden.

Anheb- und Aufbockpunkte:

Bordwagenheber

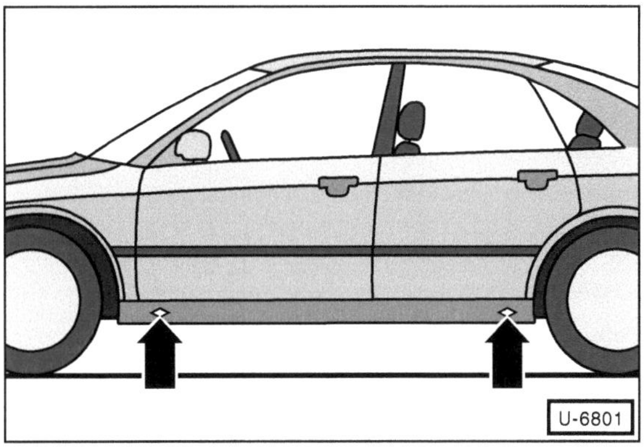

- Die Aufnahmepunkte für den Bordwagenheber sind am Unterholm durch Eindrückungen gekennzeichnet –Pfeile–. Wagenheber unterhalb dieser Eindrückungen ansetzen, dabei muß die Sicke am Schweller in die Rille des Wagenhebers eingreifen.
- Wagenheber hochkurbeln, bis das Rad vom Boden abgehoben hat. Fahrzeug mit Unterstellböcken abstützen.

Aufnahmepunkte für Hebebühne und Werkstattwagenheber

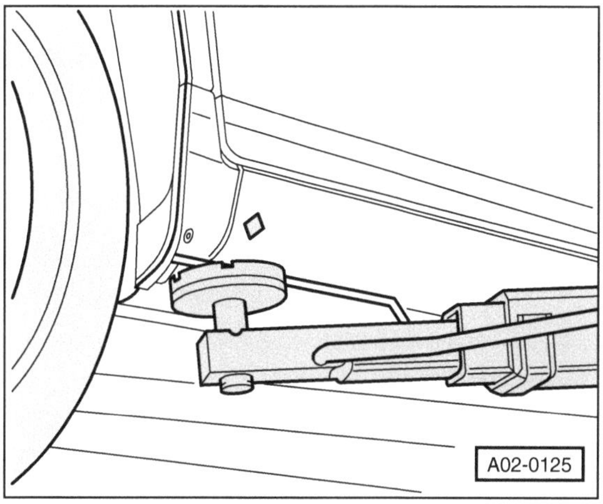

- **Vorn** an der Verstärkung am Bodenblech im Bereich der eingeprägten Markierung.

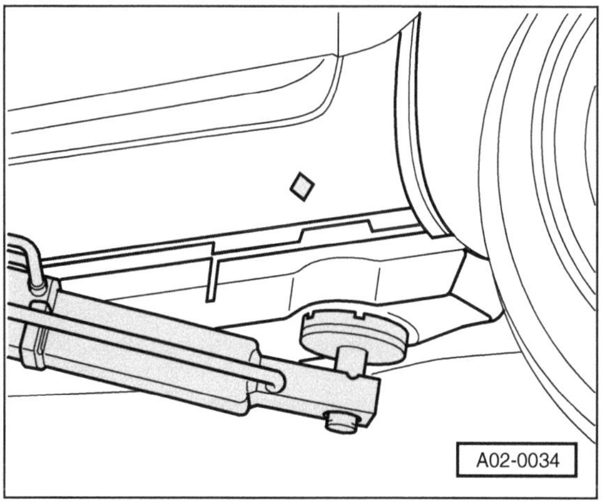

- **Hinten** im Bereich der Markierung für den Bordwagenheber an der Versteifung des Unterholms.

Achtung: Die Befestigungslasche des Längslenkers darf vom Aufnahmeteller nicht berührt werden, da sonst die Radführung beschädigt werden könnte.

W Wartungsplan

Die Wartungsintervalle beim AUDI A4 sind von der Zeitdauer und den gefahrenen Kilometern abhängig und werden dem Fahrer über eine Service-Intervallanzeige angezeigt.

Wenn ein Service (Wartung) erforderlich ist, erscheint die Service-Intervallanzeige nach Einschalten der Zündung und auch nach dem Anlassen des Motors für einige Sekunden anstelle der Tageskilometeranzeige im Tachometer.

Dabei kann folgendes angezeigt werden:

Bis 7/97 – OEL (Motorölwechsel-Service) oder
IN 1 (Inspektions-Service) oder
IN 2 (Inspektions-Service mit Zusatzarbeiten)

8/97 bis 9/99 – SERVICE OEL (Motorölwechsel-Service) oder
SERVICE INSP (Inspektions-Service)

Ab 10/99 – SERVICE IN 3000 KM (= Fahrstrecke bis zur nächsten Wartung) oder
SERVICE! oder SERVICE JETZT (Longlife-Service)

Der Arbeitsumfang der angezeigten Inspektion ist unterschiedlich groß. Nachdem die Wartung durchgeführt wurde, muß die Service-Intervallanzeige zurückgesetzt werden.

Hinweis: Die AUDI-Werkstätten fragen zusätzlich bei jeder Inspektion mit einem speziellen Fehlerauslesegerät die Fehlerspeicher der elektronischen Steuergeräte von Motor, ABS, Airbag und Wegfahrsicherung ab. Es kann daher sinnvoll sein, in regelmäßigen Abständen eine Fachwerkstatt aufzusuchen, auch wenn die Wartung in Eigenregie durchgeführt wird. Die Abfrage der Fehlerspeicher wird am Diagnoseanschluß vorgenommen; bei dieser Gelegenheit kann auf Kundenwunsch auch die Intervallanzeige zurückgestellt werden.

Longlife-Service

Seit Modelljahr 2000 beziehungsweise seit ca. 10/99, Modelljahr-Kennbuchstabe **Y** und Fahrgestell-Nr. 8DYA 000 001 wird der AUDI A4 nach dem so genannten »Longlife-Service«-System gewartet. Dadurch verlängern sich die Wartungsintervalle, je nach Motorbelastung, um bis zu 35.000 km.

Wartungsverlängerung:
Benzinmotor bis maximal 30.000 km oder 2 Jahre.
4-Zylinder-Dieselmotor bis maximal 50.000 km oder 2 Jahre.
6-Zylinder-Dieselmotor bis maximal 35.000 km oder 2 Jahre.

Hinweis: Wird bei Fahrzeugen **mit** Longlife-Service, im Rahmen einer Wartung/Reparatur **kein** Longlife-Motoröl nach VW/AUDI-Norm eingefüllt, dann muß die flexible Service-Intervallanzeige auf »nicht flexibel« umgestellt werden. Die Wartung erfolgt dann wie bei Fahrzeugen ohne Longlife-Service alle 15.000 km/12 Monate. Umgestellt wird die Service-Intervallanzeige durch Zurücksetzen mit den Einstelltasten im Kombiinstrument.

Achtung: Für die Beibehaltung des Longlife-Service muß die Service-Intervallanzeige mit dem VW/AUDI-Diagnosegerät zurückgesetzt werden.

Beim 1,9-l-TDI-Motor mit Pumpe/Düse-Einspritzung ist kein Longlife-Service möglich.

Ölwechsel-Service

Nur Fahrzeuge ohne Longlife-Service

Der Ölwechsel-Service ist durchzuführen, wenn im Kombiinstrument die Anzeige »SERVICE OEL« oder »OEL« blinkt beziehungsweise **alle 15.000 km**, falls die jährliche Fahrleistung über 15.000 km liegt.

Achtung: Bei erschwerten Betriebsbedingungen, wie überwiegend Stadt- und Kurzstreckenverkehr, häufigen Gebirgsfahrten, Anhängerbetrieb und staubigen Straßenverhältnissen, Ölwechsel-Service entsprechend öfter durchführen.

- Motor: Öl- und Filterwechsel.
- 1,9-l-Dieselmotor bis einschließlich Modelljahr 1999 (**X**): Kraftstoffilter entwässern.
- 1,9-l-Dieselmotor bis einschließlich Modelljahr 1999 (**X**): Zahnriemen auf Beschädigung prüfen. Zahnriemenbreite messen.
- Bremsbeläge vorn: Dicke prüfen.
- Service-Intervallanzeige: Zurücksetzen.

Wartung

Die Wartung ist in folgenden Abständen durchzuführen:

Ohne Longlife-Service: Nach der Service-Intervallanzeige wenn im Kombiinstrument die Anzeige »SERVICE INSP« oder »IN 1« blinkt. Auf jeden Fall aber **alle 12 Monate** die mit ● gekennzeichneten Positionen. Wenn die Service-Intervallanzeige »IN 2« blinkt beziehungsweise **alle 30.000 km** sämtliche aufgeführten Wartungspunkte (● und ■) durchführen.

Achtung: Bei erschwerten Betriebsbedingungen, wie überwiegend Stadt- und Kurzstreckenverkehr, häufigen Gebirgsfahrten, Anhängerbetrieb und staubigen Straßenverhältnissen, Ölwechsel-Service entsprechend öfter durchführen. Bei häufigen Fahrten in staubiger Umgebung Wechselintervall für Motor-Luftfilter und Pollenfilter halbieren.

Mit Longlife-Service: Entsprechend der Service-Intervallanzeige (jedoch **spätestens nach 2 Jahren**) sämtliche aufgeführten Wartungspunkte (● und ■).

Mit und ohne Longlife-Service: Im Rahmen der Wartung sind ebenfalls die zusätzlichen, mit ◆ gekennzeichneten Wartungspunkte entsprechend den angegebenen Intervallen durchzuführen.

Motor

● Motor und Motorraum: Sichtprüfung auf Undichtigkeiten.

● Motor: Öl wechseln, Ölfilter ersetzen.

● Kühl- und Heizsystem: Flüssigkeitsstand prüfen, Konzentration des Frostschutzmittels prüfen. Sichtprüfung auf Undichtigkeiten und äußere Verschmutzung des Kühlers.

● Abgasanlage: Auf Beschädigungen sichtprüfen.

● Dieselmotor bis einschließlich Modelljahr 1999 (**X**): Wenn mehr als 30.000 km Fahrleistung im Jahr, alle 30.000 km Kraftstoffilter entwässern. Ansonsten alle 12 Monate Kraftstoffilter ersetzen.

● Dieselmotor ab Modelljahr 2000 (**Y**): Kraftstoffilter ersetzen.

■ 1,9-l-Dieselmotor bis einschließlich Modelljahr 1999 (**X**): Zahnriemen auf Beschädigung prüfen. Zahnriemenbreite messen.

■ 2,5-l-Dieselmotor: Beide Zahnriemen auf Beschädigung und Spannung prüfen.

Getriebe, Achsantrieb

● Getriebe, Achsantrieb, Gelenkschutzhüllen: Auf Undichtigkeiten und Beschädigungen sichtprüfen. Ölstand prüfen.

■ Schaltgetriebe: Ölstand im Achsantrieb prüfen, gegebenenfalls auffüllen.

Vorderachse und Lenkung

● Spurstangenköpfe: Spiel und Befestigung prüfen, Staubkappen prüfen.

● Achsgelenke: Staubkappen prüfen.

● Lenkung: Faltenbälge auf Undichtigkeiten und Beschädigungen prüfen.

Aufbau

● Türfeststeller und Schließzylinder: Schmieren.

● Heckklappenscharniere: Schmieren.

■ Unterbodenschutz und Hohlraumkonservierung: Prüfen.

■ Sicherheitsgurte: Auf Beschädigungen prüfen.

■ Lüftung/Heizung: Staub- und Pollenfilter-Einsatz erneuern.

■ Schiebedach: Auf Funktion prüfen, Führungsschienen reinigen und mit Fettspray einsprühen.

Bremsen, Reifen, Räder

● Bremsanlage: Leitungen, Schläuche, Bremszylinder und Anschlüsse auf Undichtigkeiten und Beschädigungen prüfen.

● Bremsflüssigkeitsstand: Prüfen.

● Bremsen: Belagstärke der vorderen und hinteren Bremsbeläge prüfen.

● Bereifung: Profiltiefe und Reifenfülldruck prüfen; Reifen auf Verschleiß und Beschädigungen (einschließlich Reserverad) prüfen.

Elektrische Anlage

● Alle Stromverbraucher: Funktion prüfen.

● Beleuchtungsanlage: Prüfen, gegebenenfalls Scheinwerfer einstellen.

● Signalhorn: Prüfen.

● Scheibenwischer: Wischergummis auf Verschleiß prüfen. Wenn Wischerblätter rubbeln, Anstellwinkel prüfen.

● Scheibenwaschanlage: Funktion prüfen, Düsenstellung kontrollieren, Flüssigkeit nachfüllen, Scheinwerfer-Waschanlage prüfen.

● Batterie: Säurestand prüfen.

● Service-Intervallanzeige: Zurücksetzen.

● Eigendiagnose: Fehlerspeicher mit Diagnosegerät auslesen (Werkstattarbeit).

■ Scheinwerfer-Einstellung: Prüfen (Werkstattarbeit).

Zusätzliche Wartungsarbeiten

Alle 2 Jahre

◆ Bremsflüssigkeit: Erneuern.

◆ Abgasuntersuchung (AU) erstmalig nach 3 Jahren, dann alle 2 Jahre: Leerlaufdrehzahl, CO-Gehalt, Zündzeitpunkt prüfen; Fehlerspeicher abfragen (Werkstattarbeit).

Alle 60.000 km

◆ Zündkerzen: Erneuern.

◆ Motor-Luftfilter: Filtereinsatz erneuern, Luftfiltergehäuse reinigen.

◆ Servolenkung: Flüssigkeitsstand prüfen, gegebenenfalls Hydrauliköl auffüllen.

◆ Automatikgetriebe: Ölstand im Achsantrieb prüfen, gegebenenfalls auffüllen.

◆ 1,9-l-Diesel AHH bis einschließlich Modelljahr 1999 (**X**): Zahnriemen und Spannrolle ersetzen.

◆ 2,5-l-Diesel bis Motor-Nr. »154 591 AFB« und »031 889 AKN«: Kurbelgehäusedruck überprüfen (Werkstattarbeit).

◆ 2,6-/2,8-l-Benziner, 2-Ventiler: Zahnriemen auf Beschädigung prüfen.

◆ 2,7-l-Benziner ASJ/AZR: Zahnriemen ersetzen.

Alle 90.000 km

◆ 1,9-l-Diesel (außer AHH bis Modelljahr 1999): Zahnriemen und Spannrolle ersetzen.

◆ 1,9-l-Diesel AHH ab Modelljahr 2000 (**Y**): Zahnriemen ersetzen.

Alle 120.000 km

◆ 1,6-l-Benziner ADP sowie 1,8-l-Benziner: Keilriemen und Keilrippenriemen ersetzen.

◆ 1,6-l-Benziner AHL/ARM/ANA sowie 6-Zylinder-Benziner: Keilrippenriemen ersetzen.

◆ 1,8-l-Turbo-Benziner mit 150 PS ab Modelljahr 2000 (**Y**): Zahnriemen ersetzen.

◆ 2,4-/2,8-l-Benziner, 5-Ventiler ab Modelljahr 2001 (**1**): Zahnriemen und Spannrolle ersetzen.

◆ 2,7-l-Benziner AGB/AZB, 5-Ventiler ab Modelljahr 2001 (**1**): Zahnriemen und Spannrolle ersetzen.

◆ 2,5-l-Diesel: Zahnriemen für Nockenwellenantrieb und Zahnriemen für Einspritzpumpe ersetzen.

Alle 120.000 km oder 5 Jahre

◆ 1,8-l-Benziner mit 125/150 PS bis einschließlich Modelljahr 1999 (**X**): Zahnriemen ersetzen.

◆ 2,4-/2,8-l-Benziner, 5-Ventiler bis einschließlich Modelljahr 2000 (**Y**): Zahnriemen und Spannrolle ersetzen. Dabei Wasserpumpe prüfen und gegebenenfalls ersetzen.

◆ 2,7-l-Benziner AGB/AZB, 5-Ventiler bis einschließlich Modelljahr 2000 (**Y**): Zahnriemen und Spannrolle ersetzen. Dabei Wasserpumpe prüfen und gegebenenfalls ersetzen.

Alle 180.000 km

◆ 1,8-l-Benziner mit 125 PS ab Modelljahr 2000 (**Y**): Zahnriemen ersetzen.

Service-Intervallanzeige zurücksetzen

Die Service-Intervallanzeige kann auf zwei verschiedene Arten zurückgesetzt werden: In der Werkstatt wird dazu das V.A.G.-Fehlerauslesegerät 1551 an den Diagnoseanschluß neben dem Fond-Aschenbecher in der Mittelkonsole angeschlossen.

Steht das Gerät nicht zur Verfügung, kann bei Fahrzeugen ab Modelljahr 1998 (ca. 9/97) die Anzeige auch mit den Einstelltasten für Tageskilometer und Uhrzeit am Schalttafeleinsatz wie folgt zurückgestellt werden. **Achtung:** Bei Fahrzeugen mit Longlife-Service muß die Service-Intervallanzeige mit V.A.G-1551 oder VAS-5051 zurückgesetzt werden. Andernfalls wird die »flexible« Longlife-Service-Anzeige auf »nicht flexibel« umgeschaltet.

● Sicherstellen, daß die Zündung ausgeschaltet ist, gegebenenfalls Zündung ausschalten.

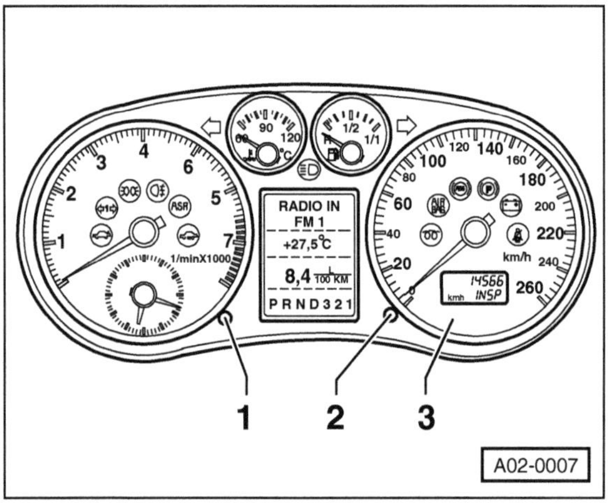

● Rückstelltaste –2– für Tageskilometerzähler drücken und gedrückt halten.

● Bei gedrückter Taste die Zündung einschalten, jedoch nicht den Motor starten. Rückstelltaste –2– loslassen. In der Tageskilometeranzeige –3– erscheint der Schriftzug »SERVICE OEL«. Rückstelltaste –2– loslassen.

● Stellknopf für Uhrzeit –1– etwa 2 Sekunden lang herausziehen. Dadurch wird »SERVICE OEL« zurückgesetzt. Je nach Ausführung bleibt der Schriftzug »SERVICE OEL« in der Anzeige stehen oder es erscheinen drei Striche »– – –«.

● Rückstelltaste –2– nochmals drücken und loslassen, es wird auf die Anzeige »SERVICE INSP« umgeschaltet.

● Stellknopf für Uhrzeit –1– etwa 2 Sekunden lang herausziehen. Dadurch wird »SERVICE INSP« zurückgesetzt. Je nach Ausführung bleibt der Schriftzug »SERVICE INSP« in der Anzeige stehen oder es erscheinen drei Striche »– – –«.

● Zündung ausschalten.

Wartungsarbeiten

Hier werden, nach den verschiedenen Baugruppen des Fahrzeugs aufgeteilt, alle Wartungsarbeiten beschrieben, die gemäß dem Wartungsplan durchgeführt werden müssen. Auf die erforderlichen Verschleißteile sowie das möglicherweise benötigte Sonderwerkzeug wird jeweils hingewiesen.

Es empfiehlt sich, Reifendruck, Motorölstand und Flüssigkeitsstände für Kühlung, Wisch-/Wasch-Anlage etc. mindestens alle 4 bis 6 Wochen zu prüfen und gegebenenfalls zu ergänzen.

Achtung: Beim **Einkauf von Ersatzteilen** ist zur Identifizierung des Fahrzeuges unbedingt der **KFZ-Schein** mitzunehmen, denn nur durch die Fahrzeug-Identnummer ist eine eindeutige Zuordnung von Ersatzteil und Fahrzeugmodell möglich. Sinnvoll ist es auch, das Altteil zum Ersatzteilhändler mitzunehmen, um es dort mit dem Neuteil vergleichen zu können.

Motor und Abgasanlage

Folgende Wartungspunkte müssen nach dem Wartungsplan durchgeführt werden:

- Motor: Öl- und Filterwechsel.
- Motor: Sichtprüfung auf Ölundichtigkeiten.
- Motor: Ölstand prüfen.
- Abgasanlage: Sichtprüfung auf Beschädigungen.
- Kühl- und Heizsystem: Flüssigkeitsstand prüfen, Konzentration des Frostschutzmittels prüfen. Sichtprüfung auf Undichtigkeiten und äußere Verschmutzung des Kühlers.
- Diesel: Kraftstoffilter entwässern beziehungsweise ersetzen.
- Luftfilter: Filtereinsatz erneuern.
- Keilrippenriemen: Zustand prüfen.
- Zahnriemen: Zustand prüfen.

Motorölwechsel

Zum Motorölwechsel ist folgendes Werkzeug erforderlich:

- Eine Grube oder ein hydraulischer Wagenheber mit Unterstellböcken.
- Stecknuß-Satz zum Lösen der Ölablaßschraube
- Ölauffangschale (wenn Öl nicht abgesaugt wird), die mindestens 6,5 Liter Öl faßt.
- Ein Spezialwerkzeug zum Lösen des Ölfilters (Ölfilterzange, Spannbandschlüssel oder HAZET-Werkzeug 2172).

Folgende Verschleißteile werden benötigt:

- Nur wenn Öl nicht abgesaugt wird: Aluminium- oder Kupfer-Dichtring für die Ölablaßschraube (wird manchmal mit dem Ölfilter mitgeliefert).
- Öl-Filterpatrone.
- Je nach Motor 3,0 bis 6,0 Liter Motoröl. Nur von AUDI freigegebenes Motoröl verwenden, siehe Seite 54.

Ölwechselmenge mit Filterwechsel:

Motor	Kennbuchstaben	Menge
1,6	AHL	3,0 l
1,6/ 1,8/ 1,9 TDI	ADP/ARM/ADR/ APT/ARG/AEB/ APU/ANB/1Z/AHH	3,5 l
1,9 TDI	AFF/AFN/AHU/ AJM/AVG	3,8 l
2,6/2,8	ABC/AAH	5,0 l
2,5 TDI/ 2,8 30V	ACK/AFB/AKN	5,5 l
2,4/ 2,8 30V	APS/ARJ/APR/ AQD	5,7 l
2,4/2,7/ 2,8 30V	AGA/ALF/AGB/ ALG	6,0 l

Der Ölwechsel ist alle 15.000 km durchzuführen. Falls sehr wenig gefahren wird, Ölwechsel einmal im Jahr vornehmen. Bei jedem Ölwechsel wird gleichzeitig der Ölfilter gewechselt.

Bei erschwerten Einsatzbedingungen wie Kurzstreckenverkehr, häufiger Kaltstart und sehr staubigen Straßenverhältnissen, sollten Motoröl und Ölfilter in kürzeren Abständen gewechselt werden.

Das Motoröl darf auch mittels einer Sonde (an der Tankstelle) über das Ölmeßrohr abgesaugt werden. Allerdings muß das neue Öl dann meistens bei der betreffenden Tankstelle gekauft werden.

Achtung: Altöl muß auf jeden Fall bei den Altöl-Sammelstellen abgegeben werden. Die Öl-Verkaufsstellen nehmen die entsprechende Menge Altöl kostenlos entgegen, daher beim Ölkauf Quittung und Ölkanister für spätere Altölrückgabe aufbewahren! Außerdem informieren Gemeinde- und Stadtverwaltungen darüber, wo sich die nächste Altöl-Sammelstelle befindet. **Keinesfalls darf Altöl einfach weggeschüttet oder dem Hausmüll mitgegeben werden.** Größere Umweltschäden wie beispielsweise Grundwasserverseuchung sind sonst unvermeidbar.

Motoröl ablassen

Hinweis: Das Motoröl darf auch mittels einer Sonde (an der Tankstelle) abgesaugt werden.

- Motor auf Betriebstemperatur bringen (entspricht etwa +60° C Öltemperatur).
- **115-PS-Diesel:** Deckel vom Ölfiltergehäuse mit VW-Schlüssel 3417 oder Spannbandschlüssel abschrauben und herausziehen.
- Fahrzeug waagerecht aufbocken.
- Untere Motorraumabdeckung abbauen, siehe Seite 19.

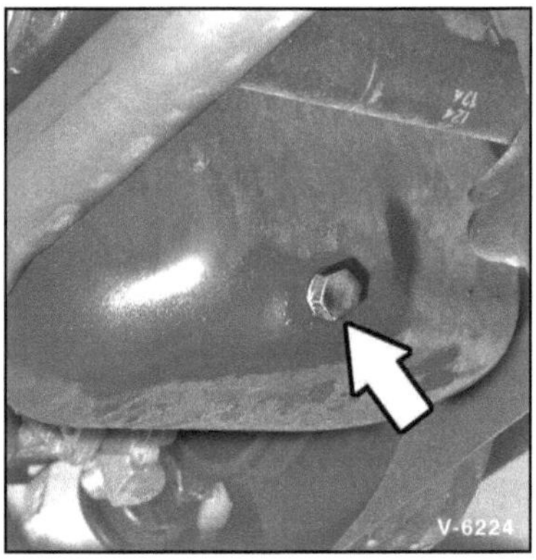

- Gefäß zum Auffangen des Altöls unter die Ölablaßschraube stellen. **Achtung:** Nicht mit der Getriebeöl-Ablaßschraube verwechseln. Die Motoröl-Ablaßschraube ist nur nach Abbau der Motorraumabdeckung erreichbar.
- Ölablaßschraube unten an der Ölwanne herausdrehen und Altöl ganz ablassen.

Achtung: Werden im Motoröl Metallspäne und Abrieb in größeren Mengen festgestellt, deutet dies auf Freßschäden hin, zum Beispiel Kurbelwellen- oder Pleuellagerschäden. Um Folgeschäden zu vermeiden, müssen nach der Motorreparatur die Ölkanäle sorgfältig gereinigt werden.

Ölfilter wechseln

- Ölfilter abschrauben. Der Ölfilter sitzt seitlich am Motorblock, die Abbildung zeigt den Ölfilter des 4-Zylinder-Benzinmotors. Zum Abschrauben des Ölfilters gibt es spezielle Werkzeuge, zum Beispiel HAZET 2171-1.
- Ölfilterflansch am Motorblock mit Kraftstoff reinigen. Eventuell dort verbliebene Filterdichtung abnehmen.
- Gummidichtring am neuen Ölfilter dünn mit Motoröl bestreichen.
- Neuen Ölfilter nur mit der Hand festschrauben. Wenn die Filterdichtung am Motorblock anliegt, Filter von Hand noch um ½ Umdrehung weiterdrehen. Hinweise auf dem Ölfilter beachten. Zum Festziehen des Ölfilters kein Werkzeug benutzen, der Ölfilter könnte beschädigt werden.

Speziell Motoren mit Filtergehäuse:

- **Außer 115-PS-Diesel:** Verschlußdeckel des Ölfilters von oben mit einem Steckschlüsseleinsatz SW 36, zum Beispiel HAZET-2169-2 abschrauben und abnehmen.
- Ölfiltereinsatz herausnehmen. Ablaufendes Öl mit Lappen auffangen.
- Neuen Filtereinsatz einsetzen.
- Verschlußdeckel mit **neuem** O-Ring ansetzen und mit **25 Nm** festziehen.

Auffüllen

- Ölablaßschraube mit neuem Dichtring einschrauben und fest, aber nicht mit zu großer Gewalt anziehen. Anzugsdrehmoment für Ölablaßschraube, siehe Tabelle auf Seite 57.
- Neues Öl am Einfüllstutzen des Zylinderkopfdeckels einfüllen und Ölstand mit Meßstab kontrollieren.

Achtung: Grundsätzlich empfiehlt es sich, zunächst einen ½ Liter Motoröl weniger einzufüllen, den Motor warmlaufen zu lassen und nach einigen Minuten den Ölstand mit dem Meßstab zu kontrollieren und gegebenenfalls zu ergänzen.

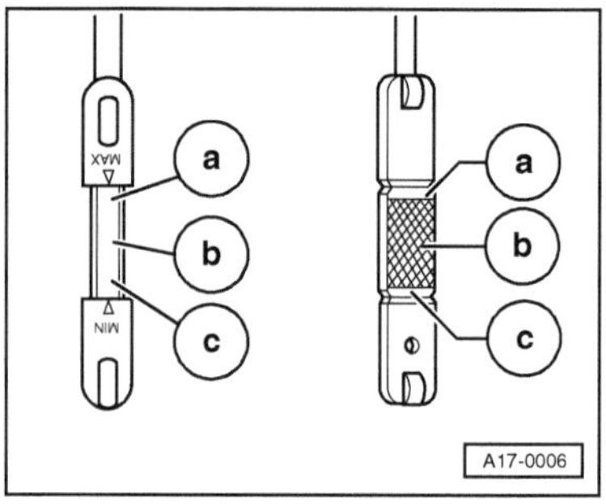

- Ölstand bis zur Markierung –a– ergänzen. **Achtung:** Zuviel eingefülltes Motoröl (über Markierung –a–) muß wieder abgesaugt werden, da sonst Schäden am Katalysator auftreten können.
- Nach Probefahrt Dichtigkeit der Ablaßschraube und des Ölfilters überprüfen, gegebenenfalls vorsichtig nachziehen.
- Motorabdeckung einbauen.
- Betriebswarmen Motor abstellen und Ölstand nach ca. 2 Minuten nochmals prüfen, gegebenenfalls korrigieren.

Achtung: Um die Betriebsverhältnisse des Motors besser überwachen zu können, soll beim Ölwechsel immer ein Öl gleichen Typs und möglichst auch gleicher Marke verwendet werden. Daher ist es zweckmäßig, bei jedem Ölwechsel ein Hinweisschild am Motor zu befestigen, auf dem Marke und Viskosität des Öles vermerkt sind.

Sichtprüfung auf Ölverlust

Bei ölverschmiertem Motor und hohem Ölverbrauch überprüfen, wo das Öl austritt. Dazu folgende Stellen überprüfen:

- Öleinfülldeckel öffnen und Dichtung auf Porosität oder Beschädigung prüfen.
- Zylinderkopfdeckel-Dichtung.
- Zylinderkopf-Dichtung.
- 1,6-l-Motor: Trennstelle Zündverteilerflansch.
- Ölfilterdichtung: Ölfilter am Ölfilterflansch.
- Ölablaßschraube (Dichtring).
- Ölwannendichtung.
- Trennstelle zwischen Motor und Getriebe (Dichtung an Schwungrad oder Getriebewelle).

Da sich bei Undichtigkeiten das Öl meistens über eine größere Motorfläche verteilt, ist der Austritt des Öls nicht auf den ersten Blick zu erkennen. Bei der Suche geht man zweckmäßigerweise wie folgt vor:

- Motorwäsche durchführen. Motor mit handelsüblichem Kaltreiniger einsprühen und nach einer kurzen Einwirkungszeit mit Wasser abspritzen. Vorher Zündverteiler und Generator mit Plastiktüte abdecken.
- Trennstellen und Dichtungen am Motor von außen mit Kalk oder Talkumpuder bestäuben. **Hinweis:** Die Fachwerkstatt verwendet ein spezielles Lecköl-Suchspray.
- Ölstand kontrollieren, ggf. auffüllen.
- Probefahrt durchführen. Da das Öl bei heißem Motor dünnflüssig wird und dadurch schneller an den Leckstellen austreten kann, sollte die Probefahrt über eine Strecke von ca. 30 km auf einer Schnellstraße durchgeführt werden.
- Anschließend Motor mit Lampe absuchen, undichte Stelle lokalisieren und Fehler beheben.

Motorölstand prüfen

Etwa alle 1.000 km oder vor längeren Fahrten sollte der Ölstand des Motors überprüft und gegebenenfalls ergänzt werden. Auf 1.000 Kilometer soll der Motor nicht mehr als 1,0 Liter Öl verbrauchen. Mehrverbrauch ist ein Anzeichen für verschlissene Ventilschaftabdichtungen und/oder Kolbenringe beziehungsweise Öldichtungen.

- Das Fahrzeug muß beim Messen auf einer waagerechten Fläche stehen.
- Der Motor muß betriebswarm sein.
- Nach Abstellen des Motors mindestens 3 Minuten lang warten, damit sich das Öl in der Ölwanne sammelt.
- Ölpeilstab am Motor herausziehen und mit sauberem Lappen abwischen.

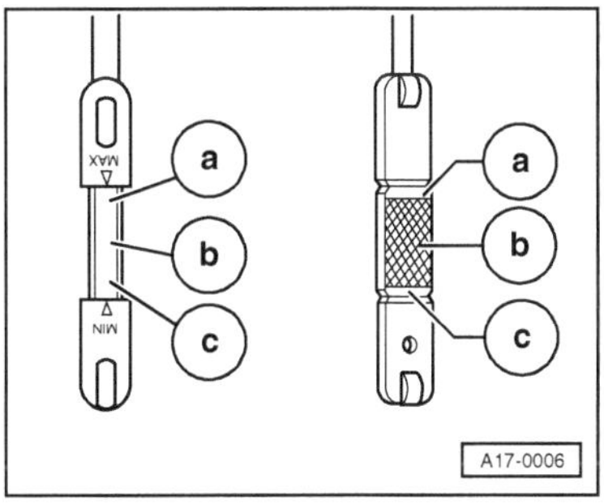

- Anschließend Meßstab bis zum Anschlag einführen und wieder herausziehen. Der Ölstand sollte im Bereich –b– liegen. In diesem Fall ist kein Motoröl nachzufüllen, da sonst die Gefahr der Überfüllung besteht.
- Liegt der Ölstand im Bereich –c–, kann Motoröl bis maximal zur Markierung –a– nachgefüllt werden. Dabei immer zunächst eine Menge von etwa 0,5 l Motoröl nachfüllen, dann Ölstand erneut messen, damit eine Überfüllung vermieden wird.

Achtung: Zu viel eingefülltes Öl, Ölstand oberhalb der Markierung –a–, kann im Betrieb zu Katalysatorschäden führen.

- Bei besonderer Motorbeanspruchung wie zum Beispiel längere Autobahnfahrten im Sommer, bei Anhängerbetrieb oder Gebirgsfahrten sollte der Ölstand im oberen Bereich liegen.
- Nachgefüllt wird am Verschluß des Zylinderkopfdeckels. Beim Nachfüllen richtige Ölsorte verwenden, keine Ölzusätze verwenden.

Wahllos abwechselnder Gebrauch verschiedener Öltypen ist ungünstig. Motorenöle gleichen Typs, aber verschiedener Marken sollen möglichst nicht gemischt werden. Motorenöle gleichen Typs und gleicher Marke, aber verschiedener Viskosität können im Bedarfsfall während jahreszeitlicher Überschneidung ohne weiteres nachgefüllt werden.

Sichtprüfung der Abgasanlage

- Fahrzeug aufbocken.
- Befestigungsschellen auf festen Sitz prüfen.
- Abgasanlage mit Lampe auf Löcher, durchgerostete Teile sowie Scheuerstellen absuchen.
- Stark gequetschte Abgasrohre ersetzen.
- Gummihalterungen durch Drehen und Dehnen auf Porosität überprüfen und gegebenenfalls austauschen.
- Fahrzeug ablassen.

Kühlmittelstand prüfen

Ein zu niedriger Kühlmittelstand wird durch eine Kontrolleuchte am Armaturenbrett angezeigt. Wenn die Kontrollleuchte aufleuchtet und die Kühlmitteltemperaturanzeige gleichzeitig im Normalbereich (+90° C) steht, bei nächster Gelegenheit Kühlmittel nachfüllen. Vor jeder größeren Fahrt sollte dennoch grundsätzlich der Kühlmittelstand geprüft werden.

Zum **Nachfüllen** – auch in der warmen Jahreszeit – nur eine Mischung von Original-V.A.G.-Kühlerfrostschutzmittel und kalkarmem, sauberem Wasser verwenden.

Bei Fahrzeugen **bis 6/96** wird das **grüne** Kühlkonzentrat »**G11**« mit dem Vermerk »gemäß TL VW 774 C« verwendet.

Bei Fahrzeugen **ab 7/96** wird der **rote** Kühlmittelzusatz »**G12**« verwendet.

Beim **Nachfüllen** gilt grundsätzlich: Grün zu grün und rot zu rot. Das heißt, jeweils nur Kühlmittel gleicher Farbe nachfüllen.

Die Kühlmittelzusätze **G11-grün** und **G12-rot** dürfen **nicht vermischt** werden, sonst kommt es zu schwerwiegenden **Motorschäden.**

Für neuere Fahrzeuge ist das Kühlkonzentrat »**G12 Plus**« (TL-VW-774-**F)** erhältlich. Es hat die Farbe **lila**. G12-lila **darf** sowohl mit G11-grün als auch mit G12-rot **gemischt** werden.

Achtung: Um die Weiterfahrt zu ermöglichen, kann auch, insbesondere im Sommer, reines Wasser nachgefüllt werden. Der Kühlerfrostschutz muß dann jedoch baldmöglichst korrigiert werden.

- Der Kühlmittelstand soll bei kaltem Motor (Kühlmitteltemperatur ca. +20° C) zwischen der MAX. und der MIN.-Markierung am Ausgleichbehälter liegen. Bei warmem Motor darf der Kühlmittelstand etwas über der MAX.-Markierung stehen.
- Größere Mengen **kaltes** Kühlmittel nur bei **kaltem Motor** nachfüllen, um Motorschäden zu vermeiden.

Achtung: Verschlußdeckel bei heißem Motor vorsichtig öffnen. Verbrühungsgefahr! Beim Öffnen Lappen über den Verschlußdeckel legen. Verschlußdeckel nur bei einer Kühlmittel-Temperatur unter +90° C öffnen.

- Verschlußdeckel beim Öffnen zuerst etwas aufdrehen und Überdruck entweichen lassen. Danach Deckel weiterdrehen und abnehmen.

- Sichtprüfung auf Dichtheit durchführen, wenn der Kühlmittelstand in kurzer Zeit absinkt.

Füllmengen Kühlsystem

4-Zylinder-Benzin-und Dieselmotor (außer 1,8-l-Turbo) 2,7-l-Turbomotor	6,0 l
1,8-l-Turbomotor	7,0 l
6-Zylinder-Benziner (5-Ventiler, außer 2,7-l-Turbo)	8,0 l
6-Zylinder-Zweiventiler	8,5 l
6-Zylinder-Diesel	10,0 l

Kühlsystem-Sichtprüfung auf Dichtheit

- Kühlmittelschläuche durch Zusammendrücken und Verbiegen auf poröse Stellen untersuchen, hartgewordene Schläuche ersetzen.
- Die Schläuche dürfen nicht zu kurz auf den Anschlußstutzen sitzen.
- Festen Sitz der Schlauchschellen kontrollieren. Gegebenenfalls neue Schraubschellen anstelle von bisherigen Klemmschellen einbauen.
- Dichtung des Verschlußdeckels für den Ausgleichbehälter auf Beschädigungen überprüfen.

Achtung: Ein zu niedriger Kühlmittelstand kann auch von einem nicht richtig aufgeschraubten Verschlußdeckel herrühren.

- Wenn der Kühlmittelstand häufig absinkt, ohne daß eine undichte Stelle lokalisiert werden kann, Kühlsystem bei warmem Motor prüfen. Dazu Motor warmfahren und dann im Leerlauf drehen lassen. Beobachten, ob Kühlflüssigkeit im Bereich der Kühlmittelpumpe austritt.
- Deutlicher Kühlmittelverlust und/oder Öl in der Kühlflüssigkeit sowie weiße Abgaswolken bei warmem Motor deuten auf eine defekte Zylinderkopfdichtung hin.

Achtung: Mitunter ist es schwierig, die Leckstelle ausfindig zu machen. Dann empfiehlt sich eine Druckprüfung, siehe Seite 67.

Frostschutz prüfen

Folgendes Prüfwerkzeug wird benötigt:

- Prüfspindel zum Messen des Frostschutzanteils beziehungsweise ein optisches Prüfgerät (Refraktometer) für Frostschutzanteil und Säuredichte, zum Beispiel HAZET-4810-C.

Regelmäßig vor Winterbeginn sollte sicherheitshalber die Konzentration des Frostschutzmittels geprüft werden, sowie wenn zwischendurch reines Wasser nachgefüllt wurde.

- Motor warmfahren, bis der obere Kühlmittelschlauch zum Kühler ca. handwarm ist.
- Verschlußdeckel am Ausgleichbehälter vorsichtig öffnen. **Achtung:** Nicht bei heißem Motor öffnen, siehe unter »Kühlmittelstand prüfen«.

- Mit Meßspindel Kühlflüssigkeit ansaugen und am Schwimmer Kühlmitteldichte ablesen. Der Frostschutz soll in unseren Breiten bis –35° C reichen.

Kühlkonzentrat ergänzen

Beim Nachfüllen von Kühlkonzentrat unbedingt Farbe des eingefüllten Kühlmittels beachten. Es gibt unterschiedliche **Kühlmittelzusätze**, die durch ihre Farbe unterschieden werden. Das **grüne** Kühlkonzentrat ist silikathaltig und hat die VW/AUDI-Bezeichnung **»G11-A8C«**. Das **rote** Kühlkonzentrat ist silikatfrei und hat die VW/AUDI-Bezeichnung **»G12-A8D«.**

Achtung: Die Kühlmittelzusätze **G11-grün** und **G12-rot** dürfen **nicht vermischt** werden, sonst kommt es zu schwerwiegenden Motorschäden.

Bei Fahrzeugen **bis 6/96** ist ab Werk das **grüne** Kühlkonzentrat **G11** eingefüllt. Zum Nachfüllen darf nur **G11** oder ein anderes Kühlkonzentrat mit dem Vermerk »gemäß VW/AUDI-TL-774-**C**« verwendet werden, zum Beispiel »Glysantin-Protect-Plus/G48«.

Bei Fahrzeugen **ab 7/96** ist ab Werk das **rote** Kühlkonzentrat **G12** eingefüllt. Zum Nachfüllen darf nur **G12** oder ein anderes Kühlkonzentrat mit dem Vermerk »gemäß VW/AUDI-TL-774-**D**« verwendet werden, zum Beispiel »Glysantin-Alu-Protect/G30«.

Für neuere Fahrzeuge ist das Kühlkonzentrat **»G12 Plus«** (TL-VW-774-**F)** erhältlich. Es hat die Farbe **lila**. G12-lila **darf** sowohl mit G11-grün als auch mit G12-rot **gemischt** werden.

Die Tabelle gibt an, wieviel Kühlkonzentrat zugegeben werden muß, damit der gewünschte Frostschutz erreicht wird.

Beispiel: Die Frostschutz-Messung mit der Spindel ergibt beim 4-Zylinder-Motor einen Frostschutz bis –10° C. In diesem Fall aus dem Kühlsystem 3,0 l Kühlflüssigkeit ablassen und dafür 3,0 l reines VW-Frostschutzkonzentrat auffüllen. Der Frostschutz reicht dann bis –35° C.

Frostschutz bis		**Differenzmenge**	
Meßwert	Sollwert	4-Zyl.-Motor	6-Zyl.-Motor
0° C	– 35° C	4,0 l	6,0 l
– 5° C	– 35° C	3,5 l	5,5 l
– 10° C	– 35° C	3,0 l	4,5 l
– 15° C	– 35° C	2,0 l	3,5 l
– 20° C	– 35° C	1,5 l	2,5 l
– 25° C	– 35° C	1,0 l	1,5 l
– 30° C	– 35° C	0,5 l	0,5 l

- Verschlußdeckel am Kühler verschließen und nach Probefahrt Frostschutz erneut überprüfen.

Dieselmotor: Kraftstoffilter entwässern/ersetzen

Es wird kein Sonderwerkzeug benötigt.

Folgendes Verschleißteil muß gekauft werden:

- Gegebenenfalls Kraftstoffilter für Dieselmotor.

Zum Auffangen des Wassersatzes ist ein geeignetes Auffanggefäß erforderlich. **Achtung:** Auslaufender Dieselkraftstoff muß besonders von Gummiteilen (Kühlmittelschläuche) sofort abgewischt werden, sonst werden die Gummiteile im Lauf der Zeit zerstört.

1,9-l-Motor

Entwässern

Der Kraftstoffilter befindet sich links am Motorblock hinter dem Generator. Er ist schwer zugänglich.

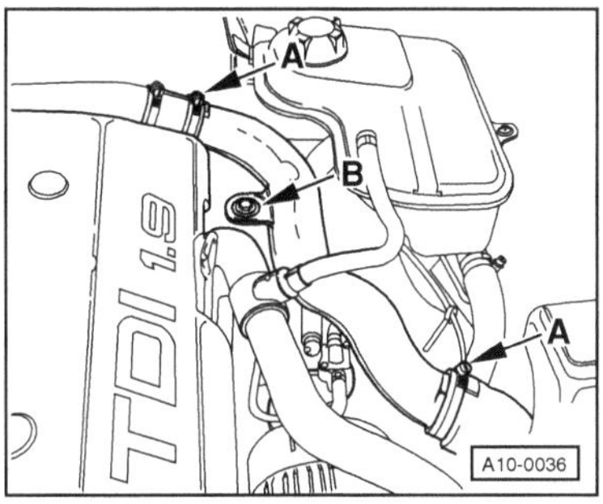

- Druckrohr vom Ladeluftkühler abbauen, dazu Schellen –A– lösen und Schraube –B– herausschrauben.

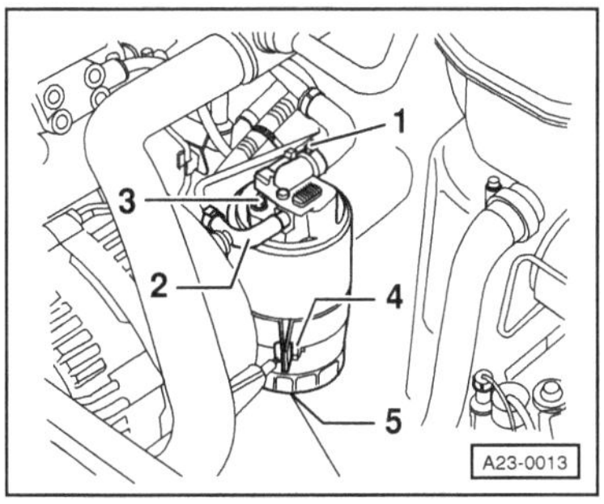

1 – Vorlauf vom Kraftstoffbehälter
2 – Vorlauf zur Einspritzpumpe
3 – Belüftungsschraube
4 – Klemmschelle
5 – Entwässerungsventil

- Belüftungsschraube –3– lösen.
- An der Filterunterseite das Entwässerungsventil –5– aufschrauben und ca. 100 cm^3 (1 Tasse voll) Flüssigkeit aus dem Filter in ein Auffanggefäß ablaufen lassen. **Achtung:** Kraftstoff bei der Sondermülldeponie abgeben, keinesfalls in die Kanalisation schütten. Es kann ein Schlauch auf das Entwässerungsventil geschoben werden, damit der Kraftstoff gezielter austritt.
- Entwässerungsventil von Hand wieder festziehen. Belüftungsschraube –3– festziehen.
- Ladeluftrohr einsetzen und anschrauben. Schellen aufschieben und Spannschrauben festziehen.
- Die Kraftstoffanlage entlüftet sich selbsttätig nach dem Starten des Motors. Nach mehrmaligem Gasgeben muß der Kraftstoff blasenfrei durch die durchsichtige Leitung zur Einspritzpumpe fließen.
- Kraftstoffanlage auf Dichtheit sichtprüfen insbesondere an den Anschlüssen des Kraftstoffilters.

Filterwechsel

- Gesamte Flüssigkeit wie beim »Entwässern« aus dem Kraftstoffilter ablaufen lassen. **Hinweis:** Die Bezeichnungen im Text beziehen sich auf Abbildung A23-0013.
- Klemmschelle –4– am Halter lösen und Filter mit angeschlossenen Kraftstoffleitungen nach oben aus dem Halter herausnehmen.

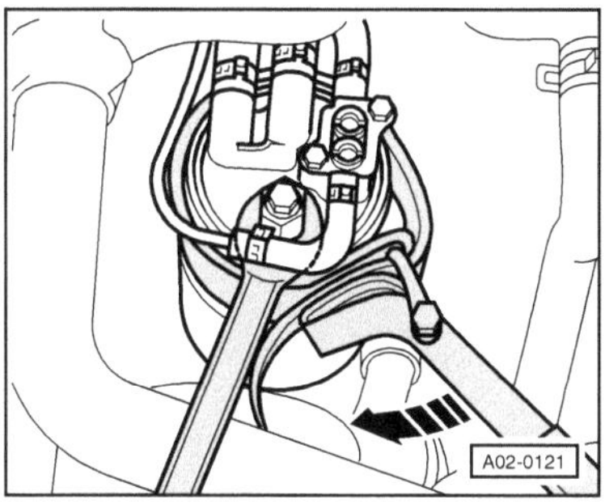

- Kraftstoffilter-Oberteil mit Maulschlüssel SW 17 am Sechskantsockel der Entlüftungsschraube gegenhalten Kraftstoffilter aus dem Filteroberteil lösen. **Hinweis:** Zum Lösen des Filters kann ein Spannbandschlüssel verwendet werden, wie er auch zum Ausbau des Ölfilters erforderlich ist.

Achtung: Keine Zange zum Gegenhalten verwenden. Dadurch kann der Filterkopf beschädigt werden, was zu Undichtigkeiten im Kraftstoffsystem führt.

- Kraftstoffilter aus dem Filteroberteil herausdrehen.
- Neuen Dichtring und neue Gummidichtung leicht mit Dieselkraftstoff benetzen und ansetzen.
- Neuen Filter mit sauberem Dieselkraftstoff füllen und am Filteroberteil handfest anschrauben.
- Kunststoffeinsatz am neuen Filter aufschieben.
- Kraftstoffilter in den Halter einsetzen und Klemmschraube festziehen.
- Kraftstoffanlage auf Dichtheit prüfen. Dazu Motor starten und im Leerlauf drehen lassen. Nach mehrmaligem Gasgeben muß der Kraftstoff blasenfrei durch die durchsichtige Leitung zur Einspritzpumpe fließen.
- Ladeluftrohr einbauen.

115-PS-Motor

Filterwechsel

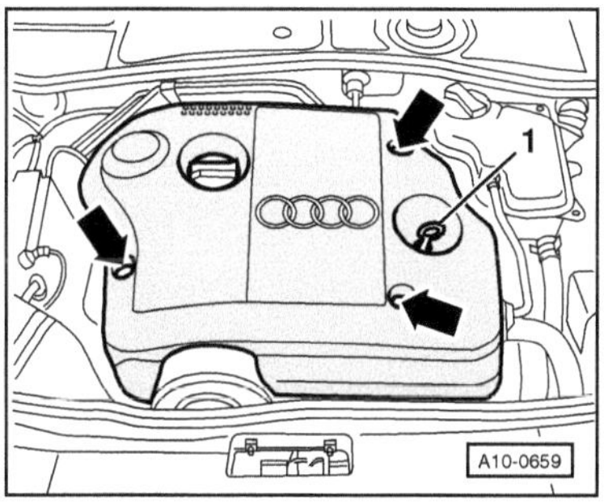

- Ölmeßstab –1– herausziehen und beiseite legen.
- 3 Abdeckkappen –Pfeile– mit kleinem Schraubendreher abhebeln und darunter befindliche Muttern abschrauben. Motorabdeckung und darunterliegende Geräuschdämmung abnehmen. Ölmeßstab einschieben.

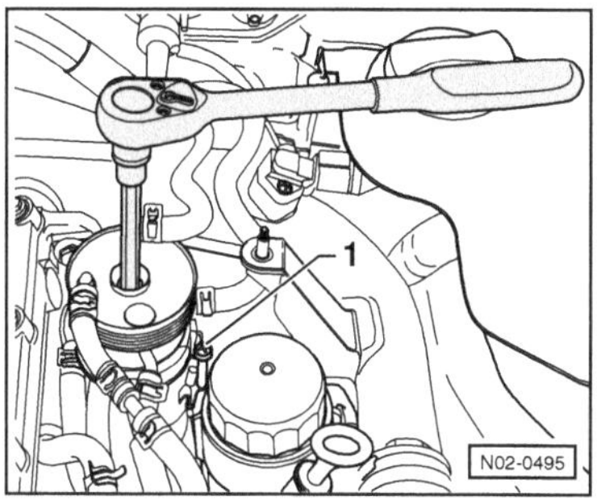

- Innensechskantschraube herausdrehen und Filter-Oberteil mit angeschlossenen Schläuchen zur Seite legen.
- Schraube –1– lösen und Kraftstoffilter nach oben herausziehen.
- Neuen Filter mit sauberem Dieselkraftstoff füllen. Dadurch kann später der Motor schneller gestartet werden.
- Filter in den Halter einsetzen, nach unten schieben und mit Schraube –1– festschrauben.
- Filter-Oberteil aufsetzen und mit Innensechskantschraube anschrauben.
- Motor starten. Die Kraftstoffanlage entlüftet sich selbsttätig.
- Kraftstoffanlage auf Dichtheit sichtprüfen, insbesondere an den Anschlüssen des Kraftstoffilters.
- Motorabdeckung einbauen. Dazu Ölmeßstab herausziehen und beiseite legen. Geräuschdämmung und Motorabdeckung ansetzen. 3 Muttern anschrauben. Abdeckkappen aufdrücken und Ölmeßstab einschieben.

150-PS-V6-Motor

Entwässern

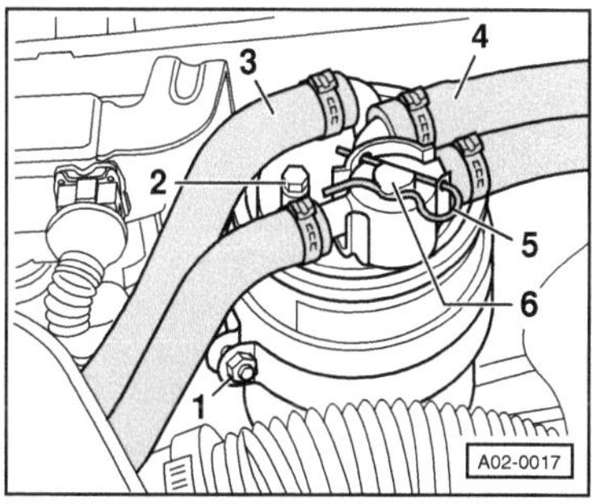

1 – Klemmschelle
2 – Entlüftungsschraube
3 – Kraftstoffschlauch vom Kraftstoffbehälter
4 – Kraftstoffschlauch zur Einspritzpumpe
5 – Halteklammer
6 – Regelventil mit Kraftstoffschläuchen

- Entlüftungsschraube –2– herausdrehen.

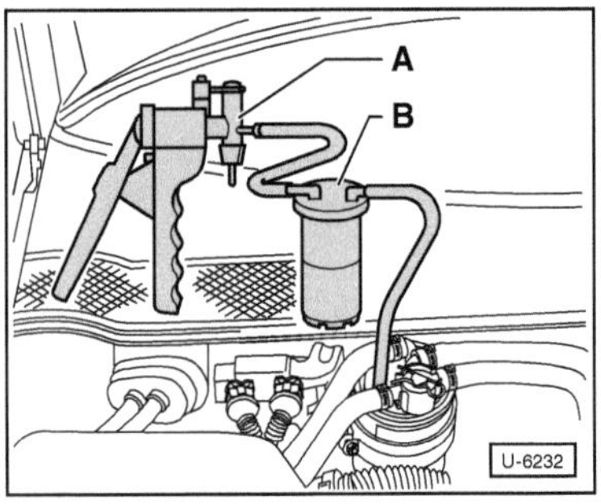

- Handelsübliche Hand-Unterdruckpumpe –A– mit Auffanggefäß –B–, zum Beispiel KLANN LI-75200, an der Bohrung für die Entlüftungsschraube anschließen. Dabei Saugleitung in den Kraftstoffilter einführen.

Achtung: In die Hand-Unterdruckpumpe darf keine Flüssigkeit gelangen.

- Hand-Unterdruckpumpe betätigen und ca. 100 cm^3 (ca. 1 Tasse voll) Flüssigkeit aus dem Filter in das Auffanggefäß absaugen.

Achtung: Dieselkraftstoff ist ein Problemstoff und darf auf keinen Fall einfach weggeschüttet oder dem Hausmüll mitgegeben werden. Gemeinde- und Stadtverwaltungen informieren darüber, wo sich die nächste Problemstoff-Sammelstelle befindet.

- Hand-Unterdruckpumpe entfernen, Entlüftungsschraube –2– oben am Filter einschrauben und festziehen.
- Motor starten, dabei entlüftet sich die Kraftstoffanlage selbsttätig.
- Kraftstoffanlage auf Dichtheit sichtprüfen, insbesondere an den Anschlüssen des Kraftstoffilters.

Filterwechsel

- Klemmschellen an Kraftstoffleitungen –3– und –4– mit Seitenschneider durchtrennen und Leitungen vom Filter abziehen.
- Halteklammer –5– seitlich abziehen.
- Regelventil –6– mit angeschlossenen Kraftstoffleitungen nach oben abnehmen.
- Mutter –1– an der Klemmschelle lösen und Filter herausnehmen.
- Neuen Filter mit sauberem Dieselkraftstoff füllen. Dadurch kann der Motor schneller gestartet werden.
- Filter in die Klemmschelle einsetzen und Mutter –1– festziehen.
- Neuen O-Ring für Regelventil –6– leicht mit Dieselkraftstoff benetzen und aufsetzen.
- Regelventil mit angeschlossenen Kraftstoffschläuchen einsetzen und mit Halteklammer –5– befestigen.
- Kraftstoffleitungen –3– und –4– aufschieben und mit Schraubschellen sichern. **Achtung:** Dabei Auslaß und Einlaß nicht verwechseln. Die Pfeile auf dem Kraftstoffilter zeigen in Kraftstoff-Durchflußrichtung.
- Motor starten. Die Kraftstoffanlage entlüftet sich selbsttätig beim Starten des Motors.
- Kraftstoffanlage auf Dichtheit sichtprüfen, insbesondere an den Anschlüssen des Kraftstoffilters.

Luftfiltereinsatz wechseln

Es wird kein Sonderwerkzeug benötigt.

Folgendes Verschleißteil muß gekauft werden:

- Luftfiltereinsatz.

Ausbau

- 4 Klammern lösen, Deckel anheben und Luftfiltereinsatz herausnehmen.
- Filtergehäuse mit einem Lappen auswischen.

Einbau

- Neuen Filtereinsatz in das Luftfiltergehäuse einlegen.
- Deckel von oben ansetzen und Schnellverschlüsse zuschnappen lassen.

Keilrippenriemen prüfen

Es wird kein Sonderwerkzeug benötigt.

Zustand prüfen

- Zündung ausschalten.
- Riemen an gut sichtbarer Stelle mit einem Kreidestrich markieren.
- Motor schrittweise langsam durchdrehen und dabei Zustand des Keilrippenriemens sichtprüfen. Motor durchdrehen, siehe Seite 19.

Achtung: Motor nicht rückwärts drehen.

Keilrippenriemen auf folgende Beschädigungen prüfen:

- Öl- und Fettspuren.

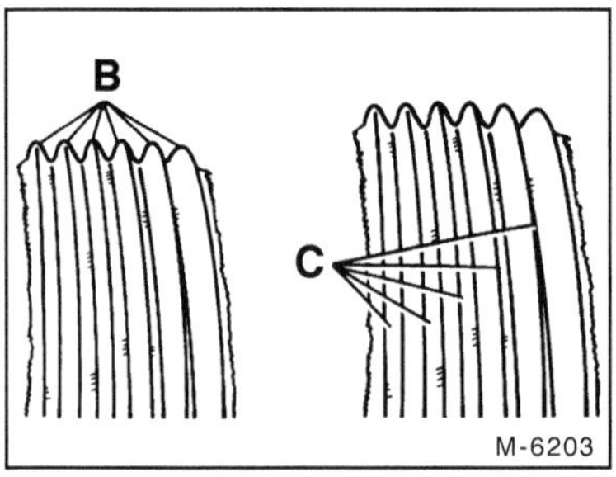

- Flankenverschleiß: Rippen laufen spitz zu –B–, neu sind sie trapezförmig.
- Der Zugstrang ist im Rippengrund sichtbar, erkenntlich an den helleren Stellen –C–.

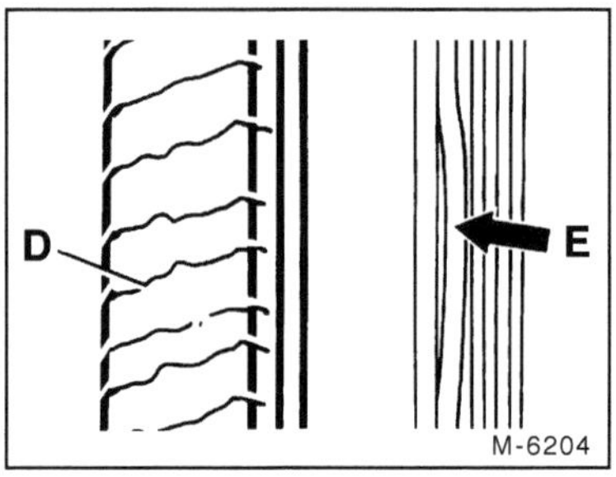

- Querrisse –D– auf der Rückseite des Riemens.
- Einzelne Rippen lösen sich ab –E–.

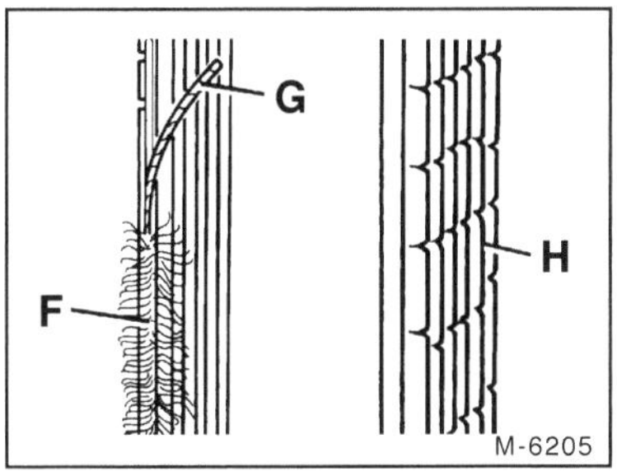

- Ausfransungen der äußeren Zugstränge –F–.
- Zugstrang seitlich herausgerissen –G–.
- Querrisse –H– in mehreren Rippen.

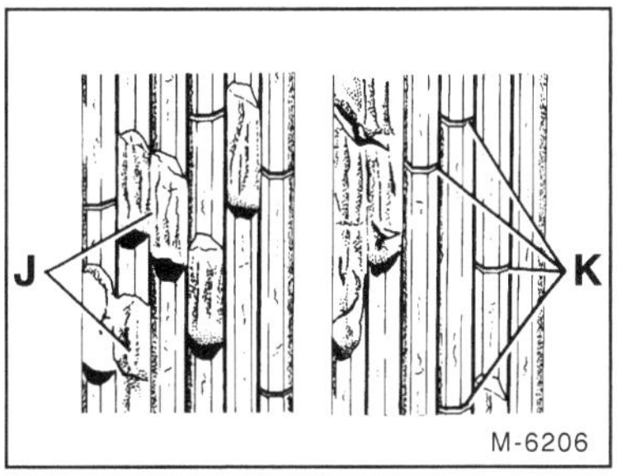

- Rippenbrüche –J–.
- Einzelne Rippenquerrisse –K–.
- Einlagerung von Schmutz und Steinen zwischen den Rippen.
- Gummiknollen im Rippengrund.
- Wenn eine oder mehrere dieser Beschädigungen vorhanden sind, Keilrippenriemen ersetzen, siehe Seite 49.

Zahnriemen prüfen

1,9-l-Dieselmotor

Prüfen

- 2 Spannklammern von der oberen Zahnriemen-Abdeckung öffnen und Abdeckung an der Oberkante nach vorn ziehen.
- Zahnriemenzustand sichtprüfen auf:
- ■ Anrisse, Querschnittbrüche in der Abdeckung und im Zahnriemengrund.
- ■ Lagentrennung von Zahnriemen/Zugsträngen.
- ■ Ausbrüche, Ausfransungen –der Zugstränge.
- ■ Oberflächenrisse.
- ■ Öl- und Fettspuren.

Achtung: Beschädigten Zahnriemen **unbedingt** ersetzen, siehe Seite 40.

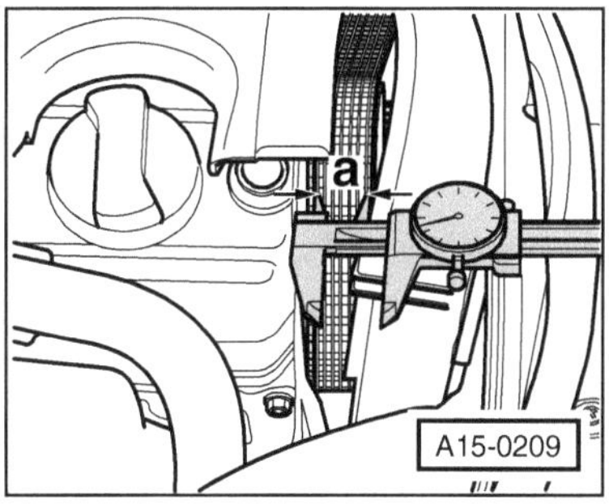

- Breite des Zahnriemens –a– mit einer Schieblehre messen.
- Beträgt die Zahnriemenbreite 22 mm (115-PS-Dieselmotor: 27 mm) oder weniger, Zahnriemen ersetzen.
- Oberen Zahnriemenabdeckung andrücken und mit Halteklammern sichern.

2,5-l-Dieselmotor: Zahnriemen sichtprüfen/nachspannen

Der 2,5-l-Dieselmotor hat 2 Zahnriemen, einen für den Nockenwellenantrieb und einen für die Einspritzpumpe. Alle 30.000 km soll eine Sichtprüfung erfolgen, spätestens alle 120.000 km müssen die Zahnriemen erneuert werden.

- Obere Zahnriemenabdeckung ausbauen.
- Zustand beider Zahnriemen sichtprüfen. Der Zahnriemen muß erneuert werden bei einer oder mehreren der folgenden Beanstandungen:
  - ◆ Anrissen, Querschnittbrüchen
  - ◆ Lagentrennung (Zahnriemenlage von den Zugsträngen)
  - ◆ Ausbrüchen am Zahnriemen
  - ◆ Ausfransen der Zugstränge
  - ◆ Oberflächenrissen in der Kunststoffummantelung
  - ◆ Öl- und Fettspuren

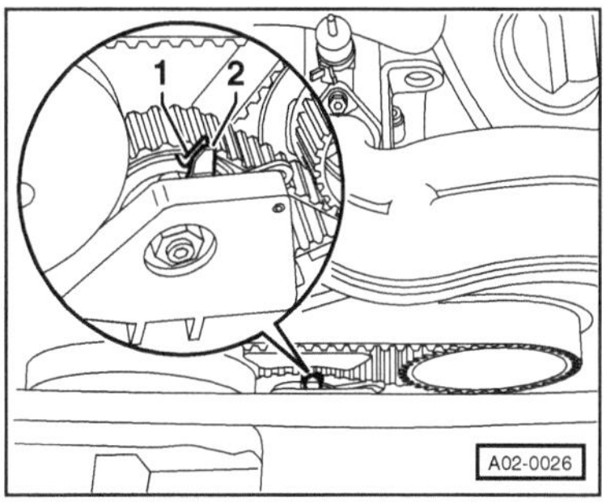

- Spannung des Zahnriemens für die Einspritzpumpe prüfen. Die Markierungen –1– und –2– an der Spannrolle müssen sich gegenüberstehen. Andernfalls Zahnriemen nachspannen (Werkstattarbeit).
- Obere Zahnriemenabdeckung einbauen.

Keilriemen/Zahnriemen/ Spannrolle ersetzen

Es wird kein Sonderwerkzeug benötigt.

Folgendes Verschleißteil muß gekauft werden:

- ■ Keilriemen beziehungsweise Zahnriemen.

Die 4-Zylindermotoren haben zum Antrieb verschiedener Nebenaggregate schmale, herkömmliche Keilriemen. Keilriemen ersetzen, siehe Seite 49.

- Zahnriemen ersetzen, siehe ab Seite 19.

1,9-l-Dieselmotor AHH: Beim Einsetzen der neuen Zahnriemen-Spannrolle sicherstellen, daß die Haltekralle der Spannrolle in die Aussparung der hinteren Zahnriemenabdeckung eingreift.

Zündkerzen ersetzen

Die Zündkerzen müssen alle 60.000 km gewechselt werden.

Achtung: Zündkerzen nur bei kaltem oder handwarmem Motor wechseln. Wenn die Kerzen bei heißem Motor herausgedreht werden, kann das Zündkerzengewinde im Leichtmetall-Zylinderkopf ausreißen.

Als Spezialwerkzeug wird benötigt:

- ■ **1,6-l-Benzinmotor:** 20,8-mm-Steckschlüsseleinsatz, zum Beispiel HAZET-900KF oder -2505-2.
- ■ **Alle Benzinmotoren außer 1,6-l-Motor:** 16-mm-Steckschlüsseleinsatz, zum Beispiel HAZET-900AKF, -2506, oder -4766-1.

Folgende Verschleißteile müssen gekauft werden:

- ■ Je nach Zylinderzahl des Motors, 4 oder 6 Zündkerzen. Die richtige Zündkerze, siehe Seite 78.
- Zündkerzen ersetzen, siehe Seite 77.

Getriebe/Achsantrieb

- Schaltgetriebe, Automatikgetriebe: Sichtprüfung auf Dichtheit.
- Schaltgetriebe: Ölstand im Achsantrieb prüfen, gegebenenfalls auffüllen.
- Automatikgetriebe: Bei Undichtigkeiten Ölstand in Getriebe und Achsantrieb prüfen, gegebenenfalls auffüllen.
- Achswellen: Gelenkschutzhüllen auf Undichtigkeiten und Beschädigungen prüfen.

Achtung: Die Öl-Verkaufsstellen nehmen die entsprechende Menge Altöl kostenlos entgegen, daher beim Ölkauf Quittung und Ölkanister für spätere Altölrückgabe aufbewahren!

Altöl kann auch unter Umständen bei den Altöl-Sammelstellen abgegeben werden. Gemeinde- und Stadtverwaltungen informieren darüber, wo sich die nächste Altöl-Sammelstelle befindet. **Keinesfalls darf Altöl einfach weggeschüttet oder dem Hausmüll mitgegeben werden.** Größere Umweltschäden wie beispielsweise Grundwasserverseuchung wären sonst unvermeidbar.

Sichtprüfung auf Dichtheit

Folgende Leckstellen sind möglich:

- Trennstelle zwischen Motorblock und Getriebe (Schwungraddichtung/Wellendichtung-Getriebe).
- Öleinfüllschraube/Ölablaßschraube.
- Gelenkwelle an Getriebe.

Bei der Suche nach der Leckstelle folgendermaßen vorgehen:

- Getriebegehäuse mit Kaltreiniger reinigen.
- Ölstand kontrollieren, ggf. auffüllen.
- Mögliche Leckstellen mit Kalk oder Talkumpuder bestäuben.
- Probefahrt durchführen. Damit das Öl besonders dünnflüssig wird, sollte die Probefahrt auf einer Schnellstraße über eine Entfernung von ca. 30 km durchgeführt werden.
- Anschließend Fahrzeug aufbocken und Getriebe mit einer Lampe nach der Leckstelle absuchen.
- Leckstellen umgehend beseitigen. Getriebeöl auffüllen beim Schaltgetriebe, siehe Seite 121.

Schaltgetriebe: Ölstand im Achsantrieb prüfen

Benötigtes Sonderwerkzeug:

- Je nach Getriebeausführung Innensechskantschlüssel SW 17 oder Stecknuß für Innenvielzahlschrauben, zum Beispiel HAZET 2567-16.
- Selbst anfertigen: Dünnen Draht als Peilstab zur Ölstandskontrolle, die 15 mm lange Spitze um 90° abgewinkelt.

Verschleißteile:

- Falls nachgefüllt werden muß: Synthetik-Getriebeöl 75W90 der AUDI-Spezifikation G 052 911 A.

Prüfen

Der vorgeschriebene Ölstand ist für die einwandfreie Funktion des Achsantriebs beim Schaltgetriebe wichtig. Ein Ölwechsel ist nicht nötig.

- Fahrzeug waagerecht aufbocken und untere Motorraumabdeckung ausbauen, siehe Seite 19.
- Die Verschlußschraube zur Ölstandskontrolle befindet sich links am Getriebe vor der Achswelle. Je nach Getriebeausführung ist die Verschlußschraube durch ein Wärmeschutzblech verdeckt, das zuerst abgeschraubt werden muß.

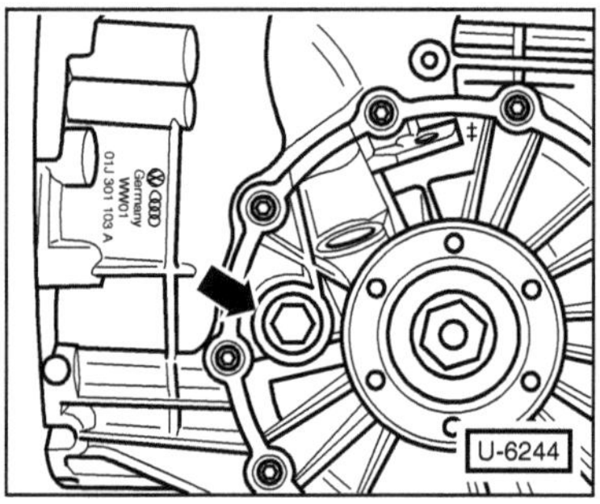

- Verschlußschraube –Pfeil– herausdrehen.
- Je nach Getriebeausführung Ölstand mit dem abgewinkelten Peilstab oder dem Finger prüfen.

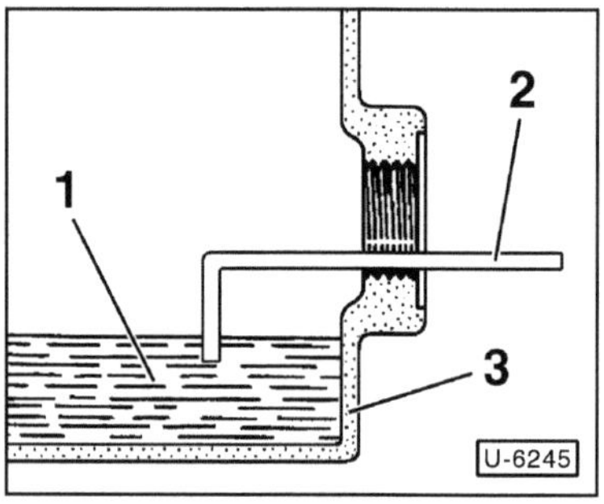

- Zur Prüfung den abgewinkelten Peilstab –2– waagerecht in die Bohrung am Getriebegehäuse –3– einführen und dabei das Winkelstück nach unten halten. 1 – Getriebeölfüllung.
- Peilstab herausziehen, Ölstand am abgewinkelten Drahtstück messen und mit dem Sollwert vergleichen. Es wird dabei der Abstand von der Unterkante der Öleinfüllbohrung bis zum oberen Stand des Getriebeöls gemessen.

Getriebe	Ölstand unterhalb der Kontrollbohrung
5-Gang-Getriebe **012/01W** Frontantrieb	0 – 7 mm
5-/6-Gang-Getriebe **01E** Frontantrieb	0 mm [1)]
5-Gang-Getriebe **01A** Allradantrieb	0 mm [1)]
6-Gang-Getriebe **01E** Allradantrieb	3 – 5 mm (8 – 10 mm, AUDI S4/RS4 ab 195 kW)

[1)] Ölstand bis Unterkante der Kontrollbohrung. Mit dem Finger prüfen.

Hinweis: Je nach Getriebeausführung muß ein unterschiedlicher Ölstand eingehalten werden.

- Ist der Ölstand zu niedrig, Getriebe auf Undichtigkeit überprüfen und gegebenenfalls reparieren (Werkstattarbeit).
- Wenn nötig, Getriebeöl nachfüllen. Der korrekte Ölstand ist dabei unbedingt einzuhalten. Auf keinen Fall zu viel Öl einfüllen.
- Verschlußschraube eindrehen und festziehen. **Anzugsdrehmoment:**
  Schaltgetriebe 012/01W . . . . . **25 Nm**
  Schaltgetriebe 01E . . . . **40 Nm**
  Schaltgetriebe 01A . . . . **25 Nm**
- Falls ausgebaut Wärmeschutzblech am Getriebe anschrauben.
- Untere Motorraumabdeckung einbauen, siehe Seite 19.
- Fahrzeug ablassen.

Automatikgetriebe: Ölstand im Achsantrieb prüfen

Benötigtes Sonderwerkzeug:

- 4-Gang-Getriebe 01N: Stecknuß für Innensechskantschraube 12 mm.

Verschleißteile:

- Falls nachgefüllt werden muß: Getriebeöl G 052 145-A1/-S2 (Synthetiköl 75W90).

Achtung: Wird bei der Ölstandkontrolle im Achsantrieb des Automatik-Getriebes festgestellt, daß zuviel oder zuwenig Öl im Achsantrieb ist, liegt Ölaustausch mit dem Planetengetriebe vor. Ursache von einer AUDI-Werkstatt ermitteln und reparieren lassen.

Prüfen

Der vorgeschriebene Ölstand ist für die einwandfreie Funktion des Achsantriebs beim automatischen Getriebe äußerst wichtig. Ein Ölwechsel ist nicht nötig.

- Fahrzeug waagerecht aufbocken und Motorabdeckung ausbauen, siehe Seite 19.
- Ölstand prüfen, der Ölstand muß bis zur Unterkante der Öleinfüllbohrung reichen, siehe Abbildungen.
- Wo vorhanden, Aufkleber für Achsölkontrolle an der Unterkante der Motorhaube aktualisieren.

Getriebe 01N (4-Zylindermotoren):

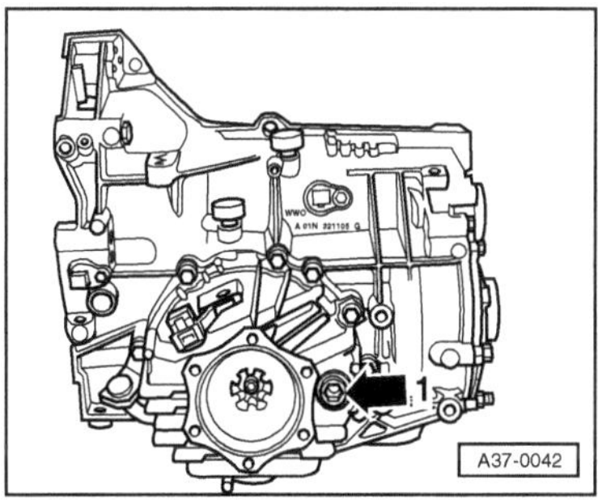

- Verschlußschraube mit **25 Nm** festziehen.

Getriebe 01V (6-Zylindermotoren):

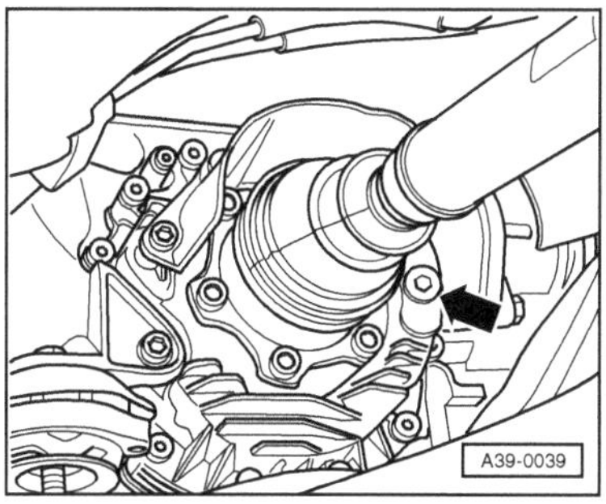

- Verschlußschraube mit **neuem** Dichtring versehen, mit **30 Nm** festziehen.
- Motorabdeckung einbauen.

Gummimanschetten der Gelenkwellen prüfen

- Fahrzeug aufbocken.

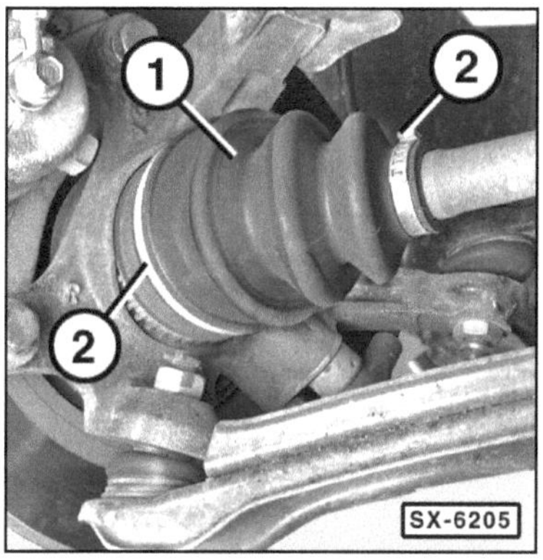

- Auf sichtbare Fettspuren an den Manschetten –1– und in deren Umgebung achten.
- Festen Sitz der Klemmschellen –2– prüfen.
- Gummi der Manschette mit Lampe auf Porosität und Risse untersuchen. Eingerissene Gelenkschutzhüllen umgehend erneuern.
- Sollte die Manschette durch Unterdruck im Gelenk nach innen gezogen oder defekt sein, so ist sie umgehend auszutauschen.

Bremsen/Reifen/Räder

- Bremsflüssigkeitsstand: Prüfen, ggf. auffüllen.
- Bremsbeläge: Belagstärke vorn und hinten prüfen.
- Bremsanlage: Leitungen, Schläuche, Bremszylinder und Anschlüsse auf Undichtigkeiten und Beschädigungen prüfen.
- Bremsflüssigkeit: Wechseln.
- Bereifung: Profiltiefe und Reifenfülldruck prüfen; Reifen auf Verschleiß und Beschädigungen (einschließlich Reserverad) prüfen.
- Radschrauben: Festen Sitz prüfen, gegebenenfalls mit **120 Nm** über Kreuz nachziehen.

Bremsflüssigkeitsstand prüfen

Der Vorratsbehälter für die Bremsflüssigkeit befindet sich im Motorraum. Er hat zwei Kammern, je eine für jeden Bremskreis. Der Schraubverschluß hat eine Belüftungsbohrung, die nicht verstopft sein darf.

Der Vorratsbehälter ist durchscheinend, so daß der Bremsflüssigkeitsstand jederzeit von außen überwacht werden kann. Außerdem wird ein zu niedriger Bremsflüssigkeitsstand durch eine Warnleuchte an der Schalttafel signalisiert. Dennoch ist es ratsam, regelmäßig einen Blick auf den Vorratsbehälter zu werfen.

- Der Flüssigkeitsstand soll zwischen der MAX.- und der MIN.-Marke liegen.
- Nur **neue** Bremsflüssigkeit der Spezifikation **FMVSS 116 DOT 4** einfüllen.
- Durch Abnutzung der Scheibenbremsen entsteht ein geringfügiges Absinken der Bremsflüssigkeit. Das ist normal. In diesem Fall braucht keine Bremsflüssigkeit nachgefüllt zu werden.
- Sinkt die Bremsflüssigkeit jedoch innerhalb kurzer Zeit stark ab oder der Flüssigkeitsspiegel liegt unter der MIN.-Marke, ist das ein Zeichen für Bremsflüssigkeitsverlust.

Die Leckstelle muß dann sofort ausfindig gemacht werden. In der Regel liegt es an verschlissenen Manschetten in den Radbremszylindern. Sicherheitshalber sollte die Überprüfung der Anlage von einer Fachwerkstatt durchgeführt werden.

Bremsbelagdicke prüfen

Sichtprüfung im Rahmen des Ölwechsel-Service

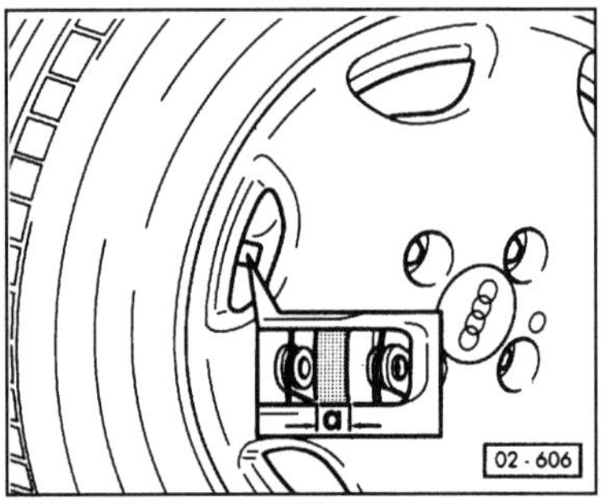

- Dicke der äußeren Bremsbeläge durch einen Durchbruch im Scheibenrad prüfen, falls erforderlich Taschenlampe verwenden.
- Die Belagdicke –a– (mit metallner Rückenplatte) muß mehr als **7 mm** betragen, sonst Bremsbeläge wechseln. Der innere Belag kann mit Hilfe einer Taschenlampe und eines Spiegels sichtgeprüft werden.
- Läßt sich die Dicke schwer schätzen, Räder abbauen und Bremsbelagdicke mit Schieblehre prüfen.

Vorderrad- sowie Hinterrad-Scheibenbremse:

- Rad zur Radnabe mit Farbe kennzeichnen, damit das ausgewuchtete Rad wieder an gleicher Stelle montiert werden kann. Radschrauben lösen.
- Fahrzeug aufbocken, Räder abnehmen.

- Belagdicke – mit metallner Rückenplatte – seitlich durch den Bremsträger sichtprüfen. Im Zweifelsfall Bremsbeläge ausbauen und Belagdicke mit Schieblehre messen.
- Die Verschleißgrenze der vorderen wie auch der hinteren Scheibenbremsbeläge ist erreicht, wenn der Belag nur noch eine Dicke von **7 mm** (mit Trägerplatte) aufweist. Ohne Trägerplatte ist dann der Reibbelag noch 2 mm dick.

Sichtprüfung der Bremsleitungen

- Fahrzeug aufbocken.
- Bremsleitungen mit Kaltreiniger reinigen.

Achtung: Die Bremsleitungen sind zum Schutz gegen Korrosion mit einer Kunststoffschicht überzogen. Wird diese Schutzschicht beschädigt, kann es zur Korrosion der Leitungen kommen. Aus diesem Grund dürfen Bremsleitungen nicht mit Drahtbürste, Schmirgelleinen oder Schraubendreher gereinigt werden.

- Bremsleitungen vom Hauptbremszylinder zu den einzelnen Radbremszylindern mit Lampe anstrahlen und überprüfen. Der Hauptbremszylinder sitzt im Motorraum unter dem Vorratsbehälter für Bremsflüssigkeit.
- Die Bremsleitungen führen vom Hauptbremszylinder zur ABS-Hydraulikeinheit und von dort zu dem Radbremsen. An der Hydraulikeinheit darf keine Bremsflüssigkeit austreten.
- Bremsleitungen dürfen weder geknickt noch gequetscht sein. Auch dürfen sie keine Rostnarben oder Scheuerstellen aufweisen. Andernfalls Leitung bis zur nächsten Trennstelle ersetzen.

● Bremsschläuche verbinden die Bremsleitungen mit den Radbremszylindern an den beweglichen Teilen des Fahrzeugs. Sie bestehen aus hochdruckfestem Material, können aber mit der Zeit porös werden, aufquellen oder durch scharfe Gegenstände angeschnitten werden. In einem solchen Fall sind sie sofort zu ersetzen.

● Bremsschläuche mit der Hand hin- und herbiegen, um Beschädigungen festzustellen. Schläuche dürfen nicht verdreht sein, farbige Kennlinie beachten, falls vorhanden!

● Lenkrad nach links und rechts bis zum Anschlag drehen. Die Bremsschläuche dürfen dabei in keiner Stellung Fahrzeugteile berühren.

● Anschlußstellen von Bremsleitungen und -schläuchen dürfen nicht durch ausgetretene Flüssigkeit feucht sein.

Achtung: Wenn der Vorratsbehälter und die Dichtungen durch ausgetretene Bremsflüssigkeit feucht sind, so ist das nicht unbedingt ein Hinweis auf einen defekten Hauptbremszylinder. Vielmehr dürfte die Bremsflüssigkeit durch die Belüftungsbohrung im Deckel oder durch die Deckeldichtung ausgetreten sein.

● Fahrzeug ablassen.

Bremsflüssigkeit wechseln

Benötigtes Sonderwerkzeug:

● Ringschlüssel für Entlüfterschrauben.

Benötigte Verschleißteile:

● Ca. 1,0 l Bremsflüssigkeit der Spezifikation FMVSS 116 **DOT 4**.

Die Bremsflüssigkeit nimmt durch die Poren der Bremsschläuche sowie durch die Entlüftungsöffnung des Vorratsbehälters Luftfeuchtigkeit auf. Dadurch sinkt im Laufe der Betriebszeit der Siedepunkt der Bremsflüssigkeit. Bei starker Beanspruchung der Bremse kann es deshalb zu Dampfblasenbildung in den Bremsleitungen kommen, wodurch die Funktion der Bremsanlage stark beeinträchtigt wird.

Die Bremsflüssigkeit soll alle 2 Jahre, möglichst im Frühjahr, erneuert werden. Bei vielen Gebirgsfahrten, Bremsflüssigkeit in kürzeren Abständen wechseln.

Die Bremsanlage wird durch Pumpen mit dem Bremspedal entlüftet, dazu ist eine zweite Person notwendig. Der Arbeitsablauf ist bei allen Fahrzeugen gleich, unabhängig davon, ob ABS (Antiblockiersystem) eingebaut ist oder nicht.

● Vorsichtsmaßregeln beim Umgang mit Bremsflüssigkeit beachten, siehe Seite 165.

● Mit einer Absaugflasche aus dem Bremsflüssigkeitsbehälter Bremsflüssigkeit bis zu einem Stand von ca. 10 mm absaugen.

Achtung: Vorratsbehälter nicht ganz entleeren, damit keine Luft in das Bremssystem gelangt.

● Vorratsbehälter bis zur MAX.-Marke mit **neuer** Bremsflüssigkeit füllen.

Achtung: Entlüftungsventile vorsichtig öffnen, damit sie nicht abgedreht werden. Es empfiehlt sich, die Ventile ca. 2 Stunden vor dem Entlüften mit Rostlöser einzusprühen. Bei festsitzenden Ventilen das Entlüften beziehuingsweise den Bremsflüssigkeitswechsel von einer Werkstatt vornehmen lassen.

● Motor starten und während der Entlüftung im Leerlauf laufenlassen. **Achtung:** Auf gute Belüftung des Arbeitsplatzes achten, Vergiftungsgefahr durch Abgas!

● Am rechten hinteren Bremssattel saubern, durchsichtigen Schlauch auf Entlüfterventil aufschieben, geeignetes Gefäß unterstellen.

● Von Helfer das Bremspedal mehrmals durchtreten lassen, bis sich ein Gegendruck aufgebaut hat. Bremspedal getreten lassen, Entlüfterventil öffnen. Entlüfterschraube schließen, wenn das Pedal am Bodenblech anstößt. Fuß vom Bremspedal nehmen. Diesen Vorgang so lange wiederholen, bis ca. 250 cm^3 Bremsflüssigkeit herausgepumpt sind.

● Entlüfterventil schließen, Vorratsbehälter mit **neuer** Bremsflüssigkeit auffüllen.

● Auf die gleiche Weise alte Bremsflüssigkeit aus den anderen Bremssätteln beziehungsweise Radbremszylindern in der Reihenfolge – hinten rechts, hinten links, vorne rechts, vorne links – herauspumpen.

Achtung: Die abfließende Bremsflüssigkeit muß in jedem Fall klar und blasenfrei sein. An jedem Bremssattel sollen ca. 250 cm^3 Bremsflüssigkeit herausgepumpt werden.

● Pedaldruck und Leerweg am Bremspedal prüfen. Der Leerweg darf maximal ⅓ des Pedalwegs betragen.

● Motor abstellen.

● Alte Bremsflüssigkeit bei der örtlichen Deponie für Sondermüll abgeben.

Reifenfülldruck prüfen

■ Reifenfülldruck nur am kalten Reifen prüfen.

■ Reifenfülldruck einmal im Monat sowie im Rahmen der Wartung prüfen. Fülldrucktabelle, siehe Aufkleber am Fahrzeug beziehungsweise Betriebsanleitung.

■ Zusätzlich sollte der Fülldruck vor längeren Autobahnfahrten kontrolliert werden, da hierbei die Temperaturbelastung für den Reifen am größten ist.

Reifenprofil prüfen

Die Reifen ausgewuchteter Räder nutzen sich bei gewissenhaftem Einhalten des vorgeschriebenen Fülldrucks und bei fehlerfreier Radeinstellung und Stoßdämpferfunktion auf der gesamten Lauffläche annähernd gleichmäßig ab. Bei ungleichmäßiger Abnutzung, siehe Störungsdiagnose im Kapitel »Reifen«. Im übrigen läßt sich keine generelle Aussage über die Lebensdauer bestimmter Reifenfabrikate machen, denn die Lebensdauer hängt von unterschiedlichen Faktoren ab:

- Fahrbahnoberfläche
- Reifenfülldruck
- Fahrweise
- Witterung

Vor allem sportliche Fahrweise, scharfes Anfahren und starkes Bremsen fördern den schnellen Reifenverschleiß.

Achtung: Die Rechtsprechung verlangt, daß Reifen lediglich bis zu einer Profiltiefe von 1,6 mm abgefahren werden dürfen, und zwar müssen die Profilrillen auf der gesamten Lauffläche noch mindestens 1,6 mm Tiefe aufweisen. Es empfiehlt sich jedoch, sicherheitshalber die Reifen bereits bei einer Mindestprofiltiefe von 2 mm auszutauschen.

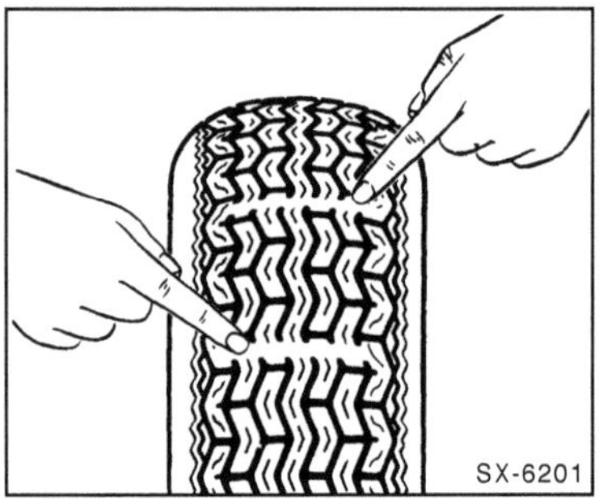

Nähert sich die Profiltiefe der gesetzlich zulässigen Mindestprofiltiefe, das heißt, weist der mehrmals am Reifenumfang angeordnete 1,6 mm hohe Verschleißanzeiger an diesen Stellen kein Profil mehr auf, müssen die Reifen gewechselt werden.

Achtung: M + S-Reifen haben auf Matsch und Schnee nur ausreichende Wirkung, wenn ihr Profil noch mindestens 4 mm tief ist.

Achtung: Reifen auf Schnittstellen untersuchen und mit kleinem Schraubendreher Tiefe der Schnitte feststellen. Wenn die Schnitte bis zur Karkasse reichen, korrodiert durch eindringendes Wasser der Stahlgürtel. Dadurch löst sich unter Umständen die Lauffläche von der Karkasse, der Reifen platzt. Deshalb: Bei tiefen Einschnitten im Profil aus Sicherheitsgründen Reifen austauschen.

Reifenventil prüfen

- Staubschutzkappe vom Ventil abschrauben.

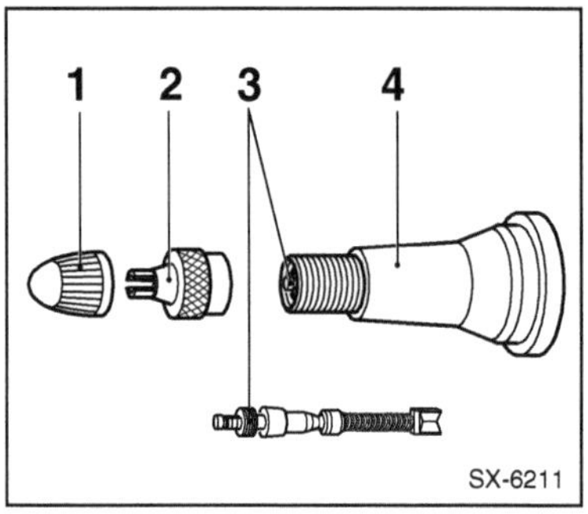

- Etwas Seifenwasser auf das Ventil geben. Wenn sich eine Blase bildet, Ventileinsatz –3– mit umgedrehter Schutzkappe –2– festdrehen.

Achtung: Zum Anziehen des Ventils kann nur eine Metallschutzkappe –2– oder das HAZET-Werkzeug 666-1 verwendet werden. Metallschutzkappen sind an der Tankstelle erhältlich. 1 – Gummikappe, 4 – Ventil.

- Ventil erneut prüfen. Falls sich wieder Blasen bilden oder sich das Ventil nicht weiter anziehen läßt, Ventil erneuern (Werkstattarbeit).
- Grundsätzlich Schutzkappe wieder befestigen.

Lenkung/Vorderachse

- Spurstangenköpfe und Achsgelenke: Spiel und Befestigung prüfen, Staubkappen prüfen.
- Lenkung: Faltenbälge auf Undichtigkeiten und Beschädigungen prüfen.
- Servolenkung: Flüssigkeitsstand prüfen, gegebenenfalls Hydrauliköl auffüllen.

Staubkappen für Spurstangen- und Achsgelenke prüfen

- Fahrzeug vorn aufbocken.
- Spiel der Spurstangengelenke prüfen. Dazu Spurstangen und Räder hin- und herbwegen. Gelenke müssen spielfrei sein.

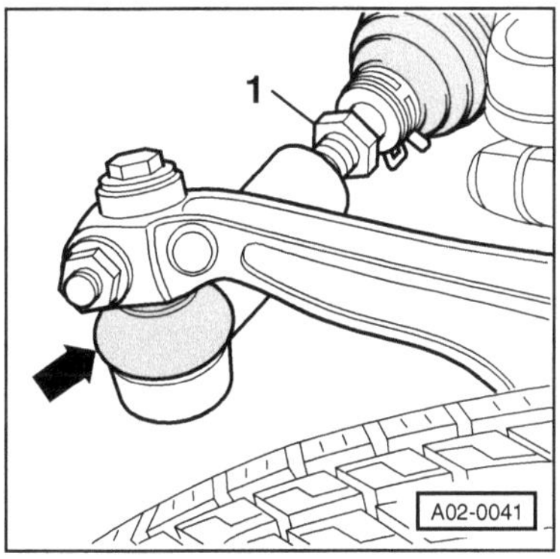

- Staubkappen –Pfeil– links und rechts mit Lampe anstrahlen und auf Beschädigungen überprüfen, dabei auf Fettspuren an den Manschetten und in deren Umgebung achten.
- Bei beschädigter Staubkappe, sicherheitshalber entsprechendes Gelenk mit Schutzkappe auswechseln. Eingedrungener Schmutz zerstört mit Sicherheit das Gelenk.
- Kontermutter –1– mit **40 Nm** auf festen Sitz prüfen.
- Faltenbälge am Lenkgetriebe mit Hilfe einer Taschenlampe auf Beschädigungen und Undichtigkeiten sichtprüfen.

Ölstand für Servolenkung prüfen

Benötigtes Sonderwerkzeug: Keines.

Benötigte Verschleißteile:

- Hydrauliköl nach angegebener AUDI-Spezifikation.

Prüfen

Prüfvoraussetzung: Hydrauliköl hat Betriebstemperatur (ab ca. 50° C). **Achtung:** Die Prüfung bei kaltem Hydrauliköl steht am Ende des Kapitels.

- Motor starten und im Leerlauf etwa 2 Minuten lang laufen lassen.
- Vorderräder geradeaus stellen.
- Motor abstellen und Ölstand sofort prüfen.

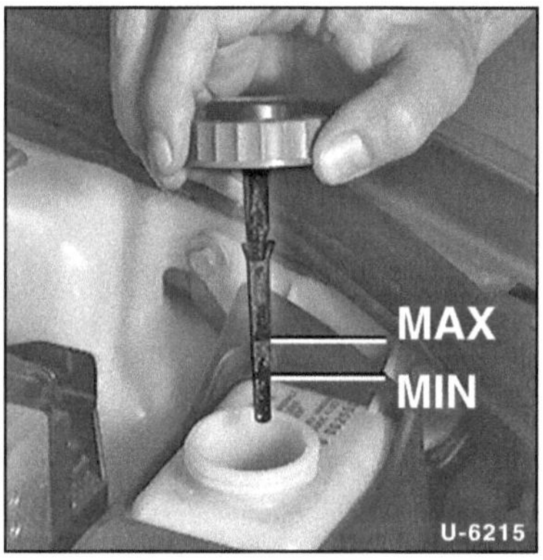

- Verschlußkappe abschrauben. Meßstab am Deckel mit sauberem, fusselfreiem Lappen abwischen.
- Deckel handfest auf- und wieder abschrauben. Der Ölstand soll zwischen den MIN.-und MAX.-Markierungen am Meßstab liegen. Normalerweise darf der Ölstand nicht absinken. Wenn der Ölstand bis zur MIN.-Markierung gesunken ist, Undichtigkeit von einer AUDI-Werkstatt beseitigen lassen.
- Nachgefüllt werden darf nur **»Hydrauliköl G 002 000«**, erhältlich in der AUDI-Werkstatt. Grundsätzlich nur **neues Öl** nachfüllen, da bereits kleinste Verunreinigungen zu Störungen an der hydraulischen Anlage führen können.

Elektrische Anlage

- Beleuchtungsanlage: Sämtliche Scheinwerfer, Schlußleuchten und Blinklampen prüfen, gegebenenfalls Scheinwerfer einstellen.
- Signalhorn: Prüfen.
- Scheibenwischer: Wischergummis auf Verschleiß prüfen.
- Scheiben- und Scheinwerferwaschanlage: Funktion prüfen, Düsenstellung kontrollieren, Flüssigkeit nachfüllen, Scheinwerfer-Waschanlage prüfen.
- Batterie: Prüfen.
- Scheibenwischerblätter: Anstellwinkel prüfen, gegebenenfalls einstellen.

Batterie prüfen

Benötigtes Sonderwerkzeug:

- Stahldrahtbürste (Pol- und Klemmenreinigungsbürste).
- Geeignetes Spannungs-Meßgerät.
- Für eine Batterie mit herausschraubbaren Batteriestopfen: Nach Bedarf destilliertes Wasser.

Batterie auf festen Sitz prüfen

Eine lockere Batterie hat eine verkürzte Lebensdauer durch Rüttelschäden. Außerdem kann im Fahrbetrieb Batteriesäure austreten und die umliegenden Bauteile beschädigen.

- Batterie kräftig hin- und herbewegen.
- Gegebenenfalls Halter lösen, Batterie fest an die Führungen andrücken und Halter festziehen.

Batterie-Pole reinigen/Klemmen auf festen Sitz prüfen

- Anschlußklemmen reinigen.
- Festen Sitz der Batterie-Plusklemme prüfen, dazu Plusleitung hin- und herbewegen. Ggf. Plusklemme mit **5 Nm** festziehen. **Achtung:** Aus Sicherheitsgründen vorher Batterie-Masseband abklemmen, siehe Seite 234.

Ruhespannung messen

- Batterie abklemmen. Dabei erlischt unter anderem der Radio-Code. Deshalb vor dem Abklemmen Hinweise beachten, siehe Seite 234.
- Nach ca. 2 Stunden Spannung zwischen den Batteriepolen messen. Zeigt das Meßgerät 12,5 Volt oder darüber an, so ist die Batterie in Ordnung. Liegt sie darunter, ist die Ursache zu ermitteln, gegebenenfalls Batterie ersetzen.

Säurestand prüfen/ergänzen

Normalerweise reicht die einmal eingefüllte Säuremenge für die gesamte Lebensdauer der Batterie. **Hinweis:** Der Säurestand kann nur bei einer Batterie mit herausschraubbaren Batteriestopfen –3– (V-6251) korrigiert werden.

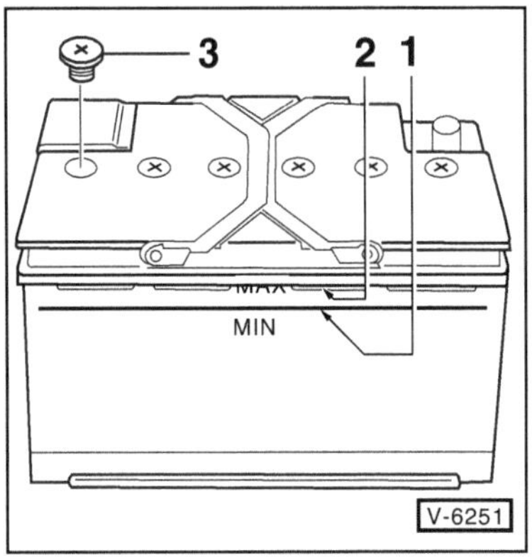

- Nur wenn der Säurestand in einer Zelle unter die Min.-Markierung –1– abgesunken ist, Batteriestopfen –3– ausschrauben und destilliertes Wasser bis zur Max.-Marke –2– einfüllen.

Achtung: Nicht mit offener Flamme in die Batterie leuchten. Explosionsgefahr!

Batterie-Zellen nicht überfüllen, sonst kann, insbesondere bei großer Hitze, die Batterie überkochen. Zu viel eingefüllte Flüssigkeit mit Säureheber absaugen.

- Stopfen einschrauben und festziehen. Vorher O-Dichtring am Stopfen kontrollieren, bei Beschädigung erneuern.

Anstellwinkel der Scheibenwischerblätter prüfen

Benötigtes Sonderwerkzeug:

Die Werkstatt verwendet das Spezialwerkzeug Hazet-4851-1 oder VW-3358.

Prüfen

- Wischerarme in Ruhestellung bringen. Dazu Windschutzscheibe mit Wasser benetzen, Scheibenwischer kurze Zeit laufen lassen und anschließend mit Wischerschalter abschalten.
- Wischerblatt ausbauen.

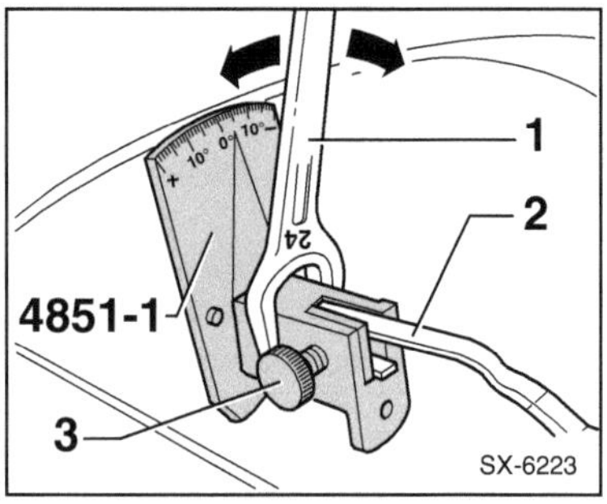

- Falls das Spezialwerkzeug vorhanden ist, Wischerarm –2– in Werkzeug einlegen und mit Schraube –3– arretieren.

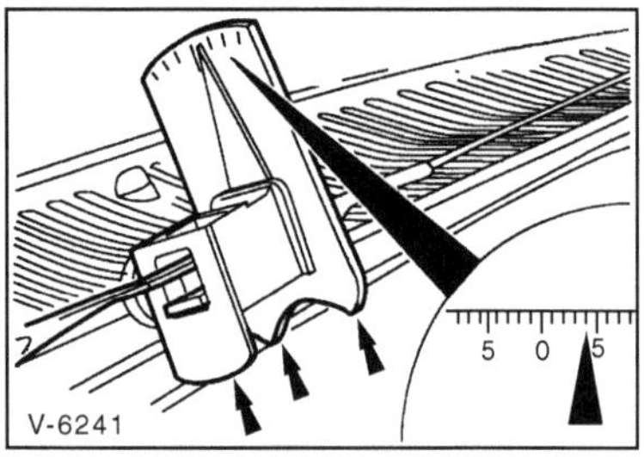

- Wischerarm mit Spezialwerkzeug zurückklappen. Darauf achten, daß die 3 Auflagepunkte –Pfeile– auf der Scheibe aufliegen.
- Einstellwinkel des Wischerarms auf der Skala ablesen.
  Sollwerte:
  Fahrerseite: -3° ± 0°
  Beifahrerseite: -3° ± 0°
  Heckklappe: 0° ± 2°
- Falls erforderlich, Werkzeug mit Maulschlüssel –1– vorsichtig drehen bis an der Skala der Sollwert angezeigt wird. **Achtung:** Dazu Wischerarm von der Scheibe abheben, da diese sonst beschädigt werden kann.
- Anschließend Werkzeug abbauen und nochmals neu aufsetzen und arretieren. Einstellwert prüfen, gegebenenfalls korrigieren. Diesen Vorgang so oft durchführen bis der Sollwert erreicht ist.
- Einstellwerkzeug abnehmen und Scheibenwischerblatt einbauen.
- Windschutzscheibe mit Wasser benetzen und Scheibenwischer laufen lassen. Wischerblätter auf rubbelfreies Wischen prüfen.

- Wasserkasten/Ablaufventil: Sichtprüfen, gegebenenfalls Verschmutzungen beseitigen.
- Unterbodenschutz und Hohlraumkonservierung: Prüfen.
- Lüftung/Heizung: Staub- und Pollenfilter-Einsatz erneuern.
- Türfeststeller/Schließzylinder schmieren.
- Sicherheitsgurte: Auf Beschädigungen prüfen.

Wasserkasten/Wasserablaufventil reinigen

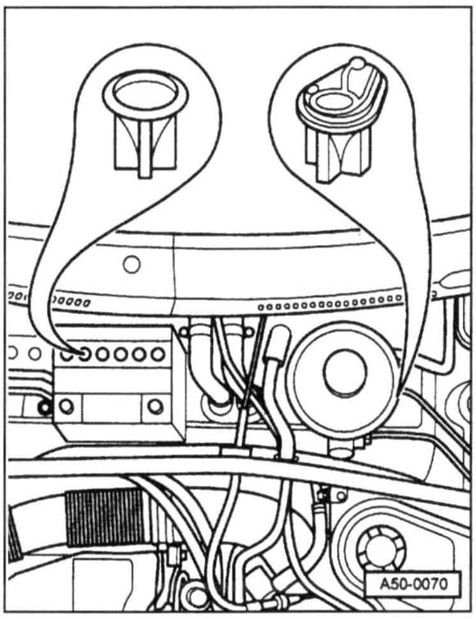

- Motorhaube öffnen und Wasserkasten auf Verschmutzung, zum Beispiel durch Laub, prüfen und gegebenenfalls reinigen.
- Wasserablaufventile auf Verschmutzung prüfen, reinigen oder gegebenenfalls ersetzen. Die Ventile sitzen links unterhalb des Bremskraftverstärkers, rechts unterhalb der Batterie. **Achtung:** Die Ablaufventile dürfen nicht durch Wachs oder Unterbodenschutz verklebt sein und müssen einwandfrei schließen.

Sichtkontrolle Unterboden/ Karosserie

Bei der regelmäßigen Pflege Augenmerk auf Lackbeschädigungen legen und auch Unterboden öfters reinigen, siehe Seite 268.

Pollen- und Staubfilter erneuern

Der Pollen- und Staubfilter befindet sich am Ansaugstutzen für die Innenraumbelüftung rechts im Wasserkasten.

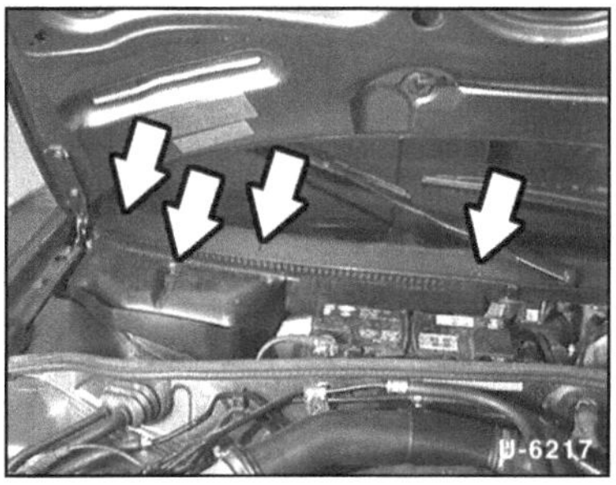

- Windlaufblende rechts lösen, dazu Clips –Pfeile– ¼ Umdrehung verdrehen. Untere Schraube lösen, dann Blende herausziehen.

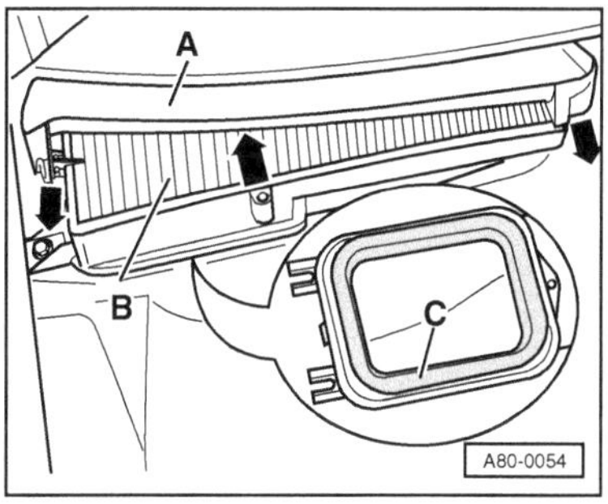

- Regenrinne –A– nach vorn herausziehen.
- Filtereinsatz –B– abziehen.

Einbau

- Dichtung –C– im Filtergehäuse auf richtigen Sitz prüfen, gegebenenfalls ausrichten.
- Neuen Filtereinsatz in das Gehäuse einsetzen und nach unten drücken.
- Regenrinne –A– richtig in die Halterungen links und rechts montieren, sonst dringt Regenwasser in den Filter und die Heizung ein.
- Windlaufblende einsetzen, mit Clips (¼ Umdrehung drehen) und Schraube befestigen.

Türfeststeller/Schließzylinder/ Schiebedach schmieren

Erforderliches Betriebsmittel:

- AUDI-Fettspray »G 052 778 A2«.

- Die Türfeststeller vorn und hinten an den mit –Pfeilen– gekennzeichneten Stellen mit schmieren.
- Schließzylinder der Türschlösser durch den Schlüsselspalt einsprühen.
- Schiebedach auf Funktion prüfen, Führungsschienen reinigen und mit Fettspray einsprühen.

Sichtprüfung aller Sicherheitsgurte

Achtung: Geräusche, die beim Aufrollen des Gurtbandes entstehen, sind funktionsbedingt. Bei störenden Geräuschen Sicherheitsgurt austauschen. Auf keinen Fall Geräusche durch Schmieren mit Öl oder Fett beheben. Der Aufrollautomat darf nicht zerlegt werden, da hierbei die vorgespannte Feder herausspringen kann. Unfallgefahr!

- Sicherheitsgurt ganz herausziehen und Gurtband auf durchtrennte Fasern prüfen. Beschädigungen können zum Beispiel durch Einklemmen des Gurtes oder durch brennende Zigaretten entstehen. In diesem Fall Gurt austauschen.
- Sind Scheuerstellen vorhanden, ohne daß Fasern durchtrennt sind, braucht der Gurt nicht ersetzt zu werden.
- Schwergängigen Gurt auf Verdrehungen prüfen, gegebenenfalls Verkleidung an der Mittelsäule ausbauen und Gurt richtig verlegen.
- Wenn die Aufrollautomatik nicht mehr funktioniert, Gurt auswechseln.
- Gurtbänder nur mit Seife und Wasser reinigen, keinesfalls Lösungsmittel oder chemische Reinigungsmittel verwenden.

Stromlaufpläne

Der Umgang mit dem Stromlaufplan

In einem Personenwagen werden je nach Ausstattung bis über 1000 Meter Leitungen verlegt, um alle elektrischen Verbraucher (Scheinwerfer, Radio usw.) mit Strom zu versorgen.

Will man einen Fehler in der elektrischen Anlage aufspüren oder nachträglich ein elektrisches Zubehör montieren, kommt man nicht ohne Stromlaufplan aus; anhand dessen der Stromverlauf und damit die Kabelverbindungen aufgezeigt werden. Grundsätzlich muß der betreffende Stromkreis geschlossen sein, sonst kann der elektrische Strom nicht fließen. Es reicht beispielsweise nicht aus, wenn an der Plusklemme eines Scheinwerfers Spannung anliegt, wenn nicht gleichzeitig über den Masseanschluß der Stromkreis geschlossen ist.

Deshalb ist auch das Massekabel (–) der Batterie mit der Karosserie verbunden. Mitunter reicht diese Masseverbindung jedoch nicht aus, und der betreffende Verbraucher bekommt eine direkte Masseleitung, deren Isolierung in der Regel braun eingefärbt ist. In den einzelnen Stromkreisen können Schalter, Relais, Sicherungen, Meßgeräte, elektrische Motoren oder andere elektrische Bauteile integriert sein. Damit diese Bauteile richtig angeschlossen werden können, haben die einzelnen Kontakte entsprechende Klemmenbezeichnungen.

Um das Kabelgewirr zumindest auf dem Stromlaufplan übersichtlich zu ordnen, sind die einzelnen Strompfade senkrecht nebeneinander angeordnet und durchnumeriert.

Die senkrechten Linien münden oben in einem meist grau unterlegtem Feld. Dieses Feld symbolisiert die Relaisplatte mit Sicherungshalter und damit die plusseitigen Anschlüsse des Stromkreises. Allerdings befindet sich in der Relaisplatte auch eine interne Masseleitung (Klemme 31). Die feinen Striche in dem Feld machen deutlich, wie und welche Stromkreise intern in der Relaisplatte miteinander verschaltet sind. Unten mündet der Stromkreis auf einer waagerechten Linie, die den Masseanschluß symbolisiert. Die Masseverbindung wird normalerweise direkt über die Karosserie hergestellt oder aber über eine Leitung von einem an der Karosserie angebrachten Massepunkt.

Wenn der Stromkreis durch ein Quadrat unterbrochen wird, in dem eine Zahl steht, weist die Ziffer auf den Strompfad hin, in dem der Stromkreis weitergeführt wird.

Am sinnvollsten geht man bei der Benutzung des Stromlaufplanes folgendermaßen vor:

Zuerst sucht man in der Legende das betreffende Bauteil, zum Beispiel den Schalter für das Heizgebläse. In der rechten Spalte neben der Bauteil-Benennung wird dann der entsprechende Strompfad mit einer Nummer angezeigt, die im Stromlaufplan unten auf der waagerechten Linie wieder auftritt.

Um den Stromlaufplan lesen zu können, ist die Kenntnis einiger Bauteil-Bezeichnungen erforderlich, außerdem sollte man die wichtigsten Schaltzeichen kennen.

Die Kennbuchstaben der wichtigsten Bauteile sind:

Kennbuchstabe	Bauteil
A	Batterie
B	Anlasser
C	Drehstromgenerator
D	Zündanlaßschalter
E	Schalter für Handbedienung,
F	Mechanische Schalter
G	Geber, Kontrollgeräte
H	Horn, Doppeltonhorn, Fanfare
J	Relais, Steuergerät
K, L, M, W, X	Kontrollampen, Lampen, Leuchten
N	Elektroventile, Widerstände, Schaltgeräte
O	Zündverteiler
P, Q	Zündkerzenstecker, Zündkerzen
R	Radio
S	Sicherungen
T	Steckverbindungen
V	Elektromotoren

Zur genaueren Unterscheidung werden zu den Kennbuchstaben noch Zahlen angefügt.

Relais und elektronische Steuergeräte sind in der Regel grau unterlegt. Die darin eingezeichneten Linien sind interne Verdrahtungen. Sie zeigen, wie Relais und andere elektrische/elektronische Bauteile sowohl zueinander als auch auf der Relaisplatte verschaltet sind.

Eine Ziffer im schwarzen Quadrat kennzeichnet den Relaisplatz auf der Relaisplatte mit Sicherungshalter. Direkt am eingezeichneten Relais befindet sich die Kontaktbezeichnung. Beispiel: Lautet die Kontaktbezeichnung im Stromlaufplan 17/87, dann ist 17 die Bezeichnung der Klemme auf der Relaisplatte, 87 ist die Bezeichnung der Klemme am Relais/Steuergerät.

Die Bezeichnung der Klemmen ist nach DIN genormt. **Die wichtigsten Klemmenbezeichnungen sind:**

Klemme 30. An dieser Klemme liegt immer die Batteriespannung an. Die Kabel sind meist rot oder rot mit farbigem Streifen.

Klemme 31 führt zur Masse. Die Masse-Leitungen sind in der Regel braun.

Klemme 15 wird über das Zündschloß gespeist. Die Leitungen führen nur bei eingeschalteter Zündung Strom. Die Kabel sind meist grün oder grün mit farbigem Streifen.

Klemme X führt ebenfalls nur bei eingeschalteter Zündung Strom, dieser wird jedoch unterbrochen, wenn der Anlasser betätigt wird. Dadurch ist sichergestellt, daß während des Startvorganges der Zündanlage die volle Batterieleistung zur Verfügung steht. Alle größeren Stromaufnehmer liegen in diesem Stromkreis. Das Fernlicht wird ebenfalls über diese Klemme mit Strom versorgt. So wird bei eingeschaltetem Fernlicht und ausgeschalteter Zündung automatisch auf Standlicht umgeschaltet.

Im Stromlaufplan sind in den einzelnen Leitungen Ziffern und darunter Buchstabenkombinationen eingefügt.

Beispiel: **1,5**
ws/ge

Die Ziffern geben an, welchen Leitungsquerschnitt die Leitung hat. Die Buchstaben weisen auf die Leitungsfarben hin. Besteht die Kennzeichnung aus zwei Buchstabengruppen, die durch einen Schrägstrich getrennt sind, wie im Beispiel, dann nennt die erste Buchstabenfolge die Leitungsgrundfarbe: ws = weiß und die zweite: ge = gelb – die Zusatzfarbe. Da es vorkommt, daß gleichfarbige Leitungen für verschiedene Stromkreise verwendet werden, empfiehlt es sich, die Farbkombination an den betreffenden Anschlußklemmen zu kontrollieren. Weiße Leitungen sind zur Unterscheidung zusätzlich mit einer Kennummer versehen, die im Stromlaufplan unter der Farbkennzeichnung steht.

Schlüssel für Leitungsfarben

bl = blau
br = braun
ge = gelb
gn = grün
gr = grau
li = lila
or = orange
ro = rot
sw = schwarz
ws = weiß

Leitungen, die mittels Einzel- oder Mehrfachsteckverbindungen miteinander verbunden sind, haben zum Buchstaben »T« für die Steckverbindung eine zusätzliche Ziffern-Kombination.

Beispiel: T2p = Zweifachstecker, T32/27 = 32fach Steckverbindung mit Kontaktpunkt 27.

Im Stromlaufplan sind alle Verbraucher und Schalter in Ruhestellung gezeichnet. Der geänderte Stromverlauf nach Betätigung eines Schalters wird hier am Beispiel eines Zweistufen-Schalters erläutert:

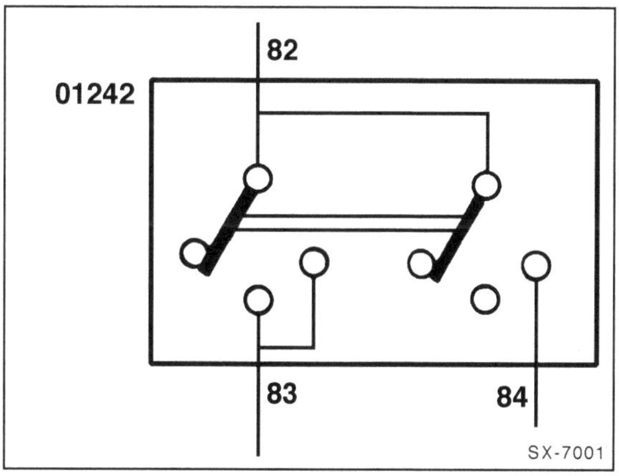

Wird am Schalter die erste Stufe gedrückt, fließt der Strom von der Klemme 82 kommend über die Klemme 83. Die Brücke der zweiten Schalterstufe rückt in Mittelstellung, jedoch ohne eine Verbindung herzustellen. Erst beim Drücken der zweiten Schalterstufe rückt die Brücke der zweiten Schalterstufe von der internen Leitung 82 auf 84 und gibt den Strom über 84 weiter. Dabei bleibt über die interne Verbindung im Schalter, also über die rechts abgewinkelte Leitung von 83 der Stromfluß der ersten Schalterstufe bestehen.

Achtung: Sicherungen im Sicherungshalter werden ab Sicherungsplatz 23 im Stromlaufplan mit 223 bezeichnet.

Zuordnung der Stromlaufpläne

AUDI A4 Modelljahr 2000, Ausgabe 7/99

Wegen des großen Umfangs können nicht alle Stromlaufpläne aus jedem Modelljahr berücksichtigt werden. Jedoch kann man sich auch an den vorliegenden Stromlaufplänen orientieren, wenn das eigene Fahrzeug einem anderen Modelljahr angehört, da die Änderungen in der Regel nur Teilbereiche betreffen.

Relais- und Sicherungsbelegung

Die Relais- und Sicherungsbelegung kann je nach Fahrzeugausstattung und Baujahr des Fahrzeuges abweichen.

Die Relais befinden sich in dem Träger der Zentralelektrik und im Hauptrelaisträger hinter der linken Fußraumabdeckung unterhalb des Armaturenbretts. Bei Fahrzeugen mit umfangreicher Ausstattung befindet sich hinter dem Hauptrelaisträgers ein Zusatzrelaisträger.

Zentralelektrik –B– (Relais sind schwarz dargestellt)

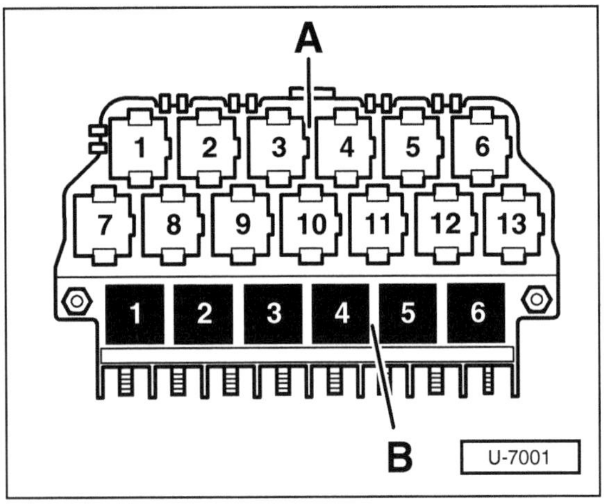

Relais-Nr.	Verbraucher
1	Entlastungsrelais für X-Kontakt
2	Relais für Signalhorn
3	Relais für Scheinwerferreinigungsanlage
4	Relais für Automatikgetriebe (Anlaßsperre und Rückfahrlicht) bzw. Brücke für Schaltgetriebe
5	Relais für Wisch-Wasch-Intervallautomatik
6	Kraftstoffpumpenrelais bzw. Relais für Glühkerzen

Hauptrelaisträger –A–

Relais-Nr.	Verbraucher
1	–
2	–
3	Relais für Magnetkupplung (Klimaanlage)
4	Steuergerät für Lampenkontrolle
5	Steuergerät für Lampenkontrolle
6	–
7	–
8	Relais für Tagesfahrlicht
9	Relais für Fahrlicht
10	Relais für Nebelscheinwerfer
11	Steuergerät für Spiegel mit Abklappfunktion
12	Steuergerät für Spiegel mit Abklappfunktion
13	–
14	Sicherung für Alarmanlage (Taxi)
15	–
16	Sicherung für Alarmanlage (Taxi)
17	Sicherung für Taxameter (Taxi)
18	Sicherung für Hydraulikpumpe ABS Sicherung für Funkgerät (Taxi)

Zusatzrelaisträger

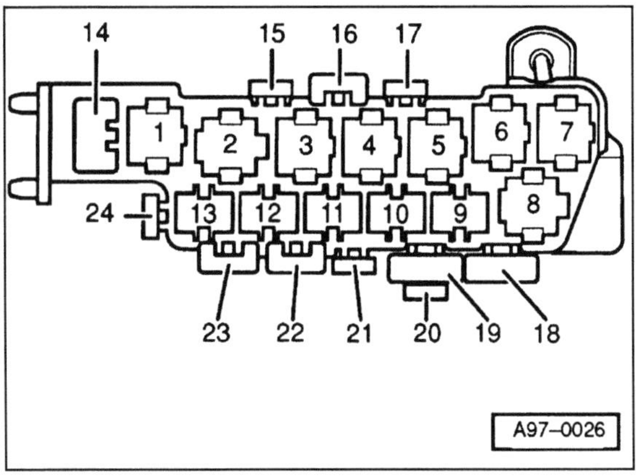

Relais-Nr.	Verbraucher
1	Relais für abschaltbare Nebelschlußleuchte
2	Relais für »Lüfter voll auf«
3	Relais für 1. Lüfterstufe
4	Steuergerät für Fensterheber
5 bis 15	–
16	Sicherung für Sitzverstellung
17	–
18	Sicherung für Hydraulikpumpe ABS
19	Sicherung für Kühlerlüfter
20	–
21	Sicherung für Kühlerlüfter Relaisspule
22	Sicherung für Fensterheber hinten
23	Sicherung für Fensterheber vorn
24	Sicherung für Zentralverriegelung und Diebstahlwarnanlage

Relaisträger in der Elektronik-Box im Motorraum

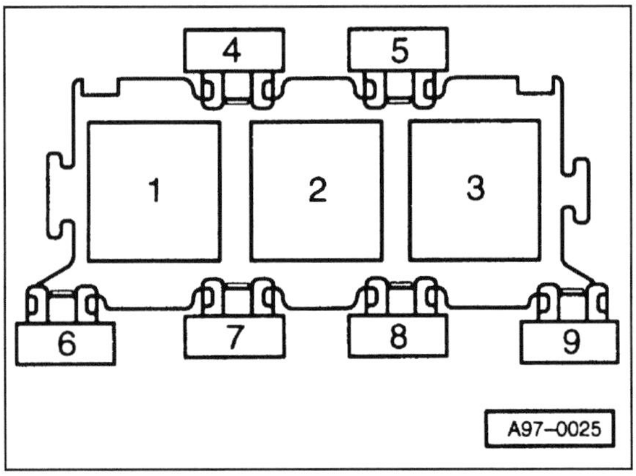

Relais-Nr.	Verbraucher
1	Relais für Lambdasonden-Heizung bzw. Relais I für Glühkerzen-Kühlmittel
2	Relais II für Glühkerzen-Kühlmittel
3	Relais für Diesel-Direkteinspritzanlage
4/5	–
6	Sicherung für Motorelektrik
7	Sicherung I für Glühkerzen-Kühlmittel
8	Sicherung II für Glühkerzen-Kühlmittel
9	Sicherung für Glühkerzen

Einbauorte von Steuergeräten und elektrischen Bauteilen

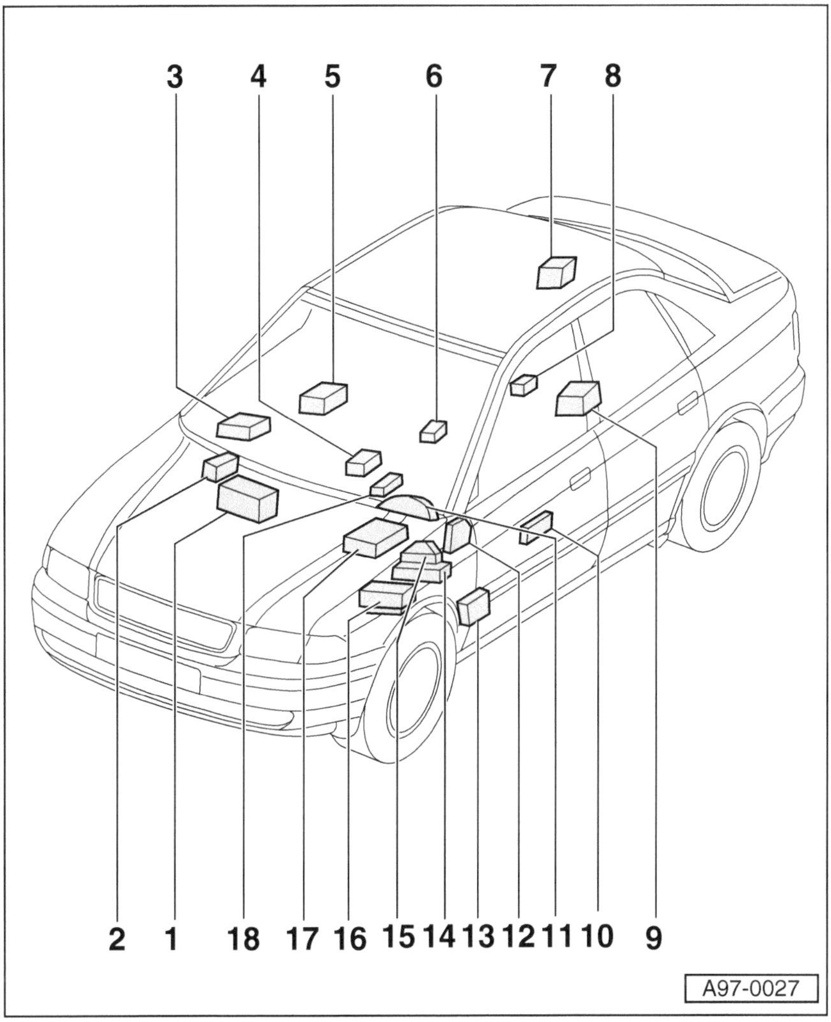

1 – **Batterie**
Im Wasserkasten/Motorraum.

2 – **Steckerstation rechts**
An der A-Säule rechts unten, innen befestigt.

3 – **Steuergerät für GRA**
Unter Schalttafel über Handschuhfach befestigt.

4 – **Steuergerät für Airbag**
In Mittelkonsole auf Tunnel befestigt.

5 – **Steuergerät für Automatikgetriebe**
Vor Beifahrersitz unter Teppich in Kunststoffbox eingebaut.

6 – **Diagnosestecker**
Im Fondaschenbecher integriert.

7 – **Steuergerät für Zentralverriegelung, Infrarot-Fernbedienung, verzögerte Innenleuchte und Diebstahlwarnanlage**
Im Kofferraum rechts unten eingebaut.

8 – **Steuergerät für Ulltraschall-Innenraumüberwachung**
Unter Sitzbank mitte eingebaut.

9 – **Steuergerät für ABS/ EDS**
Unter Sitzbank links angeschraubt.

10 – **Steuergerät für Schließzylinderbeheizung**
In Tür oben eingebaut.

11 – **Schalttafeleinsatz**

12 – **Sicherungshalter**
Seitlich an der Schalttafel befestigt.

13 – **Steckerstation links**
An der A-Säule links unten, innen befestigt.

14 – **Zentralelektrik**
Zusammen mit Relaisträger –15– befestigt.

15 – **Relaisträger**

16 – **Zusatzrelaisträger mit Steckerstation**

17 – **Elektronik-Box (E-Box)**
Motorsteuergerät, Zusatzrelaisträger und Zusatzsicherungshalter integriert.

18 – **Steuergerät für Wegfahrsicherung**
Unter Ablage Fahrerseite am Mittelkonsolträger befestigt.

Gebrauchsanleitung für Stromlaufpläne

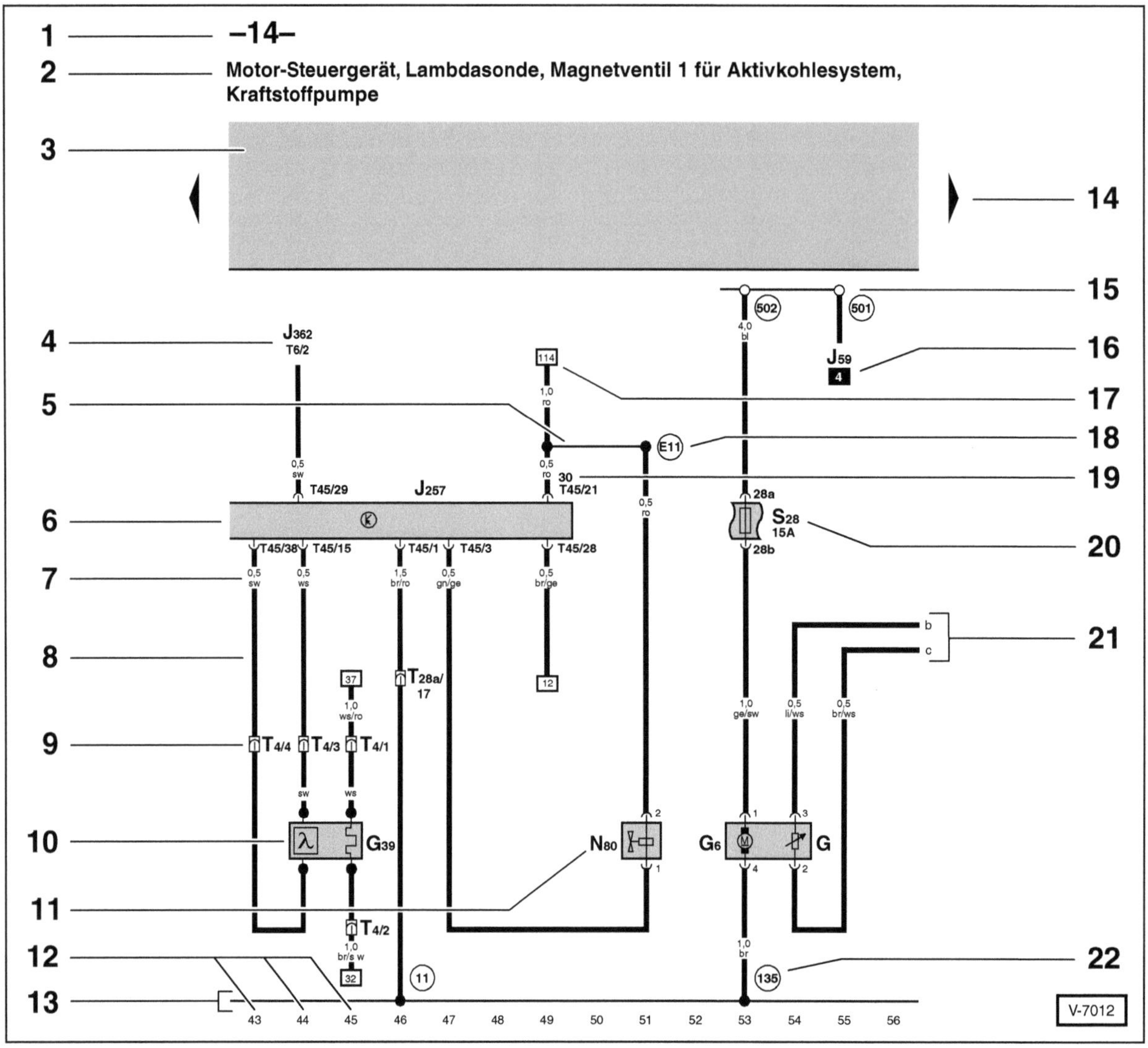

1 – Stromlaufplan-Nr.

2 – Bezeichnung der auf dieser Seite dargestellten Stromkreise

3 – Relaisplatte
Durch ein graues Feld gekennzeichnet. Stellt die plusseitigen Anschlüsse dar.

4 – Verweis auf Weiterführung der Leitung zu einem anderen Bauteil
J362 = Steuergerät für Wegfahrsicherung, T6/2 = 6-fach-Steckerverbindung, Kontakt 2.

5 – Interne Verbindung (dünner Strich)
Diese Verbindung ist nicht als Leitung vorhanden.

6 – Schaltzeichen
Die offen gezeichnete Seite des Schaltzeichens weist auf die Fortsetzung des Bauteils in einem anderen Stromlaufplan hin.

7 – Leitungsquerschnitt in mm² und Leitungsfarbe
0,5 = 0,5 mm², sw = schwarz. Abkürzungen für die Leitungsfarben stehen im Kapitel »Umgang mit dem Stromlaufplan«.

8 – Stromkreis mit Leitungsführung
Alle Schalter und Kontakte sind in mechanischer Ruhestellung dargestellt.

9 – Steckverbindung
T4 = 4-fach-Steckverbindung, /4 = Kontakt 4.

10 – Schaltzeichen für Bauteil
G39 = Lambdasonde mit Heizung.

11 – Teile-Bezeichnung
N80 = Magnetventil 1. In der Legende unterhalb des Stromlaufplans steht, wie das Teil heißt.

12 – Strompfad-Nummer

13 – Fahrzeugmasse

14 – Pfeil
Weist auf die Fortsetzung des Stromlaufplans auf der anschließenden Seite hin.

15 – Gewindebolzen an der Relaisplatte
Der weiße Kreis zeigt an, dass es sich hier um eine lösbare Verbindung handelt.

16 – Relaisplatz-Nummer
Kennzeichnet den Relaisplatz auf oder an der Relaisplatte.

17 – Verweis auf Weiterführung der Leitung zu einem anderen Bauteil
Die Zahl im Rechteck kennzeichnet, in welchem Strompfad die Leitung weitergeführt wird; hier in Strompfad 114.

18 – Verbindung im Leitungsstrang
Nicht lösbare Verbindung.

19 – Anschlussklemme
Hier: Klemme 30, 45-fach-Steckerverbindung, Kontakt 21.

20 – Sicherung
S28 = Sicherung Nr. 28, 15 Ampere.

21 – Verweis auf Weiterführung der Leitung im anschließenden Stromlaufplanteil
Der Buchstabe kennzeichnet, wo im nächsten Stromlaufplanteil die Leitung weitergeführt wird.

22 – Massepunkt oder Masseverbindung im Leitungsstrang
In der Legende stehen Angaben zur Lage des Massepunktes im Fahrzeug.

Masseverbindungen

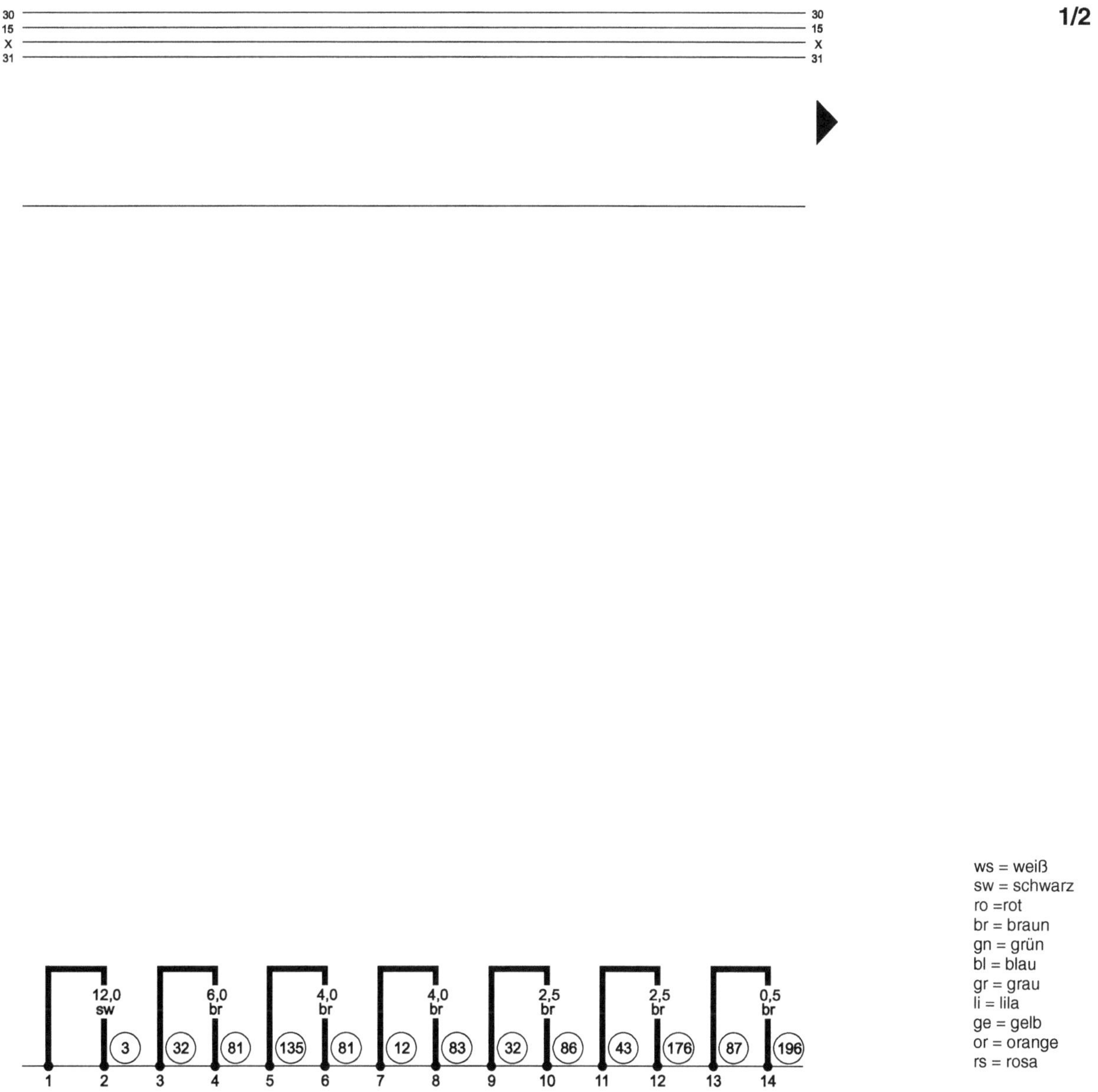

ws = weiß
sw = schwarz
ro =rot
br = braun
gn = grün
bl = blau
gr = grau
li = lila
ge = gelb
or = orange
rs = rosa

(3) - Masseband, Motorstütze rechts, zum Längsträger vorne rechts

(12) - Massepunkt, im Motorraum links

(32) - Massepunkt, hinter Schalttafel links

(43) - Massepunkt, Säule A-rechts, unten

(81) - Masseverbindung -1-, im Schalttafelleitungsstrang

(83) - Masseverbindung -1-, im Leitungsstrang vorn rechts

(86) - Masseverbindung -1-, im Leitungsstrang hinten

(87) - Masseverbindung -2-, im Leitungsstrang hinten

(135) - Masseverbindung -2-, im Schalttafelleitungsstrang

(176) - Masseverbindung , im Leitungsstrang Scheinwerfer rechts

(196) - Masseverbindung -3- , im Leitungsstrang hinten

Zündanlaßschalter, Entlastungsrelais für X-Kontakt

1/3

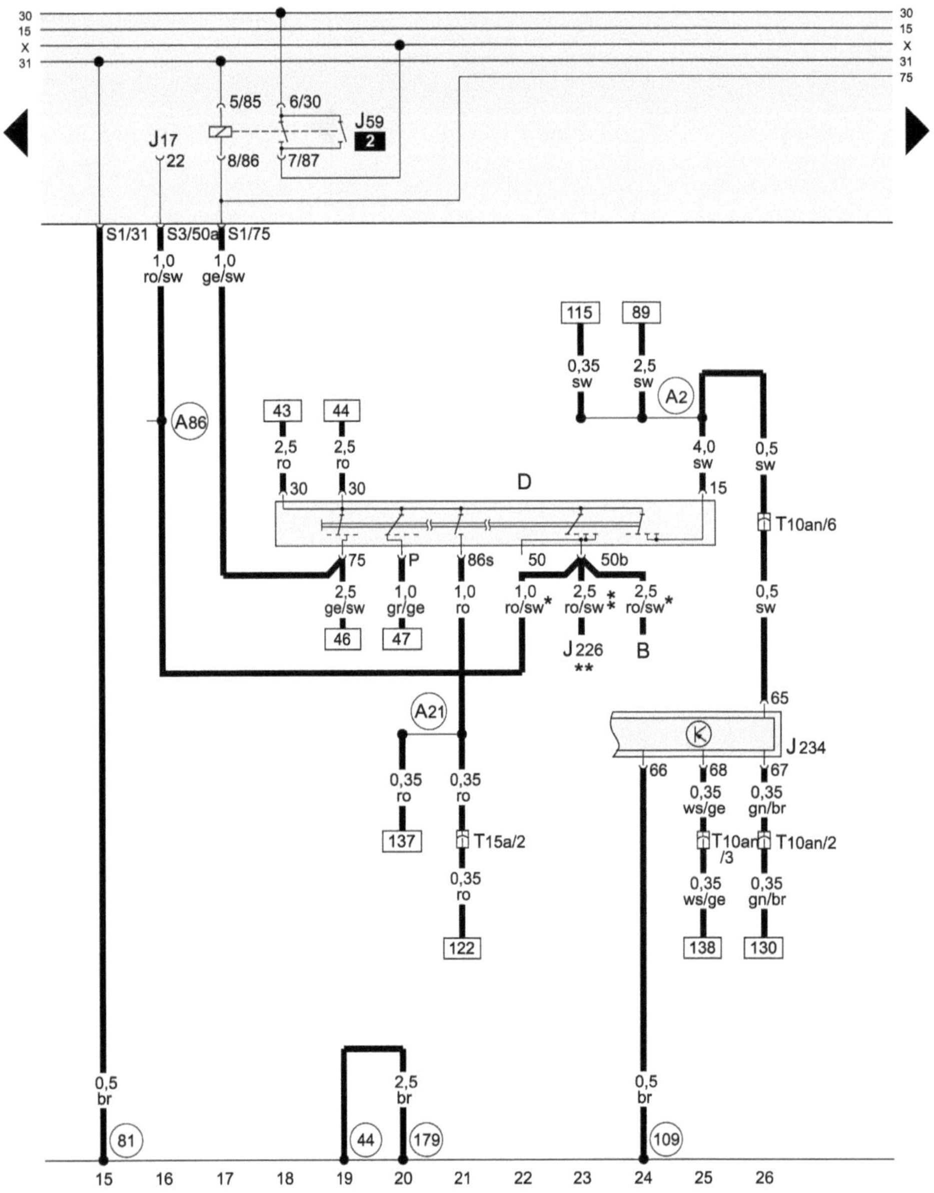

ws = weiß
sw = schwarz
ro =rot
br = braun
gn = grün
bl = blau
gr = grau
li = lila
ge = gelb
or = orange
rs = rosa

B - Anlasser
D - Zündanlaßschalter
J17 - Kraftstoffpumpenrelais
J59 - Entlastungsrelais für X-Kontakt
J226 - Relais für Anlaßsperre und Rückfahrlicht
J234 - Steuergerät für Airbag
T10an - Steckverbindung, 10-fach, gelb, Steckerstation rechts, A-Säule
T15a - Steckverbindung, 15-fach, schwarz, Steckerstation rechts, A-Säule
(44) - Massepunkt, Säule A-links, unten
(81) - Masseverbindung -1-, im Schalttafelleitungsstrang
(109) - Masseverbndung, im Leitungsstrang Airbag

(179) - Masseverbindung , im Leitungsstrang Scheinwerfer
(A2) - Plusverbindung (15), im Schalttafelleitungsstrang
(A21) - Plusverbindung (86s), im Schalttafelleitungsstrang
(A86) - Verbindung (50a), im Schalttafelleitungsstrang

* - nur bei Schaltgetriebe
** - nur bei Automatikgetriebe

Schlußlicht, Bremslicht, Rückfahrlicht

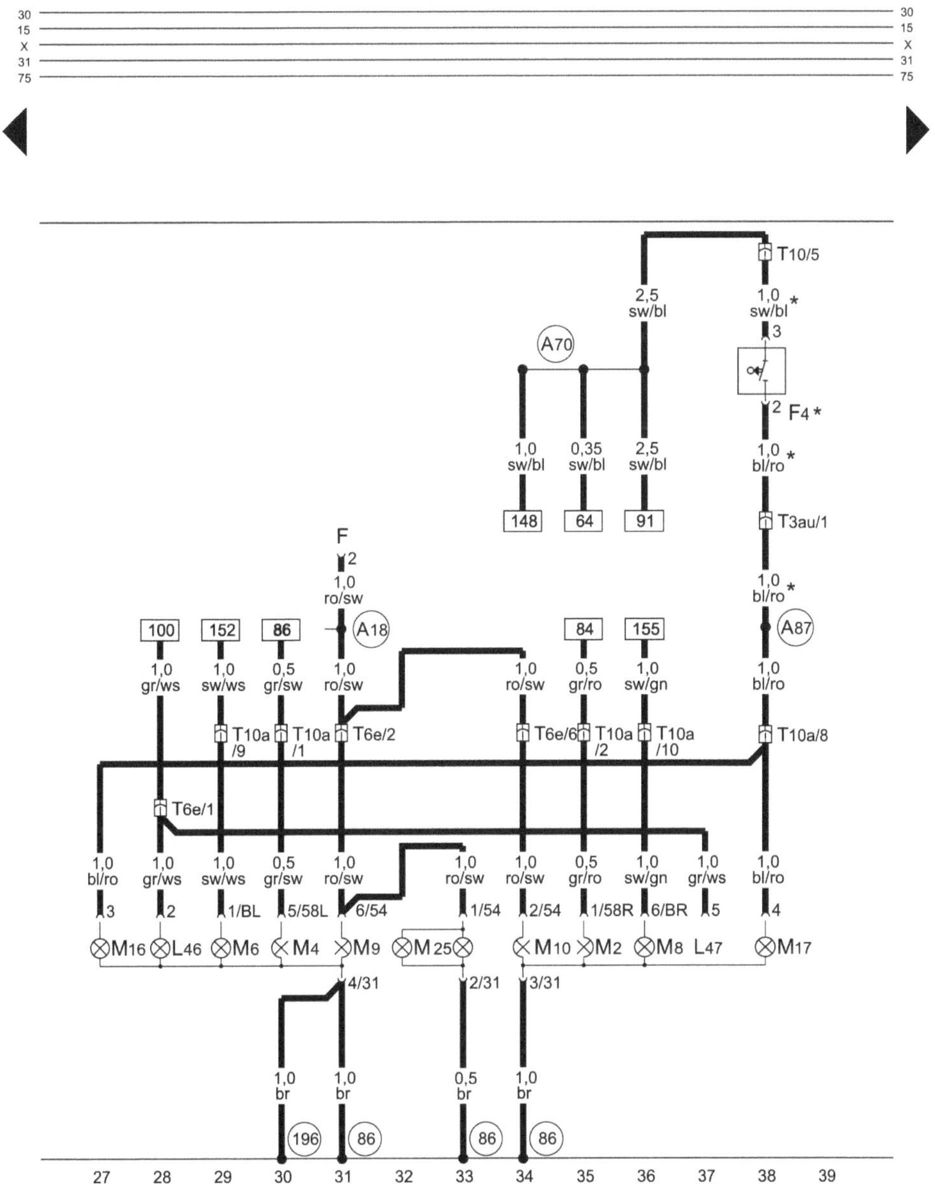

ws = weiß
sw = schwarz
ro =rot
br = braun
gn = grün
bl = blau
gr = grau
li = lila
ge = gelb
or = orange
rs = rosa

F - Bremslichtschalter
F4 - Schalter für Rückfahrleuchten
L46 - Lampe für Nebelschlußleuchte links
L47 - Lampe für Nebelschlußleuchte rechts
M2 - Lampe für Schlußlicht rechts
M4 - Lampe für Schlußlicht links
M6 - Lampe für Blinklicht hinten links
M8 - Lampe für Blinklicht hinten rechts
M9 - Lampe für Bremslicht links
M10 - Lampe für Bremslicht rechts
M16 - Lampe für Rückfahrlicht links
M17 - Lampe für Rückfahrlicht rechts
M25 - Lampe für hochgesetztes Bremslicht
T3au - Steckverbindung, 3-fach, rot, Kupplungsstation E-Box, Wasserkasten
T6e - Steckverbind., 6-fach, blau, Steckerstat. links, A-Säule
T10 - Steckverbindung, 10-fach, braun, Kupplungsstat. E-Box Wasserkasten
T10a - Steckverbindung, 10-fach, braun, Steckerstation links, A-Säule
(86) - Masseverbindung -1-, im Leitungsstrang hinten
(196) - Masseverbindung -3-, im Leitungsstrang hinten
(A18) - Verbindung (54), im Schalttafelleitungsstrang
(A70) - Verbindung (15a, Sicherung 231), im Schalttafelleitungsstrang
(A87) - Verbindung (RF), im Schalttafelleitungsstrang
* - nur bei Schaltgetriebe

Lichtschalter

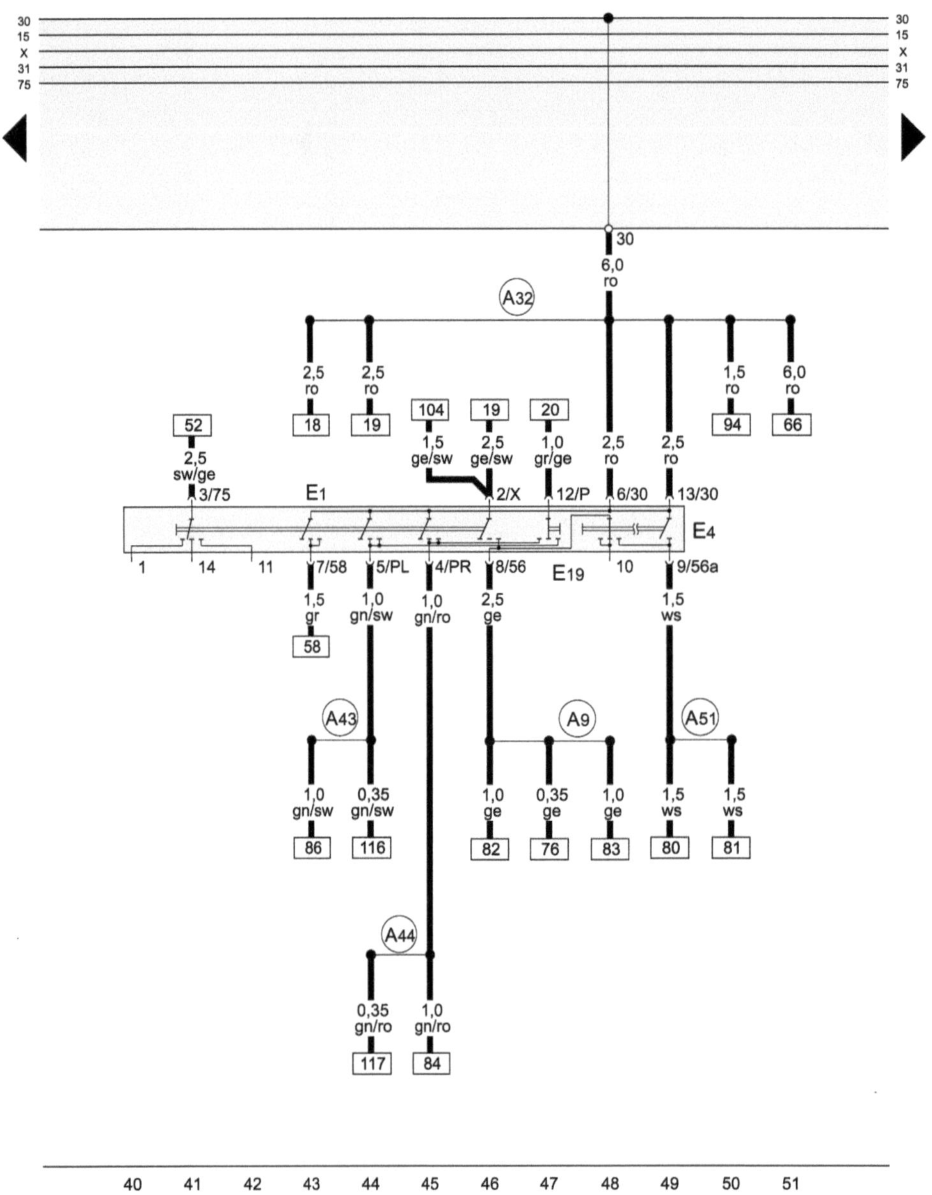

ws = weiß
sw = schwarz
ro =rot
br = braun
gn = grün
bl = blau
gr = grau
li = lila
ge = gelb
or = orange
rs = rosa

E1 - Lichtschalter
E4 - Schalter für Handabblendung und Lichthupe
E19 - Schalter für Parklicht
A9 - Plusverbindung (56b), im Schalttafelleitungsstrang
A32 - Plusverbindung (30), im Schalttafelleitungsstrang
A43 - Verbindung (57l), im Schalttafelleitungsstrang
A44 - Verbindung (57r), im Schalttafelleitungsstrang
A51 - Verbindung (56), im Schalttafelleitungsstrang

Sicherungshalter, Kennzeichenleuchte, Handschuhfachleuchte, beheizbare Waschdüsen

1/6

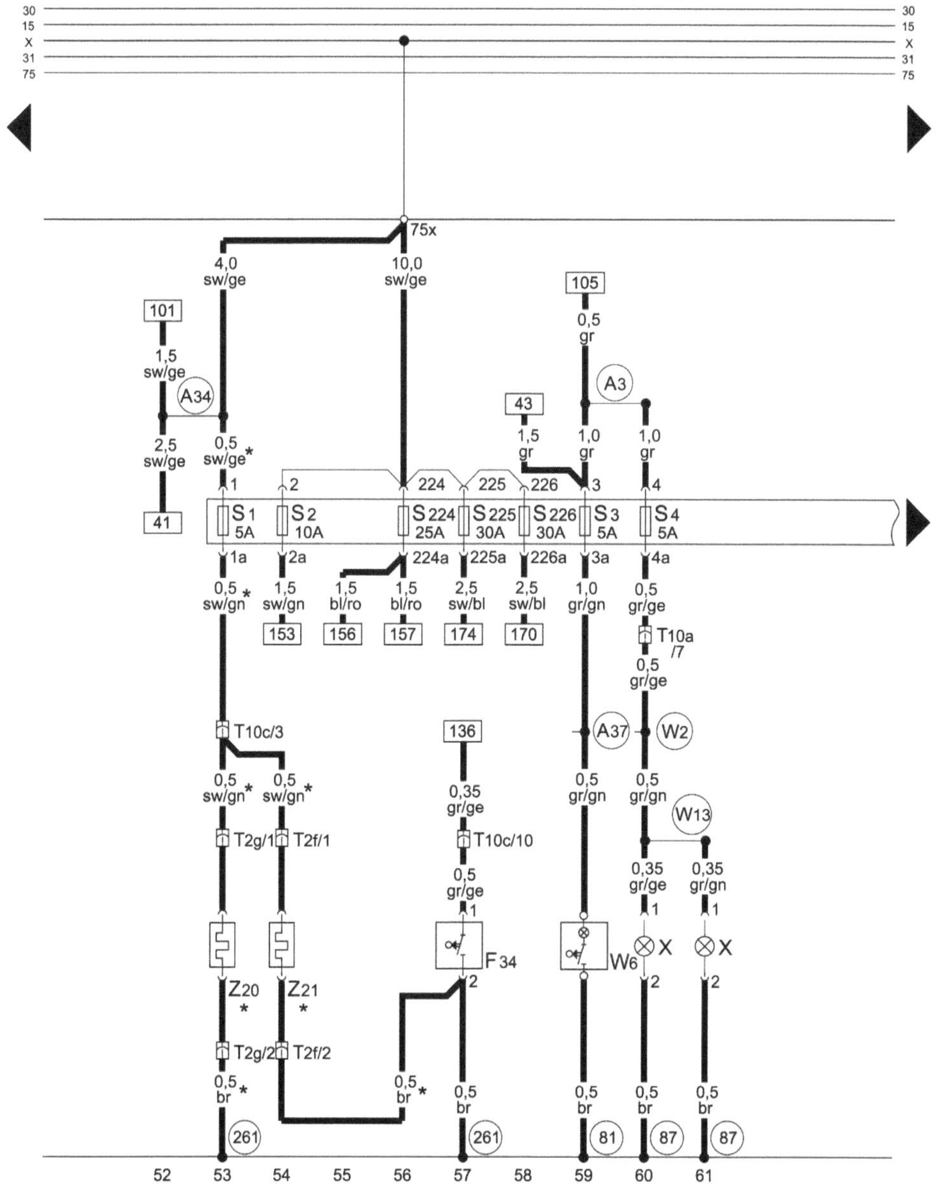

ws = weiß
sw = schwarz
ro =rot
br = braun
gn = grün
bl = blau
gr = grau
li = lila
ge = gelb
or = orange
rs = rosa

F34 - Warnkontakt für Bremsflüssigkeitsstand
S1 - Sicherung im Sicherungshalter
S2 - Sicherung im Sicherungshalter
S3 - Sicherung im Sicherungshalter
S4 - Sicherung im Sicherungshalter
S224 - Sicherung im Sicherungshalter
S225 - Sicherung im Sicherungshalter
S226 - Sicherung im Sicherungshalter
T2f - Steckverbindung, 2-fach, an Motorraumklappe
T2g - Steckverbindung, 2-fach, an Motorraumklappe
T10a - Steckverbindung, 10-fach, braun, Steckerstation links, A-Säule
T10c - Steckverbindung, 10-fach, violett, Steckerstation links, A-Säule
W6 - Handschuhfachleuchte
X - Kennzeichenleuchte
Z20 - Heizwiderstand für Spritzdüse links
Z21 - Heizwiderstand für Spritzdüse rechts

(81) - Masseverbindung -1-, im Schalttafelleitungsstrang
(87) - Masseverbindung -2-, im Leitungsstrang hinten
(261) - Masseverbindung, im Leitungsstrang heizbare Spritzdüse
(A3) - Plusverbindung (58), im Schalttafelleitungsstrang
(A34) - Verbindung (75x), im Schalttafelleitungsstrang
(A37) - Verbindung (58a), im Schalttafelleitungsstrang
(W2) - Plusverbindung (58), im Leitungsstrang hinten
(W13) - Verbindung (58L), im Leitungsstrang hinten
* - nur bei beheizbaren Waschdüsen

Sicherungshalter, Signalhorn, Diagnosestecker

1/7

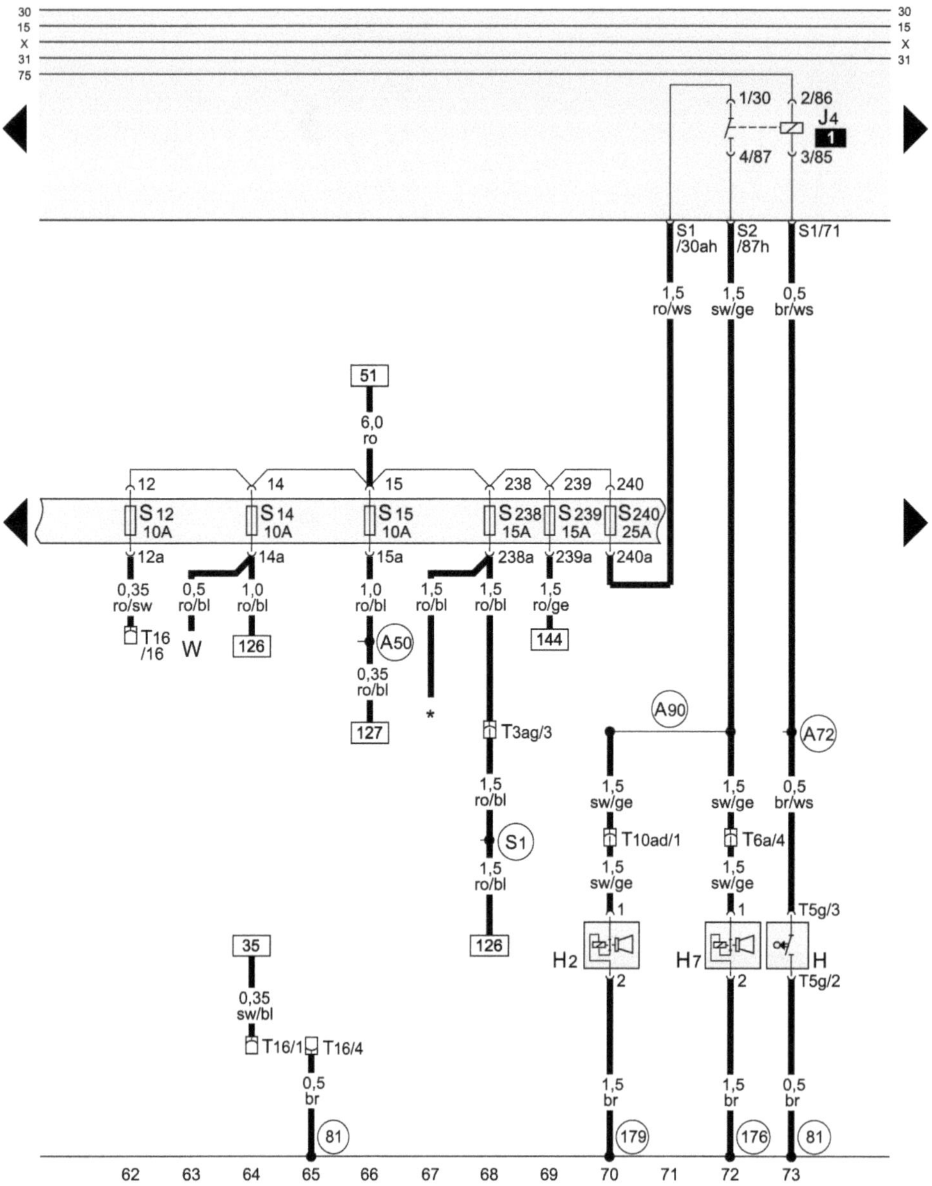

ws = weiß
sw = schwarz
ro =rot
br = braun
gn = grün
bl = blau
gr = grau
li = lila
ge = gelb
or = orange
rs = rosa

H - Signalhornbetätigung
H2 - Hochtonhorn
H7 - Tieftonhorn
J4 - Relais für Doppeltonhorn
S12 - Sicherung im Sicherungshalter
S14 - Sicherung im Sicherungshalter
S15 - Sicherung im Sicherungshalter
S238 - Sicherung im Sicherungshalter
S239 - Sicherung im Sicherungshalter
S240 - Sicherung im Sicherungshalter
T3ag - Steckverbindung, 3-fach, schwarz, Steckerstation rechts, A-Säule
T5g - Steckverbindung, 5-fach, hinter der Verkleidung für Lenkstockschalter
T6a - Steckverbind., 6-fach, rot, Steckerstat. rechts, A-Säule
T10ad - Steckverbind., 10-fach, rot, Steckerstat. links, A-Säule
T16 - Steckverbindung, 16-fach, (Diagnoseanschluß) in Mittelkonsole hinten

W - Innenleuchte vorn
81 - Masseverbindung -1-, im Schalttafelleitungsstrang
176 - Masseverbindung, im Leitungsstrang Scheinwerfer
179 - Masseverbindung, im Leitungsstrang Scheiwerfer links
A50 - Plusverbindung (30as), im Schalttafelleitungsstrang
A72 - Verbindung (71), im Schalttafelleitungsstrang
A90 - Verbindung (Doppeltonhorn), im Schalttafelleitungsstrang
S1 - Plusverbindung (30), im Leitungsstrang Zentralverriegelung
* - siehe Stromlaufplan für Zentralverriegelung

Sicherungshalter, Scheinwerfer, Leuchtweitenregulierung

1/8

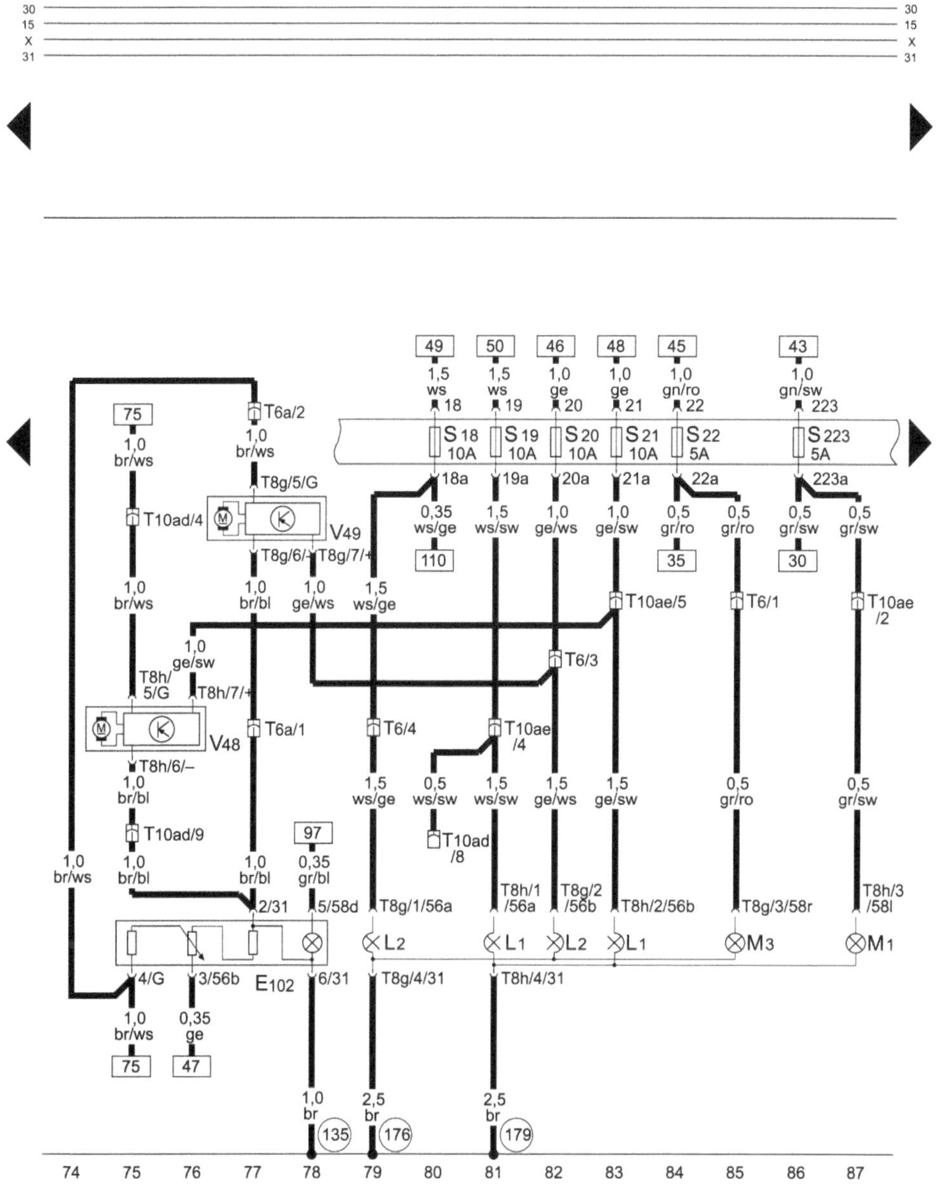

ws = weiß
sw = schwarz
ro =rot
br = braun
gn = grün
bl = blau
gr = grau
li = lila
ge = gelb
or = orange
rs = rosa

E102 - Einsteller für Leuchtweitenregelung
L1 - Zweifadenlampe für Scheinwerfer links
L2 - Zweifadenlampe für Scheinwerfer rechts
M1 - Lampe für Standlicht links
M3 - Lampe für Standlicht rechts
S18 - Sicherung im Sicherungshalter
S19 - Sicherung im Sicherungshalter
S20 - Sicherung im Sicherungshalter
S21 - Sicherung im Sicherungshalter
S22 - Sicherung im Sicherungshalter
S223 - Sicherung im Sicherungshalter
T6 - Steckverbind., 6-fach, gelb, Steckerstat. rechts, A-Säule
T6a - Steckverbind., 6-fach, rot, Steckerstat. rechts, A -Säule
T8g - Steckverbindung, 8-fach, Scheinwerfer rechts
T8h - Steckverbindung, 8-fach, Scheinwerfer links
T10ad - Steckverbind., 10-fach, rot, Steckerstation links, A-Säule
T10ae - Steckverbindung, 10-fach, hellrosa, Steckerstation links, A-Säule

V48 - Stellmotor links für Leuchtweitenregelung
V49 - Stellmotor rechts für Leuchtweitenregelung
135 - Masseverbindung -2-, im Schalttafelleitungsstrang
176 - Masseverbind., im Leitungsstrang Scheinwerfer rechts
179 - Masseverbindung, im Leitungsstrang Scheinwerfer links

Sicherungshalter, Zigarettenanzünder, Beleuchtung für Armaturentafelausströmer, Ascherbeleuchtung

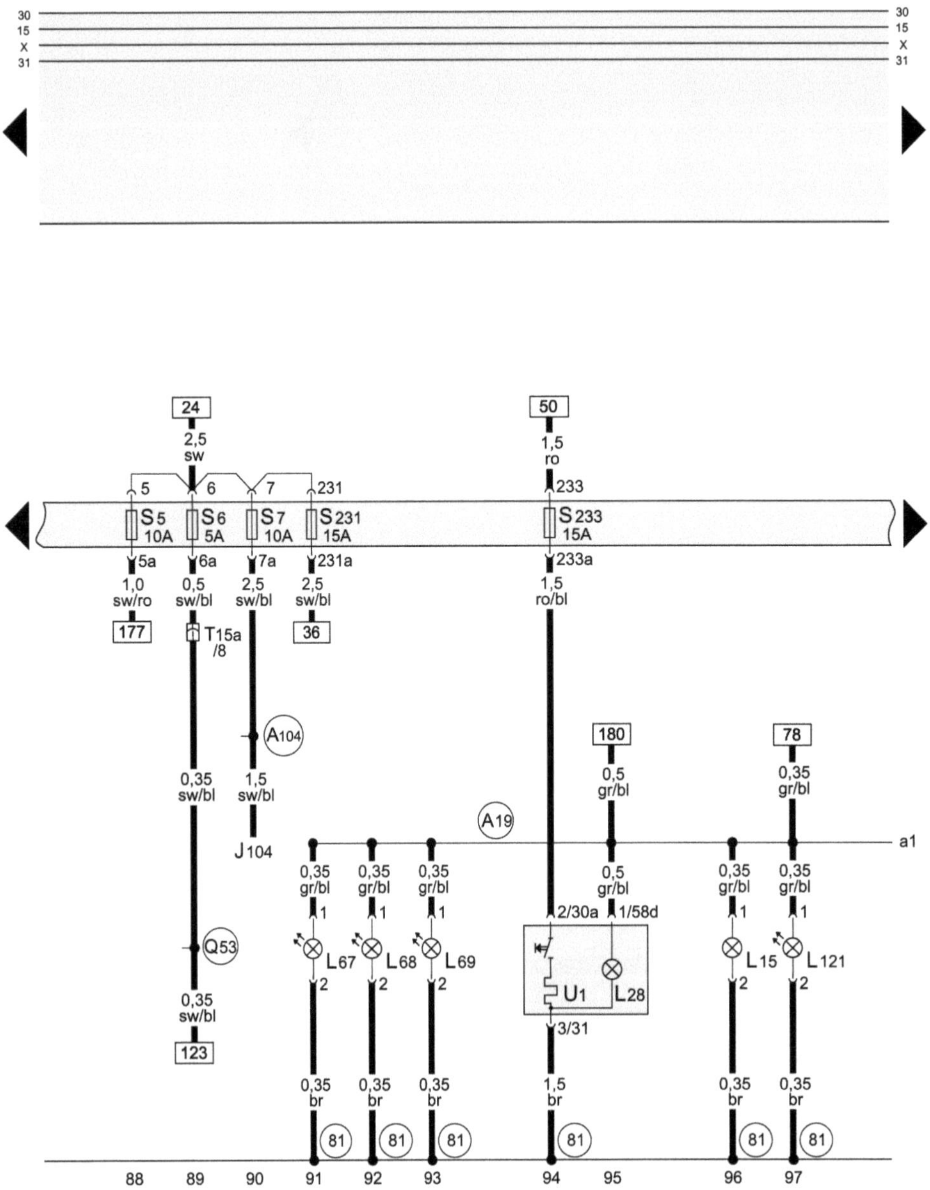

ws = weiß
sw = schwarz
ro =rot
br = braun
gn = grün
bl = blau
gr = grau
li = lila
ge = gelb
or = orange
rs = rosa

J104 - Steuergerät für ABS mit EDS
L15 - Lampe für Ascherbeleuchtung
L28 - Lampe für Beleuchtung Zigarrenanzünder
L67 - Beleuchtung für Schalttafelausströmer links
L68 - Beleuchtung für Schalttafelausströmer mitte
L69 - Beleuchtung für Schalttafelausströmer rechts
L121 - Beleuchtung für Becherhalter
S5 - Sicherung im Sicherungshalter
S6 - Sicherung im Sicherungshalter
S7 - Sicherung im Sicherungshalter
S231 - Sicherung im Sicherungshalter
S233 - Sicherung im Sicherungshalter
T15a - Steckverbindung, 15-fach, schwarz, Steckerstation rechts, A-Säule
U1 - Zigarrenanzünder
(81) - Masseverbindung -1-, im Schalttafelleitungsstrang

(A19) - Verbindung (58d), im Schalttafelleitungsstrang
(A104) - Plusverbindung -2- (15), im Schalttafelleitungsstrang
(Q53) - Plusverbindung (15), im Leitungsstrang Diebstahlwarnanlage

Sicherungshalter, Schalter für Nebelschlußleuchte

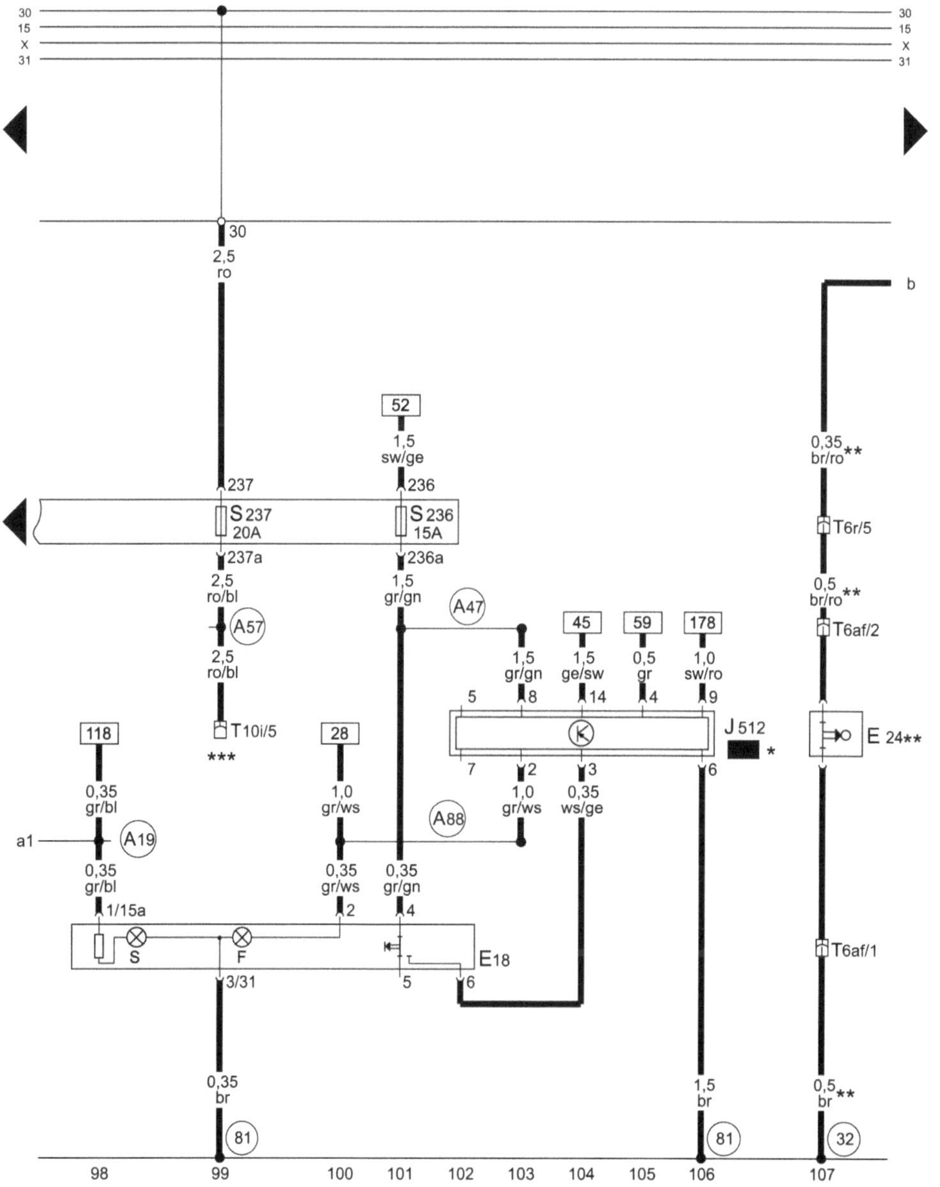

ws = weiß
sw = schwarz
ro =rot
br = braun
gn = grün
bl = blau
gr = grau
li = lila
ge = gelb
or = orange
rs = rosa

- E18 - Schalter für Nebelschlußleuchte
- E24 - Gurtschalter Fahrerseite
- J512 - Steuergerät für Nebelscheinwerfer/Nebelschlußleuchte
- S236 - Sicherung im Sicherungshalter
- S237 - Sicherung im Sicherungshalter
- T6r - Steckverbind., 6-fach, weiß, Steckerstat. links, A-Säule
- T6af - Steckverbindung, 6-fach, rot, unter dem Fahrersitz
- T10i - Steckverbindung, 10-fach, schwarz, in Mittelkonsole
- (32) - Massepunkt, hinter Schalttafel links
- (81) - Masseverbindung -1-, im Schalttafelleitungsstrang
- (A19) - Verbindung (58d), im Schalttafelleitungsstrang
- (A47) - Verbindung (55), im Schalttafelleitungsstrang
- (A57) - Verbindung (30a), im Schalttafelleitungsstrang
- (A88) - Verbindung (NSL), im Schalttafelleitungsstrang
- * - hinter dem Handschuhfach
- ** - nur bei Fahrzeugen mit Gurtwarnung
- *** - ohne Radio Kl. 30a

Schalttafeleinsatz, Kombi-Prozessor im Schalttafeleinsatz, Schalter für Handbremskontrolle, Kontrollampen

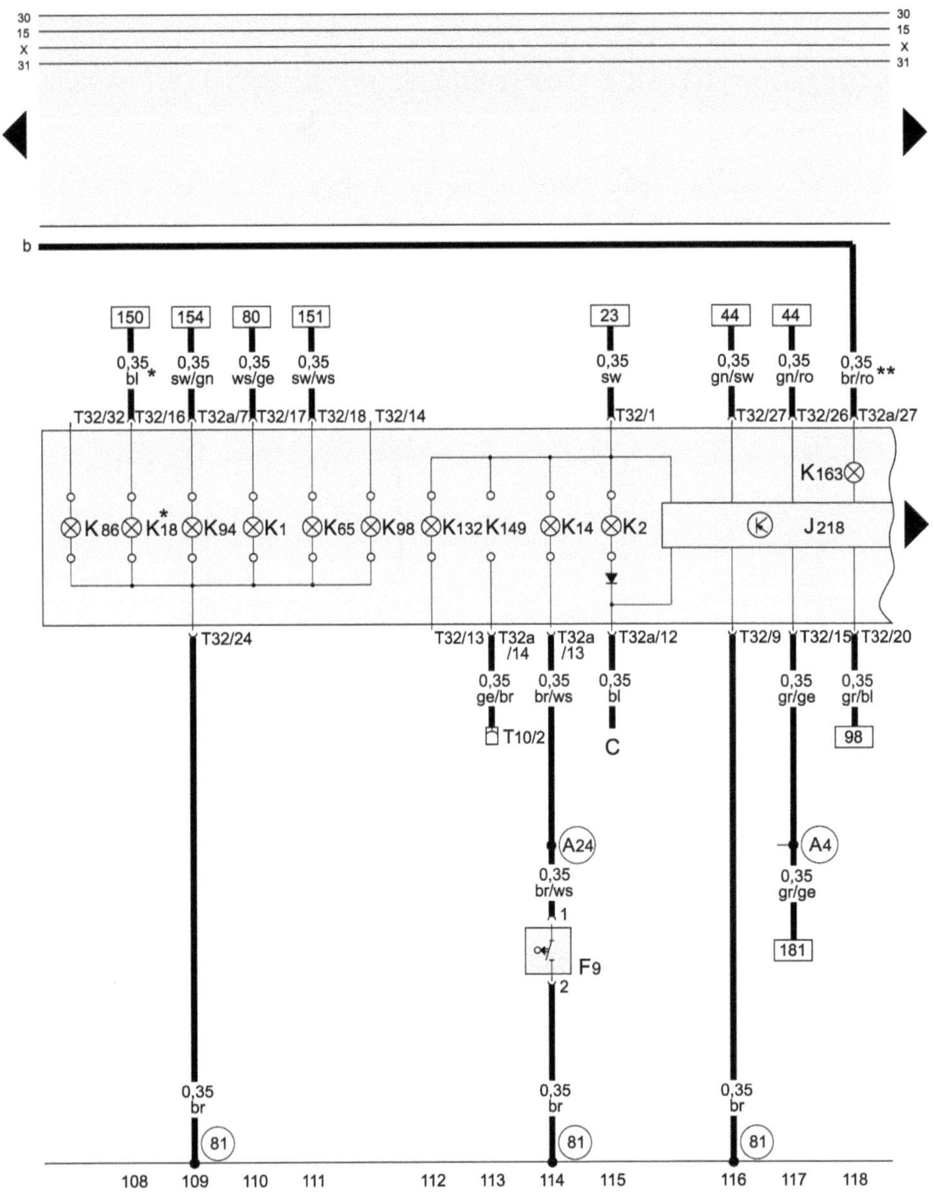

ws = weiß
sw = schwarz
ro =rot
br = braun
gn = grün
bl = blau
gr = grau
li = lila
ge = gelb
or = orange
rs = rosa

C - Drehstromgenerator
F9 - Schalter für Handbremskontrolle
J218 - Kombi-Prozessor im Schalttafeleinsatz
K1 - Kontrollampe für Fernlicht
K2 - Kontrollampe für Generator
K14 - Kontrollampe für Handbremse
K18 - Kontrollampe für Anhängerbetrieb
K65 - Kontrollampe für Blinker links
K86 - Kontrollampe für Antriebsschlupfregelung
K94 - Kontrollampe für Blinker rechts
K98 - Kontrollampe für Verdeck verriegelt
K132 - Fehlerlampe für elektrische Gasbetätigung
K149 - Kontrollampe für Motorelektronik
K163 - Warnlampe für Gurtschalter
T10 - Steckverbindung, 10-fach, braun, Kupplungsstation E-Box Wasserkasten
T32 - Steckverbindung, 32-fach, blau, am Schalttafeleinsatz
T32a - Steckverbindung, 32-fach, grün, am Schalttafeleinsatz

(81) - Masseverbindung -1-, im Schalttafelleitungsstrang
(A4) - Plusverbindung (58b), im Schalttafelleitungsstrang
(A24) - Verbindung (Bremsanlagenüberwachung), im Schalttafelleitungsstrang
* - nur mit Anhängervorrichtung
** - nur bei Fahrzeugen mit Gurtwarnung

Schalttafeleinsatz, Kombi-Prozessor im Schalttafeleinsatz, K-Diagnoseleitung, Drehzahlmesser, Kühlmittelüberwachung, Analoguhr, Kraftstoffvorratsanzeige, Geschwindigkeitsmesser, Motorhaubenschalter

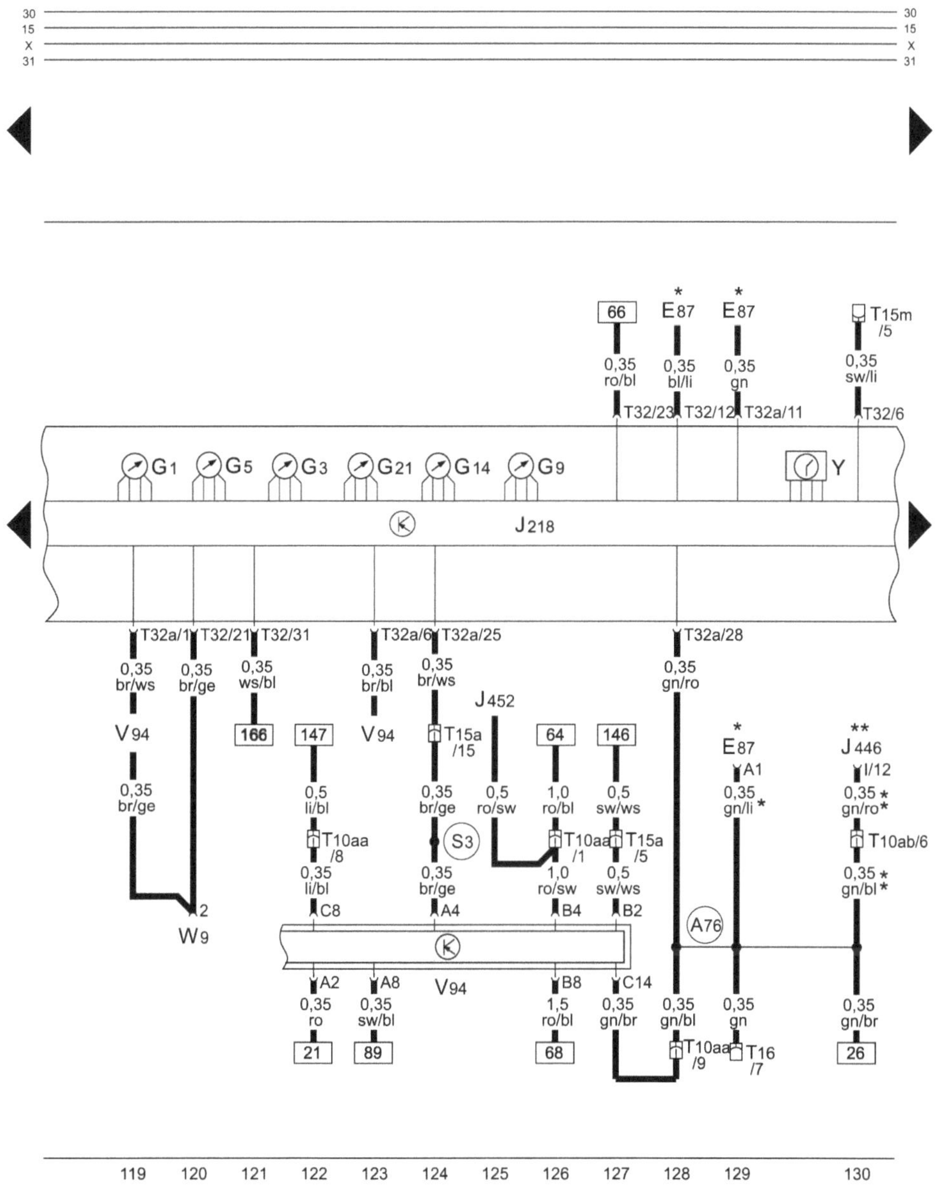

ws = weiß
sw = schwarz
ro =rot
br = braun
gn = grün
bl = blau
gr = grau
li = lila
ge = gelb
or = orange
rs = rosa

E87 - Bedienungs- und Anzeigeeinheit für Klimaanlage
G1 - Kraftstoffvorratsanzeige
G3 - Kühlmitteltemperaturanzeige
G5 - Drehzahlmesser
G9 - Öltemperaturanzeige
G14 - Voltmeter
G21 - Geschwindigkeitsmesser
J218 - Kombi-Prozessor im Schalttafeleinsatz
J446 - Steuergerät für Einparkhilfe
J452 - Steuergerät für Türwarnleuchten
T10aa - Steckverbindung, 10-fach, orange, Steckerstation, rechts A-Säule
T10ab - Steckverbindung, 10-fach, weiß, Steckerstation rechts A-Säule
T15a - Steckverbindung, 15-fach, schwarz, Steckersta rechts, A-Säule
T15m - Steckverbindung, 15-fach, rot, Kupplungsstation E-Box, Wasserkasten
T16 - Steckverbindung, 16-fach, Mittelkonsole hinten (Diagnoseanschluß)
T32 - Steckverbindung, 32-fach, blau, am Schalttafeleinsatz
T32a - Steckverbindung, 32-fach, grün, am Schalttafeleinsatz
V94 - Motor für Zentralverriegelung mit Steuergerät für Abschaltverzögerung/Innenbeleuchtung und Diebstahlwarnanlage
W9 - Fußraumleuchte links
Y - Analoguhr
A76 - Verbindung (K-Diagnoseleitung), im Schalttafel-Leitungsstrang
S3 - Verbindung (Schalter/Steuergerät) -1-, im Leitungsstrang Zentralverriegelung
* - nur mit Klimaanlage
** - nur mit Einparkhilfe

Schalttafeleinsatz (Kombiinstrument), Kombi-Prozessor im Schalttafeleinsatz, Temperaturfühler für Außentemperatur, Geber für Bremsbelagverschleiß, Regler für Schalterbeleuchtung und Instrumentenbeleuchtung, Geber für Öltemperatur

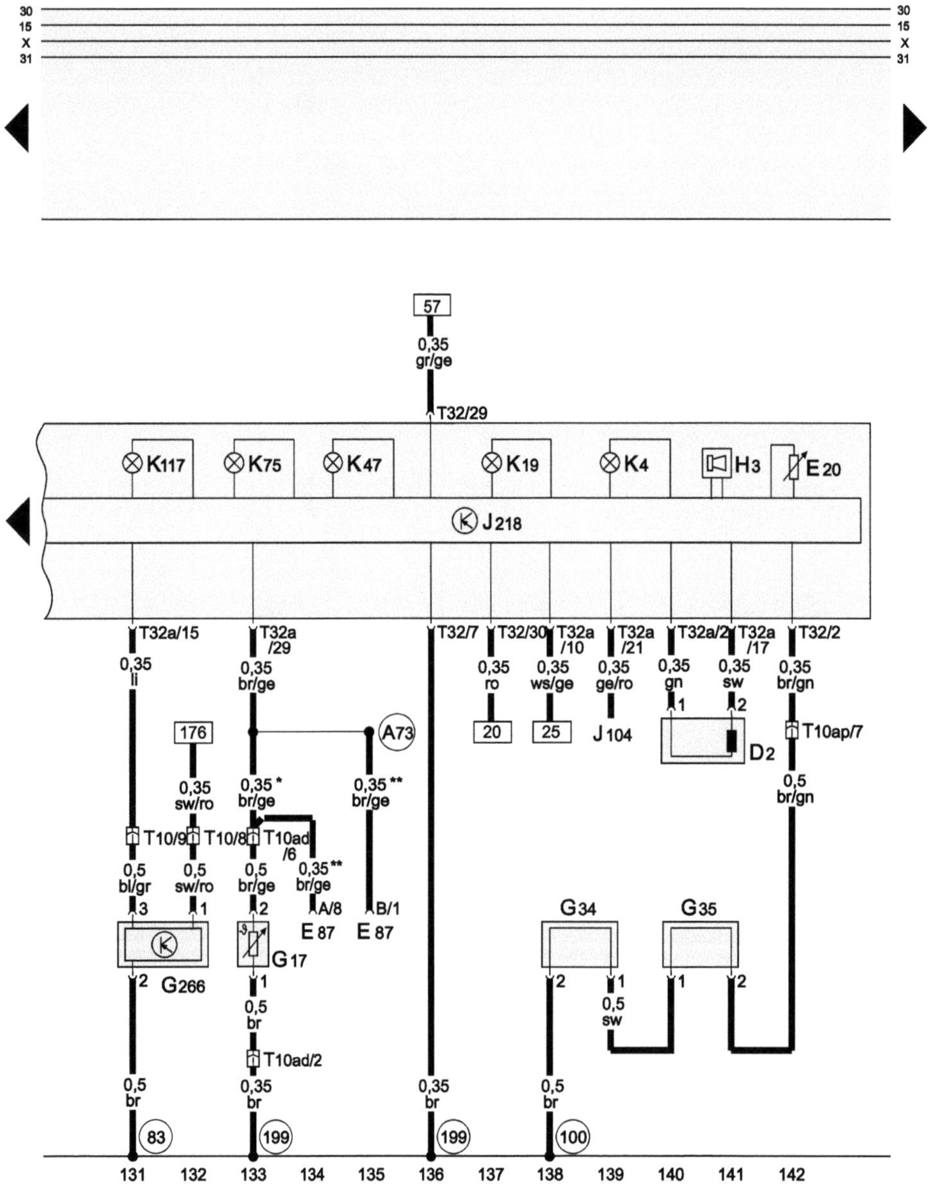

ws = weiß
sw = schwarz
ro =rot
br = braun
gn = grün
bl = blau
gr = grau
li = lila
ge = gelb
or = orange
rs = rosa

D2	-	Lesespule für Wegfahrsicherung
E20	-	Regler für Beleuchtung-Schalter und Instrument
E87	-	Bedienungs- und Anzeigeeinheit für Klimaanl./Climatr.
G17	-	Temperaturfühler für Außentemperatur
G34	-	Geber für Bremsbelagverschleiß vorne links
G35	-	Geber für Bremsbelagverschleiß vorne rechts
G266	-	Thermogeber für Ölstand, Service-Intervall
H3	-	Summer/Gong
J104	-	Steuergerät für ABS mit EDS
J218	-	Kombi-Prozessor im Schalttafeleinsatz
K4	-	Kontrollampe für Standlicht
K19	-	Kontrollampe für Sicherheitsgurt-Warnsystem
K47	-	Kontrollampe für ABS
K75	-	Kontrollampe für Airbag
K117	-	Kontrollampe für Wegfahrsicherung
T10	-	Steckverbindung, 10-fach, braun, Kupplungsstation E-Box Wasserkasten
T10ad	-	Steckverbind., 10-fach, rot, Steckerstat. links, A-Säule
T10ap	-	Steckverbindung,10-fach, grau, Steckerstation rechts, A-Säule
T32	-	Steckverbindung, 32-fach, blau, am Schalttafeleinsatz
T32a	-	Steckverbindung, 32-fach, grün, am Schalttafeleinsatz
83	-	Masseverbindung -1-, im Leitungsstrang vorn rechts
100	-	Masseverbindung -1-, im Leitungsstrang ABS
199	-	Masseverbindung -3-, im Schalttafelleitungsstrang
A73	-	Verbindung (Außentemperaturanzeige), im Schalttafelleitungsstrang
*	-	nur bei Fahrzeugen ohne Klimaanlage
**	-	nur bei Fahrzeugen mit Klimaanlage

Blink- und Warnblinkanlage

1/14

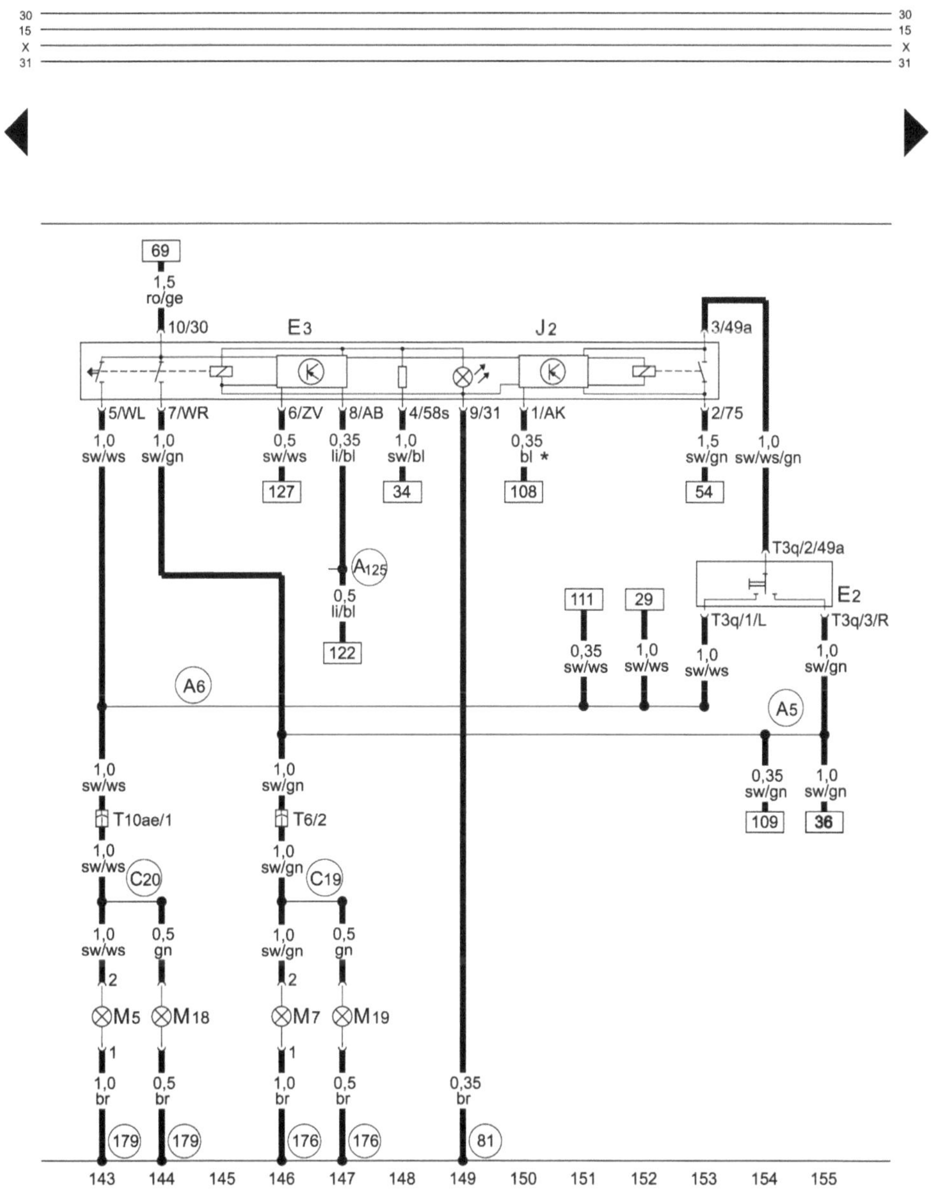

ws = weiß
sw = schwarz
ro =rot
br = braun
gn = grün
bl = blau
gr = grau
li = lila
ge = gelb
or = orange
rs = rosa

- E2 - Blinkerschalter
- E3 - Warnlichtschalter
- J2 - Warnblinkrelais
- M5 - Lampe für Blinklicht vorn links
- M7 - Lampe für Blinklicht vorn rechts
- M18 - Lampe für Seitenblinkleuchte links
- M19 - Lampe für Seitenblinkleuchte rechts
- T3q - Steckverbind., 3-fach, schwarz, am Lenkstockschalter
- T6 - Steckverbind., 6-fach, gelb, Steckerst. rechts, A-Säule
- T10ae - Steckverbindung, 10-fach, hellrosa, Steckerstation links A-Säule
- (81) - Masseverbindung -1-, im Schalttafelleitungsstrang
- (176) - Masseverbindung, im Leitungsstrang Scheinwerfer rechts
- (179) - Masseverbindung, im Leitungsstrang Scheinwerfer links
- (A5) - Plusverbindung (Blinker rechts), im Schalttafelleitungsstrang
- (A6) - Plusverbindung (Blinker links), im Schalttafelleitungsstrang
- (A125) - Verbindung (Crash-Signal), im Schalttafelleitungsstrang
- (C19) - Verbindung -1- (Blinker rechts), im Leitungsstrang Scheinwerfer
- (C20) - Verbindung (Blinker links), im Leitungsstrang Scheinwerfer
- * - nur mit Anhängervorrichtung

Scheibenwisch- und -waschanlage

1/15

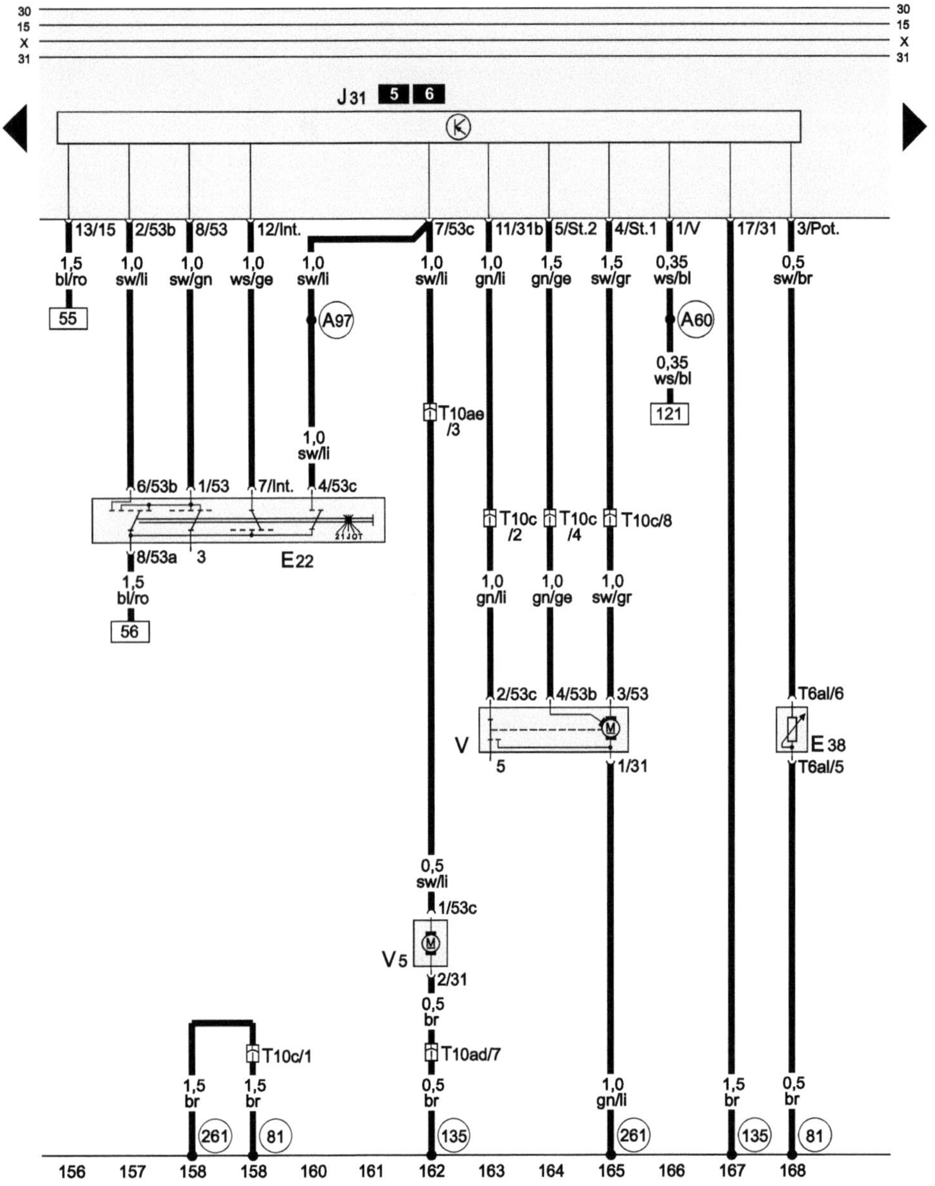

ws = weiß
sw = schwarz
ro =rot
br = braun
gn = grün
bl = blau
gr = grau
li = lila
ge = gelb
or = orange
rs = rosa

E22 - Scheibenwischerschalter für Intervallbetrieb
E38 - Regler für Scheibenwischer-Intervallschaltung
J31 - Relais für Wasch-Wisch-Intervallautomatik
T6al - Steckverbind., 6-fach, schwarz, am Lenkstockschalter
T10c - Steckverbindung, 10-fach, violett, Steckerstation links, A-Säule
T10ad - Steckverbind., 10-fach, rot, Steckerstat. links, A-Säule
T10ae - Steckverbindung, 10-fach, hellrosa, Steckerstation links A-Säule
V - Scheibenwischermotor
V5 - Scheibenwaschpumpe
(81) - Masseverbindung -1-, im Schalttafelleitungsstrang
(135) - Masseverbindung -2-, im Schalttafelleitungsstrang
(261) - Masseverbindung, im Leitungsstrang heizbare Spritzdüse

(A60) - Verbindung (Geschwindigkeitssignal), im Schalttafelleitungsstrang
(A97) - Verbindung (53), im Schalttafelleitungsstrang

Frischluftgebläse, Heckscheibenheizung

1/16

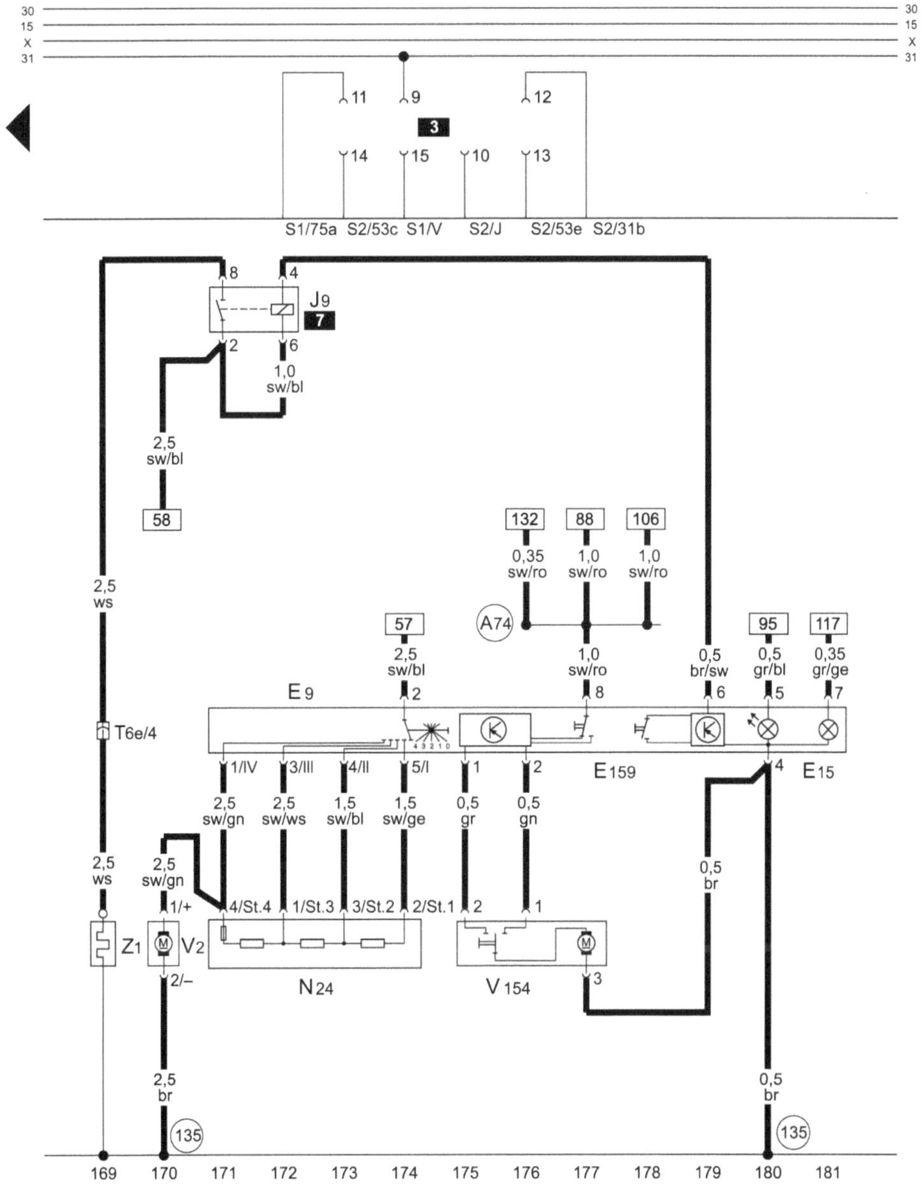

ws = weiß
sw = schwarz
ro =rot
br = braun
gn = grün
bl = blau
gr = grau
li = lila
ge = gelb
or = orange
rs = rosa

E9 - Schalter für Frischluftgebläse
E15 - Schalter für beheizbare Heckscheibe
E159 - Schalter für Frisch- und Umluftklappe
J9 - Relais für beheizbare Heckscheibe
N24 - Vorwiderstand für Frischluftgebläse mit Überhitzungssicherung
T6e - Steckverbind., 6-fach, blau, Steckerstat. links, A-Säule
V2 - Frischluftgebläse
V154 - Stellmotor für Frisch- und Umluftklappe
Z1 - beheizbare Heckscheibe
(135) - Masseverbindung -2-, im Schalttafelleitungsstrang
(A74) - Verbindung (15a, Sicherung 5), im Schalttafelleitungsstrang